After Effects 2022 从入门到精通

实战案例视频版

星耀博文　编著

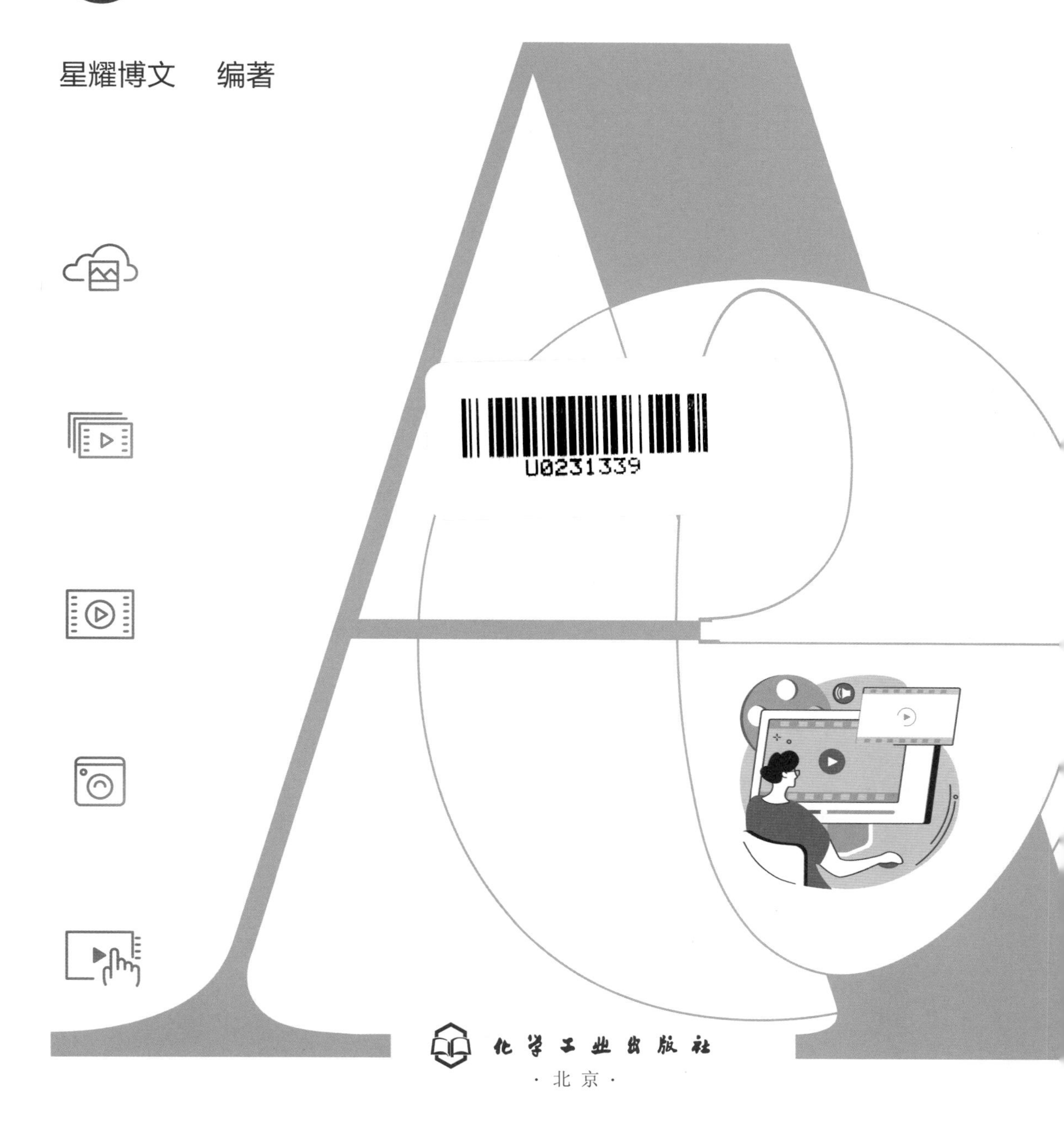

化学工业出版社

·北京·

内容简介

本书通过基础知识讲解的形式，详细介绍了如何利用 After Effects 2022 软件来进行视频特效的设计和制作。全书共 18 章，从特效的基础知识开始进行介绍，然后以循序渐进的方式为读者讲解了蒙版、调色、抠像、镜头跟踪、三维图层、表达式、插件、渲染和输出等内容。读者在系统、全面地学习特效制作的基本概念和基础操作的同时，还可以借助大量精美的实例来进行练习并拓展设计思路。

本书提供所有实例的素材文件、效果文件以及教学视频，读者在学习过程中可以随时调用。

本书适合 After Effects 2022 软件的初级用户学习和使用。此外，本书还可供广大视频编辑爱好者、影视动画制作者、影视编辑从业人员阅读参考，也可以作为培训机构、大中专院校相关专业的教学参考书或上机指导用书。

图书在版编目（CIP）数据

After Effects 2022 从入门到精通：实战案例视频版 / 星耀博文编著．—北京：化学工业出版社，2022.5

ISBN 978-7-122-40616-3

Ⅰ.①A… Ⅱ.①星… Ⅲ.①图像处理软件 Ⅳ.①TP391.413

中国版本图书馆 CIP 数据核字（2022）第 014375 号

责任编辑：金林茹　　文字编辑：蔡晓雅　师明远
责任校对：杜杏然　　装帧设计：王晓宇

出版发行：化学工业出版社（北京市东城区青年湖南街 13 号　邮政编码 100011）
印　　装：北京瑞禾彩色印刷有限公司
787mm×1092mm　1/16　印张 25　字数 598 千字　2022 年 8 月北京第 1 版第 1 次印刷

购书咨询：010-64518888　　售后服务：010-64518899
网　　址：http://www.cip.com.cn
凡购买本书，如有缺损质量问题，本社销售中心负责调换。

定　　价：128.00 元

近年来，我国影视文娱产业蓬勃发展，带动了产业内诸多细分领域的飞速进步。特效行业作为影视制作的重要支撑体系，直接影响影视作品的完成效果与质量，因此也在备受瞩目中迎来了自身发展的黄金时期。

2019 年 12 月 31 日，国家广播电视总局国家电影局发布数据，显示当年全国电影总票房为 642.66 亿元，其中国产电影总票房 411.75 亿元，市场占比 64.07%。国产电影的整体爆发离不开多部视效大片的崛起，截至 2021 年 11 月 4 日，“中国票房网”数据显示，仅《流浪地球》一片的票房就高达 46.87 亿元。此外还有《疯狂外星人》《中国机长》等多部国产视效大片，不仅让观众享受了一场场视觉盛宴，还使观众见证了特效技术成为推动中国电影工业升级的重要力量。

这些在特效上不断突破的国产大片证明，特效电影比普通电影更具票房号召力。虽然国内电影制作工业整体水平在不断提升，但与好莱坞超过 40 年的特效制作历史相比，国产电影与好莱坞大片在后期制作上仍然存在一定的差距，因此在影视特效上还有更进一步的上升空间。所以近年来影视特效师的地位也在飞速提升，人才供不应求。

After Effects 是 Adobe 公司开发的一款图形视频处理软件，能够创建电影级影片特效，如从剪辑中删除物体、点一团火或下一场雨，或者将徽标、人物制成动画。本书正是介绍如何利用 After Effects 来设计并制作影视中的特效的，所讲述的内容可以分为以下三个部分。

第一部分为本书的第 1、2 章，主要讲解了影视特效的发展历程、制作流程，以及 After Effects 软件的基本操作方法。

第二部分为本书的第 3 ～ 13 章，主要介绍了 After Effects 软件中的蒙版、调色、抠像、镜头跟踪、三维图层、表达式、渲染输出等多个主要功能的操作方法。

第三部分为本书的第 14 ～ 18 章，主要通过设计并制作各个细分行业的商业实例来进行综合练习，巩固前面章节所介绍的知识。

本书在介绍利用 After Effects 2022 软件进行视频特效设计和制作的同时，借助大量精美实例来进行练习。书中部分软件功能也是通过软件操作与实例相结合的方式介绍的，这些内容所在的小节标题后面带有“（实例）”标识。

由于笔者水平有限，书中疏漏之处在所难免。在感谢您选择本书的同时，也希望您能够把对本书的意见和建议告诉我们，让我们一起学习进步。

编著者

第 1 章 初识 After Effects 1

Ae

目录

第2章 After Effects 2022 工作界面详解 30

Ae

Ae

Ae

Ae

Ae

Ae

第 11 章 镜头的跟踪与稳定 255

第 12 章 掌握表达式的应用 269

Ae

Ae

Ae

Ae

第1章 初识 After Effects

影视特效是一门艺术，也是一门学科。随着影视业的迅速发展，影视特效不仅在电影中被广泛应用，在电视广告中也经常出现。现在，影视特效已经遍布生活中的各个角落，无论是在公交车上、在超市、在商城、在广场还是在电影院，只要是有显示屏幕的地方都能看到影视特效的应用。它常常被应用到广告、宣传片、电视节目中，无形之中给人们带来了丰富的视觉享受，提高了人们的生活质量。

1.1 影视编辑基础

影视后期制作经历了线性编辑向非线性编辑的跨越之后，数字技术全面应用在影视后期制作的全过程，并且广泛地应用于影视片头制作、影视特技制作和影视包装领域。在正式开始学习 After Effects（简称 AE）软件之前，先来学习一下影视编辑的相关基础知识，以使大家在之后的学习中更加得心应手。

1.1.1 影视特效的概念

影视后期特效简称影视特技，是对现实生活中不可能完成的拍摄以及难以完成或需要花费大量资金的拍摄用计算机或工作站对其进行数字化处理，从而达到预期的视觉效果。人们对电脑的使用，使得电影特效制作的速度以及质量都有了巨大的进步。设计者只需要输入少量的信息，电脑就能自动合成复杂的图像和片段。

1.1.2 影视特效的分类

影视特效大致可分为视觉特效（视效）和声音特效（音效）。

（1）视觉特效

传统特效大致包括化妆、搭景、烟火特效和早期胶片特效等。在电脑数字技术普及之前，所有的特效都基于传统特效完成。比如要拍摄一艘太空飞船爆炸的场景，就事先制作一个太空飞船的模型，再由跟组人员放一些烟雾和火光，这样拍出来时就能得到所需的效果，如图 1-1 所示。

图 1-1　早期特效

随着科技的飞速发展，计算机动画（Computer Graphics，CG）技术大幅提升，CG 技术在影视后期中的应用也越来越广泛。当传统特效手段无法满足影片要求的时候，就需要借助 CG 特效来实现。CG 特效几乎可以实现所有人类能想象出来的效果与场景，如图 1-2 所示。

图 1-2　CG 特效

CG 技术的特效制作大体分为两类：三维特效和合成特效。三维特效由三维特效师完成，主要负责动力学动画的表现，工作包括建模、材质、灯光、动画和渲染等。合成特效则由合成师完成，主要负责各种效果的合成，主要工作有抠像、调色、合成和汇景等。

（2）声音特效

声音特效通常是由拟音师、录音师和混音师协作完成的。拟音师负责画面中所有特殊声音如爆炸声、脚步声和兵器打斗声等的捕捉，如图 1-3 所示。录音师负责将拟音师捕捉的声音进行收录，最后通过混音师的编辑加工成为影视使用的音效。

图 1-3　录入特殊音效

1.1.3　特效合成的常用软件

影视后期制作常用特效软件大致包括三类：剪辑软件、合成软件和三维软件。

- 剪辑软件：Adobe Premiere Pro、Final Cut Pro、EDIUS、Sony Vegas、Autodesk®、Smoke® 等，目前比较主流的软件是 Final Cut Pro、EDIUS 两款。
- 合成软件：After Effects、Combustion、DFsion、Shake 等，其中 After Effects 和 Combustion 两款软件是目前最受欢迎的合成软件。
- 三维软件：3D Max、MAYA、Softimage、Zbrush 等。

本书所要讲解的软件就是 After Effects 这款合成软件，也简称为 AE。

1.1.4 特效制作的一般流程

一些专业的影视公司，在特效制作的过程中都有一套完整并固化的工作流程，一般由创意部、制作部和客户部共同完成。本小节将简要阐述影视制作的一般流程，将影视制作划分为两个阶段：前期制作和后期制作，即行业里常说的“前期”和“后期”。这里所说的“前期”和“后期”是以素材获取为界限的，因此，将获取素材的过程称为前期制作，而剪辑和特效同属于后期制作范畴。

（1）前期制作

前期制作是指影片素材片段的拍摄和素材制作两个阶段，这里重点阐述一下素材的制作。前期除了用拍摄的手法得到素材外，还可以通过 Photoshop、3d Max 和 Maya 等软件制作出需要的素材和元素，这也是后期包装所必需的重要过程。

（2）后期制作

后期制作是指用实际拍摄所得的素材，通过三维动画和合成手段制作成特技镜头，然后把电影、电视剧的片段镜头剪辑到一起，形成完整的影片，并且为影片制作声音。整个后期制作过程非常长，一般包含以下几个过程。

① 确定后期制作的目标。

② 确定整体风格、色彩节奏等。

③ 设计分镜头脚本，绘制故事板。

④ 进行音乐与视频设计的沟通，从而给出解决方案。

⑤ 与客户沟通制作方案，以确定最终的制作方案。

⑥ 执行设计好的制作过程，涉及 3D 制作、实际拍摄和音乐制作等。

⑦ 最终合成为成片输出播放。

1.1.5 影视编辑常用术语

在影视制作中会用到视频、音频及图像等素材，在正式学习 After Effects 软件的操作之前，大家应当对视频编辑的规格、标准，以及影视编辑工作中常用的一些术语有清晰的认识。

（1）分辨率

分辨率是用于度量图像内数据量多少的一个参数。在一段视频作品中，分辨率是非常重要的，因为它决定了位图图像细节的精细程度。通常情况下，图像的分辨率越高，所包含的像素就越多，图像就越清晰。但需要注意的是，存储高分辨率图像也会相应增加文件占用的存储空间。我们可以把整个图像想象成是一个大型的棋盘，而分辨率就是棋盘上所有经线和纬线交叉点的数目。以分辨率为 2436 × 1125 的手机屏幕来说，它的分辨率代表了每一条水平线上包含 2436 个像素点，共有 1125 条线，即扫描列数为 2436 列，行数为 1125 行。

在打开 AE 软件后，单击“新建合成”按钮，如图 1-4 所示。新建合成时有很多分辨率的预设类型可供选择，如图 1-5 所示。

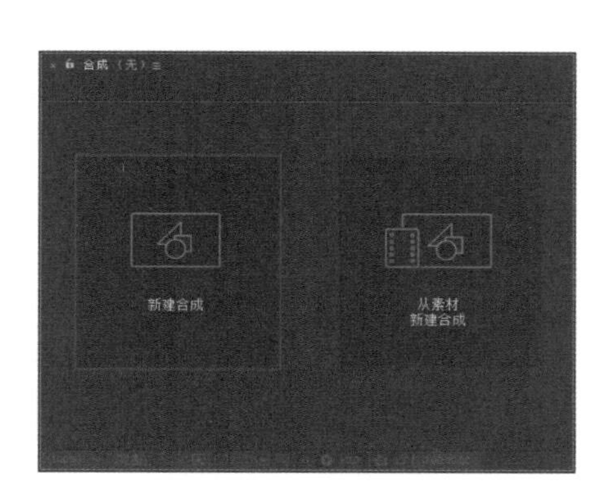

图 1-4　新建合成

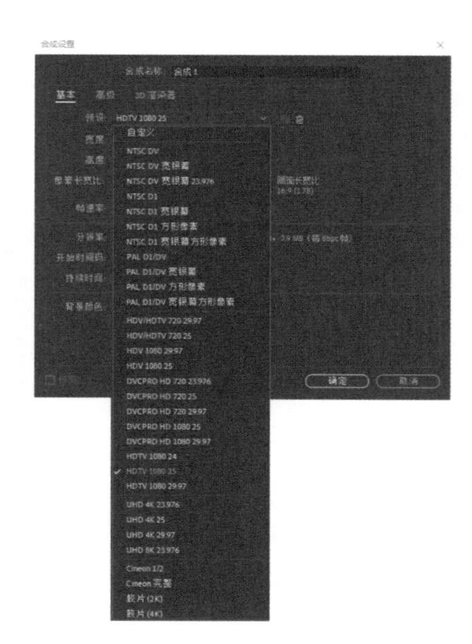

图 1-5　预设类型

在设置了宽度及高度数值（如设置“宽度”为 1280，“高度”为 720）后，在后方会自动显示“锁定长宽比 16 ∶ 9（1.78）”，如图 1-6 所示。需要注意的是，此处的“长宽比”是指在 AE 中新建合成整体的长度和宽度尺寸的比例。图 1-7 所示为设置“宽度”为 1280，“高度”为 720 后的画面比例。

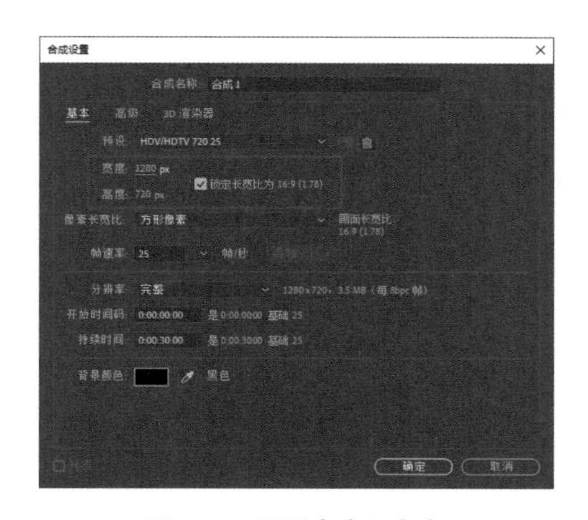

图 1-6　设置宽度和高度

图 1-7　1280×720 效果

（2）像素长宽比

像素长宽比与上述所讲的“长宽比”不同，像素长宽比是指在放大作品到极限时看到的每一个像素的长度和宽度的比例。由于电视机等设备在播放时，设备本身的像素长宽比不是 1 ∶ 1，因此若在电视机等设备上播放影片时，就需要修改“像素长宽比”的数值。

通常在计算机上播放的作品的像素长宽比为 1.0，而在电视、电影院的设备播放时的像素长宽比一般大于 1.0。图 1-8 所示为 AE 中的“像素长宽比”类型。

除了上述介绍的基本术语与概念外，视频编辑工作中常用的术语还有以下几个，这里

由于篇幅有限，所以集中介绍。

- 时长：指视频的时间长度，基本单位是秒。在AE中所见的时间格式为“0:00:00:00”，如图1-9所示，代表的是“时：分：秒：帧”。

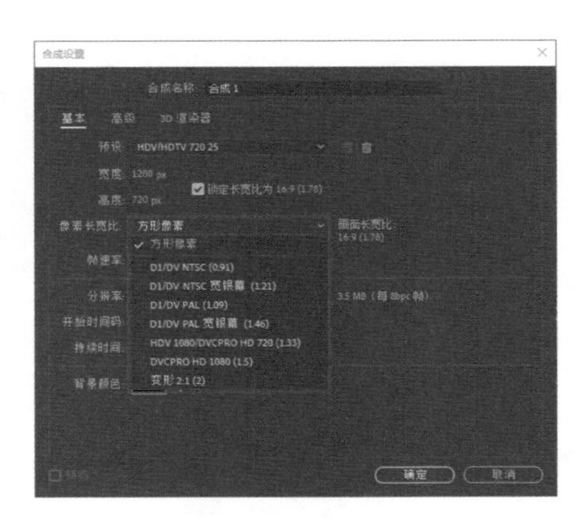

图1-8　像素长宽比

图1-9　AE中的时间格式

- 帧：视频的基础单位，可以理解为一张静态图片就是一帧。
- 关键帧：素材中的特定帧，标记为进行特殊的编辑或其他操作，以便控制完成动画的流、回放或其他特性。
- 帧速率：代表每秒播放帧的数量，单位是每秒多少帧（fps），帧速率越高，视频越流畅。
- 帧尺寸：代表帧（视频）的宽和高，帧尺寸越大，视频画面也就越大，像素数也越多。
- 画面尺寸：即实际显示画面的宽和高。
- 画面比例：视频画面实际显示宽和高的比值，即常说的4∶3、16∶9。
- 画面深度：指色彩深度，对普通的RGB视频来说，8bit是最常见的。
- Alpha通道：R、G和B颜色通道之外的另一种图像通道，用来存储和传输合成时所需要的透明信息。
- 锚点：在使用运动特效时用来改变片段中心位置的点。
- 缓存：计算机内存中用来存储静止图像和数字影片的部分，它是为影片的实时回放而准备的。
- 片段：由视频、音频、图片或任何能够输入After Effects中的类似内容所组成的媒体文件。
- 序列：由编辑过的视频、音频和图形素材组成的片段。
- 润色：通过润色声音的音量，重录对白的不良部分，以及录制旁白、音乐和声音效果，来创建高质量混音的过程。
- 时间码：存储在帧画面上用于识别视频帧的电子信号编码系统。
- 转场：两个编辑点之间的视觉或听觉效果，例如视频叠化或音频交叉渐变。
- 修剪：通过对多个编辑点进行细小调整来精确序列。
- 变速：在单个片段中，前进或倒转运动时动态改变速度。
- 压缩：对编辑好的视频进行重新组合时，减小剪辑文件容量的方法。
- 素材：影片的一小段或一部分，可以是音频、视频、静态图像或标题字幕。

1.1.6 常用素材类型

在影视特效制作中，素材是不可缺少的，有些素材可以直接通过软件本身制作出来，而有些素材就需要从外界导入和获取，比如一些视频素材就需要预先拍摄好真实的视频，然后再导入 After Effects 软件中作为素材。

- 图片素材：各类摄影、设计图片，是影视特效制作中运用最为普遍的素材，AE 所支持的比较常用的图片素材格式有 jpeg、tga、png、bmp、psd 等。
- 视频素材：由一系列单独的图像组成的素材，一幅单独的图像称为一帧。AE 所支持的比较常用的视频素材格式主要有 avi、wmv、mov、mpg 等。
- 音频素材：主要是指一些特效声音、字幕配音、背景音乐等。AE 所支持的最常用的音频素材格式主要有 wav 和 mp3。

1.2 After Effects 基础

After Effects 是由 Adobe 公司开发的一款处理视觉效果和动态图形的软件，可用于二维和三维动画的制作与合成。该软件为用户提供了数百种预设的效果和动画，能够为用户的影视作品增添令人耳目一新的效果，适用于电视台、动画制作公司、传媒公司和个人自媒体创作等。此外，After Effects 软件具备极强的兼容性，可以与 Photoshop、Premiere 等其他 Adobe 软件实现无缝链接使用。

1.2.1 After Effects 概述

经过不断更新与升级，现 Adobe 公司在 CC 版本的基础上，已将 After Effects 升级到 2022 版本，如图 1-10 所示。

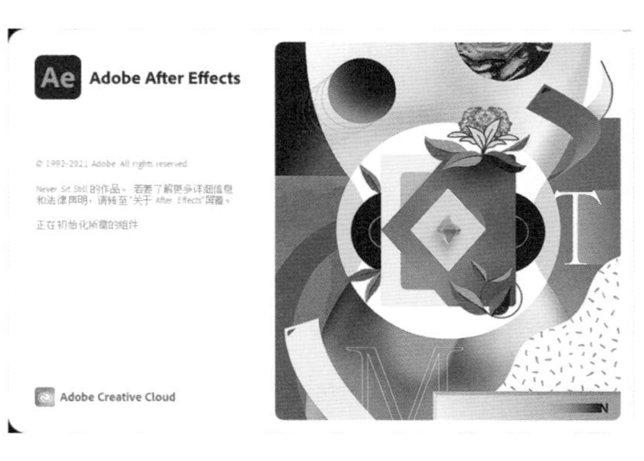

图 1-10 After Effects 2022 初始化界面

1.2.2 After Effects 的安装运行要求

由于 Windows 操作系统和 Mac OS（苹果计算机）操作系统之间存在差异，因此安装 AE 的硬件要求也有所不同，以下是 Adobe 推荐的最低系统要求。

（1）Windows

处理器	具有 64 位支持的多核 Intel 处理器
操作系统	Microsoft Windows 10（64 位）版本 1803 及更高版本，需要注意的是，版本 1607 不受支持

续表

RAM	至少 16GB，建议 32GB
GPU	2GB GPU VRAM
硬盘空间	5GB 可用硬盘空间，在安装过程中需要额外的可用空间（无法安装在可移动闪存设备上）；建议用于磁盘缓存的额外磁盘空间为 10GB
显示器分辨率	1280 × 1080 或更高分辨率的显示器
Internet	用户必须具备 Internet 连接并完成注册，才能进行所需的软件激活、订阅验证和在线服务访问

（2）Mac OS

处理器	具有 64 位支持的多核 Intel 处理器
操作系统	Mac OS 10.13 版及更高版本，需要注意的是，Mac OS 10.12 版不受支持
RAM	至少 16GB，建议 32GB
GPU	2GB GPU VRAM
硬盘空间	6GB 可用硬盘空间用于安装，在安装过程中需要额外的可用空间（无法安装在使用区分大小写的文件系统的卷上或可移动闪存设备上）；建议用于磁盘缓存的额外磁盘空间为 10GB
显示器分辨率	1440 × 900 或更高分辨率的显示器
Internet	用户必须具备 Internet 连接并完成注册，才能进行所需的软件激活、订阅验证和在线服务访问

1.3 初识 After Effects 的工作界面

完成 After Effects 2022 的安装后，双击电脑桌面上的软件快捷图标 Ae，即可启动 After Effects 2022 软件。首次启动 After Effects 2022，显示的是默认工作界面，该界面包括了集成的窗口、面板及工具栏等，如图 1-11 所示。

AE 在界面上合理地分配了各个窗口的位置，并根据用户的制作需求，提供了几种预置的工作界面，通过预置命令，可以将界面切换到不同模式。

执行“窗口”|“工作区”命令，可在展开的级联菜单中看到 AE 提供的多种预置工作模式选项，如图 1-12 所示，用户可以根据实际需求选择将工作界面切换为何种模式。

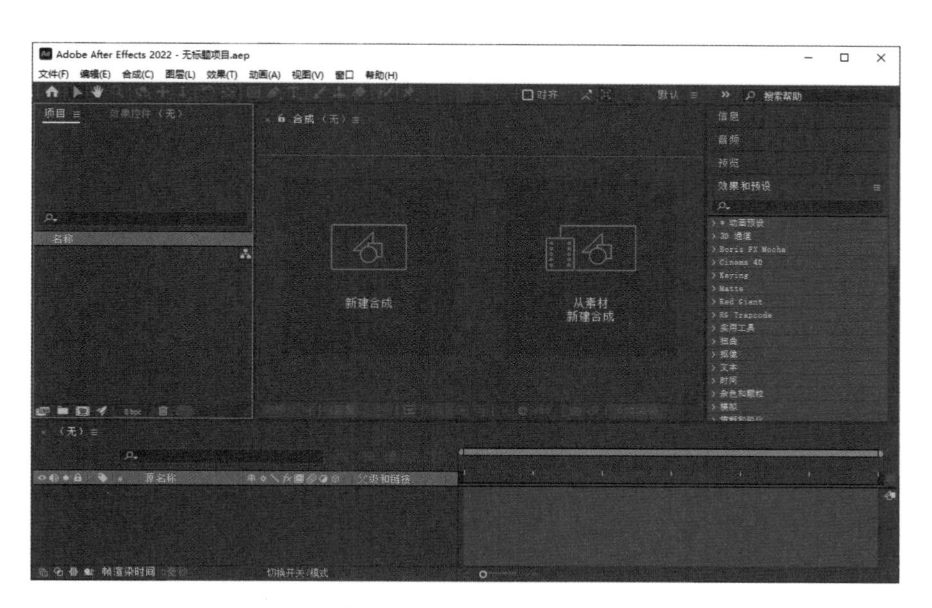

图 1-11　AE 的工作界面

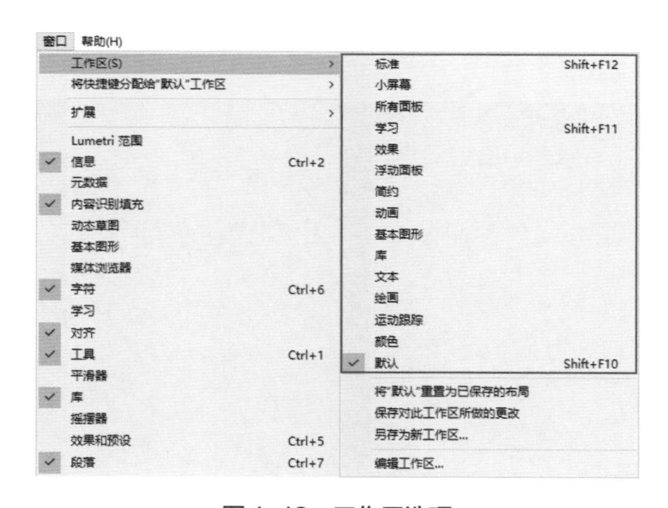

图 1-12　工作区选项

提示 除了选择预置的工作模式，用户也可以根据自己的喜好来设置工作模式；在工作界面中添加了所需的工作面板后，执行“窗口”|“工作区”|“另存为新工作区”命令，即可将自定义的工作界面添加至级联菜单。

1.3.1　调整工作区模式（实例）

AE 为用户提供了多种工作区模式，以供用户使用。在初次启动 AE 时，软件显示的是默认工作区，下面为大家演示切换其他工作区的操作方法。

① 启动 AE 软件，在视频编辑界面中，执行“窗口”|“工作区”|“所有面板”命令，如图 1-13 所示。

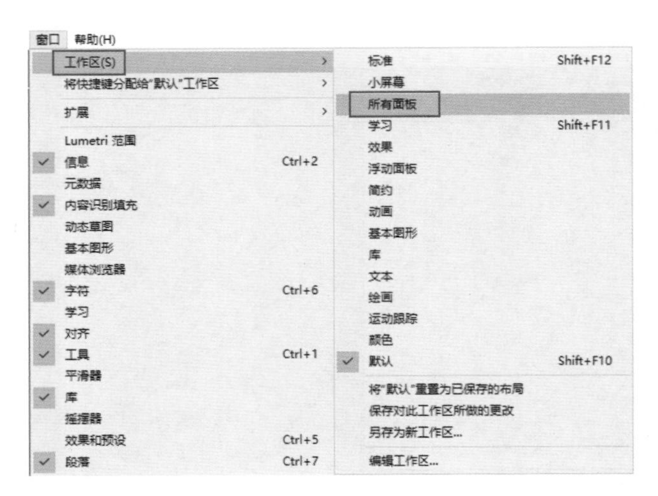

图 1-13　显示所有面板

② 执行上述操作后，整个工作界面将从“默认”模式切换为“所有面板”模式，如图1-14所示，该模式基本囊括了AE的所有工作界面，用户可随意在右侧面板集中区域进行调用。

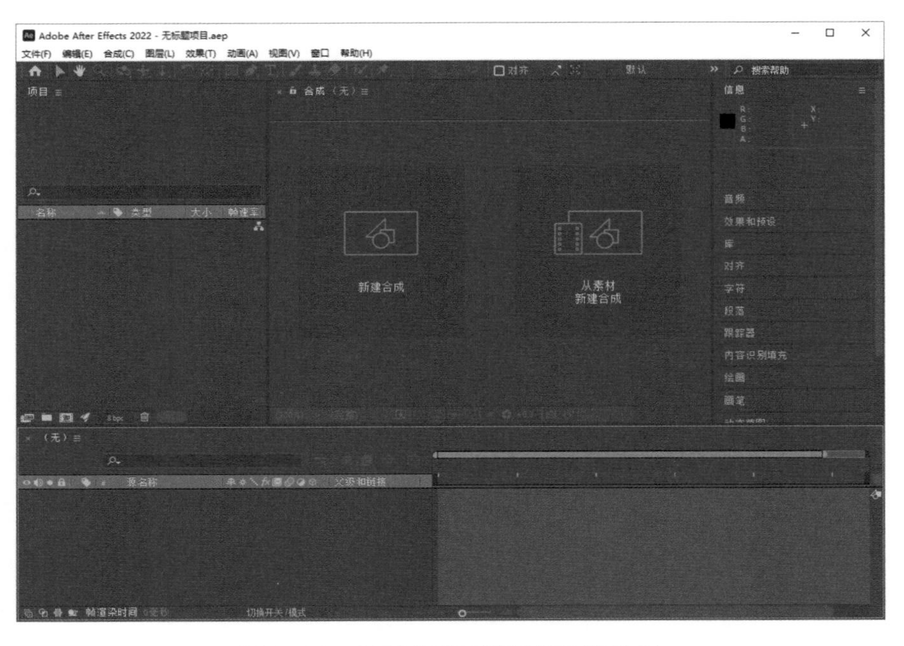

图 1-14　AE 界面显示所有面板的效果

③ 除了选择已有的工作模式，用户也可以根据自己的喜好调整各个面板的摆放位置，或仅保留自己常用的工作面板，生成自己特有的工作区模式。用户要保存自己的工作模式，可执行“窗口”|“工作区”|“另存为新工作区”命令，如图1-15所示。

④ 在弹出的“新建工作区”对话框中，为工作区进行命名，如图1-16所示，完成后单击“确定”按钮。

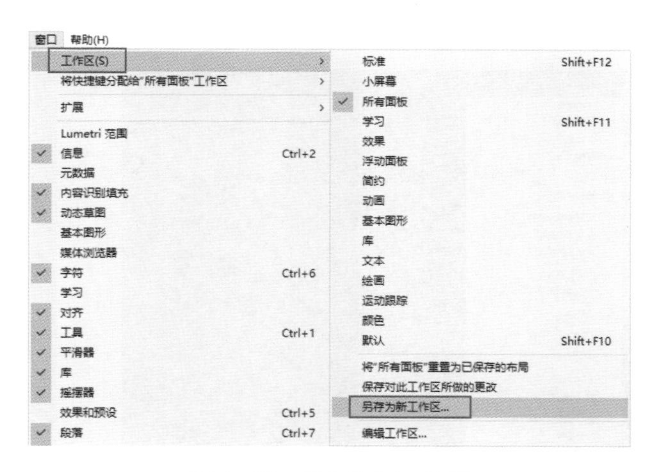

图 1-15　另存为新工作区

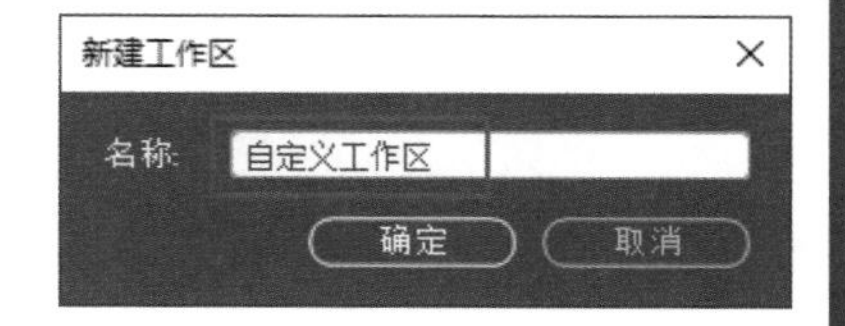

图 1-16　输入新工作区名称

⑤ 完成操作后，用户可执行“窗口”|“工作区”|“自定义工作区”（以个人命名为准）命令，调用自己保存的工作区，如图 1-17 所示。

⑥ 若需要删除自定义的工作区，可执行“窗口”|“工作区”|“编辑工作区”命令，在打开的“编辑工作区”对话框中，选择“自定义工作区”，然后单击“删除”按钮，如图 1-18 所示，即可将工作区删除。

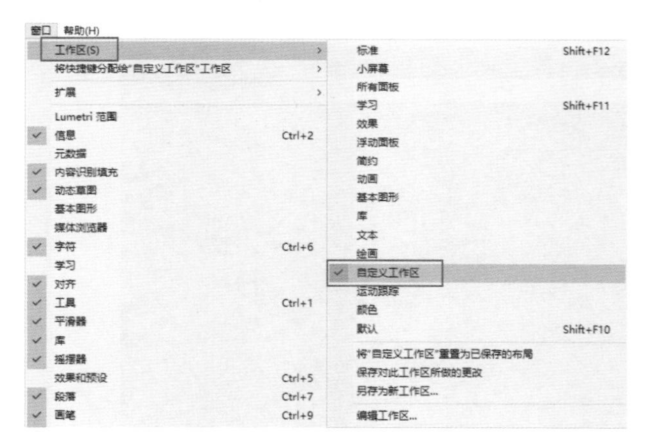

图 1-17　调用创建的工作区

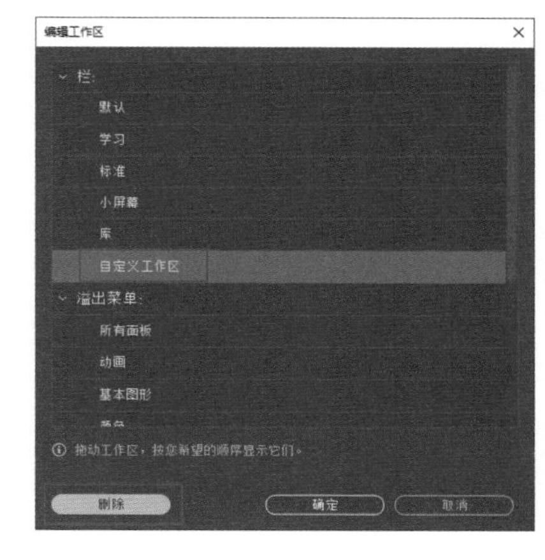

图 1-18　删除工作区

1.3.2　调整工作面板（实例）

在任意工作模式下，用户都可以对视频编辑界面中现有的工作面板进行调整，例如调整工作面板的大小、位置，以及使工作面板悬浮等。

① 启动 AE 软件，在视频编辑界面中，单击某一面板右上角的菜单按钮☰，可展开相应的菜单列表，如图 1-19 所示。

② 若选择菜单列表中的“浮动面板”命令，对应的面板将脱离内嵌状态，浮动于视频编辑界面的上方，如图 1-20 所示。

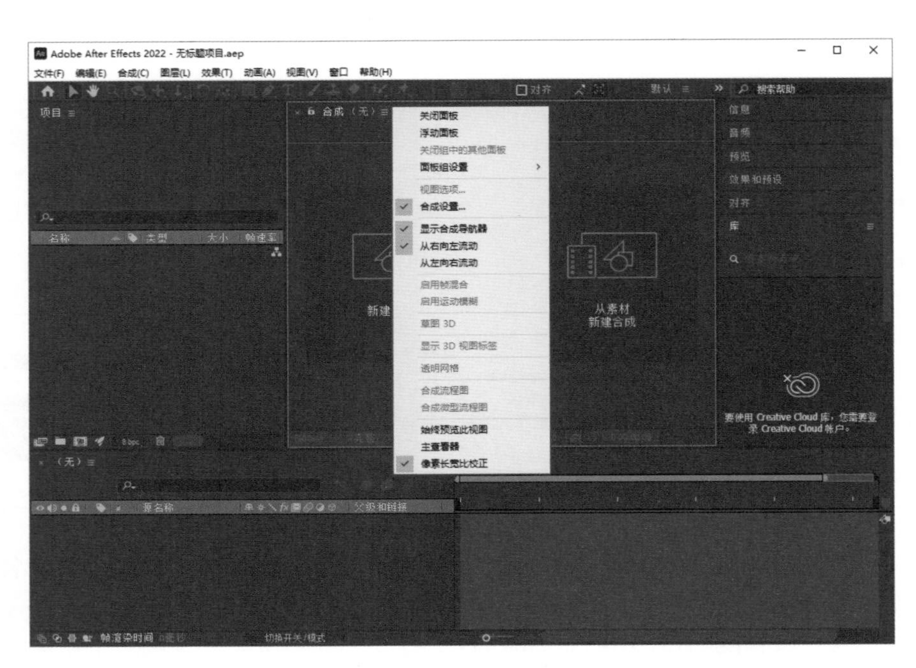

图 1–19　展开菜单列表

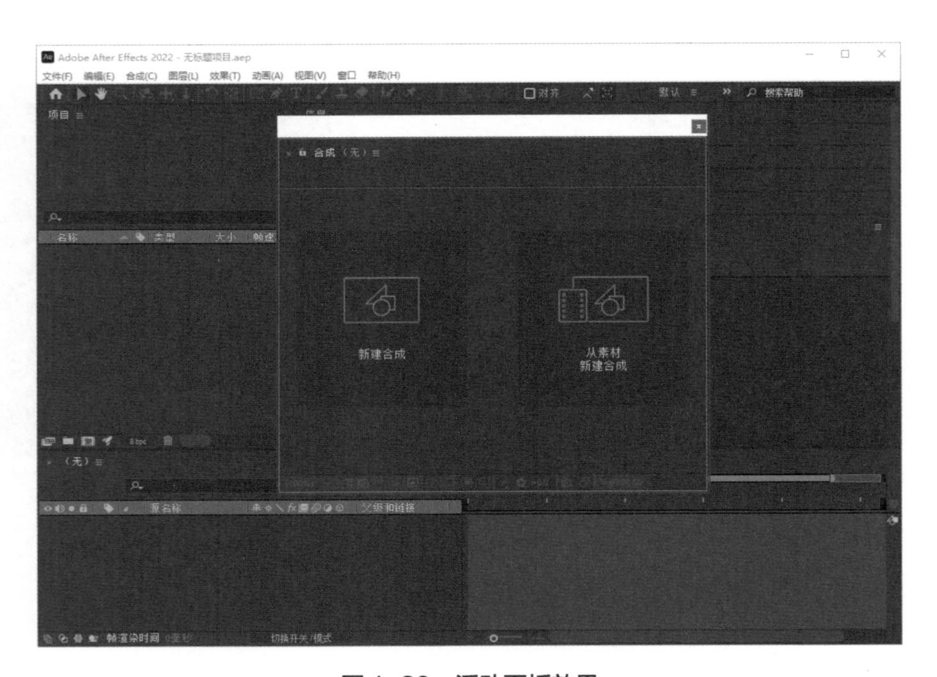

图 1–20　浮动面板效果

③ 当面板处于浮动状态时，用户可以随意地拖动工作面板，将其移动到任意位置，如图 1–21 所示。

④ 将鼠标指针悬停于面板的周围，当指针变为箭头状态时，可对面板进行不同方向的拉伸或缩放，以改变面板的大小，如图 1–22 所示。

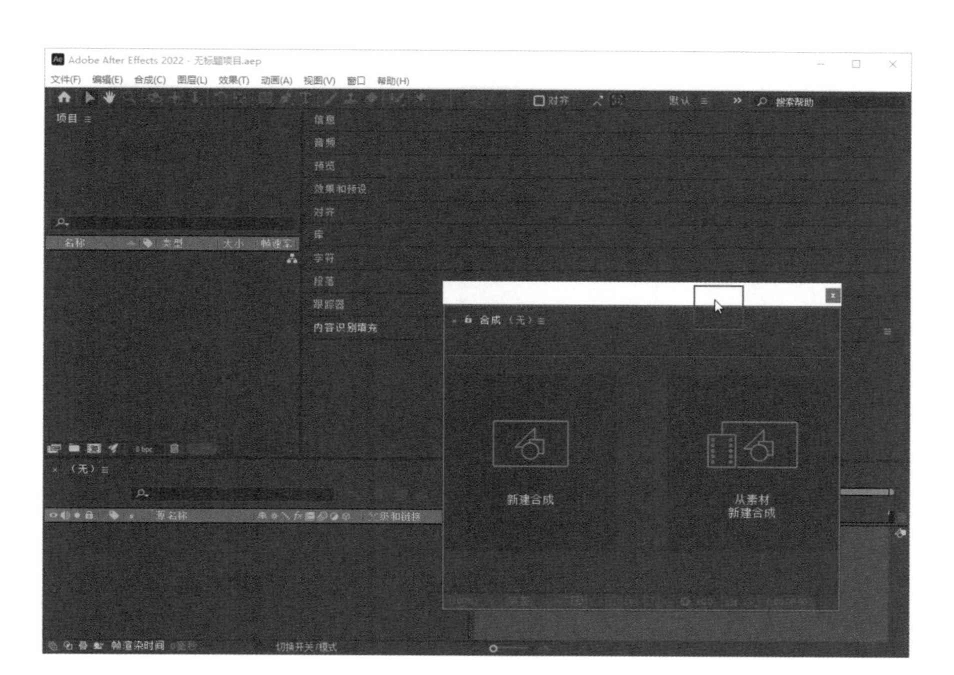

图 1–21　浮动面板可以进行拖动

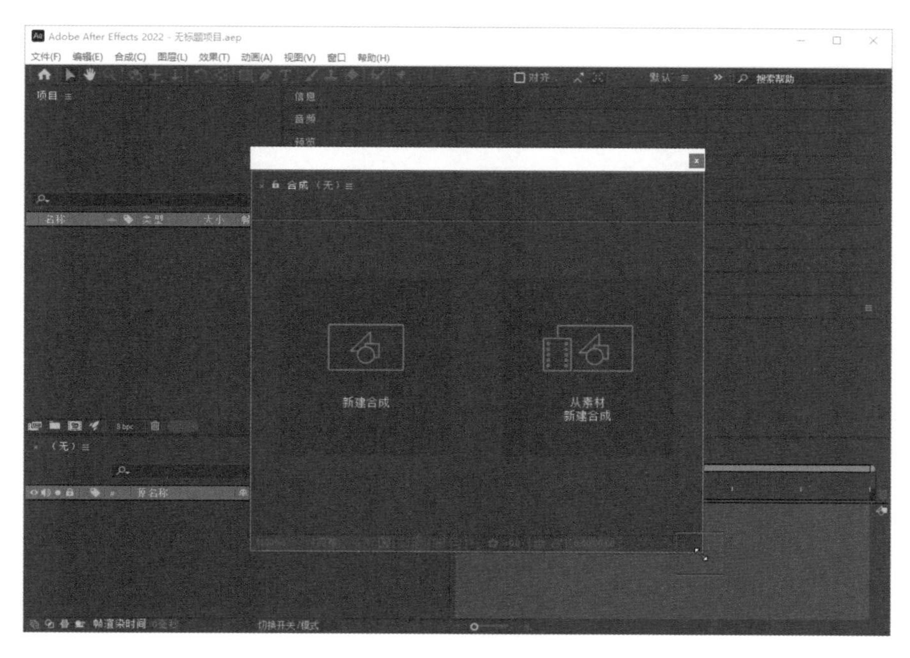

图 1–22　调整浮动面板的大小

提示 面板在浮动状态下，单击面板右上角的关闭按钮，可将面板关闭；若需要再次调出面板，可执行“窗口”命令，在下拉菜单中选择相应面板。

⑤ 长按鼠标左键，将悬浮的面板拖动到之前摆放的位置，此时将出现深色痕迹，如图 1-23 所示，释放鼠标左键，即可使浮动的面板重新嵌入视频编辑界面。

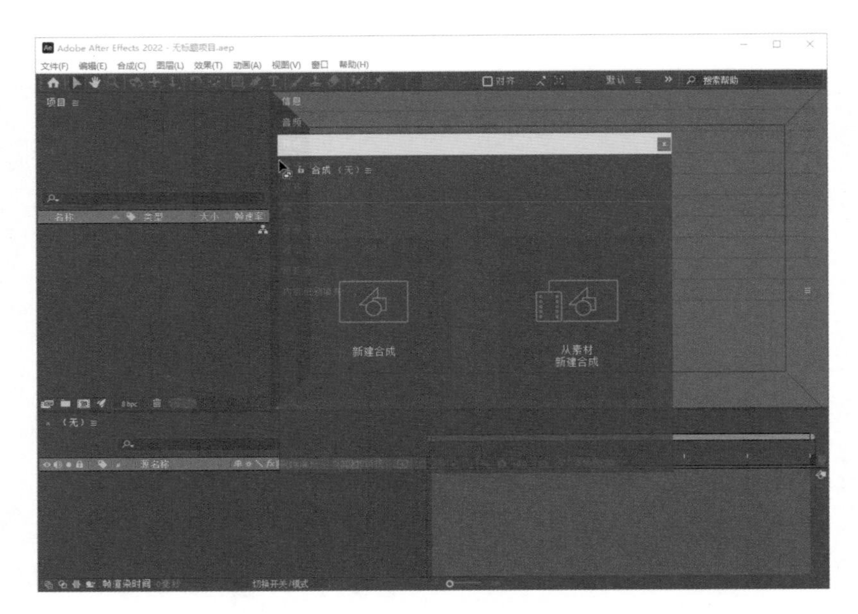

图 1-23　将浮动面板归位

⑥ 面板在嵌入状态下，将鼠标指针悬停于面板边缘，当鼠标指针变为状态时，可按箭头方向调整面板大小，如图 1-24 所示。

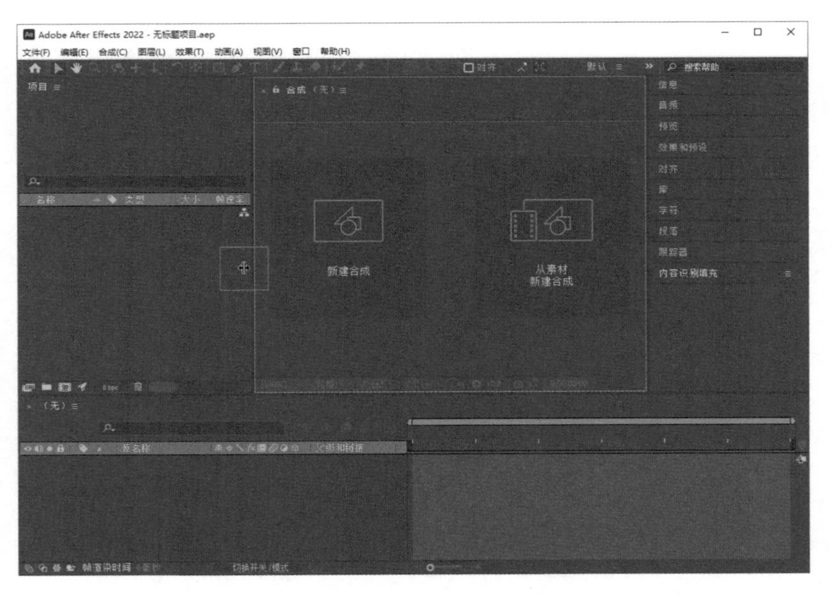

图 1-24　嵌入状态下调整大小

1.4　After Effects 项目的一般操作流程

本节主要介绍 AE 视频编辑项目的一般操作流程。遵循操作流程有助于提升工作效率，也能避免在工作中出现不必要的错误和麻烦。

1.4.1 项目设置

一般情况下，在启动 AE 时，软件会自动建立一个空的项目，用户可以对这个空项目进行设置。执行“文件”|“项目设置”命令，或者单击“项目”面板右上角的菜单按钮☰，可以打开“项目设置”对话框。在“项目设置”对话框中可以根据实际需要分别对“视频渲染和效果”“时间显示样式”“颜色”“音频”和“表达式”5 个参数进行设置，如图 1-25 所示。

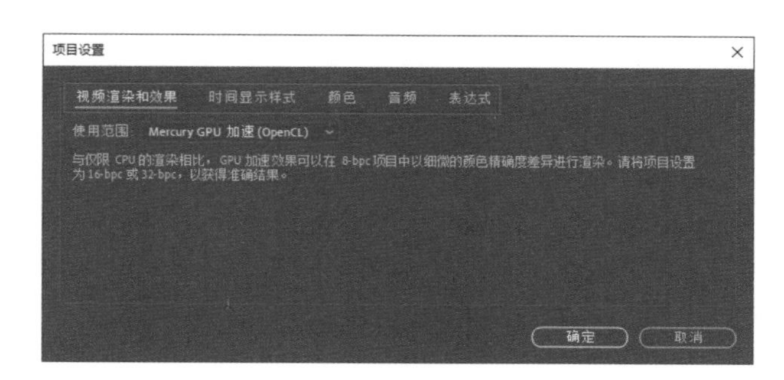

图 1-25 “项目设置”对话框

1.4.2 新建与保存项目（实例）

初次使用 AE 编辑影片，需要新建一个影片编辑项目。下面介绍新建项目及保存项目的具体操作。

① 启动 AE 软件，在主页界面中，单击“新建项目”或“新建”按钮，如图 1-26 所示。

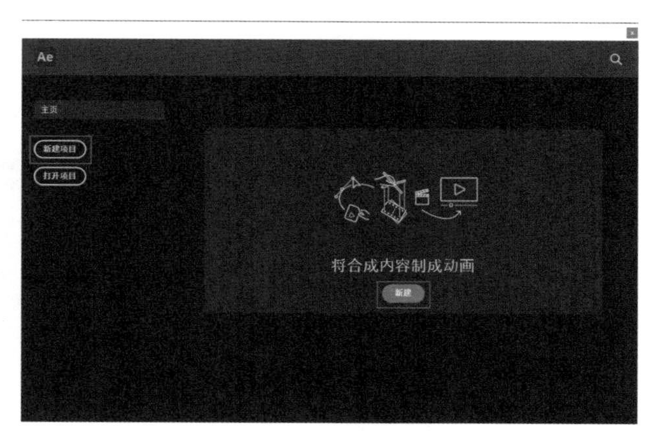

图 1-26 在主页界面新建项目

② 除上述方法以外，可在菜单栏执行“文件”|“新建”|“新建项目”命令，或按快捷键 Ctrl+Alt+N 新建项目，如图 1-27 所示。新建项目后，即可进入视频编辑界面。

③ 完成项目创建后，可以执行“文件”|“保存”命令，或使用快捷键 Ctrl+S，在弹出的“另存为”对话框中设置存储路径和文件名称，如图 1-28 所示，完成后单击“保存”按钮，即可将该项目保存到指定的路径文件夹中。

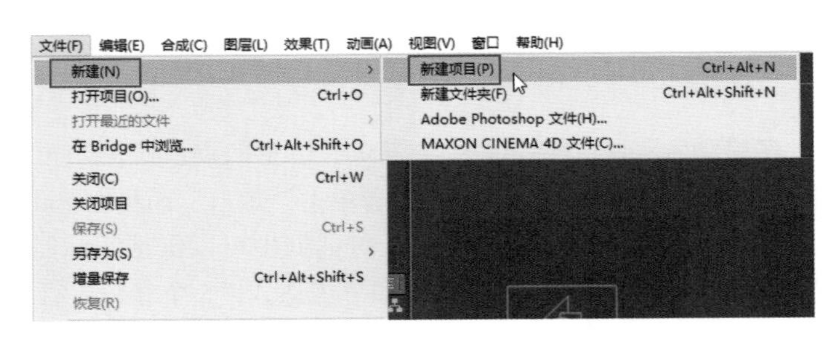

图 1-27　通过菜单栏新建项目

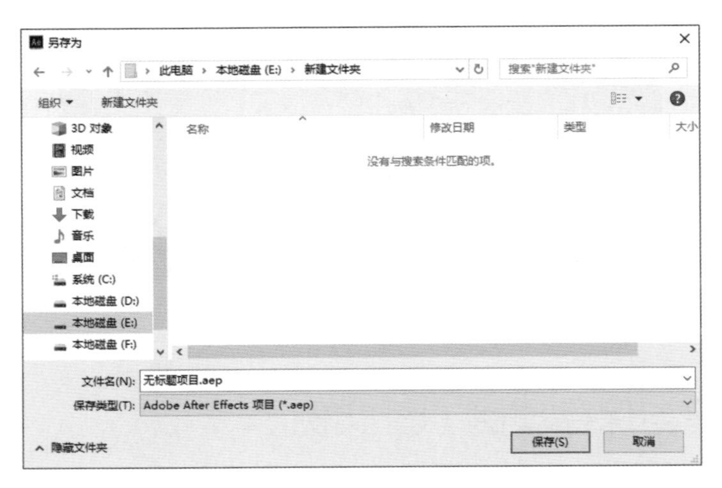

图 1-28　另存文件

提示 如果在项目的后续编辑操作中，需要更改项目文件初次存储的路径，可执行“文件”|“另存为”|“另存为”命令，将当前项目文件另存到新的路径中；此外，还可以选择将项目保存为副本，或存储为其他低版本格式文件，其他菜单命令如图 1-29 所示。

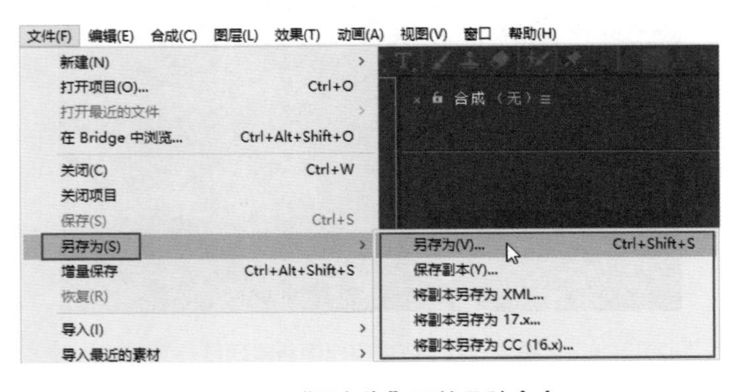

图 1-29　“另存为”下的几种命令

1.4.3　新建合成

在 AE 中，一个工程项目可以创建多个合成，并且每个合成都能作为一段素材应用到其他合成中，下面详细讲解创建合成的基本方法。

创建合成的方法主要有以下 4 种。

- 在“项目”面板的空白处单击鼠标右键，然后在弹出的菜单中选择“新建合成”命令，如图 1-30 所示。
- 执行“合成”|“新建合成”菜单命令，如图 1-31 所示。

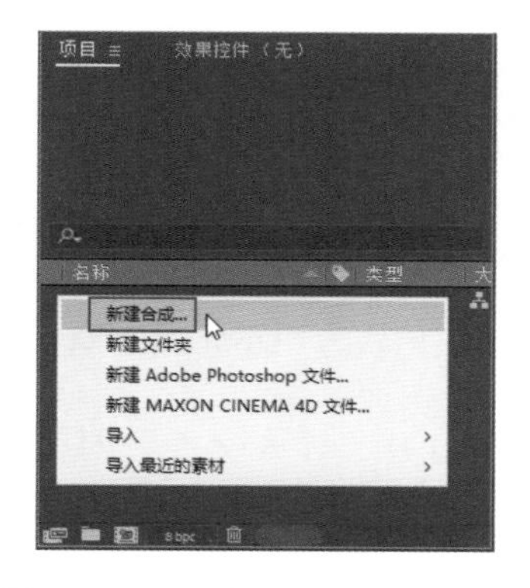

图 1-30　通过项目面板新建合成

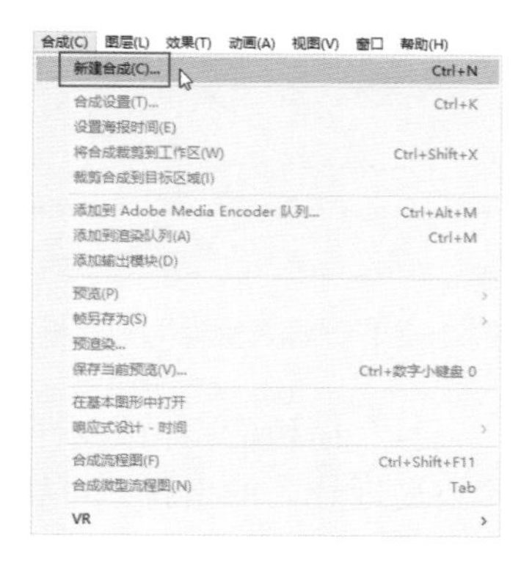

图 1-31　通过菜单栏新建合成

- 单击“项目”面板底部的“新建合成”按钮，可以直接弹出合成设置对话框创建合成，如图 1-32 所示。
- 进入 AE 操作界面后，在“合成”面板中单击“新建合成”按钮，如图 1-33 所示。

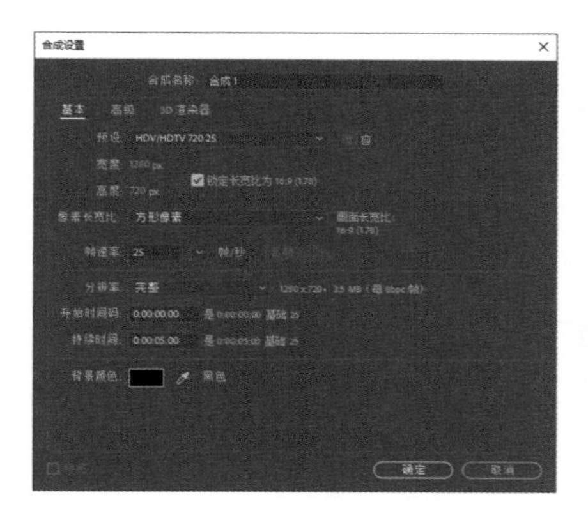

图 1-32　单击按钮新建合成

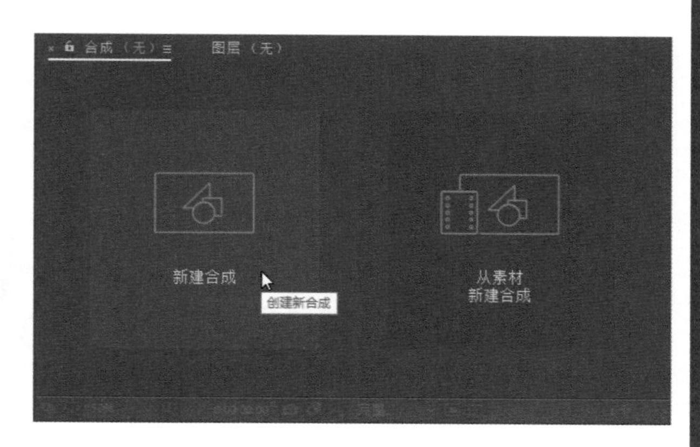

图 1-33　在操作界面新建合成

1.4.4　导入素材

导入素材的方法有很多，可以一次性导入全部素材，也可以选择多次导入素材。下面介绍几种常用的导入素材的方法。

- 执行“文件”|“导入”|“文件”菜单命令，或按快捷键 Ctrl+I，打开“导入文件”对话框，如图 1-34 所示，选择相应素材后单击“导入”按钮。
- 在“项目”面板的空白处单击鼠标右键，在弹出的菜单栏中选择“导入”|“文件”命令，如图 1-35 所示，也可以打开“导入文件”对话框进行素材的导入。

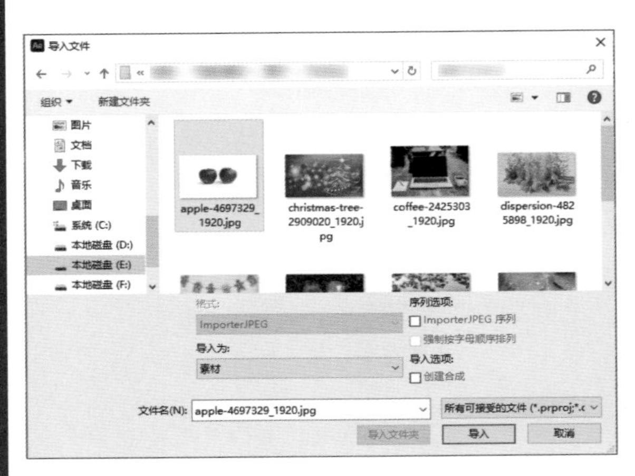

图 1–34 “导入文件”对话框

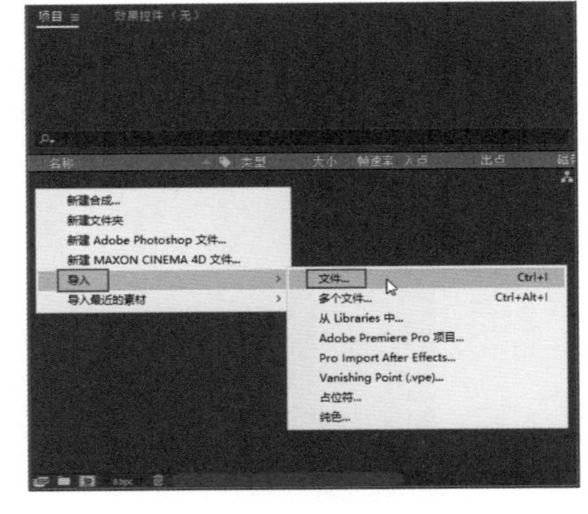

图 1–35 通过菜单栏导入文件

- 在“项目”面板的空白处双击鼠标左键，直接打开“导入文件”对话框。如果要导入最近导入的素材，可执行“文件”|“导入最近的素材”菜单命令，然后从最近导入过的素材中选择素材进行导入。

如果需要在 AE 中导入 psd 素材，那么在导入含有图层的素材文件时，可以在“导入文件”对话框中设置“导入为”参数为“合成”，然后在弹出的素材对话框中设置“图层选项”为“可编辑的图层样式”，如图 1–36 所示，单击“确定”按钮，即可将 psd 素材导入“项目”面板。

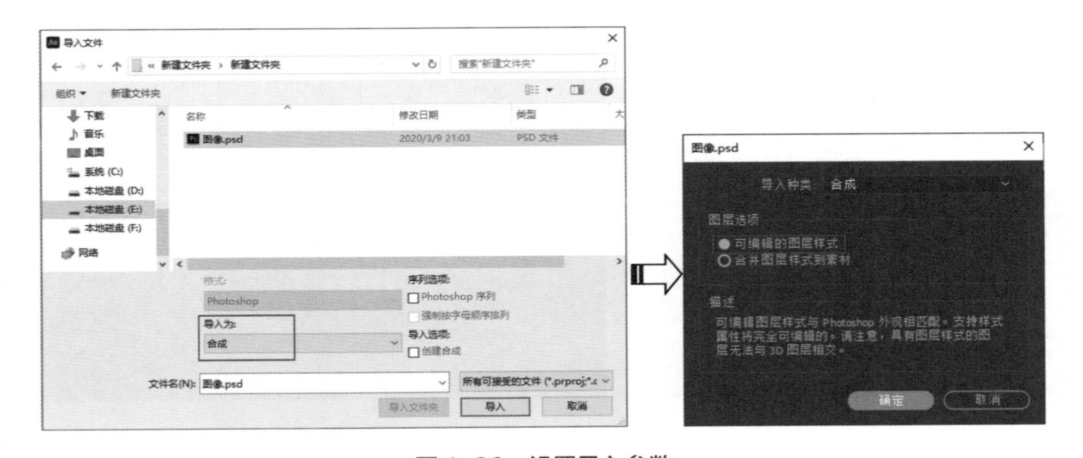

图 1–36 设置导入参数

提示 如果需要导入序列素材，则需要在“导入文件”对话框中勾选序列选项后，再单击“导入”按钮进行素材导入。

1.4.5 导入 psd 分层素材（实例）

下面将练习导入 psd 分层素材的方法和方式，主要利用 AE 软件的“导入”命令将 psd 素材导入，具体操作方法如下。

① 启动 AE 软件，执行“文件”|“导入”|“文件”命令，如图 1-37 所示。

② 打开“导入文件”对话框，选择“热气球 .psd”素材文件，单击“导入”按钮，如图 1-38 所示。

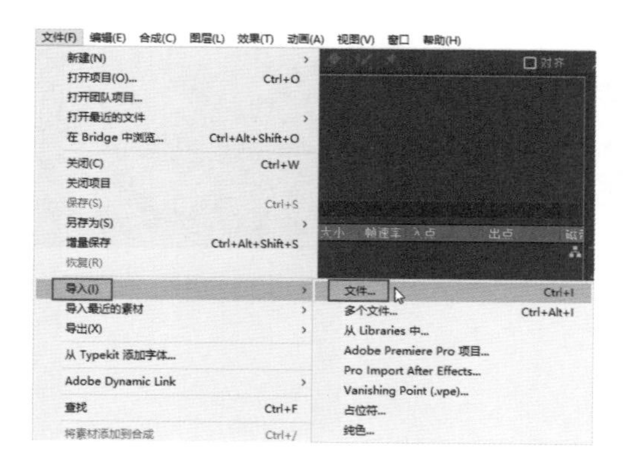

图 1-37　执行导入命令

图 1-38　选择素材文件

③ 打开图层对话框，将“图层选项”设置为“合并的图层”，如图 1-39 所示，然后单击“确定”按钮。

④ 将素材文件导入“项目”面板（该图像是一个合并图层文件），双击该素材文件，在“素材”面板中可以查看该素材文件，如图 1-40 所示。

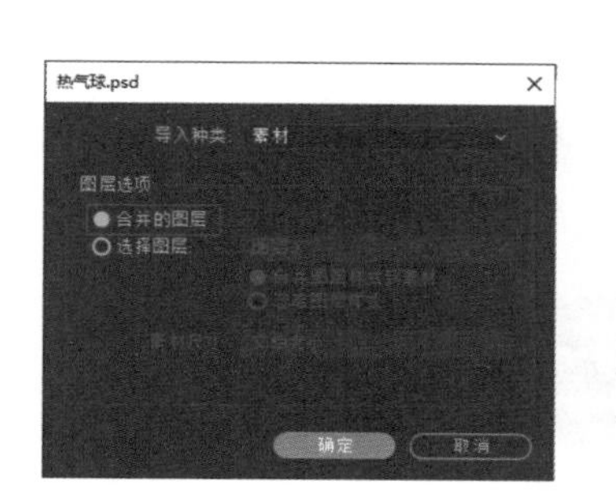

图 1-39　设置导入参数

图 1-40　导入效果

⑤ 选中“项目”面板中的“热气球 .psd”素材，按 Delete 键将其删除，再次使用导入文件的命令，导入上一步导入的素材，在打开的对话框中，将“图层选项”设置为“选择图层”，并展开右侧的列表框选择“背景”选项，如图 1-41 所示，然后单击“确定”按钮。

⑥ 将素材文件导入“项目”面板，双击该素材文件，在“素材”面板中可以查看该图层文件，如图 1-42 所示。

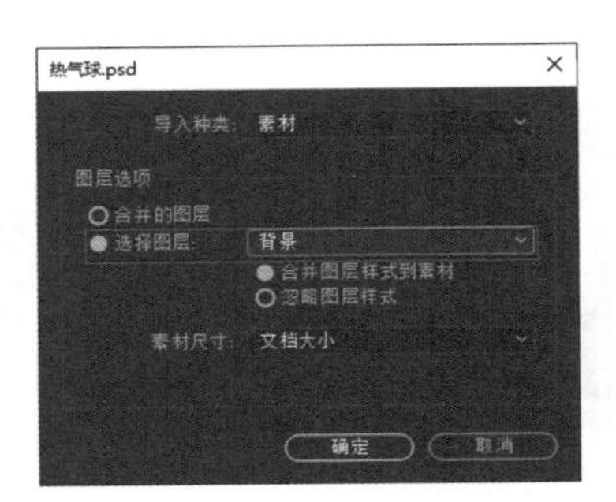

图 1-41 仅导入素材中的“背景”图层

图 1-42 仅导入“背景”图层的效果

1.4.6 整合素材

在进行影视特效制作过程中，核心的操作是在“时间轴”面板中对所有素材进行整合，同时对素材进行编辑、调色、设置关键帧动画，以及添加各种滤镜特效、音频特效等，直到完成最终合成效果。具体的内容在之后的章节中将会为大家详细讲解，这里就不阐述了。

1.4.7 利用纯色图层制作背景（实例）

本例讲解利用纯色图层制作背景，首先新建合成，然后在“时间轴”面板中进行创建，具体操作方法如下。

① 启动 AE 软件，执行“合成”|“新建合成”命令，在打开的“合成设置”对话框中，设置相关参数，如图 1-43 所示，完成后单击“确定”按钮。

② 在时间轴面板中单击鼠标右键，在弹出的快捷菜单中选择“新建”|“纯色”命令，如图 1-44 所示。

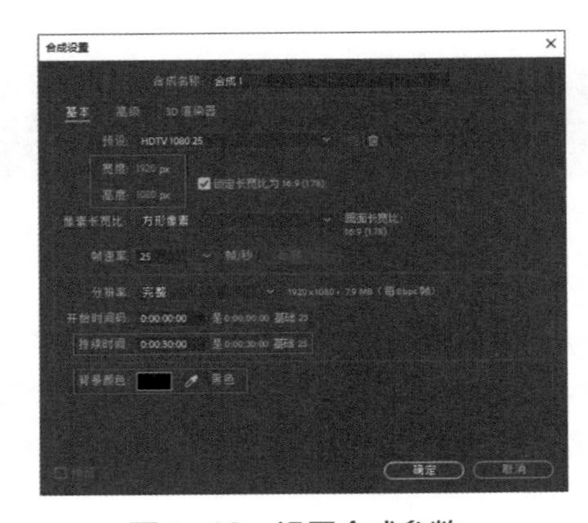

图 1-43 设置合成参数

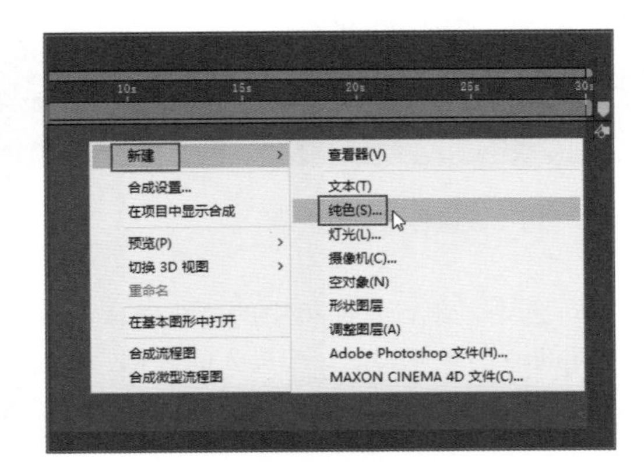

图 1-44 新建纯色图层

③ 打开“纯色设置”对话框，在该对话框中，将“颜色”设置为黄色（R255，G249，B72），单击“确定”按钮，如图 1-45 所示。

④ 完成操作后，在“项目”面板中即可看到建立的“纯色”文件夹，在“合成”面板中可以查看纯色图层的效果，如图 1-46 所示。

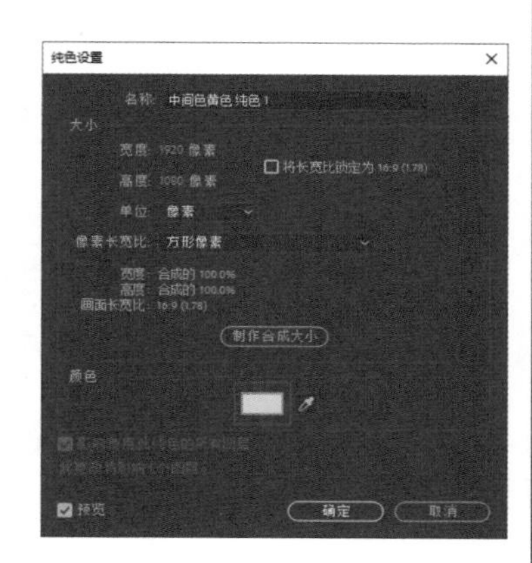

图 1-45　设置图层颜色

纯色与任何其他素材项目一样，可以添加蒙版、修改变换属性。纯色可作为源素材项目的图层效果，也可作为背景着色，作为复合效果的控制图层的基础，或者创建简单的图形图像。纯色素材项目自动存储在“项目”面板的“纯色”文件夹中。

图 1-46　新建的纯色图层效果

1.5　辅助功能的应用

在进行素材的编辑时，“合成”面板下方有一排功能菜单和功能按钮，它的许多功能与“视图”菜单中的命令相同，主要用于辅助编辑素材，包括安全框、网格、参考线、标尺等。

1.5.1　安全框

在 AE 中，为了防止画面中的重要信息丢失，可以启用安全框。单击“合成”面板下方的“选择网格和参考线选项”按钮，在弹出的菜单中选择“标题 / 动作安全”命令，即可显示安全框，如图 1-47 所示。如果需要隐藏安全框，则单击“合成”面板下方的“选择网格和参考线选项”按钮，在弹出的菜单中再次选择“标题 / 动作安全”命令，即可隐藏安全框。

图 1–47　显示安全框

提示 从启动的安全框中可以看出，有两个安全区域。内部方框为“字幕安全框”，外部方框为“运动安全框”。通常来讲，重要的图像要保持在“运动安全框”内，而动态的字幕及标题文字应该保持在“字幕安全框”以内。

执行“编辑”|“首选项”|“网格和参考线”命令，打开“首选项”对话框，在“安全边距”选项组中，可以设置“动作安全”和“字幕安全”的大小，如图 1–48 所示。

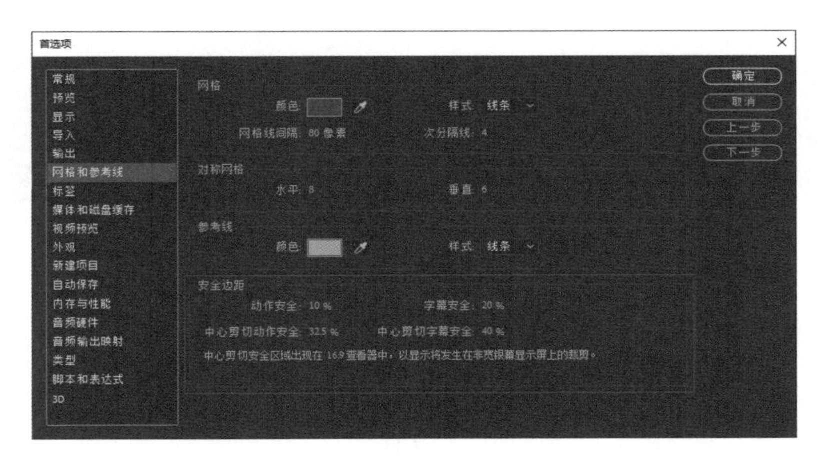

图 1–48　设置安全边距

提示 制作的影片若要在电视上播放，由于显像管的不同，显示范围也会有所不同，这时就要注意视频图像及字幕的位置了，因为在不同的电视上播放时，可能会出现少许边缘丢失的现象，这种现象叫溢出扫描。

1.5.2　网格

在素材编辑过程中，若需要精确地对像素进行定位和对齐，可以借助网格来完成。默认情况下，网格为绿色效果，如图 1–49 所示。

图 1-49　网格显示效果

在 AE 中，启用网格的方法有以下几种。

- 执行“视图”|“显示网格”命令，即可显示网格。
- 单击“合成”面板下方的“选择网格和参考线选项”按钮，在弹出的菜单中选择“网格”命令，即可显示网格。
- 按快捷键 Ctrl+’，可显示或关闭网格。

提示　执行“编辑”|“首选项”|“网格和参考线”命令，打开“首选项”对话框，在“网格”选项组中，可以对网格的间距和颜色进行设置。

1.5.3　参考线

参考线主要应用在素材的精确定位和对齐操作中。参考线相对于网格来说，操作更加灵活，设置更加随意。执行“视图”|“显示标尺”命令，将标尺显示出来，然后将鼠标指针移动到水平标尺或垂直标尺的位置，当指针变为双箭头时，向下或向右拖动鼠标，即可拉出水平或垂直参考线。重复拖动，可以拉出多条参考线，如图 1-50 所示。

图 1-50　参考线显示效果

提示 执行“视图”|“对齐到参考线”命令，启动参考线的吸附属性，可以在拖动素材时，在一定距离内与参考线自动对齐，如果要清除参考线，将参考线拖出画面即可。

1.5.4 标尺的使用（实例）

在创建影片编辑项目后，执行“视图”|“显示标尺”命令，或按快捷键 Ctrl+R，即可显示水平和垂直标尺。下面演示标尺及参考线的各项基本操作。

① 启动 AE 软件，按快捷键 Ctrl+O 打开相关素材中的“石头 .aep”项目文件，效果如图 1-51 所示。

② 在编辑过程中，如果觉得参考线影响观看，但又不想将参考线删除，可以执行“视图”|“显示参考线”命令，如图 1-52 所示，将命令前面的“√”取消，即可将参考线暂时隐藏。

图 1-51　打开素材文件

图 1-52　隐藏参考线

③ 完成上述操作后，即可将参考线隐藏，如图 1-53 所示。如果想再次显示参考线，再次执行“视图”|“显示参考线”命令即可。

④ 如果不再需要参考线，可执行“视图”|“清除参考线”命令，如图 1-54 所示，参考线将被全部删除。

图 1-53　隐藏参考线效果

图 1-54　清除参考线

⑤ 如果只想删除其中的一条或多条参考线，可以将鼠标指针移动到对应的参考线上方，当指针变为双箭头状态时，按住鼠标左键将其拖出窗口范围即可。

⑥ 如果不想在操作中改变参考线的位置，可以执行“视图”|“锁定参考线”命令，锁定参考线，锁定后的参考线将不能再次被拖动改变位置。如果想再次修改参考线的位置，可以执行“视图”|“锁定参考线”命令，将“√”去除，取消参考线的锁定。

⑦ 清除参考线后，在“合成”面板中观察标尺原点的默认位置，是位于面板的左上角，将鼠标指针移动到左上角标尺交叉点的位置（即原点上），然后按住鼠标左键进行拖动，此时将出现一组十字线，当拖动到合适的位置时，释放鼠标，标尺上的新原点将出现在刚才释放鼠标的位置，如图 1-55 所示。

图 1-55　指定标尺原点的位置

⑧ 如果需要将标尺原点还原到默认位置，在“合成”面板左上角的标尺原点处双击鼠标即可。

⑨ 执行“编辑”|“首选项”|“网格和参考线”命令，打开“首选项”对话框，在“参考线”选项组中，可以设置参考线的“颜色”和“样式”，如图 1-56 所示。

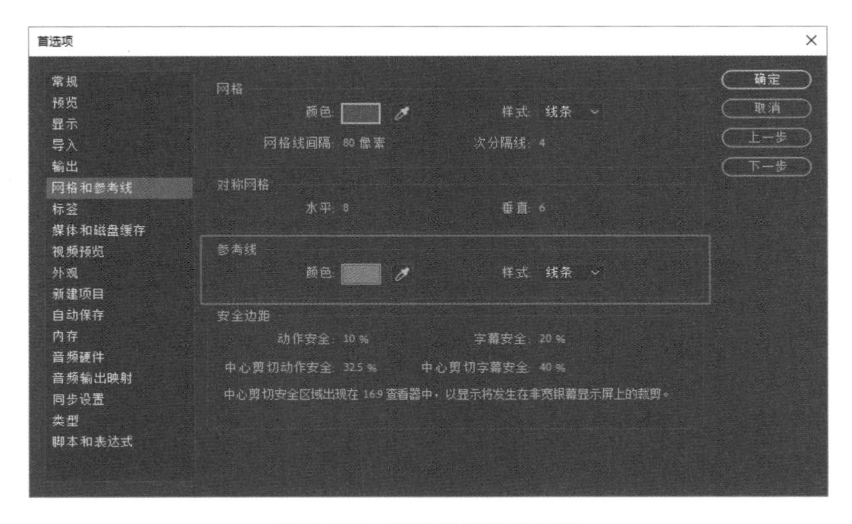

图 1-56　设置参考线的属性

1.5.5　快照

快照就是将当前窗口中的画面进行预存，然后在编辑其他画面时，显示快照内容进行对比，这样可以更全面地把握各个画面的效果。需要注意的是，显示快照并不会影响当前画面的图像效果。

单击“合成”面板下方的“拍摄快照”按钮，即可将当前画面以快照的形式暂时保存起来，如图 1-57 所示。如果需要应用快照，可将时间滑块拖动到要进行比较的画面帧位置，然后按住“合成”面板下方的“显示快照”按钮不放，将显示最后一个快照效果的画面，如图 1-58 所示。

图 1-57　拍摄快照

图 1-58　查看快照

1.5.6　显示通道

选择不同的通道，观察通道颜色的比例，有助于用户进行图像色彩的处理，在抠图时更加方便。在 AE 中显示通道的方法非常简单，单击“合成”面板下方的“显示通道及色彩管理设置”按钮，弹出如图 1-59 所示菜单，此时可以选择不同的通道选项来显示不同的通道模糊效果。

在选择不同的通道时，“合成”面板边缘将显示不同通道颜色的标识方框，以区分通道显示；同时，在选择红、绿、蓝通道时，“合成”面板显示的是灰色的图案效果，如果想显示出通道的颜色效果，可以在下拉菜单中选择“彩色化”命令。

图 1-59　显示通道及色彩管理设置

1.5.7　分辨率解析

分辨率的大小直接影响图像的显示效果，在对影片进行渲染时，设置的分辨率越大，影片的显示质量就越好，但渲染的时间也会相应变长。如果在制作影片的过程中，只想查

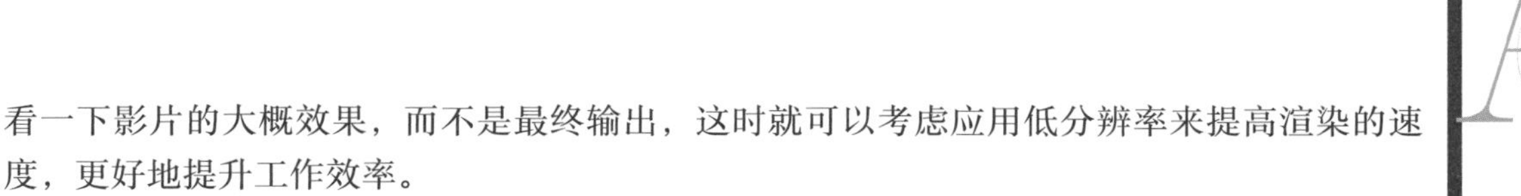

看一下影片的大概效果，而不是最终输出，这时就可以考虑应用低分辨率来提高渲染的速度，更好地提升工作效率。

单击“合成”面板下方的“分辨率 / 向下采样系数弹出式菜单”按钮 完整 ，将弹出如图 1-60 所示菜单，在该菜单中选择不同的选项，可以设置不同的分辨率效果。

菜单选项说明如下。

- 完整：主要在最终输出时使用，表示渲染影片时，以最好的分辨率效果来渲染。
- 二分之一：在渲染影片时，只以影片中二分之一大小的分辨率来渲染。
- 三分之一：在渲染影片时，只以影片中三分之一大小的分辨率来渲染。
- 四分之一：在渲染影片时，只以影片中四分之一大小的分辨率来渲染。
- 自定义：选择该命令，将打开“自定义分辨率”对话框，在该对话框中，可以设置水平和垂直每隔多少像素来渲染影片，如图 1-61 所示。

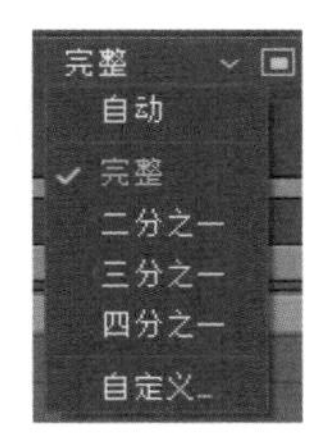

图 1-60　分辨率设置

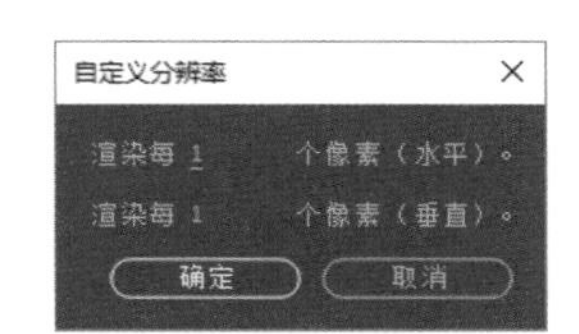

图 1-61　“自定义分辨率”对话框

1.5.8　设置目标区域预览（实例）

在渲染影片时，除了使用分辨率设置来提高渲染速度外，还可以应用区域预览快速渲染影片。

① 启动 AE 软件，按快捷键 Ctrl+O 打开相关素材中的“街头 .aep”项目文件，效果如图 1-62 所示。

② 单击“合成”面板底部的“目标区域”按钮，按钮激活后将变为蓝色，如图 1-63 所示。

图 1-62　素材文件

图 1-63　激活目标区域

③ 此时，在“合成”面板中单击拖动绘制一个区域，如图 1-64 所示。

④ 释放鼠标后，对视频进行播放，即可看到区域预览的效果，如图 1-65 所示。

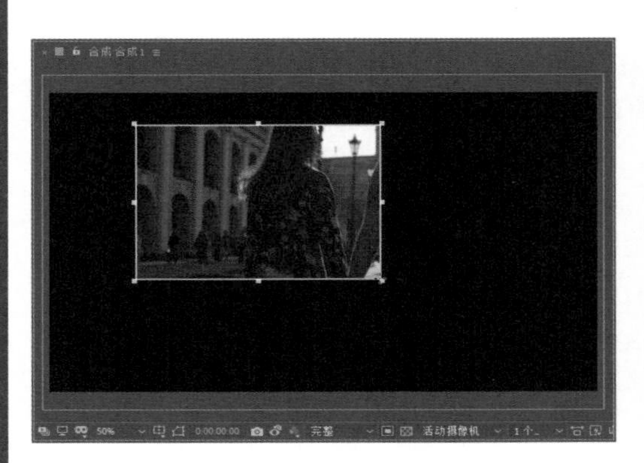

图 1-64 选择目标区域

图 1-65 仅对目标区域渲染

提示 区域预览与分辨率解析不同之处在于，区域预览可以预览影片的局部，而分辨率解析则不可以。

1.5.9 画面的缩放操作（实例）

在素材编辑过程中，为了更好地查看影片的整体效果或细微之处，可以对素材画面进行放大或缩小处理。下面介绍缩放素材的两种常规操作方法。

第 1 种方法：

① 启动 AE 软件，按快捷键 Ctrl+O 打开相关素材中的“小狗 .aep”项目文件，效果如图 1-66 所示。

② 在工具栏中单击“缩放工具”按钮，或按快捷键 Z，选择该工具。接着在“合成”面板中单击，即可放大显示区域，如图 1-67 所示。

图 1-66 素材文件

图 1-67 放大视图

③ 如果需要将显示区域缩小，则按住 Alt 键并单击，即可将显示区域缩小，如图 1-68 所示。

第 2 种方法：单击“合成”面板下方的“放大率弹出式菜单”按钮 50%，在弹出的菜单中，选择合适的缩放比例，即可按所选比例对素材进行缩放操作，如图 1-69 所示。

图 1-68　缩小视图

图 1-69　选择缩放倍率

提示 如果想让素材快速返回原尺寸 100% 显示状态，可以在工具栏中直接双击“缩放工具”按钮。

第2章 After Effects 2022 工作界面详解

扫码尽享
AE 全方位学习

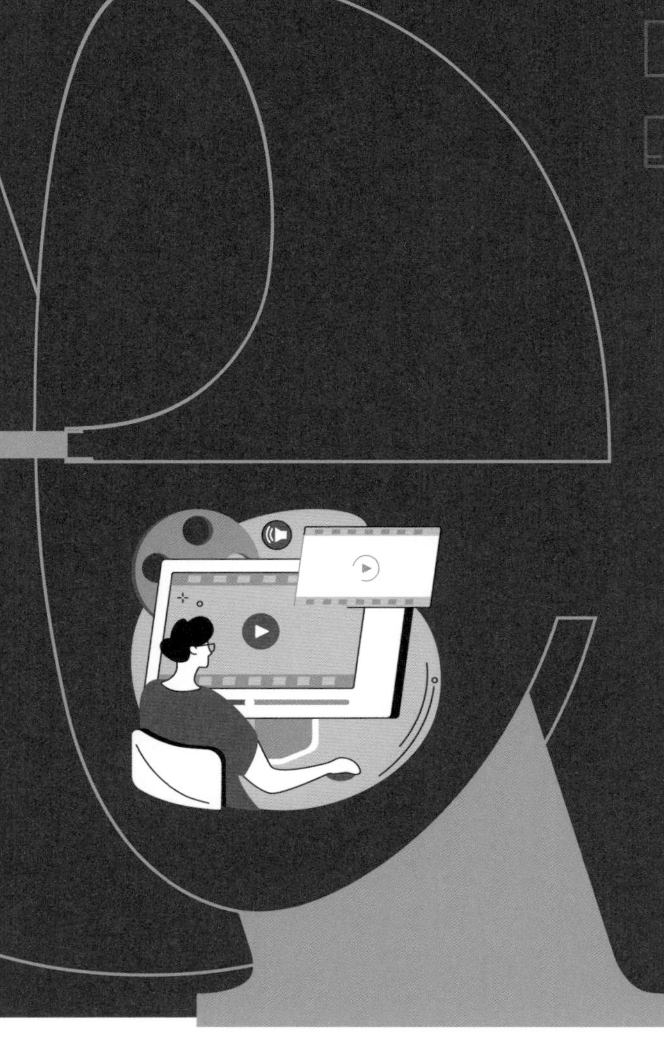

After Effects 2022 的工作界面主要由标题栏、菜单栏、工具栏、“效果控件”面板、“效果和预设”面板、“项目”面板、“合成”面板、“时间轴”面板及多个控制面板组成。熟练掌握各个面板的使用，能够帮助大家更快地熟悉视频编辑的工作流程，并掌握视频编辑的方法和技巧。

2.1 “项目”面板

After Effects 2022 中的“项目”面板主要用于存放需要处理和使用的素材文件或合成，用户可以通过右击新建合成等。

2.1.1 “项目”面板详解

“项目”面板位于工作界面的左上角，主要用于组织和管理视频项目中所使用的素材及合成。视频制作所使用的素材，都需要先导入“项目”面板。在“项目”面板中可以查看每个合成及素材的尺寸、持续时间和帧速率等信息。“项目”面板的中部为素材的信息栏，从左到右依次为名称、类型、大小、媒体持续时间、文件路径等，如图 2-1 所示。

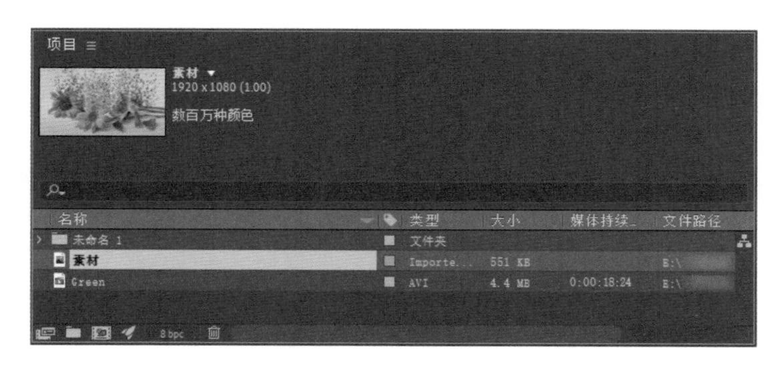

图 2-1 “项目”面板

- 名称：显示素材、合成或文件夹的名称。单击该名称图标，可以将素材以名称方式进行排序。
- 标记：可以利用不同的颜色来区分项目文件。单击该图标，可以将素材以标记的方式进行排序。如果要修改某个素材的标记颜色，直接单击该素材右侧的颜色按钮，在弹出的快捷菜单中，选择适合的颜色即可。
- 类型：显示素材的类型，如合成、图像或音频文件。单击该名称图标，可以将素材以类型的方式进行排序。
- 大小：显示素材文件的大小。单击该名称图标，可以将素材以大小的方式进行排序。
- 媒体持续时间：显示素材的持续时间。单击该名称图标，可以使素材以持续时间的方式进行排序。
- 文件路径：显示素材的存储路径，便于素材的更新与查找。
- 搜索栏：在“项目”面板中可进行素材或合成的查找搜索。

- 解释素材：选择素材，单击该按钮，可设置素材的 Alpha、帧速率等参数。
- 新建文件夹：单击该按钮，可以在“项目”面板中新建一个文件夹，方便素材管理。
- 新建合成：单击该按钮，可以在“项目”面板中新建一个合成。
- 删除所选项目：选择“项目”面板中的图层，单击该按钮即可进行删除操作。

菜单按钮位于“项目”面板上方，单击该按钮可以打开“项目”面板的相关菜单，如图 2-2 所示。

- 关闭面板：将当前的面板关闭。
- 浮动面板：将面板的一体状态解除，使其变成浮动面板。
- 列数：在“项目”面板中显示素材信息栏队列的内容，其下级菜单中勾选的内容也被显示在“项目”面板中。
- 项目设置：打开“项目设置”对话框，在其中可以进行相关的项目设置。
- 缩览图透明网格：当素材具有透明背景时，勾选此选项可以以透明网格的方式显示缩略图的透明背景部分。

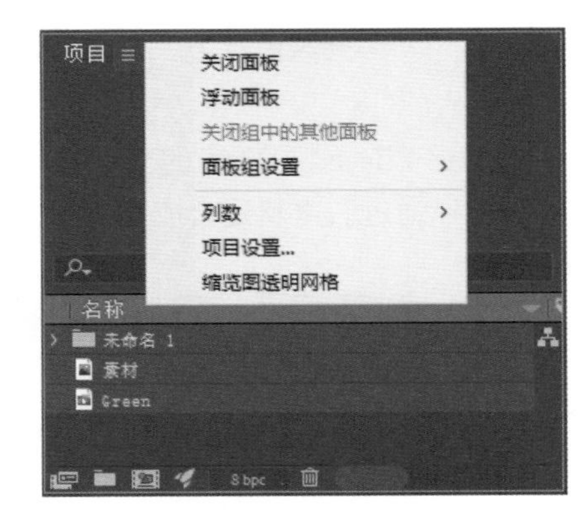

图 2-2 “项目”面板的相关菜单

2.1.2 新建一个 PAL 宽银幕合成（实例）

在开始项目的剪辑编辑工作前，需要先在 AE 中创建一个新合成，下面就演示如何在 AE 中新建一个 PAL 宽银幕合成。

① 启动 AE 软件，在“项目”面板中右击鼠标并选择“新建合成”命令，在弹出的“合成设置”面板中自定义“合成名称”，设置“预设”为“PAL D1/DV 宽银幕”，设置“宽度”为 720px，设置“高度”为 576px，设置“像素长宽比”为“D1/DV PAL 宽银幕（1.46）”，设置“帧速率”为 25，设置“持续时间”为 5 秒，如图 2-3 所示。

② 完成上述设置后，单击“确定”按钮。执行“文件”|“导入”|“文件”命令，如图 2-4 所示。

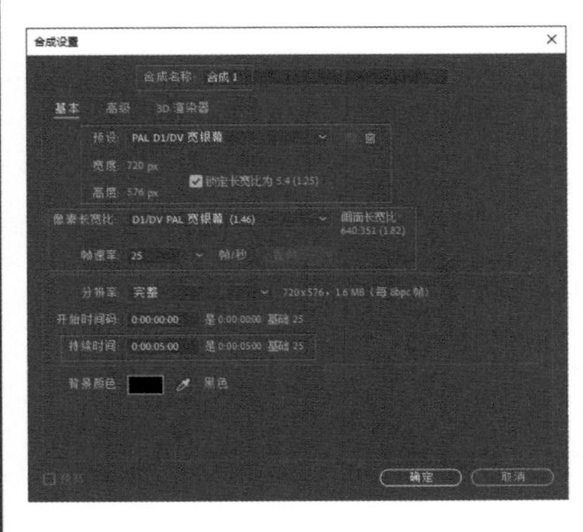

图 2-3 设置合成参数

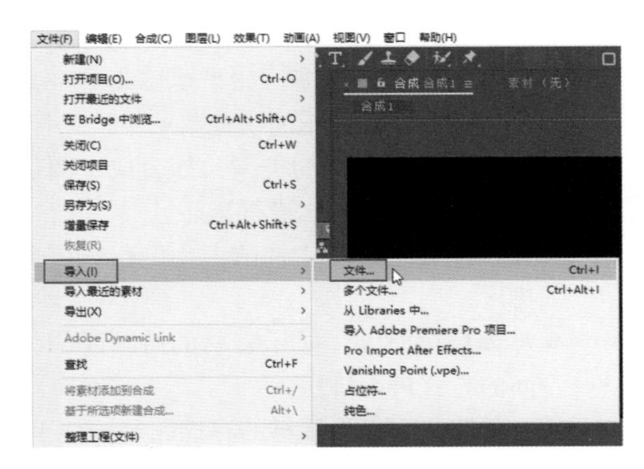

图 2-4 导入文件

③ 打开“导入文件”对话框，选择“骡子.jpg”素材文件，单击“导入”按钮，如图2-5所示。

④ 将导入“项目”面板中的素材拖曳到“时间轴”面板中，在“时间轴”面板中单击，打开“骡子.jpg”图层下方的“变换”属性，调整“缩放”参数为56%，如图2-6所示。

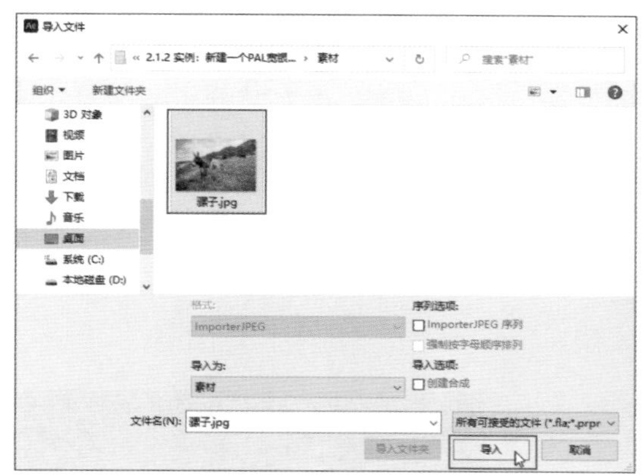

图2-5　导入素材文件

图2-6　设置缩放参数

⑤ 完成操作后，得到的画面效果如图2-7所示。

在创建合成后，如果想修改合成参数，可选择“项目”面板中的“合成”选项，然后按快捷键Ctrl+K打开“合成设置”面板进行参数修改。

图2-7　调整后的画面效果

2.1.3　新建文件夹整理素材（实例）

在编辑视频项目时，如果导入AE中的素材较多，则可以在“项目”面板中创建对应的文件夹对零散的素材进行规整，这样能确保编辑工作更加有条不紊地进行。

① 启动AE软件，在“项目”面板中右击并选择“新建合成”命令，在弹出的“合成设置”面板中自定义“合成名称”，设置“预设”为“HDV/HDTV 720 25”，设置“像素长宽比”为“方形像素”，设置“帧速率”为25，设置“持续时间”为5秒，如图2-8所示。

② 完成上述设置后，单击“确定”按钮。执行“文件”|“导入”|“文件”命令，如图2-9所示。

③ 打开“导入文件”对话框，依次选择“01.jpg”~“03.jpg”素材文件，单击“导入”按钮，如图2-10所示。

④ 在“项目”面板的底部单击“新建文件夹”按钮，并将文件夹重命名为“素材”，如图2-11所示。

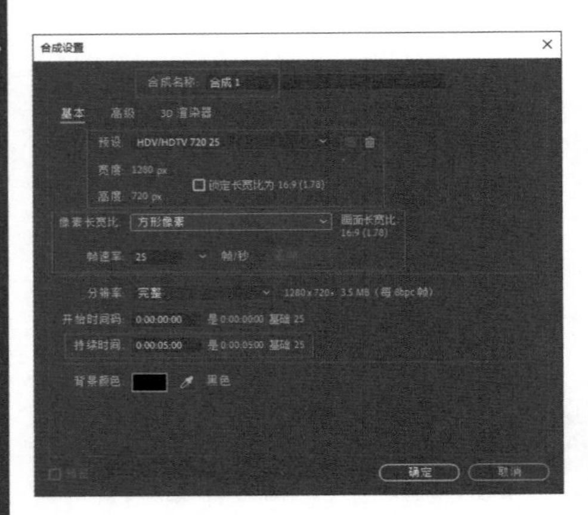

图 2-8　设置合成参数

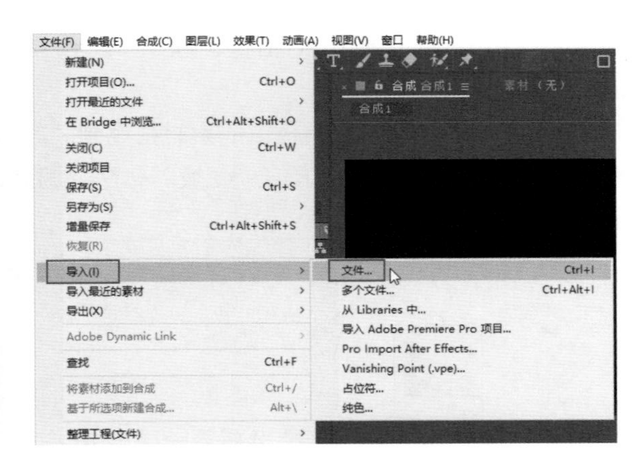

图 2-9　导入文件

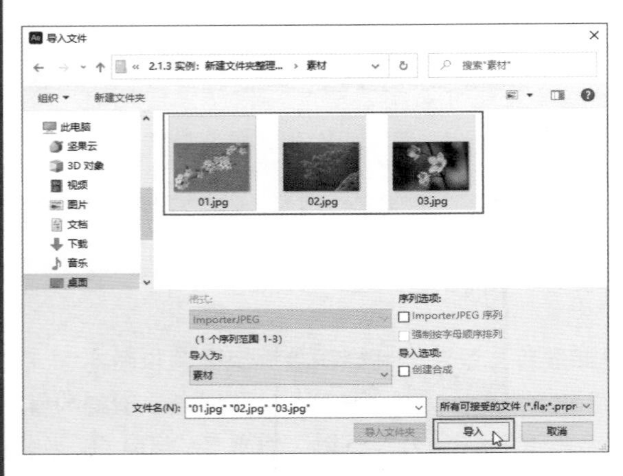

图 2-10　导入素材文件

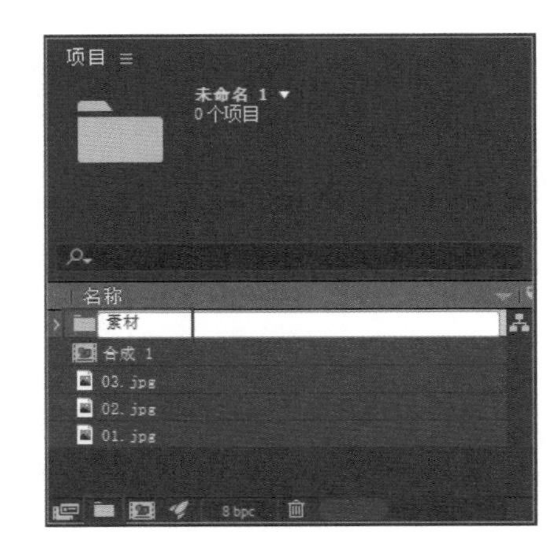

图 2-11　新建文件夹

⑤ 在“项目”面板中，按住 Ctrl 键的同时，单击加选“01.jpg”“02.jpg”“03.jpg”素材文件，将所选文件拖曳到“素材”文件夹中，完成上述操作后，所选的素材文件将被收纳到“素材”文件夹中，如图 2-12 所示。

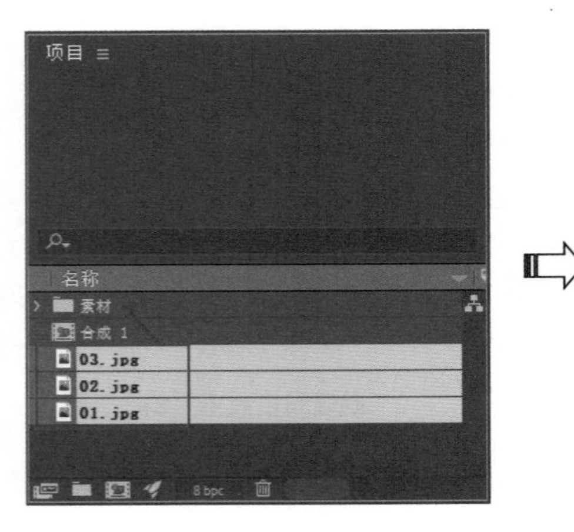

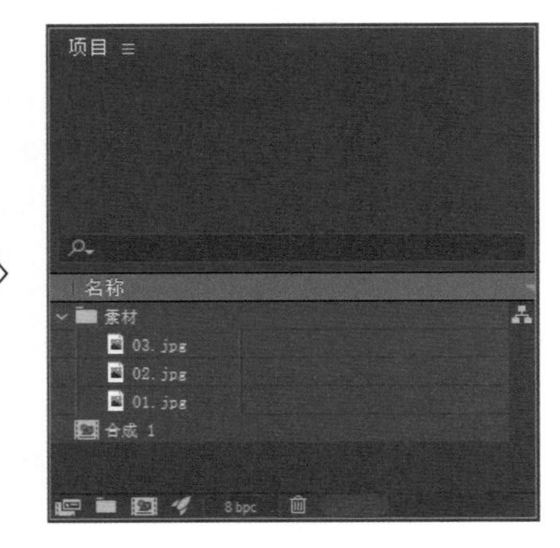

图 2-12　将素材移动至文件夹内

⑥ 在“项目”面板中选择“素材”文件夹，按住鼠标左键将其拖曳到“时间轴”面板中，释放鼠标后，文件夹中的素材将出现在“时间轴”面板中，如图 2-13 所示。

在“时间轴”面板中才可以对素材进行修改和编辑，因此该步骤算是后续所有步骤的基础。

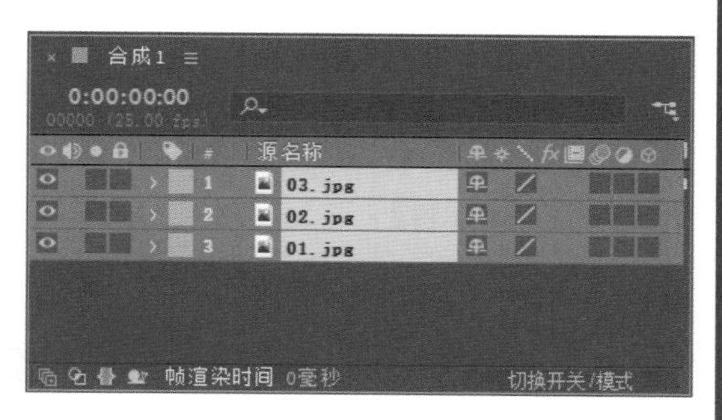

图 2-13　将素材移动至“时间轴”面板上

2.2　“合成”面板

“合成”面板是用来预览视频当前效果或最终效果的区域，在该面板中可以预览编辑的每一帧的效果，同时可以调节画面的显示质量，合成效果可以分通道显示各种标尺、栅格线和辅助线，如图 2-14 所示。

图 2-14　“合成”面板

2.2.1　“合成”面板详解

下面详细介绍“合成”面板中常用的一些工具。

- 始终预览此视图：在多视图情况下预览内存时，无论当前面板中激活的是哪个视图，总是以激活的视图作为默认内存的动画预览视图。
- 主查看器：使用此查看器进行音频和外部视频预览。
- 放大率弹出式菜单 25%：用于设置显示区域的缩放比例，如果选择其中的“适合”选项，无论怎么调整面板大小，面板内的视图都将自动适配画面的大小。
- 选择网格和参考线：用于设置是否在“合成”面板显示安全框和标尺等。
- 切换蒙版和形状路径可见性：控制是否显示蒙版和形状路径的边缘，在编辑蒙版时必须激活该按钮。

- 预览时间 0:00:00:00：设置当前预览视频所处的时间位置。
- 拍摄快照：单击该按钮可以拍摄当前画面，并且将拍摄好的画面转存到内存中。
- 显示快照：单击该按钮显示最后拍摄的快照。
- 显示通道及色彩管理设置：选择相应的颜色可以分别查看红、绿、蓝和 Alpha 通道。
- 分辨率 / 向下采样系数弹出式菜单 完整：设置预览分辨率，用户可以通过自定义命令来设置预览分辨率。
- 目标区域：仅渲染选定的某部分区域。
- 切换透明网格：使用这种方式可以方便地查看具有 Alpha 通道的图像边缘。
- 3D 视图弹出式菜单 活动摄像机：摄像机角度视图，主要是针对三维视图。
- 选择视图布局 1个：用于选择视图的布局。
- 切换像素长宽比校正：启用该功能，将自动调节像素的宽高比。
- 快速预览：可以设置多种不同的渲染引擎。
- 时间轴：快速从当前的“合成”面板激活对应的“时间轴”面板。
- 合成流程图：切换到对应的流程图面板。
- 重置曝光度：重新设置曝光。
- 调整曝光度 +0.0：用于调节曝光度。

在该面板中，单击“合成”选项后的蓝色文字 合成 1，可以在弹出的快捷菜单中选择要显示的合成，如图 2-15 所示。单击右上角的按钮，会弹出如图 2-16 所示的快捷菜单。

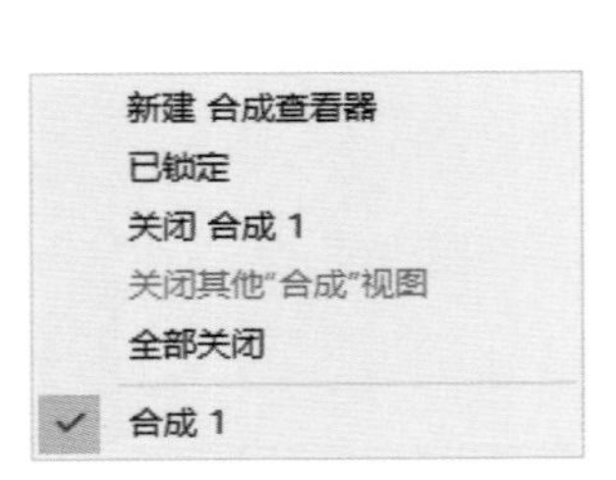

图 2-15　选择要显示的合成

图 2-16　快捷菜单

常用菜单命令介绍如下。

- 合成设置：执行该命令，可以打开“合成设置”对话框。
- 启用帧混合：开启合成中视频的帧混合开关。
- 启用运动模糊：开启合成中运动动画的运动模糊开关。
- 草图 3D：以草稿的形式显示 3D 图层，这样可以忽略灯光和阴影，从而加速合成预览时的渲染和显示。

- 显示 3D 视图标签：用于显示 3D 视图标签。
- 透明网格：以透明网格的方式显示背景，用于查看有透明背景的图像。

2.2.2 移动“合成”面板中的素材（实例）

将素材添加至“时间轴”面板后，用户可以通过调整素材的“位置”参数，或在“合成”面板中随意拖动素材，改变素材的位置。

① 启动 AE 软件，在“项目”面板中右击并选择“新建合成”命令，在弹出的“合成设置”面板中自定义“合成名称”，设置“预设”为“HDV/HDTV 720 25”，设置“像素长宽比”为“方形像素”，设置“帧速率”为 25，设置“持续时间”为 5 秒，如图 2-17 所示。

② 完成上述设置后，单击“确定”按钮。执行“文件”|“导入”|“文件”命令，打开“导入文件”对话框，选择“鸭子 .jpg”素材文件，单击“导入”按钮，如图 2-18 所示。

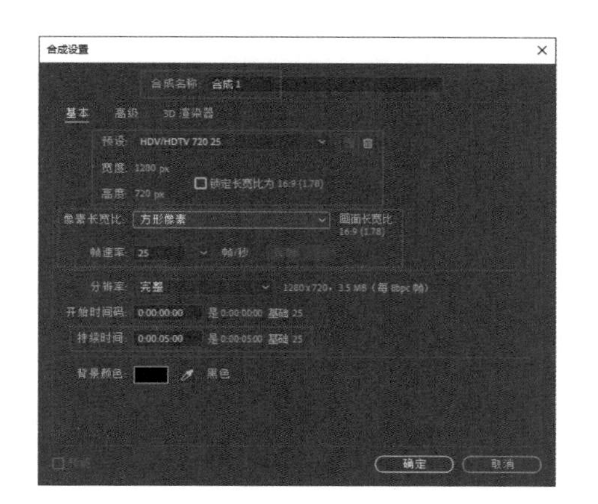

图 2-17 设置合成参数

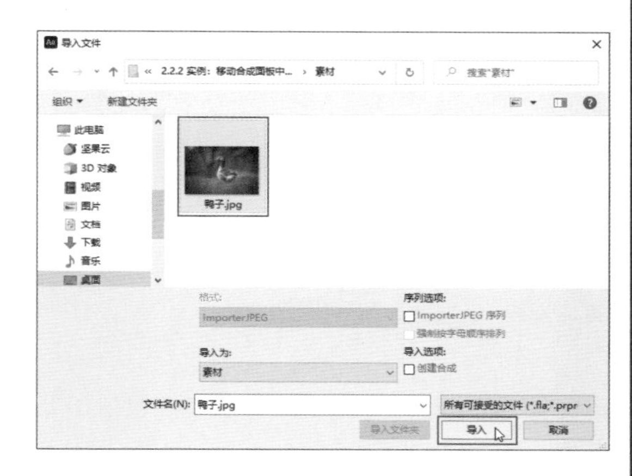

图 2-18 导入素材文件

③ 将导入“项目”面板中的素材拖曳到“时间轴”面板中，在“时间轴”面板中单击打开“鸭子 .jpg”图层下方的“变换”属性，调整“缩放”参数为 68%，使素材平铺于整个画面，效果如图 2-19 所示。

图 2-19 设置缩放参数

④ 此时，若想调整素材的位置，可在“合成”面板中按住鼠标左键进行移动，如图 2-20 所示。

⑤ 除上述方法以外，还可以在“时间轴”面板中，调整“变换”属性中的“位置”参数来改变图像位置，如图 2-21 所示。

图 2-20　拖动调整素材位置

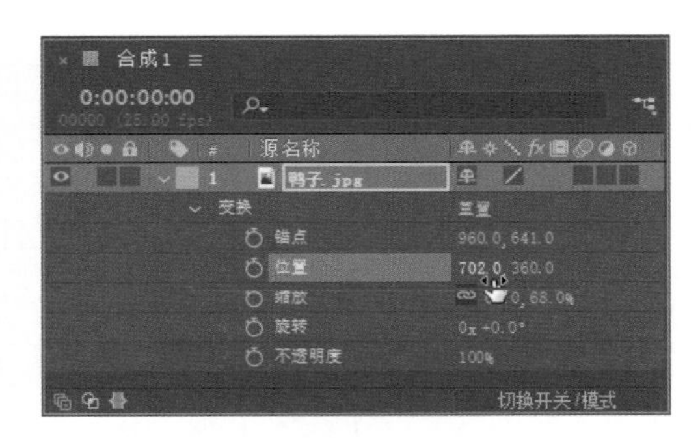

图 2-21　设置位置参数

2.3　菜单栏

在 After Effects 2022 中，菜单栏包括了“文件”菜单、“编辑”菜单、“合成”菜单、“图层”菜单、“效果”菜单、“动画”菜单、“视图”菜单、“窗口”菜单和“帮助”菜单，如图 2-22 所示。

Adobe After Effects 2022 - 无标题项目.aep *

文件(F)　编辑(E)　合成(C)　图层(L)　效果(T)　动画(A)　视图(V)　窗口　帮助(H)

图 2-22　菜单栏

2.3.1 “文件”菜单

“文件”菜单主要用于执行“打开”“关闭”“保存项目”及“导入素材”等相关文件及项目操作，如图 2-23 所示。

2.3.2 “编辑”菜单

“编辑”菜单可用于执行“剪切”“复制”“粘贴”“拆分图层”“撤销”，以及“首选项”等操作，如图 2-24 所示。

2.3.3 “合成”菜单

“合成”菜单可用于新建合成，并设置合成的相关参数等，如图 2-25 所示。

图 2-23 “文件”菜单

图 2-24 “编辑”菜单

图 2-25 “合成”菜单

2.3.4 “图层”菜单

“图层”菜单包括“新建”“混合模式”“图层样式”等命令，可用于对图层的相关属性进行调整和设置，如图 2-26 所示。

2.3.5 “效果”菜单

“效果”菜单主要用于为在“时间轴”面板中选中的图层添加各种效果滤镜等操作，如图 2-27 所示。

2.3.6 “动画”菜单

“动画”菜单主要用于设置关键帧、添加表达式等与动画相关的参数的操作，如图 2-28 所示。

2.3.7 “视图”菜单

“视图”菜单中的命令主要用于各面板的查看和显示等操作，如图 2-29 所示。

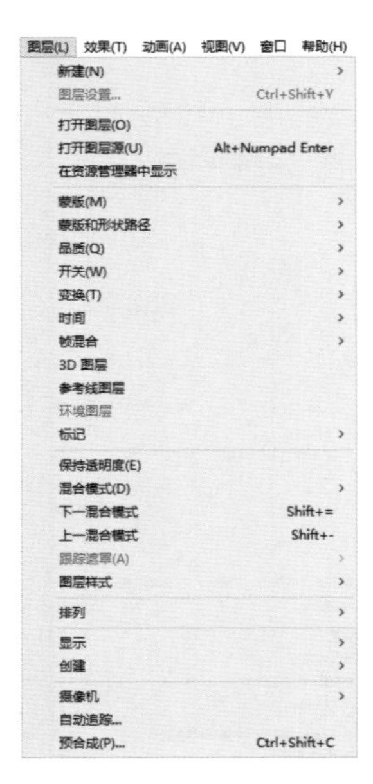

图 2-26 “图层”菜单

图 2-27 “效果”菜单

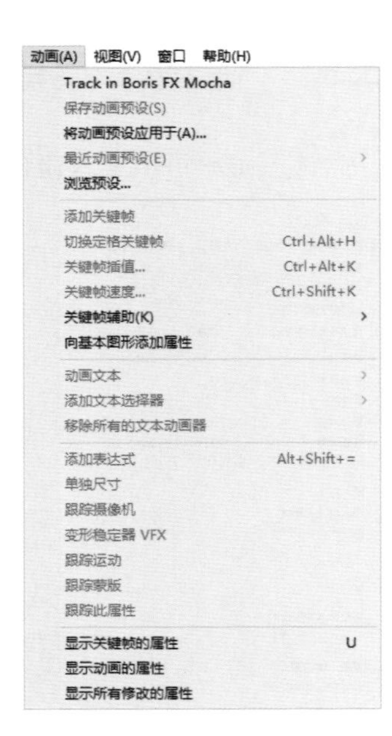

图 2-28 “动画”菜单

2.3.8 “窗口”菜单

“窗口”菜单主要用于开启和关闭各种面板，如图 2-30 所示。

2.3.9 “帮助”菜单

“帮助”菜单主要用于提供 AE 的相关帮助信息，如图 2-31 所示。

图 2-29 “视图”菜单

图 2-30 “窗口”菜单

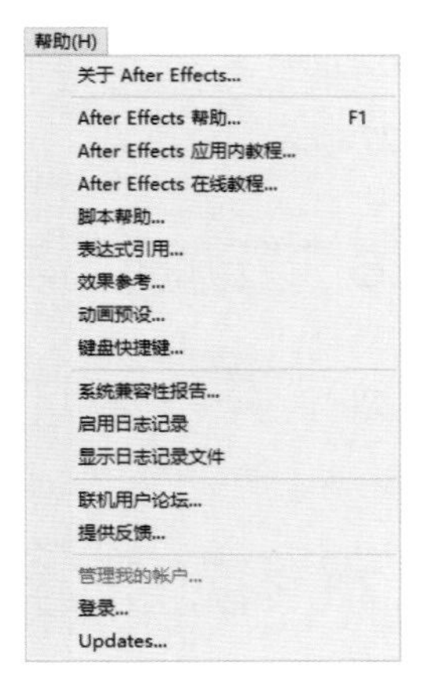

图 2-31 “帮助”菜单

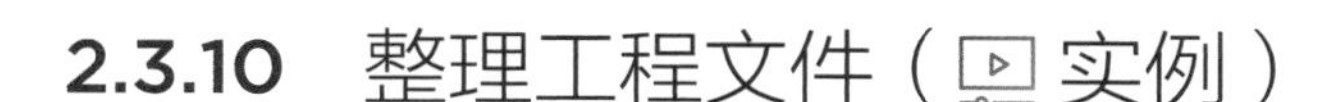

2.3.10 整理工程文件（实例）

通过“文件”菜单中的“收集文件”命令，可以将项目用到的素材文件整理到一个文件夹中，方便进行管理。

① 启动 AE 软件，执行“文件”|“打开项目”命令，或按快捷键 Ctrl+O，打开“打开”对话框，选择“花朵 .aep”项目文件，单击“打开”按钮，如图 2-32 所示。本例效果如图 2-33 所示。

图 2-32　打开素材文件

图 2-33　素材效果

② 执行“文件”|“整理工程（文件）”|“收集文件”命令，如图 2-34 所示。

③ 打开“收集文件”对话框，在其中设置“收集源文件”为“全部”，勾选“完成时在资源管理器中显示收集的项目”复选框，然后单击“收集”按钮，如图 2-35 所示。

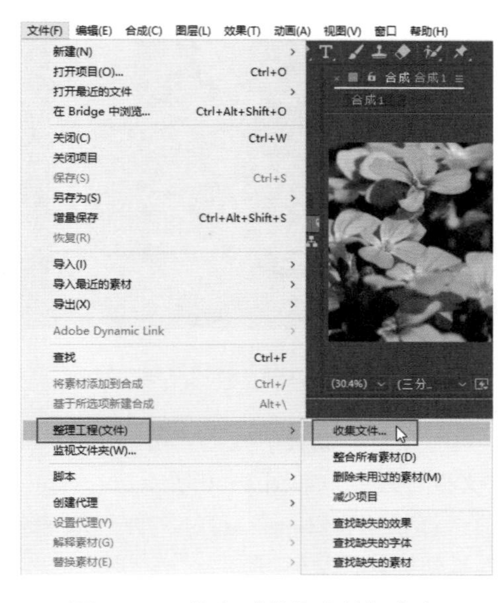

图 2-34　执行“收集文件”命令

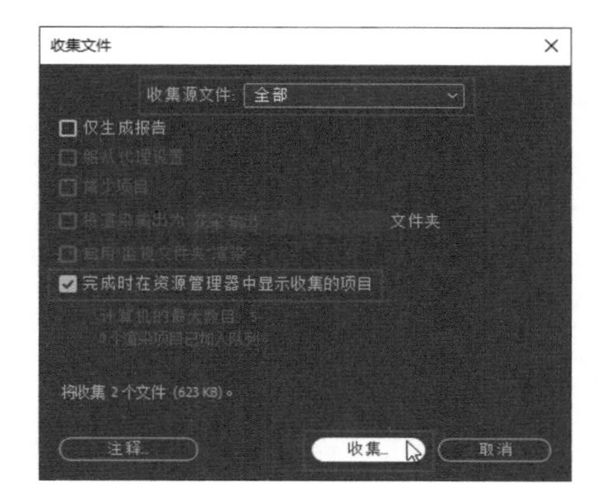

图 2-35　设置参数

④ 在弹出的“将文件收集到文件夹中”对话框中，设置文件路径及名称，完成操作后单击“保存”按钮，如图 2-36 所示。

⑤ 完成操作后，打开文件路径，可查看保存的文件夹，如图 2-37 所示。

图 2-36　保存文件　　　　图 2-37　保存效果

2.3.11　替换素材（实例）

在编辑剪辑项目时，如果对导入的素材不满意，可以对素材进行替换操作。下面进行详细讲解。

① 启动 AE 软件，执行“文件”|“打开项目”命令，或按快捷键 Ctrl+O，打开“打开”对话框，选择“松鼠 .aep”项目文件，单击“打开”按钮，如图 2-38 所示。本例效果如图 2-39 所示。

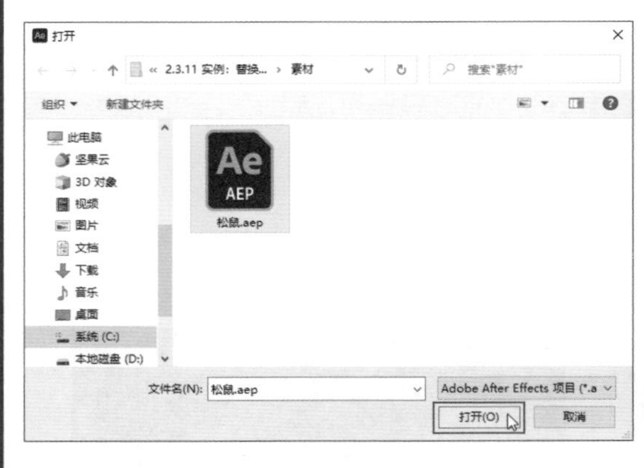

图 2-38　打开素材文件　　　　图 2-39　素材效果

② 这里对项目中已有的素材进行替换操作。在“项目”面板中右击“松鼠 1.jpg”素材文件，在弹出的快捷菜单中执行“替换素材”|“文件”命令，如图 2-40 所示。

③ 在弹出的“替换素材文件”对话框中，选择“松鼠 2.jpg”素材文件，取消勾选“Importer JPEG 序列”复选框，然后单击“导入”按钮，如图 2-41 所示。

④ 完成上述操作后，视频编辑界面中的“松鼠 1.jpg”素材将被替换为“松鼠 2.jpg”素材，如图 2-42 所示。

图 2-40　替换素材

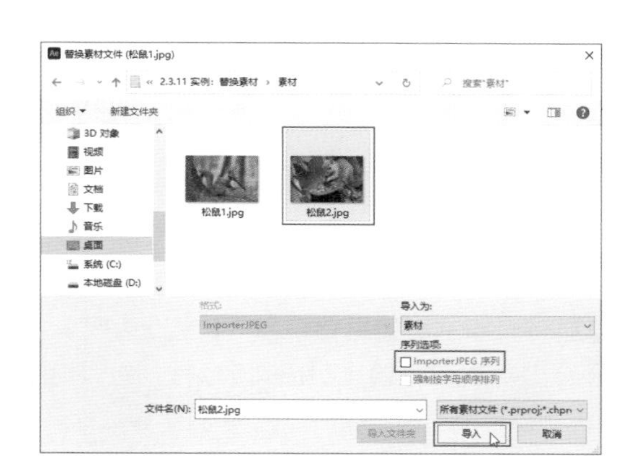

图 2-41　选择替换的素材文件

图 2-42　替换后的效果

提示 有时在进行素材替换时，会出现无法替换素材的情况，这是由于在选择需要替换的素材时，没有取消勾选“Importer JPEG 序列”复选框而直接单击“导入”按钮，这就导致“项目”面板中同时存在多个素材，无法完成替换操作，因此在进行替换操作时，需在“替换素材文件”对话框中取消勾选“Importer JPEG 序列”复选框，然后单击“导入”按钮。

2.3.12　设置首选项修改界面颜色（实例）

AE 支持用户根据自身喜好调整视频编辑界面的颜色。通过在“首选项”面板中调整“亮度”参数，可调亮或调暗画面，以满足不同用户的视频编辑需求。

① 启动 AE 软件，执行“文件”|“打开项目”命令，或按快捷键 Ctrl+O，打开“打开”对话框，选择“花 .aep”项目文件，单击“打开”按钮，如图 2-43 所示。本例效果如图 2-44 所示。

② 此时若想调整视频编辑界面的颜色，可在菜单栏中执行“编辑”|“首选项”|“外观”命令，如图 2-45 所示。

图 2-43　打开素材文件

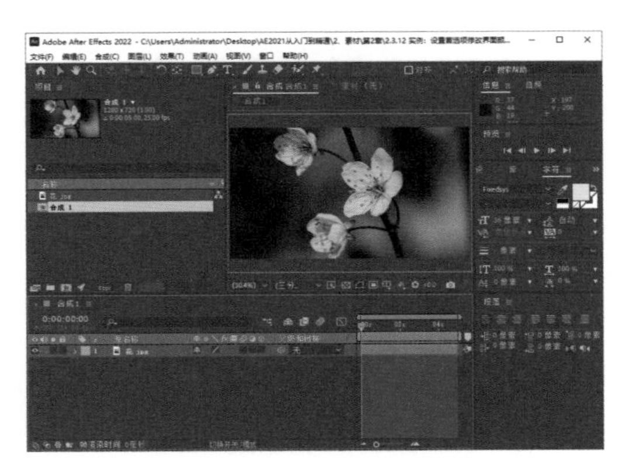

图 2-44　素材效果

③ 在弹出的“首选项”面板中，可以看到“亮度”选项下方的滑块现在处于最右侧，即当前画面为最亮状态，如图 2-46 所示。

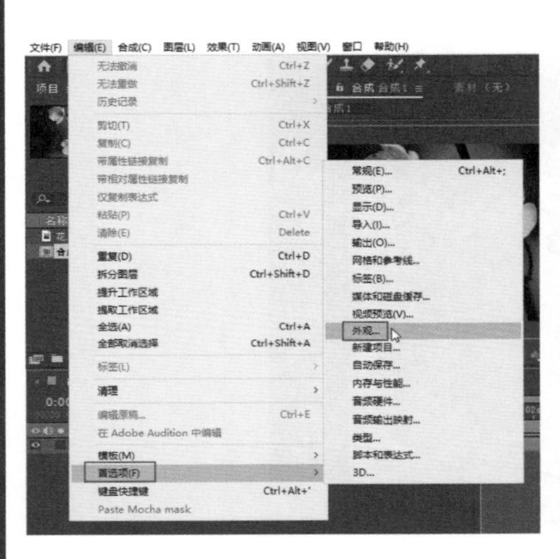

图 2-45　选择“外观”命令

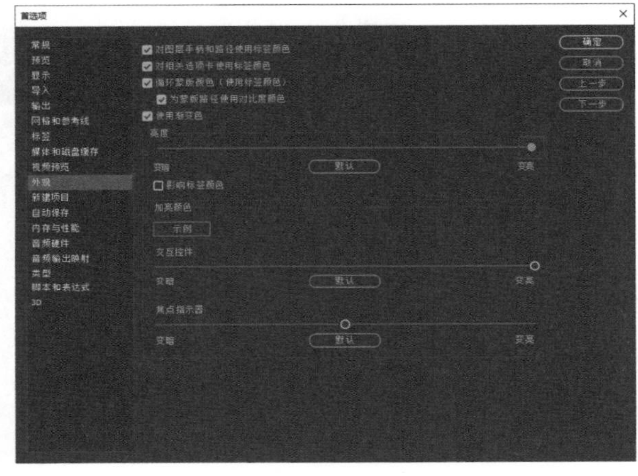

图 2-46　调至最亮效果

④ 按住鼠标左键，将“亮度”选项下方的滑块向左拖动，越往左拖，画面将越暗，当拖至最左侧时，画面将处于最暗状态，如图 2-47 所示。

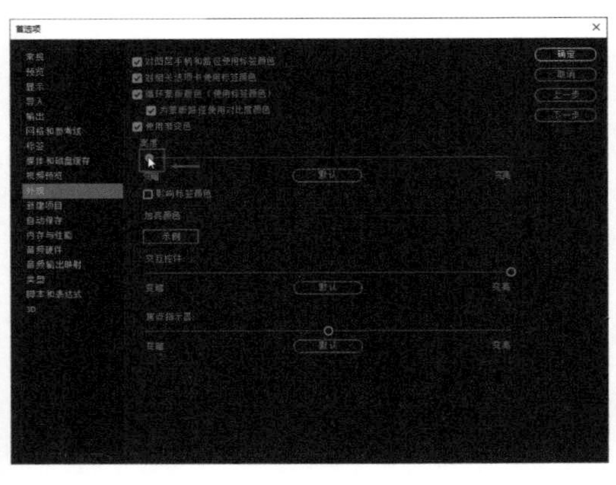

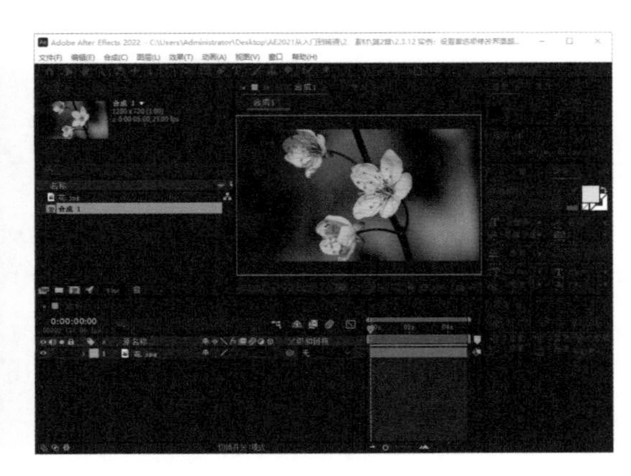

图 2-47　最暗时的效果

2.4 工具栏

执行“窗口”|“工具”命令，或按快捷键Ctrl+1，可以打开或关闭工具栏，如图2-48所示。工具栏中包含常用的工具，使用这些工具可以在“合成”面板中对素材进行一系列编辑操作，如移动、缩放、旋转、输入文字、创建蒙版和绘制图形等。

图2-48 工具栏

> **提示** 在工具栏中，部分工具按钮的右下角有一个三角形箭头，表示该工具还包含其他工具，在该工具上长按鼠标左键，即可显示出其他工具。

部分常用工具说明如下。

- 主页：单击该按钮，可快速打开主页界面。
- 选取工具：用于选取素材，或在“合成”面板和“图层”面板中选取或者移动对象。
- 手型工具：可在“合成”面板或“图层”面板中拖动素材的视图显示位置。
- 缩放工具：可放大或缩小（按住Alt键可缩小）画面。
- 旋转工具：用于在“合成”面板和“层”面板中对素材进行旋转操作。
- 向后平移（锚点）工具：可改变对象的锚点（轴心点）位置。
- 形状工具组：可在画面中建立矩形形状或矩形蒙版。在其扩展项中包含矩形工具、圆角矩形工具、椭圆工具、多边形工具和星形工具。
- 钢笔工具组：用于为素材添加路径或蒙版。其扩展项包含：添加“顶点”工具，用于增加锚点；删除“顶点”工具，用于删除路径上的锚点；转换“顶点”工具，用于改变锚点类型；蒙版羽化工具，可在蒙版中进行羽化操作。
- 横排文字工具：可以创建横向文字。其扩展项包含：直排文字工具，用于竖排文字的创建，与横排文字工具的用法相同。
- 画笔工具：双击“时间轴”面板中的素材，进入“图层”面板，即可使用该工具绘制。
- 仿制图章工具：双击“时间轴”面板中的素材，进入“图层”面板，鼠标移动到某一位置按Alt键，单击即可吸取该位置的颜色，然后按住鼠标左键拖曳即可进行绘制。
- 橡皮擦工具：双击“时间轴”面板中的素材，进入“图层”面板，擦除画面多余的像素。
- 笔刷工具：能够帮助用户在正常时间片段中拖出前景，需在背景上按住Alt

键拖曳。在扩展项中包含“调整边缘工具”。

- 操控点工具组：用来设置控制点的位置。其扩展项包括：人偶位置控点工具、人偶固化控点工具、人偶弯曲控点工具、人偶高级控点工具和人偶重叠控点工具。

2.5 “时间轴”面板

在 AE 的“时间轴”面板中，用户可新建不同类型的图层，并创建关键帧动画等。下面介绍“时间轴”面板及其相关操作。

2.5.1 “时间轴”面板详解

“时间轴”面板是后期特效处理和制作动画的主要区域，如图 2-49 所示。在添加不同的素材后，将产生多层效果，通过对层的控制可完成动画的制作。

图 2-49 “时间轴”面板

“时间轴”面板中常用工具介绍如下。

- 当前时间：显示时间，指示滑块所在的当前时间。
- 合成微型流程图：合成微型流程图开关。
- 草图 3D：草图 3D 场景画面的显示。
- 隐藏为其设置了“消隐”开关的所有图层：使用这个开关，可以暂时隐藏设置了“消隐”开关的图层。
- 为设置了“帧混合”开关的所有图层启用帧混合：用帧混合设置开关打开或关闭全部对应图层中的帧混合。
- 为设置了“运动模糊”开关的所有图层启用运动模糊：用运动模糊开关打开或关闭全部对应图层中的运动模糊。
- 图表编辑器：可以打开或关闭对关键帧进行图表编辑的面板。

2.5.2 将素材导入时间轴面板（实例）

将素材导入 AE 后，用户需要将素材从“项目”面板拖入“时间轴”面板，方可对素材进行编辑和处理。

① 启动AE软件，在“项目”面板中右击并选择“新建合成”命令，在弹出的“合成设置”面板中自定义“合成名称”，设置“预设”为“HDV/HDTV 720 25”，设置“像素长宽比”为“方形像素”，设置“帧速率”为25，设置“持续时间”为5秒，如图2-50所示。

② 完成上述设置后，单击“确定”按钮。执行“文件”|“导入”|“文件”命令，如图2-51所示。

③ 打开“导入文件”对话框，选择“海边.jpg”素材文件，单击“导入”按钮，如图2-52所示。

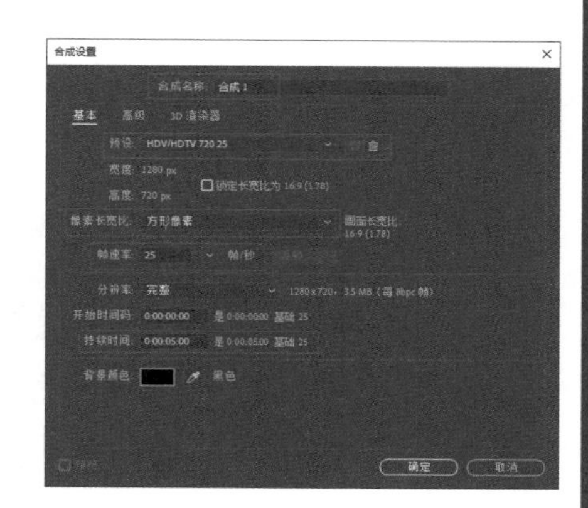

图2-50　设置合成参数

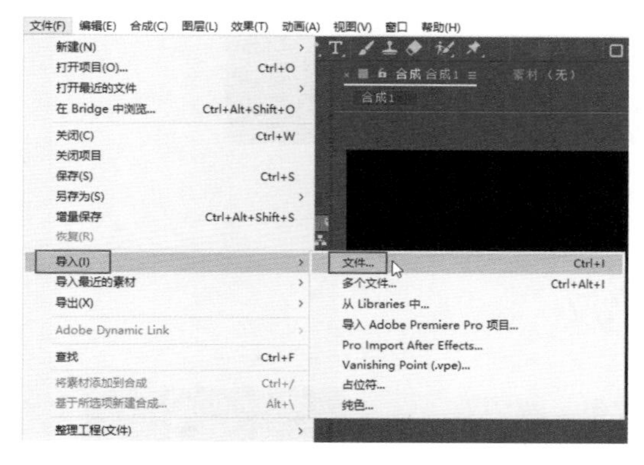

图2-51　导入文件

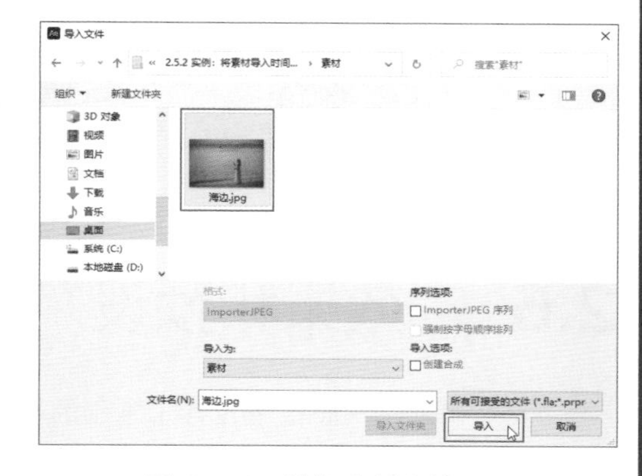

图2-52　选择素材文件

④ 将“项目”面板中的“海边.jpg”素材拖曳到“时间轴”面板中，如图2-53所示。

图2-53　拖动素材至“时间轴”面板

⑤ 在“时间轴”面板中，单击打开“海边.jpg”图层下方的“变换”，设置“缩放”参数为69%，将素材画面调整为合适大小，如图2-54所示。

图2-54　设置缩放参数

2.6 “效果和预设”面板

“效果和预设”面板中包含了常用的视频效果、音频效果、过渡效果、抠像效果和调色效果等，是进行视频编辑时不可或缺的工具面板，主要针对“时间轴”面板上的素材进行特效处理，如图2-55所示。

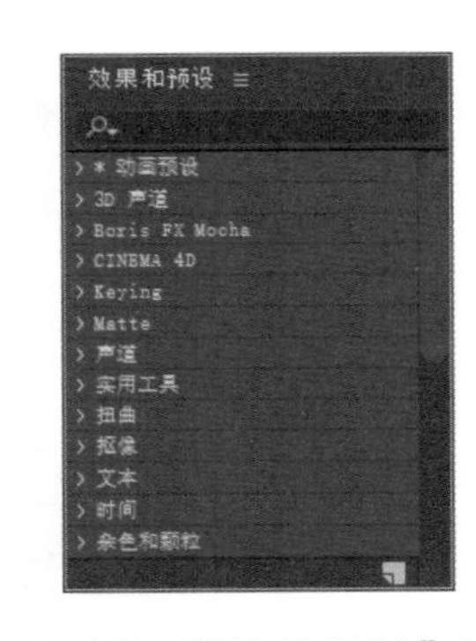

图2-55　“效果和预设”面板

当用户需要应用该面板中的效果时，只需在面板中选择相应效果，然后拖曳添加到“时间轴”面板中的图层上，再释放鼠标，即可为图层添加该效果，可以看到画面发生相应的变化，如图2-56所示。

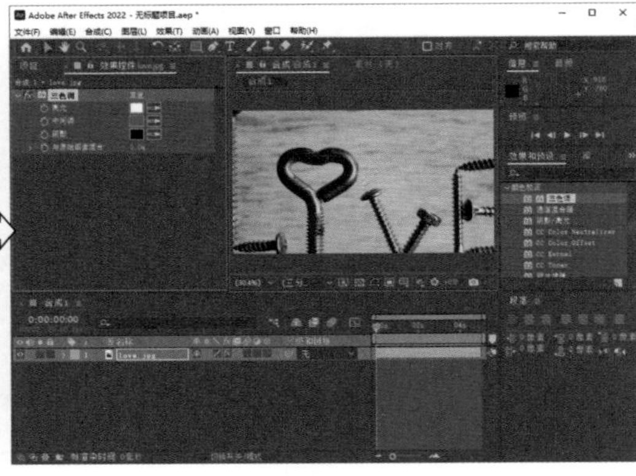

图2-56　拖动效果至素材上即可应用

2.7 “效果控件”面板

“效果控件”面板主要用于对各种特效进行参数设置，当某种特效添加到素材上时，该面板将显示该特效的相关参数设置界面，可以通过设置参数对特效进行修改，以便达到所需的最佳效果，如图 2-57 所示。

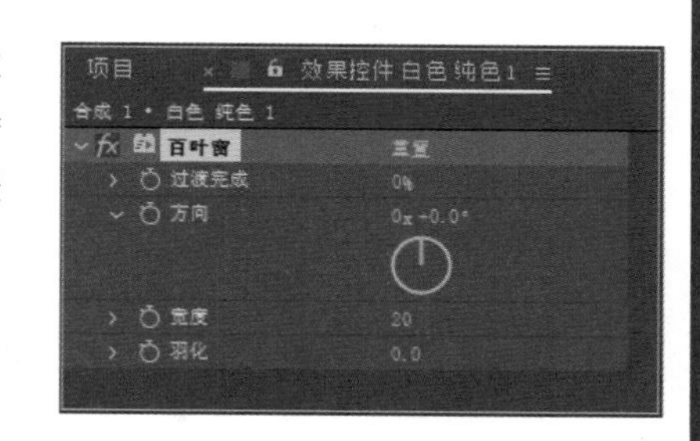

图 2-57 “效果控件”面板

2.8 其他面板

除了上述的面板，在 AE 中进行视频编辑处理时，还会用到“信息”面板、“音频”面板、“预览”面板等，但是由于界面布局的局限性，不可能将所有面板完整地显示在界面中。当用户需要显示某个面板时，可以在菜单栏中执行“窗口”命令，勾选自己所需的面板，如图 2-58 所示。

由于篇幅有限，这里无法对所有面板一一进行详解，下面介绍一些较为常用的面板。

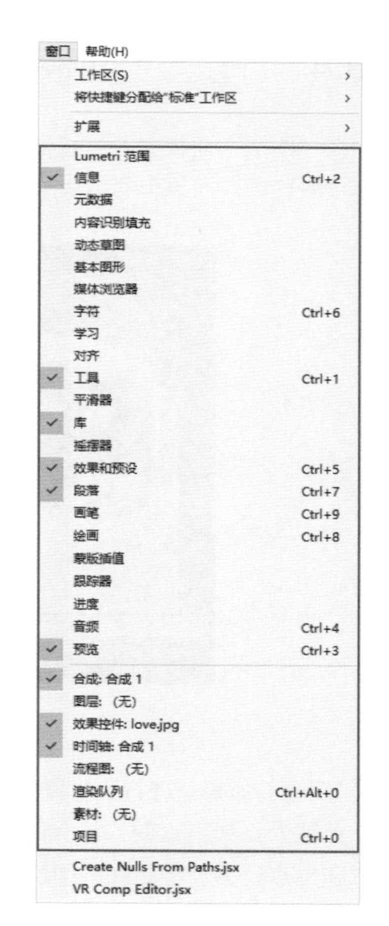

图 2-58 在“窗口”命令中选择面板

2.8.1 “信息”面板

“信息”面板主要用于显示所操作文件的颜色信息，如图 2-59 所示。

2.8.2 “音频”面板

“音频”面板主要用于调整音频的音效，如图 2-60 所示。

2.8.3 “预览”面板

“预览”面板用于控制预览，包括播放、暂停、上一帧、下一帧、在回放前缓存等，如图 2-61 所示。

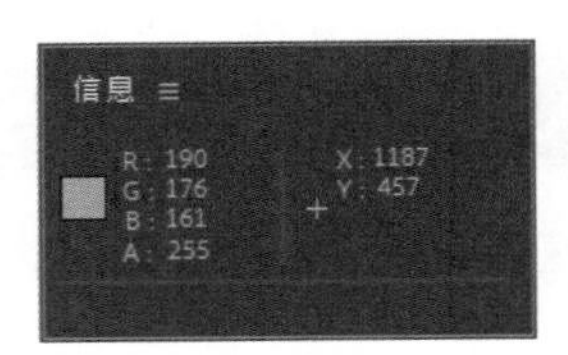

图 2-59 “信息”面板

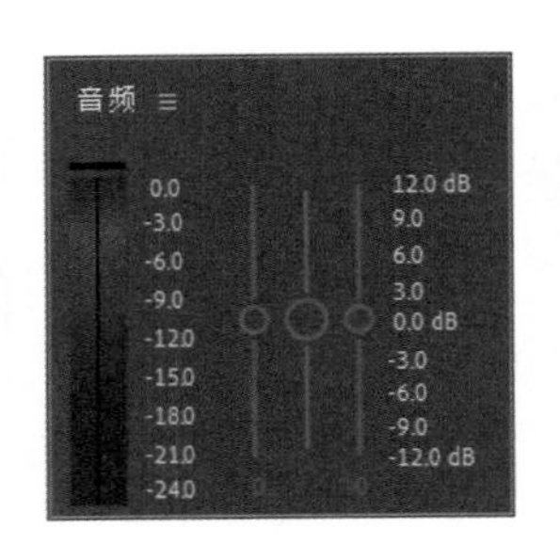

图 2-60 “音频”面板

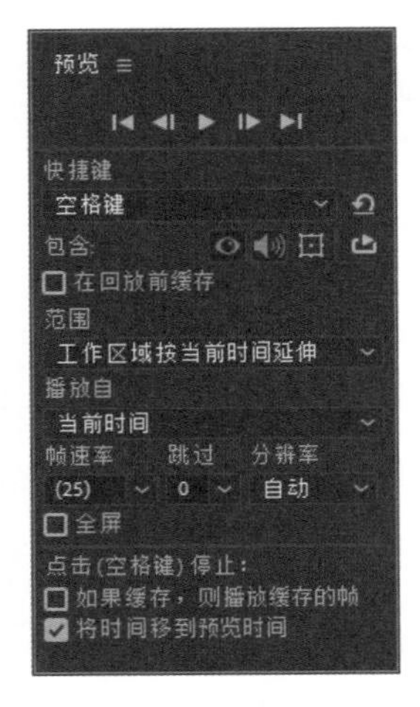

图 2-61 “预览”面板

2.8.4 “图层”面板

在“图层”面板中，默认情况下是不显示图像的，如果要在“图层”面板中显示画面，可在“时间轴”面板中双击该素材层，即可打开该素材的“图层”面板，如图 2-62 所示。

图 2-62 “图层”面板

“图层”面板是进行素材修剪的重要部分，常用于素材的前期处理，如入点和出点的设置。处理入点和出点的方法有两种：一种是在“时间轴”面板中，直接通过拖动改变层的入点和出点；另一种是在“图层”面板中，通过单击“将入点设置为当前时间”按钮 设置素材入点，单击“将出点设置为当前时间”按钮 设置素材出点，以制作出符合要求的视频。

第3章 图层的创建与编辑

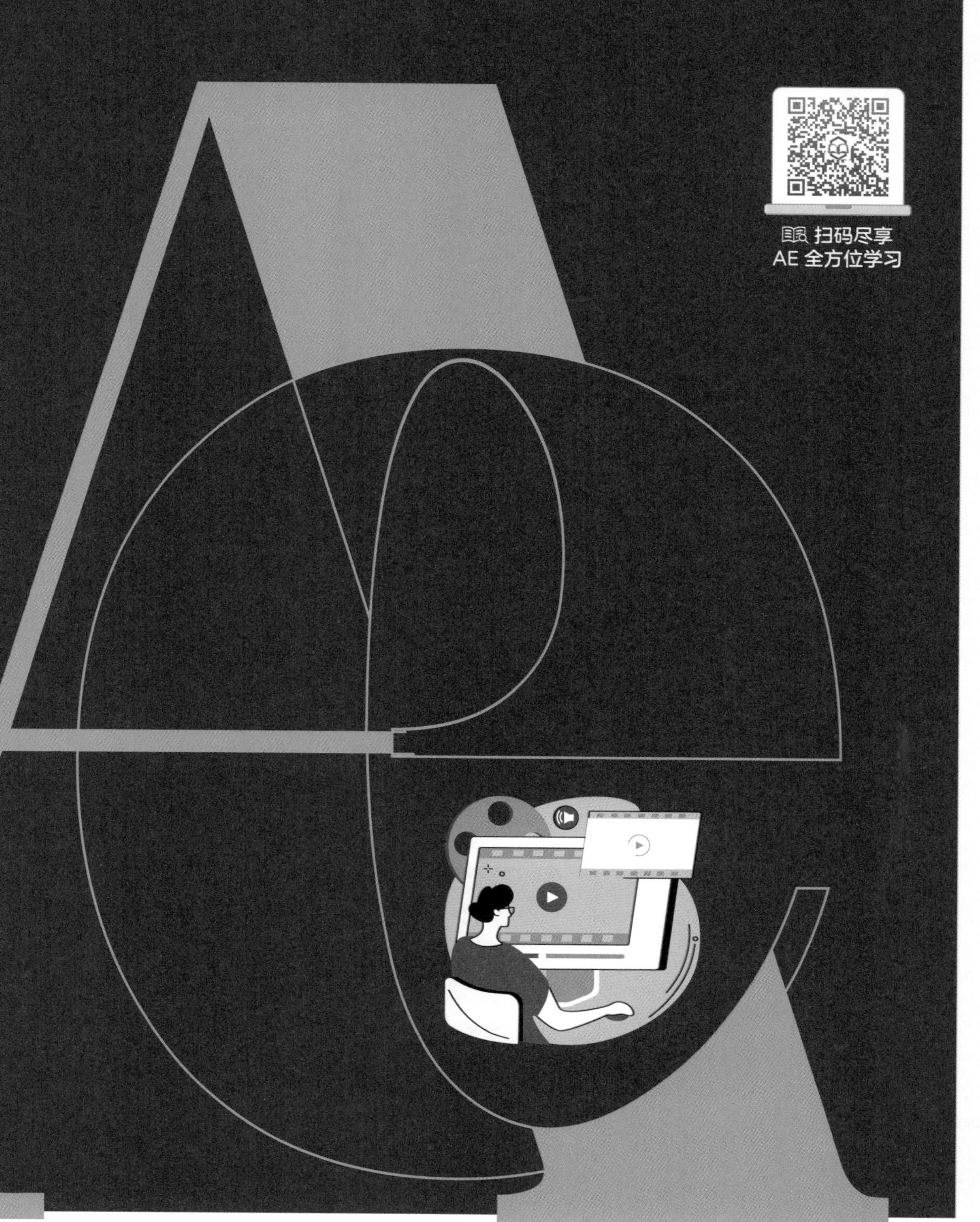

AE 与 Photoshop、Flash 等软件一样都有图层，AE 软件中的图层是后续动画制作的平台，一切特效、动画都是在图层的基础上完成和实现的。本章将重点讲解在 AE 中如何创建、编辑和使用图层。

3.1 认识图层

在一张张透明的玻璃纸上作画时，透过上面的玻璃纸可以看见下面玻璃纸上的内容，但是无论在上一层上如何涂画都不会影响到下面的玻璃纸，上面一层会遮挡住下面的图像。将玻璃纸叠加起来，通过移动各层玻璃纸的相对位置或者添加更多的玻璃纸即可改变最后的视觉效果。图层就类似于玻璃纸，不同的图层通过“叠加”形成图像的过程如图 3-1 所示。

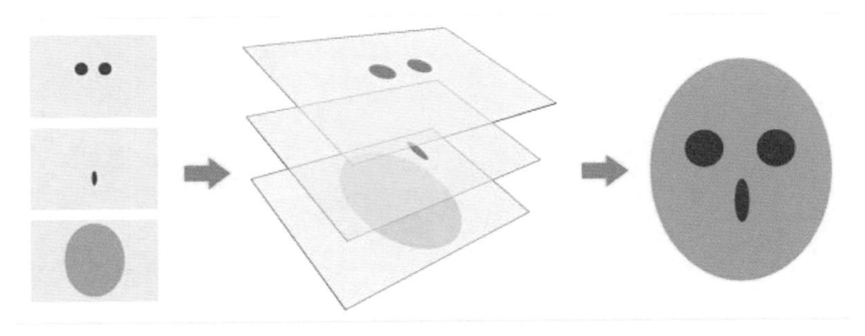

图 3-1 不同的图层通过“叠加”形成图像

3.1.1 图层的概念

在合成作品时，将一层层的素材按照顺序叠放在一起，组合起来就形成了画面的最终效果。AE 中不同类型图层具有不同的作用，如文本图层可以为作品添加文字，形状图层可以绘制各种形状，调整图层可以统一为图层添加效果等。在图层创建完成后，还可以对图层进行移动、调整顺序等基本操作。

在 AE 中，图层是构成作品的基础，是需要掌握的基本操作。无论是导入素材、添加效果、设置参数，还是创建关键帧等操作，都是基于图层完成的，这些操作可以在“时间轴”面板中完成，如图 3-2 所示。

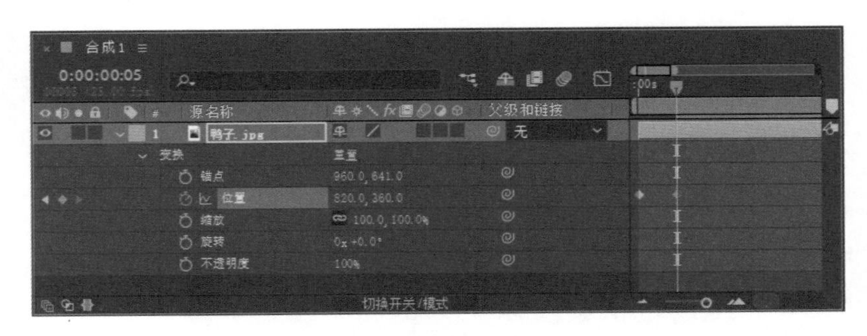

图 3-2 “时间轴”面板

3.1.2 图层的类型

AE 中的图层类型有文本图层、纯色图层、灯光图层、摄像机图层、空对象图层、形状图层、调整图层和内容识别填充图层。在"时间轴"面板中右击，执行"新建"命令，即可看到这些图层，如图 3-3 所示。

除此以外，在菜单栏中执行"图层"|"新建"命令，也可选择要创建的图层类型，如图 3-4 所示。

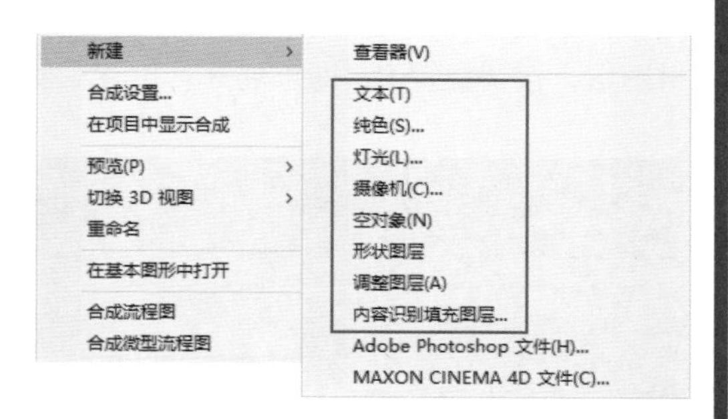

图 3-3　AE 中的图层

图 3-4　通过菜单栏创建图层

3.1.3 认识图层的基本属性

在 AE 中，图层属性是设置关键帧动画的基础。除了单独的音频素材图层以外，其余的图层都具备 5 个基本的变换属性，它们分别是锚点、位置、缩放、旋转和不透明度，如图 3-5 所示。

（1）锚点

锚点是指图层的轴心点，图层的位置、旋转和缩放都是基于锚点来进行操作的，如图 3-6 所示，不同位置的锚点将使图层的位移、缩放和旋转产生不同的效果。在"时间轴"面板中，选择素材图层，按快捷键 A，即可展开锚点属性，如图 3-7 所示。

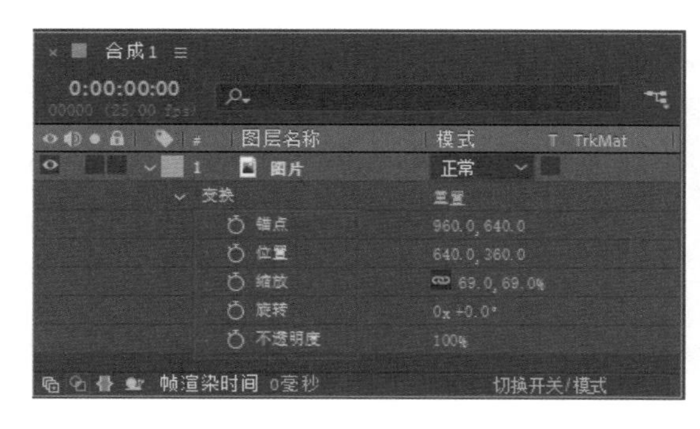

图 3-5　图层的 5 个基本属性

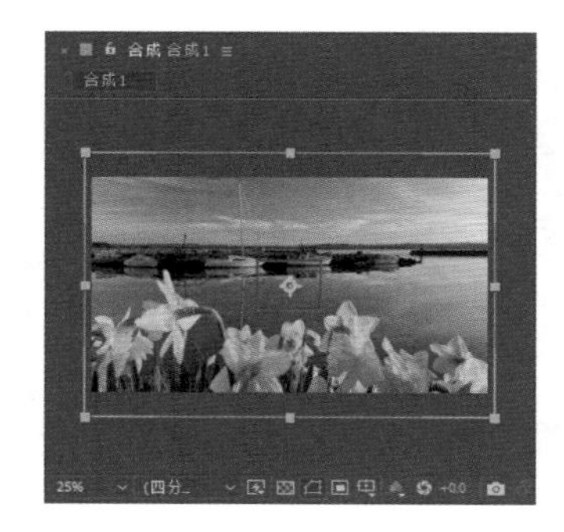

图 3-6　锚点（红框处）

（2）位置

位置属性可以控制素材在“合成”面板中的相对位置。在“时间轴”面板中，选择素材图层，按快捷键 P，即可展开“位置”属性，如图 3-8 所示。

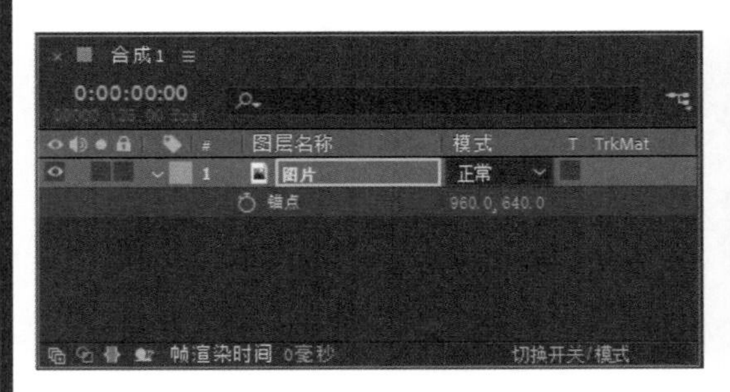

图 3-7　锚点属性

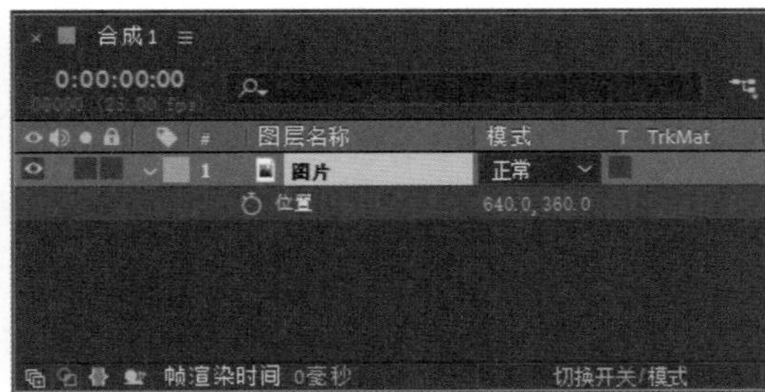

图 3-8　“位置”属性

在 AE 中，调整素材“位置”参数的方法有以下几种。

- 拖动调整：在“时间轴”面板或“合成”面板中选择素材，然后使用“选取工具”，在“合成”面板中拖动素材即可调整其位置。若按住 Shift 键，则可以将素材沿水平或垂直方向移动。
- 方向键调整：选择素材后，按方向键来修改位置，每按一次，素材将向相应的方向移动 1 个像素；如果同时按住 Shift 键，素材将向相应方向一次移动 10 个像素。
- 数值调整：单击展开图层列表，或直接按 P 键，然后单击“位置”右侧的数值区，激活后直接输入数值来修改素材位置。也可以在“位置”上右击，在弹出的菜单中执行“编辑值”命令，打开“位置”对话框，重新设置数值，以修改素材位置，如图 3-9 所示。

（3）缩放

缩放属性主要用来控制素材的大小，可以通过直接拖动的方法来改变素材大小，也可以通过修改数值来改变素材的大小。在“时间轴”面板中，选择素材图层，按快捷键 S，即可展开“缩放”属性，如图 3-10 所示。在进行缩放操作时，软件默认的是等比例缩放。单击“约束比例”按钮将解除锁定，此时可对图层的宽度和高度分别进行调节。当设置的“缩放”数值为负值时，素材会翻转。

图 3-9　“位置”对话框

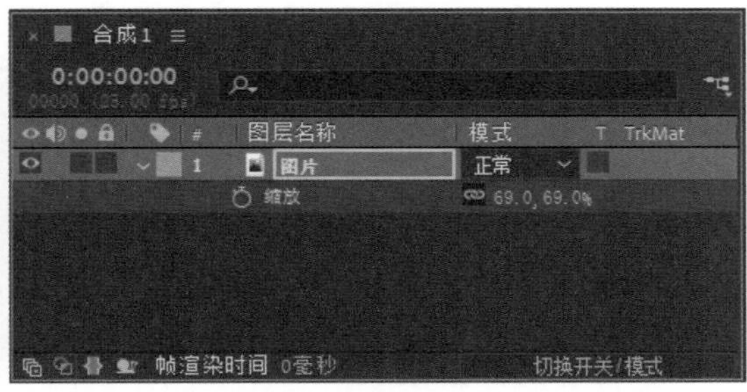

图 3-10　“缩放”属性

提示 如果当前层为3D层，将显示一个“深度”选项，表示素材在Z轴上的缩放。

（4）旋转

旋转属性主要用于控制素材在“合成”面板中的旋转角度。在“时间轴”面板中，选择素材图层，按快捷键R，即可展开“旋转”属性，如图3-11所示。旋转属性由“圈数”和“度数”两个参数组成，例如1x+30.0°就表示旋转一圈后，再旋转30°。

（5）不透明度

不透明度属性用来控制素材的透明程度。一般来说，除了包含通道的素材具有透明区域，其他素材都以不透明的形式出现，要想让素材变得透明，就要使用“不透明度”属性来修改。调整“不透明度”属性的方法很简单，在“时间轴”面板中，选择素材图层，按快捷键T，即可展开不透明度属性，如图3-12所示。

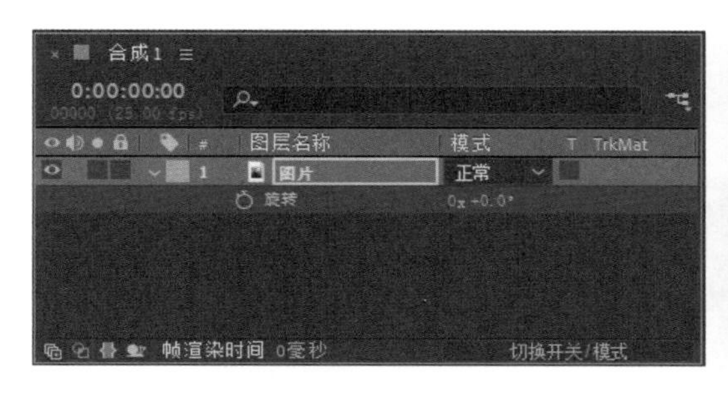

图3-11 “旋转”属性

图3-12 “不透明度”属性

提示 一般情况下，每按一次图层属性快捷键，只能显示一种属性；如果需要同时显示多种属性，可以按住快捷键Shift，同时加按其他图层属性的快捷键，即可显示多个图层属性。

3.2 图层的基本操作

在AE中，图层的基本操作包括选择图层、重命名图层、调整图层顺序、复制和粘贴图层、删除图层，以及隐藏和显示图层等。下面为大家分别介绍图层的各项基本操作。

3.2.1 选择图层

在AE中，用户可根据需求选择单个图层或多个图层。

（1）选择单个图层

在“时间轴”面板中单击任意图层，即可选中图层，如图3-13所示。

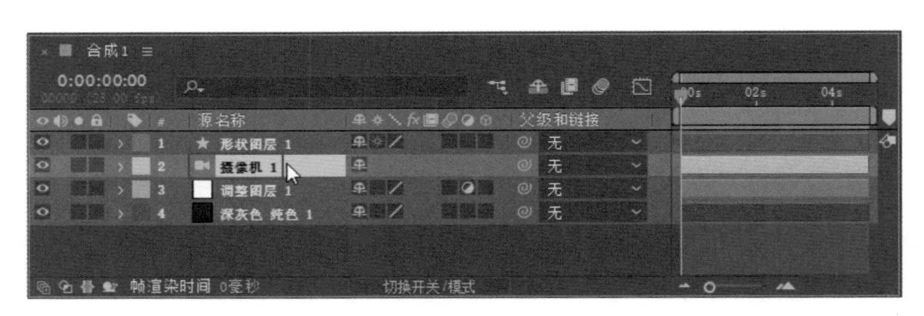

图 3-13　单击选择图层

提示 对应图层左侧的数字编号，用户按下键盘上相应的数字，也可以选中对应的图层。例如，在图 3-13 中的“摄像机 1”图层左侧数字编号为 2，用户若按数字键盘中的 2，则可以快速选择该图层。

（2）选择多个图层

在“时间轴”面板中，按住 Ctrl 键的同时，依次单击所需图层，即可同时选择多个图层，如图 3-14 所示。

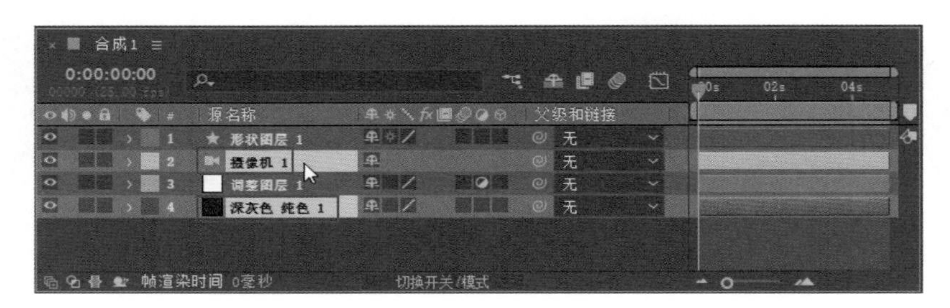

图 3-14　按住 Ctrl 键选择多个图层

用户可以在单击选择一个图层后，按住 Shift 键单击其他图层，可连续选中多个相邻的图层，如图 3-15 所示；此外，还可以通过拖动的方式同时选中拖动区域中的多个图层。

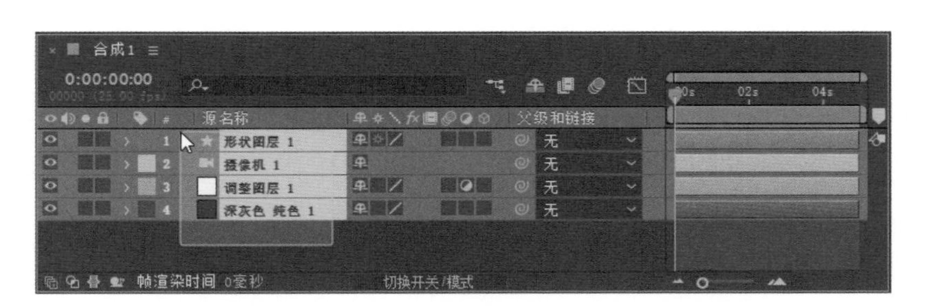

图 3-15　按住 Shift 键选择连续图层

3.2.2　图层选择练习（实例）

用户可以在“时间轴”面板中单击选中所需图层，并对图层进行相应的编辑操作。下面通过练习来巩固图层的选择操作。

① 启动 AE 软件，执行“文件”|“打开项目”命令，或按快捷键 Ctrl+O，打开“打开”对话框，选择“童趣 .aep”项目文件，单击“打开”按钮，如图 3-16 所示。本例效果如图 3-17 所示。

图 3-16 打开素材文件

图 3-17 素材效果

② 打开项目文件后，可以看到“时间轴”面板中包含了 5 个图层，都处于未选择状态，如图 3-18 所示。

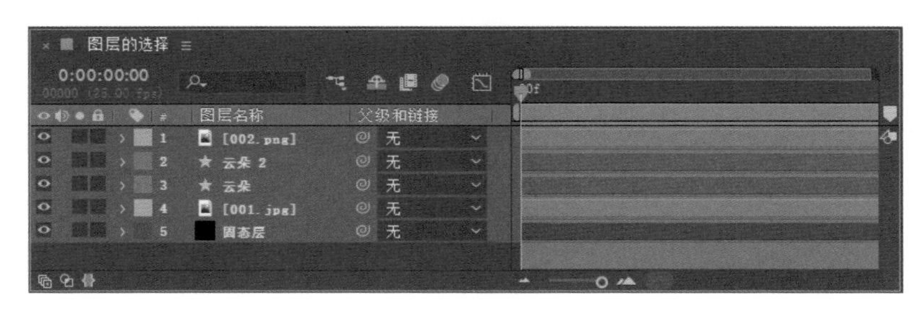

图 3-18 当前图层状态

③ 在“时间轴”面板中，单击选中“云朵”图层，选中该图层后，在“合成”面板中的对应图像也将被选中，如图 3-19 所示。

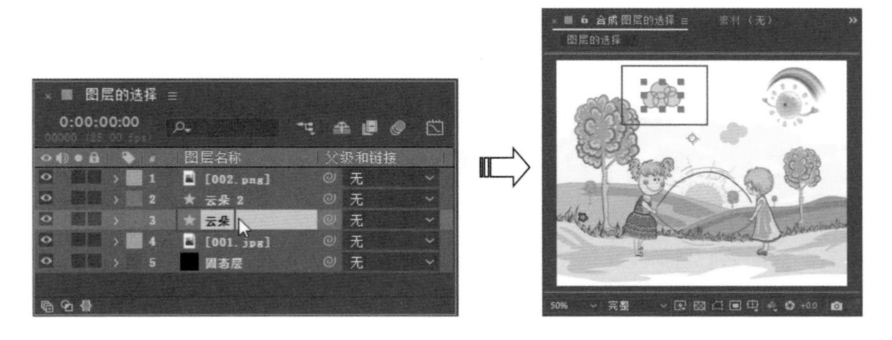

图 3-19 选择“云朵”图层

④ 按住 Ctrl 键，在“时间轴”面板中选择“002.png”图层，此时“云朵”和“002.png”这两个图层同时被选中，在“合成”面板中对应的预览效果如图 3-20 所示。

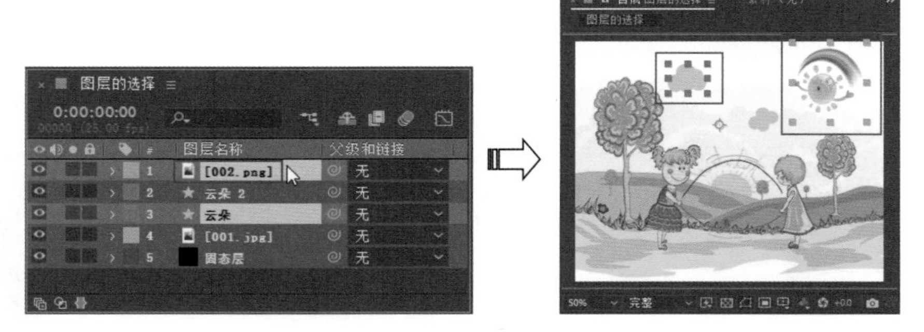

图 3-20　选择“002.png”图层

⑤ 按住 Shift 键，在“时间轴”面板中选择“固态层”，即可将所有图层选中，在“合成”面板中对应的预览效果如图 3-21 所示。

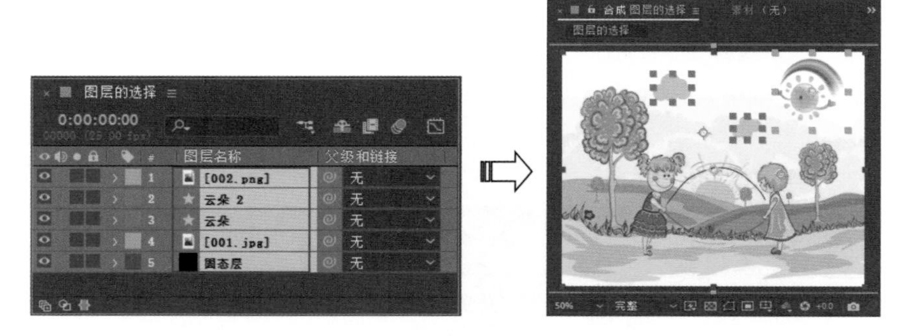

图 3-21　选择“固态层”图层

⑥ 单击“002.png”图层前的标签色块，在弹出的快捷菜单中执行“选择标签组”命令，可以将“时间轴”面板中具备相同颜色标签的图层同时选中，如图 3-22 所示。

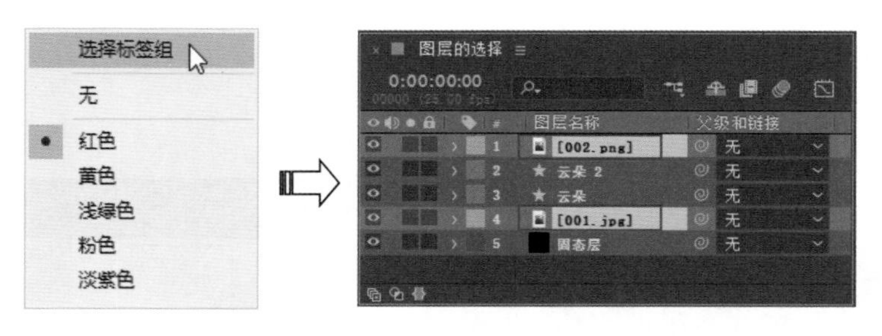

图 3-22　通过标签组一次性选择多个图层

3.2.3　重命名图层

在完成图层的创建后，用户可以选择为图层重新命名，方便之后进行管理和查找。重命名图层的方法很简单，在“时间轴”面板中单击选中需要重命名的图层，然后按 Enter 键，即可输入新名称。输入完成后，单击图层其他位置或再次按 Enter 键，即可完成重命名操作，如图 3-23 所示。

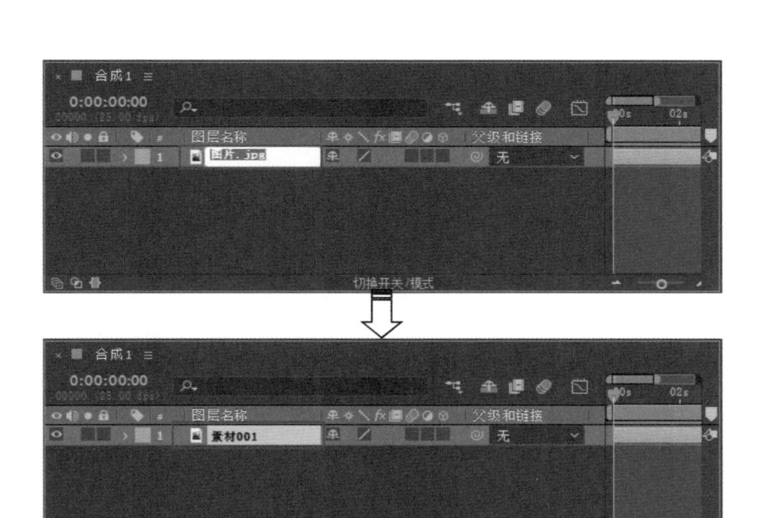

图 3-23　重命名图层

除上述方法以外，还可以在“时间轴”面板中右击需要重命名的图层，在弹出的快捷菜单中执行“重命名”命令，如图 3-24 所示，即可进行重命名操作。

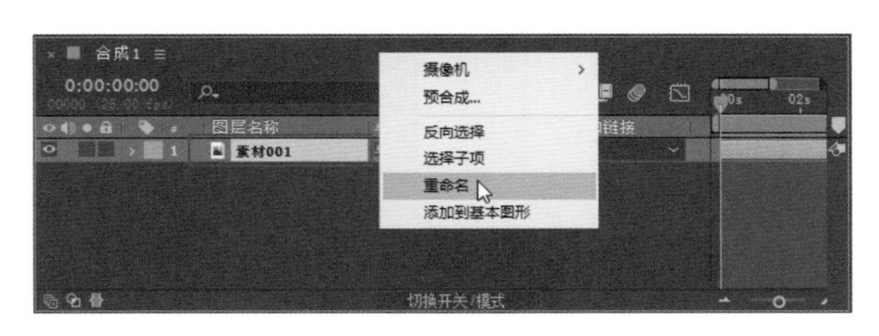

图 3-24　通过右键快捷菜单重命名

3.2.4　调整图层顺序

一般来说，新创建的图层会位于所有图层的上方。但有时根据场景的安排，需要对图层进行上下移动，这时就要对图层的顺序进行调整。

在“时间轴”面板中，选择一个图层，将其拖动到需要放置的位置，当出现一条蓝色长线时，释放鼠标即可改变图层的顺序，如图 3-25 所示。

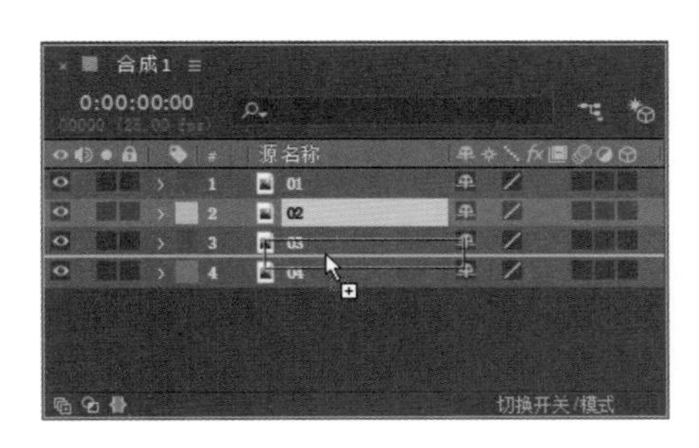

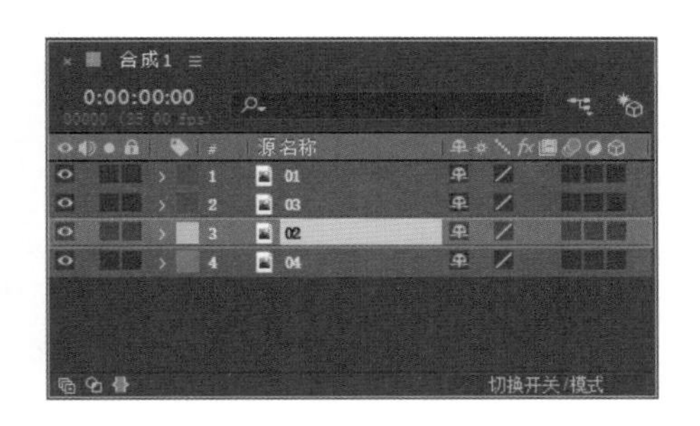

图 3-25　拖动图层改变顺序

改变图层的顺序，还可以通过菜单命令来实现。执行“图层”|“排列”命令，在级联菜单中包含多个移动图层的命令，如图 3-26 所示。

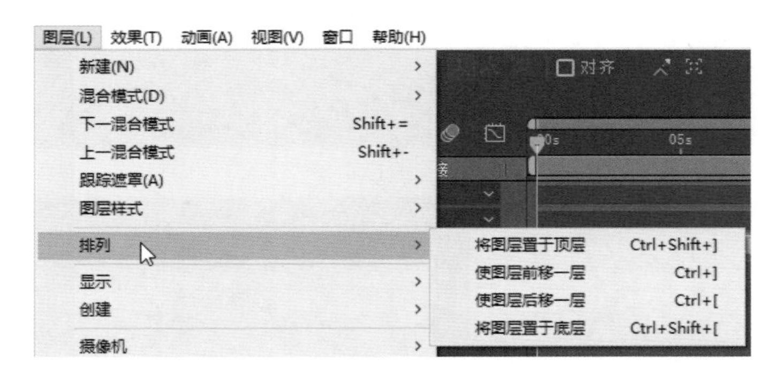

图 3-26　通过菜单命令改变图层顺序

3.2.5　复制与粘贴图层

在“时间轴”面板中，选择需要进行复制的图层，执行“编辑”|“复制”命令，如图 3-27 所示，或按快捷键 Ctrl+C，即可将图层复制。接着执行“编辑”|“粘贴”命令，如图 3-28 所示，或按快捷键 Ctrl+V，即可粘贴复制的图层，粘贴的图层将位于当前选择图层的上方。

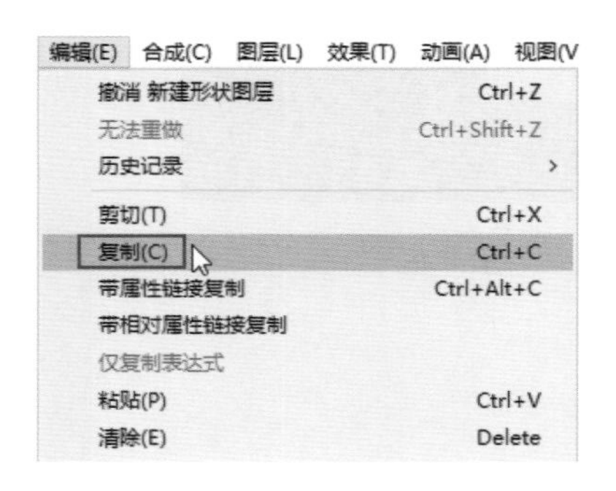

图 3-27　复制图层

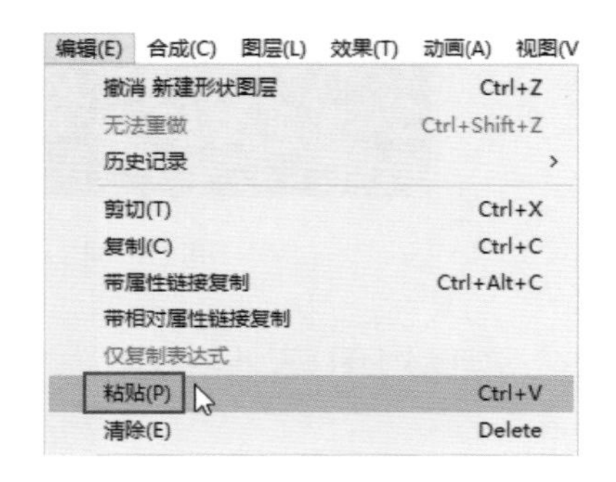

图 3-28　粘贴图层

提示　此外还可以应用“重复”命令来复制和粘贴图层。在“时间轴”面板中，选择需要进行复制的图层，执行“编辑”|“重复”命令，或按快捷键 Ctrl+D，即可快速复制一个位于所选图层上方的副本图层。

3.2.6　删除图层

在编辑视频时，由于错误操作可能会创建多余的图层，此时可以对图层进行删除。在“时间轴”面板中，选择要删除的图层，执行“编辑”|“清除”命令，如图 3-29 所示；或按 Delete 键，也可将选中的图层删除，如图 3-30 所示。

图 3-29　执行“清除”命令

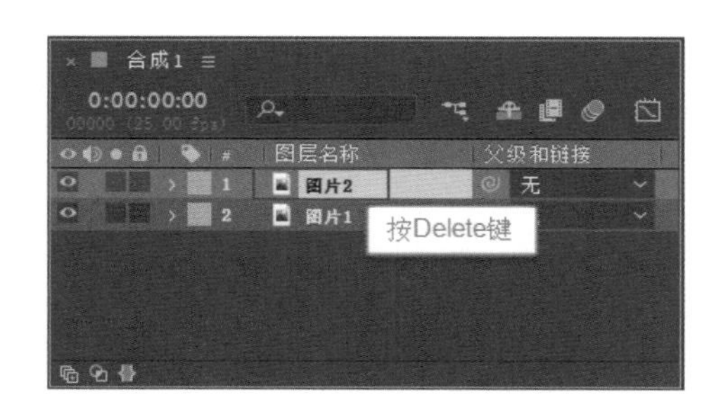

图 3-30　删除图层

3.2.7　隐藏和显示图层

AE 中的图层可以被隐藏或显示，用户只需要单击图层左侧的按钮，即可将图层隐藏或显示，同时在“合成”面板中的素材也会随之产生隐藏或显示变化，如图 3-31 所示。

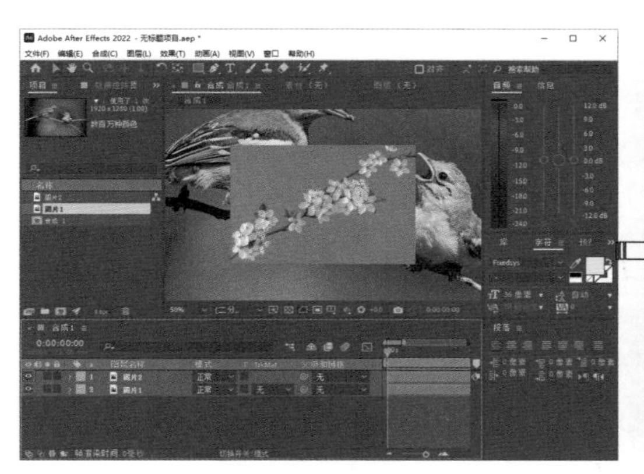

图 3-31　隐藏图层

提示　当“时间轴”面板中的图层数量较多时，单击按钮并观察“合成”面板中的效果，可用于判断某个图层是否是需要寻找的图层。

3.2.8　锁定图层

AE 中的图层可以进行锁定操作，锁定后的图层将无法被选择或编辑。若要锁定图层，只需单击图层左侧的按钮即可，如图 3-32 所示。

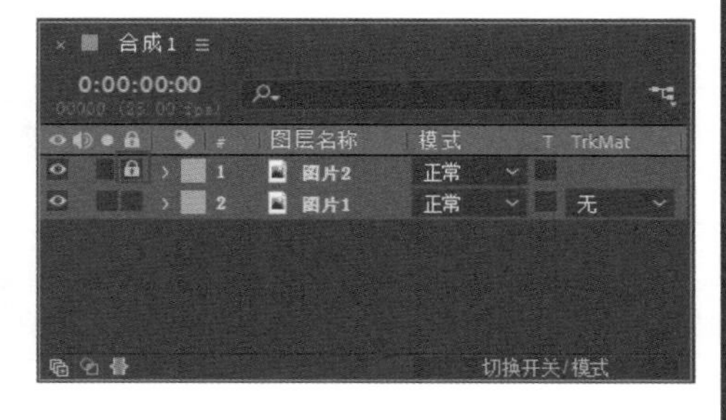

图 3-32　锁定图层

3.2.9　图层的预合成（实例）

将图层进行预合成的目的是方便管理图层、添加效果等，需要注意的是预合成后，仍旧可以

对合成之前的任意素材图层进行属性调整。

① 启动 AE 软件，执行“文件”|“打开项目”命令，或按快捷键 Ctrl+O，打开“打开”对话框，选择“花朵 .aep”项目文件，单击“打开”按钮，如图 3-33 所示。本例效果如图 3-34 所示。

图 3-33　打开素材文件

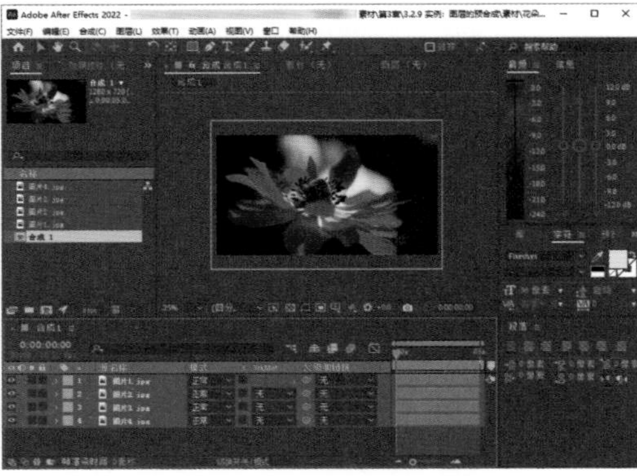

图 3-34　素材效果

② 打开项目文件后，可以看到“时间轴”面板中包含了 4 个图层。在“时间轴”面板中选中“图片 1.jpg”“图片 2.jpg”和“图片 3.jpg”这 3 个图层，然后使用预合成快捷键 Ctrl+Shift+C，在弹出的“预合成”对话框中设置“新合成名称”为“图片预合成”，完成操作后单击“确定”按钮，如图 3-35 所示。

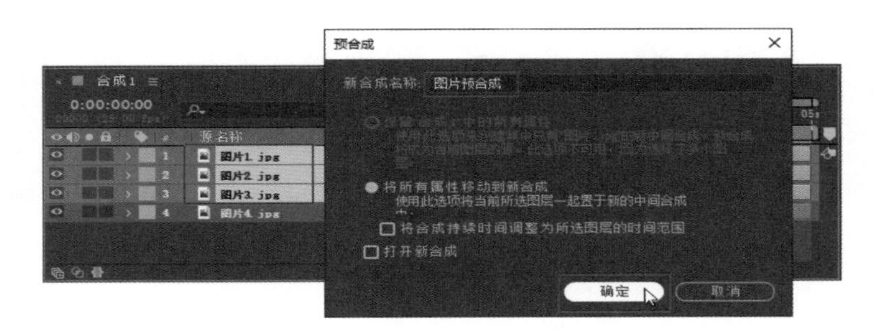

图 3-35　进行预合成操作

③ 此时在“时间轴”面板中可以看到生成的“图片预合成”图层，如图 3-36 所示。

④ 如果想调整预合成之前的某一个图层，只需双击“图片预合成”图层，跳转到预合成中即可进行编辑操作，如图 3-37 所示。

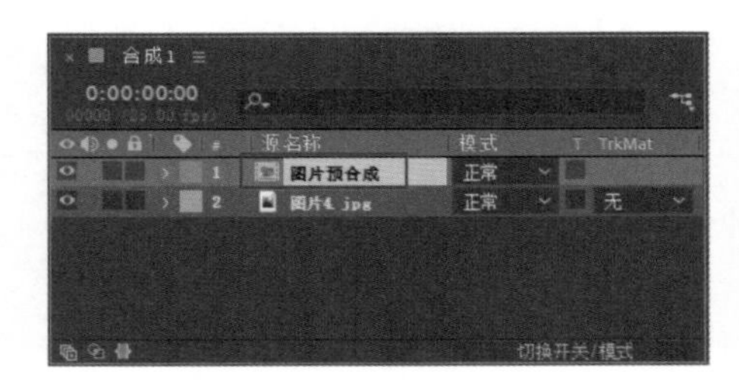

图 3-36　预合成效果

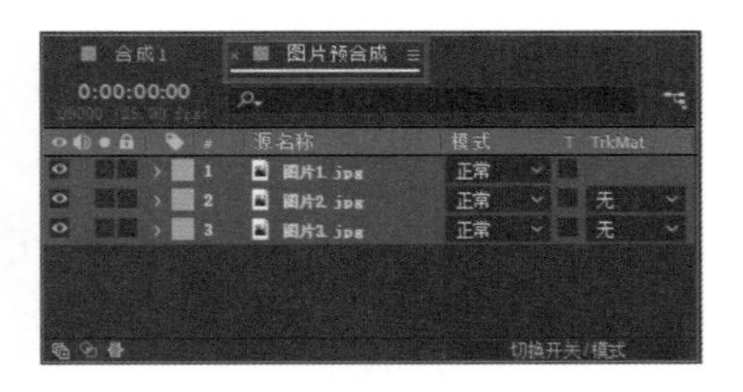

图 3-37　跳转到预合成

3.3 图层的叠加模式

图层叠加是指将一个图层与其下面的图层相互混合、叠加，以便共同作用于画面效果。AE 为用户提供了多种图层叠加模式，通过不同的叠加模式，可以产生多种不同的混合效果，并且不会对原始图像造成影响。

设置图层叠加模式的方法很简单，在“时间轴”面板中的图层上右击，在弹出的快捷菜单中选择“混合模式”命令，如图 3-38 所示，在子菜单中选择相应模式即可。

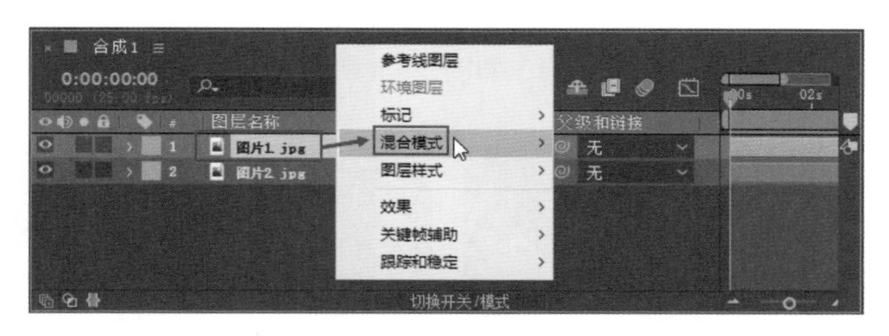

图 3-38 选择“混合模式”命令

也可以直接单击图层后面的“模式”下拉菜单按钮，如图 3-39 所示，在弹出的模式类型下拉列表中可以选择相应的模式。

接下来将用两张素材图像进行相互叠加来详细介绍 AE 中不同图层模式的混合效果，其中一张作为底图素材图层，如图 3-40 所示，另一张则作为叠加图层的源素材，如图 3-41 所示。

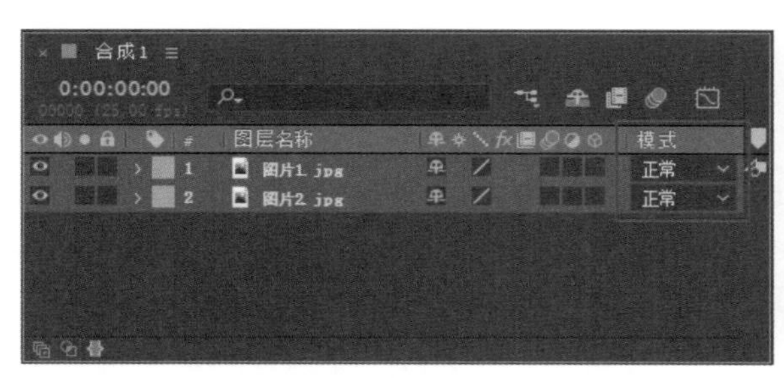

图 3-39 在模式类型下拉列表中选择模式

图 3-40 底图

在“时间轴”面板中，是通过调整“源素材”图层的叠加模式来演示叠加效果的，如图 3-42 所示。

图 3-41 叠加源图

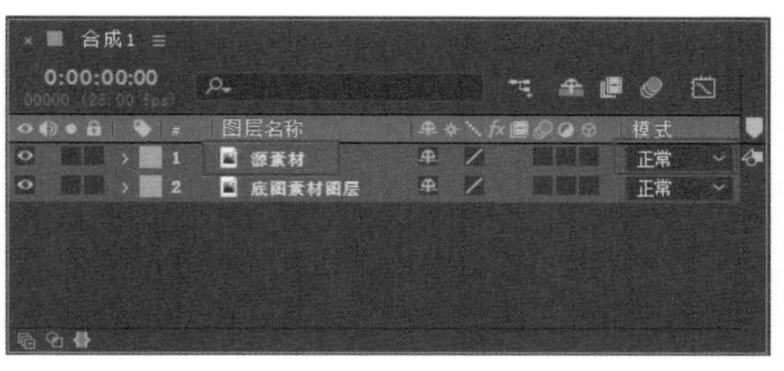

图 3-42 当前模式

3.3.1 普通模式

普通模式包括正常、溶解、动态抖动溶解这 3 个叠加模式。普通模式的叠加效果随底图素材图层和源素材图层的不透明度变化而产生相应效果，当两个素材图层的不透明度都为 100% 时，不产生叠加效果。

(1) 正常

当图层的不透明度为 100% 时，合成将根据 Alpha 通道正常显示当前图层，并且层的显示不受其他图层的影响，如图 3-43 所示；当图层的不透明度小于 100% 时，当前图层的每个像素点的颜色将受到其他图层的影响，如图 3-44 所示。

图 3-43　不透明度为 100% 时的效果

图 3-44　不透明度小于 100% 时的效果

(2) 溶解

溶解模式将控制层与层间的融合显示，因此该模式对于有羽化边缘的层有较大的影响。如果当前层没有遮罩羽化边界或该层设定为完全不透明，则该模式几乎不起作用。所以该模式最终效果受到当前层 Alpha 通道的羽化程度和不透明度的影响。当前层不透明度越低，溶解效果越明显，当前图层（源素材图层）不透明度为 50% 时，溶解模式效果如图 3-45 所示。

图 3-45　不透明度为 50% 时的溶解效果

(3) 动态抖动溶解

动态抖动溶解模式和溶解模式的原理相似，只不过动态抖动溶解模式可以随时更新随机值，它对融合区域进行了随机动画，而溶解模式的颗粒随机值是不变的。

3.3.2 变暗模式

变暗模式包括变暗、相乘、颜色加深、经典颜色加深、线性加深、较深的颜色 6 个叠加模式。这种类型的叠加模式主要用于加深图像的整体颜色。

（1）变暗

变暗模式是混合两图层像素的颜色时，对这二者的 RGB 值（即 RGB 通道中的颜色亮度值）分别进行比较，取二者中低的值再组合成为混合后的颜色，所以总的颜色灰度级降低，造成变暗的效果。它考察每一个通道的颜色信息以及相混合的像素颜色，选择较暗的作为混合的结果，颜色较亮的像素会被颜色较暗的像素替换，而较暗的像素就不会发生变化。变暗模式的效果如图 3-46 所示。

（2）相乘

相乘模式是一种减色模式，将基色与叠加色相乘。素材图层相互叠加可以使图像暗部更暗，任何颜色与黑色相乘都将产生黑色，与白色相乘将保持不变，而与中间的亮度颜色相乘，可以得到一种更暗的效果。相乘模式效果如图 3-47 所示。

图 3-46　变暗模式效果

图 3-47　相乘模式效果

（3）颜色加深

颜色加深模式是通过增加对比度来使颜色变暗以反映叠加色，素材图层相互叠加可以使图像暗部更暗，当叠加色为白色时，不产生变化。颜色加深模式效果如图 3-48 所示。

图 3-48　颜色加深模式效果

（4）经典颜色加深

经典颜色加深模式是通过增加素材图像的对比度，使颜色变暗以反映叠加色，其应用效果要优于颜色加深模式。

（5）线性加深

线性加深模式是查看每个通道中的颜色信息，并通过减小亮度，使颜色变暗或变亮，以反映叠加色。素材图层相互叠加可以使图像暗部更暗。与相乘模式相比，线性加深模式可以产生一种更暗的效果，如图 3-49 所示。

（6）较深的颜色

较深的颜色模式与变暗模式效果相似，不同的是变暗模式考察每一个通道的颜色信息以及相混合的像素颜色，并对每个颜色通道产生作用，而较深的颜色模式不对单独的颜色

通道起作用，较深的颜色模式效果如图 3-50 所示。

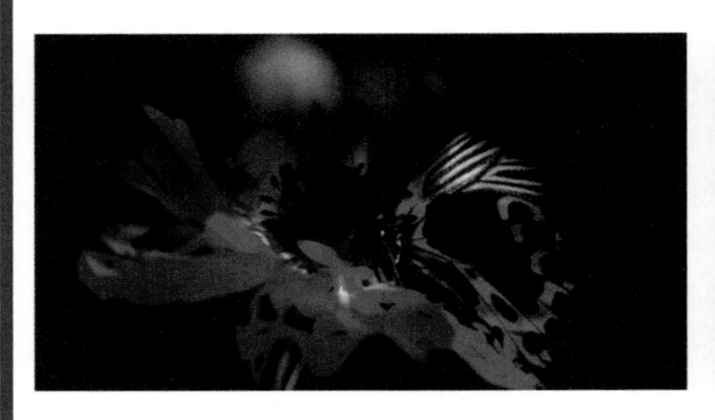

图 3-49　线性加深效果

图 3-50　较深的颜色模式效果

3.3.3　变亮模式

变亮模式包括相加、变亮、屏幕、颜色减淡、经典颜色减淡、线性减淡、较浅的颜色 7 个叠加模式。这种类型的叠加模式主要用于提亮图像的整体颜色。

(1) 相加

相加模式是将基色与混合色相加，通过相应的加法运算后得到更为明亮的颜色。素材相互叠加时，能够使亮部更亮。混合色为纯黑色或纯白色时不发生变化，有时可以将黑色背景素材通过相加模式与背景进行叠加，这样可以去掉黑色背景。相加模式效果如图 3-51 所示。

(2) 变亮

变亮模式与变暗模式相反，它主要用于查看每个通道中的颜色信息，并选择基色和叠加色中较为明亮的颜色作为结果色（比叠加色暗的像素将被替换掉，而比叠加色亮的像素将保持不变）。变亮模式效果如图 3-52 所示。

图 3-51　相加模式效果

图 3-52　变亮模式效果

(3) 屏幕

屏幕模式是一种加色叠加模式，将叠加色和基色相乘，呈现出一种较亮的效果。素材进行相互叠加后，也能使图像亮部更亮。屏幕模式效果如图 3-53 所示。

(4) 颜色减淡

颜色减淡模式主要通过减小对比度来使颜色变亮，以反映叠加色。当叠加色为黑色时，不产生变化。颜色减淡模式效果如图 3-54 所示。

图 3-53　屏幕模式效果

图 3-54　颜色减淡模式效果

(5) 经典颜色减淡

经典颜色减淡模式主要通过减小对比度来使颜色变亮，以反映叠加色，其叠加效果要优于颜色减淡模式。经典颜色减淡模式效果如图 3-55 所示。

(6) 线性减淡

线性减淡模式主要用于查看每个通道的颜色信息，并通过增加亮度来使基色变亮，以反映叠加色。与黑色叠加不发生任何变化，线性减淡模式效果如图 3-56 所示。

图 3-55　经典颜色减淡模式效果

图 3-56　线性减淡模式效果

(7) 较浅的颜色

较浅的颜色模式可以对图像层次较少的暗部进行着色，但它不对单独的颜色通道起作用。较浅的颜色模式效果如图 3-57 所示。

图 3-57　较浅的颜色模式效果

3.3.4　叠加模式

叠加模式包括叠加、柔光、强光、线

性光、亮光、点光和纯色混合 7 个模式。在应用这类叠加模式的时候，需要对源图层和底层的颜色亮度进行比较，看是否低于 50% 的灰度，然后再选择合适的叠加模式。

（1）叠加

叠加模式可以根据底图层的颜色，将源素材图层的像素进行相乘或覆盖。不替换颜色，但是基色与叠加色相混，以反映原色的亮度或暗度。该模式对于中间色调影响较明显，对于高亮度区域和暗调区域影响不大。叠加模式效果如图 3-58 所示。

（2）柔光

柔光模式可以使颜色变亮或变暗，具体取决于叠加色。类似于发散的聚光灯照在图像上的效果，若混合色比 50% 灰色亮则图像就变亮；若混合色比 50% 灰色暗则图像变暗。用纯黑色或纯白色绘画时产生明显的较暗或较亮区域，但不会产生纯黑或纯白色。柔光模式效果如图 3-59 所示。

图 3-58　叠加模式效果

图 3-59　柔光模式效果

（3）强光

强光模式的作用效果就像是打上一层色调强烈的光，故称之为强光，当两层中颜色的灰阶是偏向低灰阶时，作用与相乘模式类似，而当偏向高灰阶时，则与屏幕模式类似。中间阶调作用不明显。相乘或者是屏幕混合底层颜色，取决于上层颜色。产生的效果就好像为图像应用强烈的聚光灯一样。如果上层颜色（光源）亮度高于 50% 灰，图像就会被照亮，这时混合方式类似于屏幕模式。反之，如果亮度低于 50% 灰，图像就会变暗，这时混合方式就类似于相乘模式。该模式能为图像添加阴影。如果用纯黑或者纯白来进行混合，得到的也将是纯黑或者纯白色。强光模式效果如图 3-60 所示。

（4）线性光

线性光模式主要通过减小或增加亮度来加深或减淡颜色，具体取决于叠加色。如果上层颜色（光源）亮度高于中性灰（50% 灰），则用增加亮度的方法来使画面变亮，反之用降低亮度的方法来使画面变暗。线性光模式效果如图 3-61 所示。

（5）亮光

亮光模式可以通过调整对比度来加深或减淡颜色，取决于上层图像的颜色分布。如果上层颜色（光源）亮度高于 50% 灰，图像将被降低对比度并且变亮；如果上层颜色（光源）

亮度低于 50% 灰，图像会被提高对比度并且变暗。亮光模式效果如图 3-62 所示。

图 3-60　强光模式效果

图 3-61　线性光模式效果

（6）点光

点光模式可以按照上层颜色分布信息来替换图片的颜色。如果上层颜色（光源）亮度高于 50% 灰，比上层颜色暗的像素将会被取代，而较之亮的像素则不发生变化。如果上层颜色（光源）亮度低于 50% 灰，比上层颜色亮的像素会被取代，而较之暗的像素则不发生变化。点光模式效果如图 3-63 所示。

图 3-62　亮光模式效果

图 3-63　点光模式效果

（7）纯色混合

纯色混合模式产生一种强烈的混合效果，在使用该模式时，如果当前图层中的像素比 50% 灰色亮，会使底层图像变亮；如果当前图层中的像素比 50% 灰色暗，则会使底层图像变暗。所以该模式通常会使亮部区域变得更亮，暗部区域变得更暗。纯色混合模式效果如图 3-64 所示。

图 3-64　纯色混合模式效果

3.3.5　差值模式

差值模式包括差值、经典差值、排除、相减、相除 5 个叠加模式。这种类型的叠加模式主要根据源图层和底层的颜色值来产生差异效果。

（1）差值

差值模式可以从基色中减去叠加色或从叠加色中减去基色，具体情况要取决于哪个颜色的亮度值更高。与白色混合将翻转基色值，与黑色混合则不产生变化。差值模式效果如图 3-65 所示。

（2）经典差值

经典差值模式跟差值模式一样，都可以从基色中减去叠加色或从叠加色中减去基色，但经典差值模式效果要优于差值模式。

（3）排除

排除模式是跟差值模式非常类似的叠加模式，只是排除模式的结果色对比度没有差值模式强。与白色混合将翻转基色值，与黑色混合则不产生变化。排除模式效果如图 3-66 所示。

图 3-65　差值模式效果

图 3-66　排除模式效果

（4）相减

相减模式是将底图素材图像与源素材图像相对应的像素提取出来并将它们相减，其叠加效果如图 3-67 所示。

（5）相除

相除模式与相乘模式相反，可以将基色与叠加色相除，得到一种很亮的效果，任何颜色与黑色相除都产生黑色，与白色相除都产生白色，其叠加效果如图 3-68 所示。

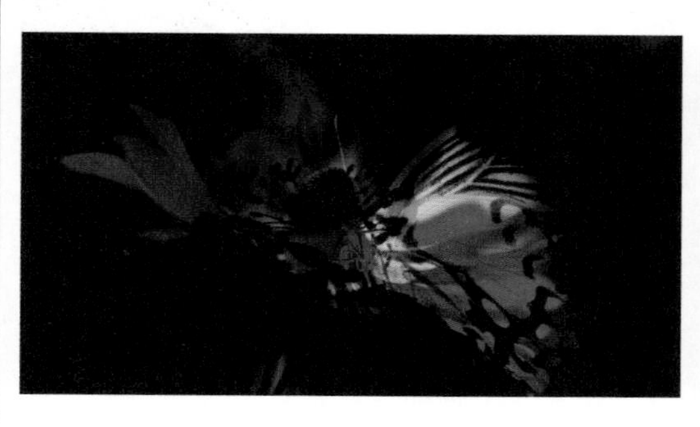

图 3-67　相减模式效果

图 3-68　相除模式效果

3.3.6 色彩模式

色彩模式包括色相、饱和度、颜色、发光度 4 个叠加模式。这种类型的叠加模式可以通过改变底层颜色的色相、饱和度和明度值而产生不同的叠加效果。

(1)色相

色相模式通过基色的亮度和饱和度以及叠加色的色相创建结果色，可以改变底层图像的色相，但不会影响其亮度和饱和度。色相模式效果如图 3-69 所示。

(2)饱和度

饱和度模式通过基色的亮度和色相以及叠加色的饱和度创建结果色，可以改变底层图像的饱和度，但不会影响其亮度和色相。饱和度模式效果如图 3-70 所示。

图 3-69 色相模式效果

图 3-70 饱和度模式效果

(3)颜色

颜色模式是用当前图层的色相值与饱和度替换下层图像的色相值和饱和度，而亮度保持不变。决定生成颜色的参数包括：底层颜色的明度，上层颜色的色调与饱和度。这种模式能保留原有图像的灰度细节，能用来对黑白或者是不饱和的图像上色。颜色模式效果如图 3-71 所示。

(4)发光度

发光度模式通过基色的色相和饱和度以及叠加色的亮度创建结果色，效果与颜色模式相反。应用该模式可以完全消除纹理背景的干扰。发光度模式效果如图 3-72 所示。

图 3-71 颜色模式效果

图 3-72 发光度模式效果

3.3.7 蒙版模式

蒙版模式包括蒙版 Alpha、模板亮度、轮廓 Alpha、轮廓亮度 4 个叠加模式。应用此类叠加模式可以将源图层作为底层的遮罩使用。

（1）蒙版 Alpha

蒙版 Alpha 模式可以穿过蒙版层的 Alpha 通道显示多个层。模式效果如图 3-73 所示。

（2）模板亮度

模板亮度模式可以穿过蒙版层的像素显示多个层。当使用此模式时，显示层中较暗的像素。模板亮度模式效果如图 3-74 所示。

图 3-73 蒙版 Alpha 模式

图 3-74 模板亮度模式效果

（3）轮廓 Alpha

轮廓 Alpha 模式可以通过源图层的 Alpha 通道来影响底层图像，并把受到影响的区域裁剪掉，源图层不透明度参数为 60% 时，轮廓 Alpha 模式效果如图 3-75 所示。

（4）轮廓亮度

轮廓亮度模式主要通过源图层上的像素亮度来影响底层图像，并把受到影响的像素部分裁剪或全部裁剪掉，模式效果如图 3-76 所示。

图 3-75 轮廓 Alpha 模式效果

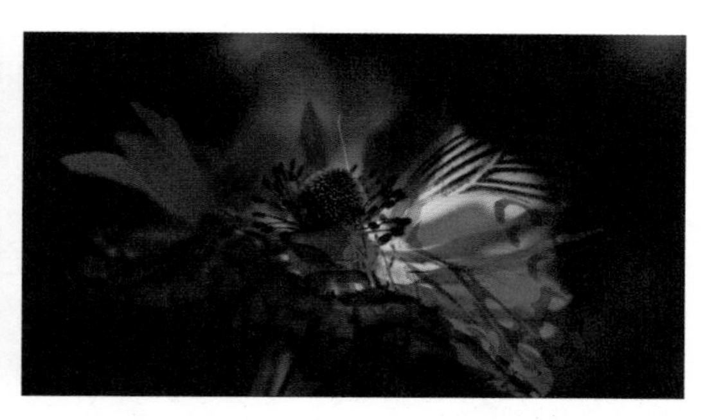

图 3-76 轮廓亮度模式效果

3.3.8 共享模式

共享模式包括 Alpha 添加和冷光预乘两个叠加模式，这两个叠加模式都可以通过 Alpha 通道或透明区域像素来影响叠加效果。

（1）Alpha 添加

Alpha 添加模式可以在合成图层添加色彩互补的 Alpha 通道来创建无缝的透明区域，用于从两个相互反转的 Alpha 通道或从两个接触的动画图层的 Alpha 通道边缘删除可见边缘。该模式效果如图 3-77 所示。

（2）冷光预乘

冷光预乘模式通过将超过 Alpha 通道值的颜色值添加到合成中来防止修剪这些颜色值，通过预乘 Alpha 通道可以合成渲染镜头或光照效果。该模式效果如图 3-78 所示。

图 3-77　Alpha 添加模式效果

图 3-78　冷光预乘模式效果

3.3.9 制作二次曝光效果（实例）

本例将调整图层的混合模式，使两个图层相叠加混合，产生二次曝光的艺术效果。

① 启动 AE 软件，在“项目”面板中右击并选择“新建合成”命令，在弹出的“合成设置”面板中自定义“合成名称”，设置“预设”为“HDV/HDTV 720 25”，设置“像素长宽比”为“方形像素”，设置“帧速率”为 25，设置“持续时间”为 5 秒，如图 3-79 所示。

② 完成上述设置后，单击“确定”按钮。执行“文件”|“导入”|“文件”命令，打开“导入文件”对话框，选择“鸟.jpg”和“山.jpg”素材文件，单击“导入”按钮，如图 3-80 所示。

③ 将导入“项目”面板中的素材依次拖曳到“时间轴”面板中，并分别调整两个图层的“缩放”数值，如图 3-81 所示。

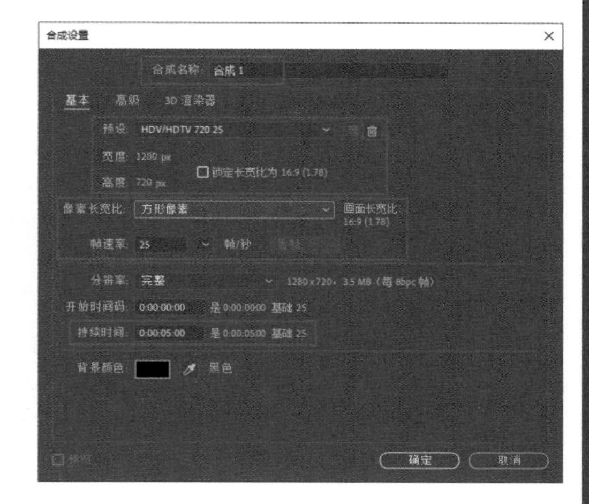

图 3-79　设置合成参数

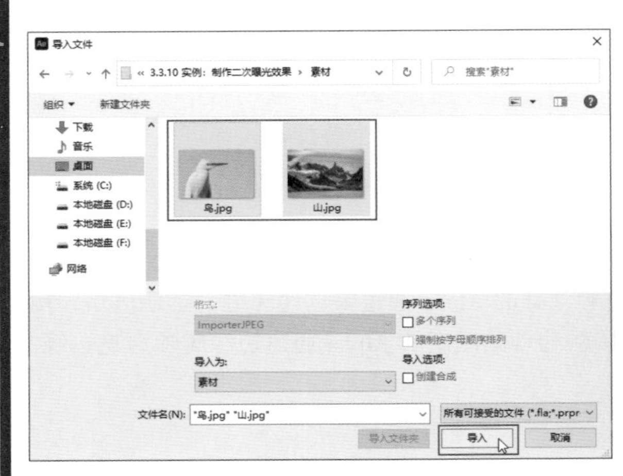

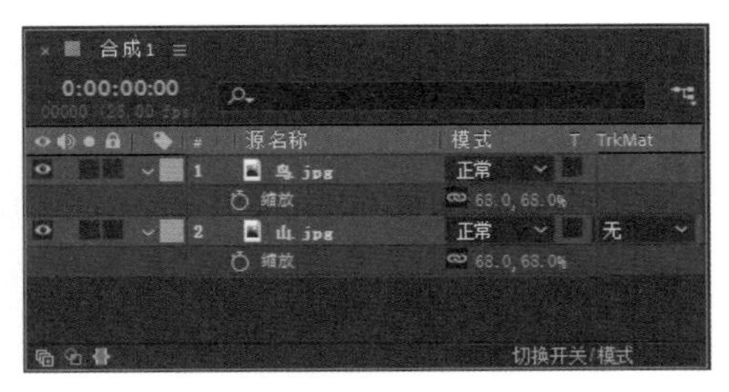

图 3-80　导入文件

图 3-81　设置“缩放”数值

④ 完成上述操作后，在“合成”面板中对应的预览效果如图 3-82 所示。

⑤ 在“时间轴”面板中选择“鸟 .jpg”图层，右击，在弹出的快捷菜单中执行“混合模式”|“变亮”命令，如图 3-83 所示。

图 3-82　预览效果

图 3-83　选择“变亮”模式

⑥ 选择“鸟 .jpg”图层，按 T 键展开图层的“不透明度”属性，调整其“不透明度”参数为 80%，如图 3-84 所示。

⑦ 至此，二次曝光效果制作完成，如图 3-85 所示。

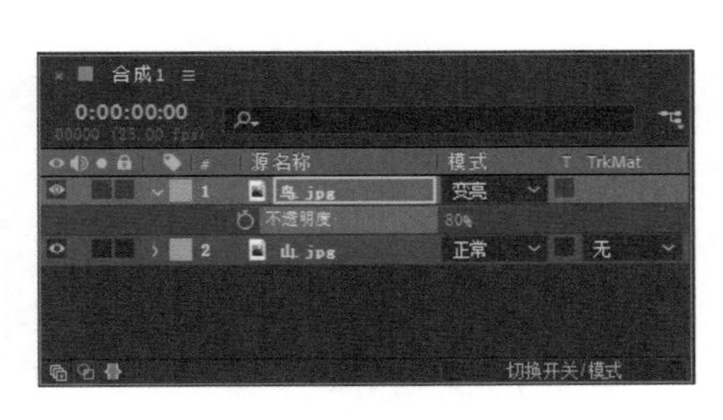

图 3-84　设置不透明度

图 3-85　最终效果

第 4 章 关键帧动画的创建

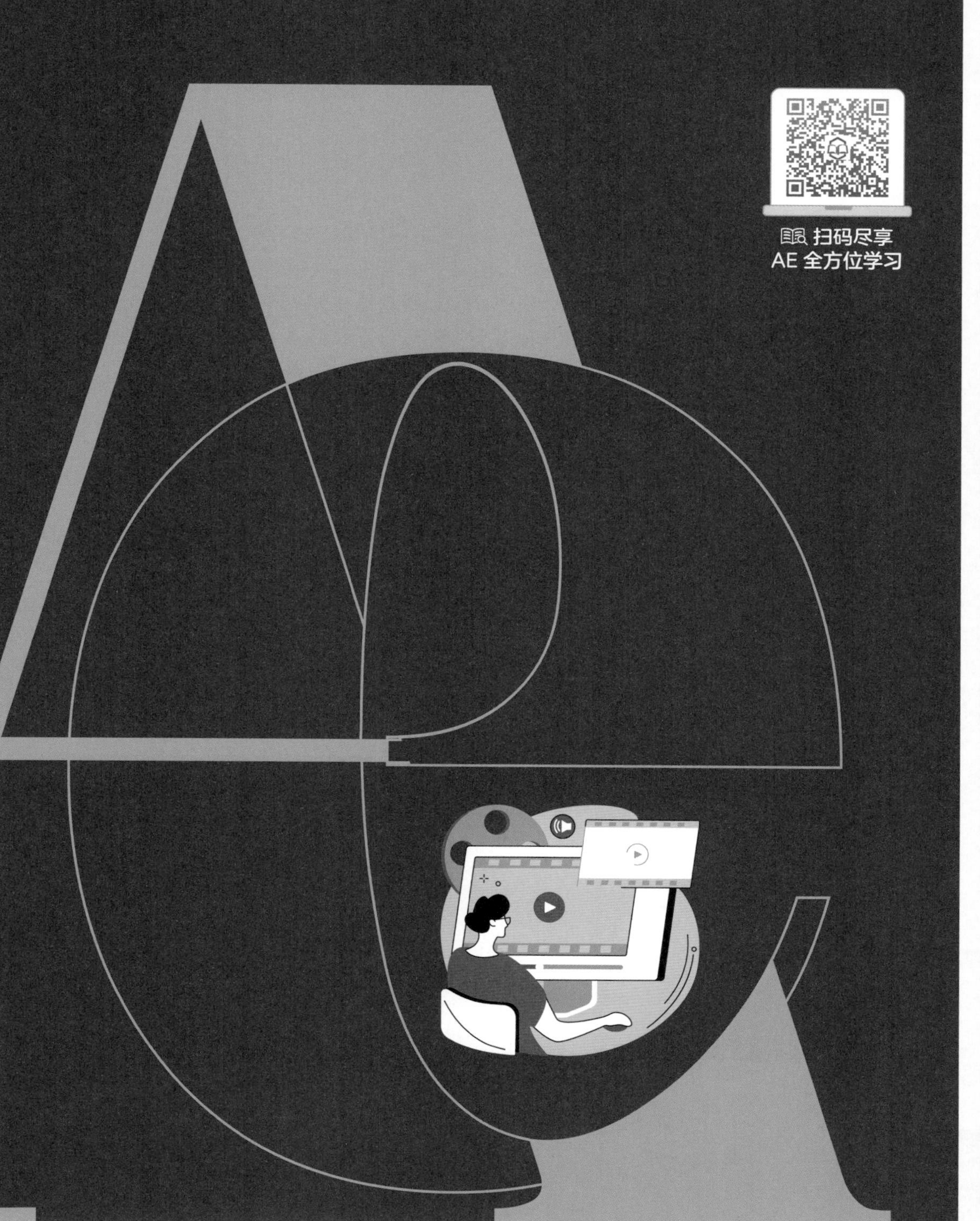

在 AE 中，用户可以为图层添加关键帧动画，以产生基本的位置变化、缩放、旋转、不透明度等动画效果。此外，还可以为素材已经添加的视频效果设置关键帧动画，以产生丰富的效果变化。

4.1　初识关键帧动画

关键帧是组成动画的基本元素，在 AE 中，动画效果的创建基本上都需要用到关键帧，特效的添加及改变也离不开关键帧。关键帧动画通过为素材的不同时刻设置不同的属性，使该过程产生动画的变换效果。

4.1.1　关键帧的概念

影片是由一张张连续的图像组成的，每一张图像代表一帧。“帧”是动画中最小单位的单幅影像画面，相当于电影胶片上的每一格镜头，在动画软件的时间轴上，帧表现为一格或一个标记。在影片编辑处理中，PAL 制式每秒为 25 帧，NTSC 制式每秒为 30 帧，而“关键帧”是指动画上关键的时刻，任何动画要表现运动或变化，至少前后要给出两个不同状态的关键帧，而中间状态的变化和衔接，由计算机自动创建完成，称为过渡帧或中间帧。

4.1.2　关键帧动画调整区域

在 AE 中，关键帧的创建工作主要是在“时间轴”面板及“效果控件”面板中完成的。

(1)“时间轴”面板

当用户将素材添加至“时间轴”面板后，展开素材的相关属性参数后，可以看到参数左侧的“时间变化秒表”按钮，单击该按钮，即可为相应参数创建一个关键帧，添加后按钮会变为，如图 4-1 所示。

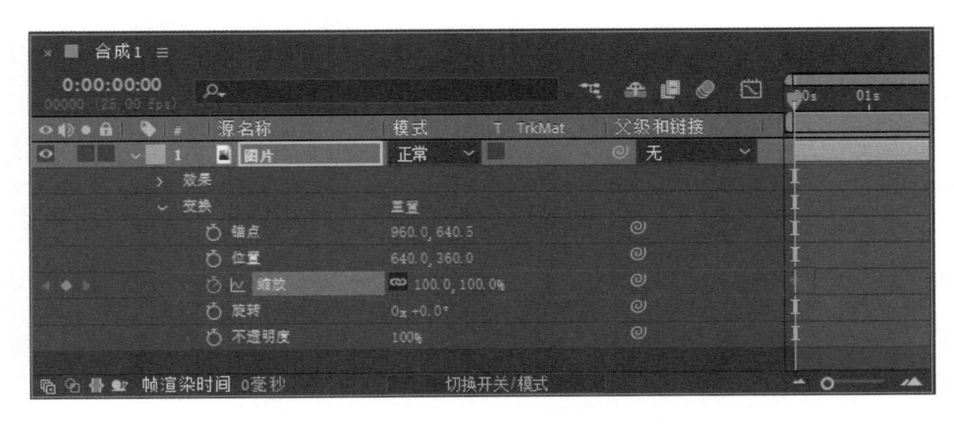

图 4-1　“时间轴”面板上的关键帧

（2）“效果控件”面板

在添加素材后，除了可以在“时间轴”面板中创建关键帧动画，针对素材添加的效果，也可以在“效果控件”面板中进一步创建和调整关键帧动画。在“效果控件”面板中，展开素材的效果属性参数后，可以看到参数左侧的“时间变化秒表”按钮，单击该按钮，即可为相应参数创建一个关键帧，添加后按钮会变为，如图 4-2 所示。

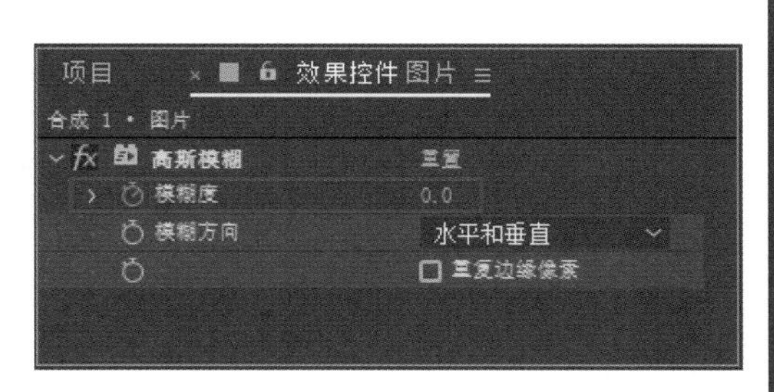

图 4-2 “效果控件”面板上的关键帧

4.1.3 创建关键帧（实例）

在 AE 中，大家可以看到特效或属性的左侧有一个“时间变化秒表”按钮。如果需要创建关键帧，可以单击属性左侧的“时间变化秒表”按钮，将关键帧属性激活（按钮会变为）；若在同一时间点再次单击“时间变化秒表”按钮，可以取消该属性所有的关键帧。

① 启动 AE 软件，执行“文件”|“打开项目”命令，或按快捷键 Ctrl+O，打开“打开”对话框，选择“气球 .aep”项目文件，单击“打开”按钮，如图 4-3 所示。

② 在“时间轴”面板中，选择“气球 .jpg”图层，按 P 键展开“位置”属性，在 0:00:00:00 时间点单击“位置”属性左侧的“时间变化秒表”按钮，将关键帧属性激活，这样就创建了一个关键帧，如图 4-4 所示。

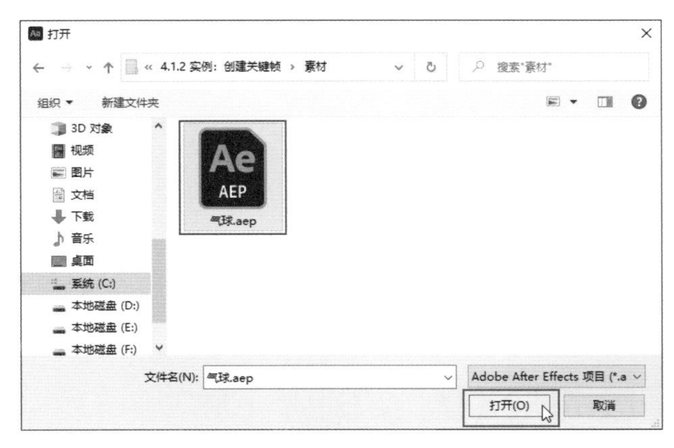

图 4-3 打开素材文件

图 4-4 创建第一个关键帧

③ 将“当前时间指示器”拖到 0:00:01:00 时间点，点击“位置”属性前的“在当前时间添加或移除关键帧”按钮，即可在当前时间点添加一个关键帧，如图 4-5 所示。

④ 将“当前时间指示器”拖到 0:00:02:00 时间点，在该时间点调整“位置”参数，此时在该时间点将创建一个新的关键帧，如图 4-6 所示。

⑤ 将“当前时间指示器”拖到 0:00:04:00 时间点，在该时间点调整“位置”参数，此时在该时间点将创建一个新的关键帧，如图 4-7 所示。

图 4-5　创建第二个关键帧

图 4-6　创建第三个关键帧

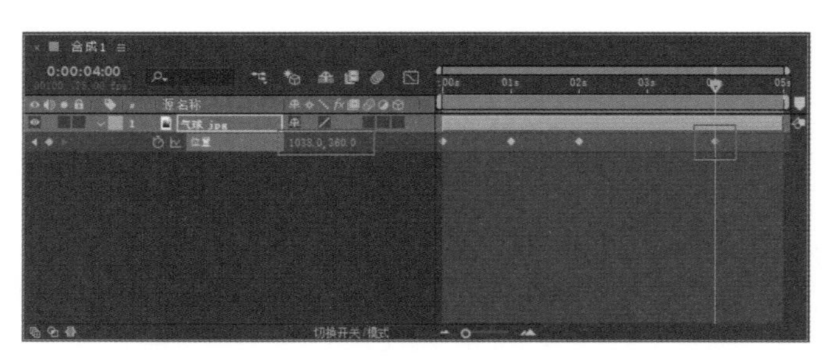

图 4-7　创建第四个关键帧

提示　使用“在当前时间添加或移除关键帧”按钮 可以只创建关键帧，而保持属性的参数不变；而改变时间点并修改参数值，是在改变属性参数的情况下创建了关键帧。

⑥ 完成关键帧的创建后，按小键盘上的 0 键可以进行动画的播放预览，最终效果如图 4-8 所示。

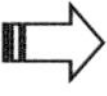

图 4-8　动画预览

4.1.4　通过关键帧制作缩放动画（实例）

本例将通过为素材设置“缩放”和“不透明度”参数的关键帧来创建一个简单的图像缩放动画，帮助读者快速掌握关键帧的创建方法。

① 启动 AE 软件，在“项目”面板中右击并选择“新建合成”命令，在弹出的“合成设置”面板中自定义“合成名称”，设置“预设”为“HDV/HDTV 720 25”，设置“像素长宽比”为“方形像素”，设置“帧速率”为 25，设置“持续时间”为 5 秒，将“背景颜色”设置为中间色品蓝色（#8FDBFF），如图 4-9 所示。

② 完成上述设置后，单击“确定”按钮。执行“文件”|“导入”|“文件”命令，打开“导入文件”对话框，选择“小猫 .jpg”素材文件，单击“导入”按钮，如图 4-10 所示。

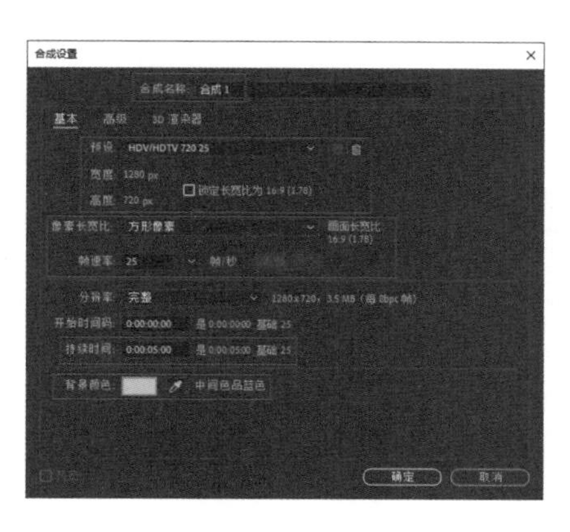

图 4-9　设置合成参数

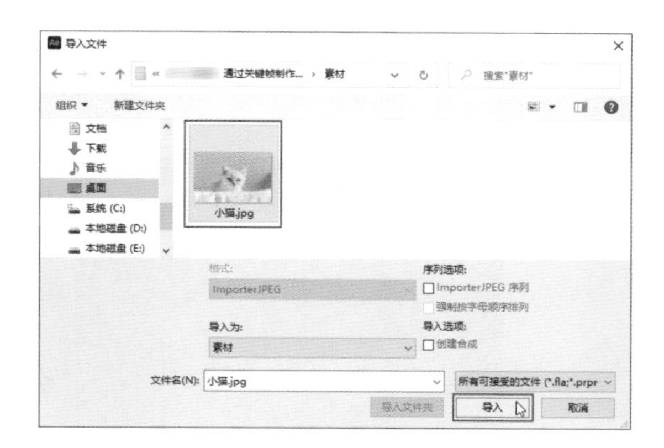

图 4-10　导入素材文件

③ 将导入“项目”面板中的“小猫 .jpg”素材拖曳到“时间轴”面板中，然后单击“小猫 .jpg”素材左侧的展开按钮，展开素材“变换”属性，如图 4-11 所示。

④ 当前时间线所处时间点为 0:00:00:00，在不改变初始时间点的情况下，单击“缩放”参数左侧的“时间变化秒表”按钮，激活关键帧；然后继续单击“不透明度”参数左侧的“时间变化秒表”按钮，激活关键帧，并修改“不透明度”参数为 0，如图 4-12 所示。

图 4-11　展开素材“变换”属性

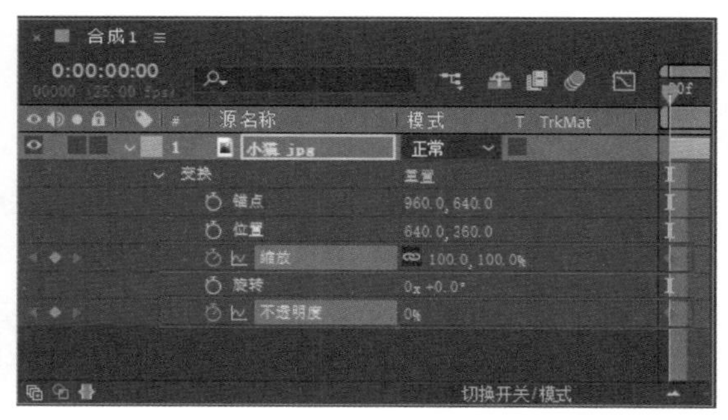

图 4-12　创建关键帧

提示 在激活参数的关键帧后，在右侧可以看到生成的蓝色关键帧。需要注意的是，当关键帧为未选择状态时，关键帧将变为灰色状态。

⑤ 在“时间轴”面板的左上角修改当前时间为 0:00:02:00，然后调整“不透明度”参数为 100%，创建第二个“不透明度”关键帧，如图 4-13 所示。

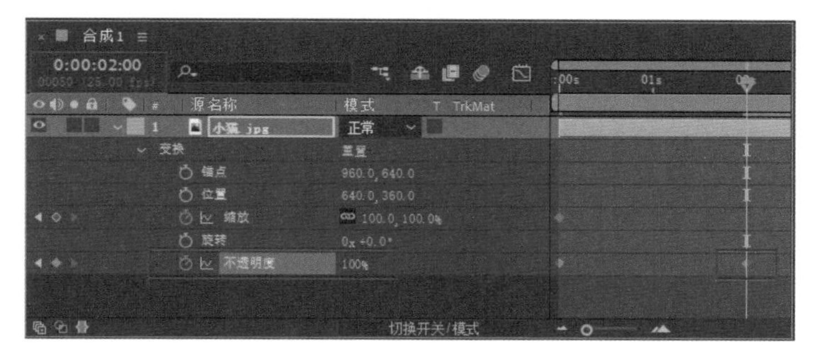

图 4-13　创建第二个“不透明度”关键帧

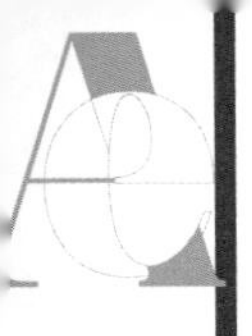

⑥ 在“时间轴”面板的左上角修改当前时间为0:00:02:15，然后调整“缩放”参数为40%，创建第三个“缩放”关键帧，如图 4-14 所示。

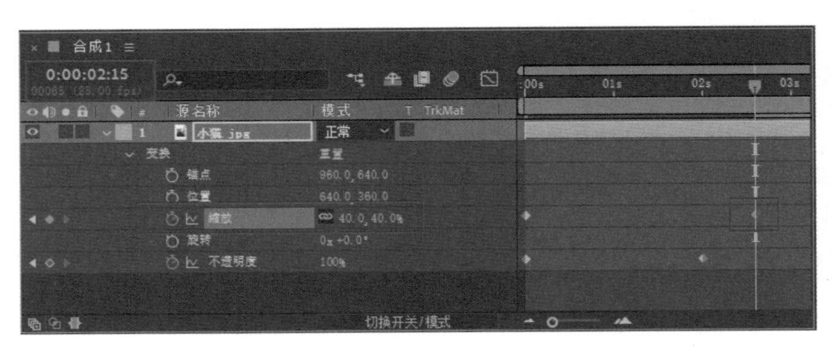

图 4-14　创建第三个“缩放”关键帧

⑦ 至此，本例的缩放动画就制作完成了，按小键盘上的 0 键可以进行动画的播放预览，最终效果如图 4-15 所示。

图 4-15　动画预览

4.2　关键帧的基本操作

在制作动画的过程中，掌握了关键帧的应用就相当于掌握了动画的基础和关键。在 AE 中，用户在创建了关键帧后，可以通过一些关键帧的基本操作来调整当前的关键帧状态，以增强画面视感，使画面更为流畅，使视觉效果更为赏心悦目。

4.2.1　查看关键帧

在创建关键帧后，属性的左侧将出现关键帧导航按钮，通过关键帧导航按钮，可以快速查看关键帧，如图 4-16 所示。

提示　关键帧导航中的按钮为灰色状态时，表示按钮为不可用状态。

关键帧导航有多种显示方式，分别代表了不同的含义。当关键帧导航显示为 ◀◆▶ 状态时，表示当前关键帧的左侧和右侧都有关键帧。此时单击“转到上一个关键帧”按钮 ◀，可以快速跳转到左侧的关键帧；单击“在当前时间添加或移除关键帧”按钮 ◆，可以将当前关键帧删除；单击“转到下一个关键帧”按钮 ▶，可以快速跳转到右侧的关键帧。

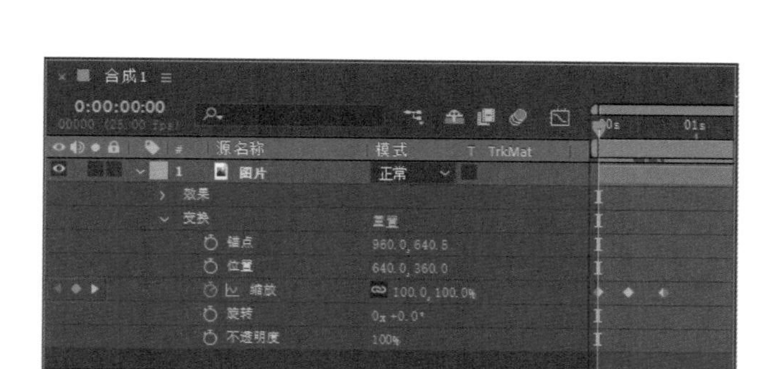

图 4-16　查看关键帧

4.2.2　选择关键帧

在 AE 中，用户可通过以下几种方式选择关键帧。

（1）选择单个关键帧

在“时间轴”面板中，直接单击关键帧图标，关键帧将显示为蓝色，表示此时已选中关键帧，如图 4-17 所示。

图 4-17　选择单个关键帧

（2）选择多个关键帧

在选择关键帧时，若按住 Shift 键，可以同时选中多个关键帧。此外，在“时间轴”面板的空白处拖出一个矩形，在矩形框以内的关键帧将被选中，如图 4-18 所示。

图 4-18　选择多个关键帧

在“时间轴”面板中，单击关键帧所属属性的名称，即可选中该属性的所有关键帧，如图 4-19 所示。

图 4-19　单击属性名称选中该属性的所有关键帧

提示 当创建某些属性的关键帧动画后，在“合成”面板中可以看到一条动画路径，路径上分布了控制点，这些控制点对应属性的关键帧，只要单击这些控制点，就可以选中该点对应的关键帧。选中的控制点将以实心方块显示，没有选中的控制点以空心显示，如图 4-20 所示。

图 4-20　关键帧的控制点

（3）选择相同关键帧

在“时间轴”面板中，若要选择属性中具有相同值的所有关键帧，可以右击关键帧，在弹出的快捷菜单中执行“选择相同关键帧”命令，如图 4-21 所示。

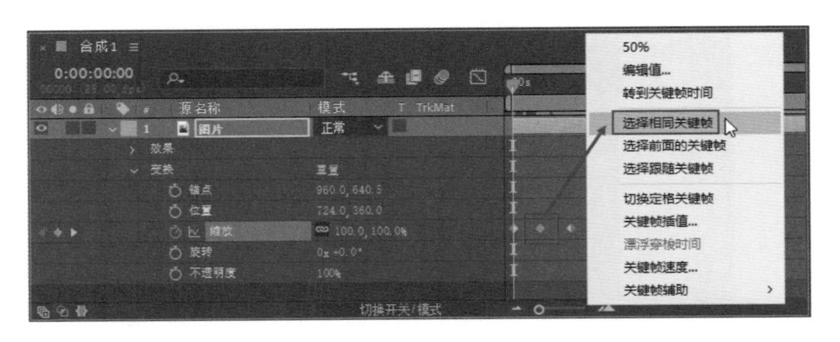

图 4-21　选择相同关键帧

（4）选择前后关键帧

如果要选择某个选定关键帧之前的所有关键帧，可以右击关键帧，在弹出的快捷菜单中执行“选择前面的关键帧”命令，如图 4-22 所示。

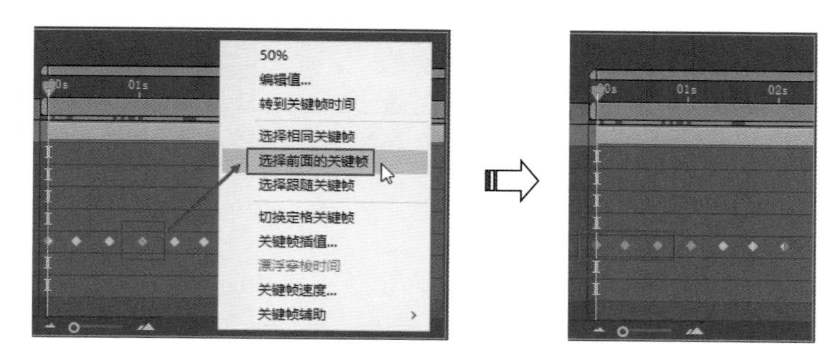

图 4-22　选择前面的关键帧

如果要选择某个选定关键帧之后的所有关键帧，可以右击关键帧，在弹出的快捷菜单中执行“选择跟随关键帧”命令，如图 4-23 所示。

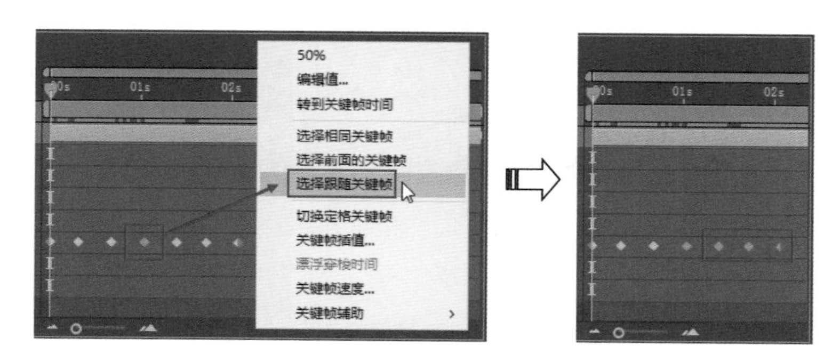

图 4-23　选择跟随关键帧

4.2.3　移动关键帧

移动关键帧所在的位置可以控制动画的节奏，比如两个关键帧隔得越远，最终动画所呈现的节奏就越慢；两个关键帧隔得越近，最终动画所呈现的节奏就越快。下面介绍几种移动关键帧的方法。

（1）移动单个关键帧

在“时间轴”面板中，展开已经制作完成的关键帧效果，单击工具箱中的“移动工具”按钮 ▶，将光标放在需要移动的关键帧上方，按住鼠标左键左右移动，当移动到合适的位置时，释放鼠标左键，即可完成移动操作，如图 4-24 所示。

（2）移动多个关键帧

单击工具箱中的“移动工具”按钮 ▶，按住鼠标左键将需要移动的关键帧进行框选，接着将选中的关键帧向左或向右进行拖曳，即可完成多个关键帧的移动操作，如图 4-25 所示。

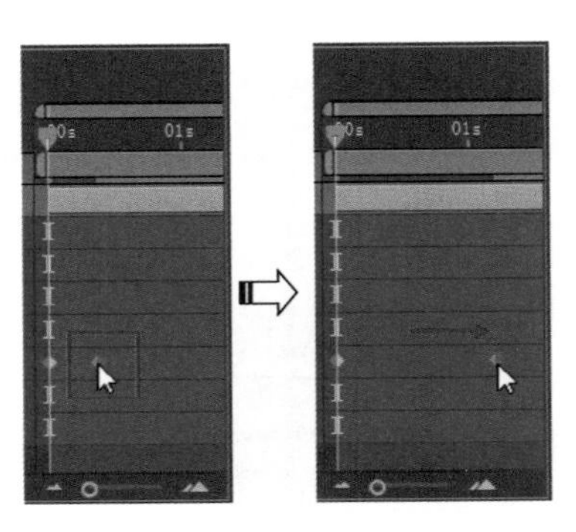

图 4-24　移动单个关键帧

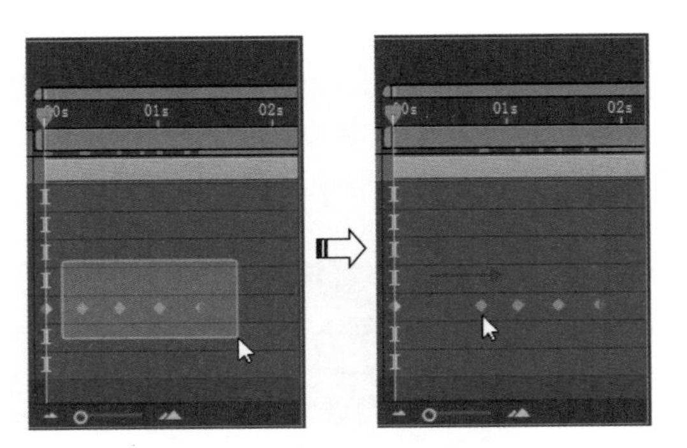

图 4-25　移动多个关键帧

当想要同时移动的关键帧不相邻时，可以单击工具箱中的“移动工具”按钮▶，在按住 Shift 键的同时，选中需要移动的关键帧进行拖曳，如图 4-26 所示。

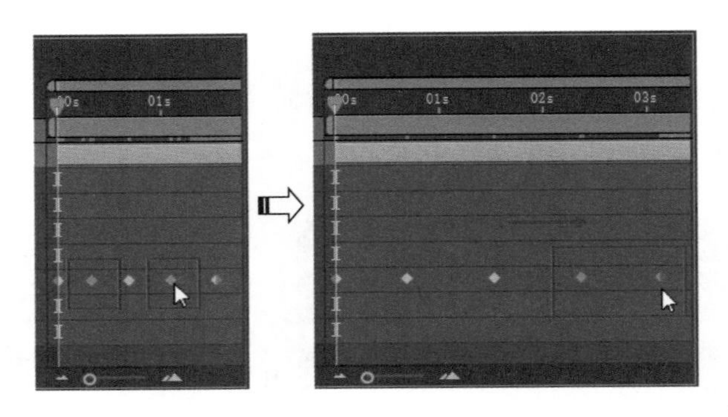

图 4-26　移动不相邻的关键帧

4.2.4　复制关键帧

在制作影片或动画时，经常会遇到不同素材使用同一动画效果的情况，这就需要设置相同的关键帧。在 AE 中，选中制作完成的关键帧动画，通过复制、粘贴命令，可以以更快捷的方式完成其他素材的动画制作。下面介绍几种复制关键帧的操作方法。

（1）通过菜单命令复制

单击工具箱中的“移动工具”按钮▶，在“时间轴”面板中选中需要进行复制的关键帧，然后执行“编辑”|“复制”命令，如图 4-27 所示。

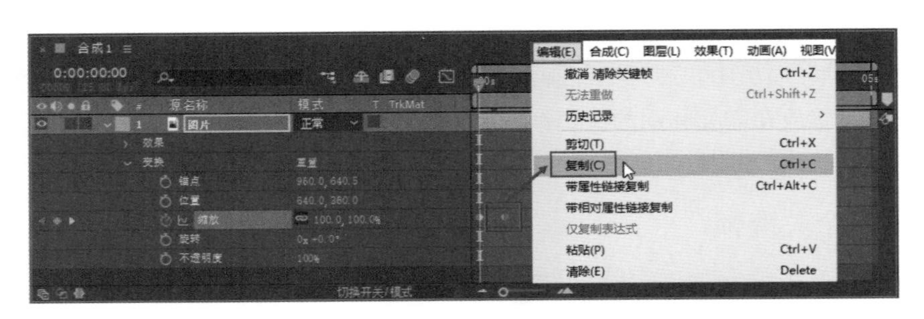

图 4-27　复制关键帧

将时间线拖动到合适的时间点，然后执行“编辑”|“粘贴”命令，即可将复制的关键帧粘贴到当前时间点，如图 4-28 所示。

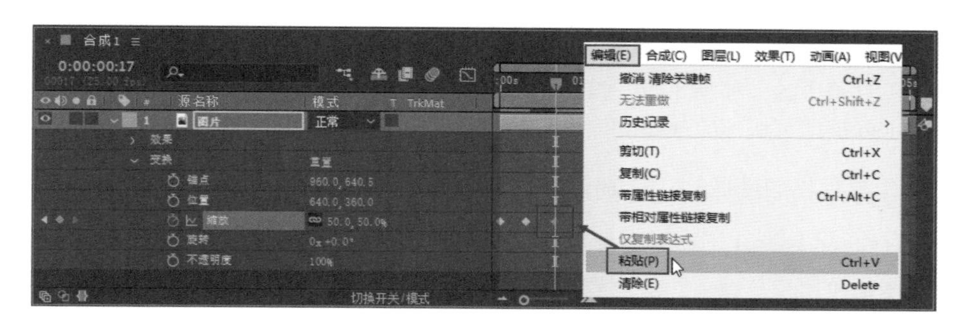

图 4-28　粘贴关键帧

（2）使用快捷键复制

该方法在制作动画时操作简单且节约时间，是比较常用的一种方法。在“时间轴”面板中选中需要复制的关键帧，然后使用快捷键 Ctrl+C 进行复制，如图 4-29 所示。

图 4-29　使用快捷键复制关键帧

接着，将时间线移动到合适的时间点，使用快捷键 Ctrl+V 进行粘贴，如图 4-30 所示。

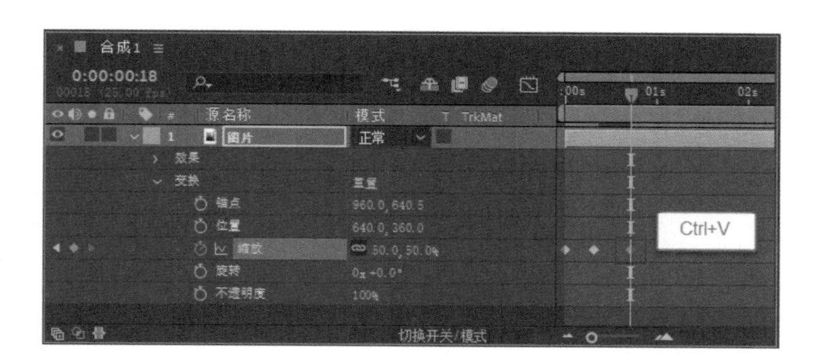

图 4-30　使用快捷键粘贴关键帧

4.2.5　删除关键帧

在实际操作中，有时会在素材文件中添加多余的关键帧，这些关键帧无实质性用途，

且会使动画变得复杂，此时需要将多余的关键帧进行删除处理。下面介绍删除关键帧的几种常用方法。

(1)使用快捷键快速删除关键帧

单击工具箱中的“移动工具”按钮 ，然后在“时间轴”面板中选择需要删除的关键帧，按 Delete 键即可快速完成删除操作，如图 4-31 所示。

(2)使用特殊按钮删除关键帧

在“时间轴”面板中，将时间线滑动到需要删除的关键帧上，然后单击参数左侧的“在当前时间添加或移除关键帧”按钮 ，如图 4-32 所示，即可将关键帧删除。

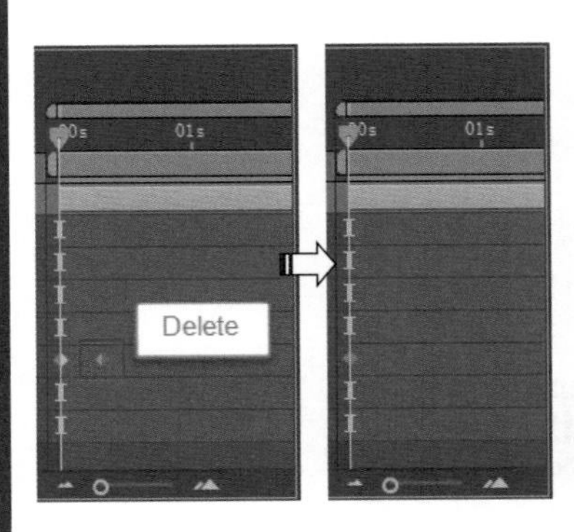

图 4-31　使用快捷键删除关键帧

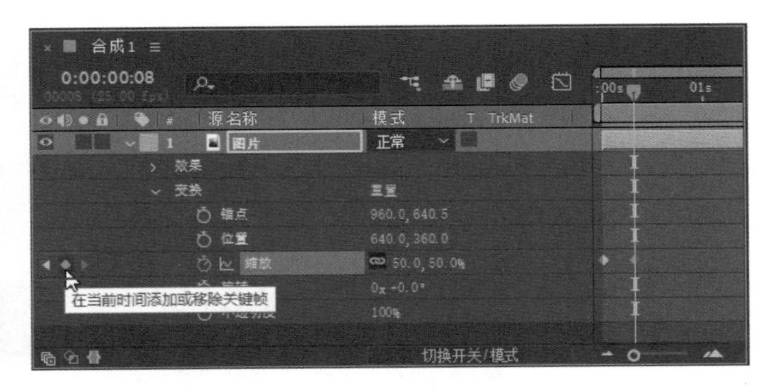

图 4-32　使用特殊按钮删除关键帧

(3)通过菜单命令清除关键帧

在“时间轴”面板中选择需要删除的关键帧，执行“编辑”|“清除”命令，如图 4-33 所示，即可将所选关键帧删除。

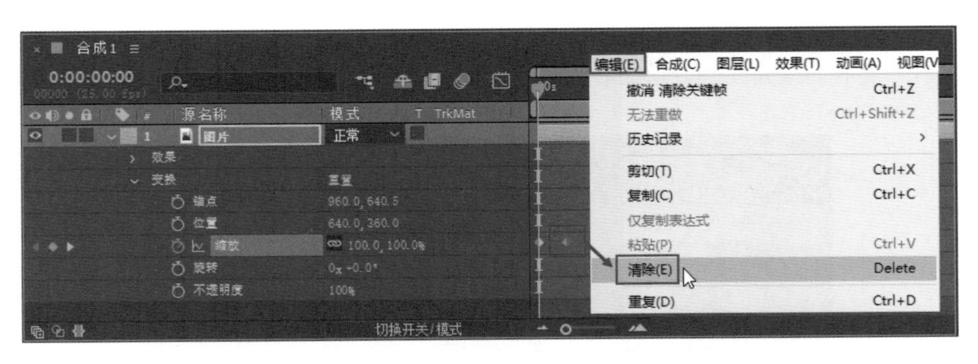

图 4-33　通过菜单命令清除关键帧

4.3　关键帧的编辑操作

在学习关键帧的基本操作后，大家可以掌握一些基本动画效果的制作，如果想让视频动画编辑工作更加高效，则需要进一步学习关键帧的编辑操作，如修改关键帧数值、转到

关键帧时间等。

4.3.1 修改关键帧数值

在“时间轴”面板中创建关键帧后，如果要修改某个关键帧的数值，可将时间线拖动到该关键帧上方，然后直接在属性参数右侧单击蓝色数值进行修改，如图 4-34 所示。

图 4-34 修改关键帧数值

除上述方法之外，还可以右击关键帧，在弹出的快捷菜单中选择数值或“编辑值”命令，如图 4-35 所示。

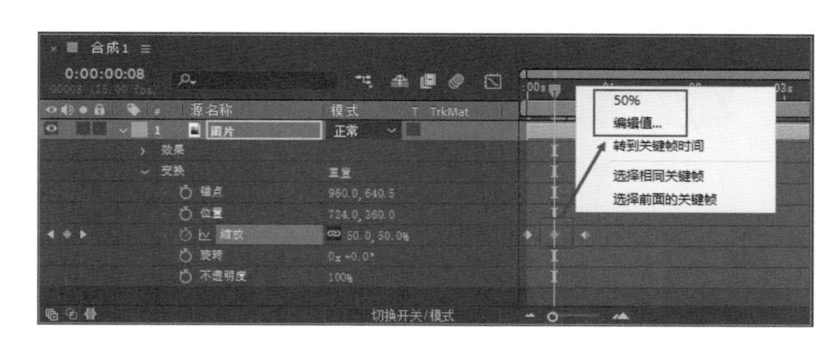

图 4-35 通过快捷菜单进行编辑

在弹出的参数对话框中，用户可以更加直观地修改关键帧数值，如图 4-36 所示，完成调整后单击“确定”按钮即可。

在调整“缩放”参数时，可以看到参数旁有一个约束比例按钮，默认情况下该按钮为启用状态，表示调整缩放参数时为等比缩放，再次单击该按钮，可关闭等比缩放，对参数进行单独调整。

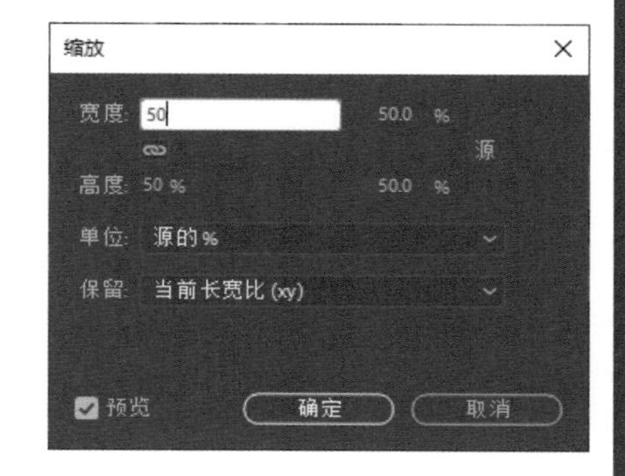

图 4-36 在对话框中设置参数

4.3.2 转到关键帧时间

在编辑视频素材的时候，如果需要让时间线快速跳转至某个关键帧所处的时间点，可

通过“转到关键帧时间”功能来实现。在“时间轴”面板中，右击关键帧，在弹出的快捷菜单中选择“转到关键帧时间”命令，如图 4-37 所示。

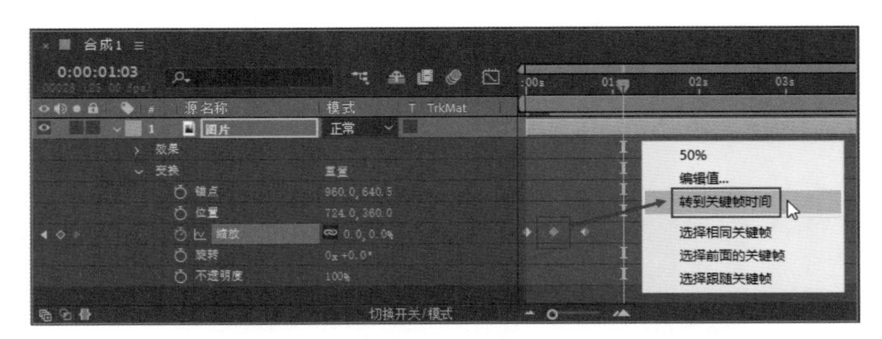

图 4-37　转到关键帧时间

完成上述操作后，时间线将跳转至关键帧所在的时间点，如图 4-38 所示。

图 4-38　转到关键帧所在的时间点

4.3.3　制作定格放大动画效果（实例）

本例将使用“切换定格关键帧”功能，制作画面定格放大的效果。具体操作方法如下。

① 启动 AE 软件，在“项目”面板中右击并选择“新建合成”命令，在弹出的“合成设置”面板中自定义“合成名称”，设置“预设”为“HDV/HDTV 720 25”，设置“像素长宽比”为“方形像素”，设置“帧速率”为 25，设置“持续时间”为 5 秒，如图 4-39 所示。

② 完成上述设置后，单击“确定”按钮。执行“文件”|“导入”|“文件”命令，打开“导入文件”对话框，选择“玫瑰.jpg”素材文件，单击“导入”按钮，如图 4-40 所示。

③ 将导入“项目”面板中的“玫瑰.jpg”素材拖曳到“时间轴”面板中，然后单击“玫瑰.jpg”素材左侧的展开按钮 ，展开素材“变换”属性，在当前所处的 0:00:00:00 时间点，单击“缩放”参数左侧的“时间变化秒表”按钮 ，激活关键帧，并设置

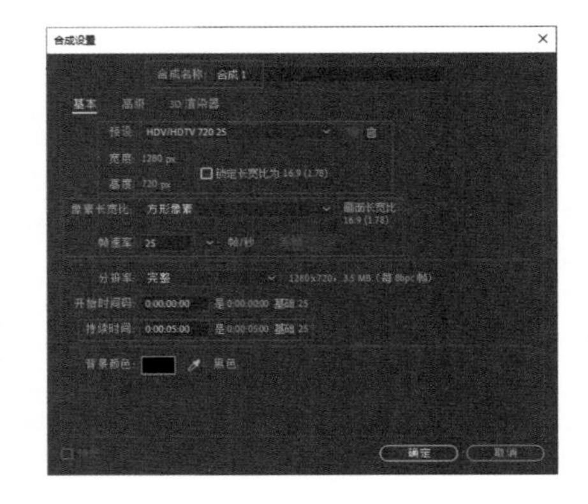

图 4-39　设置合成参数

"缩放"参数为0%，如图4-41所示。

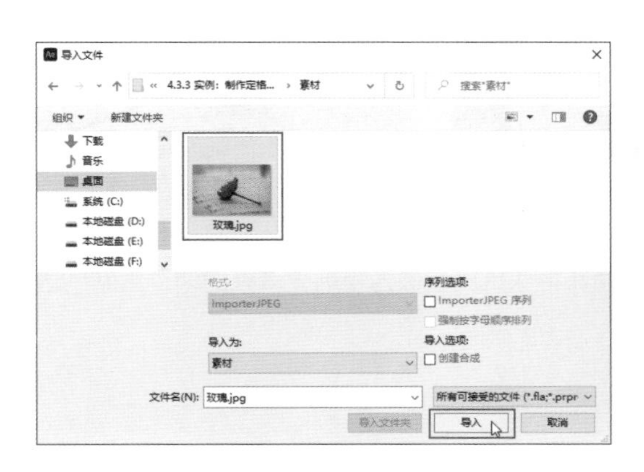

图4-40　导入素材文件

图4-41　创建第一个关键帧

④ 右击上述操作中创建的关键帧，在弹出的快捷菜单中执行"切换定格关键帧"命令，如图4-42所示。

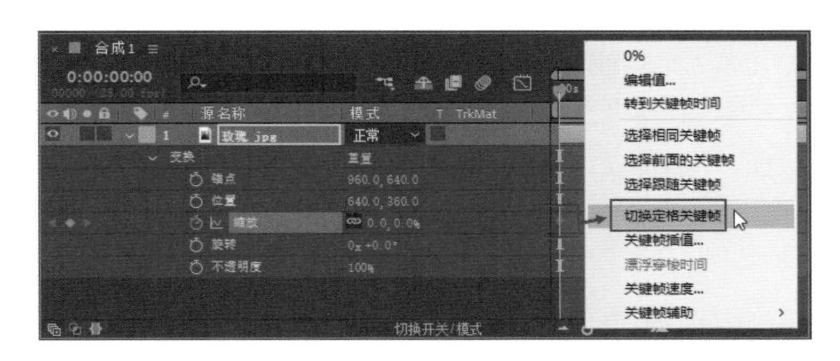

图4-42　切换定格关键帧

⑤ 此时关键帧的状态由 变为 。在"时间轴"面板的左上角修改当前时间为0:00:01:00，然后调整"缩放"参数为20%；在0:00:02:04时间点调整"缩放"参数为45%；在0:00:03:09时间点调整"缩放"参数为70%，如图4-43所示。

图4-43　设置各关键帧参数

⑥ 至此，本例的定格放大动画就制作完成了，按小键盘上的0键可以进行动画的播放预览，最终效果如图4-44所示。

图 4-44　动画预览

提示　通过“切换定格关键帧”功能转化后的关键帧，将保持属性值为当前关键帧的值，直到到达下一个关键帧。

4.3.4　关键帧插值

关键帧插值，指的是在两个已知值之间填充未知数据的过程。由于插值是在两个关键帧之间生成中间的所有帧，故有时也称为“内插”或“补间”。在“时间轴”面板中，右击关键帧，在弹出的快捷菜单中选择“关键帧时间”命令，可以打开“关键帧插值”对话框，如图 4-45 所示。

提示　“临时插值”也称为“时间插值”，是一种用来确定对象移动、变化速度的有效方式；“空间插值”则用于处理一个对象位置上的变化，是一种控制运动路径的有效方法。

在“关键帧插值”对话框中，展开“临时插值”下拉列表，可以看到“线性”“贝塞尔曲线”“连续贝塞尔曲线”“自动贝塞尔曲线”和“定格”选项，如图 4-46 所示。将“临时插值”设置为不同选项，关键帧将转变为不同状态。

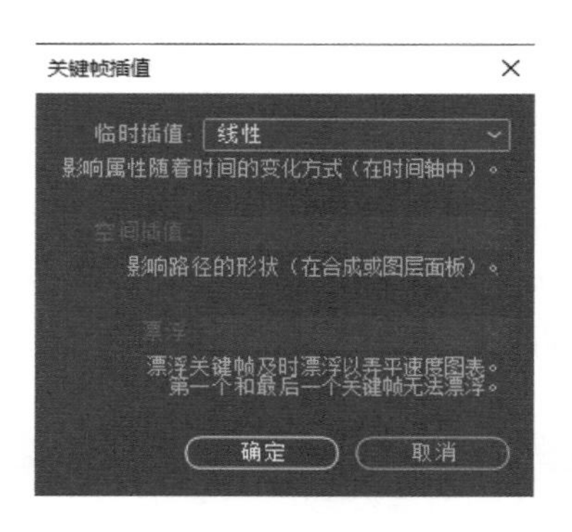

图 4-45　“关键帧插值”对话框

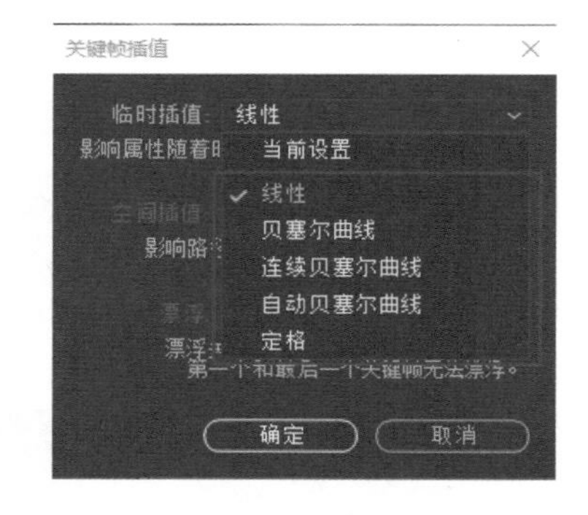

图 4-46　“临时插值”下拉列表

（1）线性

线性是默认的关键帧插值方法，将“临时插值”设置为“线性”选项时，位于“时间轴”面板中的关键帧状态为 ，如图 4-47 所示。线性是创建从一个关键帧到另一个关键帧的匀速变化，其中的每个中间帧获得等量的变化值。

提示　需要注意的是，使用线性插值创建的变化会突然起停，让动画看起来具有机械效果；此外，线性插值的关键帧没有方向手柄。

图 4-47　线性插值

(2) 贝塞尔曲线

贝塞尔曲线是可控性最强的一种插值方法，它允许在关键帧的任一侧手动调整方向手柄，可创建非常平滑的变化和进行精确的控制。将“临时插值”设置为“贝塞尔曲线”选项时，位于“时间轴”面板中的关键帧状态为 ，如图 4-48 所示。

图 4-48　贝塞尔曲线插值

(3) 自动贝塞尔曲线

自动贝塞尔曲线通常是默认的空间插值方法。将“临时插值”设置为“自动贝塞尔曲线”选项时，位于“时间轴”面板中的关键帧状态为 ，如图 4-49 所示。

图 4-49　自动贝塞尔曲线插值

提示 在更改关键帧的值时，“自动贝塞尔曲线”方向手柄通常也会自动变化，以维持关键帧之间的平滑过渡。

（4）连续贝塞尔曲线

将“临时插值”设置为“连续贝塞尔曲线”选项时，位于“时间轴”面板中的关键帧状态为，如图 4-50 所示。连续贝塞尔曲线与自动贝塞尔曲线不同，连续贝塞尔曲线允许手动调整方向手柄，当调整一侧手柄时，另一侧也会相应变化，以保证经过关键帧过渡的平滑性。

图 4-50　连续贝塞尔曲线插值

（5）定格

定格插值的更改基于时间的属性时，会产生一种突然的变化，而没有渐变过渡。应用了定格插值的关键帧到下一个关键帧之间的图表显示为水平直线。将“临时插值”设置为“定格”选项时，位于“时间轴”面板中的关键帧状态为，如图 4-51 所示。

图 4-51　定格插值

4.3.5　调整关键帧速度

在“时间轴”面板中，右击关键帧，在弹出的快捷菜单中选择“调整关键帧速度”命令，可以打开“关键帧速度”对话框，对关键帧的“进来速度”与“输出速度”进行自定义设置，如图 4-52 所示。

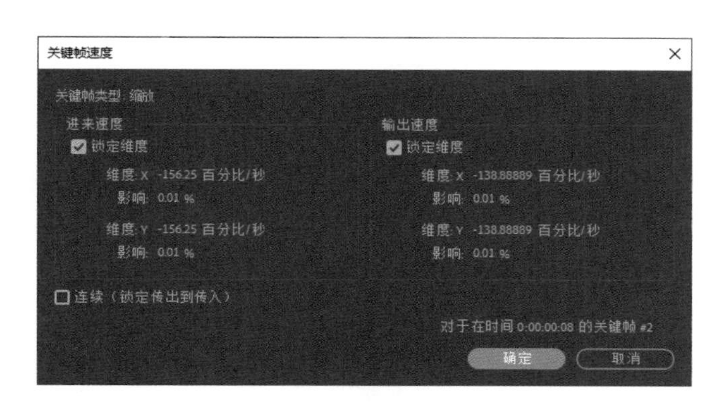

图 4-52 “关键帧速度”对话框

4.3.6 关键帧辅助

在“时间轴”面板中，右击关键帧，在弹出的快捷菜单中选择“关键帧辅助”命令，将弹出图 4-53 所示子菜单。

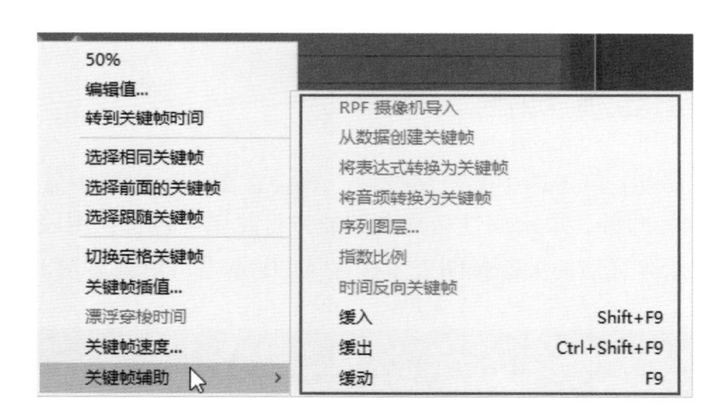

图 4-53 “关键帧辅助”子菜单

子菜单常用命令介绍如下。

- RPF 摄像机导入：导入来自第三方 3D 建模应用程序的 RPF 摄像机数据。
- 从数据创建关键帧：将 .mgjson 文件拖入“时间轴”面板，可将数据文件中的数据示例转换为关键帧。
- 将表达式转换为关键帧：分析当前表达式，并创建关键帧以表示其所描述的属性值。
- 将音频转换为关键帧：在合成工作区域中分析音频振幅，并创建表示音频的关键帧。
- 序列图层：打开序列图层对话框。
- 指数比例：从线性到指数转换比例的变化速率。
- 时间反向关键帧：按时间反转选定的关键帧。
- 缓入：自动调整进入关键帧的影响。
- 缓出：自动调整离开关键帧的影响。
- 缓动：自动调整进入和离开关键帧的影响，以平滑突兀的变化。

4.4 认识图表编辑器

在“时间轴”面板中创建并生成关键帧后，单击面板右上角的“图表编辑器”按钮，可以快速显示图表编辑器界面，如图 4-54 所示。在图表编辑器中调整关键帧，可让属性值的变化更自然、细腻、流畅，更方便模拟真实的物理运动效果。下面来学习图表编辑器的一些基本操作。

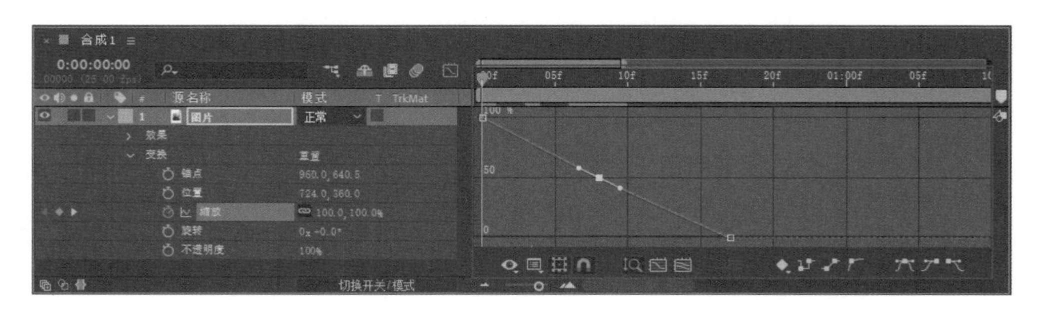

图 4-54　图表编辑器界面

4.4.1 查看图表编辑器

在“时间轴”面板上单击选中某个属性后，将会在图表编辑器中显示此属性关键帧图表，如图 4-55 所示。此外，单击属性名称左侧的“将此属性包含在图表编辑器集中”按钮，也可以快速显示该属性的关键帧图表（按住 Alt 键点击可单独显示）。

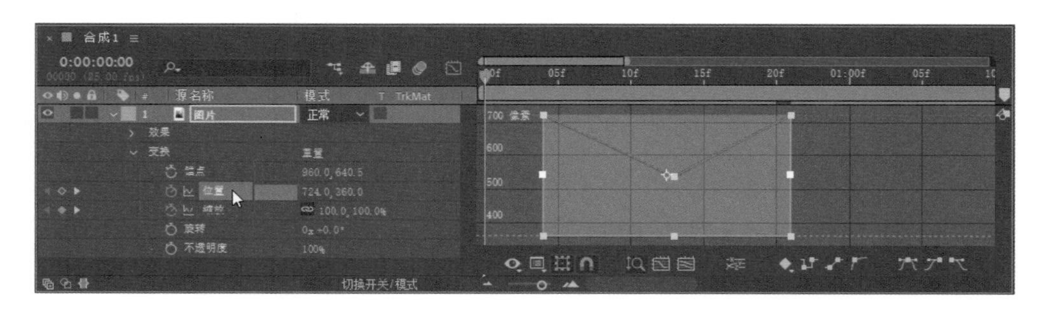

图 4-55　选择关键帧属性可查看对应的图表

提示　用户可以按 Ctrl 键选中多个属性，并以不同颜色的曲线显示在图表编辑器中。需要注意的是，为了不使图表显得过于复杂，一般是选中单个属性来显示和设置其图表。

4.4.2 缩放图表编辑器

为了满足不同的编辑需求，用户可以自行对图表编辑器进行缩放调整。通过 AE 工具栏中的“缩放工具”，可以直接对图表编辑器进行缩放操作，如图 4-56 所示。

提示　在选择“缩放工具”后，默认为放大状态，如果要切换至缩小状态，可按 Alt 键进行操作。

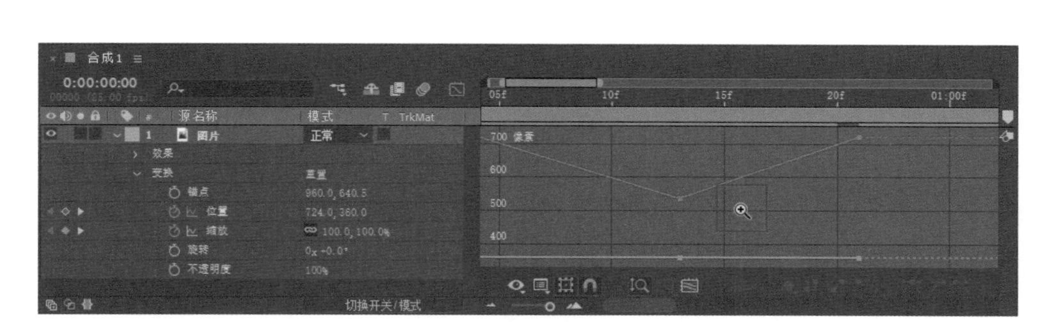

图 4-56　缩放图表编辑器

除上述方法以外，用户还可以通过图表编辑器下方的 进行缩放操作，或者按 Ctrl+ 鼠标滚轮进行垂直缩放，按 Alt+ 鼠标滚轮进行水平缩放。

若在工具栏中选择手型工具 ，则可在图表编辑器中上下左右拖曳平移图表，如图 4-57 所示。或者按鼠标滚轮可上下平移，按 Shift+ 鼠标滚轮可左右平移。

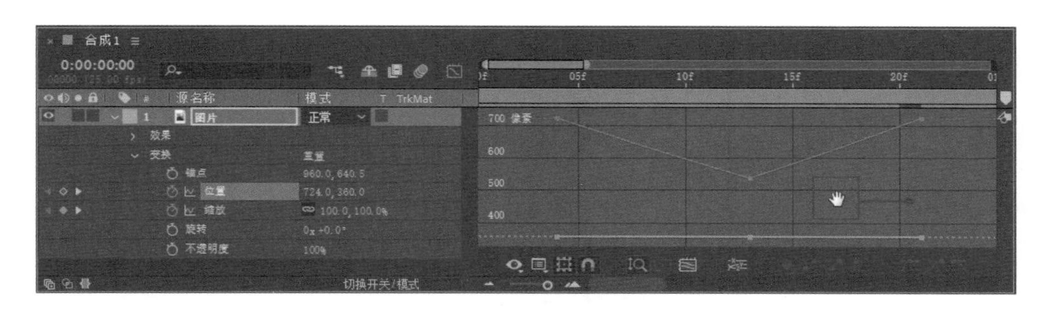

图 4-57　通过手型工具可平移图表

> **提示**　要上下平移或缩放，须禁用图表编辑器下方的“自动缩放图表高度”按钮 。

4.4.3　关键帧操作

在图表编辑器中，用户可使用“选取工具” 选择关键帧，选中的关键帧为实心方块，未选中的为空心方框，如图 4-58 所示。

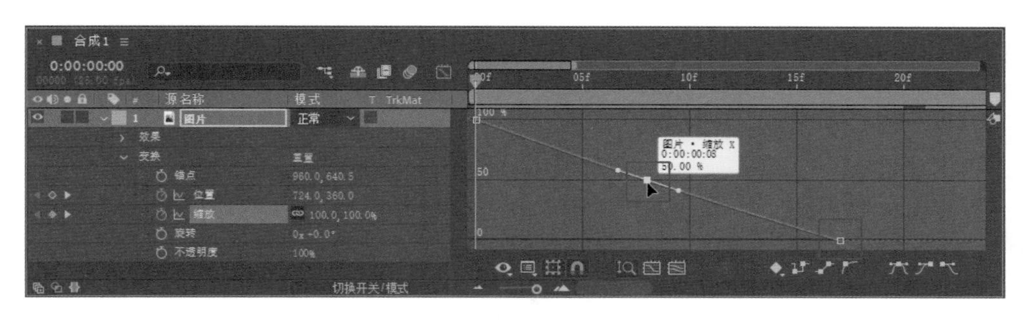

图 4-58　关键帧选中与未选中状态

与在“时间轴”面板上的操作一致，在图表编辑器中同样可以对关键帧进行单选、多

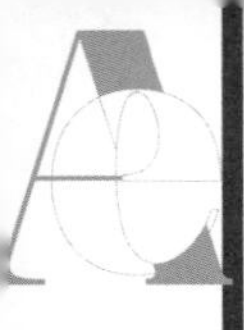

选、框选、移动、复制、粘贴等操作。要对关键帧进行相应操作，则将鼠标放在关键帧上，单击右键，在弹出的快捷菜单中可选择相应命令，如图 4-59 所示。

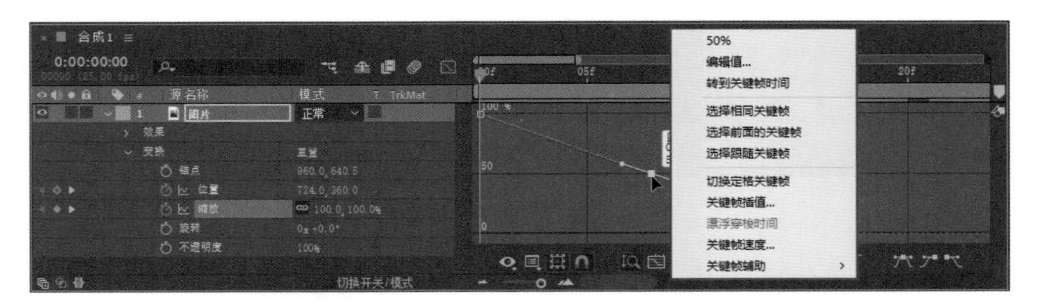

图 4-59　关键帧的右键菜单

提示　关键帧的左右调杆分别代表传入与传出方法，并可分开，即以一个速度结束，以另一个速度开始。

若要在图表编辑器中选中多个关键帧同时进行调整，可以双击该属性名称，全选所有关键帧，此时在图表编辑器上会出现一个“变换”框，如图 4-60 所示。在全选所有关键帧后，单击图表编辑器下方的“将选定的关键帧转换为自动贝塞尔曲线”按钮 或“将选定的关键帧转换为‘线性’”按钮 ，可以更高效地开启速度变化调整工作。

图 4-60　“变换”框

提示　按住 Ctrl 键可添加或删除关键帧，按住 Alt 键可转换角点和平滑点等。

4.4.4　图表编辑器控件栏

图表编辑器控件栏位于图表编辑器下方，如图 4-61 所示，通过这些控件可以在图表编辑器中完成更多精准的操作。

(1) 选择显示在图表编辑器的属性

单击该按钮，可展开以下拓展选项。

- 显示选择的属性：显示选定属性的图表。也可以通过属性名称左侧的图表图标来决定是否显示此属性。

- 显示动画属性：显示包含动画信息的图表。
- 显示图表编辑器集：显示在属性名称左侧启用了图表图标的所有属性的相关类型图表。

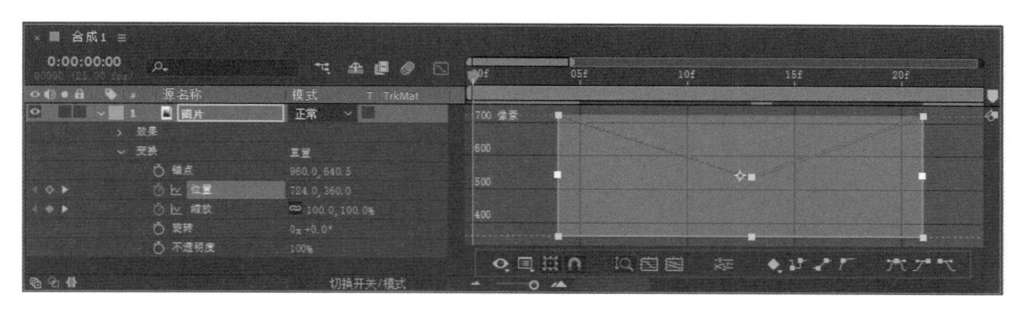

图 4-61 图表编辑器控件栏

(2) 选择图表类型和选项

单击该按钮，可展开以下拓展选项。

- 自动选择图表类型：自动为属性选择适当的图表类型。空间属性（如位置等）一般会自动选择速度图表，而其他属性一般会自动选择值图表。
- 编辑值图表：值图表，指的是反映属性值变化的图表。
- 编辑速度图表：经常使用速度图表来调整运动速度，其本质上就是调整时间插值。
- 显示参考图表：同时显示值图表和速度图表，此二者有一个作为参考图表。图表编辑器右侧显示的数字表示的是参考图表的值。
- 显示音频波形：可显示音频的波形。
- 显示图层的入点 / 出点：用花括号（{ }）表示图层的入点和出点。
- 显示图层标记：用小三角形表示图层的标记。
- 显示图表工具技巧：打开或关闭图表工具提示。
- 显示表达式编辑器：在下方显示或隐藏表达式编辑器。
- 允许帧之间的关键帧：允许将关键帧移动到两帧之间，以微调动画。

(3) 编辑选定的关键帧

单击该按钮，可展开以下拓展选项。

- 显示值：显示选定关键帧的值。
- 编辑值：打开编辑属性值的对话框。
- 转到关键帧时间：定位当前时间指示器到关键帧。
- 选择相同的关键帧：选择属性中具有相同值的所有关键帧。
- 选择前面的关键帧：选择当前选定关键帧前面的所有关键帧。
- 选择后面的关键帧：选择当前选定关键帧后面的所有关键帧。
- 切换定格关键帧：保持当前关键帧的值，直到下一个关键帧。
- 关键帧插值：打开关键帧插值对话框，以设置临时插值、空间插值或漂浮。

- 关键帧速度：打开关键帧速度对话框，主要用于改变传入（进来 incoming）与传出（输出 outgoing）速度及它们的影响范围（调杆长度）。
- 漂浮穿梭时间：切换空间属性的漂浮穿梭时间。

提示 漂浮穿梭时间指的是匀速化基于空间属性（位置、锚点和效果控制点等）的速度，至少要选中三个及以上的关键帧方可使用漂浮；在“时间轴”面板上漂浮关键帧以小圆点表示，且为自动适配的关键帧，无需操作调整。

（4）其他功能按钮

在图表编辑器控件栏中还提供了一些独立的功能按钮，可以帮助用户实现自动缩放图表高度、对齐关键帧对象等操作。

- 选择多个关键帧时，显示“变换”框：可使用“变换”框同时调整多个关键帧。
- 对齐：当与某项对齐时，会显示一条橙色线条，以指示对齐到对象。拖曳的同时按住 Ctrl 键可临时启用或禁用对齐。
- 自动缩放图表高度：自动缩放的是图表的高度。启用后，手动缩放的功能不可用。
- 使选择适于查看：在图表编辑器中匹配显示所选的关键帧。
- 使所有图表适于查看：在图表编辑器中显示全部关键帧。
- 单独尺寸：将组件的属性分成单个属性，比如位置属性被分成 X 位置和 Y 位置，并在“时间轴”面板上以不同颜色标记。

第5章 视频特效的创建与应用

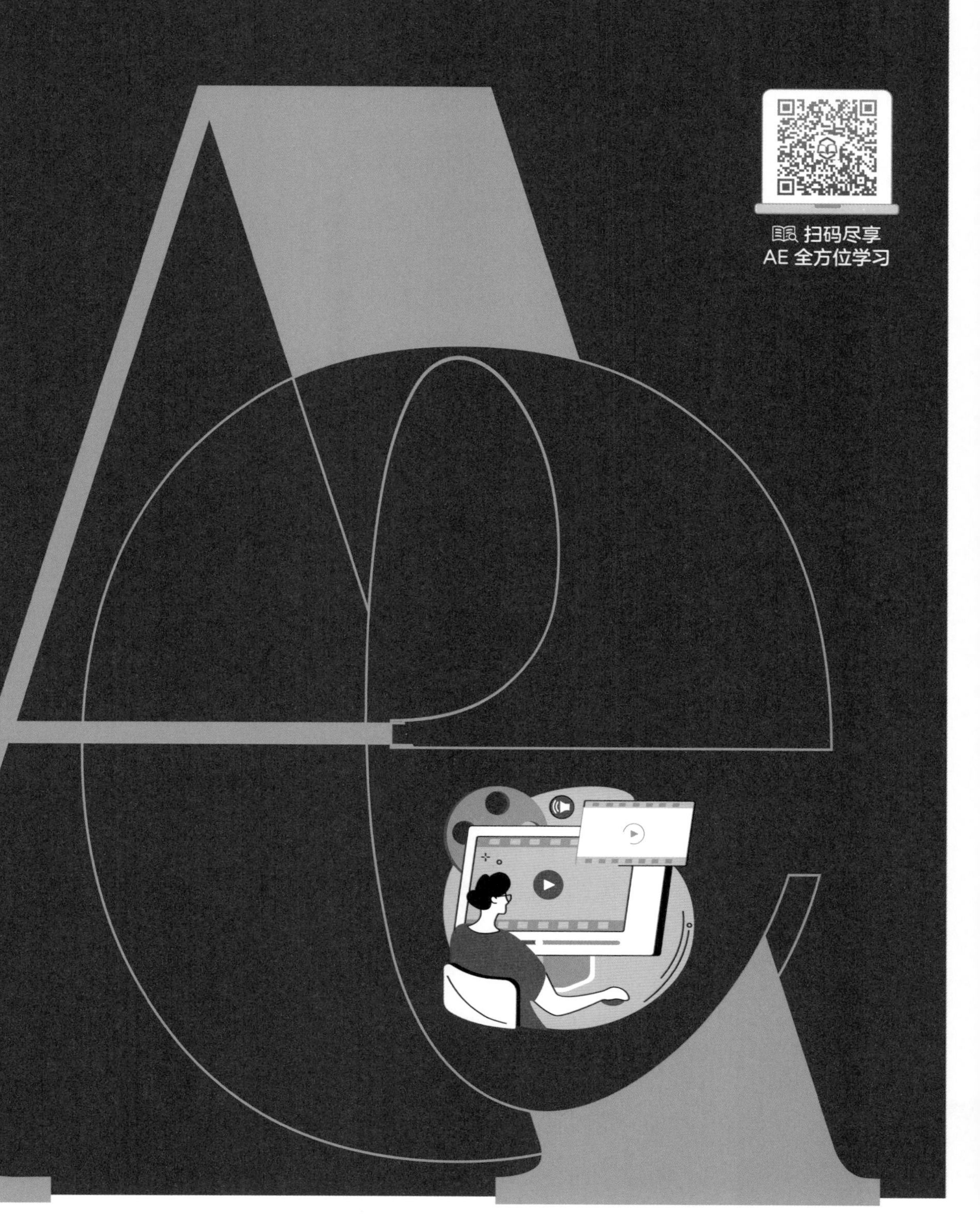

AE 作为一款专业的影视后期特效软件，内置丰富的视频特效，每种特效都可以通过在“时间轴”面板中设置关键帧来生成视频动画，或通过相互叠加、搭配使用来实现震撼的视觉效果，方便快捷地丰富大家的作品。由于篇幅有限，而 AE 软件内置视频特效较多，因此本章将只挑选一些重要且常用的特效进行讲解。

5.1 内置特效介绍

AE 中的特效可分为内置特效和外挂效果。前者是指 AE 软件自带的效果，多达上百种，用户利用这些特殊效果可以满足影视后期制作的基本需求。此外，AE 还支持外挂效果，只需要通过互联网下载安装，就能进一步帮助用户制作出更加丰富、强大的影片特效。

5.1.1 内置特效的基本用法

AE 中内置了上百种效果，这些效果按照特效类别被放置在“效果和预设”面板中。为图层添加这些内置特效的方法有以下 3 种。

- 菜单命令添加：选择需要添加效果的图层，为该图层执行“效果”菜单命令，可以在“效果”菜单中自行选择所需效果。
- 右键快捷菜单：选择需要添加效果的图层，单击鼠标右键，在弹出的快捷菜单中选择所需效果。
- “效果和预设”面板：在操作界面右侧的“效果和预设”面板中，效果按照特效类别被分成了不同的组别，用户可以直接在搜索栏输入特效名称进行快速检索，将想要添加给作用图层的效果直接拖动到需要添加效果的图层上，如图 5-1 所示。

图 5-1 “效果和预设”面板

5.1.2 为图层添加特效（实例）

下面介绍为图层添加特效的操作方法，通过为图像素材添加“波纹”特效，可以轻松地制作水面波纹效果。

① 启动 AE 软件，在“项目”面板中右击并选择“新建合成”命令，在弹出的“合成设置”面板中自定义“合成名称”，将“宽度”设置为 1920px，将“高度”设置为 1080px，将“像素长宽比”设置为“方形像素”，将“持续时间”设置为 5 秒，如图 5-2 所示。

② 完成上述设置后，单击“确定”按钮。执行“文件”|“导入”|“文件”命令，打开“导入文件”对话框，选择“海龟 .jpg”素材文件，单击“导入”按钮，如图 5-3 所示。

③ 单击“导入”按钮，将选中的素材文件导入“项目”面板，按住鼠标左键将该素材文件拖曳至“时间轴”面板中，并将“海龟 .jpg”图层“变换”属性中的“缩放”设置为 115，如图 5-4 所示。

④ 选中该图层，在菜单栏中选择“效果”|“扭曲”|“波纹”命令，在“效果控件”面

板中将“波纹”下的“半径”设置为62，将“波纹中心”设置为“946.0，625.0”，将“转换类型”设置为“对称”，将“波形宽度”设置为45，将“波形高度”设置为300，如图5-5所示。

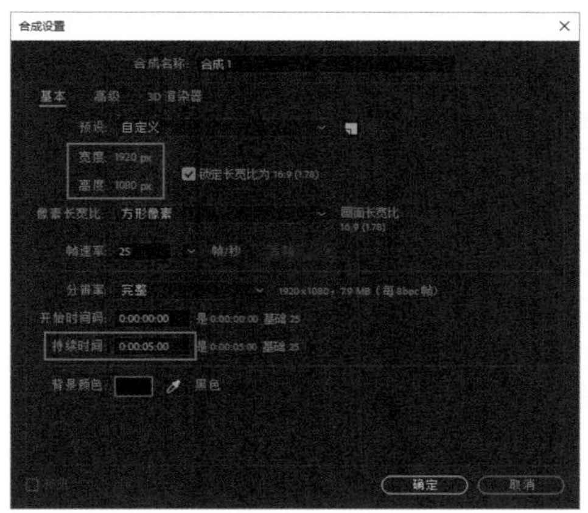

图5-2 设置合成参数

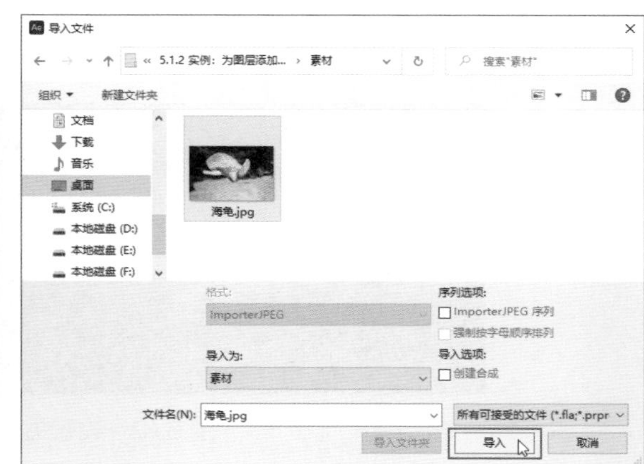

图5-3 导入素材文件

图5-4 设置“缩放”参数

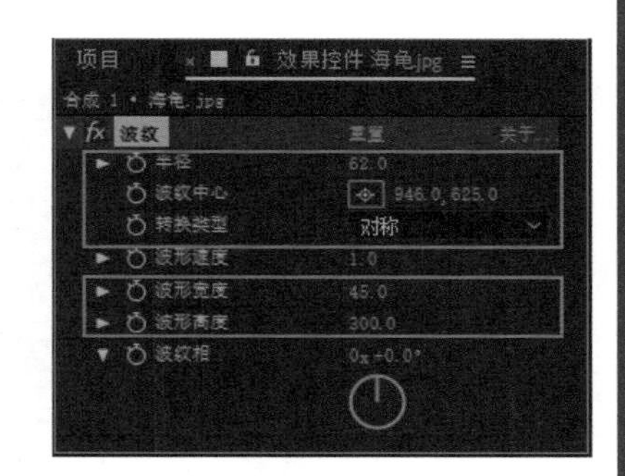

图5-5 设置“波纹”参数

⑤ 至此，本实例就已经制作完毕，在“合成”面板可预览最终效果，前后对比效果如图5-6和图5-7所示。

图5-6 原效果

图5-7 完成效果

5.1.3 画面拼合特殊效果（实例）

本例将利用卡片擦除特效制作画面拼合特效，具体操作方法如下。

① 启动AE软件，执行“文件”|“打开项目”命令，在弹出的“打开”对话框中选择“风车.aep”项目文件，单击“打开”按钮，将项目文件打开。

② 在“时间轴”面板中选择“风车 .jpg”图层，执行“效果”|“过渡”|“卡片擦除”命令。将时间调整到 0:00:00:08 帧的位置，然后在“效果控件”面板中将“卡片擦除”效果中的“过渡完成”设置为 30%，设置“过渡宽度”为 100%，单击“过渡完成”和“过渡宽度”左侧的“时间变化秒表”按钮，在当前位置设置关键帧，如图 5-8 所示。

图 5-8　设置关键帧（一）

③ 将时间调整到 0:00:01:20 帧的位置，设置“过渡完成”的值为 100%，设置“过渡宽度”的值为 0%，系统将自动设置关键帧，如图 5-9 所示。

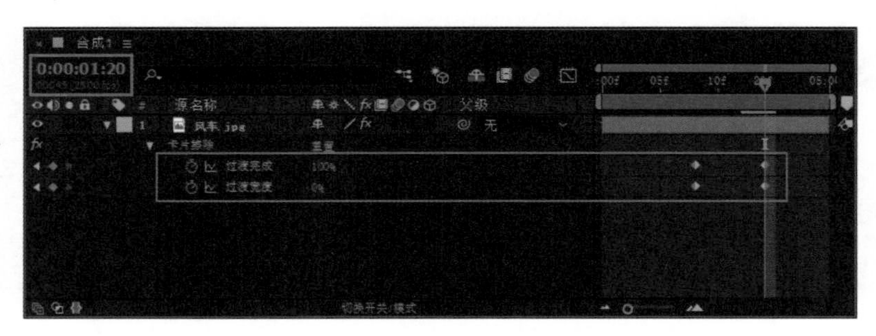

图 5-9　设置关键帧（二）

④ 从“翻转轴”下拉列表框中选择“随机”选项，从“翻转方向”下拉列表框中选择“正向”选项，如图 5-10 所示。

⑤ 展开“摄像机位置”选项组，将时间调整到 0:00:00:00 帧的位置，设置“Z 轴旋转”的值为 1x+0.0°，单击“Z 轴旋转”左侧的“时间变化秒表”按钮，在当前位置设置关键帧，如图 5-11 所示。

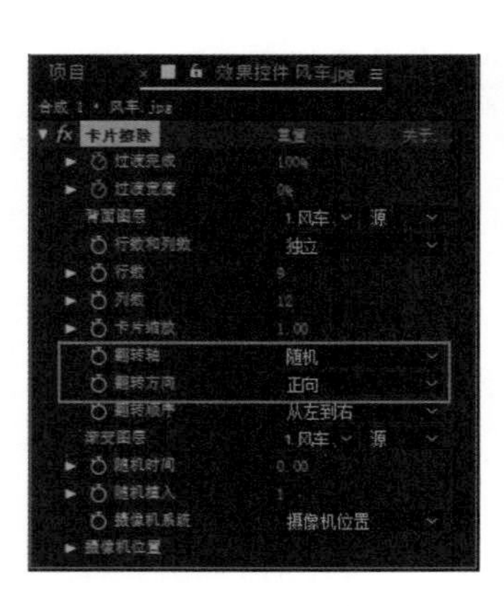

图 5-10　设置翻转效果

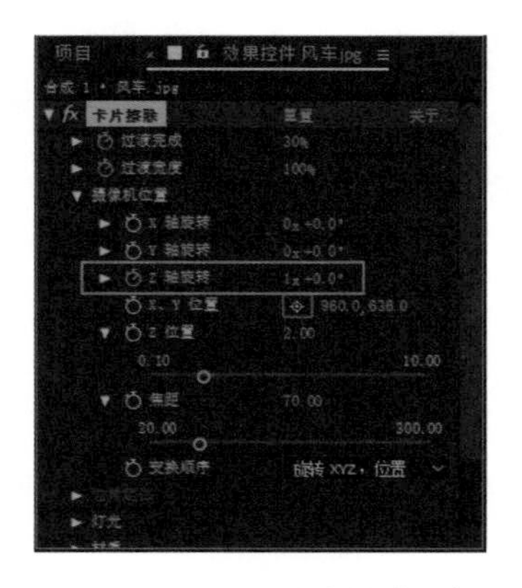

图 5-11　设置关键帧（三）

⑥ 将时间调整到 0:00:01:22 帧的位置，设置“Z 轴旋转”的值为 0x+0.0°，系统将自动设置关键帧，如图 5-12 所示。

图 5-12　设置关键帧（四）

⑦ 在“时间轴”面板中右击，在弹出的快捷菜单中选择“新建”|“纯色”命令，如图 5-13 所示。

⑧ 打开“纯色设置”对话框，在该对话框中，将“颜色”设置为黄色（# F7D047），单击“确定”按钮，如图 5-14 所示。

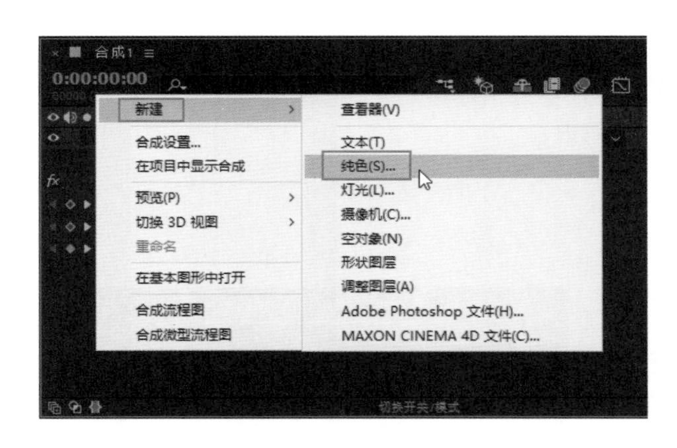

图 5-13　创建纯色图层

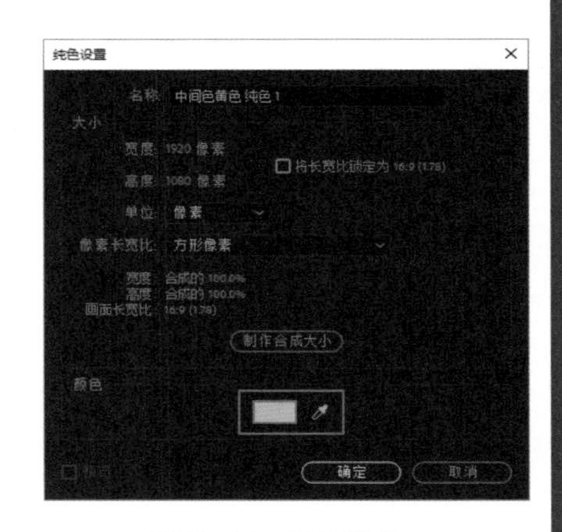

图 5-14　选择颜色

⑨ 在“时间轴”面板中，将创建的纯色图层拖曳至“风车 .jpg”图层下方。至此，本实例就已经制作完毕，按小键盘上的 0 键可以进行动画的播放预览，最终效果如图 5-15 所示。

图 5-15　动画预览

5.2 3D 效果

将 3D 文件导入 AE 中时，可以通过 3D 通道类效果来设置它的 3D 信息。3D 文件就是含有 Z 轴深度通道的图案文件，如 PIC、RLA、RPF、EI、EIZ 等。

5.2.1 3D 通道提取

3D 通道提取效果可以以彩色图像或灰色图像来提取 Z 通道（Z 通道用黑白来分别表示物体距离摄像机的远近，在“信息”面板中可以看到 Z 通道的值）信息，通常作为其他特效的辅助特效来使用，如复合模糊，其“效果控件”面板如图 5-16 所示。

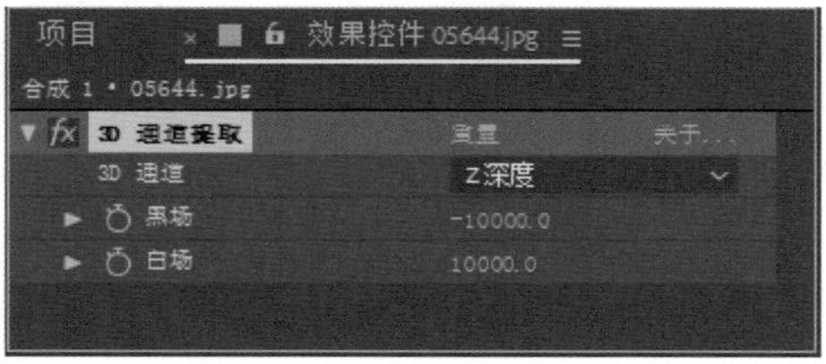

图 5-16　3D 通道提取“效果控件”面板

3D 通道提取效果属性介绍如下。

- 3D 通道：在其右侧的下拉列表中可以选择当前图像附加的 3D 通道的信息，包括“Z 深度”“对象 ID”“纹理 UV”“曲面法线”“覆盖范围”“背景 RGB”“非固定 RGB”和“材质 ID”。
- 黑场：设置黑场处对应的通道信息数值。
- 白场：设置白场处对应的通道信息数值。

5.2.2 场深度

场深度效果用来模拟摄像机在 3D 场景中的景深效果，可以控制景深范围，其“效果控件”面板如图 5-17 所示。

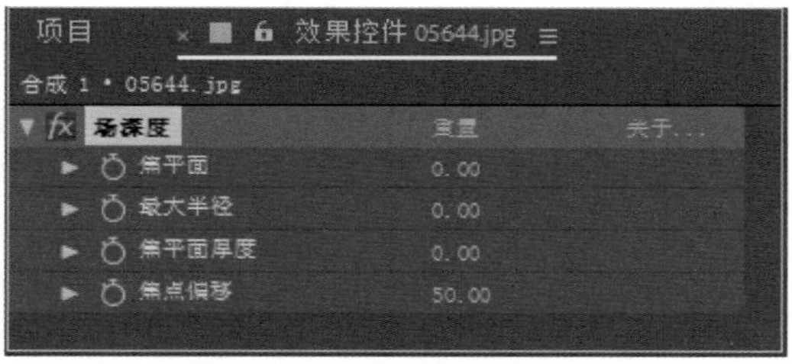

图 5-17　场深度“效果控件”面板

场深度效果属性介绍如下。

- 焦平面：沿 Z 轴向聚焦的 3D 场景的平面距离。
- 最大半径：用来控制聚焦平面之外部分的模糊数值，数值越小模糊效果越明显。
- 焦平面厚度：用来控制聚焦平面的厚度。
- 焦点偏移：用来设置焦点偏移的距离。

5.2.3 ExtractoR

ExtractoR（提取）效果用于在三维软件传输的图像中，根据所选区域提取画面相应的通道信息，其“效果控件”面板如图 5-18 所示。

ExtractoR（提取）效果属性介绍如下。

- Process（处理）：设置黑、白场信息数值。

- Black Point（黑场）：设置黑场处对应的信息数值。
- White Point（白场）：设置白场处对应的信息数值。
- UnMult（非倍增）：设置非倍增的信息数值。

5.2.4 ID 遮罩

ID 遮罩效果可以将 3D 素材中的元件按物体的 ID 或材质的 ID 分离显示，并可以再创建蒙版遮挡部分的 3D 元件，其“效果控件”面板如图 5-19 所示。

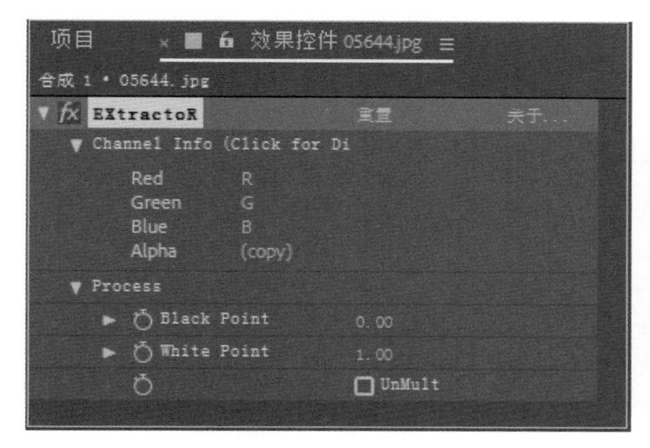

图 5-18　ExtractoR 面板

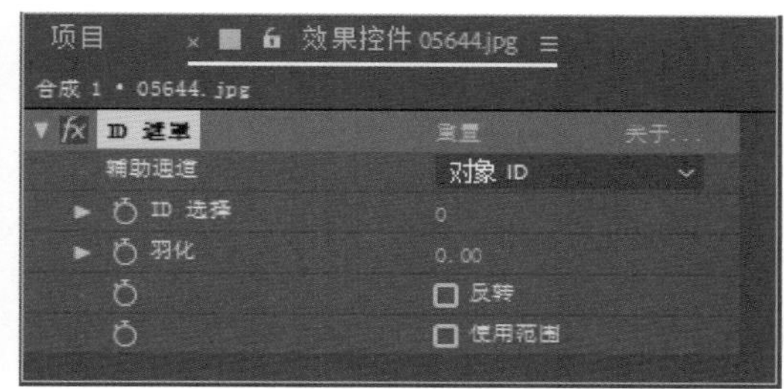

图 5-19　ID 遮罩面板

ID 遮罩效果属性介绍如下。

- 辅助通道：设置 ID 的类型，在其右侧的下拉列表中可以选择 ID 的类型，包括“材质 ID”和“对象 ID”两种。
- 羽化：设置羽化数量。
- 反转：勾选此选项，对 ID 遮罩进行反转。
- 使用范围：用来设置蒙版遮罩的作用范围。

5.2.5 Identifier

Identifier（标识符）效果主要用来提取带有通道的 3D 图像中所包含的 ID 数据，其“效果控件”面板如图 5-20 所示。

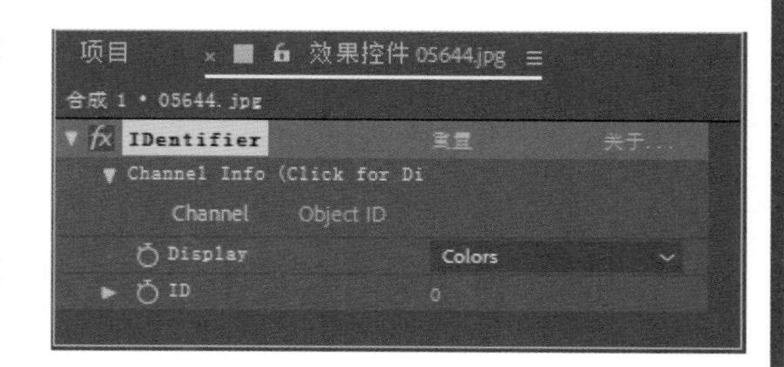

图 5-20　Identifier 面板

Identifier（标识符）效果属性介绍如下。

- Channel Info（Click for Dialog）：通道信息。
- Channel Object ID：通道物体 ID 数字。
- Display（显示）：显示通道的蒙版类型。显示类型包括 Colors（颜色）、Luma Matte（亮度蒙版）、Alpha Matte（Alpha 蒙版）、Raw（不加蒙版）。
- ID：用来设置 ID 数值。

5.2.6 深度遮罩

深度遮罩效果用来读取3D通道图像中的Z深度信息，并可以沿Z轴任意位置获取一段图像，一般用于屏蔽指定位置以后的物体，其“效果控件”面板如图5-21所示。

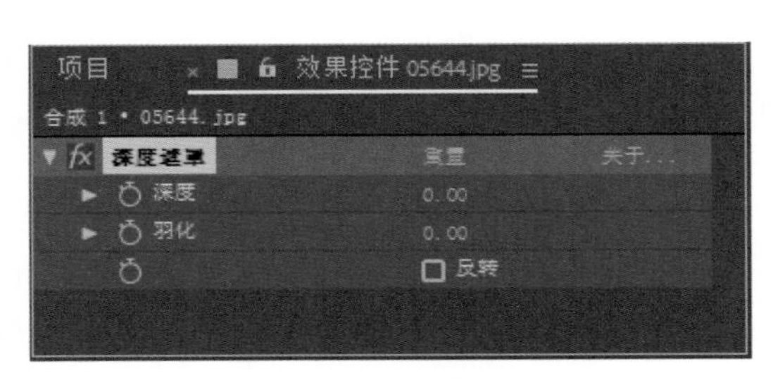

图 5-21 深度遮罩面板

深度遮罩效果属性介绍如下。

- 深度：指定建立蒙版的Z轴向深度值。
- 羽化：用来设置蒙版的羽化程度。
- 反转：勾选该选项反转蒙版的内外显示。

5.2.7 雾 3D

雾3D效果可以沿Z轴方向模拟雾状的朦胧效果，使雾具有远近疏密不一样的距离感，其“效果控件”面板如图5-22所示。

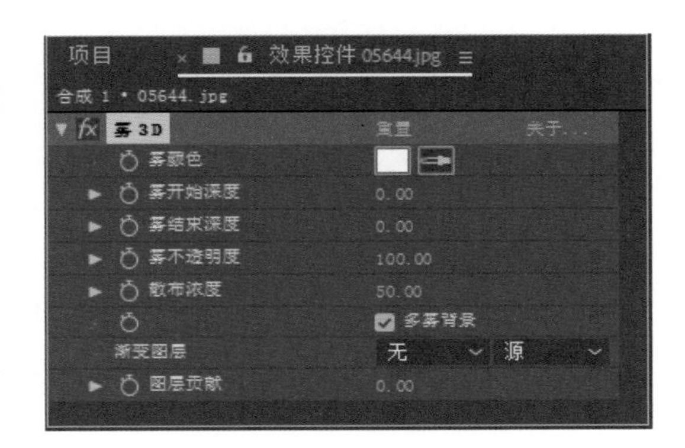

图 5-22 雾 3D 面板

雾3D效果属性介绍如下。

- 雾颜色：用来设置雾的颜色。
- 雾开始深度：雾效果开始出现时，Z轴的深度数值。
- 雾结束深度：雾效果结束时，Z轴的深度数值。
- 雾不透明度：用来调节雾的不透明度。
- 散布浓度：雾散射分布的密度。
- 多雾背景：不选择时背景为透明的，勾选该选项时为雾化背景。
- 渐变图层：在时间轴上选择一个图层作为参考，用来增加或减少雾的密度。
- 图层贡献：用来控制渐变参考层对雾密度的影响程度。

5.3 转场特效

使用“过渡”效果组中的效果可以轻松完成图层间转场效果的制作，为作品添加精彩的转场效果。

5.3.1 渐变擦除

渐变擦除效果可以利用图片的明亮度来创建擦除效果，使其逐渐过渡到另一个素材画面。使用前后效果如图5-23所示。

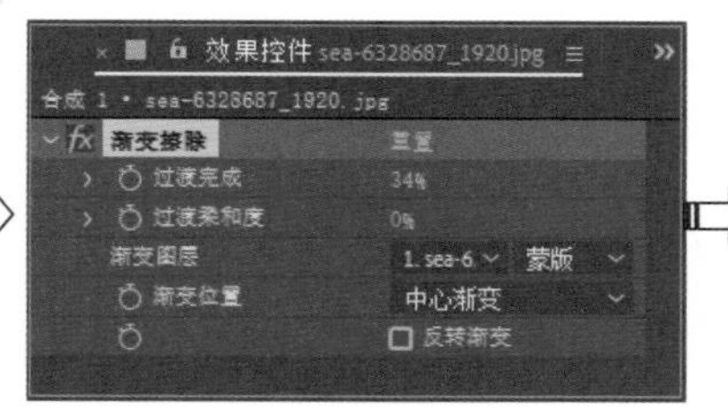

图 5-23 渐变擦除效果及面板

渐变擦除效果属性介绍如下。

- 过渡完成：用于调节渐变擦除过渡完成的百分比。
- 过渡柔和度：用于设置过渡边缘的柔化程度。
- 渐变图层：用于指定一个渐变层。
- 渐变位置：用于设置渐变层的放置方式，包括“拼贴渐变”“中心渐变”“伸缩渐变以适合”三种方式。
- 反转渐变：渐变层反向，使亮度参考相反。

5.3.2 卡片擦除

卡片擦除效果可以模拟卡片翻转效果进行过渡，使用前后效果如图 5-24 所示。

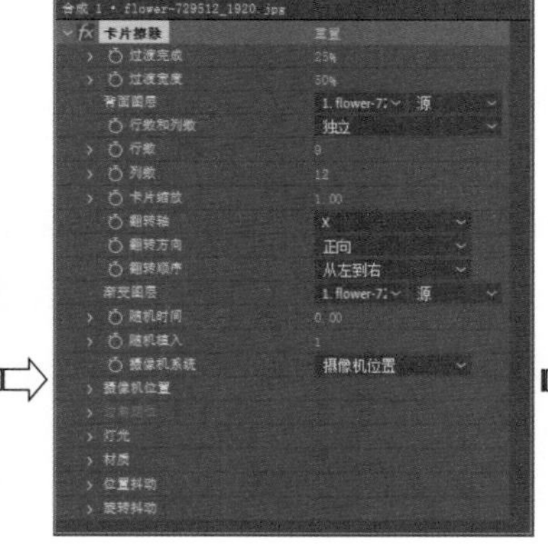

图 5-24 卡片擦除效果及面板

卡片擦除效果属性介绍如下。

- 过渡完成：用于调节卡片擦除过渡完成的百分比。
- 过渡宽度：用于调节图像的切换面积。
- 背面图层：指定切换图像的背面显示图层。
- 行数和列数：可以选择“独立”和“列数受行数控制”两种模式。
- 行数：设置行的数量。
- 列数：设置列的数量。
- 卡片缩放：用于设置卡片的缩放比例。
- 翻转轴：设置卡片翻转的轴向，可以选择“X”“Y”“随机”三种轴线模式。

- 翻转方向：设置卡片翻转的方向，可以选择“正向”“反向”和“随机”选项。
- 翻转顺序：设置翻转的顺序，可以选择“从左到右”“从右到左”“自上而下”等方式。
- 渐变图层：用于指定渐变的图层。
- 随机时间：用于设置随机时间的数值。
- 随机植入：设置随机种子的数值。
- 摄像机位置：用于调节摄像机的位置。
- 灯光：用于设置灯光的类型、强度、颜色等属性。
- 材质：用于调节画面的材质参数。
- 位置抖动：设置在卡片的原位置上发生抖动，调节 X 轴、Y 轴和 Z 轴的数量与速度数值。
- 旋转抖动：设置卡片在原角度上发生抖动，调节 X 轴、Y 轴和 Z 轴的数量与速度数值。

5.3.3　CC Glass Wipe

CC Glass Wipe（CC 玻璃擦除）效果可以使图像产生类似玻璃融化过渡的效果，使用前后效果如图 5-25 所示。

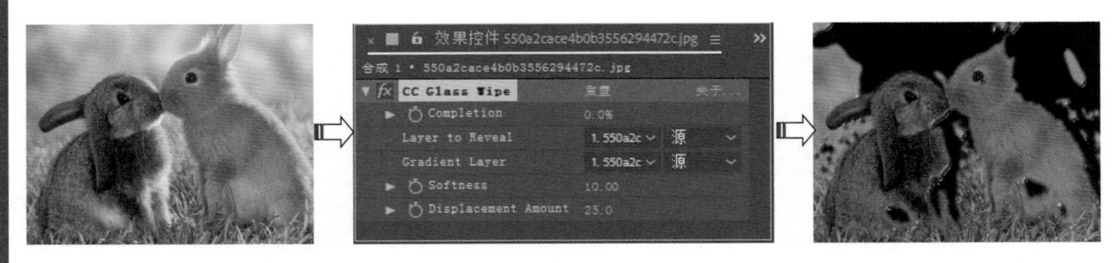

图 5-25　CC Glass Wipe 效果及面板

CC Glass Wipe（CC 玻璃擦除）效果属性介绍如下。

- Completion（完成）：用来调节图像扭曲的百分比。
- Layer to Reveal（显示层）：设置当前显示层。
- Gradient Layer（渐变层）：指定一个渐变层。
- Softness（柔化）：设置扭曲效果的柔化程度。
- Displacement Amount（偏移量）：设置扭曲的偏移程度。

5.3.4　CC Grid Wipe

CC Grid Wipe（CC 网格擦除）效果可以将图像分解成很多小网格，产生以交错网格的形式来擦除图像的效果，使用前后效果如图 5-26 所示。

CC Grid Wipe（CC 网格擦除）效果属性介绍如下。

- Completion（完成）：用来调节图像过渡的百分比。
- Center（中心）：用于设置网格的中心点位置。

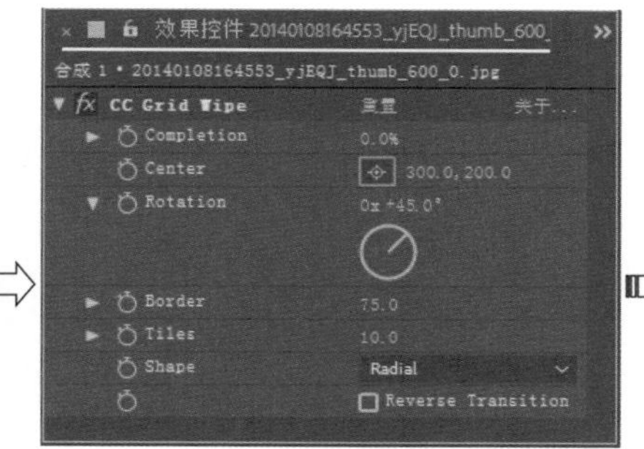

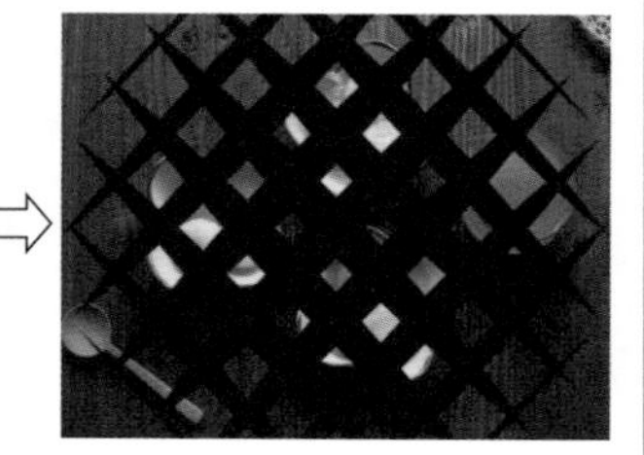

图 5-26　CC Grid Wipe 效果及面板

- Rotation（旋转）：用于设置网格的旋转角度。
- Border（边界）：用于设置网格的边界位置。
- Tiles（拼贴）：用于设置网格的大小。值越大，网格越小；值越小，网格越大。
- Shape（形状）：用于设置整体网格的擦除形状。从右侧的下拉列表中可以根据需要选择 Doors（门）、Radial（径向）、Rectangular（矩形）三种形状中的一种来进行擦除。
- Reverse Transition（反转变换）：勾选复选框，可以将网格与图像区域进行转换，使擦除的形状相反。

5.3.5　CC Image Wipe

CC Image Wipe（CC 图像擦除）效果是通过特效层与指定层之间像素的差异比较，从而产生指定层的图像擦除效果，使用前后效果如图 5-27 所示。

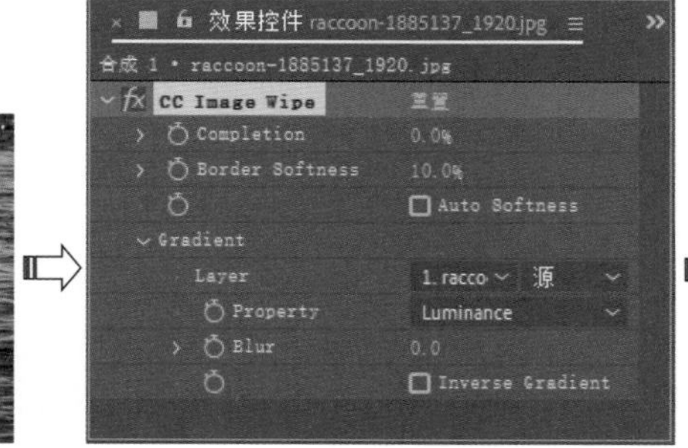

图 5-27　CC Image Wipe 效果及面板

CC Image Wipe（CC 图像擦除）效果属性介绍如下。

- Completion（完成）：用来调节图像擦除的百分比。
- Border Softness（边界柔化）：用于设置指定层图像的边缘柔化程度。
- Auto Softness（自动柔化）：指定层的边缘柔化程度，将在 Border Softness（边界柔化）的基础上进一步柔化。
- Gradient（渐变）：指定一个渐变层。
- Layer（层）：从右侧的下拉列表中选择一层，作为擦除时的指定层。

- Property（特性）：从右侧的下拉列表中可以选择一种用于运算的通道。
- Blur（模糊）：设置指定层图像的模糊程度。
- Inverse Gradient（反转渐变）：勾选该复选框，可以将指定层的擦除图像按照其特性的设置进行反转。

5.3.6 CC Jaws

CC Jaws（CC 锯齿）效果可以将图像以锯齿形状分割开，从而进行图像切换，使用前后效果如图 5-28 所示。

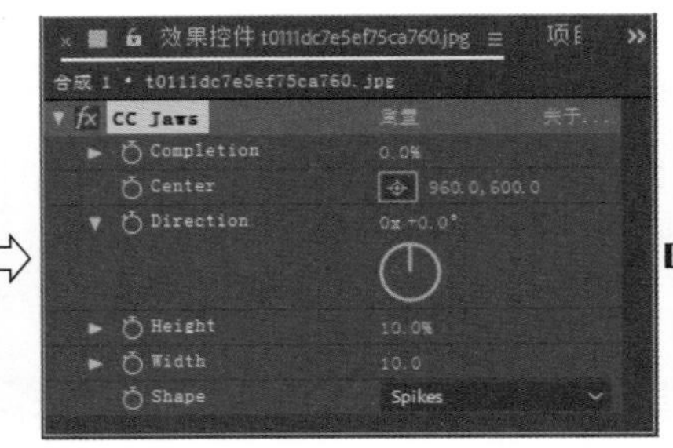

图 5-28　CC Jaws 效果及面板

CC Jaws（CC 锯齿）效果属性介绍如下。

- Completion（完成）：用来调节图像过渡的百分比。
- Center（中心）：用于设置锯齿的中心点位置。
- Direction（方向）：设置锯齿的方向。
- Height（高度）：用于设置锯齿的高度。
- Width（宽度）：用于设置锯齿的宽度。
- Shape（形状）：用于设置锯齿的形状。从右侧的下拉列表中，可以根据需要选择一种形状来进行擦除。

5.3.7 CC Light Wipe

CC Light Wipe（CC 光效擦除）效果是通过边缘发光的图形进行擦除的，使用前后效果如图 5-29 所示。

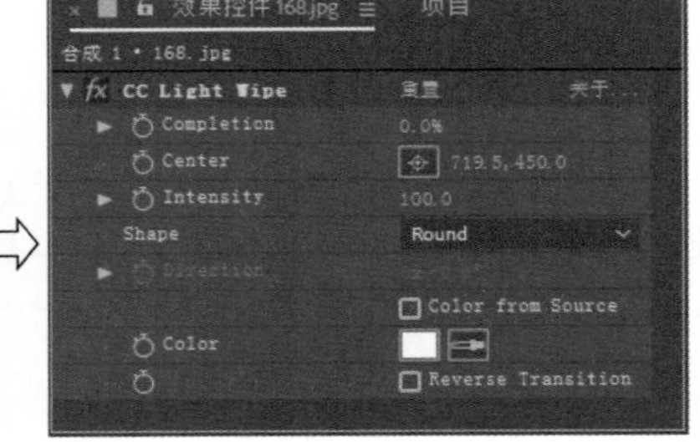

图 5-29　CC Light Wipe 效果及面板

CC Light Wipe（CC 光效擦除）效果属性介绍如下。

- Completion（完成）：用来调节图像过渡的百分比。
- Center（中心）：用于设置发光图形的中心点位置。
- Intensity（强度）：用于设置发光的强度数值。
- Shape（形状）：用于设置擦除的形状，可以选择 Doors（门）、Round（圆形）、Square（正方形）三种形状。
- Direction（方向）：用于调节擦除的方向角度，只有在 Shape（形状）为 Doors（门）或 Square（正方形）时才能使用。
- Color from Source（颜色来源）：启用该选项，可以降低发光亮度。
- Color（颜色）：用来调节发光颜色。
- Reverse Transition（反转变换）：可以将发光擦除的黑色区域与图像区域进行转换，使擦除反转。

5.3.8 光效擦除转场动画（实例）

本例主要使用 CC Light Wipe（CC 光效擦除）特效来制作一款光效擦除转场动画。

① 启动 AE 软件，执行“文件”|“打开项目”命令，在弹出的“打开”对话框中选择“光影 .aep”项目文件，单击“打开”按钮，如图 5-30 所示。

② 打开项目文件后，在“时间轴”面板中选择“光影 1.jpg”图层，执行“效果”|“过渡”|“CC Light Wipe”（CC 光效擦除）命令，然后在“效果控件”面板中，从 Shape（形状）下拉列表框中选择 Doors（门）选项，勾选 Color from Source（颜色来源）复选框，如图 5-31 所示。

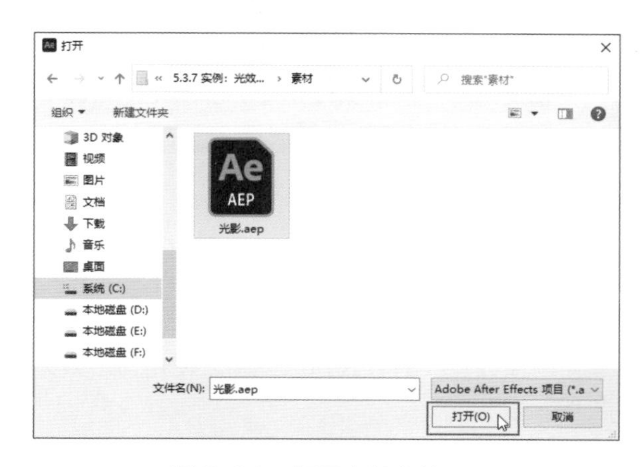

图 5-30　打开素材文件

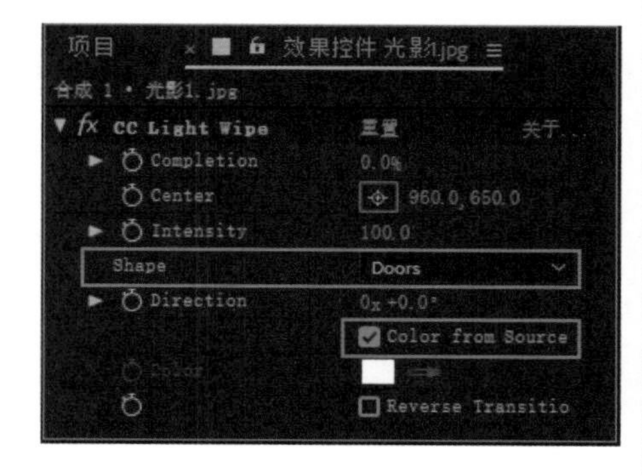

图 5-31　设置过渡效果

③ 将时间调整到 0:00:00:00 帧的位置，设置 Completion（完成）的值为 0，单击 Completion（完成）左侧的“时间变化秒表”按钮，在当前位置设置关键帧，如图 5-32 所示。

④ 将时间调整到 00:00:02:00 帧的位置，设置 Completion（完成）的值为 100%，系统将自动设置关键帧，如图 5-33 所示。

⑤ 至此，本实例就已经制作完毕，按小键盘上的 0 键可以进行动画的播放预览，如图 5-34 所示。

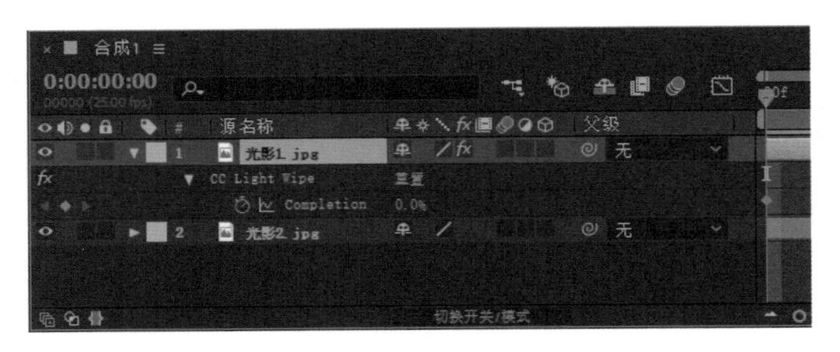

图 5-32　创建第一个关键帧

图 5-33　创建第二个关键帧

图 5-34　动画预览

5.3.9　CC Line Sweep

CC Line Sweep（CC 直线擦除）效果可以使图像以直线的方式扫描擦除，使用前后效果如图 5-35 所示。

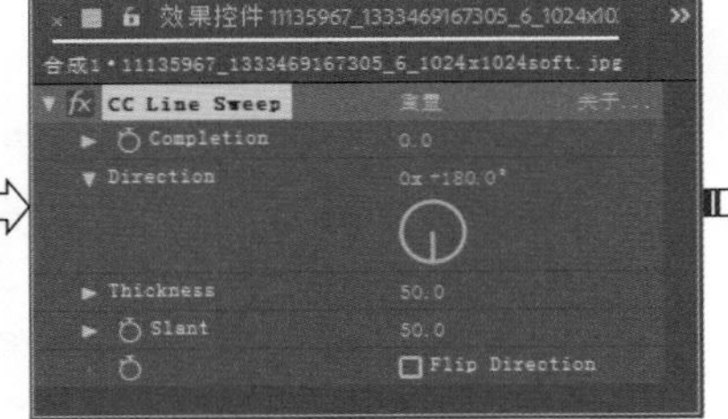

图 5-35　CC Line Sweep 效果及面板

CC Line Sweep（CC 直线擦除）效果属性介绍如下。

- Completion（完成）：用来调节画面扫描的百分比。
- Direction（方向）：用于调节画面扫描的方向。
- Thickness（密度）：用于调节扫描的密度。
- Slant（倾斜）：用于设置扫描画面的倾斜角度。
- Flip Direction（翻转方向）：勾选该选项，可以翻转扫描的方向。

5.3.10 CC Radial ScaleWipe

CC Radial ScaleWipe（CC 径向缩放擦除）效果可以在画面中产生一个边缘扭曲的圆孔，通过缩放圆孔的大小来切换画面，使用前后效果如图 5-36 所示。

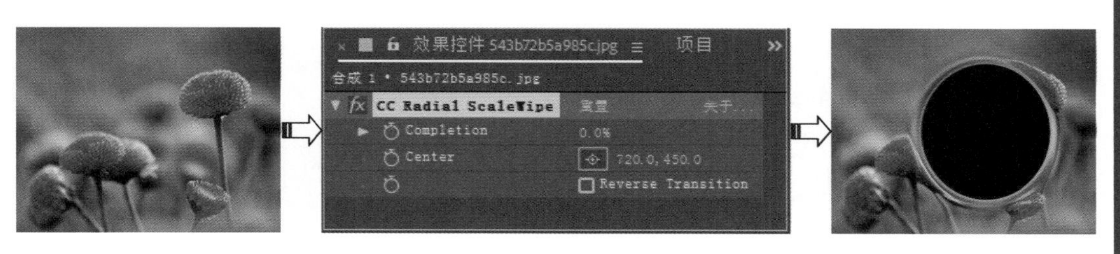

图 5-36 CC Radial ScaleWipe 效果及面板

CC Radial ScaleWipe（CC 径向缩放擦除）效果属性介绍如下。

- Completion（完成）：用来设置图像过渡的百分比，值越大，圆孔越大。
- Center（中心）：用于设置圆孔的中心点位置。
- Reverse Transition（反转变换）：勾选该选项，可以使擦除反转。

5.3.11 CC Scale Wipe

CC Scale Wipe（CC 拉伸式过渡）效果可以通过调节拉伸中心点的位置和拉伸方向来擦除图像，使用前后效果如图 5-37 所示。

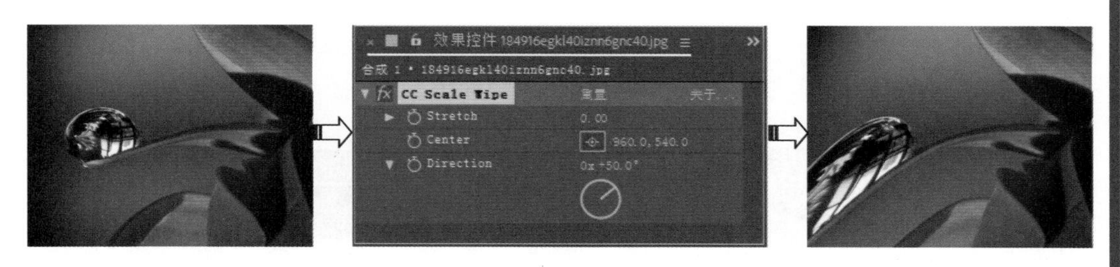

图 5-37 CC Scale Wipe 效果及面板

CC Scale Wipe（CC 拉伸式过渡）效果属性介绍如下。

- Stretch（拉伸）：用来调节图像的拉伸大小，数值越大，拉伸越明显。
- Center（中心）：用于设置拉伸中心点的位置。
- Direction（方向）：用于调节拉伸方向。

5.3.12 CC Twister

CC Twister（CC 扭转过渡）效果可以使图像产生扭转变形，从而达到扭转图像的效果，使用前后效果如图 5-38 所示。

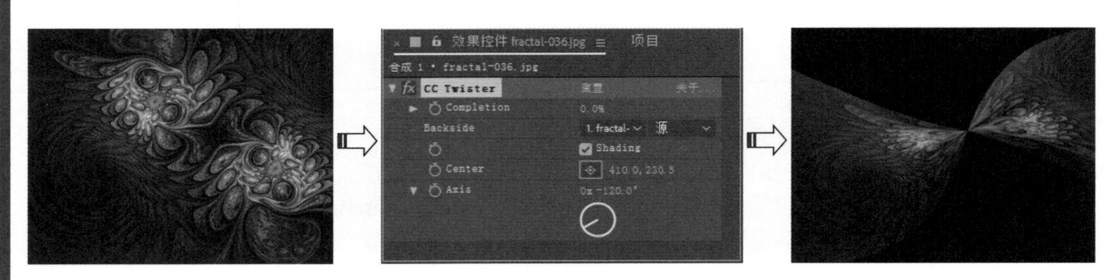

图 5-38　CC Twister 效果及面板

CC Twister（CC 扭转过渡）效果属性介绍如下。

- Completion（完成）：用来调节图像扭曲的程度。
- Backside（背面）：在右侧的下拉列表中选择一个图层作为扭曲背面的图像。
- Shading（阴影）：勾选该选项，扭曲的图像将产生阴影。
- Center（中心）：用于设置扭曲图像中心点的位置。
- Axis（坐标轴）：用于调节扭曲的角度。

5.3.13 扭曲动态转场（实例）

本例主要利用 CC Twister（CC 扭转过渡）特效制作扭曲动态转场效果，具体操作方法如下。

① 启动 AE 软件，执行“文件”|“打开项目”命令，在弹出的“打开”对话框中选择“风景 .aep”项目文件，单击“打开”按钮，将项目文件打开。

② 在“时间轴”面板中选择“桥 .jpg”图层，执行“效果”|“过渡”|“CC Twister”（CC 扭转过渡）命令，然后在“效果控件”面板中，从 Backside（背面）下拉列表框中选择“建筑 .jpg”选项，如图 5-39 所示。

③ 将时间调整到 0:00:00:00 帧的位置，设置 Completion（完成）的值为 0%，然后单击“过渡完成”左侧的“时间变化秒表”按钮，在当前位置设置关键帧，如图 5-40 所示。

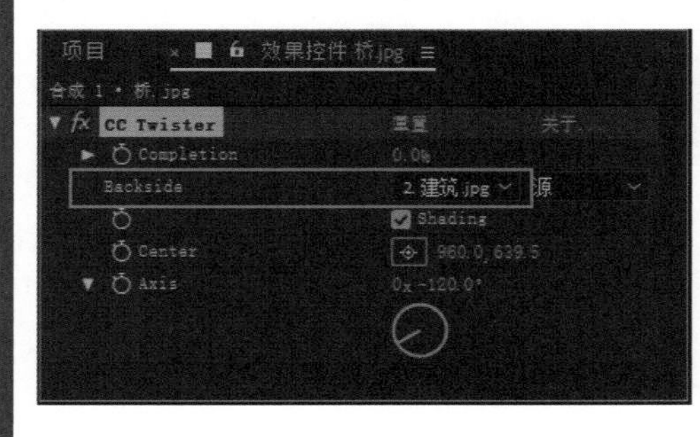

图 5-39　设置过渡效果

图 5-40　创建第一个关键帧

④ 将时间调整到0:00:03:00帧的位置，设置Completion（完成）的值为100%，系统将自动设置关键帧，如图5-41所示。

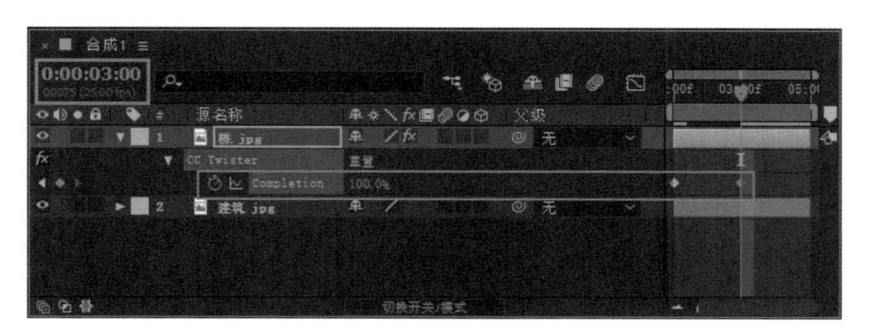

图5-41　创建第二个关键帧

⑤ 至此，本实例就已经制作完毕，按小键盘上的0键可以进行动画的播放预览，最终效果如图5-42所示。

图5-42　动画预览

5.3.14　CC WarpoMatic

CC WarpoMatic（CC变形过渡）效果可以指定显示过渡效果的图层，并调整弯曲变形的程度，使用前后效果如图5-43所示。

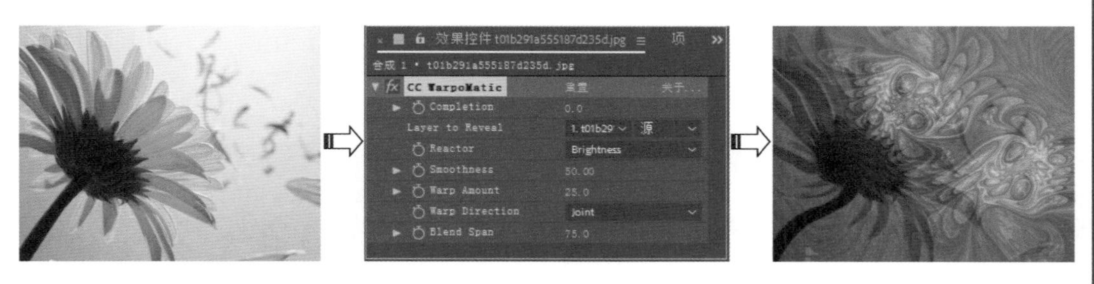

图5-43　CC WarpoMatic效果及面板

CC WarpoMatic（CC变形过渡）效果属性介绍如下。

- Completion（完成）：用来调节图像过渡的百分比。
- Layer to Reveal（层显示）：用来指定显示效果的图层。

- Reactor（反应器）：可以选择“亮度”“对比度”“亮度差”“位置差”等模式。
- Smoothness（平滑）：用于设置画面平滑度。
- Warp Amount（变形量）：用于设置变形的数量。
- Warp Direction（变形方向）：用于设置变形的方向。
- Blend Span（混合跨度）：用来设置混合的跨度参数。

5.3.15 光圈擦除

光圈擦除效果可以通过修改 Alpha 通道执行星形擦除，从而过渡到下一个画面，使用前后效果如图 5-44 所示。

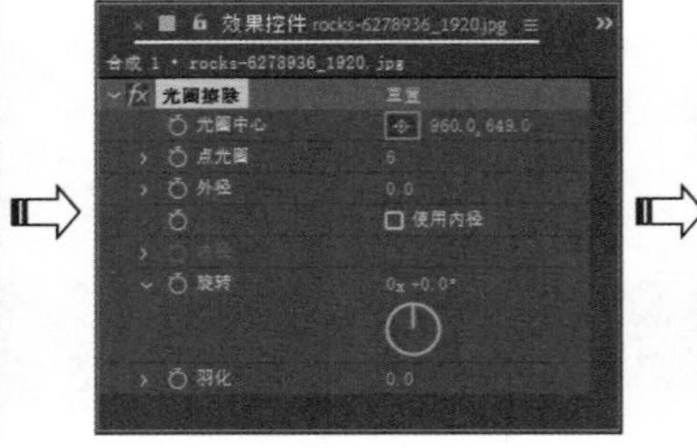

图 5-44 光圈擦除效果及面板

光圈擦除效果属性介绍如下。

- 光圈中心：设置擦除形状的中心位置。
- 点光圈：用于调节擦除的多边形形状。
- 外径：设置外半径数值，调节擦除图形的大小。
- 内径：设置内半径数值，在勾选“使用内径”复选框时才能使用。
- 旋转：用于设置多边形旋转的角度。
- 羽化：用于调节多边形的羽化程度。

5.3.16 块溶解

块溶解效果可以使图层在随机块中消失，从而逐渐过渡到下一个画面，使用前后效果如图 5-45 所示。

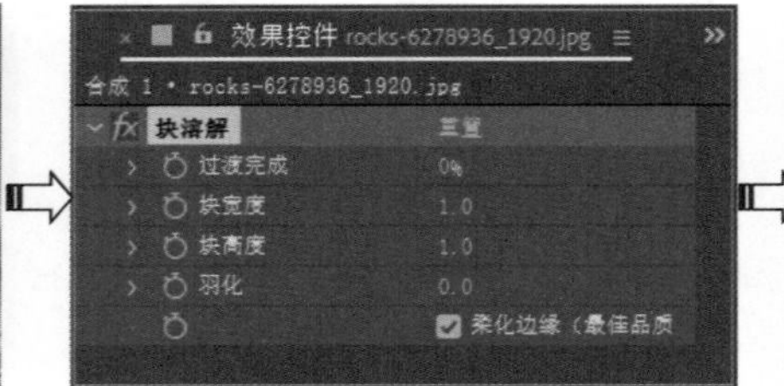

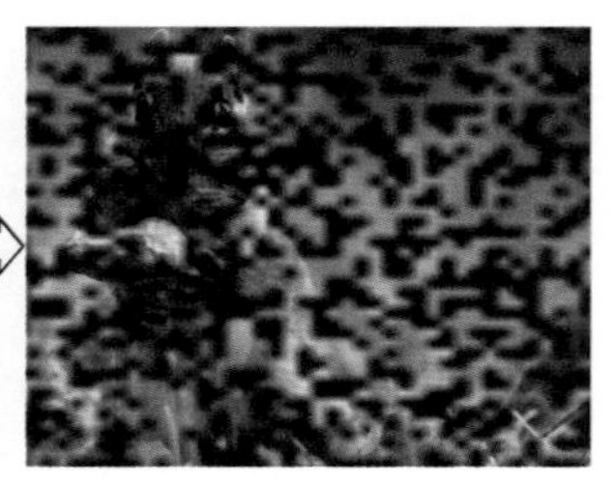

图 5-45 块溶解效果及面板

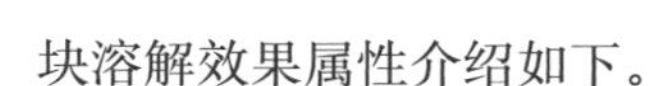

块溶解效果属性介绍如下。

- 过渡完成：用于调节块溶解过渡完成的百分比。
- 块宽度：用于设置板块的宽度。
- 块高度：用于设置板块的高度。
- 羽化：用于调节图像的羽化程度。
- 柔化边缘（最佳品质）：勾选该复选框时，板块边缘会更加柔和。

5.3.17 百叶窗

百叶窗效果可以通过修改 Alpha 通道执行定向条纹擦除，从而逐渐过渡到下一个画面，使用前后效果如图 5-46 所示。

图 5-46 百叶窗效果及面板

百叶窗效果属性介绍如下。

- 过渡完成：用来调节图像过渡的百分比。
- 方向：用来设置百叶窗条纹的方向。
- 宽度：用来设置百叶窗条纹宽度。
- 羽化：用来设置百叶窗条纹的羽化程度。

5.3.18 径向擦除

径向擦除效果可以通过修改 Alpha 通道进行径向擦除，从而过渡到下一个画面，使用前后效果如图 5-47 所示。

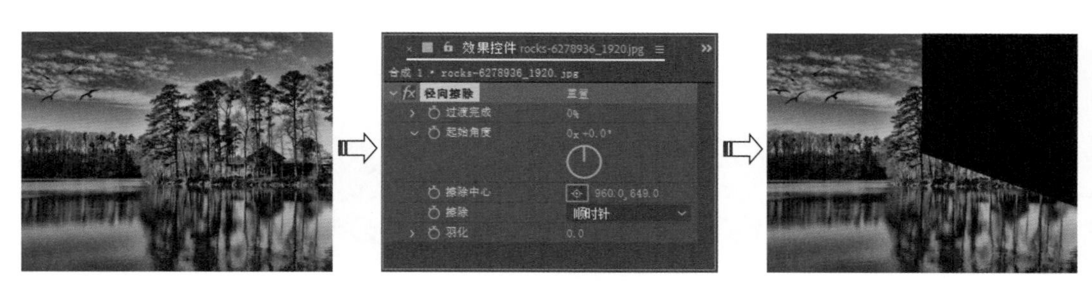

图 5-47 径向擦除效果及面板

径向擦除效果属性介绍如下。

- 过渡完成：用于调节径向擦除过渡完成的百分比。

- 起始角度：用于设置径向擦除区域的角度。
- 擦除中心：用于调节径向擦除区域的中心点位置。
- 擦除：可以选择擦除的方式，包括“顺时针”“逆时针”和“两者兼有”三种方式。
- 羽化：用于调节径向擦除区域的羽化程度。

5.3.19 线性擦除

线性擦除效果可以通过修改 Alpha 通道进行线性擦除，从而逐渐过渡到下一个画面，使用前后效果如图 5-48 所示。

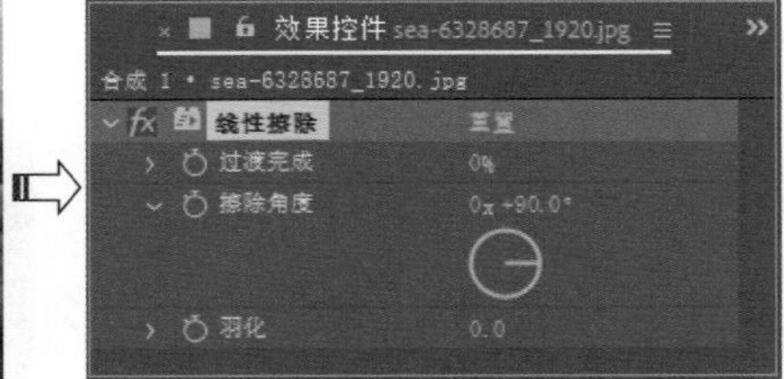

图 5-48 线性擦除效果及面板

线性擦除效果属性介绍如下。

- 过渡完成：用于调节线性擦除过渡完成的百分比。
- 擦除角度：用于设置要擦除的直线的角度。
- 羽化：设置擦除边缘的羽化程度。

5.4 模糊和锐化

模糊和锐化是影视制作中最常用的效果，画面需要通过“虚实结合”来产生空间感和对比。

5.4.1 复合模糊

复合模糊效果依据参考层画面的亮度值对效果层的像素进行模糊处理，使用前后效果如图 5-49 所示。

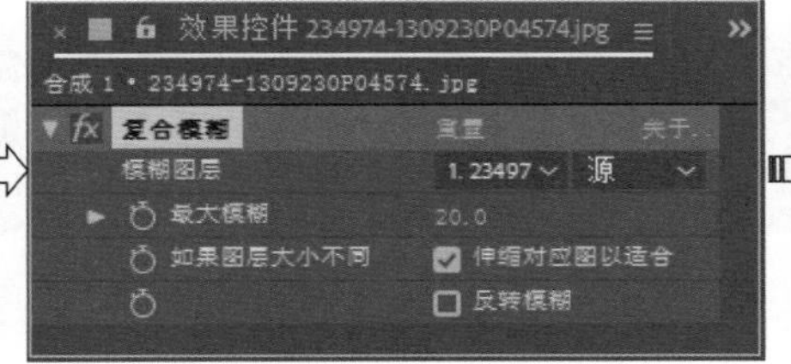

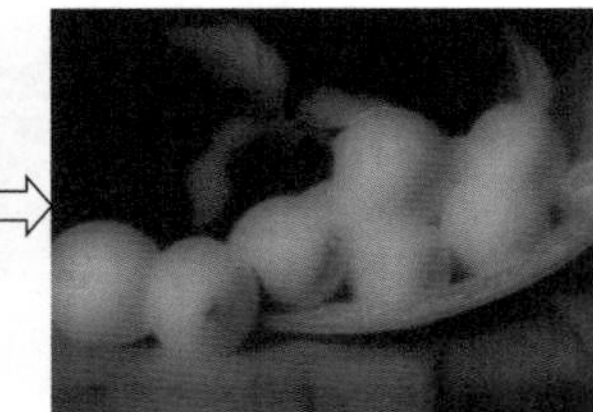

图 5-49 复合模糊效果及面板

复合模糊效果属性介绍如下。

- 模糊图层：用来指定模糊的参考图层。
- 最大模糊：用来设置图层的模糊强度。
- 如果图层大小不同：用来设置图层的大小匹配方式。
- 反转模糊：将模糊效果进行反转。

5.4.2 锐化

锐化效果可以提高素材图像边缘的对比度，使画面变得更加锐化清晰，使用前后效果如图 5-50 所示。

图 5-50　锐化效果及面板

锐化效果只有一个属性，即锐化量，可用于调节锐化的程度。

5.4.3 CC Radial Blur

CC Radial Blur（CC 螺旋模糊）效果是在素材图像上指定一个中心点，并沿着该点产生螺旋状的模糊效果，使用前后效果如图 5-51 所示。

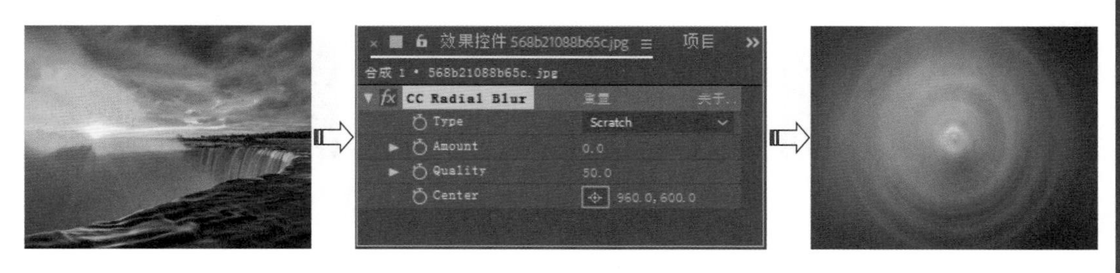

图 5-51　CC Radial Blur 效果及面板

CC Radial Blur（CC 螺旋模糊）效果属性介绍如下。

- Type（模糊方式）：用来指定模糊的方式。在右侧的下拉列表中可以选择 StraightZoom（直线放射）、Fading Zoom（变焦放射）、Centered（居中）、Rotate（旋转）和 Scratch（刮）。
- Amount（数量）：用于设置图像旋转层数。
- Quality（质量）：用于设置模糊的程度，值越大，图像越模糊。
- Center（模糊中心）：用来调节模糊中心点的位置。

5.4.4 CC Radial Fast Blur

CC Radial Fast Blur（CC 快速模糊）效果可以在画面中产生快速变焦式的模糊效果，使用前后效果如图 5-52 所示。

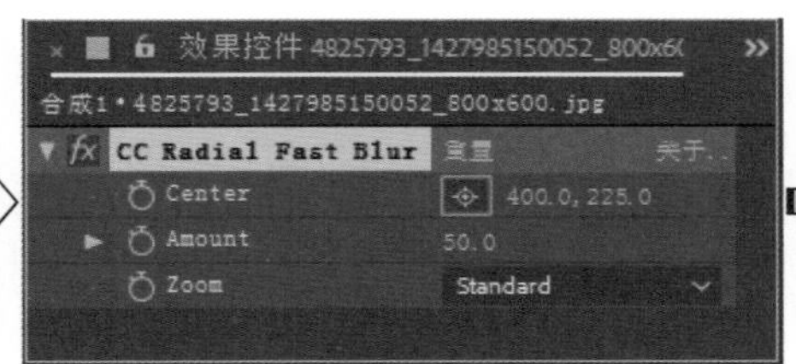

图 5-52 CC Radial Fast Blur 效果及面板

CC Radial Fast Blur（CC 快速模糊）效果属性介绍如下。

- Center（模糊中心）：用于设置模糊的中心点位置。
- Amount（数量）：用于调节模糊程度，值越大，图像越模糊。
- Zoom（爆炸叠加方式）：用于设置模糊叠加的方式，包括 Standard（标准）、Brightest（变亮）和 Darkest（变暗）。

5.4.5 CC Vector Blur

CC Vector Blur（CC 向量区域模糊）效果可以在画面中产生交融的模糊效果，使用前后效果如图 5-53 所示。

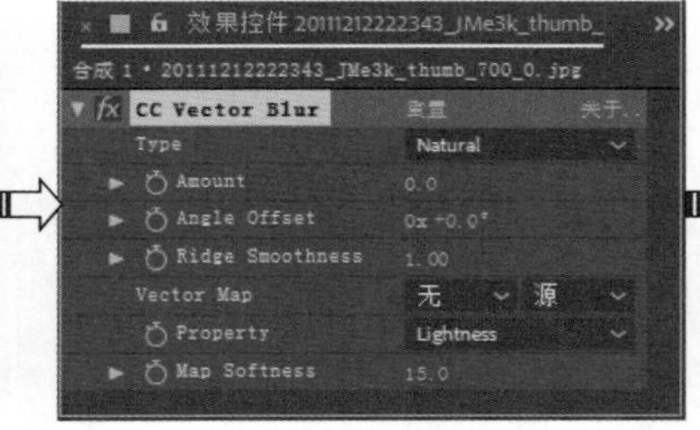

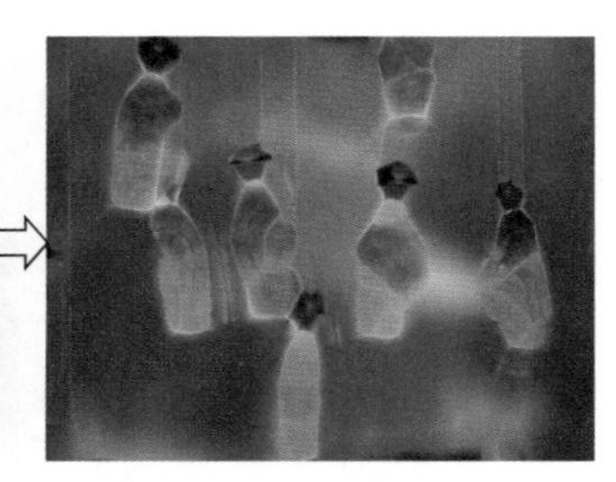

图 5-53 CC Vector Blur 效果及面板

CC Vector Blur（CC 向量区域模糊）效果属性介绍如下。

- Type（模糊方式）：用来指定模糊的方式。在右侧的下拉列表中可以选择 Natural（自然）、Constant Length（固定长度）、Perpendicular（垂直）、Direction Center（方向中心）和 Direction Fading（方向衰减）五种方式。
- Amount（数量）：用于调节模糊程度，值越大，图像越模糊。
- Angle Offset（角度偏移）：用于设置模糊的偏移角度。
- Ridge Smoothness（脊线平滑）：用于设置模糊的平滑程度。
- Vector Map（矢量图）：用来指定模糊的图层。
- Property（属性）：用于设置通道的方式，在右侧的下拉列表中可以选择任何一种通道方式。

- Map Softness（柔化图像）：用于设置图像的柔化程度，值越大，图像越柔和。

5.4.6　智能模糊

智能模糊效果能够选择图像中的部分区域进行模糊处理，对比较强的区域保持清晰，对比较弱的区域进行模糊，使用前后效果如图 5-54 所示。

图 5-54　智能模糊效果及面板

智能模糊效果属性介绍如下。

- 半径：用于设置智能模糊的半径数值。
- 阈值：设置模糊的容差值。
- 模式：设置智能模糊的模式，包括“正常”“仅限边缘”“叠加边缘”三种模式。

5.4.7　双向模糊

双向模糊效果可以在保留图像边缘和细节的情况下，自动把对比度较低的地方进行选择性模糊，使用前后效果如图 5-55 所示。

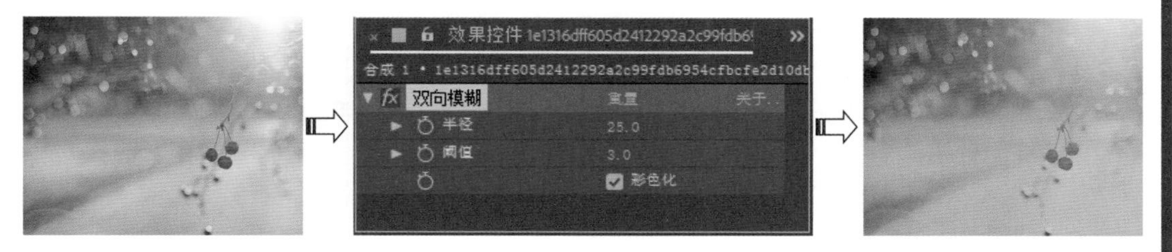

图 5-55　双向模糊效果及面板

双向模糊效果属性介绍如下。

- 半径：用于调节模糊的半径数值。
- 阈值：用于设置模糊的容差值。
- 彩色化：用于设置图像的色彩化，勾选该选项，图像为彩色模式，不勾选则图像变为黑白模式。

5.4.8　径向模糊

径向模糊效果是围绕一个中心点产生模糊的效果，可以模拟镜头的推拉和旋转效果，使用前后效果如图 5-56 所示。

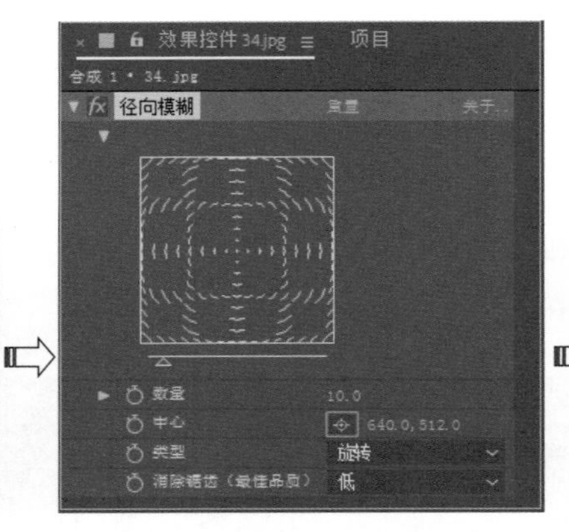

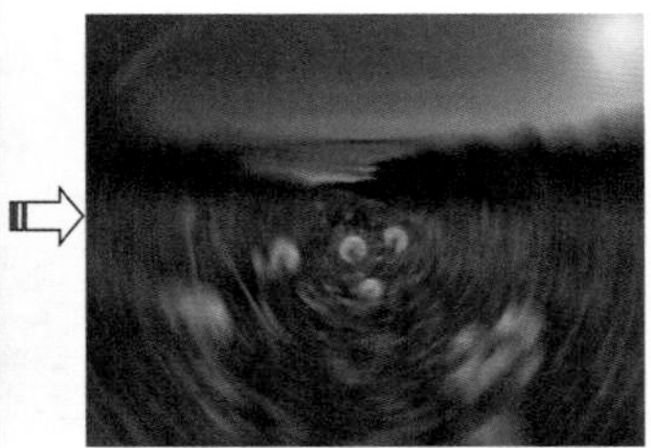

图 5–56　径向模糊效果及面板

径向模糊效果属性介绍如下。

- 数量：用于调节径向模糊的强度。
- 中心：设置径向模糊的中心位置。
- 类型：用于设置径向模糊的样式，从右侧下拉列表中可以选择“旋转”和“缩放”两种样式。
- 消除锯齿（最佳品质）：用于调节画面图像的质量。

5.4.9　高斯模糊

高斯模糊效果可以用于模糊和柔化图像，去除画面中的杂点，使用前后效果如图 5–57 所示。

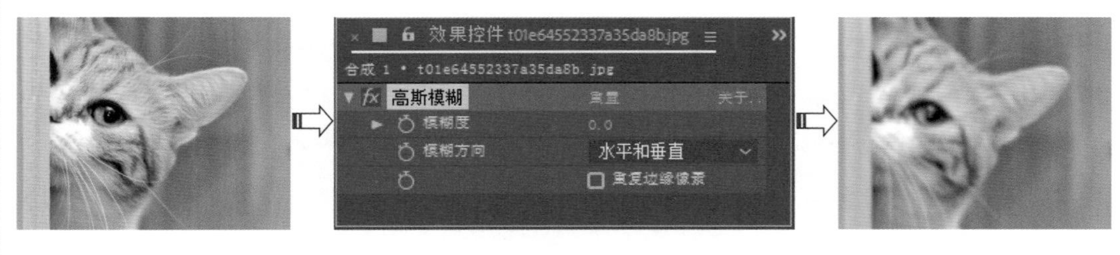

图 5–57　高斯模糊效果及面板

高斯模糊效果属性介绍如下。

- 模糊度：用于设置模糊的程度数值。
- 模糊方向：用于调节模糊的方向角度，包括“水平和垂直”“水平”“垂直”三个方向模式。

5.4.10　制作对称模糊效果（实例）

本例主要讲解如何利用“双向模糊”特效，为画面制作对称模糊效果。

① 启动 AE 软件，执行“文件”|“打开项目”命令，在弹出的“打开”对话框中选择“蓝莓 .aep”项目文件，单击“打开”按钮，将项目文件打开，效果如图 5–58 所示。

② 在“时间轴”面板中选择“蓝莓 .jpg”图层，执行“效果”|“模糊和锐化”|“双向模糊”命令。将时间调整到 0:00:00:00 帧的位置，然后在“效果控件”面板中将“双向模糊”下的“半径”设置为 25，设置“阈值”为 3，单击“半径”和“阈值”左侧的“时间变化秒表”按钮，在当前位置设置关键帧，如图 5-59 所示。

图 5-58　素材文件

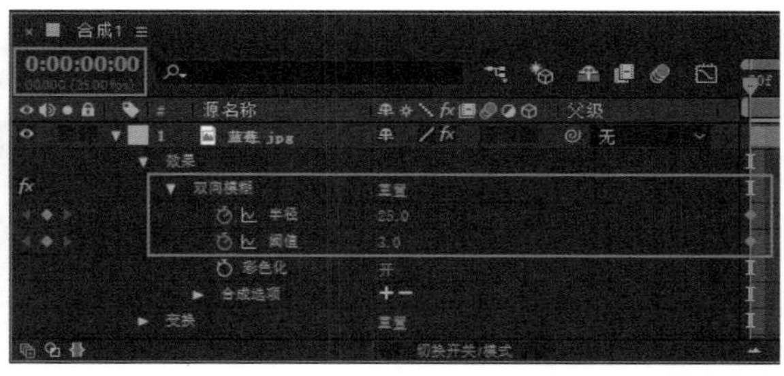

图 5-59　创建第一个关键帧

③ 将时间调整到 0:00:02:00 帧的位置，设置“半径”的值为 106，设置“阈值”的值为 100，系统将自动设置关键帧，如图 5-60 所示。

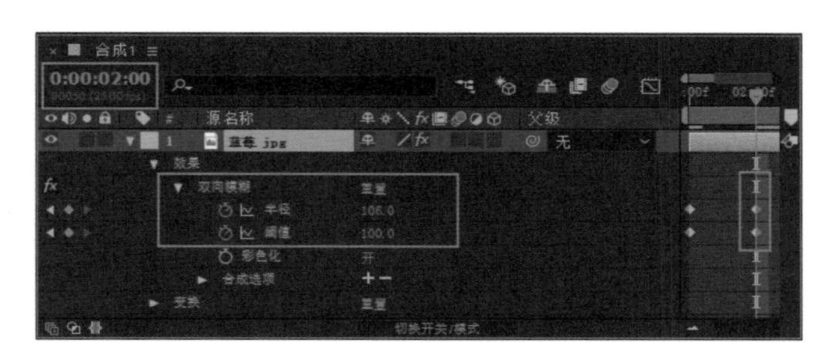

图 5-60　创建第二个关键帧

④ 至此，本实例就已经制作完毕，按小键盘上的 0 键可以进行动画的播放预览，如图 5-61 所示。

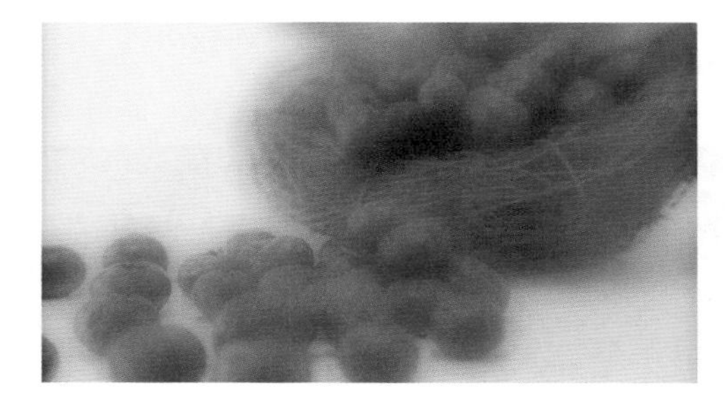

图 5-61　动画预览

5.5　透视效果

透视效果是专门对素材进行各种三维透视变化的一组特效，使用透视效果可以增加画

面的深度。

5.5.1 3D 眼镜

3D 眼镜效果可以把两种图像作为空间内的两个元素物体，再通过指定左右视图的图层，将两种图像在新空间中融合为一体，使用前后效果如图 5-62 所示。

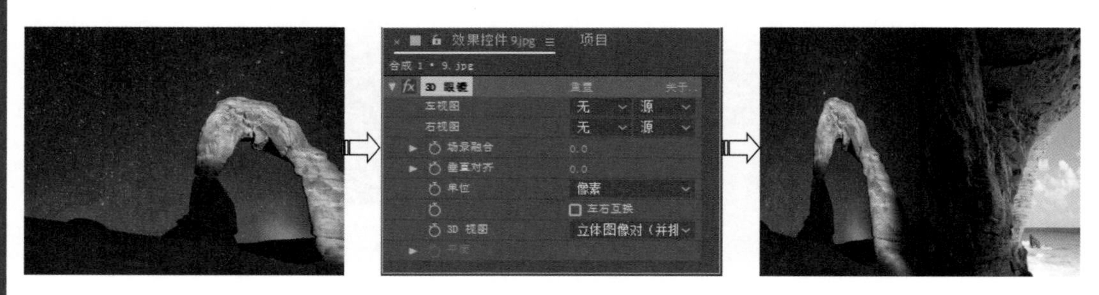

图 5-62　3D 眼镜效果及面板

3D 眼镜效果属性参数介绍如下。

- 左视图：选择在左边显示的图层。
- 右视图：选择在右边显示的图层。
- 场景融合：用于设置画面的融合程度。
- 垂直对齐：用于设置左右视图相对的垂直偏移数值。
- 单位：用于设置偏移的单位。
- 左右互换：勾选该选项，将左右视图互换。
- 3D 视图：用于指定 3D 视图模式。
- 平衡：设置画面的平衡程度。

5.5.2 3D 摄像机跟踪器

3D 摄像机跟踪器效果可以对视频序列进行分析以提取摄像机运动和 3D 场景数据，使用前后效果如图 5-63 所示。

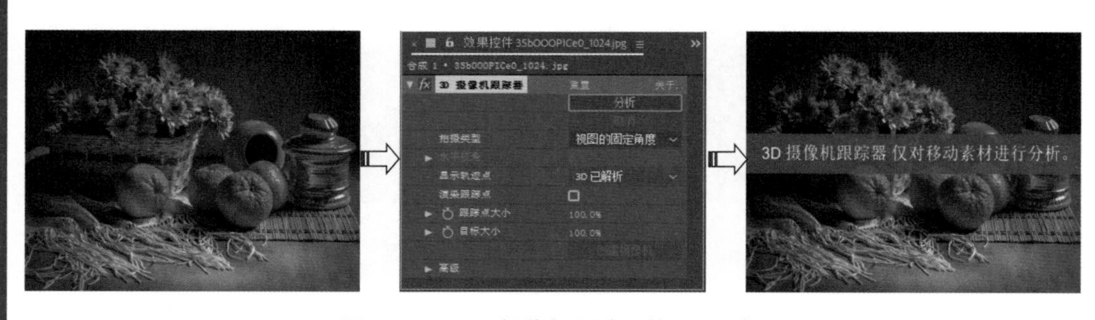

图 5-63　3D 摄像机跟踪器效果及面板

3D 摄像机跟踪器效果属性介绍如下。

- 分析 / 取消：用于设置开始或停止素材的后台分析。在分析期间，状态显示为素

材上的一个横幅画面，并且位于“取消”按钮旁。

- 拍摄类型：用于指定是以视图的固定角度、变量缩放，还是以指定视角来捕捉素材。更改此设置需要解析。
- 显示轨迹点：将检测到的特性显示为带透视提示的 3D 点（已解析的 3D）或由特性跟踪捕捉的 2D 点（2D 源）。
- 渲染跟踪点：用于设置是否渲染跟踪点。
- 跟踪点大小：用于设置跟踪点的显示大小。
- 目标大小：用于设置目标的大小。
- 高级：用于设置 3D 摄像机跟踪器效果的高级控件。

5.5.3 CC Cylinder

CC Cylinder（CC 圆柱体）效果可以把二维图像卷成一个圆柱，模拟三维圆柱体效果，使用前后效果如图 5-64 所示。

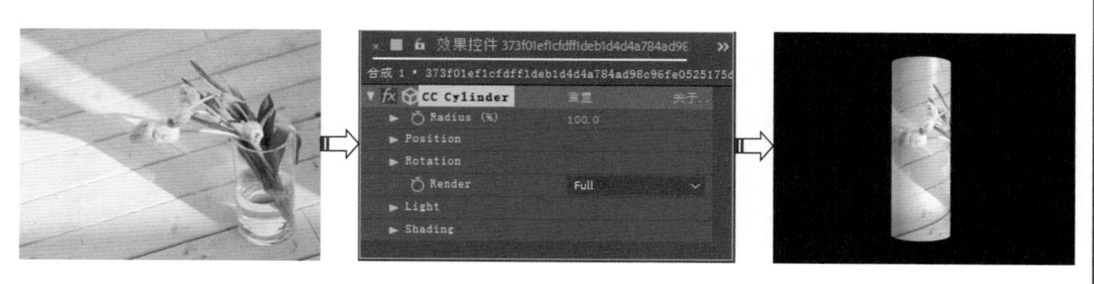

图 5-64　CC Cylinder 效果及面板

CC Cylinder（CC 圆柱体）效果属性介绍如下。

- Radius（半径）：用于设置圆柱体的半径。
- Position（位置）：用于设置圆柱体在画面中的位置。
- Rotation（旋转）：设置圆柱体的旋转属性。
- Render（渲染）：用于设置圆柱体在视图中的显示方式，包括 Full（全部）、Outside（外面）、Inside（里面）三种。
- Light（灯光）：用于设置圆柱体的灯光属性，包括灯光强度、灯光颜色、灯光高度和灯光方向。
- Shading（阴影）：用于设置阴影属性，包括漫反射、固有色、高光、粗糙程度和材质。

5.5.4 CC Sphere

CC Sphere（CC 球体）效果可以把素材图像卷起成为一个球体，模拟三维球体效果，使用前后效果如图 5-65 所示。

CC Sphere（CC 球体）效果属性介绍如下。

- Radius（半径）：用于设置球体的半径。

- Offset（偏移）：用于设置球体在画面中的偏移。
- Render（渲染）：用于设置球体在视图中的显示方式，包括 Full（全部）、Outside（外面）、Inside（里面）三种。
- Light（灯光）：用于设置球体的灯光属性，包括灯光强度、灯光颜色、灯光高度和灯光方向。
- Shading（阴影）：用于设置阴影属性，包括漫反射、固有色、高光、粗糙程度等属性。

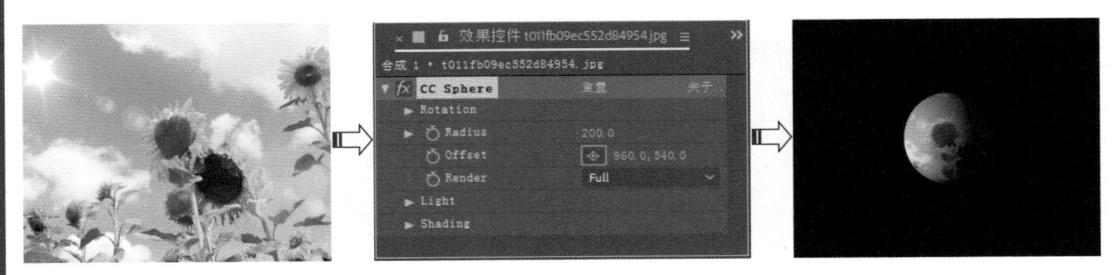

图 5-65　CC Sphere 效果及面板

5.5.5　CC Spotlight

CC Spotlight（CC 聚光灯）效果可以在素材图像上产生一个光圈，模拟聚光灯照射的效果，使用前后效果如图 5-66 所示。

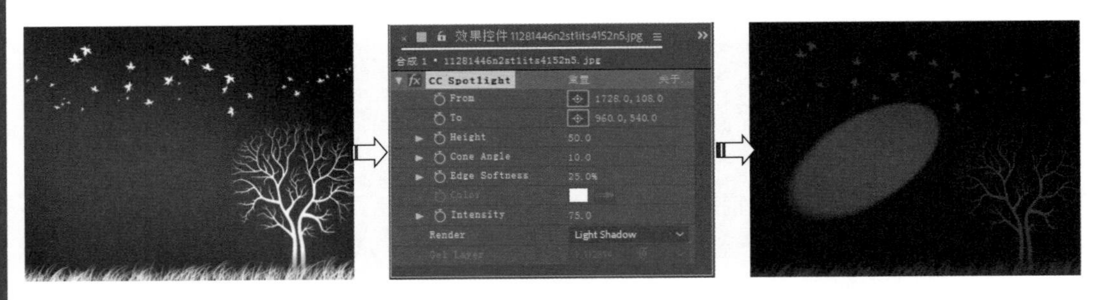

图 5-66　CC Spotlight 效果及面板

CC Spotlight（CC 聚光灯）效果属性介绍如下。

- From（从）：用于设置聚光灯的开始点位置。
- To（到）：用于设置聚光灯的结束点位置。
- Height（高度）：用于设置聚光灯的高度。
- Cons Angle（锥角）：用于设置聚光灯的光圈大小。
- Edge Softness（边缘柔化）：用于设置灯光边缘柔化的程度。
- Color（颜色）：用于设置灯光的颜色。
- Intensity（强度）：用于设置聚光灯的强度。
- Render（渲染）：从右侧下拉列表中，可以指定灯光的显示方式。
- Gel Layer（影响层）：用于指定一个影响图层。

5.5.6 投影

投影效果可添加显示在图层后面的阴影，经常被用于文字图层制作文字阴影效果，图层的 Alpha 通道将确定阴影的形状，使用前后效果如图 5-67 所示。

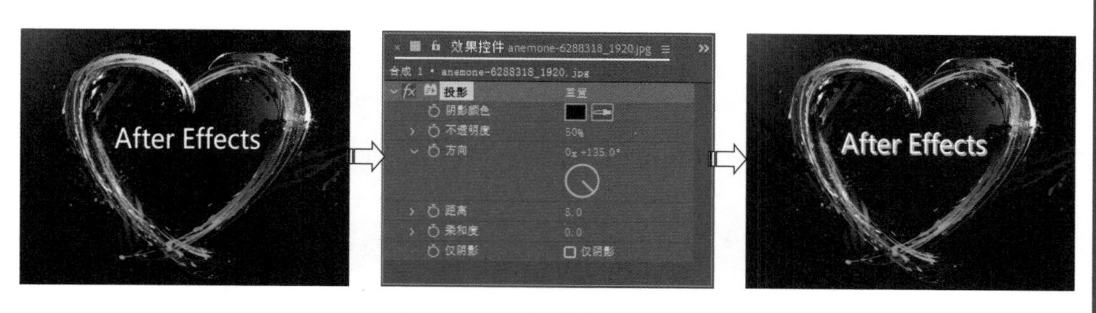

图 5-67 投影效果及面板

投影效果属性介绍如下。

- 阴影颜色：用于设置阴影显示的颜色。
- 不透明度：用于设置阴影的不透明度。
- 方向：用于调节阴影的投射角度。
- 距离：用于调节阴影的距离。
- 柔和度：用于设置阴影的柔化程度。
- 仅阴影：勾选该复选框，在画面中只显示阴影，原始素材图像将被隐藏。

5.5.7 边缘斜面

边缘斜面效果可以对素材图像的四周边缘产生倒角效果，一般只应用在矩形图像上，使用前后效果如图 5-68 所示。

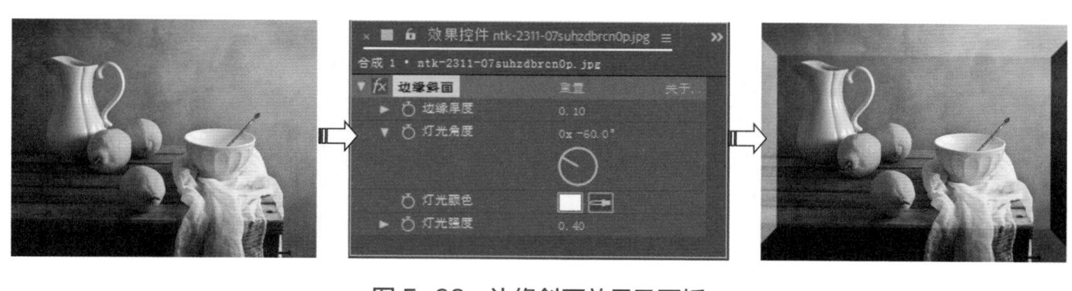

图 5-68 边缘斜面效果及面板

边缘斜面效果属性介绍如下。

- 边缘厚度：用于设置边缘倒角的大小。
- 灯光角度：用于设置灯光照射的角度，可以影响阴影方向。
- 灯光颜色：用于设置灯光的颜色。
- 灯光强度：用于调节灯光的强弱数值。

5.6 模拟效果

模拟效果可以模拟各种符合自然规律的粒子运动效果，如下雨、波纹、破碎、泡沫等。

5.6.1 焦散

焦散效果可以用于制作焦散、折射、反射等自然效果，使用前后效果如图 5-69 所示。

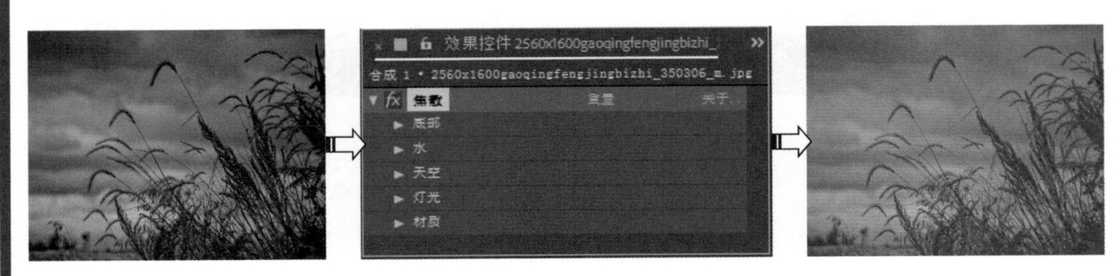

图 5-69 焦散效果及面板

焦散效果属性介绍如下。

- 底部：用于指定焦散应用效果的底层图层。
- 缩放：用于对底层图像进行缩放。
- 重复模式：选择层的排列方式，从右侧下拉列表中可以选择“一次”“平铺”“对称”三种模式。
- 如果图层大小不同：用于调整图像大小与当前层的匹配，从右侧下拉列表中可以选择“中心”或“伸缩以适合”。
- 模糊：用于调节焦散图像的模糊数值。
- 水面：从右侧的下拉列表中指定一个层，以该层的明度为基准产生水波纹理。
- 波形高度：用于调节波纹的高度数值。
- 平滑：用于设置水波纹的圆滑程度。
- 水深度：用于设置水波纹的深度。
- 折射率：用于设置水的折射率大小。
- 表面颜色：用于设置水面的颜色。
- 表面不透明度：用于调节水层表面不透明度。
- 焦散强度：用于调节焦散的强度。
- 天空：从右侧的下拉列表中可以指定一个天空图层。
- 缩放：用于设置天空图层的图像大小。
- 强度：用于设置天空层的明暗度。
- 融合：用于调节放射的边缘，数值越高，边缘越复杂。
- 灯光：用于设置灯光的类型、强度、颜色、位置等属性。
- 材质：用于设置漫反射、镜面反射和高光锐度等属性。

5.6.2 CC Ball Action

CC Ball Action（CC 小球运动）效果可以在画面图像中生成若干小球，使用前后效果如图 5-70 所示。

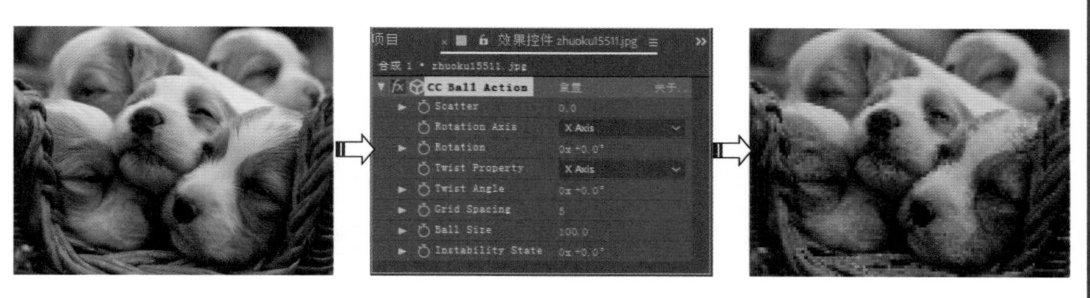

图 5-70　CC Ball Action 效果及面板

CC Ball Action（CC 小球运动）效果属性介绍如下。

- Scatter（分散）：用于设置小球间的分散距离和景深效果。
- Rotation Axis（旋转轴向）：用于指定旋转的轴向。
- Rotation（旋转）：用于设置旋转的度数。
- Twist Property（扭曲属性）：用于设置扭曲的轴向属性。
- Twist Angle（扭曲角度）：用于设置图像沿扭曲轴向扭转的角度。
- Grid Spacing（网格间距）：用于设置网格的间距大小。
- Ball Size（小球大小）：用于设置小球的大小。
- Instability State（不稳定状态）：用于设置不稳定的角度。

5.6.3 CC Bubbles

CC Bubbles（CC 气泡）效果可以模拟制作出飘动上升的气泡效果，使用前后效果如图 5-71 所示。

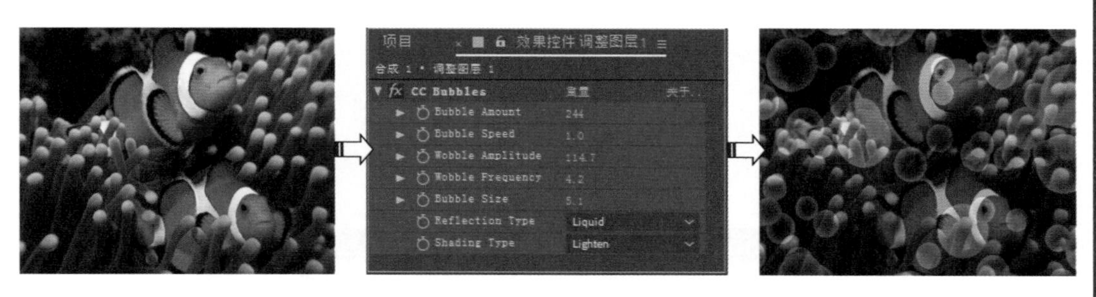

图 5-71　CC Bubbles 效果及面板

CC Bubbles（CC 气泡）效果属性介绍如下。

- Bubble Amount（气泡数量）：用于设置气泡的数量。
- Bubble Speed（气泡速度）：用于设置气泡的上升速度。
- Wobble Amplitude（晃动振幅）：用于设置气泡上升时左右晃动的幅度。

- Wobble Frequency（晃动频率）：用于设置气泡的晃动频率。
- Bubble Size（气泡大小）：用于设置气泡的大小。
- Reflection Type（反射类型）：可以在右侧的下拉列表中选择反射的类型。
- Shading Type（着色类型）：用于设置着色的类型。

5.6.4 CC Drizzle

CC Drizzle（CC 水面落雨）效果用于模拟雨滴降落至水面时产生的涟漪效果，使用前后效果如图 5-72 所示。

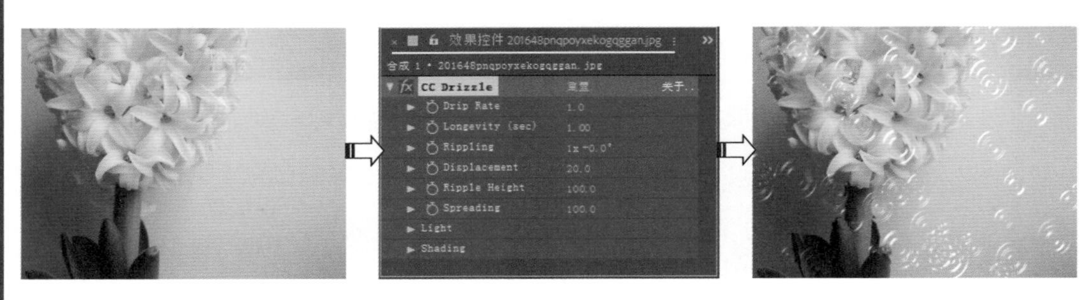

图 5-72　CC Drizzle 效果及面板

CC Drizzle（CC 水面落雨）效果属性介绍如下。

- Drip Rate（滴速）：用于设置雨滴的速度。
- Longevity（sec）[寿命（秒）]：用于设置雨滴的寿命。
- Rippling（涟漪）：用于设置涟漪的圈数。
- Displacement（排量）：用于设置涟漪的排量大小。
- Ripple Height（波纹高度）：用于设置波纹的高度。
- Spreading（传播）：用于设置涟漪的传播速度。
- Light（灯光）：用于设置灯光的强度、颜色、类型及角度等属性。
- Shading（阴影）：用于设置涟漪的阴影属性。

5.6.5 CC Particle World

CC Particle World（CC 仿真粒子世界）效果可以用于模拟三维空间中的粒子特效，例如制作火花、气泡和星光等效果，如图 5-73 所示。

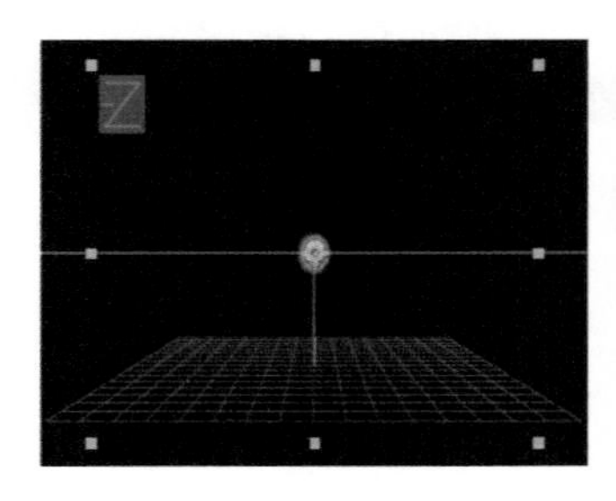

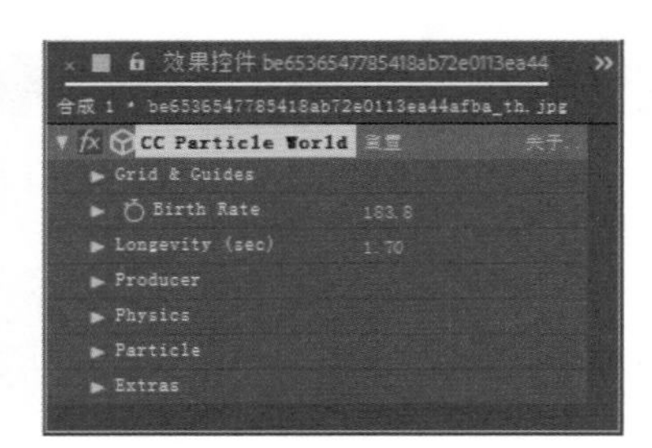

图 5-73　CC Particle World 效果及面板

CC Particle World（CC 仿真粒子世界）效果属性介绍如下。

- Grid&Guides（网格向导）：用于显示或隐藏“位移参考”“粒子发射半径参考”“路径参考”向导。
- Birth Rate（出生率）：用于设置粒子出生率数值。
- Longevity（sec）（寿命）：用于设置粒子的寿命长短。
- Producer（产生）：用于设置粒子产生时的位置和半径属性。
- Physics（物理）：用于设置粒子的物理属性。
- Particle（粒子）：用于设置粒子的类型和颜色等属性。
- Extras（附加）：用于设置附加的参数，如摄像机效果、立体深度、灯光照射方向和随机种子等。

5.6.6 CC Pixel Polly

CC Pixel Polly（CC 像素多边形）效果是制作碎块效果的粒子特效，可以使画面图像变成很多碎块并以不同的角度抛射移动，使用前后效果如图 5-74 所示。

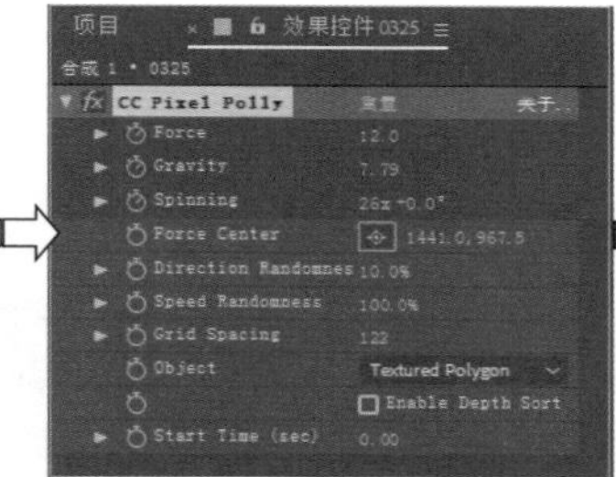

图 5-74　CC Pixel Polly 效果及面板

CC Pixel Polly（CC 像素多边形）效果属性介绍如下。

- Force（强度）：用于设置碎块爆破的强度。
- Gravity（重力）：用于设置碎块的重力。
- Spinning（转动）：用于设置碎块转动的角度。
- Force Center（强度中心）：用于设置爆破强度的中心位置。
- Direction Randomness（方向随机）：用于设置碎块方向随机的百分比。
- Speed Randomness（速度随机）：用于设置碎块速度随机的百分比。
- Grid Spacing（网格间距）：用于设置碎块间距。
- Object（物体）：在右侧的下拉列表中可以选择碎块的物体类型。
- Enable Depth Sort（启用深度排序）：勾选该选项启用深度排序。
- Start Time（sec）（开始时间）：用于设置爆破开始的时间，单位为秒。

5.6.7 飞舞风沙动画（实例）

本例主要为大家讲解如何使用 CC Pixel Polly（CC 像素多边形）效果来制作飞舞风沙动画。

① 启动 AE 软件，执行“文件”|“打开项目”命令，在弹出的“打开”对话框中选择“飞鸟 .aep”项目文件，单击“打开”按钮，将文件打开，效果如图 5-75 所示。

② 在“时间轴”面板中选择“鸟”图层，执行“效果”|“模拟”|“CC Pixel Polly”（CC 像素多边形）命令，然后在“效果控件”面板中，将 Grid Spacing（网格间距）设置为 2，从 Object（物体）下拉列表框中选择 Polygon（多边形）选项，如图 5-76 所示。

图 5-75　素材文件

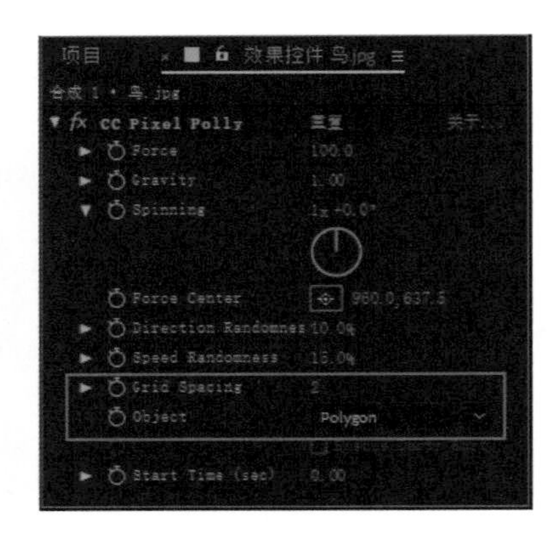

图 5-76　设置 CC Pixel Polly 属性

③ 至此，本实例就已经制作完毕，按小键盘上的 0 键可以进行动画的播放预览，最终效果如图 5-77 所示。

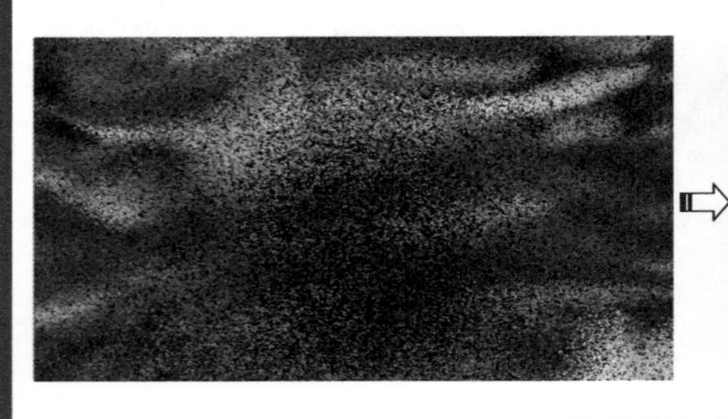

图 5-77　动画预览

5.6.8　CC Rainfall

CC Rainfall（CC 下雨）效果主要用于模拟真实的下雨效果，使用前后效果如图 5-78 所示。

CC Rainfall（CC 下雨）效果属性介绍如下。

- Drops（降落）：用于设置降落的雨滴数量。
- Size（尺寸）：用于设置雨滴的尺寸。
- Scene Depth（景深）：用于设置雨滴的景深效果。
- Speed（速度）：用于调节雨滴的降落速度。
- Wind（风向）：用于调节雨的风向。
- Variation%（Wind）[变化（风向）]：用于设置风向变化百分比。

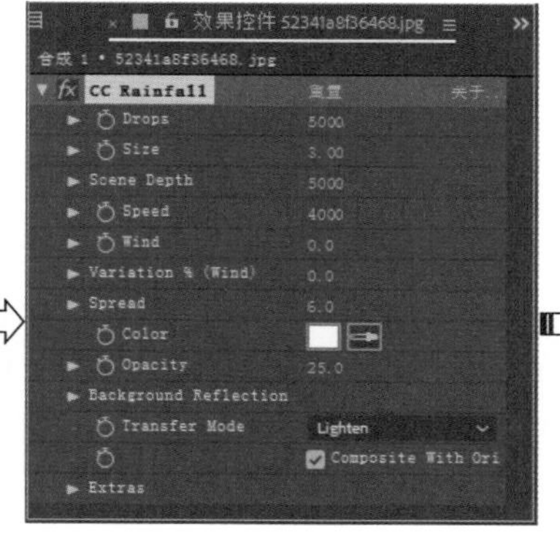

图 5-78　CC Rainfall 效果及面板

- Spread（散布）：用于设置雨的散布程度。
- Color（颜色）：用于设置雨滴的颜色。
- Opacity（不透明度）：用于设置雨滴的不透明度。
- Background Reflection（背景反射）：用于设置背景对雨的反射属性，如背景反射的影响、散布宽度和散布高度。
- Transfer Mode（传输模式）：从右侧的下拉列表中可以选择传输的模式。
- Composite With Original（与原始图像混合）：勾选该选项，显示背景图像，否则只在画面中显示雨滴。
- Extras（附加）：用于设置附加的显示、偏移、随机种子等属性。

5.6.9　CC Snowfall

CC Snowfall（CC 下雪）效果可以在场景画面中添加雪花，模拟真实的雪花飘落的效果，使用前后效果如图 5-79 所示。

图 5-79　CC Snowfall 效果及面板

CC Snowfall（CC 下雪）效果属性介绍如下。

- Flakes（片数）：用于设置雪花的数量。
- Size（尺寸）：用于调节雪花的尺寸大小。
- Variation%（Size）[变化（大小）]：用于设置雪花的变化大小。
- Scene Depth（景深）：用于设置雪花的景深程度。
- Speed（速度）：用于设置雪花飘落的速度。

- Variation%（Speed）[变化（速度）]：用于设置速度的变化量。
- Wind（风）：用于设置风的大小。
- Variation%（Wind）[变化（风）]：用于设置风的变化量。
- Spread（散步）：用于设置雪花的分散程度。
- Wiggle（晃动）：用于设置雪花的颜色及不透明度属性。
- Background Illumination（背景亮度）：用于调整雪花背景的亮度。
- Transfer Mode（传输模式）：从右侧的下拉列表中可以选择雪花的输出模式。
- Composite With Original（与原始图像混合）：勾选该选项，显示背景图像，否则只在画面中显示雪花。
- Extras（附加）：用于设置附加的偏移、背景级别和随机种子等属性。

5.6.10 CC Star Burst

CC Star Burst（CC 模拟星团）效果可以将素材图像转化为无数的星点，用来模拟太空中的星团效果，使用前后效果如图 5-80 所示。

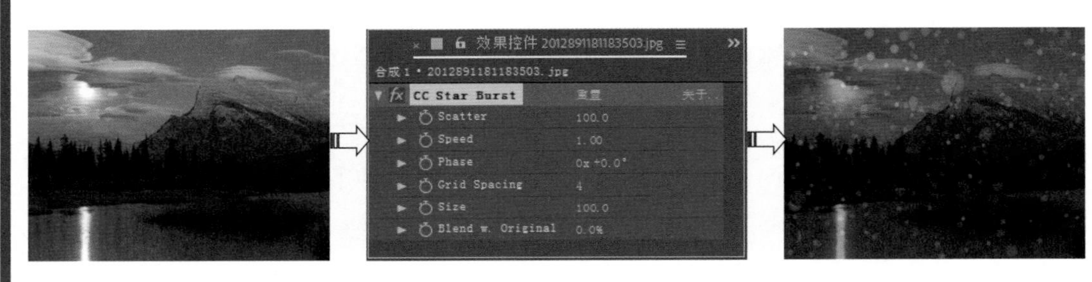

图 5-80 CC Star Burst 效果及面板

CC Star Burst（CC 模拟星团）效果属性介绍如下。

- Scatter（分散）：用于设置星点的分散程度。
- Speed（速度）：用于设置星点的运动速度。
- Phase（相位）：用于设置星点的相位。
- Grid Spacing（网格间距）：用于设置网格的间距。
- Size（尺寸）：用于调节星点尺寸大小。
- Blend w. Original（与原始图像混合）：用于调节与原始图像的混合百分比。

5.6.11 碎片

碎片效果主要用于对图像进行粉碎和爆炸处理，并可以控制爆炸的位置、强度、半径等属性，如图 5-81 所示。

碎片效果属性介绍如下。

- 视图：用于指定爆炸效果的显示方式，包括“已渲染”“线框正视图”“线框”“线框正视图 + 作用力”“线框 + 作用力”五种显示方式。
- 渲染：用于设置渲染的类型，包括“全部”“图层”或“块”三种类型。

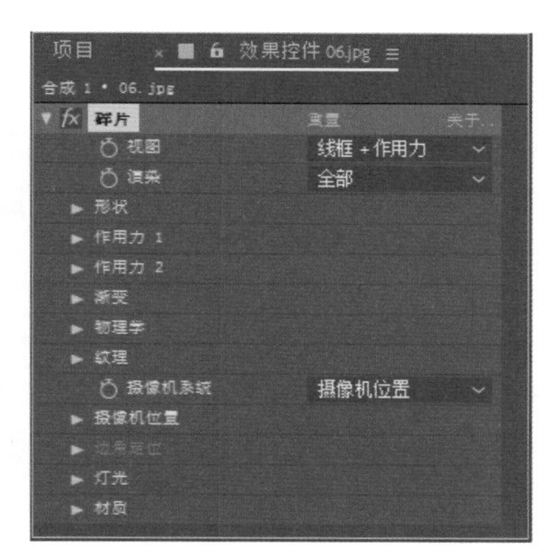

图 5-81　碎片效果及面板

- 形状：可以对爆炸产生的碎片形状进行设置。
- 作用力 1/2：用于指定两个不同的爆炸力场。
- 渐变：可以指定一个图层来影响爆炸效果。
- 物理学：用于设置爆炸的物理属性。
- 纹理：用于设置碎片粒子的颜色、纹理等属性。
- 摄像机系统：从右侧的下拉列表中可以选择摄像机系统的模式。
- 摄像机位置：在摄像机系统模式为“摄像机位置”时可以激活该选项，并对其属性参数进行设置。
- 边角定位：在摄像机系统模式为“边角定位”时可以激活该选项，并对其属性参数进行设置。
- 灯光：用于设置灯光类型、强度、颜色、位置等属性。
- 材质：用于设置材质属性，包括漫反射、镜面反射、高光锐度。

5.6.12　粒子运动场

粒子运动场效果可以从物理学和数学上对各类自然效果进行描述，从而模拟各种符合自然规律的粒子运动效果，如雨、雪、火等，是常用的粒子动画效果，如图 5-82 所示。

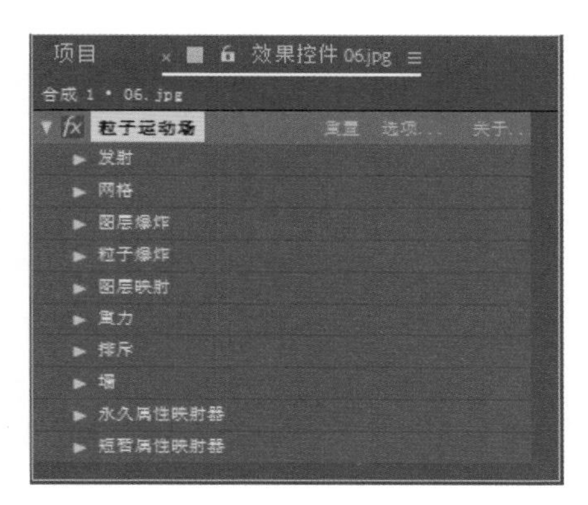

图 5-82　粒子运动场效果及面板

粒子运动场效果属性介绍如下。

- 发射：用于设置粒子的发射属性。
- 位置：用于设置粒子发射点的位置。
- 圆筒半径：用于控制粒子活动的半径。
- 每秒粒子数：用于设置每秒粒子发射的数量。
- 方向：用于设置粒子发射的方向角度。
- 随机扩散方向：用于指定粒子发射方向的随机偏移方向。
- 速率：用于调节粒子发射的速度。
- 随机扩散速率：用于设置粒子发射速度随机变化量。
- 颜色：用于设置粒子的颜色。
- 粒子半径：用于控制粒子半径大小。
- 网格：用于设置网格粒子发射器网格的中心位置、网格边框尺寸、指定圆点或文本字符颜色等属性，网格粒子发射器从一组网格交叉点产生一个连续的粒子面。
- 图层爆炸：可以将对象层分裂为粒子，模拟出爆炸效果。
- 粒子爆炸：可以分裂一个粒子成为许多新的粒子，用于设置新粒子的半径和分散速度等属性。
- 图层映射：用于指定映射图层，设置映射图层的时间偏移属性。
- 重力：用于设置重力场，可以模拟现实世界中的重力现象。
- 排斥：用于设置粒子间的排斥力，以控制粒子相互排斥或吸引的强弱。
- 墙：用于为粒子设置墙属性，墙是使用遮罩工具创建出来的一个封闭区域，约束着粒子在这个指定的区域活动。
- 永久属性映射器：用于改变粒子的属性，保留最近设置的值为剩余寿命的粒子层地图，直到该粒子被排斥力、重力或墙壁等其他控制修改。
- 短暂属性映射器：在每一帧后恢复粒子属性为原始值。其参数设置方式与“永久属性映射器”相同。

第6章 蒙版动画的创建与应用

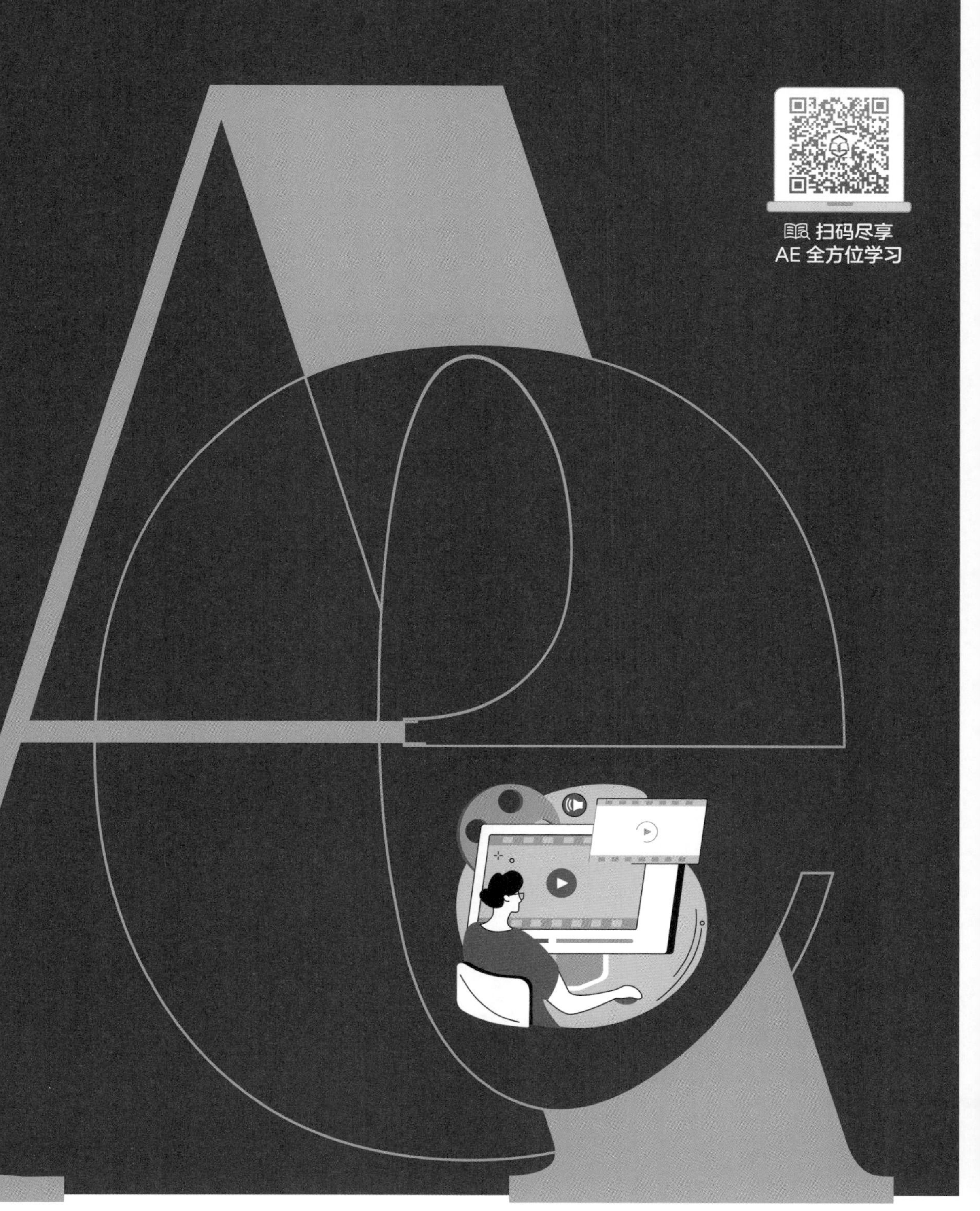

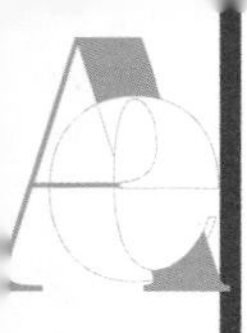

在影视后期合成中，有时候一些素材本身不具备 Alpha 通道，因此不能通过常规方法将这些素材合成到一个场景中，此时“蒙版”就能很好地解决这一问题。下面来学习蒙版的具体应用及相关操作。

6.1 认识蒙版

蒙版可以遮盖住部分图像，使部分图像变为透明区域。在 AE 中，利用蒙版功能来抠取图像中的某一部分，使最终的图像仅有抠取的部分被显示。

6.1.1 什么是蒙版

蒙版实际上是用路径工具绘制的一个路径或者轮廓图，用于修改层的 Alpha 通道。它位于图层之上，对于运用了蒙版的层，将只有蒙版里面部分的图像显示在合成图像中，如图 6-1 所示。

图 6-1　蒙版使用效果

AE 中的蒙版可以是封闭的路径轮廓，如图 6-2 所示，也可以是不闭合的曲线。当蒙版是不闭合曲线时，就只能作为路径来使用，譬如经常使用的描边效果就是利用蒙版功能来开发的，如图 6-3 所示。

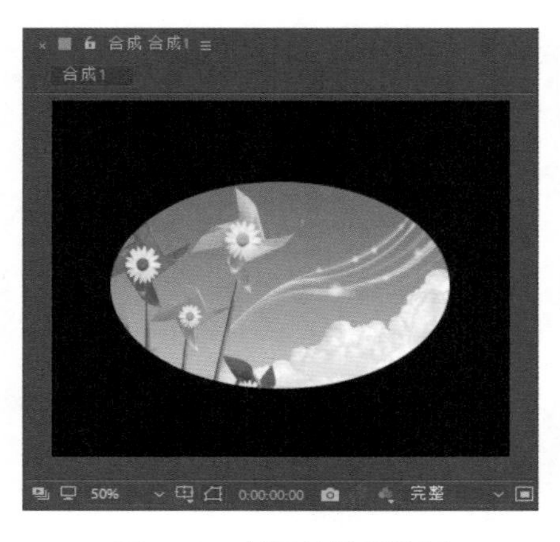

图 6-2　封闭的椭圆蒙版

图 6-3　通过蒙版制作描边效果

6.1.2 蒙版的创建

在制作蒙版动画之前首先要知道如何创建蒙版，蒙版的创建方法很简单。下面具体介绍几种基础蒙版的创建方法。

（1）矩形工具

利用“矩形工具” 可绘制任意大小的矩形蒙版，前后效果如图 6-4 所示。

图 6-4 矩形蒙版效果

“矩形工具”的具体使用方法如下。

① 在工具栏中选择“矩形工具” ，鼠标形状变成十字形。

② 选择要创建蒙版的图层，移动光标至“合成”面板单击进行拖曳，释放鼠标即可得到矩形蒙版。

（2）圆角矩形工具

利用“圆角矩形工具” 可绘制任意大小的圆角矩形蒙版，前后效果如图 6-5 所示。

图 6-5 圆角矩形蒙版效果

“圆角矩形工具” 的具体使用方法如下。

① 在工具栏中选择“圆角矩形工具” ，鼠标形状变成十字形。

② 选择要创建蒙版的图层，移动光标至“合成”面板单击进行拖曳，释放鼠标即可得到圆角矩形蒙版。

（3）椭圆工具

利用“椭圆工具” 可绘制任意大小的圆形或椭圆形蒙版，前后效果如图 6-6 所示。

图 6-6　椭圆形蒙版效果

“椭圆工具”的具体使用方法如下。

① 在工具栏中选择“椭圆工具”，鼠标形状变成十字形。

② 选择要创建蒙版的图层，移动光标至“合成”面板单击进行拖曳，释放鼠标即可得到椭圆蒙版。

（4）多边形工具

利用“多边形工具” 可绘制任意大小的多边形蒙版，前后效果如图 6-7 所示。

图 6-7　多边形蒙版效果

“多边形工具”的具体使用方法如下。

① 在工具栏中选择“多边形工具”，鼠标形状变成十字形。

② 选择要创建蒙版的图层，移动光标至“合成”面板单击进行拖曳，释放鼠标即可得到多边形蒙版。

（5）星形工具

利用“星形工具” 可绘制任意大小的星形蒙版，前后效果如图 6-8 所示。

图 6-8　星形蒙版效果

“星形工具”的具体使用方法如下。

① 在工具栏中选择“星形工具” ，鼠标形状变成十字形。

② 选择要创建蒙版的图层，移动光标至“合成”面板单击进行拖曳（按住 Ctrl 键拖曳也可以），释放鼠标即可得到星形蒙版。

（6）钢笔工具

“钢笔工具” 主要用于绘制不规则的蒙版和不闭合的路径，快捷键为 G，长按此工具按钮可显示出“添加‘顶点’工具” 、“删除‘顶点’工具” 、“转换‘顶点’工具” 和“蒙版羽化工具” 。利用这些工具可以方便地对蒙版进行修改。“钢笔工具”的使用前后效果如图 6-9 所示。

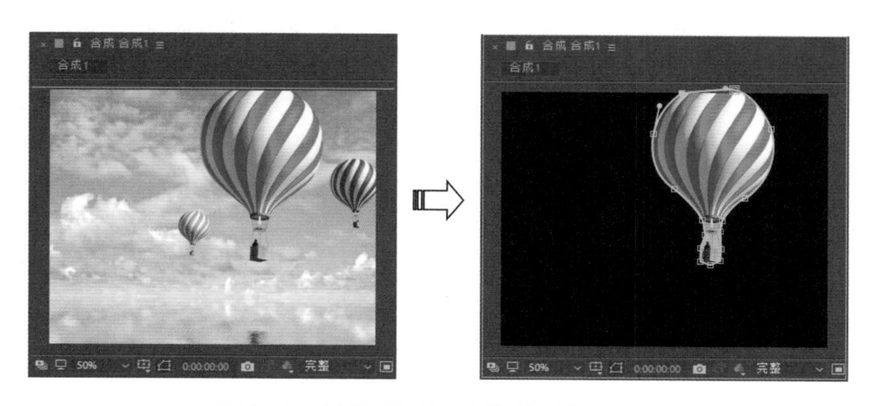

图 6-9　使用“钢笔工具”绘制蒙版效果

“钢笔工具”的具体使用方法如下。

① 在工具栏中选择“钢笔工具” ，移动光标至“合成”面板，单击鼠标左键可创建顶点。

② 将光标移动到另一个目标位置并单击，此时在先后创建的两个顶点之间形成一条直线。

③ 如果想要创建闭合的蒙版图形，可将鼠标放在第一个顶点处，此时鼠标指针的右下角将出现一个小圆圈，单击即可闭合蒙版路径。

使用蒙版工具需注意以下几点。

- 在选择好的蒙版工具上双击，可以在当前图层中自动创建一个最大的蒙版。
- 在“合成”面板中，按住 Shift 键的同时，使用蒙版工具可以创建出等比例的蒙版形状。例如，使用“矩形工具”配合 Shift 键可以创建出正方形蒙版，使用“椭圆工具”配合 Shift 键可以创建出圆形蒙版。
- 使用“钢笔工具”时，按住 Shift 键在顶点上拖曳，可以沿 45° 角移动方向线。

6.2 修改蒙版

使用任何一种蒙版工具创建完蒙版之后，都可以再次对创建好的蒙版进行修改，下面介绍几种常用的修改方式。

6.2.1 调节蒙版的形状

蒙版形状主要取决于锚点（即各个顶点）的分布，所以要调节蒙版的形状主要就是调节各个锚点的位置。在工具栏中单击“选取工具”按钮，移动光标至“合成”面板，单击需要进行调节的锚点，被选中的锚点会呈实心正方形状态，单击拖动锚点，就可以改变锚点的位置，从而改变蒙版的形状，如图 6-10 所示。

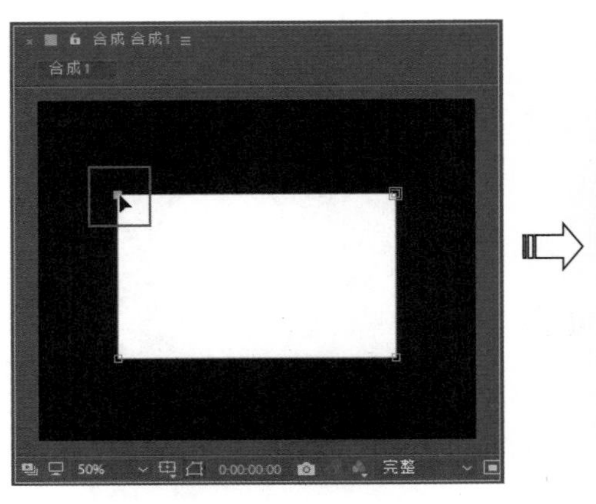

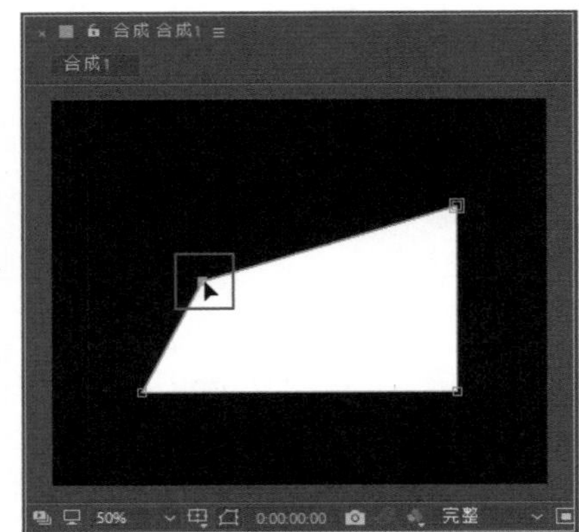

图 6-10　拖动锚点改变蒙版形状

如果需要同时选择多个锚点，可以按住 Shift 键，再单击要选择的锚点，然后再对选中的多个锚点进行移动，如图 6-11 所示。

Shift 键的作用是加选或减选锚点，既可以按住 Shift 键单击所要加选的锚点，也可以按住 Shift 键单击已经选中的锚点，取消选择；在使用“选取工具”选取锚点时，也可以直接按住鼠标左键在“合成”面板中框选一个或多个锚点。

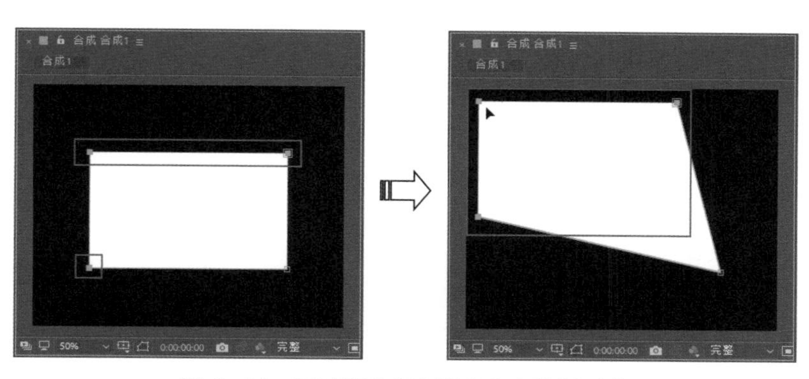

图 6-11　同时拖动多个锚点改变蒙版形状

6.2.2　添加删除锚点

在已经创建好的蒙版形状中，可以对锚点进行添加或删除操作。

- 添加锚点：在工具栏中的“钢笔工具” 图标上长按鼠标左键，会弹出其选项下拉列表，选择“添加‘顶点’工具” ，将光标移动到需要添加锚点的位置，单击即可添加一个锚点，前后效果如图 6-12 所示。

图 6-12　添加锚点

- 删除锚点：在工具栏中的“钢笔工具” 图标上长按鼠标左键，在弹出的下拉列表中选择“删除‘顶点’工具” ，将光标移动到需要删除的锚点上，单击鼠标左键即可删除该锚点，如图 6-13 所示。

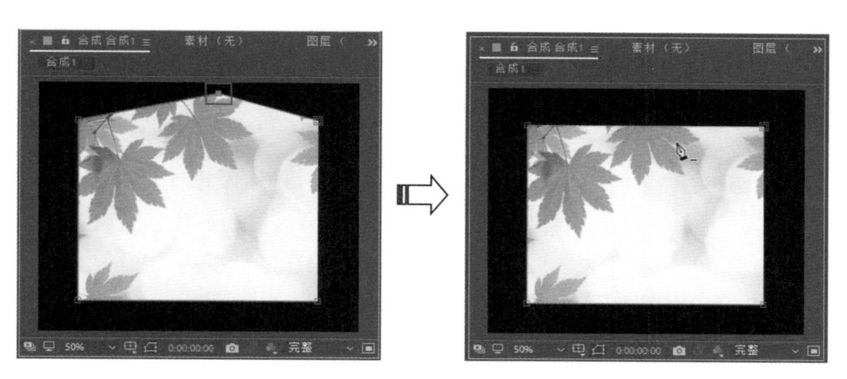

图 6-13　删除锚点

6.2.3 角点和曲线点的切换

蒙版上的锚点主要分为两种，分别是角点和曲线点。角点和曲线点之间是可以相互转化的，下面将详细讲解如何进行角点和曲线点的互换。

- 角点转化为曲线点：在“钢笔工具”图标上长按鼠标左键，会弹出其选项下拉列表，在其中选择“转换‘顶点’工具”，单击并按住鼠标左键不放，拖曳要转化为曲线点的角点，即可把该角点转化为曲线点。或者在“钢笔工具”状态下按住 Alt 键，然后拖曳所要转化为曲线点的角点，也可以把该角点转化为曲线点，如图 6-14 所示。

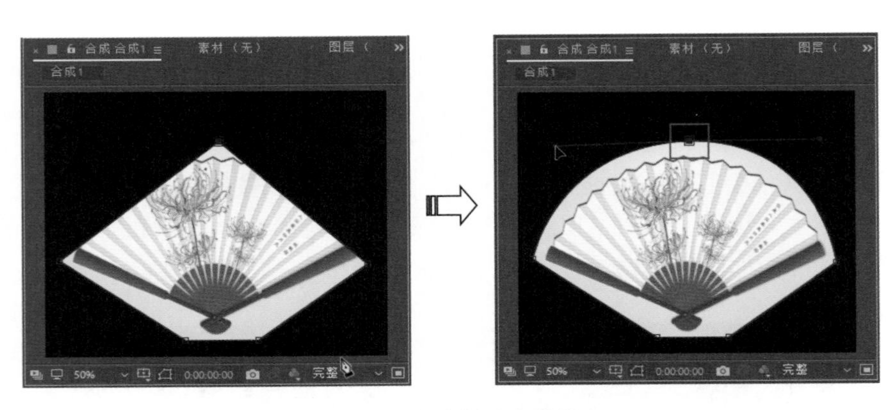

图 6-14　角点转化为曲线点

- 曲线点转化为角点：在“钢笔工具”图标上长按鼠标左键，同样在弹出的下拉列表中选择“转换‘顶点’工具”，单击需要转化为角点的曲线点，即可把该曲线点转化为角点。或者在“钢笔工具”状态下按住 Alt 键，然后单击需要转化为角点的曲线点，也可以把该曲线点转化为角点，如图 6-15 所示。

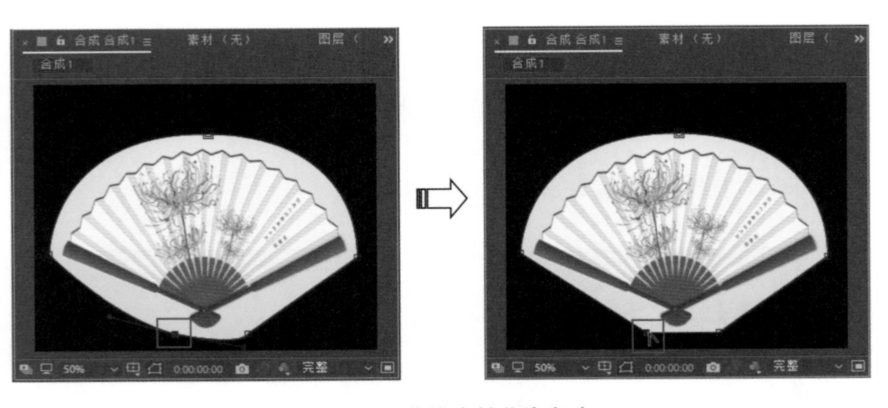

图 6-15　曲线点转化为角点

6.2.4 缩放和旋转蒙版

创建好一个蒙版之后，如果感觉蒙版太小，或者是角度不合适，那就需要对蒙版的大小、角度进行缩放和调节。

在“图层”面板中选中蒙版图层，使用“选取工具” 双击蒙版的轮廓线，或者按快捷键 Ctrl+T 对蒙版进行自由变换。在自由变换线框的锚点上进行拖曳，即可进行蒙版的缩放操作，如图 6-16 所示。

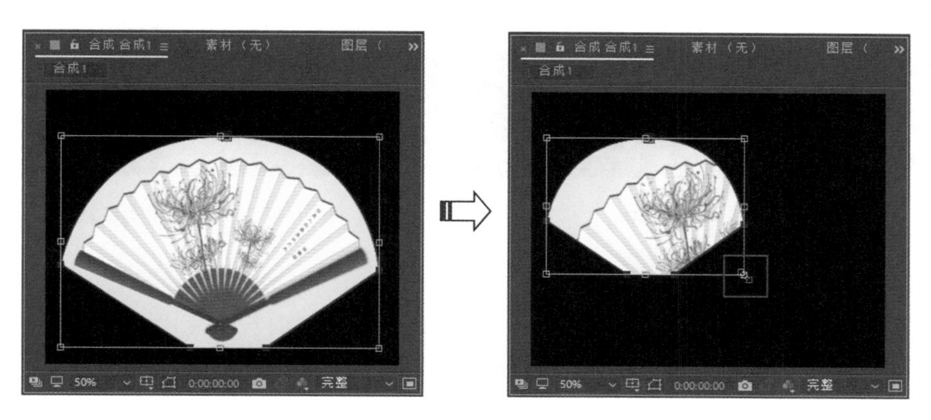

图 6-16　缩放蒙版

在自由变换线框外进行拖曳，即可旋转蒙版，如图 6-17 所示。在进行自由变换时，按住 Shift 键可以对蒙版形状进行等比例缩放，或以 45° 为单位进行旋转。

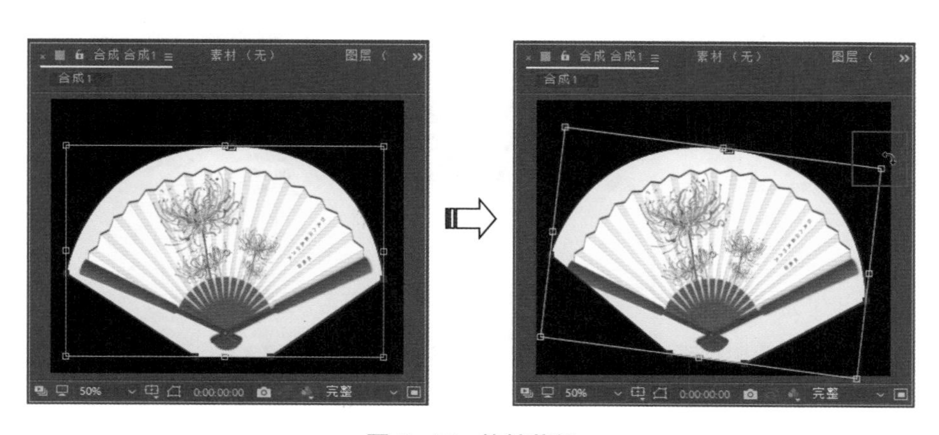

图 6-17　旋转蒙版

6.2.5　图片剪切效果制作（实例）

本例主要介绍如何制作图片剪切效果。首先添加背景图片，然后使用“钢笔工具”绘制蒙版，最后调整图层的位置顺序，完成最终效果。

① 启动 AE 软件，执行“文件”|“打开项目”命令，在弹出的“打开”对话框中选择“圣诞节 .aep”项目文件，单击“打开”按钮，将文件打开，效果如图 6-18 所示。

② 在“时间轴”面板中，单击“猫咪 .jpg”图层前的三角按钮，展开其“变换”选项，将“缩放”设置为 55%，将“不透明度”设置为 50%，并将“位置”调整为“972，408.5”，如图 6-19 所示。

图 6-18　素材文件

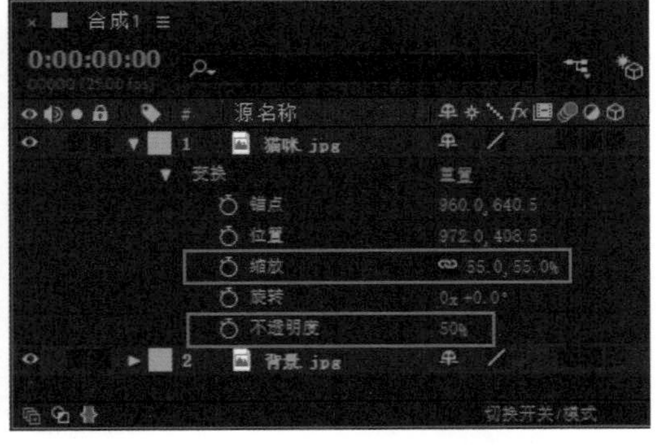

图 6-19　设置变换参数

③ 完成上述设置后，得到的图像效果如图 6-20 所示。

④ 在“时间轴”面板中，选择“猫咪.jpg”图层，在工具栏中点击“钢笔工具”按钮，在“合成”面板中沿着图片轮廓绘制四边形，创建蒙版，如图 6-21 所示。

图 6-20　设置后效果

图 6-21　创建蒙版

⑤ 蒙版创建完成后，将“猫咪.jpg”图层的“不透明度”设置为 100%，如图 6-22 所示。至此，本实例就已经制作完毕，在“合成”面板可预览最终效果，如图 6-23 所示。

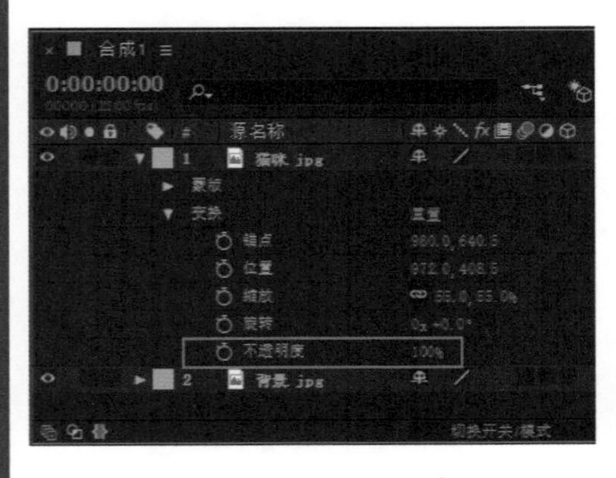

图 6-22　设置不透明度

图 6-23　合成效果

6.3　蒙版属性及叠加模式

蒙版与图层一样也有其固有的属性和叠加模式，这些属性经常会在制作蒙版动画时用到，下面详细讲解蒙版的各个属性及叠加模式。

6.3.1　蒙版的属性

单击蒙版名称前的小三角按钮▶，可以展开蒙版属性。也可以在图层面板连续按两次 M 键来展开蒙版的所有属性。蒙版的属性面板如图 6-24 所示。

图 6-24　蒙版的属性面板

蒙版的各属性参数介绍如下。

- 蒙版路径：用来设置蒙版的路径范围和形状，也可以为蒙版锚点制作关键帧动画。
- 蒙版羽化：用来设置蒙版边缘的羽化效果，这样可以使蒙版边缘与底层图像的融合更加自然。
- 蒙版不透明度：用来设置蒙版的不透明程度。
- 蒙版扩展：用来调整蒙版向内或向外的扩展程度。

6.3.2　叠加模式

一个图层中有多个蒙版时，通过蒙版的叠加模式可以使多个蒙版之间产生叠加效果，如图 6-25 所示。

图 6-25　叠加模式

蒙版叠加模式的各属性参数介绍如下。

- 无：选择“无”模式时，路径将不作为蒙版使用，仅作为路径存在。
- 相加：将当前蒙版区域与其上面的蒙版区域进行相加处理。
- 相减：将当前蒙版区域与其上面的蒙版区域进行相减处理。
- 交集：只显示当前蒙版区域与其上面蒙版区域相交的部分。
- 变亮：对于可视范围区域来讲，此模式与“相加”模式相同，但是对于重叠之处的不透明则采用不透明度较高的那个值。
- 变暗：对于可视范围区域来讲，此模式与“交集”模式相同，但是对于重叠之处的不透明则采用不透明度较低的那个值。
- 差值：此模式对于可视区域，采取的是并集减交集的方式，先将当前蒙版区域与其上面蒙版区域进行并集运算，然后将当前蒙版区域与其上面蒙版区域的相

交部分进行减去操作。

6.4 蒙版属性动画

6.4.1 蒙版路径属性动画设置的方法

单击“蒙版路径”属性名称前的“时间变化秒表”按钮，为当前蒙版的路径设置一个关键帧，再将时间轴移动到不同的时间点，同时改变蒙版路径，此时在时间线上会自动记录所改变的蒙版路径，并生成两个路径之间的中间动画，如图 6–26 所示。

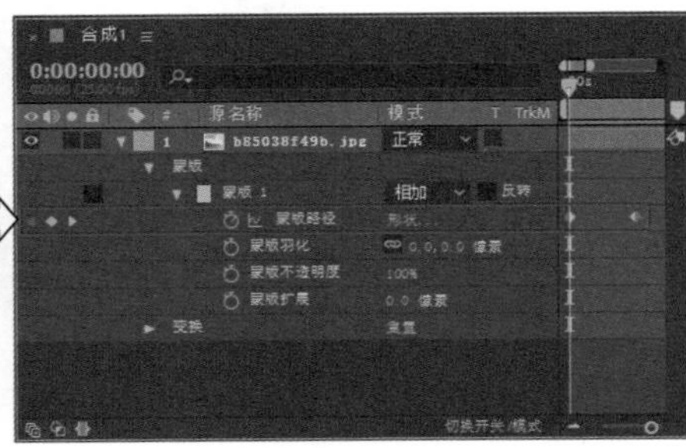

图 6–26 蒙版路径属性动画效果

6.4.2 图像动态展示效果（实例）

本例主要学习如何制作图像动态展示效果。首先添加素材图片，然后在图层上使用“矩形工具”绘制蒙版，通过设置蒙版形状来显示图片。具体操作方法如下。

① 启动 AE 软件，执行“文件”|“打开项目”命令，在弹出的“打开”对话框中选择“插画 .aep”项目文件，单击“打开”按钮，将文件打开，效果如图 6–27 所示。

② 右键单击“时间轴”面板中的“插画 .jpg”图层，在弹出的快捷菜单中选择“时间”|“时间伸缩”命令，如图 6–28 所示。

图 6–27 素材文件

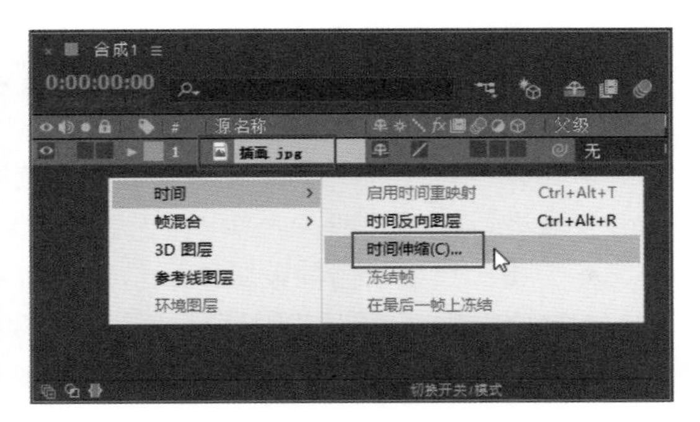

图 6–28 执行“时间伸缩”命令

③ 在弹出的“时间伸缩”对话框中，设置“新持续时间”为 0:00:01:00，如图 6–29 所示，然后单击“确定”按钮。

④ 选中“时间轴”面板中的“插画 .jpg”图层，使用“矩形工具”在“合成”面板中绘制一个矩形蒙版，如图 6-30 所示。

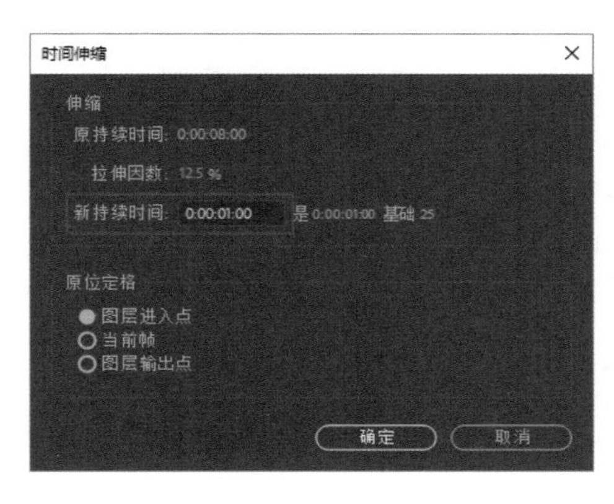

图 6-29　设置持续时间

图 6-30　绘制矩形蒙版

⑤ 将当前时间设置为 0:00:00:00，然后单击图层“蒙版 1”中“蒙版路径”左侧的“时间变化秒表”按钮，在当前位置设置关键帧，如图 6-31 所示，然后按快捷键 Ctrl+C 复制关键帧。

⑥ 将当前时间设置为 0:00:00:24，按快捷键 Ctrl+V 在该位置粘贴关键帧，如图 6-32 所示，然后回到 0:00:00:00 时间点，使用“选取工具”在“合成”面板中向上拖动蒙版。

图 6-31　创建并复制关键帧

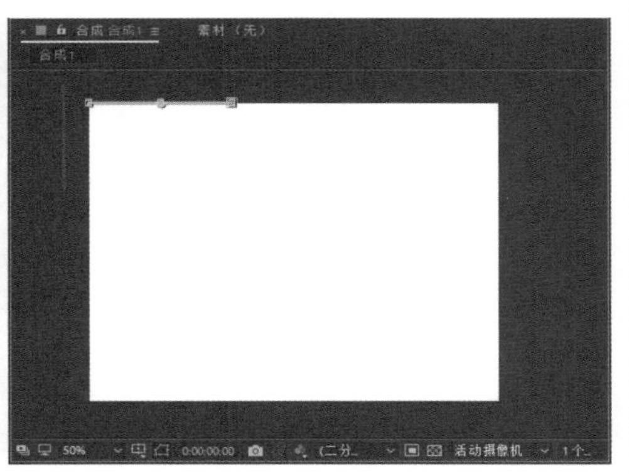

图 6-32　粘贴关键帧

⑦ 将“项目”面板中的“插画 .jpg”素材拖入“合成 1”，放置在顶层，如图 6-33 所示，为了方便区分可将该图层重命名为“插画 2.jpg”。

⑧ 右键单击“时间轴”面板中的“插画 2.jpg”图层，在弹出的快捷菜单中选择“时间”|“时间伸缩”命令，在弹出的“时间伸缩”对话框中，设置“新持续时间”为 0:00:01:00，然后单击“确定”按钮。

⑨ 将当前时间设置为 0:00:00:24，然后拖动“插画 2.jpg”图层，使素材首端与当前时间线所在位置对齐，如图 6-34 所示。

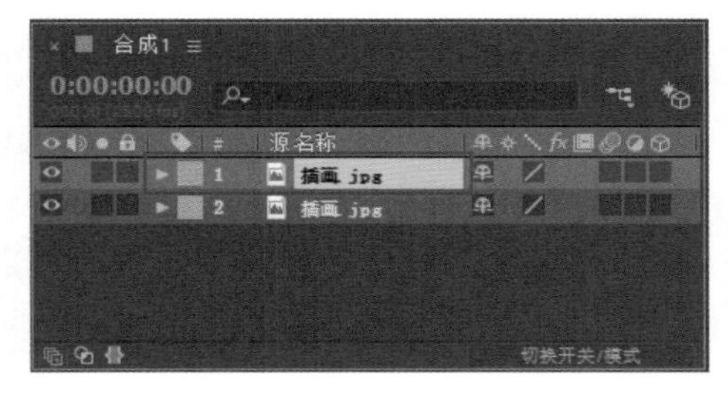

图 6-33　创建新图层

⑩ 选中“时间轴”面板中的“插画 2.jpg”图层，使用“矩形工具”在“合成”面板中绘制一个矩形蒙版，如图 6-35 所示。

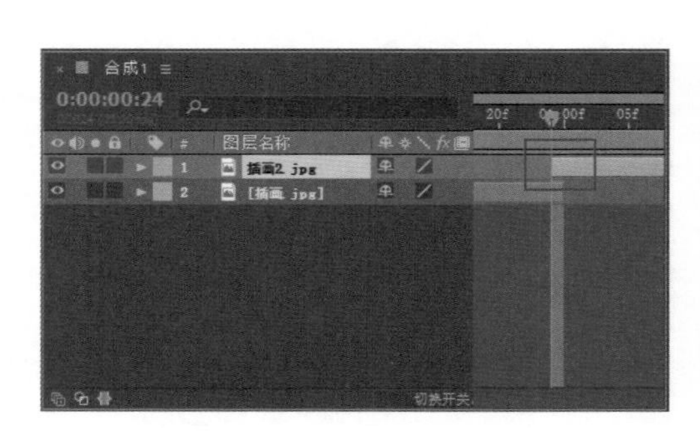

图 6-34　调整时间线位置

图 6-35　绘制矩形蒙版

⑪ 将当前时间设置为 0:00:01:23，然后单击“插画 2.jpg”图层“蒙版 1”中“蒙版路径”左侧的“时间变化秒表”按钮，在当前位置设置关键帧，然后按快捷键 Ctrl+C 复制关键帧。将当前时间设置为 0:00:00:24，按快捷键 Ctrl+V 在该位置粘贴关键帧，如图 6-36 所示。

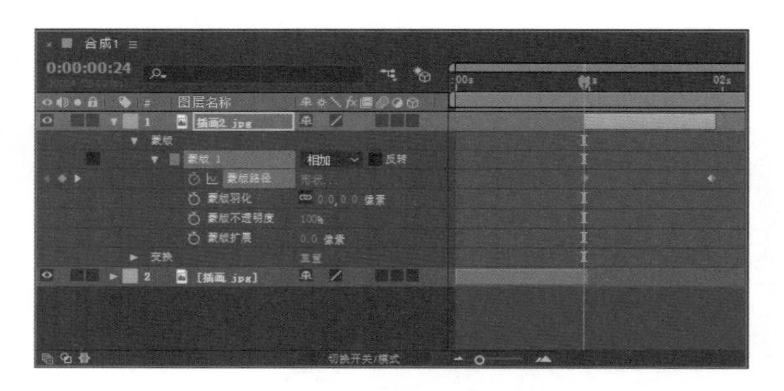

图 6-36　复制并粘贴关键帧

⑫ 在当前时间点，使用“选取工具”在“合成”面板中向上拖动蒙版，如图 6-37 所示。

⑬ 用上述同样的操作方法，完成第 3 组蒙版动画的设置，如图 6-38 所示。

图 6-37　调整蒙版位置

图 6-38　第 3 组蒙版动画

⑭ 在完成第 3 组蒙版动画的设置后，还可以用同样的操作方法在同一图层中添加两组蒙版，如图 6-39 所示，生成从相反方向往中心聚拢的动画效果。

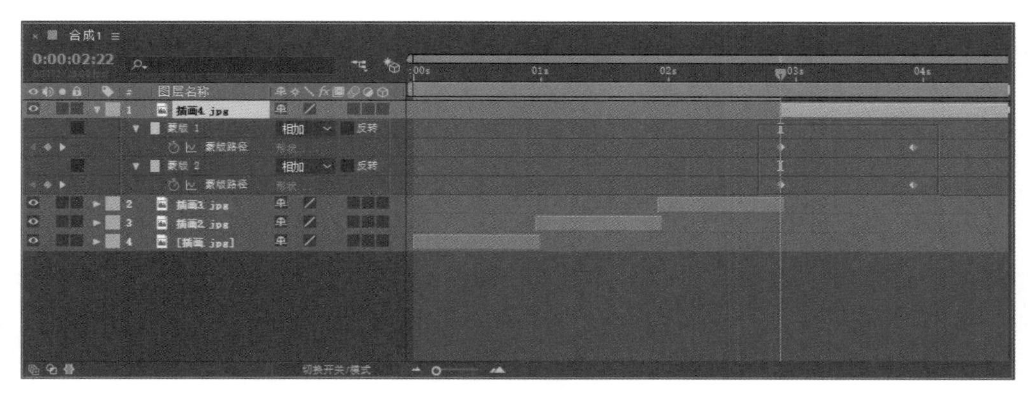

图 6-39　在同一图层中添加两组蒙版

⑮ 本例完成后的最终动画效果如图 6-40 所示。

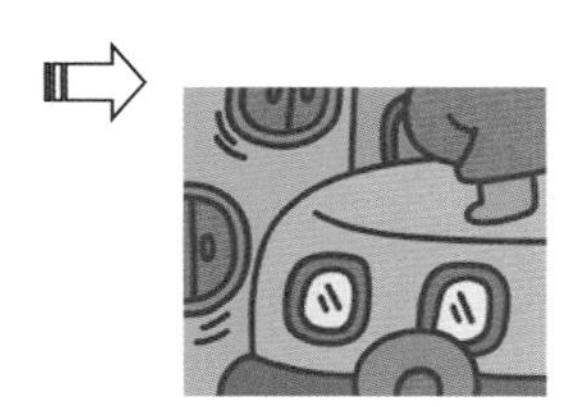

图 6-40　动画效果

6.4.3　蒙版羽化属性动画设置的方法

单击“蒙版羽化”属性名称前面的“时间变化秒表”按钮，为当前蒙版的羽化属性设置一个关键帧，再将时间轴移动到不同的时间点，改变蒙版羽化的数值，此时在时间线上会自动记录所改变的蒙版羽化值，并生成两个蒙版羽化值之间的中间动画，如图 6-41 所示。

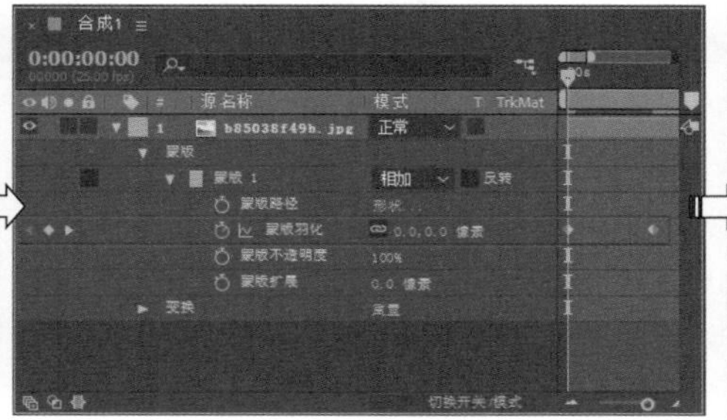

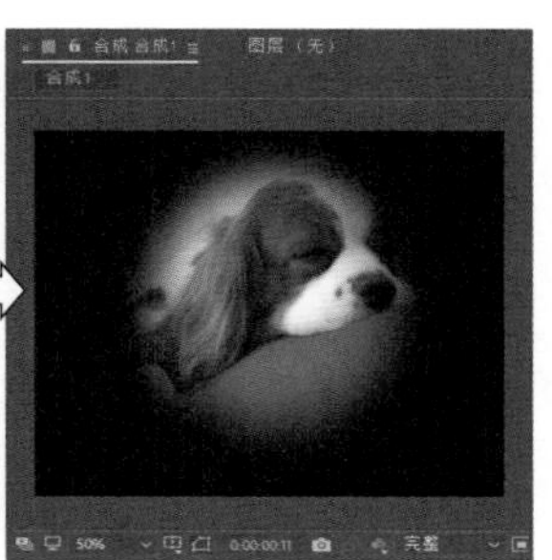

图 6-41　蒙版羽化属性动画

6.4.4 画面凝结效果（实例）

本例主要学习画面凝结效果的制作，主要通过形状工具为素材层绘制蒙版，然后设置蒙版相关属性，完成动画效果的制作。具体操作方法如下。

① 启动 AE 软件，执行“文件”|“打开项目”命令，在弹出的“打开”对话框中选择“凝结素材 .aep”项目文件，单击“打开”按钮，将文件打开，效果如图 6-42 所示。

② 选中“时间轴”面板中的“冰面 .jpg”图层，使用“椭圆工具”在“合成”面板中绘制一个椭圆蒙版，如图 6-43 所示。

图 6-42 素材文件

图 6-43 绘制椭圆蒙版

③ 将当前时间设置为 0:00:00:00，然后单击“冰面 .jpg”图层“蒙版 1”中“蒙版羽化”和“蒙版扩展”左侧的“时间变化秒表”按钮，在当前位置设置关键帧，并设置“蒙版羽化”为“75.0,75.0”像素，设置“蒙版扩展”为 -8 像素，如图 6-44 所示。

图 6-44 创建第一个关键帧

④ 将当前时间设置为 0:00:03:24，设置“蒙版扩展”为 457 像素，如图 6-45 所示。

⑤ 至此，本例就已经制作完毕，按小键盘上的 0 键可以进行动画的播放预览，如图 6-46 所示。

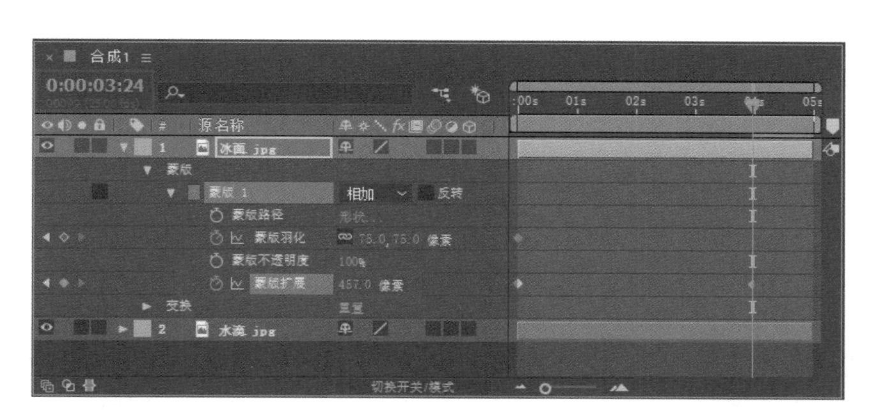

图 6-45　创建第二个关键帧

图 6-46　动画预览

6.4.5　蒙版不透明度属性动画的设置方法

单击“蒙版不透明度”属性名称前的“时间变化秒表”按钮，为当前蒙版的不透明度属性设置一个关键帧，再将时间轴移到不同的时间点，改变蒙版的不透明度，此时在时间线上会自动记录所改变的蒙版不透明度数值，并生成两个蒙版不透明度之间的中间动画，如图 6-47 所示。

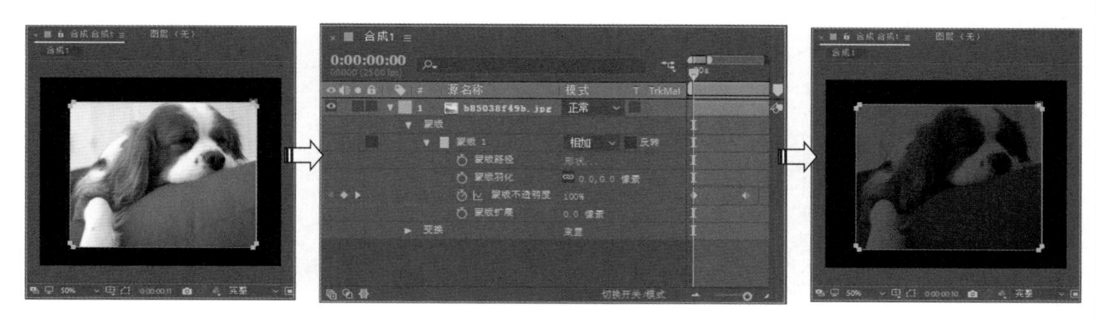

图 6-47　蒙版不透明度属性动画

6.4.6 蒙版扩展属性动画设置的方法

单击“蒙版扩展”属性名称前的“时间变化秒表”按钮，为当前蒙版的扩展属性设置一个关键帧，再将时间轴移动到不同的时间点，改变蒙版扩展数值，此时在时间线上会自动记录所改变的蒙版扩展数值，并生成两个蒙版扩展数值之间的中间动画，如图 6-48 所示。

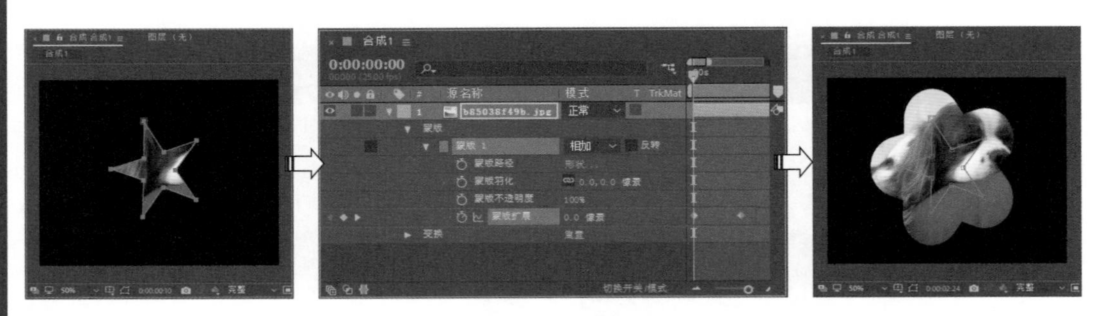

图 6-48 蒙版扩展属性动画

6.4.7 文字撕开效果制作（实例）

本案例主要讲解如何制作文字撕开效果。首先创建纯色图层，然后为图层添加“湍流杂色”效果，再创建文字图层并绘制蒙版，创建新的合成，将之前创建的合成添加到新的合成中，并设置特殊效果。具体操作步骤如下。

① 启动 AE 软件，执行“文件”|“打开项目”命令，在弹出的“打开”对话框中选择“文字撕开 .aep”项目文件，单击“打开”按钮，将文件打开。

② 在“时间轴”面板中单击鼠标右键，在弹出的快捷菜单中选择“新建”|“纯色”命令，然后在弹出的“纯色设置”对话框中，将“颜色”设置为黑色，单击“确定”按钮，如图 6-49 所示。

③ 在“时间轴”面板中选择“黑色 纯色 1”图层，执行“效果”|“杂色和颗粒”|“湍流杂色”命令，得到如图 6-50 所示效果。

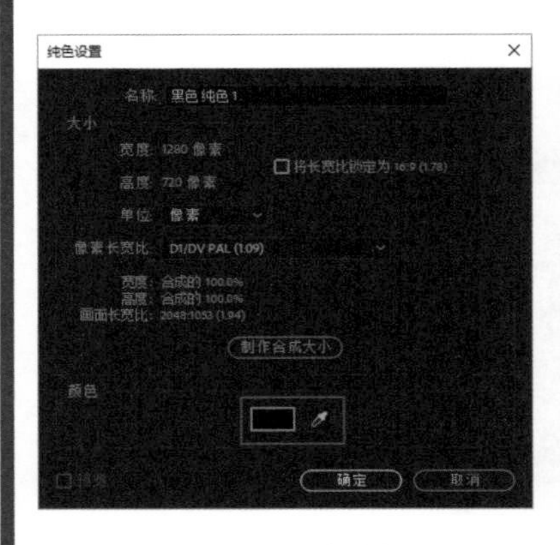

图 6-49 创建纯色图层

图 6-50 湍流杂色效果

④ 在“效果控件”面板中，将“湍流杂色”选项下的“溢出”设置为“剪切”，如图 6-51 所示。

⑤ 按快捷键 Ctrl+N，创建一个新合成，合成设置保持默认，得到“合成 2”。然后将“项目”面板中的“合成 1”添加到“时间轴”面板的“合成 2”中，如图 6-52 所示。

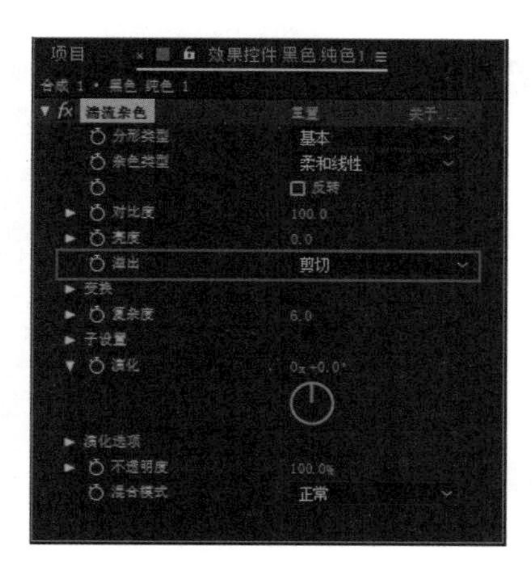

图 6-51　选择“剪切”

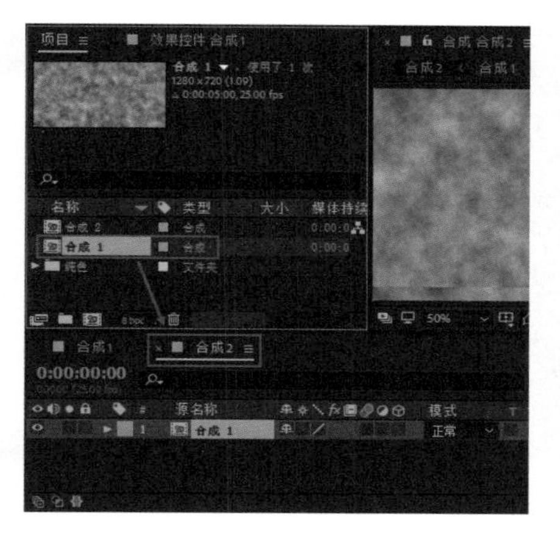

图 6-52　创建“合成 2”

⑥ 将“时间轴”面板中的“合成 1”层暂时隐藏，然后在工具栏中选择“横排文字工具”T，在“合成”面板中输入文字“撕开特效”，然后在“字符”面板中将字体设置为“黑体”，将字体大小设置为 340 像素，将“垂直缩放”设置为 200%，将字体颜色设置为紫色（#D3CCFF），如图 6-53 所示。

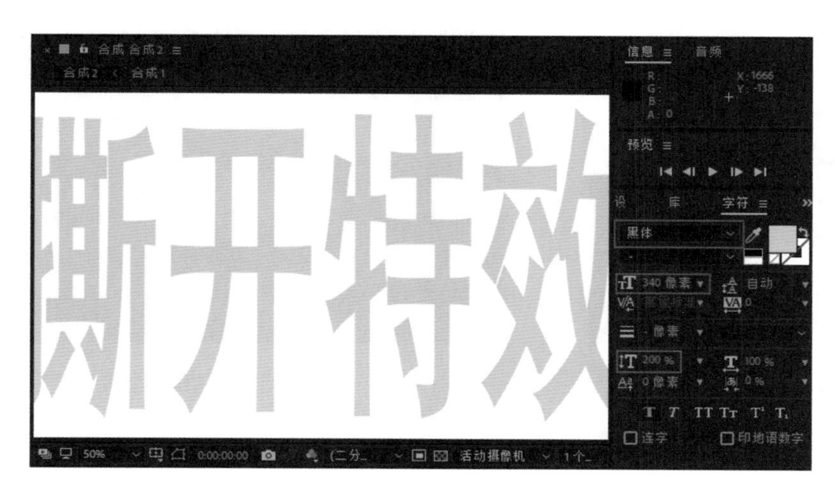

图 6-53　创建文字

⑦ 在“时间轴”面板中选择文字层，使用“钢笔工具”在“合成”面板中绘制蒙版形状，如图 6-54 所示。

⑧ 选中“时间轴”面板中的文字图层，执行“效果”|“湍流杂色”命令，然后在“效果控件”面板中将“溢出”设置为“剪切”，将“变换”选项中的“缩放”设置为 50，将“不透明度”设置为 50%，如图 6-55 所示。

⑨ 在“项目”面板中选择“合成 2”，按快捷键 Ctrl+D 复制出“合成 3”。然后双击“合

成 3”将其打开，将“项目”面板中的“合成 2”添加到时间轴中“合成 3”的顶端，如图 6-56 所示。

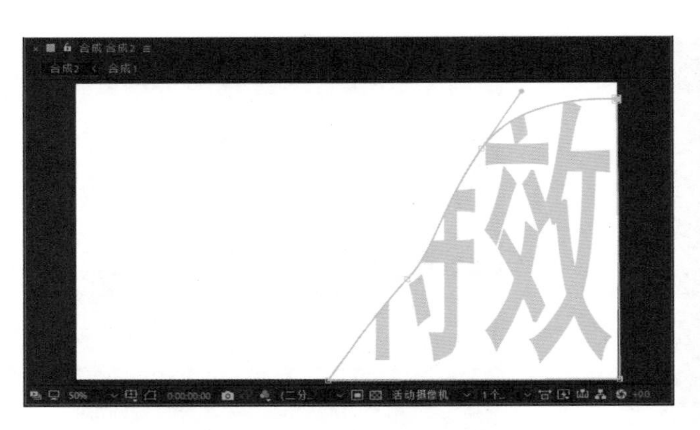

图 6-54　绘制蒙版形状

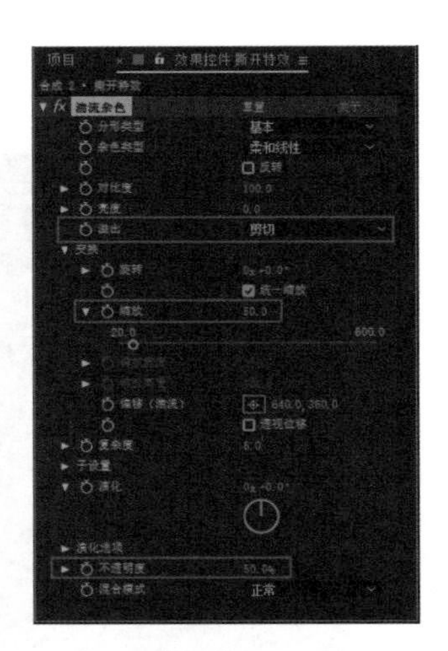

图 6-55　设置“湍流杂色”参数

⑩ 在“时间轴”面板中，将文字图层的“蒙版”展开，勾选“蒙版 1”右侧的“反转”复选框，如图 6-57 所示。

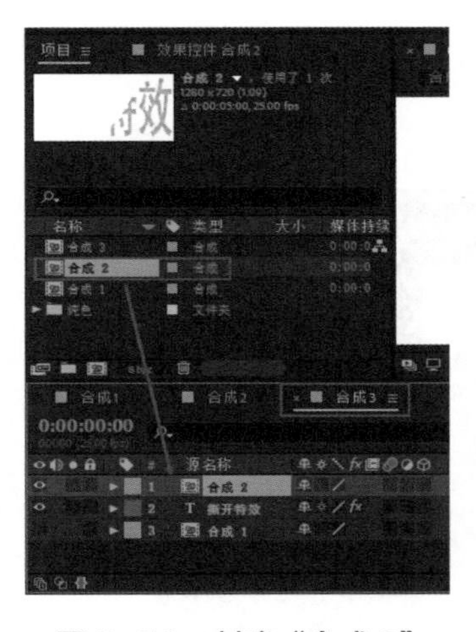

图 6-56　创建“合成 3”

图 6-57　勾选“反转”

⑪ 在“时间轴”面板中选择“合成 2”图层，执行“效果”|“扭曲”|“CC Page Turn”命令。接着，将当前时间设置为 0:00:00:00，在“效果控件”面板中，将 CC Page Turn 中的 Controls 设置为 Classic UI，将 Fold Position 设置为“690.0，20.0”，单击左侧的“时间变化秒表”按钮，然后将 Fold Direction 设置为 0x+210.0°，将 Light Direction 设置为 0x+10.0°，将 Render 设置为 Front Page，如图 6-58 所示。

⑫ 将当前时间设置为 0:00:04:24，在“效果控件”面板中，将 CC Page Turn 中的 Fold Position 设置为“300.0，590.0”，如图 6-59 所示。

⑬ 在“时间轴”面板中，选择“合成 2”层并右击，在弹出的快捷菜单中选择“重命名”，将其重命名为“效果 1”，然后按快捷键 Ctrl+D，将其复制 3 次，如图 6-60 所示。

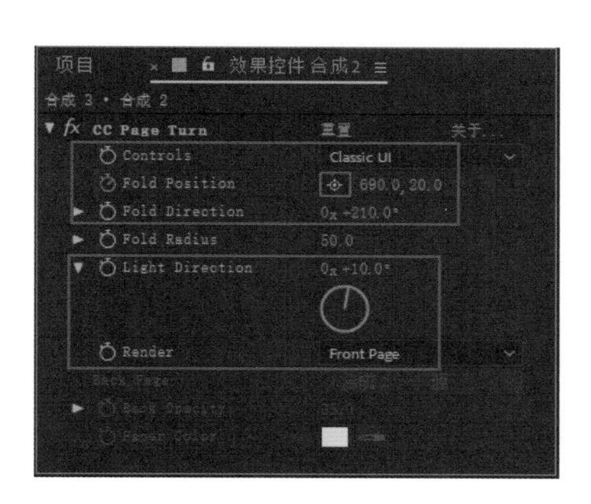

图 6-58　设置 CC Page Turn 参数（一）

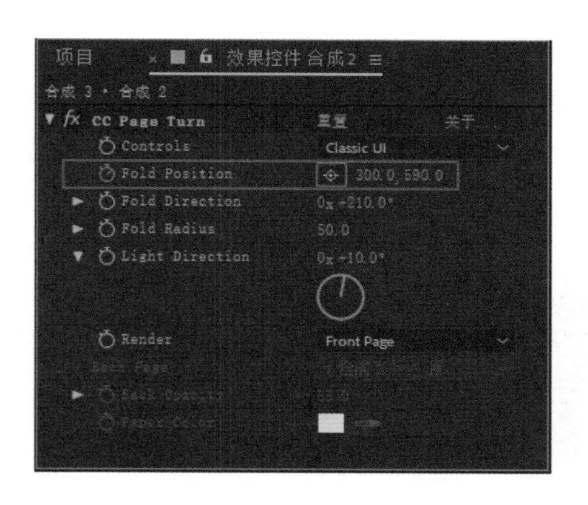

图 6-59　设置 Fold Position 参数

⑭ 选择“效果 2”图层，在“效果控件”面板中将 CC Page Turn 中的 Render 设置为 Back Page，将 Back Opacity 设置为 100.0，如图 6-61 所示。

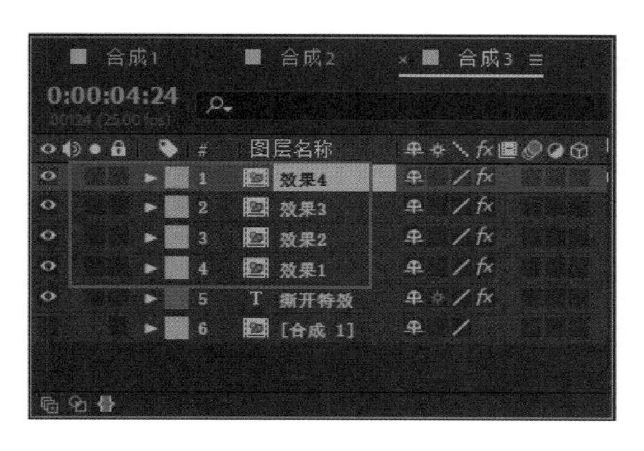

图 6-60　复制粘贴出其他效果

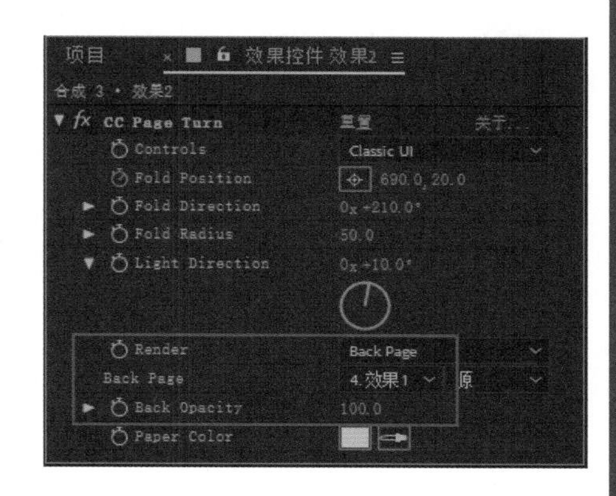

图 6-61　设置 CC Page Turn 参数（二）

⑮ 为“效果 2”图层执行“效果”|“透视”|“投影”命令，然后在“效果控件”面板中，将“投影”选项中的“方向”设置为 0x + 90.0°，将“距离”设置为 10.0，将“柔和度”设置为 10.0，并勾选“仅阴影”复选框，如图 6-62 所示。

⑯ 在“时间轴”面板中，选择“效果 4”图层，在“效果控件”面板中将 CC Page Turn 中的 Render 设置为 Back Page，将 Back Opacity 设置为 100.0，如图 6-63 所示。

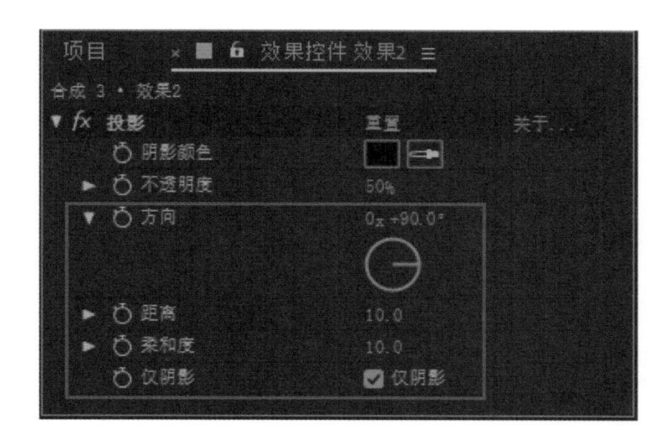

图 6-62　设置投影参数

图 6-63　设置 CC Page Turn 参数（三）

⑰ 为“效果 4”图层执行“效果”|“颜色校正”|“色阶”命令，然后在“效果控件”面板中，将“色阶”选项中的“灰度系数”设置为 0.60，如图 6-64 所示。

⑱ 至此，本实例就已经制作完毕，按小键盘上的 0 键可以进行动画的播放预览，如图 6-65 所示。

图 6-64　设置“灰度系数”

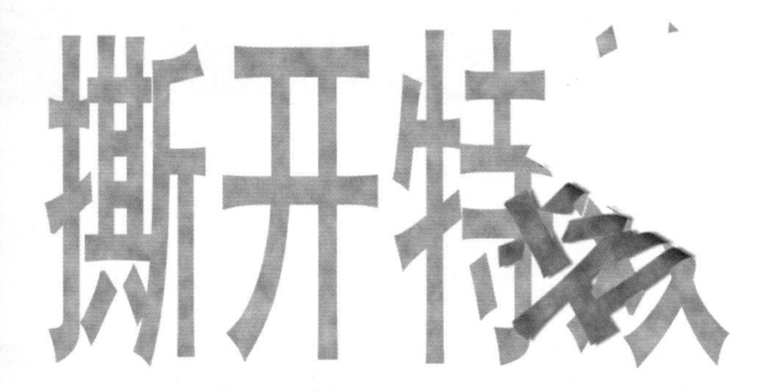

图 6-65　最终效果

第7章 视频画面调色

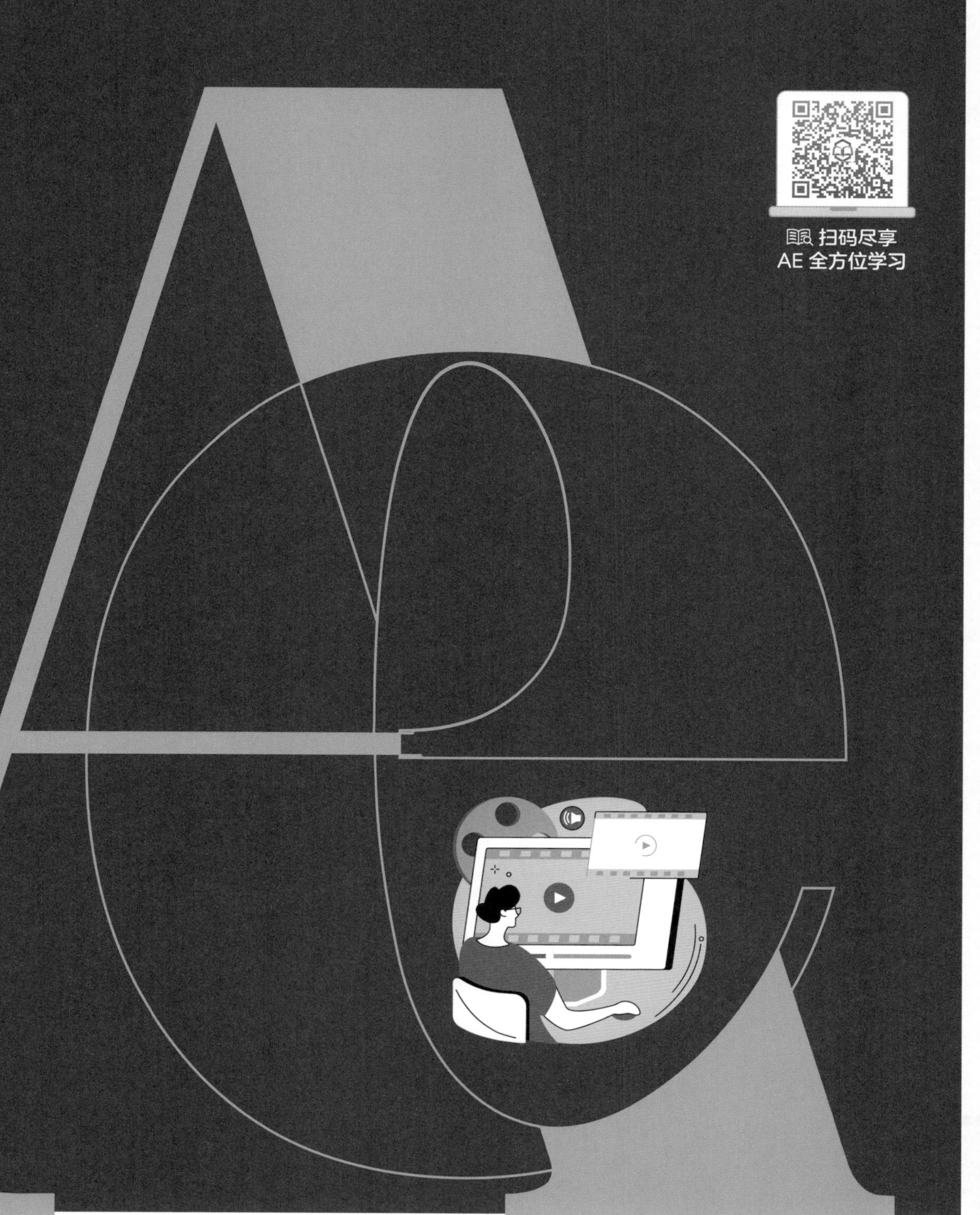

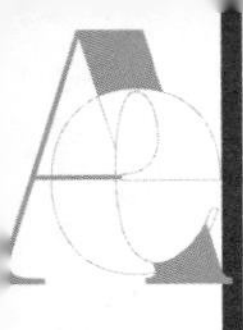

在进行前期拍摄时，由于受到自然环境、拍摄器材，或摄影师等客观因素的影响，拍摄出来的画面与真实效果难免会存在一定的差异，往往会出现画面色差严重、曝光不足，或因场景受限，拍不出自己想要的特殊效果的情况。针对画面色差这类情况，就需要我们在后期处理时，对画面进行校色，来最大限度地还原画面色彩。

7.1 色彩基础知识

画面校色是 AE 中操作较为简单的一个模块，通过使用单个或多个调色特效，可以模拟出各种漂亮的颜色效果，这些效果通常被广泛应用于影视、广告中，起到渲染、烘托气氛的作用。在后期处理时，常常会遇到很多抽象与具象相结合的画面，为了使视频画面呈现最佳的视觉效果，首先需要掌握基本的调色技巧和颜色基础知识。

7.1.1 色彩的基本构成

色彩是通过眼睛和大脑并结合人的生活经验而产生的对光的一种视觉效应，它是构成视觉的重要元素之一。现实生活中的色彩可以分为彩色和非彩色。其中黑白灰属于非彩色系列，其他的色彩都属于彩色。任何一种彩色具备三个属性：色相、明度和纯度。其中非彩色只有明度属性。

（1）色相

色相即指能够比较确切地表示某种颜色色别的名称。色相是色彩的首要属性，是区别各种不同色彩的最准确的标准。事实上任何黑白灰以外的颜色都有色相的属性，色相是由原色、间色和复色构成的。图 7-1 所示为色相环。

自然界中的色彩众多，其中最基本的三种颜色分别是红色、黄色和蓝色，其他的色彩都可以由这三种颜色调和而成，这三种颜色通常被称为三原色，如图 7-2 所示。

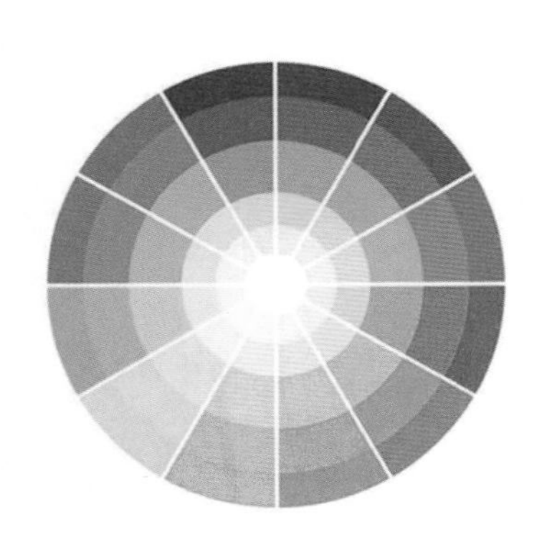

图 7-1　色相环

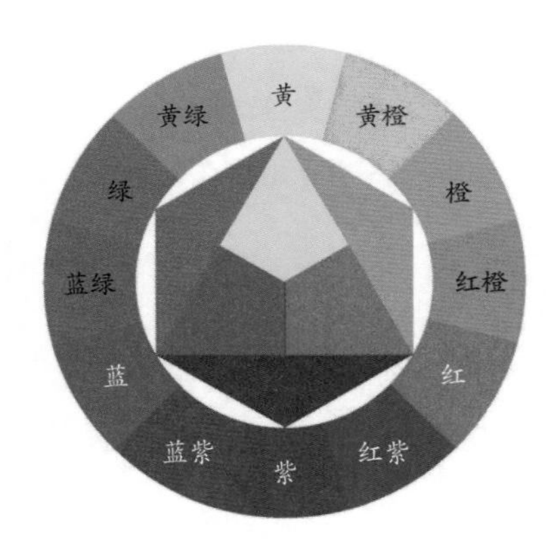

图 7-2　三原色及其他颜色

（2）明度

明度也叫亮度，是指色彩的明亮程度，如图 7-3 所示。各种有色物体由于它们的反射光量的区别，所产生的颜色会有明暗强弱对比。

色彩的明度有两种情况。一是同一色相不同明度，如同一颜色在强光照射下显得明亮，弱光照射下显得较灰暗模糊；同一颜色加黑或加白掺和以后也能产生各种不同的明暗层次。二是各种颜色的不同明度。每一种纯色都有与其相应的明度。黄色明度最高，蓝紫色明度最低，红、绿色为中间明度。

色彩的明度变化往往会影响纯度，如红色加入黑色以后明度降低了，同时纯度也降低了；如果红色加白则明度提高了，纯度却降低了，如图 7-4 所示。简单来说，就是明度越高，色彩越亮；明度越低，色彩越暗。

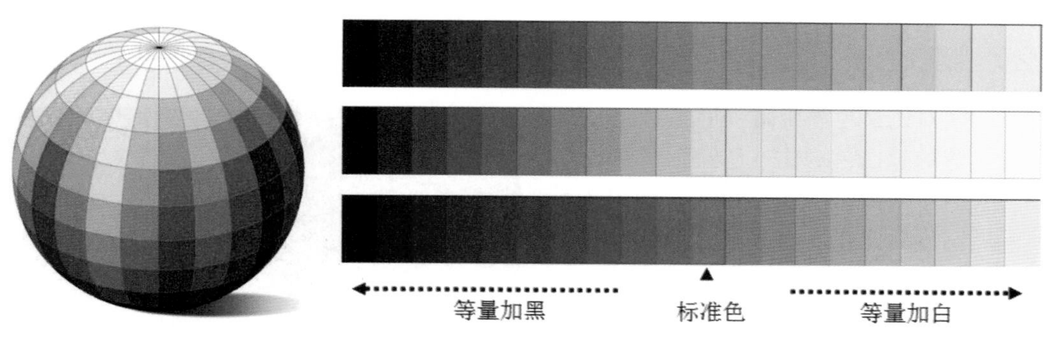

图 7-3　明度球（高亮低暗）

图 7-4　相同颜色不同明度效果

（3）纯度

纯度指色彩的鲜艳程度，纯度高的色彩纯、鲜亮；纯度低的色彩暗淡，含灰色，如图 7-5 所示。

图 7-5　相同颜色不同纯度效果

7.1.2　色彩的对比

在一定条件下，不同色彩之间的对比会有不同的效果。各种纯色的对比会产生鲜明的色彩效果，很容易给人带来视觉与心理的满足。红、黄、蓝三种颜色是最极端的色彩，它们之间对比，任何一种颜色都无法影响对方。

色彩对比范畴不局限于红绿、橙蓝、黄紫的对比，而是包括各种色彩界面构成中的面

积、形状、位置以及色相、明度、纯度之间的差别对比，这些对比使画面的色彩配合增添了许多变化，画面更加丰富多彩。色彩对比包括色相、明度、纯度、冷暖、面积等方面的对比。

（1）色相对比

色相对比是指因色相之间的差别而形成的对比。在确定了主色相之后，考虑其他色彩与主色相之间的关系以及要表现的内容及效果，以此来增强色彩的表现力。

不同色相对比所取得的效果不同，当两种颜色相近时，对比效果就会比较柔和。越接近的补色，对比效果越强烈。

（2）明度对比

明度对比是色彩明暗程度的对比，又称为色彩的黑白色对比，是画面形成恰当的黑、白、灰效果的主要手段，如图 7-6 所示。明度对比在视觉上对色彩层次和空间关系影响较大，例如柠檬黄明度高、蓝紫色的明度低、橙色和绿色属中明度、红色与蓝色属中低明度。

图 7-6　明度对比

当两种不同明度的色彩并列使用时，就会使得暗色更暗、明色更明。如果将同明度的灰色放在黑底或白底上，就会让人觉得黑底上的灰色比白底上的灰色要亮。

（3）纯度对比

因不同色彩之间纯度的差别而形成的对比，称为纯度对比。色彩的纯度可分为高纯度、中纯度和低纯度三种。未经调和的原色纯度是最高的，中纯度则属于间色，复色其本身纯度偏低而属低纯度色彩范围。

一种颜色的鲜艳度取决于这一色相发射光的单一程度，不同的颜色放在一起，它们的对比是不一样的。人眼能辨别的有单色光特征的色，都具有一定的鲜艳度。不同的色相不仅明度不同，纯度也不相同。有了纯度的变化，才使世界上有如此丰富的色彩。同一色相即使纯度发生了细微的变化，也会带来色彩性格的变化。

色彩中的纯度不同时，所对应的画面效果也会不同。低纯度对比，画面视觉效果比较弱，形象的清晰度较低，适合长时间及近距离观看。中纯度对比是最和谐的，画面效果含蓄丰富，主次分明。高纯度对比会出现鲜的更鲜、浊的更浊的现象，画面对比明朗、富有生气，色彩认知度也较高。

一个鲜艳的红色与一个含灰的红色并置在一起，能比较出它们在鲜浊上的差异，这种色彩性质的比较，称为纯度对比。纯度对比既可以体现在单一色相不同纯度的对比中，也可以体现在不同色相的对比中，纯红和纯绿相比，红色的鲜艳度更高；纯黄和纯黄绿相比，黄色的鲜艳度更高，当其中一色混入灰色时，视觉也可以明显地看到它们之间的纯度差。黑色、白色与一种饱和色相对比，既包含明度对比，亦包含纯度对比，是一种很醒目的色彩搭配。

另外，还有一种最弱的无彩色对比，如白、黑、深灰、浅灰等，由于对比各色纯度均为零，给人大方、庄重、高雅、朴素的感觉。

(4) 冷暖对比

色彩有冷暖色之分，冷色给人的感觉是安静、冰冷，而暖色给人的感觉是热烈、火热，如图 7-7 所示。冷暖色的巧妙运用可以让画面产生意想不到的效果。

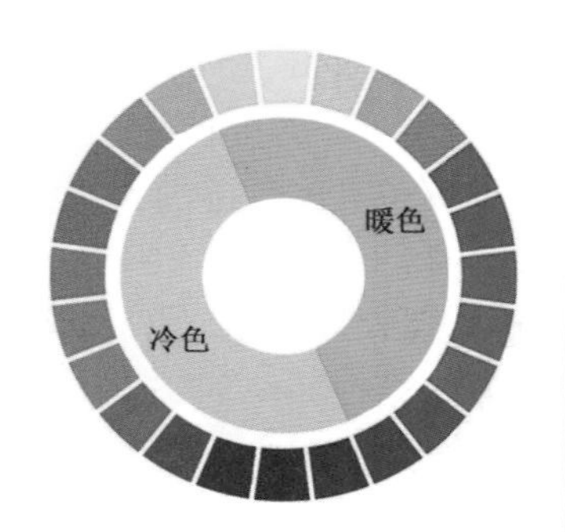

图 7-7　冷色和暖色

黄色、橙色、红色、紫色等都属于暖色系列，暖色跟黑色调和可以达到很好的效果。暖色一般广泛应用于购物类广告和儿童类节目中，用来表现商品的琳琅满目和儿童类节目的活泼效果。在电影中如果运用大面积的暖色调，会给观众制造出一种温馨而欢乐的情感基调，如图 7-8 所示。

绿色、蓝色、蓝紫色等都属于冷色系列，冷色一般跟白色调和可以达到一种很好的效果。冷色一般应用于一些高科技、游戏类广告或电影，主要表达严肃、稳重等效果，能够给人一种气势磅礴的高级感，如图 7-9 所示。

图 7-8　暖色调的镜头

图 7-9　冷色调镜头

不同色彩之间的冷暖差别而形成的对比就是冷暖对比。色彩分为冷、暖两类，两者基本上互为补色关系。另外，色彩的冷暖对比还受明度与纯度的影响，白色反射率高而感觉冷，黑色吸收率高而感觉暖。

(5) 补色对比

将红与绿、黄与紫、蓝与橙等具有补色关系的色彩彼此并置，能使色彩感觉更为鲜明，纯度增加，称为补色对比。

对比色的合理搭配，能拉开前景与背景的空间感，突出画面主体物，如图 7-10 所示。尤其是红色在主体物上的运用，能迅速传递视觉的效果。

图 7-10　对比色的搭配镜头

(6) 面积对比

在观察、应用色彩的实践中，我们

都有这样的体会，面对着大片红色时的感觉，与观看小块红色的感觉是不一样的。看大片红色会感到很刺激、受不了、不舒服，而看一小块红色的时候，会觉得很舒服、很鲜艳、很美。如在大片红色上点缀些蓝、黄或灰绿色的色块，就舒服多了。同样当面对一大片白色、灰色或低纯度色时，就不会产生看一大片高纯度红色那样的感觉，但也会感觉单调。如果在大面积的白色、灰色或低纯度色上放几块小面积高纯度的色彩那就更好了。

面积对比是指两个或更多色块的对比，这是两个对立面之间的对比。面积对比可以是中高低明度差的面积变化，也可以是中高低纯度差的面积变化。同一种色彩，面积越小，明度、纯度越低；反之则越高。面积大的时候，亮的色彩显得更轻，暗的色彩显得更重，我们把这种现象称为色彩的面积效果。

如果两种色彩面积相同，那么它们之间的对比就会越强烈；如果色彩的面积不等，那么小的色彩就会成为陪衬，从而更加突显出面积大的色彩。大面积之间的色彩和小面积陪衬颜色还可以拉开主次关系。

如果在一幅色彩构图中使用了与和谐比例不同的色彩面积，如万绿丛中一点红的配色方法，就可以使一种色占统治与支配的地位，而使另一种色成为被统治被支配的地位，所取得的效果就会是富于表现性的。在一幅富于表现性的色彩构图中，究竟要选择什么样的面积比例要依据主题、艺术感觉和个人的趣味而定。在画面中小面积用高纯度的色彩，大面积用低纯度的色彩等，都能取得调和的色彩效果。

根据设计主题的需要，在画面的面积上以一方为主色，于是就掌控了画面的色调，其他的颜色在使用面积上拉开距离，可使画面的主次关系更突出，在统一的同时富有变化。大面积的颜色和小面积使用的颜色可以拉开主次关系，如图 7-11 所示。

图 7-11　前景大面积的灰色与背景小面积的红色

7.1.3　色彩的调和

两种或两种以上的色彩合理搭配，产生统一谐调的效果，称为色彩调和。色彩调和是求得视觉统一，达到人们心理平衡的重要手段。下面介绍能够调和页面色彩的方法。

（1）同种色的调和

相同色相、不同明度和纯度的色彩调和，使画面产生秩序的渐进效果，在明度、纯度的变化上，可以弥补同种色相的单调感。

同种色被称为最稳妥的色彩搭配方法，给人十分协调的感觉。它们通常在同一个色相里，通过明度的黑白灰或者纯度的不同来稍微加以区别，产生了极其微妙的韵律美与节奏美。为了不让整个画面过于单调平淡，有些画面加入了极其小的其他颜色做点缀，如图 7-12 所示。

（2）类似色的调和

在色环中，色相越靠近的颜色越好调和。主要靠类似色之间的共同色来产生作用，通过明度、纯度、面积上的不同实现变化和统一，如图 7-13 所示。类似色相较于同类色色彩之间的可搭配度要大些，颜色丰富、富于变化。需要注意的是，不是每种主色调都需要处在画面中极其显眼的位置，大部分时候只需要起到突出主体的辅助性作用。这就好比，重要角色往往在画面中占比极少，却又起到突出主体的作用。

图 7-12　夕阳和沙漠的色调相符

图 7-13　蓝天和蓝白气球色调相符

（3）保持色彩均衡

除了场景和道具等的合理搭配，在后期校色时无论怎样调和色彩，始终都要保持画面的色彩处于一种均衡状态，要使画面令人看上去舒适、协调。

画面中颜色众多很容易让人产生眼花缭乱的感觉，这时就需要调控色彩的分布位置，每种色彩所占的比例、面积，以保持画面色彩的均衡，如图 7-14 所示。

图 7-14　保持色彩均衡

7.2　颜色校正的基本属性

在 AE 中，颜色校正是特效添加与处理工作中至关重要的一个环节，是制作属于自己风格影片所需要掌握的重要操作。AE 中包括了众多颜色校正特效，使用这些颜色校正特效能够大大提升工作效率。本节选取一些常用的 AE 内置颜色校正效果为大家进行讲解。

7.2.1　亮度与对比度

亮度和对比度效果用于调整画面的亮度和对比度，可以同时调整所有像素的亮部、暗部和中间色，不能对单一通道进行调节。

选择图层，对其执行“效果”|“颜色校正”|“亮度和对比度”菜单命令，然后在“效果控件”面板中展开“亮度和对比度”效果的参数，如图 7-15 所示。

亮度和对比度效果的各项属性参数介绍如下。

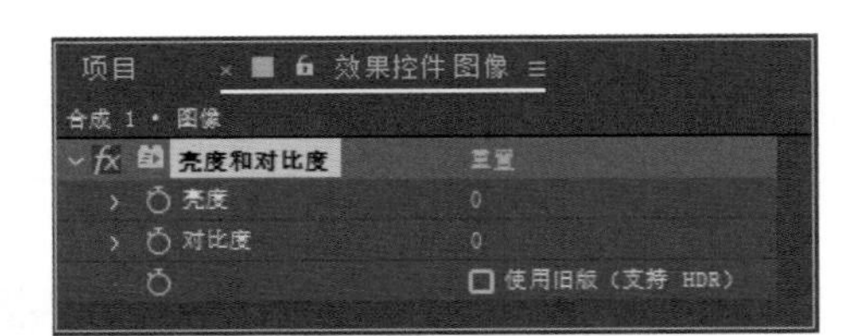

图 7-15 “亮度和对比度”参数

- 亮度：调节图像的亮度值，数值越大，图像越亮。
- 对比度：设置图像高光与阴影的对比值。
- 使用旧版（支持 HDR）：勾选该复选框，可使用旧版亮度和对比度参数设置面板。

7.2.2 曲线

曲线效果可以对画面整体或单独颜色通道的色调范围进行精确控制。

选择图层，对其执行“效果”|“颜色校正”|“曲线”命令，然后在“效果控件”面板中展开“曲线”效果的参数，如图 7-16 所示。

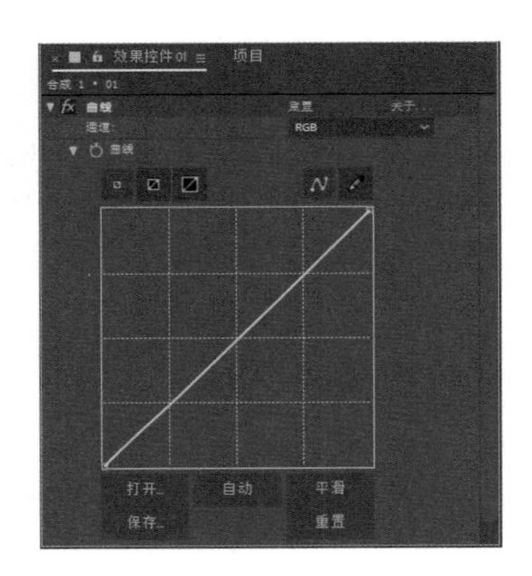

图 7-16 “曲线”参数

曲线效果的各项属性参数介绍如下。

- 通道：用来选择要调整的通道，包括 RGB 通道、红色通道、绿色通道、蓝色通道和 Alpha 通道。
- 曲线：手动调节曲线上的控制点，X 轴方向表示输入原像素的亮度，Y 轴方向表示输出像素的亮度。
- 曲线工具：使用该工具可以在曲线上添加节点，并且可以任意拖动节点，如需删除节点，只要将选择的节点拖到曲线图之外即可。
- 铅笔工具：使用该工具可以在坐标图上任意绘制曲线。
- 打开：用来打开保存好的曲线，也可以打开 Photoshop 中的曲线文件。
- 保存：用来保存当前曲线，以便以后重复利用。
- 平滑：将曲折的曲线变平滑。
- 重置：将曲线恢复到默认的直线状态。

7.2.3 色相 / 饱和度

色相 / 饱和度效果可以调整某个通道颜色的色相、饱和度及亮度，即对图像的某个色域局部进行调节。

选择图层，对其执行“效果”|“颜色校正”|“色相 / 饱和度”命令，然后在“效果控件”面板中展开“色相 / 饱和度”效果的参数，如图 7-17 所示。

色相 / 饱和度效果的各项属性参数介绍如下。

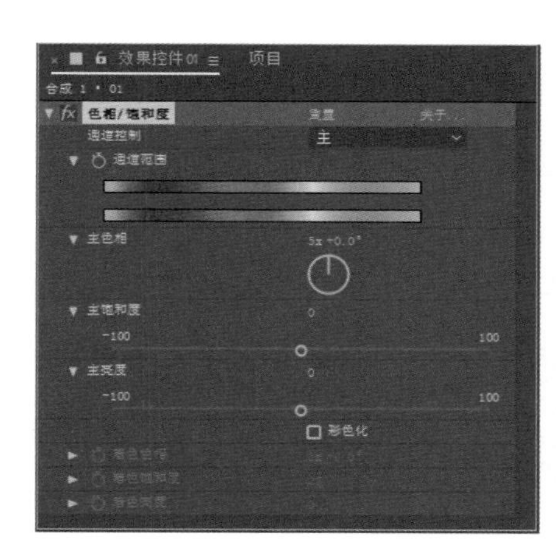

图 7-17 “色相 / 饱和度”参数

- 通道控制：可以指定所要调节的颜色通道，如果选择“主”选项表示对所有颜色应用，还可以单独选择红色、黄色、绿色、青色和洋红等颜色。
- 通道范围：显示通道受效果影响的范围。上面的颜色条表示调色前的颜色，下面的颜色条表示在全饱和度下调整后的颜色。
- 主色相：用于调整主色调，可以通过相位调整轮来调整。
- 主饱和度：用于控制所调节颜色通道的饱和度。
- 主亮度：用于控制所调节颜色通道的亮度。
- 彩色化：用于调整图像为彩色图像。
- 着色色相：用于调整图像彩色化以后的色相。
- 着色饱和度：用于调整图像彩色化以后的饱和度。
- 着色亮度：用于调整图像彩色化以后的亮度。

7.2.4 颜色平衡

颜色平衡效果可以对图像的暗部、中间调和高光部分的红、绿、蓝通道分别进行调整。

选择图层，对其执行“效果”|“颜色校正”|“颜色平衡”菜单命令，在“效果控件”面板中展开“颜色平衡”效果的参数，如图 7-18 所示。

颜色平衡效果的各项属性参数介绍如下。

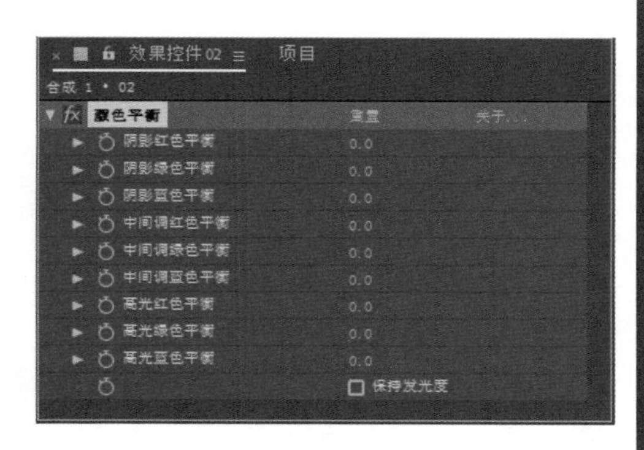

图 7-18 “颜色平衡”参数

- 阴影红色（绿色、蓝色）平衡：在阴影通道中调整颜色的范围。
- 中间调红色（绿色、蓝色）平衡：用于调整 RGB 彩色的中间亮度范围平衡。
- 高光红色（绿色、蓝色）平衡：用于在高光通道中调整 RGB 彩色的高光范围平衡。
- 保持发光度：用于保持图像颜色的平均亮度。

7.2.5 色阶

色阶效果主要是通过重新分布输入颜色的级别来获取一个新的颜色输出范围，以达到修改图像亮度和对比度的目的。此外，使用色阶可以扩大图像的动态范围，即相机能记录的图像亮度范围。还具有查看和修正曝光，以及提高对比度等作用。

选择图层，为其执行“效果”|“颜色校正”|“色阶”命令，然后在“效果控件”面板

中展开“色阶”效果的参数，如图 7-19 所示。

色阶效果的各项属性参数介绍如下。

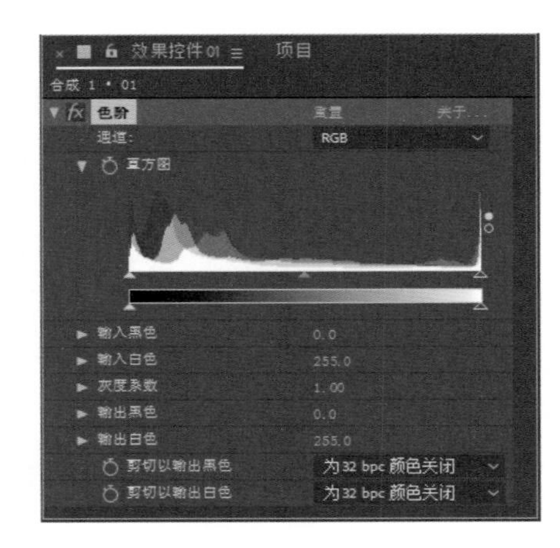

图 7-19 “色阶”参数

- 通道：选择要修改的通道，可以分别对 RGB 通道、红色通道、绿色通道、蓝色通道和 Alpha 通道的色阶进行单独调整。
- 直方图：通过直方图可以观察各个影调的像素在图像中的分布情况。
- 输入黑色：可以控制输入图像中的黑色阈值。
- 输入白色：可以控制输入图像中的白色阈值。
- 灰度系数：调节图像影调的阴影和高光的相对值。
- 输出黑色：控制输出图像中的黑色阈值。
- 输出白色：控制输出图像中的白色阈值。

7.2.6 怀旧电影风格调色（实例）

本例主要讲解怀旧电影风格调色的相关操作。通过为素材添加“照片滤镜”“通道混合器”和“曲线”效果，并设置图层的“缩放”和“不透明度”关键帧动画，完成最终效果。

① 启动 AE 软件，执行“文件”|“打开项目”命令，在弹出的“打开”对话框中选择“湖 .aep”项目文件，单击“打开”按钮，将文件打开，效果如图 7-20 所示。

② 在“时间轴”面板中选择“湖 .jpg”图层，执行“效果”|“颜色校正”|“照片滤镜”命令，然后在“效果控件”面板中，将“照片滤镜”中的“滤镜”设置为“自定义”，将“颜色”设置为蓝色（# 1B506B），将“密度”设置为 75%，如图 7-21 所示。

图 7-20 素材文件

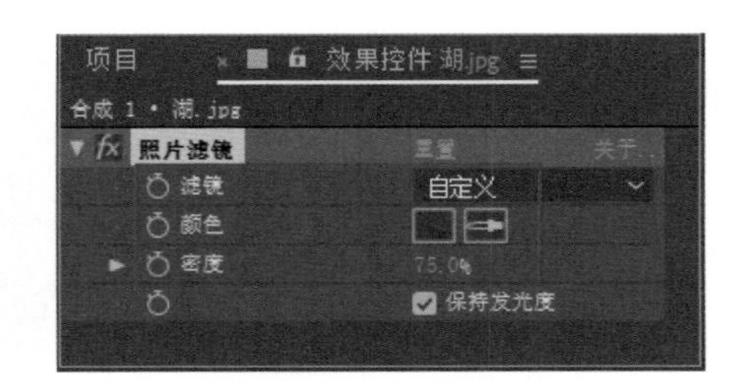

图 7-21 设置滤镜参数

③ 对“湖 .jpg”图层执行“效果”|“颜色校正”|“通道混合器”命令，然后在“效果控件”面板中，设置“通道混合器”的效果参数，如图 7-22 所示。调整后的图像效果如图 7-23 所示。

④ 对“湖 .jpg”图层执行“效果”|“颜色校正”|“曲线”命令，然后在“效果控件”面板中对曲线进行调整，如图 7-24 所示。调整后的图像效果如图 7-25 所示。

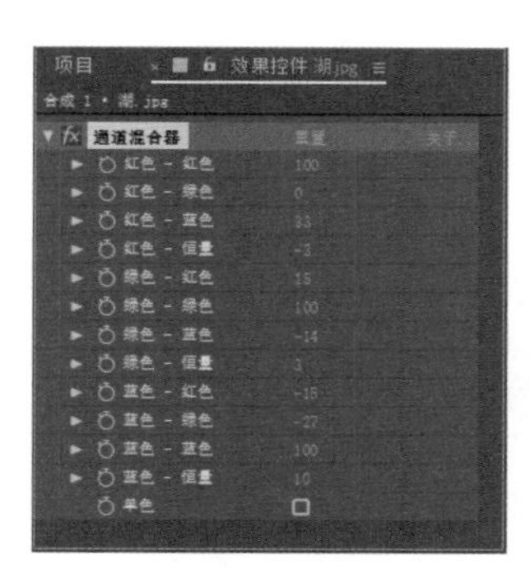

图 7-22　设置“通道混合器”参数

图 7-23　调整后效果（一）

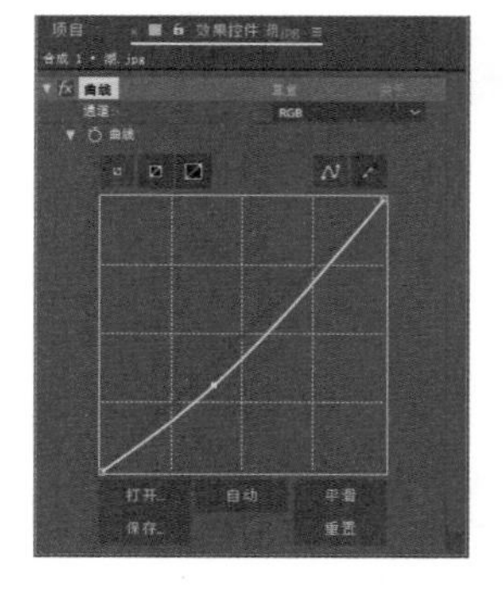

图 7-24　调整颜色曲线

图 7-25　调整后效果（二）

⑤ 将当前时间设置为 0:00:00:00，将“湖 .jpg”图层“变换”属性中的“缩放”设置为 200%，将“不透明度”设置为 0%，并单击“缩放”和“不透明度”左侧的“时间变化秒表”按钮，在当前位置设置关键帧，如图 7-26 所示。

⑥ 将当前时间设置为 0:00:01:00，将“不透明度”设置为 100%，创建第二个关键帧，如图 7-27 所示。

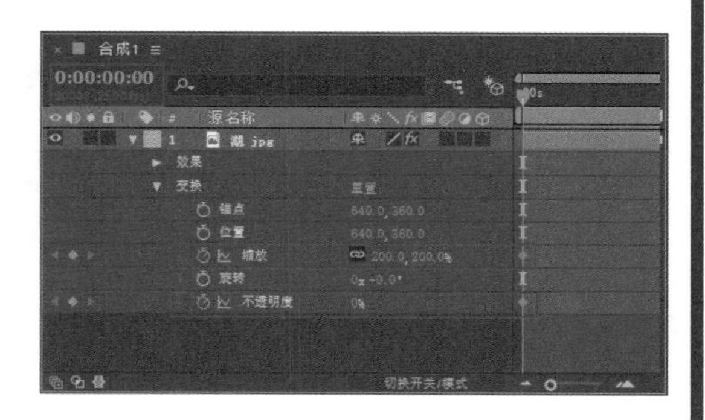

图 7-26　创建第一个关键帧

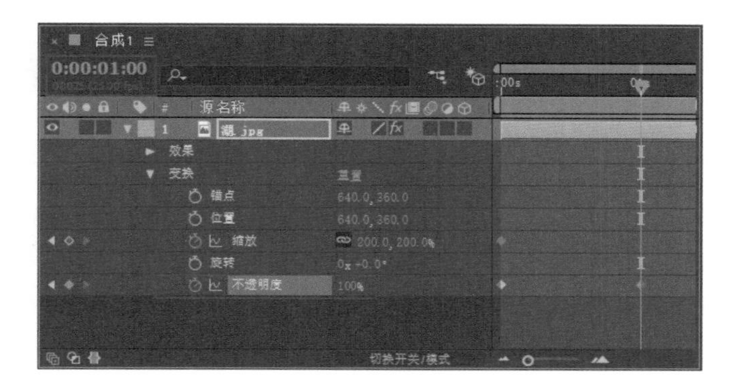

图 7-27　创建第二个关键帧

⑦ 将当前时间设置为0:00:03:00，将“缩放”设置为100%，然后单击“不透明度”左侧的◇按钮，添加关键帧，如图7-28所示。

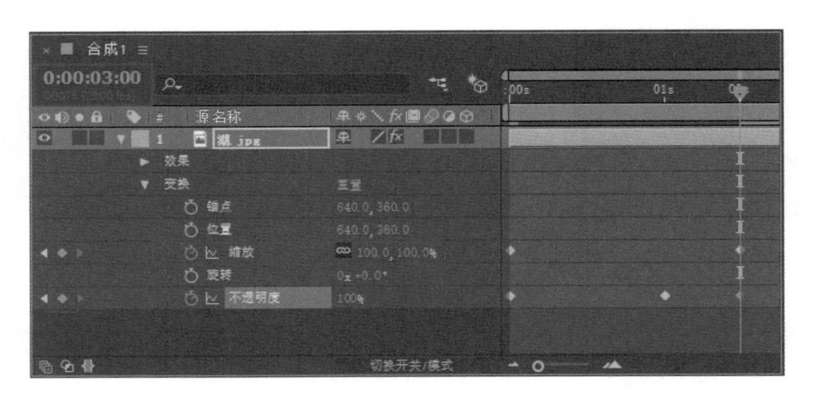

图7-28 创建第三个关键帧

⑧ 将当前时间设置为0:00:04:12，将“不透明度”设置为0%，创建第四个关键帧，如图7-29所示。

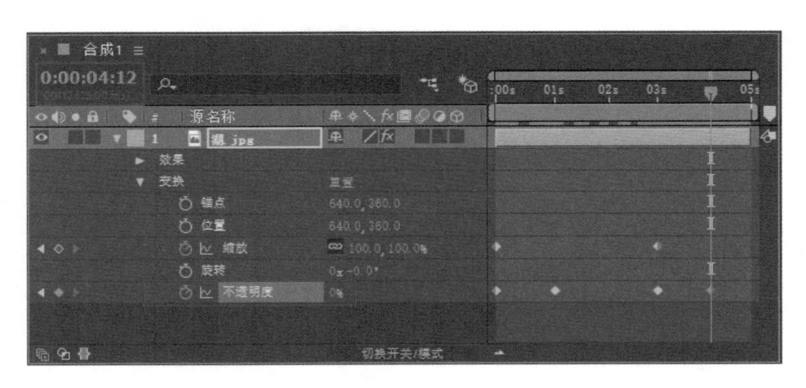

图7-29 创建第四个关键帧

⑨ 至此，本实例就已经制作完毕，按小键盘上的0键可以进行动画的播放预览，如图7-30所示。

图7-30 动画预览

7.3 颜色校正常用效果

选择图层后，执行“效果”|“颜色校正”命令，在级联菜单中可以看到AE提供的众多颜色校正效果，通过“颜色校正”类效果可以更改画面色调，营造不同的视觉效果。由于篇幅有限，本节只选取部分常用的颜色校正效果进行介绍。

7.3.1 照片滤镜

“照片滤镜”效果可以对素材画面进行滤镜调整，使其产生某种颜色的偏色效果。素材应用该效果的前后对比效果如图7-31和图7-32所示。

图7-31 应用前

图7-32 应用后

选择图层，执行“效果”|“颜色校正”|“照片滤镜”命令，在“效果控件”面板中可以查看并调整“照片滤镜”效果的参数，如图7-33所示。

“照片滤镜”效果常用参数介绍如下。

- 滤镜：展开右侧的下拉列表，可以选择各种常用的有色光镜头滤镜。
- 颜色：当“滤镜”属性设置为“自定义”选项时，可以指定滤镜的颜色。
- 密度：用于设置重新着色的强度，数值越大，效果越明显。
- 保持发光度：勾选该复选框时，可以在过滤颜色的同时，保持原始图像的明暗分布层次。

图7-33 “照片滤镜”参数

7.3.2 通道混合器

“通道混合器”效果使用当前彩色通道的值来修改颜色，可以使用当前层的亮度为蒙版来调整另一个通道的亮度，并作用于当前层的各个色彩通道。素材应用“通道混合器”效果的前后对比效果如图7-34和图7-35所示。

图 7-34　应用前

图 7-35　应用后

选择图层，执行“效果”|“颜色校正”|“通道混合器”命令，在“效果控件”面板中可以查看并调整“通道混合器”效果的参数，如图 7-36 所示。

“通道混合器”效果常用参数介绍如下。

- 红色 / 绿色 / 蓝色 - 红色 / 绿色 / 蓝色 / 恒量：代表不同的颜色调整通道，表现增强或减弱通道的效果，其中的“恒量”则用来调整通道的对比度。
- 单色：勾选该复选框后，将把彩色图像转换为灰度图。

项目　效果控件图像

合成 1 • 图像

通道混合器	重置
红色 - 红色	100
红色 - 绿色	0
红色 - 蓝色	0
红色 - 恒量	0
绿色 - 红色	0
绿色 - 绿色	100
绿色 - 蓝色	0
绿色 - 恒量	0
蓝色 - 红色	0
蓝色 - 绿色	0
蓝色 - 蓝色	100
蓝色 - 恒量	0
单色	☐

图 7-36　“通道混合器”参数

7.3.3　阴影 / 高光

“阴影 / 高光”效果可以使较暗区域变亮，使高光变暗。素材应用“阴影 / 高光”效果的前后对比效果如图 7-37 和图 7-38 所示。

图 7-37　应用前

图 7-38　应用后

选择图层，执行“效果”|“颜色校正”|“阴影 / 高光”命令，在“效果控件”面板中可以查看并调整“阴影 / 高光”效果的参数，如图 7-39 所示。

“阴影 / 高光”效果常用参数介绍如下。

- 自动数量：勾选该复选框后，可自动设置参数，均衡画面明暗关系。
- 阴影数量：取消勾选“自动数量”复选框后，可调整图像暗部，使图像阴影变亮。

- 高光数量：取消勾选“自动数量”复选框后，可调整图像亮部，使图像阴影变暗。
- 瞬时平滑：设置瞬时平滑程度。
- 场景检测：当设置瞬时平滑为 0.00 以外的数值时，可进行场景检测。
- 更多选项：展开选项，可设置其他阴影和高光选项。
- 与原始图像混合：设置与原始图像的混合程度。

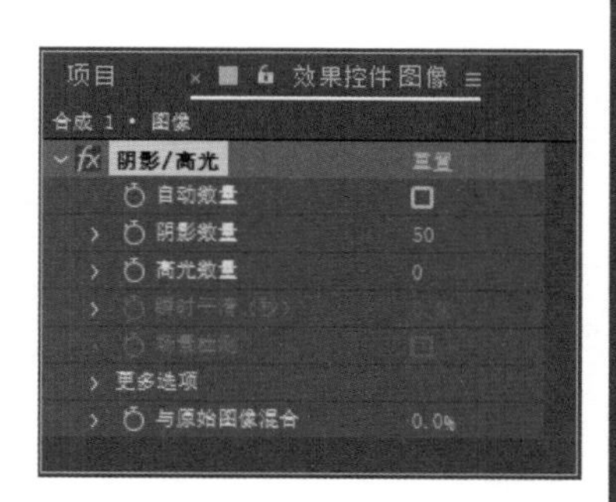

图 7-39 “阴影 / 高光”参数

7.3.4 Lumetri 颜色

“Lumetri 颜色”效果是一种强大的、专业的调色效果，其中包含多种参数，可以用具有创意的方式按序列调整颜色、对比度和光照。素材应用“Lumetri 颜色”效果的前后对比效果如图 7-40 和图 7-41 所示。

图 7-40 应用前

图 7-41 应用后

选择图层，执行“效果”|“颜色校正”|“Lumetri 颜色”命令，在“效果控件”面板中可以查看并调整“Lumetri 颜色”效果的参数，如图 7-42 所示。

“Lumetri 颜色”效果常用参数介绍如下。

- 基本校正：展开属性后，可以设置输入 LUT、白平衡、音调及饱和度。
- 创意：通过设置参数制作创意图像。
- 曲线：调整图像明暗程度及色相的饱和程度。
- 色轮：分别设置中间调、阴影和高光的色相。
- HSL 次要：优化画质，校正色调。
- 晕影：制作晕影效果。

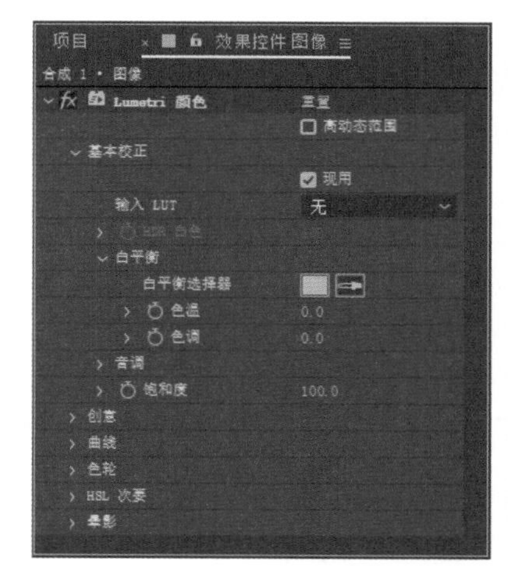

图 7-42 “Lumetri 颜色”参数

7.3.5 灰度系数 / 基值 / 增益

“灰度系数 / 基值 / 增益”效果可以单独调整每个通道的伸缩、系数、基值、增益参数。素材应用“灰度系数 / 基值 / 增益”效果的前后对比效果如图 7-43 和图 7-44 所示。

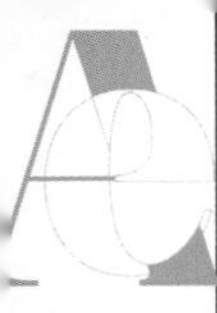

图 7-43　应用前

图 7-44　应用后

选择图层，执行“效果”|“颜色校正”|“灰度系数 / 基值 / 增益”命令，在“效果控件”面板中可以查看并调整“灰度系数 / 基值 / 增益”效果的参数，如图 7-45 所示。

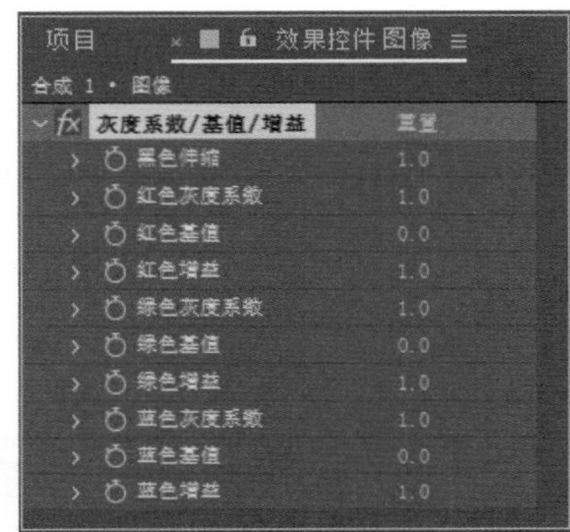

图 7-45　“灰度系数 / 基值 / 增益”参数

“灰度系数 / 基值 / 增益”效果常用参数介绍如下。

- 黑色伸缩：设置重新映射所有通道的低像素值，取值范围为 1~4。
- 红色 / 绿色 / 蓝色灰度系数：可分别调整红色 / 绿色 / 蓝色通道的灰度系数值。
- 红色 / 绿色 / 蓝色基值：可分别调整红色 / 绿色 / 蓝色通道的最小输出值。
- 红色 / 绿色 / 蓝色增益：用来分别调整红色 / 绿色 / 蓝色通道的最大输出值。

7.3.6　色调

“色调”效果可以使画面产生两种颜色的变化效果，主要用于调整图像中包含的颜色信息，在最亮和最暗之间确定融合度。可以将画面中的黑色部分及白色部分替换成自定义的颜色。素材应用“色调”效果的前后对比效果如图 7-46 和图 7-47 所示。

图 7-46　应用前

图 7-47　应用后

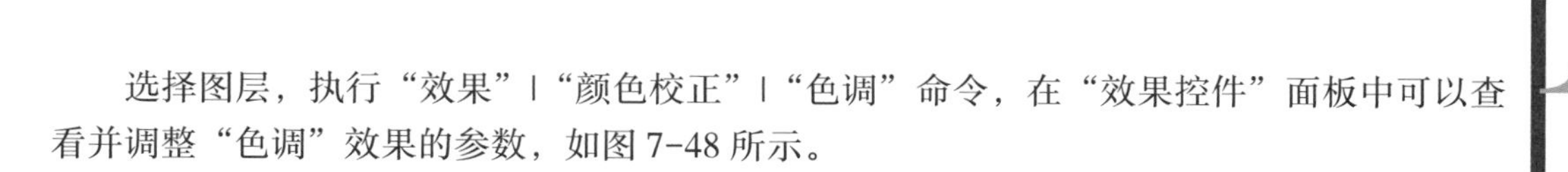

选择图层，执行“效果”|“颜色校正”|“色调”命令，在“效果控件”面板中可以查看并调整“色调”效果的参数，如图7-48所示。

“色调”效果常用参数介绍如下。

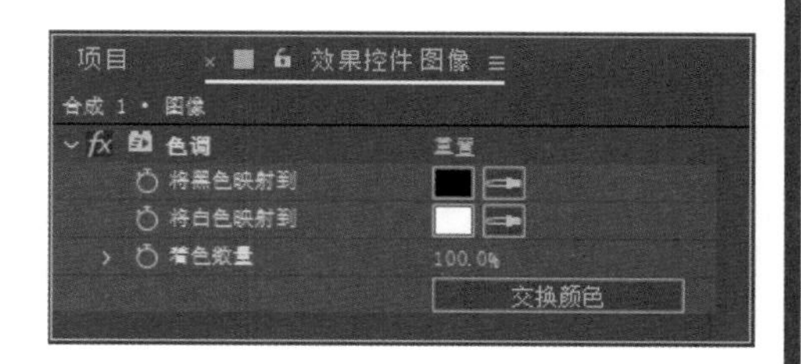

图7-48 “色调”参数

- 将黑色映射到：映射黑色到某种颜色。
- 将白色映射到：映射白色到某种颜色。
- 着色数量：设置染色的作用程度，0%表示完全不起作用，100%表示完全作用于画面。
- 交换颜色：单击该按钮，“将黑色映射到”与“将白色映射到”对应的颜色将进行互换。

7.3.7 保留颜色

“保留颜色”效果可以去除素材画面中指定颜色外的其他颜色。素材应用“保留颜色”效果的前后对比效果如图7-49和图7-50所示。

图7-49 应用前

图7-50 应用后

选择图层，执行“效果”|“颜色校正”|“保留颜色”命令，在“效果控件”面板中可以查看并调整“保留颜色”效果的参数，如图7-51所示。

“保留颜色”效果常用参数介绍如下。

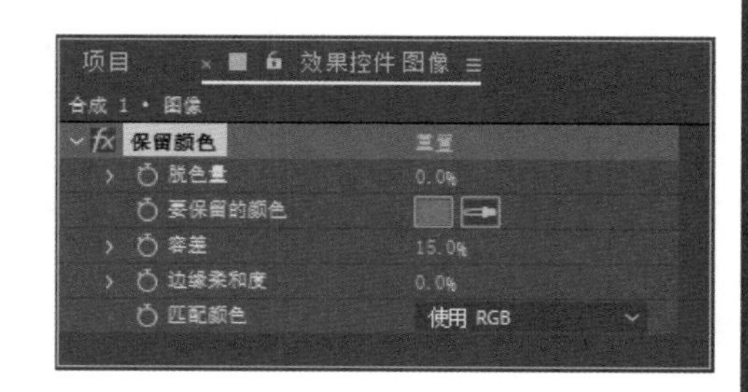

图7-51 “保留颜色”参数

- 脱色量：设置脱色程度，当值为100%时，图像完全脱色，显示为灰色。
- 要保留的颜色：设置需要保留的颜色。
- 容差：设置颜色的相似程度。
- 边缘柔和度：设置颜色与保留颜色之间的边缘柔化程度。
- 匹配颜色：选择颜色匹配的方式，可以使用RGB和色相两种方式。

7.3.8 保留画面局部色彩（实例）

本例将使用“保留颜色”效果，将视频画面调整为黑白颜色，并仅对画面的局部颜色进行保留。

① 启动 AE 软件，执行“文件”|“打开项目”命令，或按快捷键 Ctrl+O，打开“打开”对话框，选择“花朵 .aep”项目文件。打开项目文件后，可在“合成”面板中预览当前画面效果，如图 7-52 所示。

② 在“时间线”面板中选择“花朵 .mp4”图层，执行“效果”|“颜色校正”|“保留颜色”命令；或在“效果和预设”面板中搜索“保留颜色”效果，如图 7-53 所示，将该效果直接拖动添加到“花朵 .mp4”图层中。

图 7-52 打开素材文件

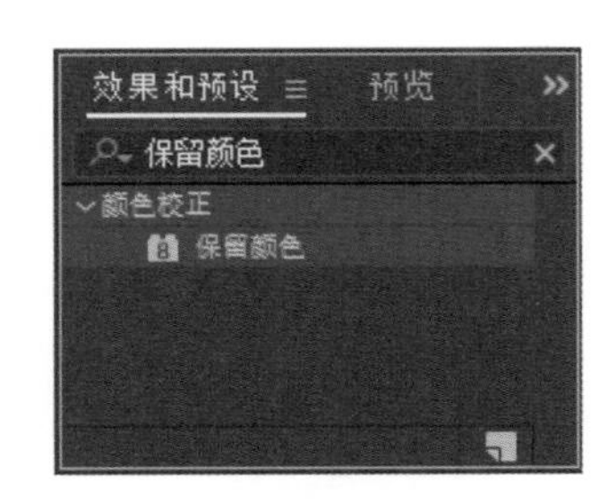

图 7-53 执行“保留颜色”命令

③ 在“效果控件”面板中点击“要保留的颜色”选项右侧的吸管按钮，然后移动鼠标指针至“合成”面板，在黄色花朵处单击，进行取色（#D1A400），如图 7-54 所示。

④ 在“效果控件”面板中，继续设置其他“保留颜色”的相关参数值，如图 7-55 所示。

图 7-54 取色

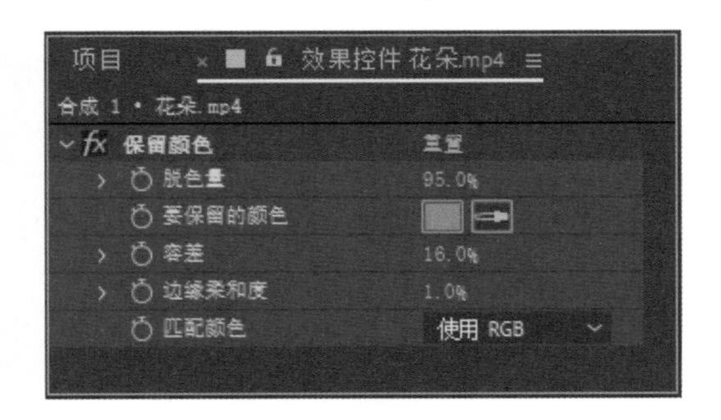

图 7-55 设置“保留颜色”参数

提示 除了使用吸管按钮在“合成”面板中进行取色外，还可以单击“要保留的颜色”选项右侧的色块，在打开的“要保留的颜色”面板中自定义颜色。

⑤ 完成全部操作后，在“合成”面板中可以预览视频效果，如图 7-56 所示。

图 7-56　预览视频效果

7.3.9　曝光度

“曝光度”效果主要用来调节画面的曝光程度，可以对 RGB 通道分别进行曝光。素材应用“曝光度”效果的前后对比效果如图 7-57 和图 7-58 所示。

图 7-57　应用前

图 7-58　应用后

选择图层，执行“效果”|“颜色校正”|“曝光度”命令，在“效果控件”面板中可以查看并调整“曝光度”效果的参数，如图 7-59 所示。

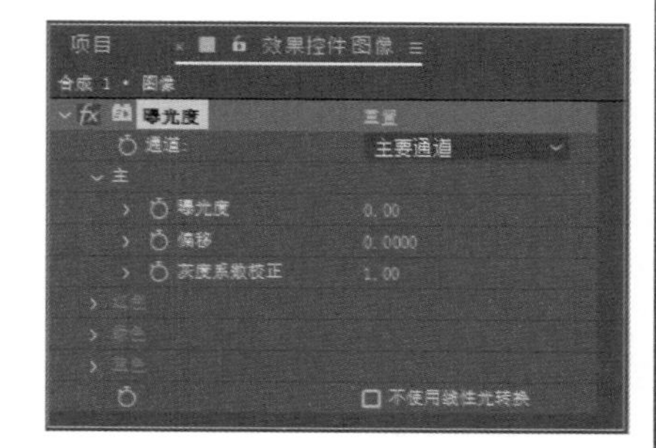

图 7-59　“曝光度”参数

“曝光度”效果常用参数介绍如下。

- 通道：设置需要进行曝光处理的通道，包括“主要通道”和“单个通道”两种类型。
- 曝光度：设置图像的整体曝光程度。
- 偏移：设置曝光偏移程度。
- 灰度系数校正：设置图像灰度系数精准度。
- 红色 / 绿色 / 蓝色：分别用来调整 RGB 通道的曝光度、偏移和灰度系数校正数值，只有在设置通道为“单个通道”的情况下，这些属性才会被激活。

7.3.10　更改为颜色

“更改为颜色”效果可以用指定的颜色来替换图像中某种颜色的色调、明度和饱和度的值，在进行颜色转换的同时也会添加一种新的颜色。素材应用“更改为颜色”效果的前后

对比效果如图 7-60 和图 7-61 所示。

图 7-60　应用前

图 7-61　应用后

选择图层，执行“效果”|“颜色校正”|“更改为颜色”命令，在“效果控件”面板中可以查看并调整“更改为颜色”效果的参数，如图 7-62 所示。

“更改为颜色”效果常用参数介绍如下。

- 自：指定要转换的颜色。
- 至：指定转换成何种颜色。
- 更改：指定影响 HLS 颜色模式的通道。
- 更改方式：指定颜色转换以哪一种方式执行。
- 容差：设置颜色容差值，其中包括色相、亮度和饱和度。
- 色相 / 亮度 / 饱和度：设置色相 / 亮度 / 饱和度的容差值。
- 柔和度：设置替换后的颜色的柔和程度。
- 查看校正遮罩：勾选该复选框，可查看校正后的遮罩图。

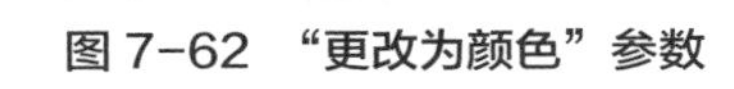

图 7-62　“更改为颜色”参数

7.3.11　更改颜色

“更改颜色”效果可以替换图像中的某种颜色，并调整该颜色的饱和度和亮度。素材应用“更改颜色”效果的前后对比效果如图 7-63 和图 7-64 所示。

图 7-63　应用前

图 7-64　应用后

选择图层，执行“效果”|“颜色校正”|“更改颜色”命令，在“效果控件”面板中可以查看并调整“更改颜色”效果的参数，如图 7-65 所示。

“更改颜色”效果常用参数介绍如下。

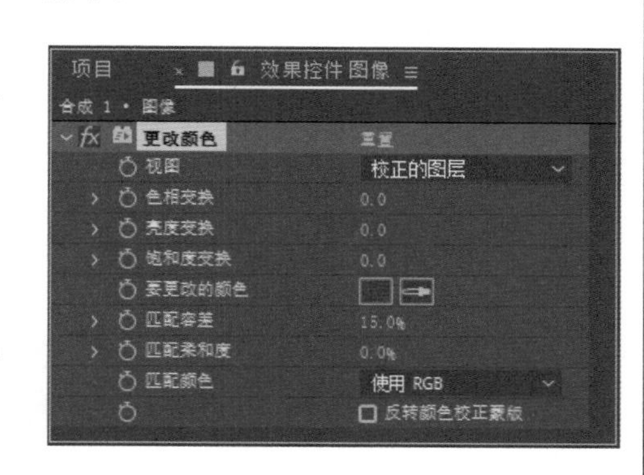

图 7-65 “更改颜色”参数

- 视图：设置图像在“合成”面板中的显示方式。
- 色相变换：调整所选颜色的色相。
- 亮度变换：调整所选颜色的亮度。
- 饱和度变换：调整所选颜色的饱和度。
- 要更改的颜色：设置图像中需改变颜色的颜色区域。
- 匹配容差：调整颜色匹配的相似程度。
- 匹配柔和度：设置颜色的柔化程度。
- 匹配颜色：设置相匹配的颜色。包括“使用 RGB”“使用色相”“使用色度”三个选项。
- 反转颜色校正蒙版：勾选该复选框，可以对所选颜色进行反向处理。

7.3.12 自然饱和度

“自然饱和度”效果可以对图像进行自然饱和度、饱和度的调整。素材应用“自然饱和度”效果的前后对比效果如图 7-66 和图 7-67 所示。

图 7-66 应用前

图 7-67 应用后

选择图层，执行“效果”|“颜色校正”|“自然饱和度”命令，在“效果控件”面板中可以查看并调整“自然饱和度”效果的参数，如图 7-68 所示。

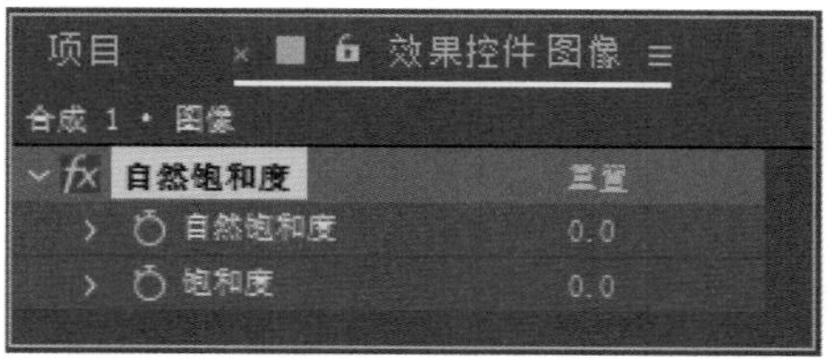

图 7-68 “自然饱和度”参数

“自然饱和度”效果常用参数介绍如下。

- 自然饱和度：调整图像的自然饱和程度。
- 饱和度：调整图像的饱和程度。

7.3.13 黑色和白色

“黑色和白色”效果可以将彩色的图像转换为黑白色或单色。素材应用“黑色和白色”效果的前后对比效果如图 7-69 和图 7-70 所示。

图 7-69 应用前

图 7-70 应用后

选择图层，执行“效果”|“颜色校正”|“黑色和白色”命令，在“效果控件”面板中可以查看并调整“黑色和白色”效果的参数，如图 7-71 所示。

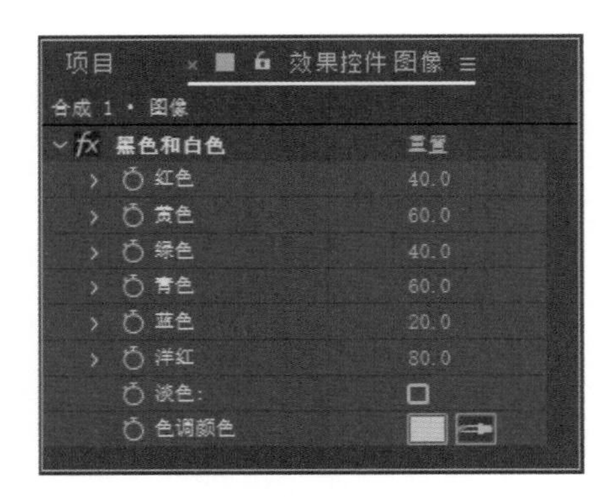

图 7-71 “黑色和白色”参数

“黑色和白色”效果常用参数介绍如下。

- 红色 / 黄色 / 绿色 / 青色 / 蓝色 / 洋红：设置在黑白图像中所含相应颜色的明暗程度。
- 淡色：勾选该复选框，可调节该黑白图像的整体色调。
- 色调颜色：在勾选“淡色”复选框的情况下，可设置需要转换的色调颜色。

7.4 通道效果调色

通道效果在实际应用中非常有用，通常与其他效果相互配合来控制、抽取、插入和转换一个图像的通道。本节将为各位读者介绍通道效果的具体应用。

7.4.1 最小 / 最大

最小 / 最大效果用于对指定的通道进行最小值或最大值的填充。“最大”是以该范围内最亮的像素填充,“最小”是以该范围内最暗的像素填充，而且可以设置方向为水平或垂直，可以选择的应用通道十分灵活，效果出众。

选择图层，执行“效果”|“通道”|“最小 / 最大”命令，在“效果控件”面板中可以查看并调整“最小 / 最大”效果的参数，如图 7-72 所示。

“最小 / 最大”效果常用参数介绍如下。

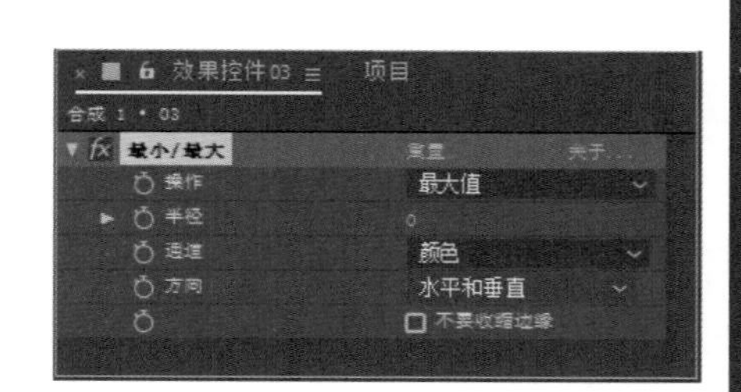

图 7-72 “最小 / 最大”参数

- 操作：用于选择作用方式，可以选择“最大值”“最小值”“先最小值再最大值”和“先最大值再最小值”四种方式。
- 半径：设置作用半径，也就是效果的程度。
- 通道：选择应用的通道，可以对 R、G、B 和 Alpha 通道单独作用，这样不会影响画面的其他元素。
- 方向：可以选择三种不同的方向（水平和垂直、仅水平和仅垂直方向）。
- 不要收缩边缘：勾选该复选框可以不收缩图像的边缘。

7.4.2 复合运算

复合运算效果可以将两个层通过运算的方式混合，实际上是和层模式相同的，而且比应用层模式更有效、更方便。这个效果主要是为了兼容以前版本的 AE 效果。

选择图层，执行“效果”|“通道”|“复合运算”命令，在“效果控件”面板中可以查看并调整“复合运算”效果的参数，如图 7-73 所示。

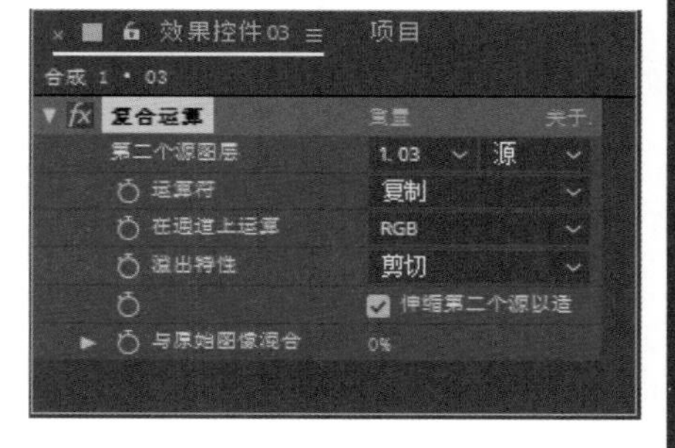

图 7-73 “复合运算”参数

“复合运算”效果常用参数介绍如下。

- 第二个源图层：选择混合的第二个图像层。
- 运算符：从右侧的下拉列表中选择一种运算方式，其效果和层模式相同。
- 在通道上运算：可以选择 RGB、ARGB 和 Alpha 通道。
- 溢出特性：选择对超出允许范围的像素值的处理方法，可以选择“剪切”“回绕”和“缩放”三种。
- 伸缩第二个源以适合：如果两个层的尺寸不同，进行伸缩以适应。
- 与原始图像混合：设置与源图像的融合程度。

7.4.3 通道合成器

通道合成器效果可以提取、显示以及调整图像中不同的色彩通道，可以模拟出各种光影效果。

选择图层，执行“效果”|“通道”|“通道合成器”命令，在“效果控件”面板中可以查看并调整“通道合成器”效果的参数，如图 7-74 所示。

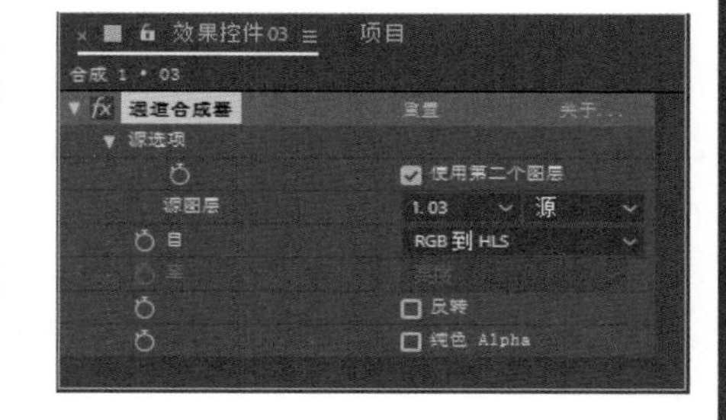

图 7-74 “通道合成器”参数

“通道合成器”效果常用参数介绍如下。

- 源选项：选择是否混合另一个层。当勾选“使用第二个图层”复选框后，可以在源图层下拉列表中选择从另外一个层获取图像的色彩信息，而且此图像必须在同一个合成中。

- 源图层：作为合成信息的来源，当勾选“使用第二个图层”复选框时，可以从中提取一个层的通道信息，并将它混合到当前层，并且来源层图像不会显示在最终画面中。
- 自：指定第二层中图像通道信息混合的类型，系统自带多种混合类型。
- 至：指定第二层中图像通道信息的应用方式。
- 反转：反转应用效果。
- 纯色 Alpha：该选项决定是否创建一个不透明的 Alpha 通道层替换原始的 Alpha 通道。

7.4.4 CC Composite

CC Composite（CC 混合模式处理）效果主要用于对自身的通道进行混合。

选择图层，执行“效果”|“通道”|“CC Composite”命令，在“效果控件”面板中可以查看并调整 CC Composite 效果的参数，如图 7-75 所示。

CC Composite（CC 混合模式处理）效果常用参数介绍如下。

- Opacity（不透明度）：调节图像混合模式的不透明度。
- Composite Original（原始合成）：可以从右侧的下拉列表中选择任何一种混合模式对图像本身进行混合处理。
- RGB Only（仅 RGB）：勾选该复选框，只对 RGB 色彩进行处理。

图 7-75 CC Composite 参数

7.4.5 转换通道

转换通道效果用于在本层的 RGBA 通道之间转换，主要对图像的色彩和亮暗产生效果，也可以消除某种颜色。

选择图层，执行“效果”|“通道”|“转换通道”命令，在“效果控件”面板中可以查看并调整“转换通道”效果的参数，如图 7-76 所示。

“从获取 Alpha / 红色 / 绿色 / 蓝色”可以分别从旁边的下拉列表中选择本层的其他通道应用到 Alpha、红色、绿色和蓝色通道。

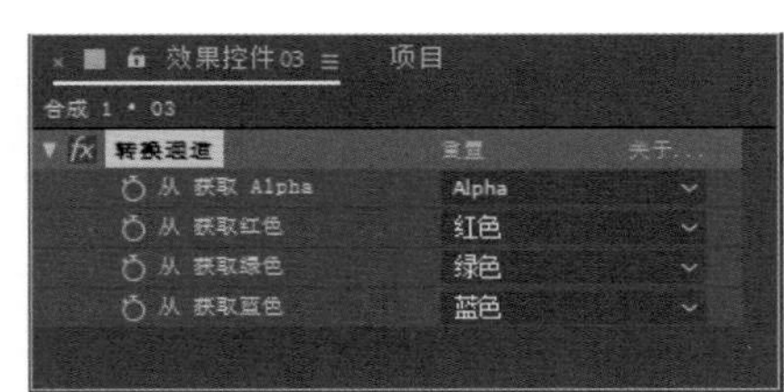

图 7-76 “转换通道”参数

7.4.6 反转

反转效果用于转化图像的颜色信息，反转颜色通常有很好的颜色效果。

选择图层，执行“效果”|“通道”|“反转”命令，在“效果控件”面板中可以查看并调整“反转”效果的参数，如图 7-77 所示。

“反转”效果常用参数介绍如下。

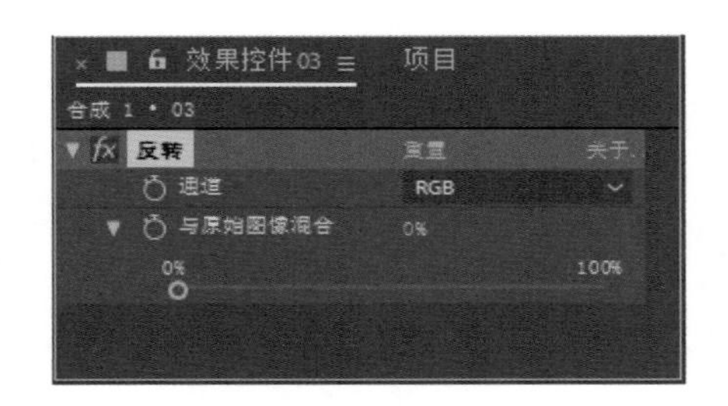

图 7-77 “反转”参数

- 通道：从右侧的下拉列表中选择应用反转效果通道。
- 与原始图像混合：调整与原图像的混合程度。

7.4.7 固态层合成

固态层合成效果提供了一种非常快捷的方式，在原始素材层的后面将一种色彩填充与原始图像进行合成，以得到一种固态色合成的融合效果。用户可以控制原始素材层的不透明度以及填充合成图像的不透明度，还可以选择应用不同的混合模式。

选择图层，执行“效果”|“通道”|“固态层合成”命令，在“效果控件”面板中可以查看并调整“固态层合成”效果的参数，如图 7-78 所示。

“固态层合成”效果常用参数介绍如下。

- 源不透明度：用来调整原素材层的不透明度。
- 颜色：指定新填充图像的颜色，当指定一种颜色后，通过设置不透明度的值可以对源层进行填充。
- 不透明度：控制新填充图像的不透明度。
- 混合模式：选择原素材层和新填充图像的混合模式。

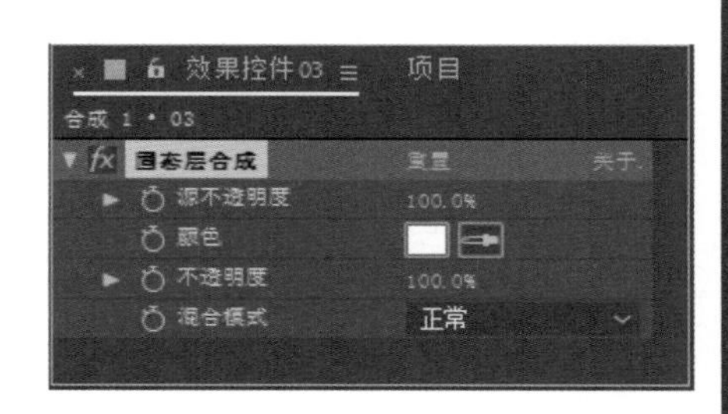

图 7-78 “固态层合成”参数

7.4.8 混合

混合效果可以通过五种方式将两个层融合。和使用层模式类似，但是使用层模式不能设置动画，而混合效果最大的好处是可以设置动画。

选择图层，执行“效果”|“通道”|“混合”命令，在“效果控件”面板中可以查看并调整“混合”效果的参数，如图 7-79 所示。

“混合”效果常用参数介绍如下。

- 与图层混合：用于指定对本层应用混合的层。
- 模式：选择混合方式，其中包括“交叉淡化”“仅颜色”“仅色调”“仅变暗”“仅变亮”五种方式。
- 与原始图像混合：设置与原始图像的混合程度。
- 如果图层大小不同：当两个层尺寸不一致时，可以选择“居中”（进行居中对齐）和“伸缩以适合”两种方式。

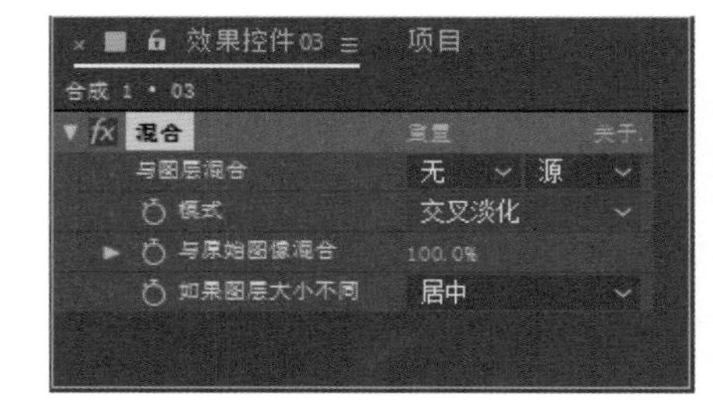

图 7-79 “混合”参数

7.4.9 移除颜色遮罩

移除颜色遮罩效果用来消除或改变遮罩的颜色。这个效果也常常用于使用其他文件的 Alpha 通道或填充的时候。如果输入的素材是包含背景的 Alpha（Premultiplied Alpha），或

者图像中的 Alpha 通道是由 AE 创建的，可能需要去除图像中的光晕，而光晕通常是和背景及图像有很大反差的，所以可以通过移除颜色遮罩效果来消除或改变光晕。

选择图层，执行“效果”|“通道”|“移除颜色遮罩”命令，在“效果控件”面板中可以查看并调整“移除颜色遮罩”效果的参数，如图 7-80 所示。

图 7-80 “移除颜色遮罩”参数

“移除颜色遮罩”效果常用参数介绍如下。

- 背景颜色：用来选择需要移除的背景色。
- 剪切：勾选“剪切 HDR 结果”选项可以缩减图像。

7.4.10 算术

算术效果称为“通道运算”，对图像中的红、绿、蓝通道进行简单的运算，通过调节不同色彩通道的信息，可以制作出各种曝光效果。

选择图层，执行“效果”|“通道”|“算术”命令，在“效果控件”面板中可以查看并调整“算术”效果的参数，如图 7-81 所示。

“算术”效果常用参数介绍如下。

- 运算符：控制图像像素的值与用户设定的值之间的数值运算。
- 红色值：应用计算中的红色通道数值。
- 绿色值：应用计算中的绿色通道数值。
- 蓝色值：应用计算中的蓝色通道数值。
- 剪切：勾选“剪切结果值”选项用来防止设置的颜色值超出所有功能函数项的限定范围。

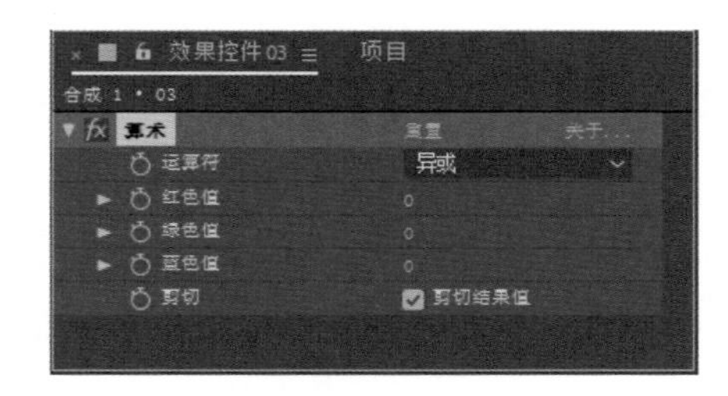

图 7-81 “算术”参数

7.4.11 计算

计算效果是通过混合两个图形的通道信息来获得新的图像效果。

选择图层，执行“效果”|“通道”|“计算”命令，在“效果控件”面板中可以查看并调整“计算”效果的参数，如图 7-82 所示。

“计算”效果常用参数介绍如下。

- 输入通道：选择原始图像中用来获得颜色信息的通道。共有 6 个通道，其中 RGBA 通道显示图像所有的色彩信息；灰色通道只显示原始图像的灰度值；红色、绿色、蓝色和 Alpha 通道是将所有通道信息转换成指定的通道值进行输出，如设置为绿色则只显示绿色通道的信息。

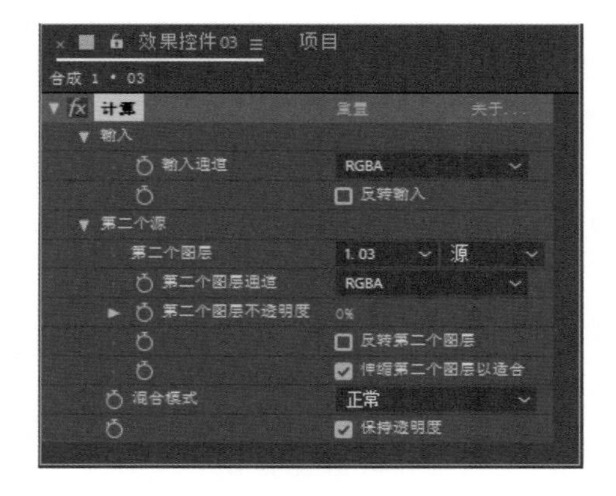

图 7-82 “计算”参数

- 反转输入：将获得的通道信息进行反向处理后再输出。
- 第二个源：选择用哪一个层的图像来混合原始层的图像，以及控制混合的通道和混合的不透明度。
- 第二个图层：选择一个层作为混合层。
- 第二个图层通道：选择混合层图像的输出通道，与输入通道属性相同，选择的通道输出数值将与输入通道的输出值混合。
- 第二个图层不透明度：用于调整混合层的不透明度。
- 反转第二个图层：反转混合层。
- 伸缩第二个图层以适合：拉伸或缩小混合层至合适的匹配尺寸。
- 混合模式：从右侧的下拉列表中选择两层间的混合模式。
- 保持透明度：用于保护原始图像的 Alpha 通道不被修改。

7.4.12 设置通道

设置通道效果用于复制其他层的通道到当前颜色通道和 Alpha 通道中。

选择图层，执行“效果”|“通道”|“设置通道”命令，在“效果控件”面板中可以查看并调整“设置通道”效果的参数，如图 7-83 所示。

“设置通道”效果常用参数介绍如下。

- 源图层 1 / 2 / 3 / 4：可以分别将本层的 RGBA 四个通道改为其他层。
- 将源 1 / 2 / 3 / 4 设置为红色 / 绿色 / 蓝色 /Alpha：用于选择本层要被替换的 RGBA 通道。
- 如果图层大小不同：如果两层图像尺寸不同。
- 伸缩图层以适合：勾选该选项，可以选择伸缩自适应来匹配两层为同样大小。

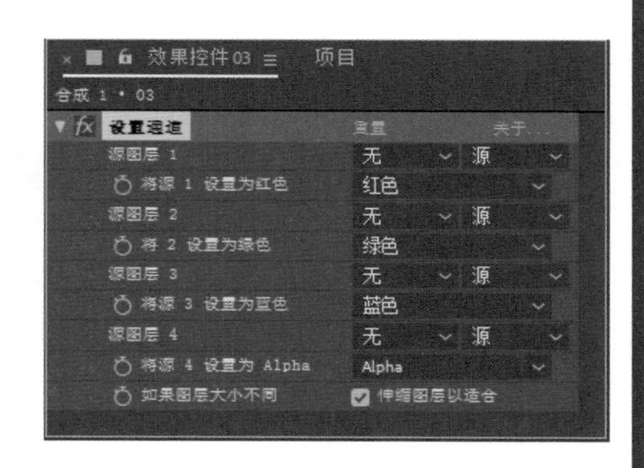

图 7-83 “设置通道”参数

7.4.13 设置遮罩

设置遮罩效果用于将其他图层的通道设置为本层的遮罩，通常用来创建运动遮罩效果。

选择图层，执行“效果”|“通道”|“设置遮罩”命令，在“效果控件”面板中可以查看并调整“设置遮罩”效果的参数，如图 7-84 所示。

“设置遮罩”效果常用参数介绍如下。

- 从图层获取遮罩：用于指定要应用遮罩的层。
- 用于遮罩：选择哪一个通道作为本层的遮罩。
- 反转遮罩：对所选择的遮罩进行反向。

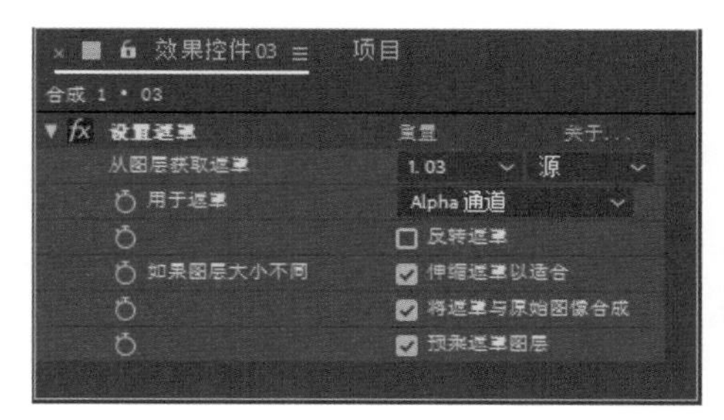

图 7-84 “设置遮罩”参数

- 如果图层大小不同：如果两层图像尺寸不同。
- 伸缩遮罩以适合：伸缩遮罩层自适应来匹配两层为同样大小。
- 将遮罩与原始图像合成：将遮罩和原图像进行透明度混合。
- 预乘遮罩图层：选择和背景合成的遮罩层。

7.4.14 为素材营造黄昏氛围感（实例）

本例将通过为素材应用通道调色效果来打造黄昏氛围感画面。具体操作如下。

① 启动 AE 软件，执行“文件”|“打开项目”命令，或按快捷键 Ctrl+O，打开“打开”对话框，选择“海岸 .aep”项目文件。打开项目文件后，可在“合成”面板中预览当前画面效果，如图 7-85 所示。

② 在“时间线”面板中选择“海岸 .jpg”图层，执行“效果”|“通道”|“算术”命令，然后在“效果控件”面板中设置“运算符”属性为“相加”，设置“红色值”为 30，如图 7-86 所示。

图 7-85 素材文件

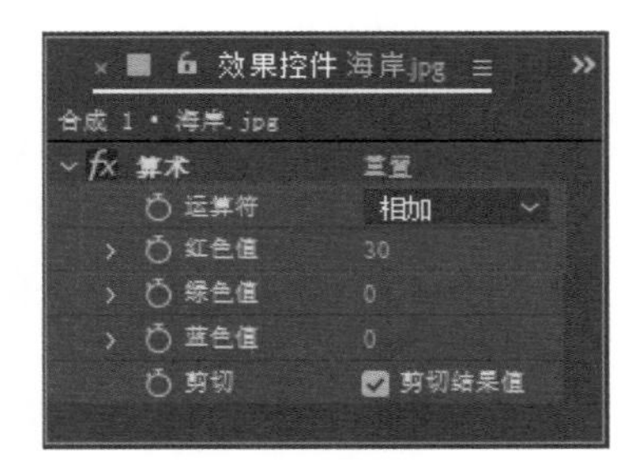

图 7-86 设置“算术”参数

③ 选择“海岸 .jpg”图层，执行“效果”|“通道”|“固态层合成”命令，然后在“效果控件”面板中设置“源不透明度”参数为 87%，设置“颜色”为橘色（#F69657），设置“不透明度”参数为 60%，如图 7-87 所示。调整后的图像效果如图 7-88 所示。

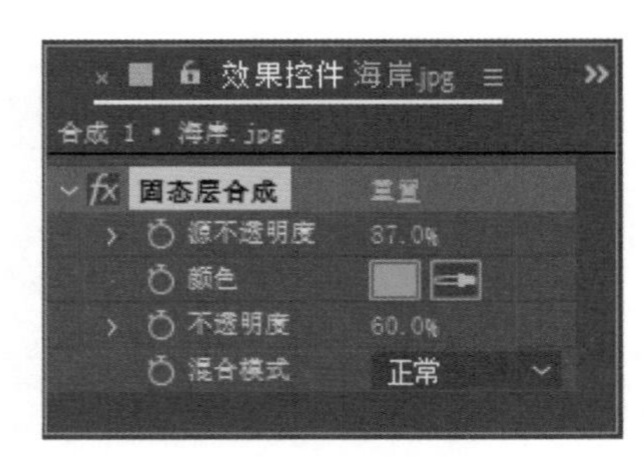

图 7-87 设置“固态层合成”参数

图 7-88 调整后效果（一）

④ 选择“海岸.jpg”图层，执行“效果”|“颜色校正”|“色相 / 饱和度”命令，然后在“效果控件”面板中设置“主色相”参数为 0x−5°，设置“主饱和度”参数为 20，设置“主亮度”参数为 −6，如图 7−89 所示。调整后的图像效果如图 7−90 所示。

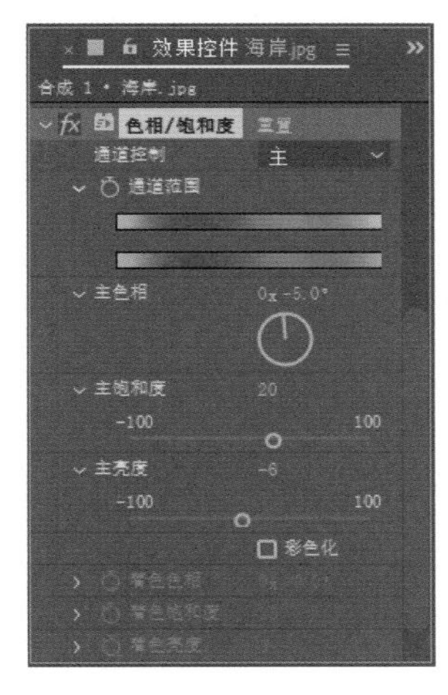

图 7−89　设置“色相 / 饱和度”参数

图 7−90　调整后效果（二）

⑤ 选择“海岸.jpg”图层，执行“效果”|“颜色校正”|“色阶”命令，然后在“效果控件”面板中设置“输入黑色”参数为 25，设置“输入白色”参数为 280，如图 7−91 所示。

⑥ 至此，本实例就已经制作完毕，在“合成”面板可预览调色后的画面效果，如图 7−92 所示。

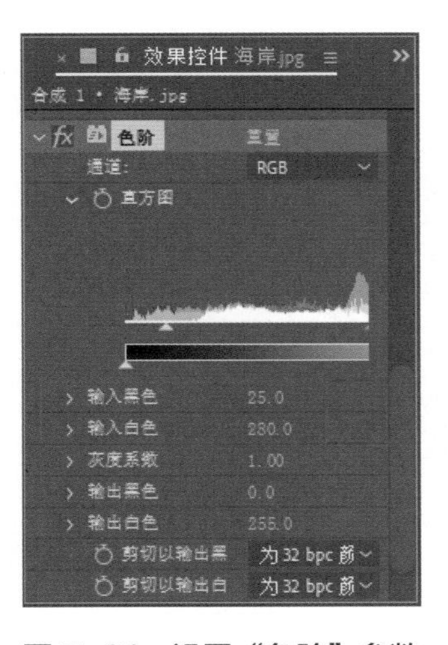

图 7−91　设置“色阶”参数

图 7−92　最终效果

第8章 文字动画的创建

扫码尽享
AE 全方位学习

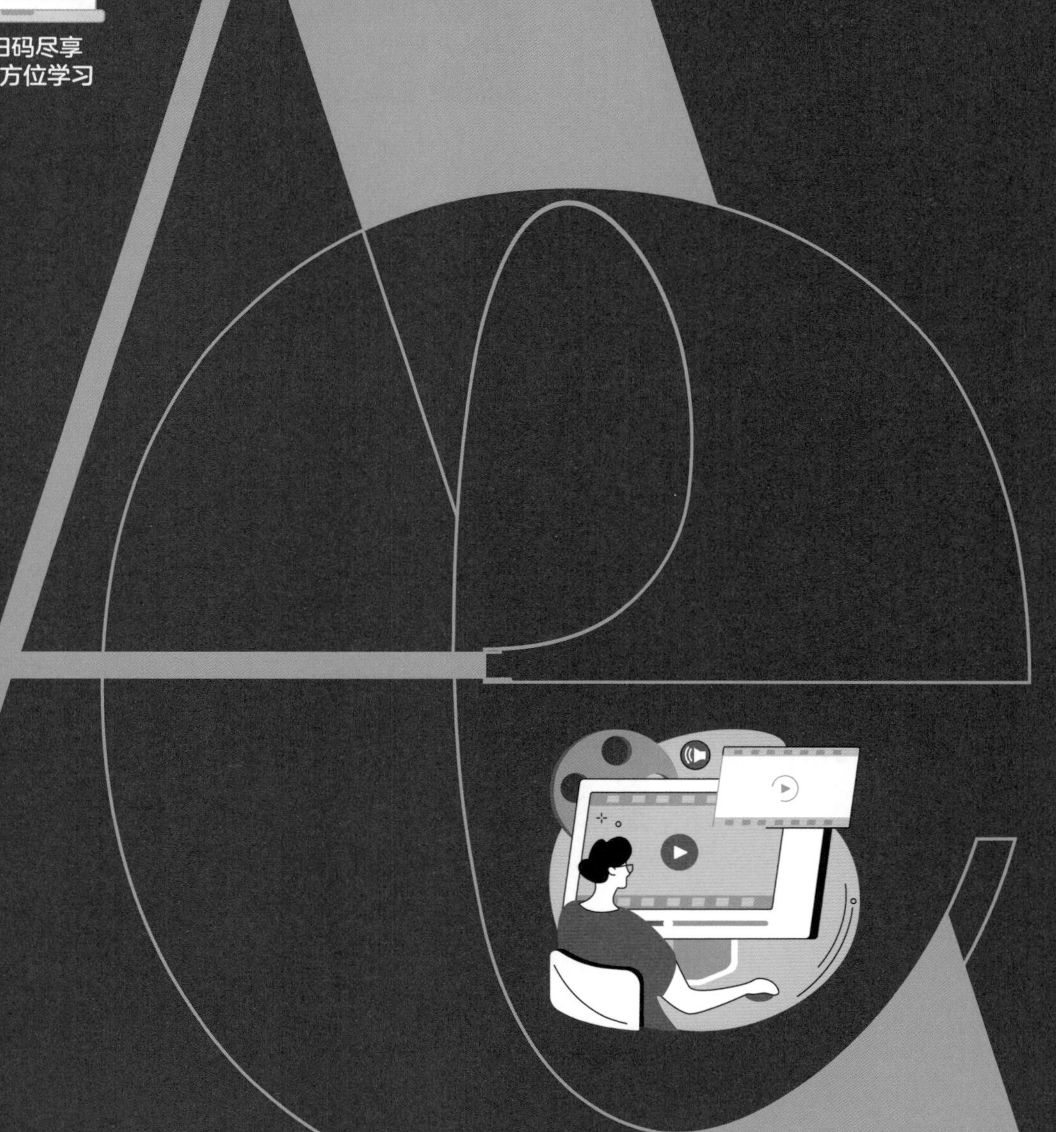

文字在影视后期合成中不仅充当着补充画面信息和媒介交流的角色，而且是设计师们常用来作为视觉设计的辅助元素。文字有多种创建途径，例如 Photoshop、Illustrator、Cinema 4D 等制作软件均可制作出绚丽的文字效果，在这些软件中制作好的文字元素还可以导入 AE 软件中进行场景合成。

AE 本身提供了十分强大的文字工具和动画制作技术，在 AE 软件内部即可制作出绚丽多彩的文字特效。

8.1 文字的创建

在大部分视觉媒体中，文字都是不可或缺的元素，文字不仅能够使作品更加丰富、完整，还能准确地表达作品所阐述的信息。在 AE 中，可以通过以下几种方法来创建文字。

8.1.1 使用文字工具创建文字

在工具栏中长按“横排文字工具”按钮T，将弹出一个扩展工具栏，其中包含了两种不同的文字工具，分别为“横排文字工具”T和“直排文字工具”IT，如图 8-1 所示。选择了相应的文字工具后，在“合成”面板中单击，出现光标后，即可自由输入文字内容，如图 8-2 所示。

图 8-1 文字工具

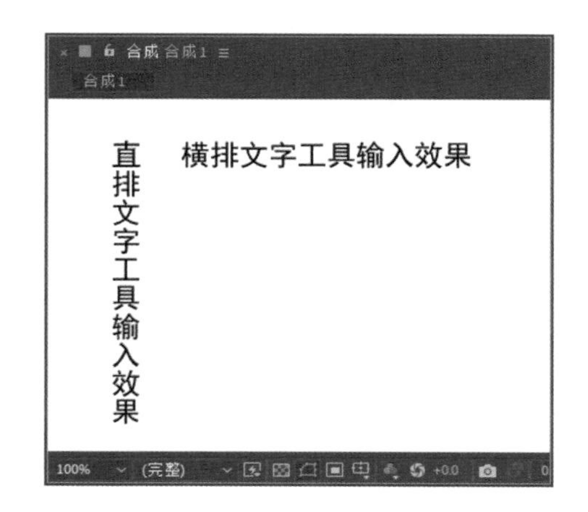

图 8-2 文字输入效果

当输入好文字后，可以按小键盘上的 Enter 键完成文字的输入。此时系统会自动在“时间轴”面板中创建一个以文字内容为名称的文本层，如图 8-3 所示。

用户使用任意一个文字工具在“合成”面板中拖出一个文本框，即可在固定的某个矩形范围内输入一段文字，如图 8-4 所示。

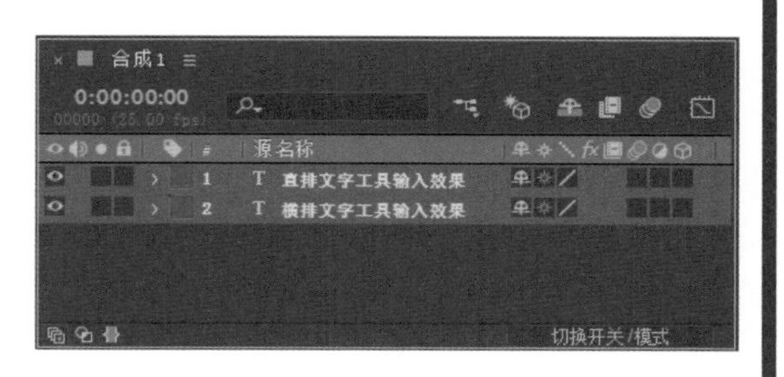

图 8-3 输入文字后的文本层

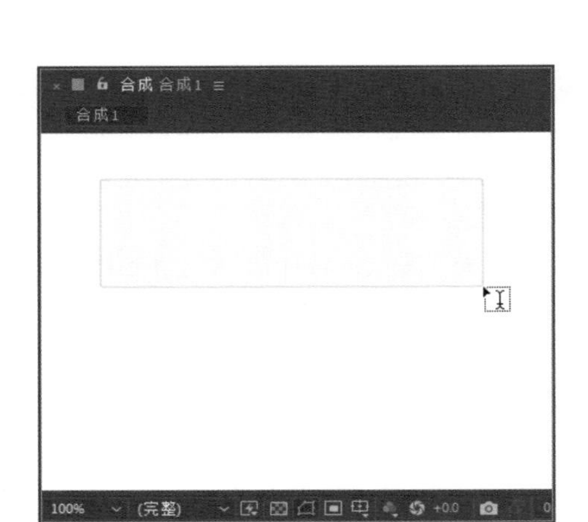

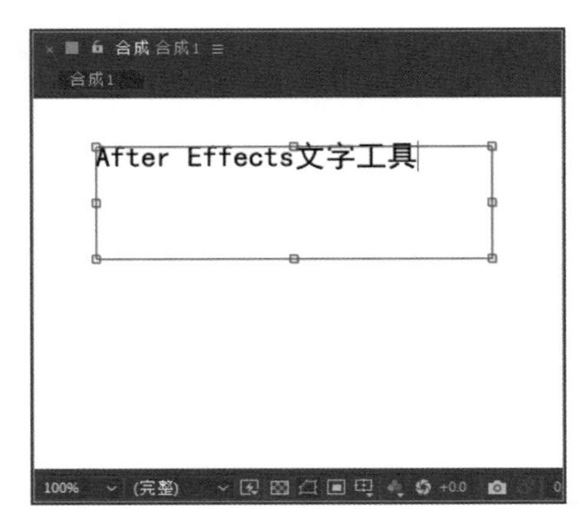

图 8-4　拖曳出文本框输入文字

拖曳“合成”面板中的文本框，可以调整文本框的大小，同时文字的排列状态也会发生变化，如图 8-5 所示。

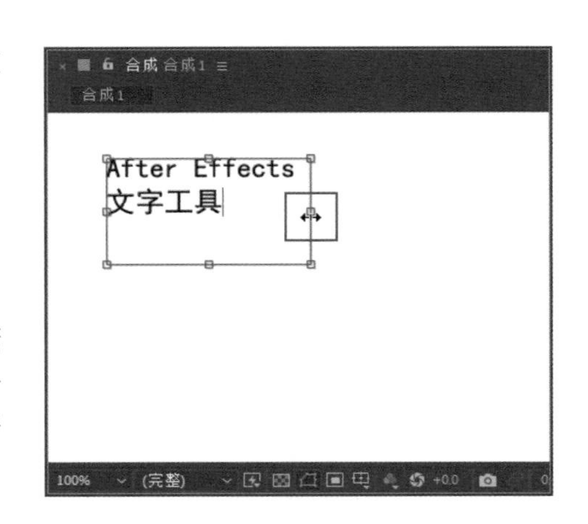

图 8-5　调整文字排列状态

8.1.2　使用菜单命令创建文字

执行“图层”|“新建”|“文本”命令，或按快捷键 Ctrl+Alt+Shift+T，可以在项目中新建一个文本层，执行该命令后，在“合成”面板中自行输入文字内容即可，如图 8-6 所示。

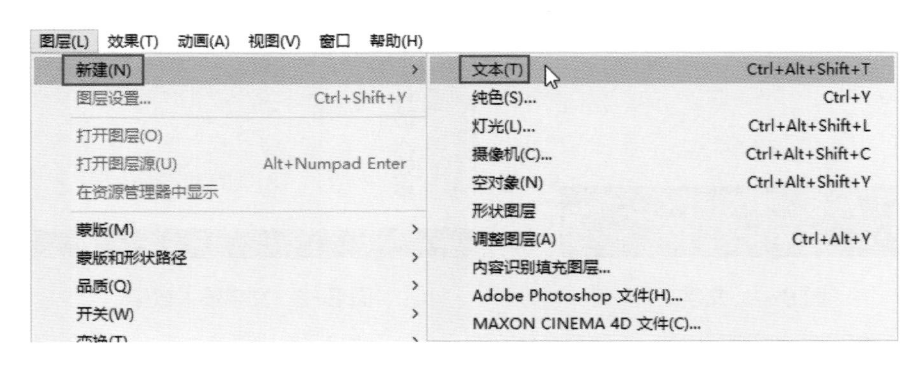

图 8-6　通过菜单栏执行“文本”命令

8.1.3　右键快捷菜单创建文字

在“时间轴”面板的空白处右击，在弹出的快捷菜单中，执行“新建”|“文本”命令，即可新建一个文本层，之后在“合成”面板中自行输入文字内容即可，如图 8-7 和图 8-8 所示。

图 8-7　通过快捷菜单新建文本

图 8-8　在“合成”面板中输入文字

8.2　调整文字参数

在 AE 中创建文字后，可以在“字符”面板和“段落”面板中修改文字效果。

8.2.1　认识“字符”面板

在创建文字后，大家可以对创建好的文字进行二次编辑，执行“窗口”|“字符”命令，或按快捷键 Ctrl+6，打开“字符”面板，即可对文字的字体、样式、填充颜色、描边颜色、文字大小、行距等参数进行自定义设置，如图 8-9 所示。

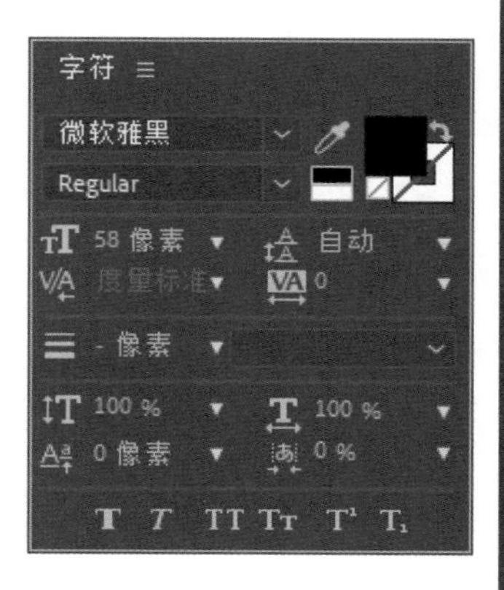

图 8-9　“字符”面板

“字符”面板参数介绍如下。

- 设置字体系列 微软雅黑：设置文字的字体。需要注意的是，字体必须是用户计算机中已安装存在的字体。
- 设置字体样式 Regular：可以在下拉列表中自行选择字体的样式。
- 吸管：通过吸管工具可以吸取当前计算机界面上的颜色，吸取的颜色将作为字体颜色或描边颜色。
- 设置为黑色 / 白色：单击相应的色块，可以快速地将字体或描边颜色设置为纯黑或纯白色。

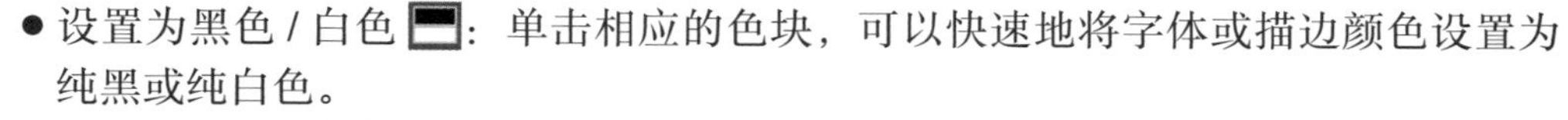

- 没有填充颜色：单击该图标可以不对文字或描边填充颜色。
- 交换填充和描边：快速切换填充颜色和描边颜色。
- 填充颜色：设置字体的填充颜色。
- 描边颜色：设置字体的描边颜色。
- 设置字体大小 60 像素：可通过左右拖动，或展开下拉列表，设置对应文字的大小，也可以激活右侧文本框直接输入数值。
- 设置行距 自动：设置上下文本之间的行间距。
- 设置两个字符间的字偶间距 度量标准：增大或缩小当前字符之间的距离。

- 设置所选字符的字符间距 ：设置当前所选字符之间的距离。
- 设置描边宽度 ：设置文字描边的粗细。
- 描边方式 ：设置文字描边的方式，在下拉列表中包含了“在描边上填充”“在填充上描边”“全部填充在全部描边之上”和“全部描边在全部填充之上”四种描边方式。
- 垂直缩放 ：设置文字的高度缩放比例。
- 水平缩放 ：设置文字的宽度缩放比例。
- 基线偏移 ：设置文字的基线。
- 比例间距 ：设置中文或日文字符之间的比例间距。
- 仿粗体 ：设置文本为粗体。
- 仿斜体 ：设置文本为斜体。
- 全部大写字母 ：将所有的文本变成大写。
- 小型大写字母 ：无论输入的文本是否有大小写区分，都强制将所有的文本转化成大写，但是对小写字符采取较小的尺寸进行显示。
- 上/下标 ：设置文字的上下标，适合制作一些数字单位。

8.2.2 认识“段落”面板

在创建段落文本后，执行“窗口”|“段落”命令，或按快捷键Ctrl+7，打开“段落”面板，即可对段落文本的排列、间距等参数进行自定义设置，如图8-10所示。

（1）段落对齐方式

在“段落”面板中包含了7种文本对齐方式，如图8-11所示。

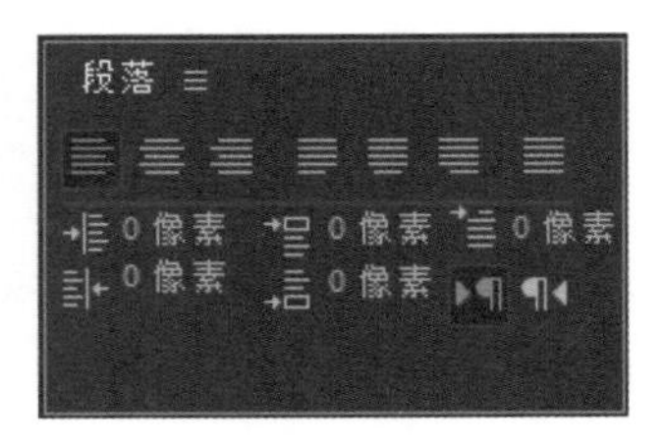

图8-10 “段落”面板

图8-11 文本对齐方式

文本对齐方式介绍如下。

- 左对齐文本 ：单击该按钮，可以使选中的段落文本每一行的首个文字靠左对齐，如图8-12所示。
- 居中对齐文本 ：单击该按钮，可以使选中的段落文本每一行居中对齐，如图8-13所示。
- 右对齐文本 ：单击该按钮，可以使选中的段落文本每一行的最后一个文字靠右对齐，如图8-14所示。
- 最后一行左对齐 ：单击该按钮，可以使段落文本最后一行文字靠左对齐，如图8-15所示。

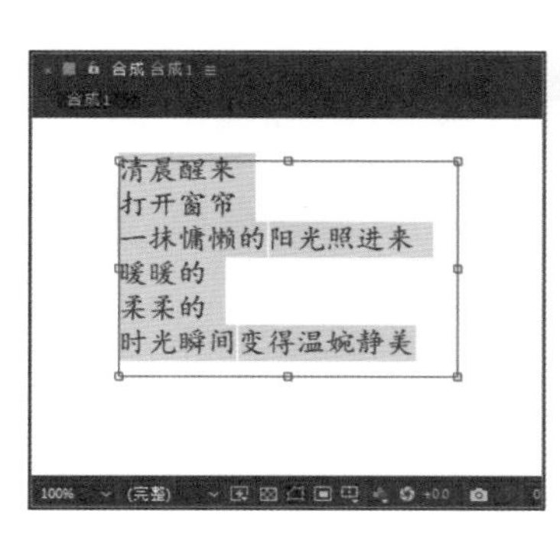

图 8-12　左对齐

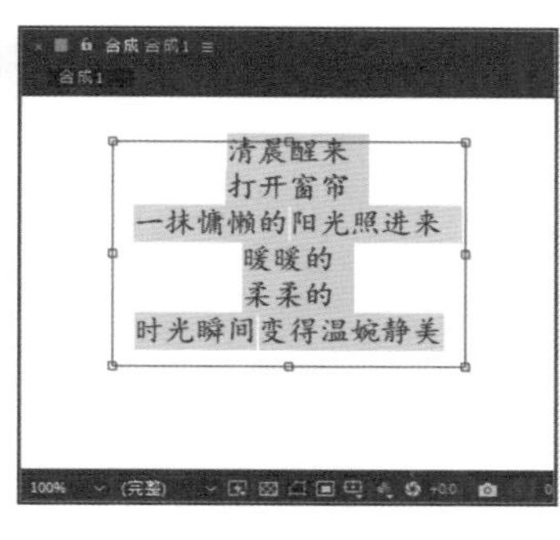

图 8-13　居中对齐

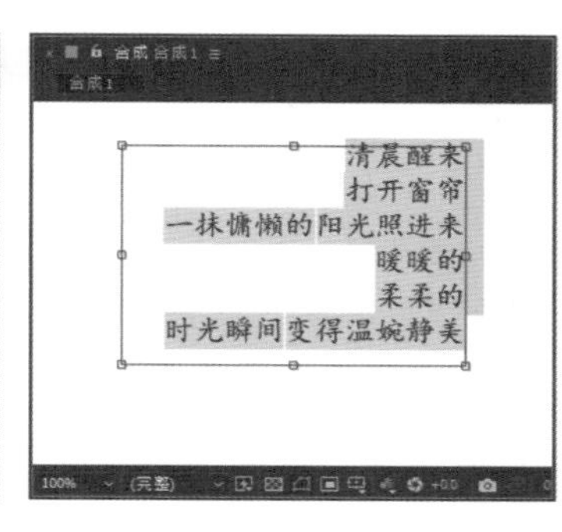

图 8-14　右对齐

- 最后一行居中对齐：单击该按钮，可以使段落文本最后一行居中对齐，如图 8-16 所示。

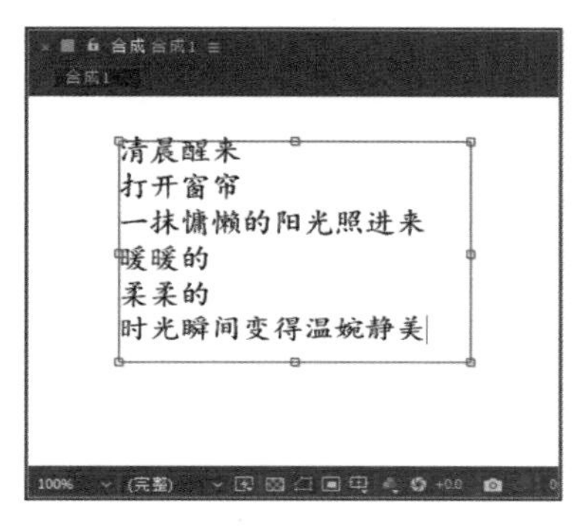

图 8-15　最后一行左对齐

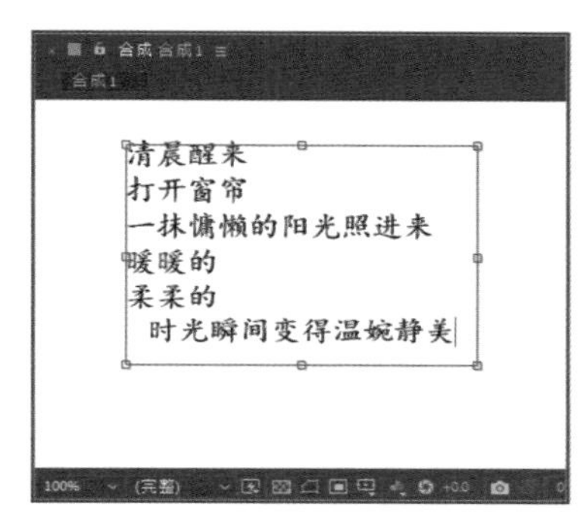

图 8-16　最后一行居中对齐

- 最后一行右对齐：单击该按钮，可以使段落文本最后一行文字靠右对齐，如图 8-17 所示。
- 两端对齐：单击该按钮，可以使选中的段落文本两端的文字分别靠两端对齐，如图 8-18 所示。

图 8-17　最后一行右对齐

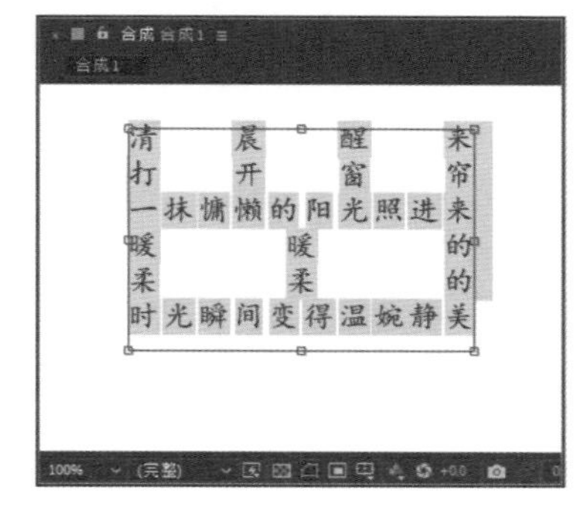

图 8-18　两端对齐

（2）段落缩进和边距设置

“段落”中包含了“缩进左边距”、“缩进右边距”和“首行缩进”三种段

落缩进方式，此外还包含了“段前添加空格” 和“段后添加空格” 两种设置边距方式，如图 8-19 所示。

图 8-19　段落缩进和边距设置

8.3　文字动画的基础

本节主要介绍在 AE 中创建文字、为文本层设置关键帧、为文本层创建遮罩和路径、为文字添加投影等方法。

8.3.1　设置关键帧

影视创作中的文字一般是以动画的形式呈现的，因此在创建文本层后，可以尝试为文字创建动画效果，以丰富作品的视觉效果。

图 8-20　展开文本层的属性栏

在“时间轴”面板中，单击文本层左侧的箭头按钮 ，展开文本层的属性栏，可以看到在文本层中有“文本”及“变换”两种属性，如图 8-20 所示。

展开“文本”属性栏，如图 8-21 所示。其中，“源文本”即代表原始文字，单击该选项可以直接编辑文字内容，并编辑字体、大小、颜色等属性，也可以选择在“字符”面板中进行调整。“路径选项”可以用来设置文字以指定的路径进行排列，可以使用“钢笔工具” 在文本层中绘制路径。“更多选项”中包含了“锚点分组”“填充和描边”和“字符间混合”等选项。

展开“变换”属性栏，可以看到文本图层具备的五个基本变换属性，这些属性都是制作动画时经常需要用到的，如图 8-22 所示。

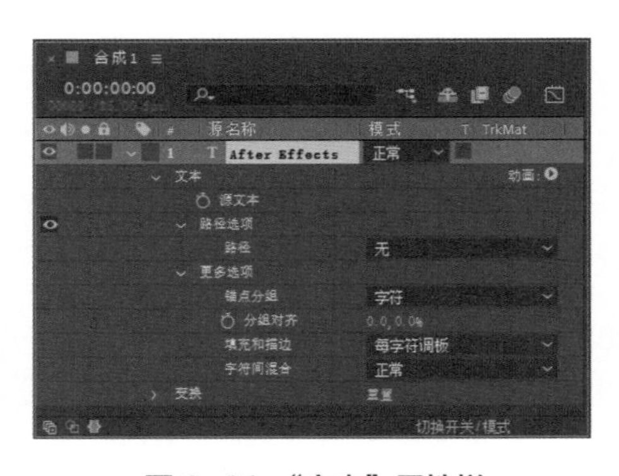

图 8-21　“文本”属性栏

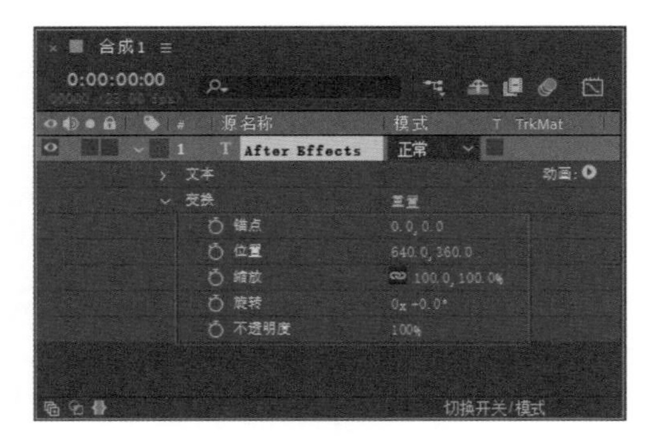

图 8-22　“变换”属性栏

文本层的变换属性介绍如下。

- 锚点：文字的轴心点，可以使文本层基于该点进行位移、缩放、旋转。
- 位置：主要用来调节文字在合成中的位置。通过该参数可以制作文字的位移动画。
- 缩放：可以使文字放大缩小。通过该参数可以制作文字的缩放动画。

- 旋转：可以调节文字不同的旋转角度。通过该参数可以制作文字的旋转动画。
- 不透明度：可以调节文字的不透明程度。通过该参数可以制作文字的透明度动画。

8.3.2 创建文字关键帧动画（实例）

在 AE 中，用户可以对位置、缩放、旋转等基本属性设置关键帧，以创建简单的文字关键帧动画。

① 启动 AE 软件，按快捷键 Ctrl+O，打开相关素材中的“心动 .aep”项目文件。

② 在工具栏中单击“横排文字工具”按钮，然后在“合成”面板中单击输入文字“心动时刻”，然后选中文字，在“字符”面板中调整文字参数，如图 8-23 所示。完成调整后，将文字摆放至合适位置，效果如图 8-24 所示。

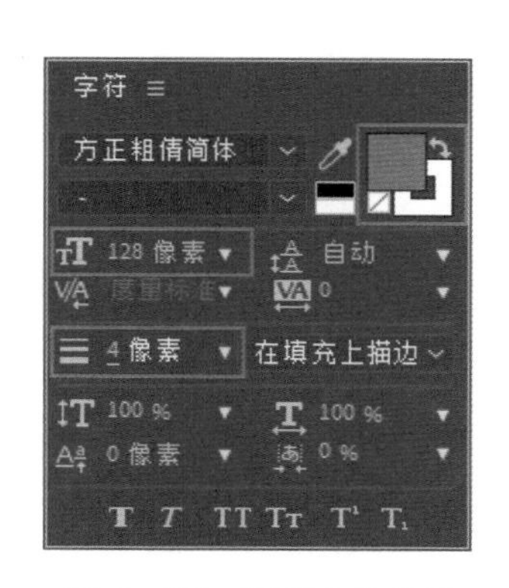

图 8-23　调整文字参数

图 8-24　调整文字位置

③ 在“时间轴”面板中，单击“心动时刻”文本层左侧的箭头按钮，展开属性栏，然后展开其“变换”属性栏，在 0:00:00:00 时间点单击“不透明度”属性左侧的“时间变化秒表”按钮，创建关键帧，并设置“不透明度”为 0%，如图 8-25 所示。

图 8-25　创建第一个关键帧

④ 修改时间点为 0:00:01:00，然后在该时间点调整“不透明度”为 100%，创建第二个关键帧，如图 8-26 所示。

图 8-26　创建第二个关键帧

⑤ 在"合成"面板中，使用"向后平移（锚点）工具"将文字上方的锚点移到中心位置，方便之后动画效果的制作，如图 8-27 所示。

⑥ 修改时间点为 0:00:01:16，单击"缩放"属性左侧的"时间变化秒表"按钮，创建关键帧，如图 8-28 所示。

⑦ 修改时间点为 0:00:02:11，然后在该时间点调整"缩放"为 60%，如图 8-29 所示。

图 8-27　调整文字锚点

图 8-28　创建第三个关键帧

图 8-29　创建第四个关键帧

⑧ 在“时间轴”面板中，同时选择上述操作中创建的 2 个“缩放”关键帧，按快捷键 Ctrl+C 复制关键帧，然后将“当前时间指示器”拖到 0:00:03:06 时间点，按快捷键 Ctrl+V 粘贴关键帧，如图 8-30 所示。

图 8-30　粘贴关键帧

⑨ 修改时间点为 0:00:04:20，然后在该时间点调整“缩放”为 100%，创建第五个关键帧。完成全部操作后，在“合成”面板中可以预览视频效果，如图 8-31 所示。

图 8-31　动画预览

8.3.3　添加遮罩

在工具栏中，长按“矩形工具”，将弹出一个扩展工具栏，其中包含了 5 种不同的形状工具，如图 8-32 所示。通过这些形状工具，可以为文字添加遮罩（蒙版）效果。

为文字添加遮罩效果的方法非常简单，在“时间轴”面板中选择文本层，然后使用“矩形工具”在“合成”面板的文字上方拖出一个矩形框，此时可以看到位于矩形框范围内的文字依旧显示在“合成”面板中，而位于矩形框范围之外的文字则被隐藏，前后效果如图 8-33 所示。

除了使用形状工具创建固定形状的遮罩之外，还可以通过“钢笔工具”自由绘制遮罩形状。在“时间轴”面板中选择文本层，然后使用“钢笔工具”在文字上方绘制遮罩图形，绘制完成后，可以看到位于形状范围内的文字依旧显示在“合成”面板中，而位于形状范围之外的文字则被隐藏，如图 8-34 所示。

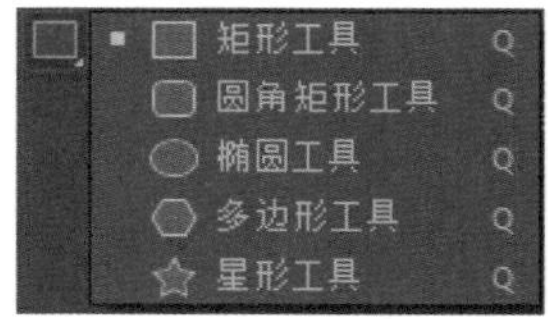

图 8-32　文字遮罩（蒙版）工具

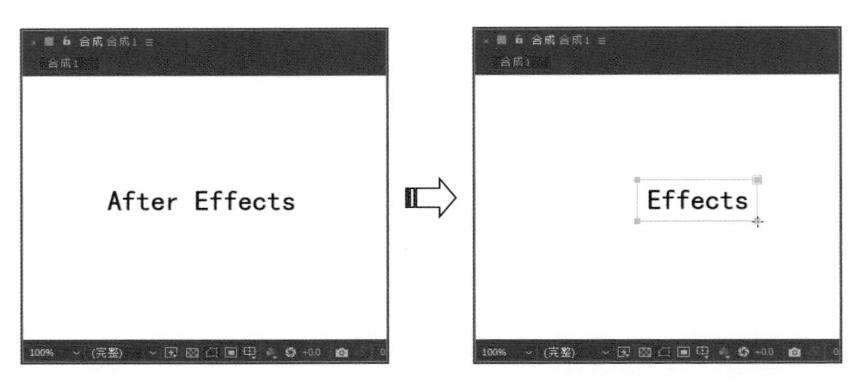

图 8-33　文字遮罩效果

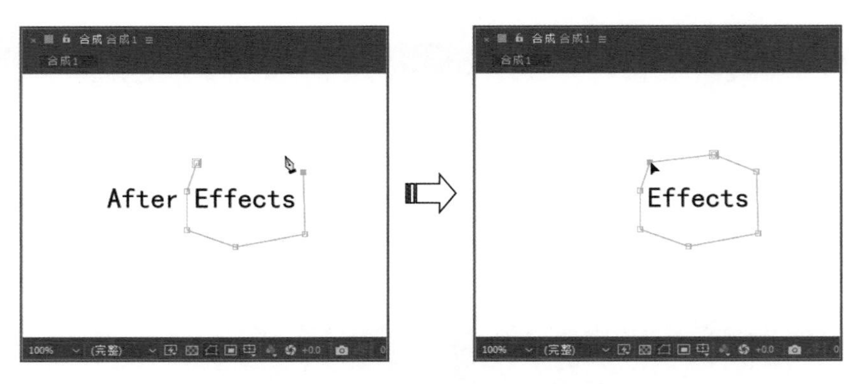

图 8-34　钢笔工具绘制遮罩效果

8.3.4　路径文字

在文本层中创建了一个遮罩后，可以利用这个遮罩作为该文本层的路径来制作动画。作为路径的遮罩可以是封闭的，也可以是开放的。在使用封闭的遮罩作为路径时，需把遮罩的模式设置为“无”。

在“时间轴”面板中选择文本层，然后使用“钢笔工具” 在文字下方绘制一条路径，如图 8-35 所示。接着，展开文本层中的“路径选项”属性栏，展开“路径”选项下拉栏，选择“蒙版 1”选项（即刚刚绘制的路径），如图 8-36 所示。

图 8-35　绘制路径

图 8-36　“路径选项”参数

“路径选项”参数介绍如下。

- 路径：指定文本层的排列路径，在右侧的下拉列表中可以选择作为路径的遮罩。
- 反转路径：设置是否将路径反转。
- 垂直于路径：设置是否让文字与路径垂直。
- 强制对齐：将第 1 个文字和路径的起点强制对齐，同时让最后 1 个文字和路径的终点对齐。
- 首字边距：设置第 1 个文字相对于路径起点处的位置，单位为像素。
- 末字边距：设置最后 1 个文字相对于路径终点处的位置，单位为像素。

完成上述操作后，在“合成”面板中可以看到文字已经按照刚才所画的路径来排列了，如图 8-37 所示。若改变路径的形状，文字排列的状态也会发生变化。

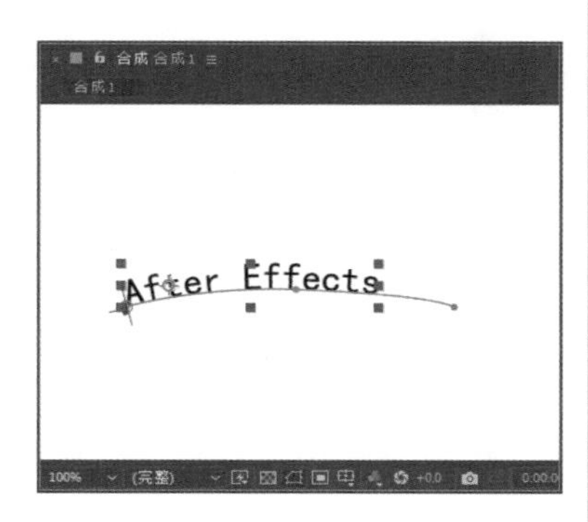

图 8-37　文字沿路径排列

8.3.5　创建发光文字（实例）

在创建文字特效的时候，经常会使用“发光”命令来为文字制作发光特效，这是一项简单且常用的操作。下面就为大家介绍在 AE 中创建发光文字的操作方法。

① 启动 AE 软件，按快捷键 Ctrl+O，打开相关素材中的“城市 .aep”项目文件。

② 在工具栏中单击“直排文字工具”按钮，在“合成”面板中单击输入文字“城市”，然后选中文字，在“字符”面板中调整文字参数，如图 8-38 所示。完成调整后，将文字摆放至合适位置，效果如图 8-39 所示。

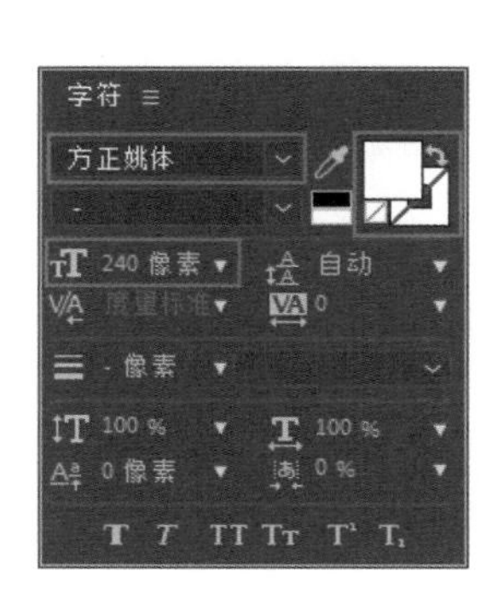

图 8-38　调整文字参数

图 8-39　调整文字位置

③ 在“时间轴”面板中，选择上述操作中创建的文本层，执行“效果”|“风格化”|“发光”命令，然后在“效果控件”面板中调整各个参数，如图 8-40 所示。完成操作后，得到的对应效果如图 8-41 所示。

④ 接下来制作动画效果。在“时间轴”面板中，展开“发光”属性栏，在 0:00:00:00 时间点单击“色彩相位”属性左侧的“时间变化秒表”按钮，创建关键帧，如图 8-42 所示。

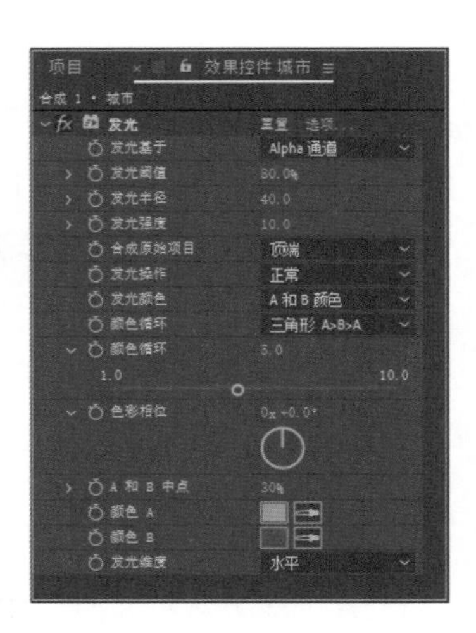

图 8-40　调整“发光”参数

图 8-41　调整后效果

⑤ 修改时间点为 0:00:00:05，然后在该时间点调整“色彩相位”为 0x+20.0°，创建第二个关键帧，如图 8-43 所示。

图 8-42　创建第一个关键帧

图 8-43　创建第二个关键帧

“发光”效果属性介绍如下。

- 发光基于：用于指定发光的作用通道，可以从右侧的下拉列表中选择“颜色通道”和“Alpha 通道”选项。
- 发光阈值：用于设置发光的程度，主要影响发光的覆盖面。
- 发光半径：用于设置发光的半径。
- 发光强度：用于设置发光的强度。
- 合成原始项目：与原图像混合，可以选择“顶端”“后面”和“无”选项。
- 发光操作：用于设置与原始素材的混合模式。
- 发光颜色：用于设置发光的颜色类型。
- 颜色循环：用于设置色彩循环的数值。
- 色彩相位：用于设置光的颜色相位。
- A 和 B 中点：用于设置发光颜色 A 和 B 的中点位置。
- 颜色 A：用于选择颜色 A。
- 颜色 B：用于选择颜色 B。

● 发光维度：用于指定发光效果的作用方向，包括“水平和垂直”“水平”和“垂直”选项。

⑥ 修改时间点为0:00:00:10，然后在该时间点调整“色彩相位”为0x+40.0°，如图8-44所示。

⑦ 修改时间点为0:00:00:15，然后在该时间点调整“色彩相位”为0x+60.0°，如图8-45所示。

图8-44　创建第三个关键帧

图8-45　创建第四个关键帧

⑧ 用同样的方法，修改时间点，随着每一次时间点的递增，为“色彩相位”参数增加20°，直到项目结束，如图8-46所示。

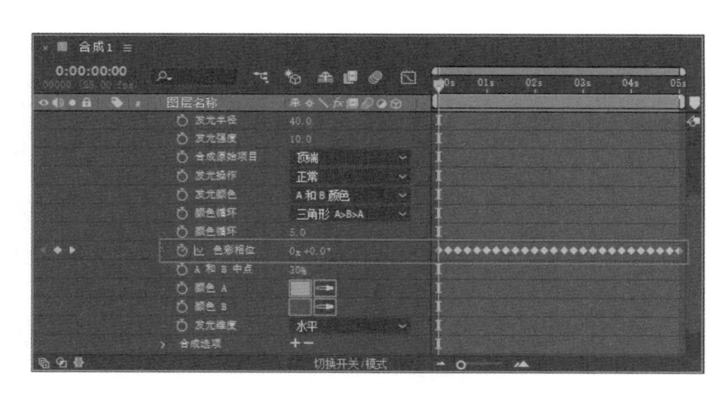

图8-46　创建其余关键帧

⑨ 完成全部操作后，在“合成”面板中可以预览视频效果，如图8-47所示。

图8-47　视频效果

8.3.6 为文字添加投影

在创建好的文字上不仅可以添加发光效果，还可以为其添加投影，使文字变得更有立体感。文字添加投影的前后效果如图 8-48 和图 8-49 所示。

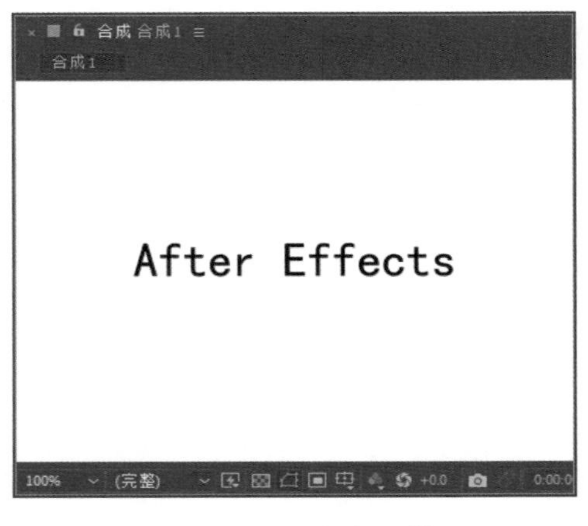

图 8-48　添加投影前

图 8-49　添加投影后

在“时间轴”面板中选择文本层，执行“效果”|“透视”|“投影”命令，然后在“效果控件”面板或“时间轴”面板中，对“投影”效果的相关参数进行调整，如图 8-50 和图 8-51 所示。

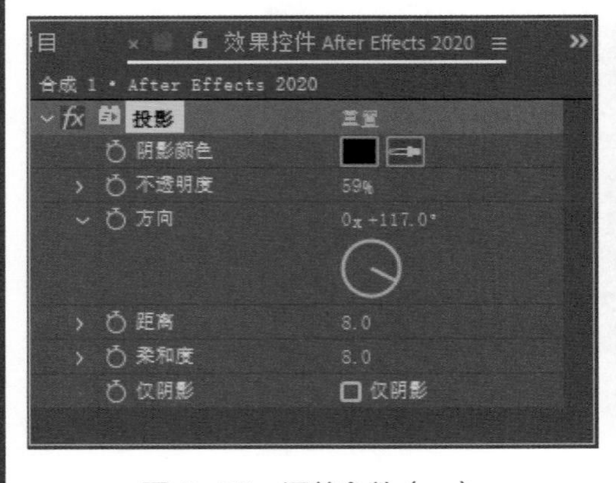

图 8-50　调整参数（一）

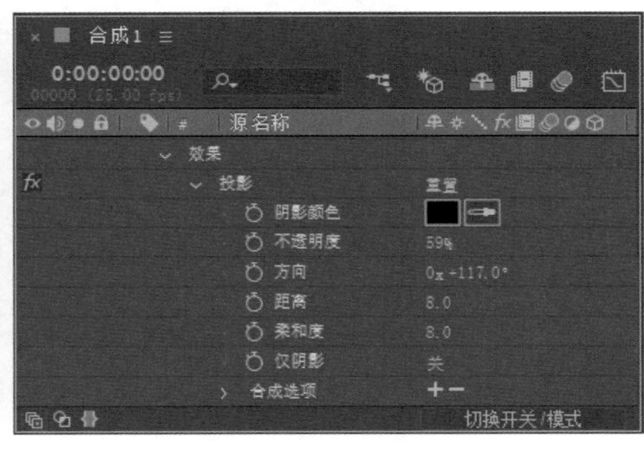

图 8-51　调整参数（二）

“投影”效果属性介绍如下。

- 阴影颜色：用于设置阴影显示的颜色。
- 不透明度：用于设置阴影的不透明度数值。
- 方向：用于调节阴影的投射角度。
- 距离：用于调节阴影的距离。
- 柔和度：用于设置阴影的柔化程度。
- 仅阴影：启用该选项后，在画面中只会显示阴影，原始素材图像将被隐藏。

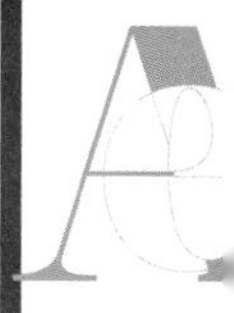

8.4 文字动画的拓展应用

本节将讲解几种文字高级动画的制作方法，如打字动画、波浪文字动画、路径文字动画等。掌握本节所学内容，可以自行尝试在 AE 中创建一些简单的文字动画。

8.4.1 创建打字动画（实例）

有时候由于项目制作需要，画面中的文字需要逐个显现出来，类似于大家用手敲击键盘打出文字。下面就为大家介绍使用文字处理器（Word Processor）制作打字动画的方法。

① 启动 AE 软件，按快捷键 Ctrl+O 打开相关素材中的“雨天 .aep”项目文件。

② 在工具栏中单击“横排文字工具”按钮T，在“合成”面板中单击输入文字，然后选中文字，在“字符”面板中调整文字参数，如图 8-52 所示。完成调整后，将文字摆放至合适位置，效果如图 8-53 所示。

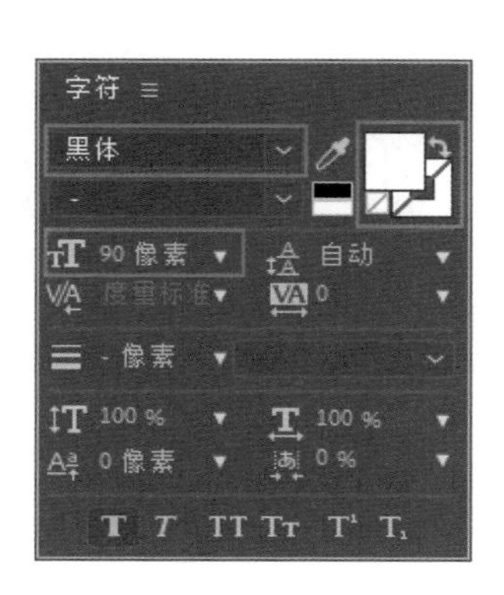

图 8-52　调整文字参数

图 8-53　将文字摆放至合适位置

③ 执行“窗口”|“效果和预设”命令，打开“效果和预设”面板，在搜索栏中输入“文字处理器”，查找到效果后，将其拖动添加到文本层中，如图 8-54 所示。

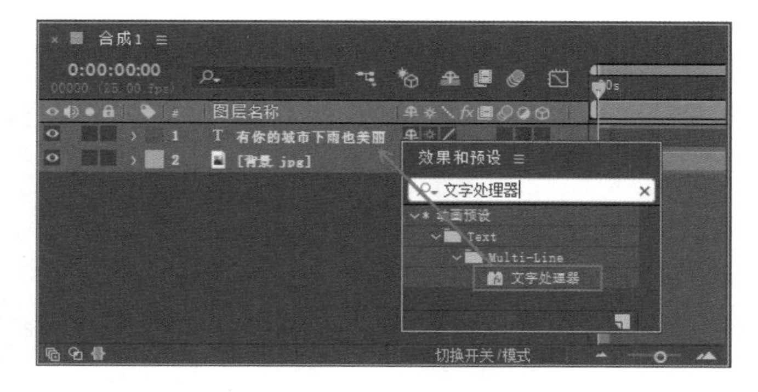

图 8-54　添加“文字处理器”效果

④ 添加效果后，在“时间轴”面板中选择文本层，按 U 键显示关键帧属性，选中“滑

块”属性中的第二个关键帧，将其向右拖动至合适位置，如图 8-55 所示，以此来降低打字动画的速度。

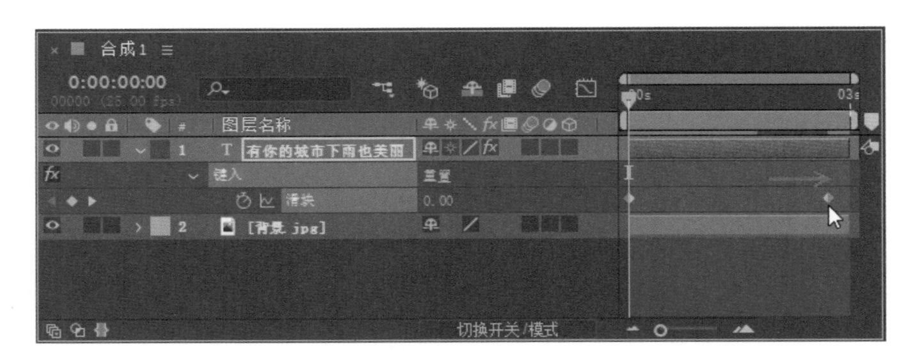

图 8-55　延长动画时间

⑤ 完成全部操作后，在“合成”面板中可以预览视频效果，如图 8-56 所示。

图 8-56　最终效果

8.4.2　文字扫光特效

文字扫光特效是制作片头字幕动画时常用的一种表现形式，灵活运用可以大大增强画面亮点，提升画面视觉效果。文字扫光特效主要是通过 CC Light Sweep（CC 扫光）效果来实现的，文字添加特效的前后效果如图 8-57 和图 8-58 所示。

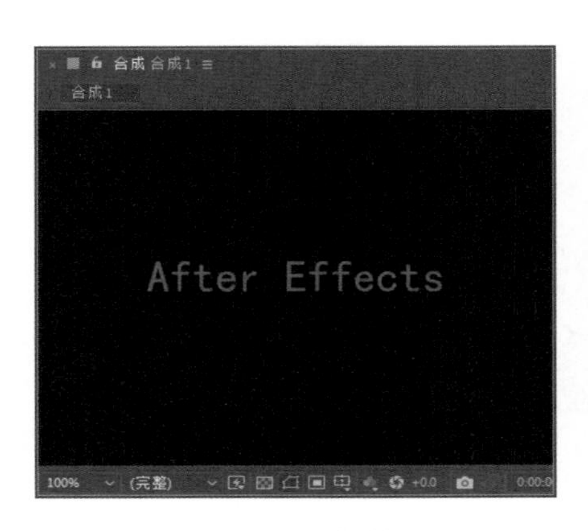

图 8-57　添加前

图 8-58　添加后

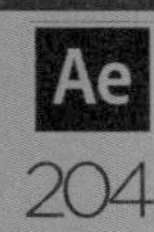

制作文字扫光特效的方法很简单，在“时间轴”面板中选择文本层，执行“效果”|“生成”|“CC Light Sweep”命令，或在“效果和预设”面板中直接搜索该效果进行拖动添加，添加完成后，在“效果控件”面板或“时间轴”面板中，可对效果的相关参数进行调整，如图 8-59 和图 8-60 所示。

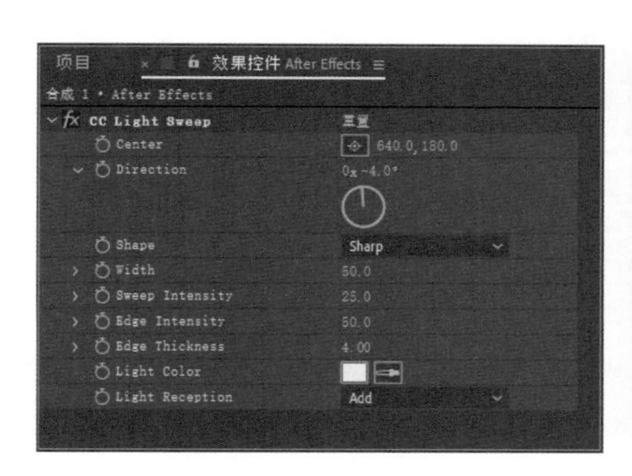

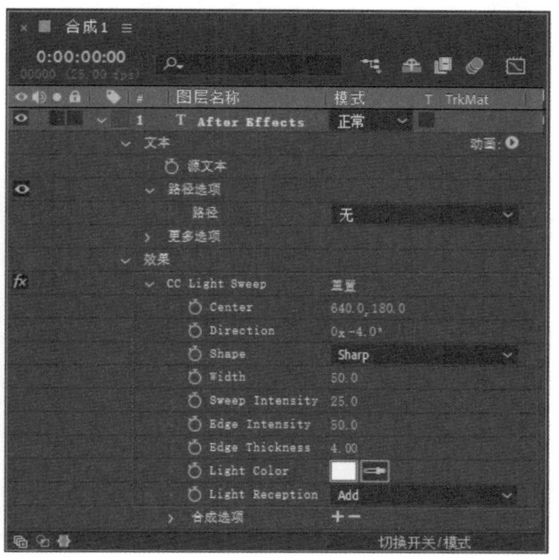

图 8-59 CC Light Sweep 参数　　图 8-60 “时间轴”面板中的 CC Light Sweep 参数

CC Light Sweep（CC 扫光）效果属性介绍如下。

- Center（中心）：用于调整光效中心的参数，同其他特效中心位置调整的方法相同，可以通过参数调整，也可以单击 Center 后面的⊕按钮，然后在“合成”面板中进行调整。
- Direction（方向）：用于调整扫光光线的角度。
- Shape（形状）：用于调整扫光形状和类型，包括 Sharp、Smooth 和 Liner 三个选项。
- Width（宽度）：用于调整扫光光柱的宽度。
- Sweep Intensity（扫光强度）：用于控制扫光的强度。
- Edge Intensity（边缘强度）：用于调整扫光光柱边缘的强度。
- Edge Thickness（边缘厚度）：用于调整扫光光柱边缘的厚度。
- Light Color（光线颜色）：用于调整扫光光柱的颜色。
- Light Reception（光线融合）：用于设置光柱与背景之间的叠加方式，其后的下拉列表中含有 Add（叠加）、Composite（合成）和 Cutout（切除）三个选项，在不同情况下需要扫光与背景不同的叠加方式。

8.4.3 波浪文字动画

波浪文字动画就是令文字产生类似水波荡漾的动画效果。波浪文字特效主要是通过“波形变形”效果来实现的，文字添加特效的前后效果如图 8-61 和图 8-62 所示。

制作文字扫光特效的方法很简单，在“时间轴”面板中选择文本层，执行“效果”|“扭曲”|“波形变形”命令，或在“效果和预设”面板中直接搜索该效果进行拖动添加，添加

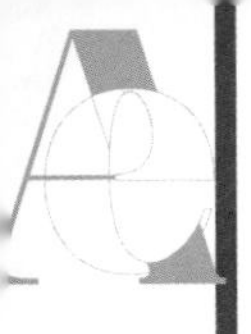

完成后，在“效果控件”面板或“时间轴”面板中，可对效果的相关参数进行调整，如图 8-63 和图 8-64 所示。

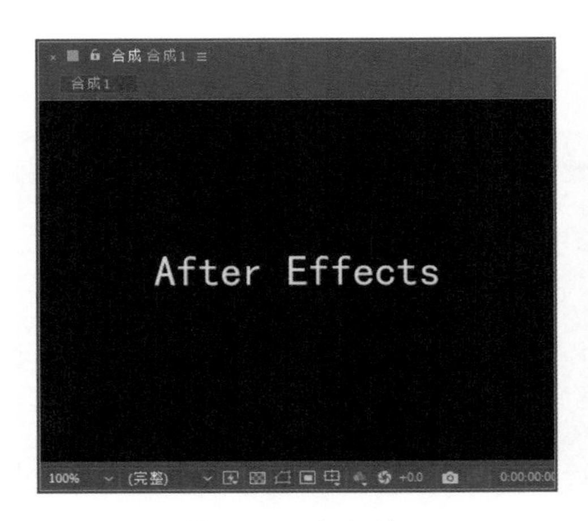

图 8-61　添加前

图 8-62　添加后

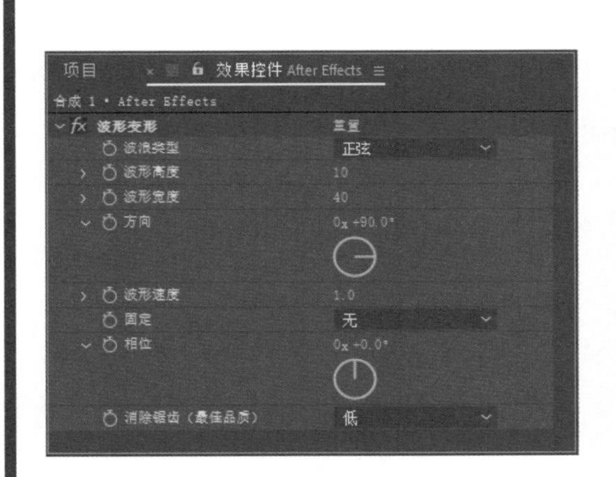

图 8-63　“波形变形”参数

图 8-64　“时间轴”面板中的“波形变形”参数

“波形变形”效果属性介绍如下。

- 波浪类型：可以设置不同形状的波形。
- 波形高度：用于设置波形的高度。
- 波形宽度：用于设置波形的宽度。
- 方向：用于调整波动的角度。
- 波形速度：用于设置波动速度，可以按该速度自动波动。
- 固定：用于设置图像边缘的各种类型。可以分别控制某个边缘，从而带来很大的灵活性。
- 相位：用于设置波动相位。
- 消除锯齿：用于设置消除锯齿的程度。

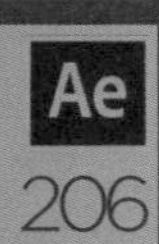

8.4.4 创建路径文字动画（实例）

使用“钢笔工具”在“合成”面板中可以绘制任意形状，并可以将绘制的形状转化为路径应用给图形或文字，以生成路径动画文字。

① 启动 AE 软件，按快捷键 Ctrl+O 打开相关素材中的“梦 .aep”项目文件。

② 在工具栏中单击“横排文字工具”按钮，在“合成”面板中单击输入文字，然后选中文字，在“字符”面板中调整文字参数，如图 8-65 所示。完成调整后，将文字摆放至合适位置，效果如图 8-66 所示。

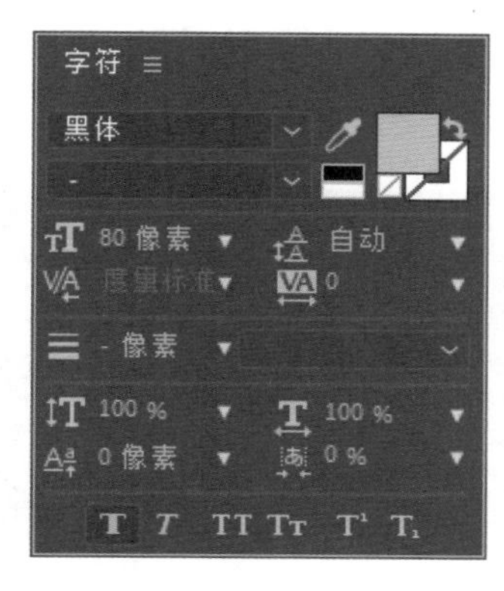

图 8-65 调整文字参数

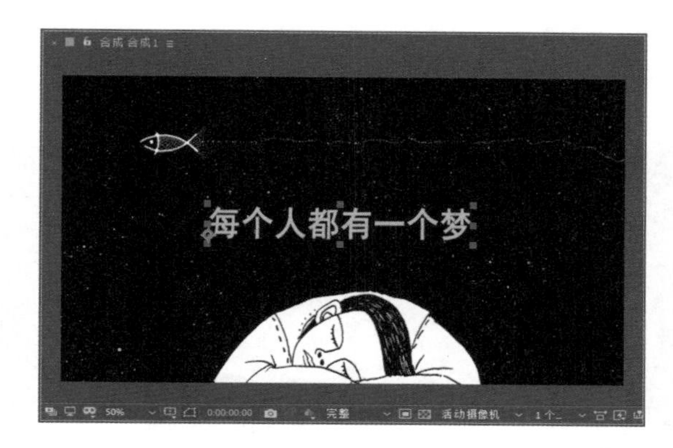

图 8-66 调整文字位置

③ 选择上述操作中创建的文本层，使用“钢笔工具”在“合成”面板中绘制一条路径，如图 8-67 所示。

④ 在“时间轴”面板中，展开文本层中的“路径选项”属性栏，展开“路径”选项下拉栏，选择“蒙版 1”选项，如图 8-68 所示。

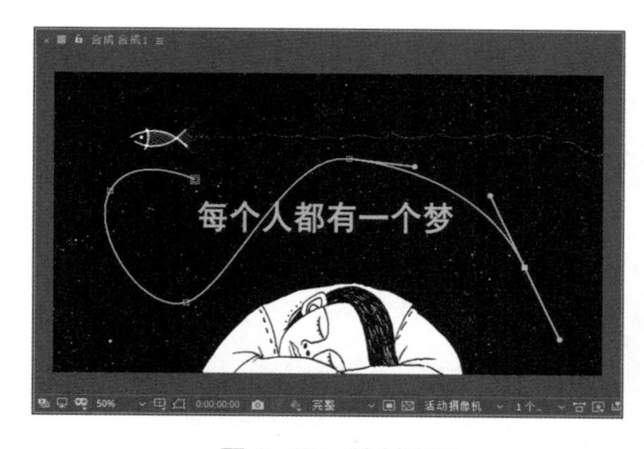

图 8-67 绘制路径

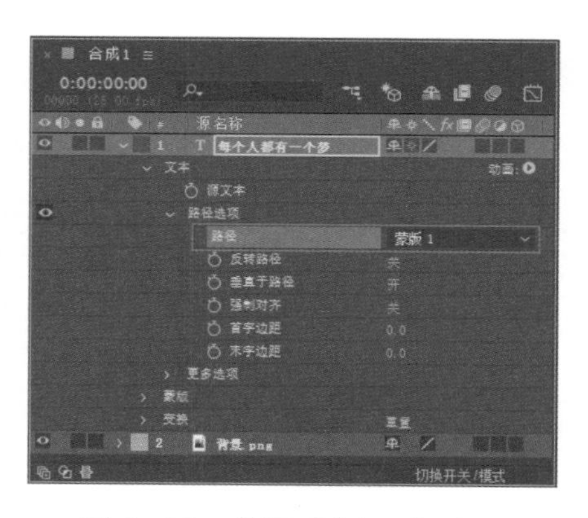

图 8-68 选择“蒙版 1”选项

⑤ 在 0:00:00:00 时间点单击“首字边距”属性左侧的“时间变化秒表”按钮，创建关键帧，如图 8-69 所示。

⑥ 修改时间点为 0:00:04:24，然后在该时间点调整“首字边距”为 1600，创建第二个关键帧，如图 8-70 所示。

⑦ 完成全部操作后，在“合成”面板中可以预览视频效果，如图 8-71 所示。

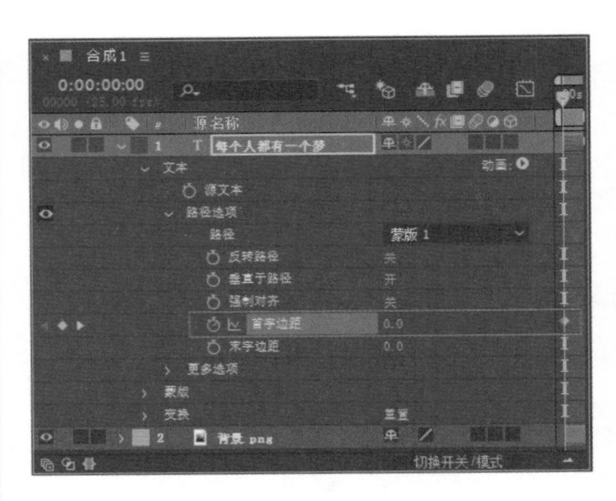

图 8-69　创建第一个关键帧

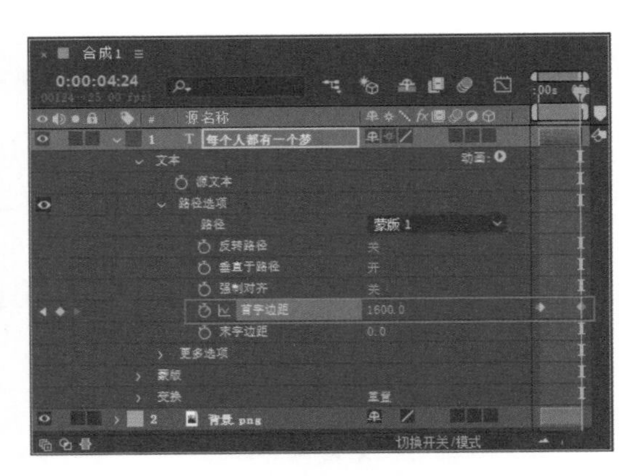

图 8-70　创建第二个关键帧

图 8-71　最终效果

8.4.5　制作汇聚文字特效（实例）

下面结合本章所学，介绍汇聚文字特效的制作方法。本例主要通过为文本层变换属性中的“旋转”参数设置关键帧，并使拆分的文字从不同角度移动到同一中心点，来产生汇聚文字效果。

① 启动 AE 软件，按快捷键 Ctrl+O 打开相关素材中的“汇聚文字 .aep”项目文件。

② 工具栏中单击“横排文字工具”按钮T，在“合成”面板中单击输入“F”，然后选中该字母，在“字符”面板中调整文字参数，如图 8-72 所示。完成调整后，将文字摆放至合适位置，效果如图 8-73 所示。

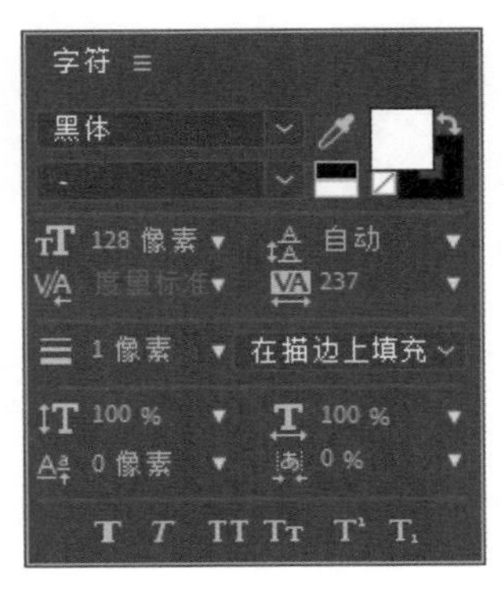

图 8-72　调整文字参数

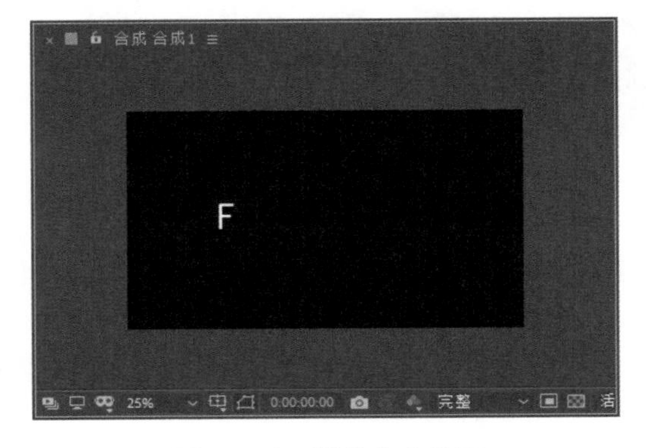

图 8-73　调整文字位置

③ 用上述同样的方法，继续创建字母“a”“s”“h”“i”“o”“n”“S”“h”“o”和“w”的文本层，如图 8-74 所示。在“合成”面板对应的文字排列效果如图 8-75 所示。

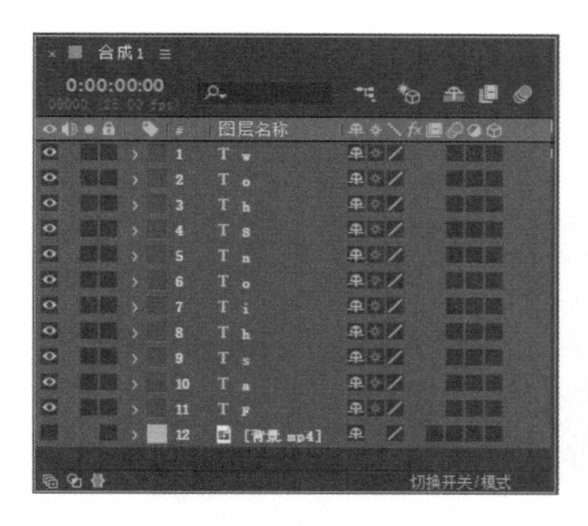

图 8-74　创建各文本层

图 8-75　将文字排列为单词

④ 在“时间轴”面板中选中所有文本层，按 P 键显示“位置”属性，再按快捷键 Shift+R 同时显示“旋转”属性。在 0:00:00:24 时间点单击“位置”和“旋转”属性左侧的“时间变化秒表”按钮，为选中的文本层统一创建关键帧，如图 8-76 所示。

提示　在素材层全部选中的状态下，只需要单击其中一个素材层的“时间变化秒表”按钮即可为其他素材层同时添加该关键帧。

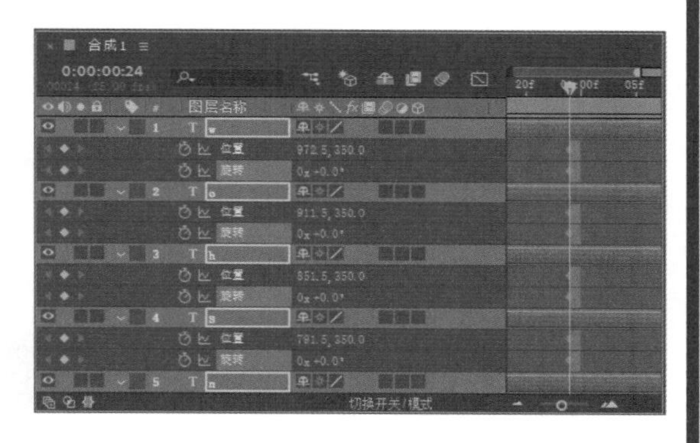

图 8-76　创建关键帧

⑤ 修改时间点到 0:00:00:00 位置，在该时间点从上至下分别按照表 8-1 所示的“Fashion Show”拆分字母的参数设置对应图层的“位置”和“旋转”参数。

表 8-1　各拆分字母的参数

文字图层名称	位置参数	旋转参数
w	-100，790	1x+0°
o	439，842	1x+0°
h	919，862	1x+0°
S	1420，806	1x+0°
n	1400，338	1x+0°
o	1332，-129	1x+0°
i	997，-198	1x+0°
h	624，-218	1x+0°
s	293，-227	1x+0°
a	-93，-116	1x+0°
F	-100，348	1x+0°

提示 表格中的参数仅供参考，读者需要根据实际情况进行调整，将 0:00:00:00 时间点的各个文字调整到画面以外，并按一定顺序排列即可；这里的“Fashion Show”拆分字母是从下至上排序的，即 1 号图层为末尾的“w”字母，11 号图层为首端的“F”字母。

⑥ 在“时间轴”面板中，开启所有文本层的运动模糊效果，如图 8-77 所示。在“合成”面板的对应显示效果如图 8-78 所示。

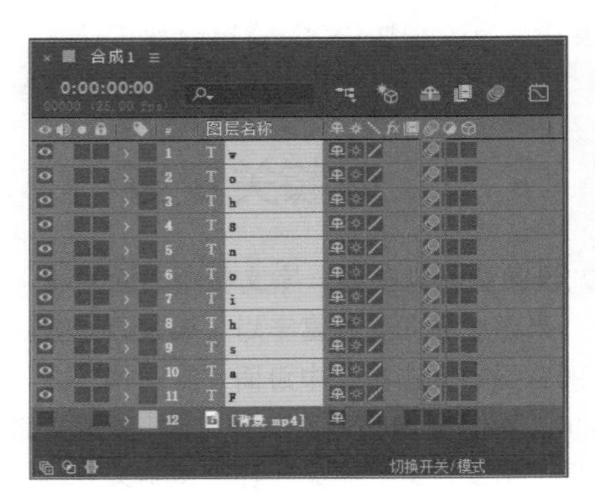

图 8-77 开启运动模糊效果

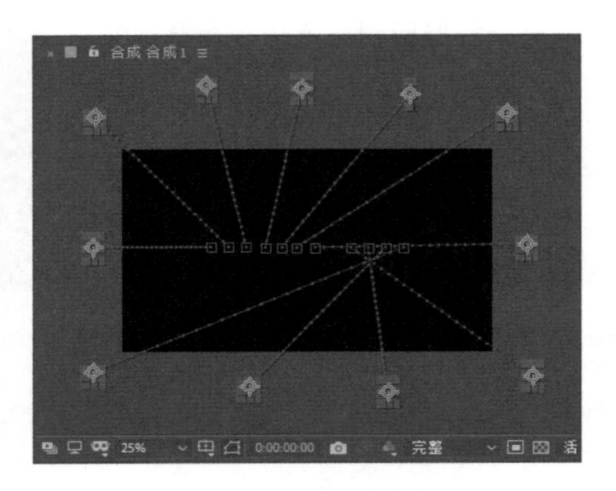

图 8-78 合成面板显示效果

⑦ 在“时间轴”面板中选择首个大写字母“F”对应的文本层，然后修改时间点为 0:00:00:24，执行“效果”|“风格化”|“发光”命令，并在“效果控件”面板中完成“发光”效果的参数设置，如图 8-79 所示。设置完成后，在“合成”面板对应的发光效果如图 8-80 所示。

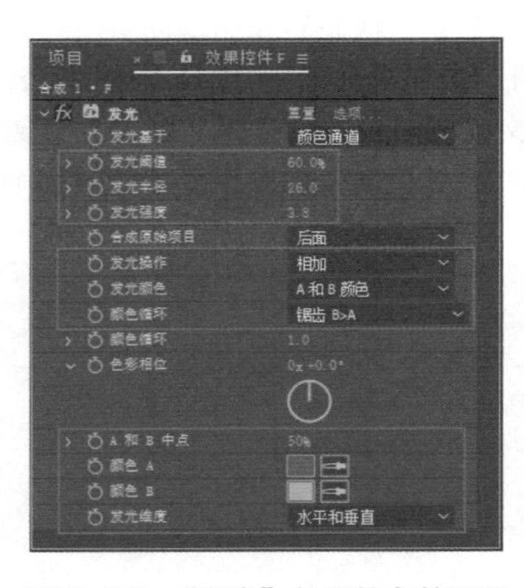

图 8-79 “发光”效果的参数设置

图 8-80 当前显示效果

⑧ 选择首个大写字母“F”对应的文本层，在“效果控件”面板中单击“发光”效果按钮，按快捷键 Ctrl+C 复制该效果。然后在“时间轴”面板中同时选中剩余文本层，按快捷键 Ctrl+V 统一粘贴效果，完成操作后，在“合成”面板中对应的显示效果如图 8-81 所示。

⑨ 在“时间轴”面板中选择“背景 .mp4”素材层，恢复该素材层的显示，然后按 T 键显示“不透明度”属性，在 0:00:00:00 时间点单击“不透明度”属性左侧的“时间变化秒表”

按钮，创建关键帧，并调整“不透明度”为 0%，如图 8-82 所示。

图 8-81　发光效果

图 8-82　创建第一个关键帧

⑩ 修改时间点为 0:00:01:00，然后在该时间点调整“不透明度”为 100%，创建第二个关键帧，如图 8-83 所示。

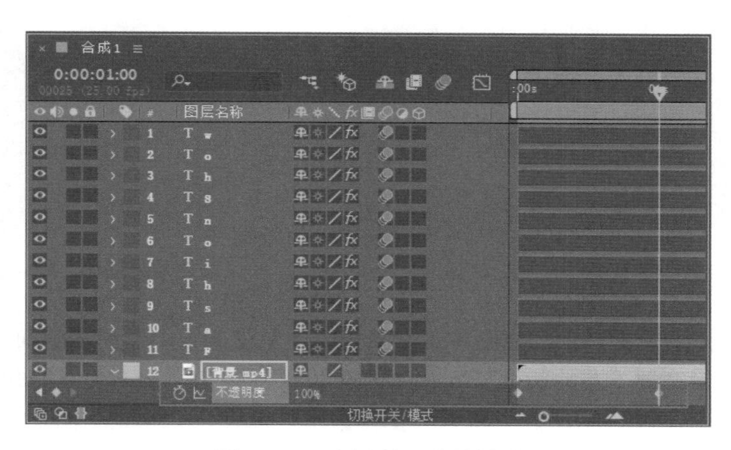

图 8-83　创建第二个关键帧

⑪ 完成全部操作后，在“合成”面板中可以预览视频效果，如图 8-84 所示。

图 8-84　最终效果

第 9 章 视频的渲染与输出

扫码尽享
AE 全方位学习

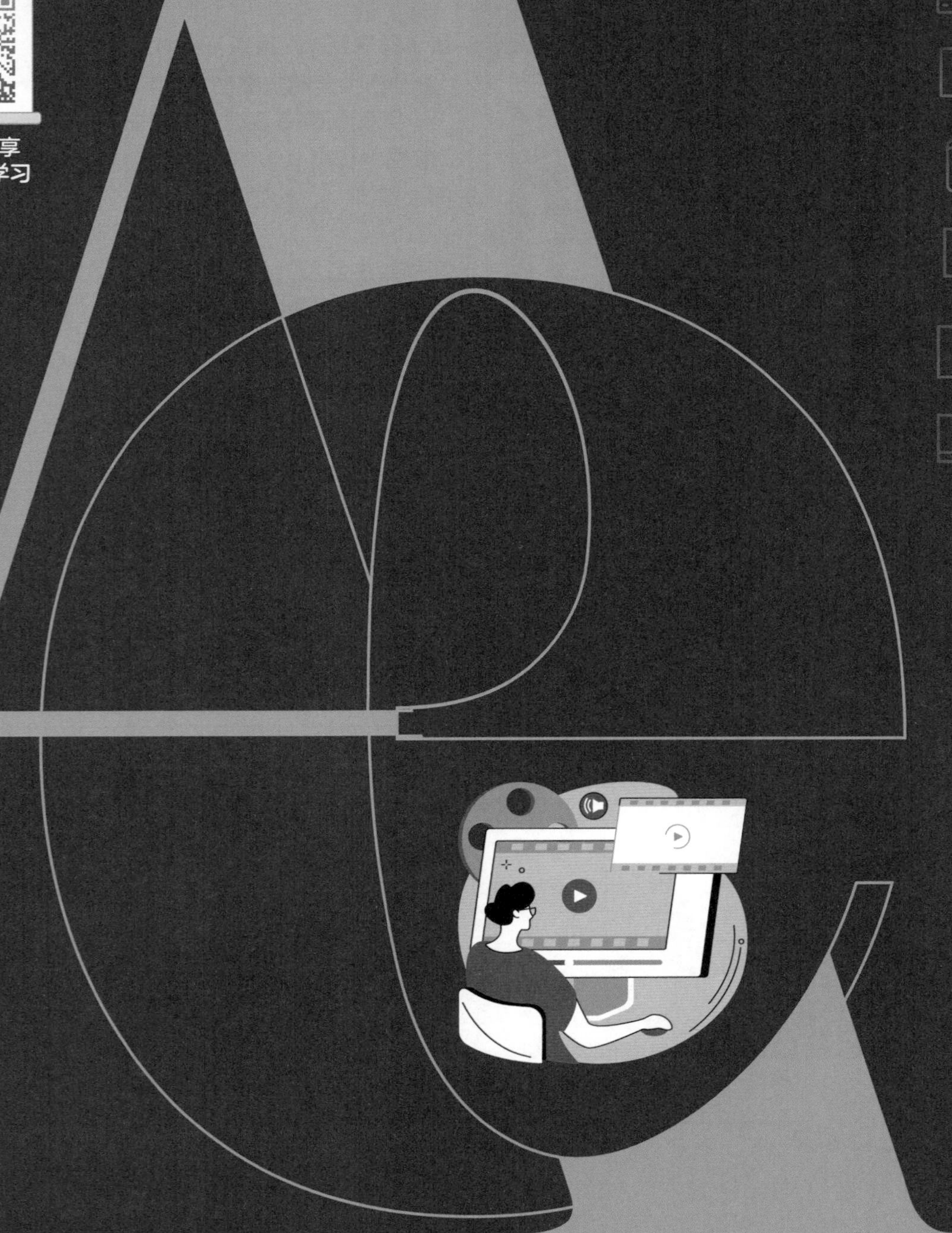

在影视动画的制作过程中，渲染是一项经常使用的功能。编辑完成的剪辑项目，通常要按照需要的格式渲染输出，最终成为可以分享和保存的影视作品。渲染及输出的时间长度与影片的长度、内容的复杂程度和画面大小等息息相关，不同的影片输出时所需的时间也会有差异。本章详细介绍影片的渲染和输出的相关操作。

9.1 渲染的概念

许多三维软件或后期制作软件，在完成作品的制作后，都需要进行渲染，将最终的作品以可以打开或播放的格式呈现出来，并使其可以在更多的设备上进行播放。

9.1.1 什么是渲染

渲染通常是指最终的输出过程。其实创建在“素材”面板或“时间轴”面板中显示预览的过程也属于渲染，但这些并不是最终渲染。真正的渲染是最终输出一个可用的文件格式。在AE中主要有两种渲染方式，分别是在“渲染队列”中渲染、在Adobe Media Encoder中渲染。

9.1.2 为什么要渲染

在AE中完成动画效果的制作后，可以直接按空格键进行播放，查看动画效果。但实际上，渲染需要使AE中的动画效果生成并输出为一个视频、图片、音频、序列等需要的格式，例如输出常用的.mp4、.mov等视频格式，这样可以确保视频在手机或计算机上播放，也便于大家将视频上传或分享至网络社交圈。

9.1.3 AE支持的渲染格式

在AE中可以渲染很多格式，如视频和动画格式、静止图像格式、仅音频格式、视频项目格式等。

（1）视频和动画格式

- Quick Time（MOV）
- Video for Windows（AVI；仅限Windows）

（2）静止图像格式

- Adobe Photoshop（PSD）
- Cineon（CIN、DPX）
- Maya IFF（IFF）
- JPEG（JPG、JPE）
- OpenEXR（EXR）
- PNG（PNG）

- Radiance（HDR、RGBE、XYZE）
- SGI（SGI、BW、RGB）
- Targa（TGA、VBA、ICB、VST）
- TIFF（TIF）

（3）仅音频格式

- 音频交换文件格式（AIFF）
- MP3
- WAV

（4）视频项目格式

在 AE 中可以直接渲染出 Adobe Premiere Pro 项目格式（PRPROJ），从而在 Premiere 中无缝打开。

9.1.4 渲染的一般步骤

一般来说，大家在 AE 中完成项目文件的编辑和制作后，如果对视频效果满意，就可以执行渲染操作，通过自定义渲染参数，得到渲染出的文件，如图 9-1 ～图 9-3 所示。

图 9-1　设置渲染参数

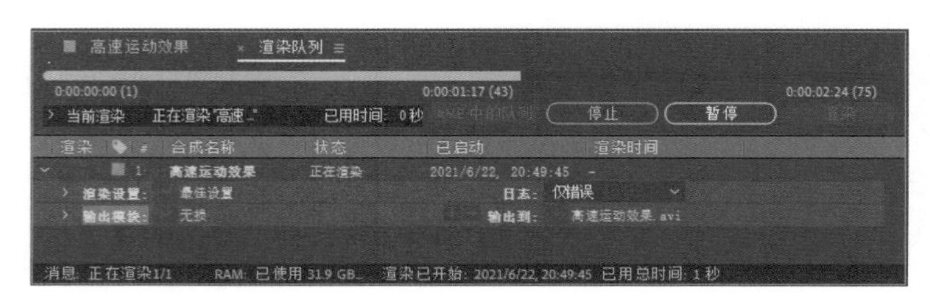

图 9-2　执行渲染操作

图 9-3　得到渲染好的视频文件

9.2　渲染工作区的设置

制作完成一部影片，最终需要对其进行渲染，而有些渲染的影片并不一定是整个工作区的影片，有时只需要渲染其中的一部分，这就需要对渲染工作区进行单独设置。

渲染工作区位于“时间轴”面板中，由“工作区域开头”和“工作区域结尾”两点控制渲染区域，如图 9-4 所示。将鼠标指针放在“工作区域开头”或“工作区域结尾”的位置时，光标会变成方向箭头，此时按住鼠标左键向左或向右拖动，即可修改工作区的位置。

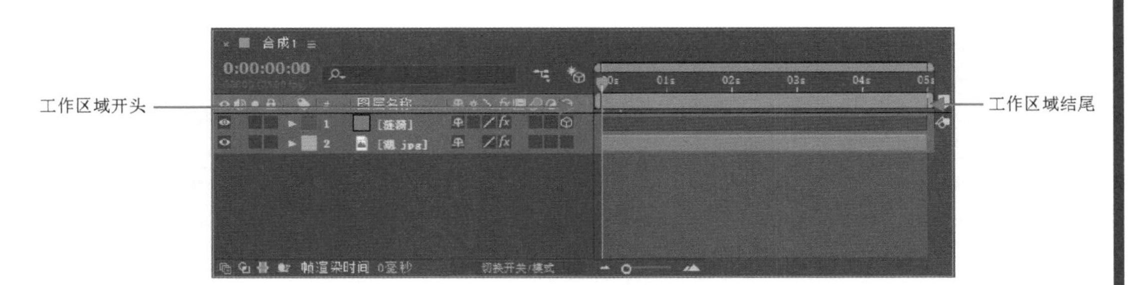

图 9-4　渲染工作区

9.2.1　手动调整渲染工作区

手动调整渲染工作区的方法非常简单，只需要对开始和结束工作区的位置进行调整，即可改变渲染工作区。在“时间轴”面板中，将鼠标指针移至“工作区域开头”位置，当指针变为箭头状态后，按住鼠标左键向左或向右拖动，即可修改开始工作区的位置，如图 9-5 所示。

用同样的方法，将鼠标指针移至“工作区域结尾”位置，当指针变为箭头状态后，按住鼠标左键向左或向右拖动，即可修改结束工作区的位置，如图 9-6 所示。调整完成后，渲染工作区即被修改，这样在渲染时，就可以通过设置渲染工作区来渲染工作区内的动画。

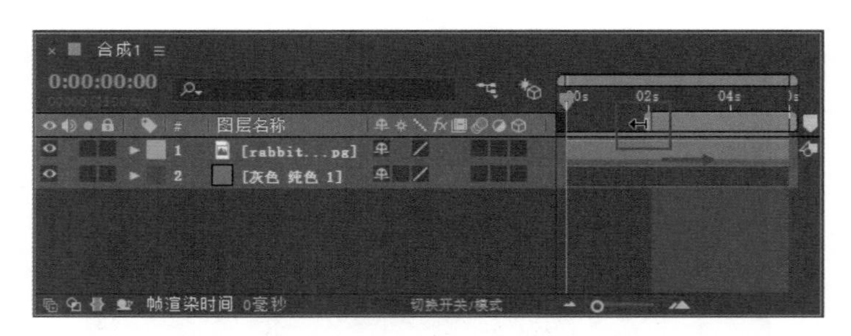

图 9-5　修改开始工作区的位置

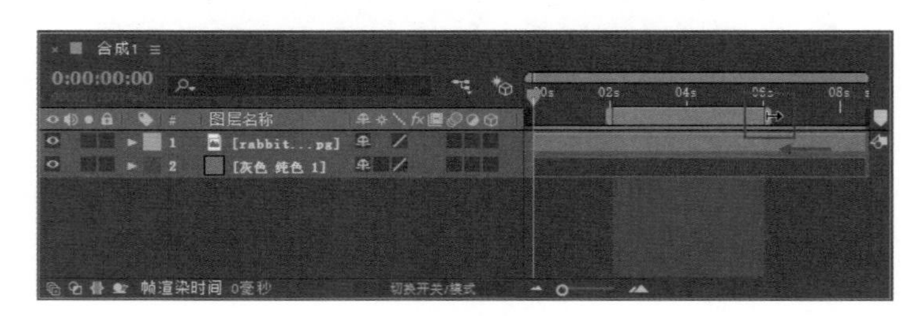

图 9-6　修改结束工作区的位置

提示 在手动调整开始和结束工作区时，若想精确地控制开始或结束工作区的时间帧位置，可以先将时间设置到需要的位置，即将时间线拖动至相应时间点，然后在按住 Shift 键的同时拖动开始或结束工作区，可以以吸附的形式将其调整到时间线位置。

9.2.2　利用快捷键调整渲染工作区

除了上述所讲的手动调整渲染工作区的方法，还可以利用快捷键来调整渲染工作区。

在“时间轴”面板中，将时间线拖动到所需时间点，确定开始工作区的时间位置，然后按 B 键，即可将开始工作区调整到当前位置。继续在“时间轴”面板中拖动时间线到另一时间点，确定结束工作区的时间位置，然后按 N 键，即可将结束工作区调整到当前位置。

9.3　渲染队列面板

要进行影片的渲染，首先要启动渲染队列面板，如图 9-7 所示。

图 9-7　启动渲染队列面板

在 AE 中有以下两种快速启动渲染队列面板的方法。

- 方法一：在“项目”面板中选择一个合成文件，按快捷键 Ctrl+M 即可快速启动渲染队列面板。
- 方法二：在“项目”面板中选择一个合成文件，执行“合成”|“添加到渲染队列”命令，即可启动渲染队列面板。

渲染队列面板是渲染输出的重要区域，通过该面板可以全面地进行渲染设置。渲染队列面板可大致分为“当前渲染”“渲染组”和“所有渲染”三个部分。

9.3.1 当前渲染

“当前渲染”区显示了当前渲染的影片信息，包括渲染的名称、用时、渲染进度等信息，如图 9-8 所示。

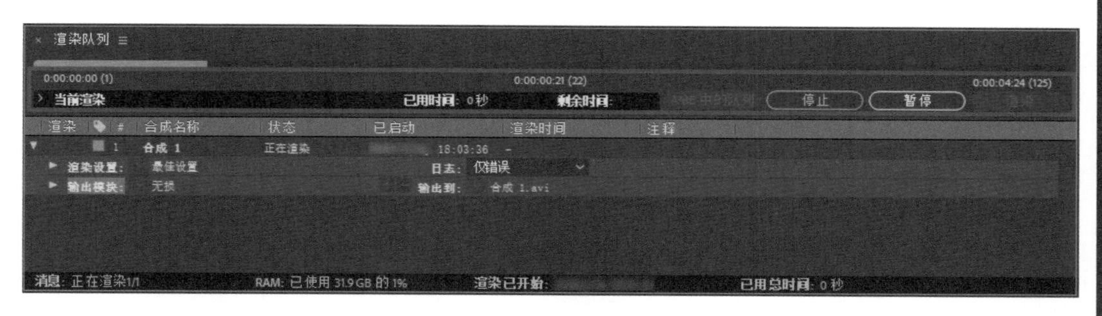

图 9-8 “当前渲染”区

“当前渲染”区重要参数含义如下。

- 已用时间：显示渲染影片已经使用的时间。
- 剩余时间：显示渲染影片预计还需多少时间。
- “停止”按钮：在影片渲染过程中，单击该按钮将结束影片的渲染。
- “暂停”按钮：在影片渲染过程中，单击该按钮可以暂停渲染。
- “继续”按钮：单击该按钮，可以继续渲染影片。该按钮只有在按下“暂停”按钮后才会显示。
- “渲染”按钮：单击该按钮，即可进行影片的渲染。渲染过程中会暗显，不可用。

展开“当前渲染”左侧的 按钮，会显示“当前渲染”的详细资料，包括正在渲染的合成名称、正在渲染的层、影片的大小、输出影片所在的磁盘位置等资料，如图 9-9 所示。

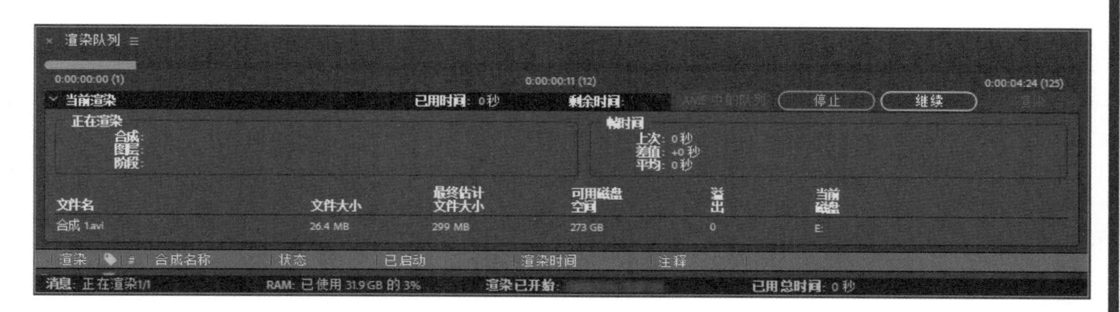

图 9-9 “当前渲染”的详细资料

“当前渲染”展开区部分参数介绍如下。

- 合成：显示当前正在渲染的合成项目。
- 图层：显示当前合成项目中，正在渲染的层。
- 阶段：显示正在被渲染的内容，如特效、合成等。
- 上次：显示最近几秒时间。
- 差值：显示最近几秒时间中的差额。
- 平均：显示时间的平均值。
- 文件名：显示影片输出的名称及文件格式。
- 最终估计文件大小：显示估计完成影片的最终文件大小。
- 可用磁盘空间：显示当前输出影片所在磁盘的剩余空间大小。
- 溢出：显示溢出磁盘的大小。当最终文件大小小于磁盘剩余空间时，这里将显示溢出大小。
- 当前磁盘：显示当前渲染影片所在的磁盘分区位置。

9.3.2 渲染组

渲染组显示了要进行渲染的合成列表，并显示了渲染的合成名称、状态、渲染时间等信息，可通过参数修改渲染的相关设置，如图 9-10 所示。

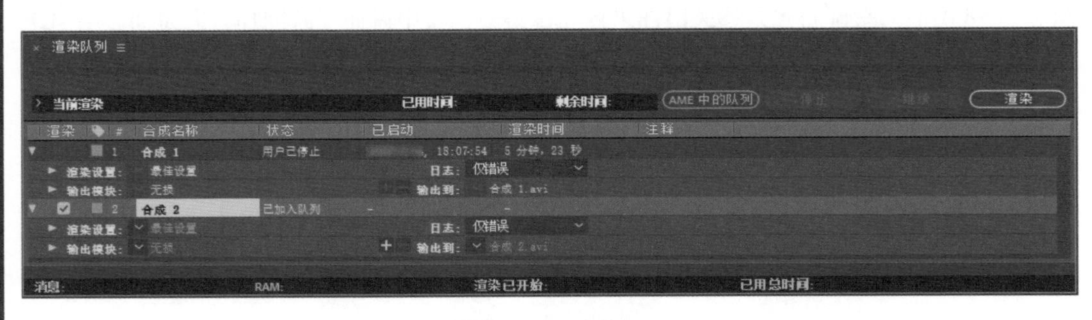

图 9-10 渲染组

（1）渲染组合成项目的添加

要想进行多影片的渲染，就需要将影片添加到渲染组中，渲染组合成项目的添加有三种方法，具体如下。

- 在“项目”面板中，选择一个合成文件，然后按快捷键 Ctrl+M。
- 在“项目”面板中，选择一个或多个合成文件，执行“合成”|“添加到渲染队列”命令。
- 在“项目”面板中，选择一个或多个合成文件直接拖动到渲染组队列中。

（2）渲染组合成项目的删除

渲染组队列中，有些合成项目不再需要，此时就需要将该项目删除，合成项目的删除有两种方法，具体如下。

- 在渲染组中，选择一个或多个要删除的合成项目，然后执行“编辑”|“清除”命令。

- 在渲染组中，选择一个或多个要删除的合成项目，然后按 Delete 键。

（3）修改渲染顺序

如果有多个渲染合成项目，系统默认是从上向下依次渲染影片，如果想要修改渲染的顺序，可以将影片进行位置的移动。在渲染组中，选择一个或多个合成项目，按住鼠标左键拖动合成到需要的位置，当有粗长线出现时，释放鼠标即可移动合成位置，如图 9-11 所示。

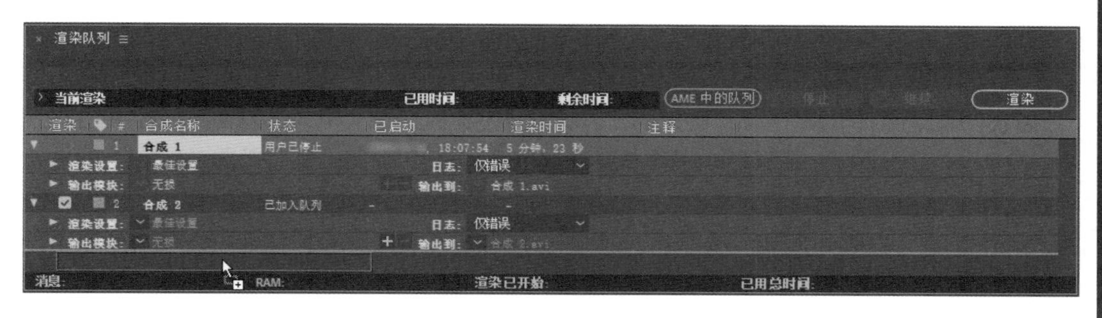

图 9-11　移动合成位置修改渲染顺序

（4）渲染组标题的参数含义

渲染组标题内容丰富，包括渲染、标签、序号、合成名称和状态等，对应的参数含义如下。

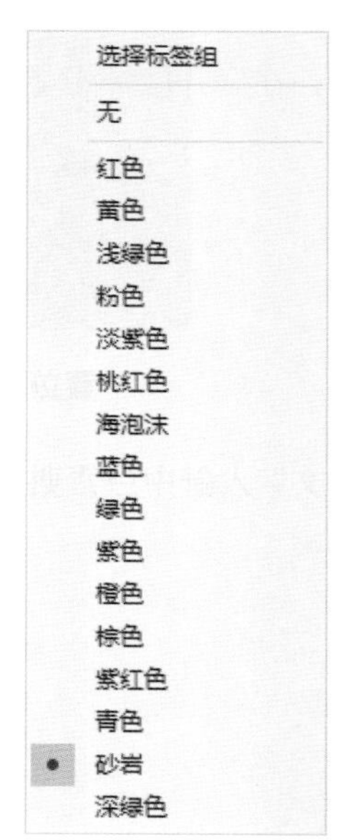

图 9-12　标签菜单

- 渲染：设置影片是否参与渲染。在影片没有渲染前，每个合成的前面都有一个复选框，勾选该复选框，表示该影片参与渲染，在单击“渲染”按钮后，影片会按从上向下的顺序进行逐一渲染。如果某个影片没有勾选，则不进行渲染。
- 标签：对应灰色的方块，用来为影片设置不同的标签颜色。单击某个影片前面的色块■将打开一个菜单，可以为标签设置不同的颜色，如图 9-12 所示。
- 序号：对应渲染队列的排序。
- 合成名称：显示渲染影片的合成名称。
- 状态：显示影片的渲染状态，一般包括五种，其中“未加入队列”表示渲染时忽略该合成，只有勾选其前面的复选框，才可以渲染；“用户已停止”表示在渲染过程中单击“停止”按钮即停止渲染；“完成”表示已经完成渲染；“渲染中”表示影片正在渲染中；“队列”表示勾选了合成前面的复选框，影片正在等待渲染。

- 已启动：显示影片渲染的开始时间。
- 渲染时间：显示影片已经渲染的时间。

9.3.3　所有渲染

“所有渲染”区显示了当前渲染的影片信息，包括队列的数量、内存使用量、渲染的时

间和日志文件的位置等信息，如图 9-13 所示。

消息：正在渲染1/1　RAM：已使用 31.9 GB 的 1%

渲染已开始：　已用总时间：0 秒

图 9-13 “所有渲染”区

“所有渲染”区参数含义如下。

- 消息：显示渲染影片的任务及当前渲染的影片。
- RAM（内存）：显示当前渲染影片的内存使用量。
- 渲染已开始：显示开始渲染影片的时间。
- 已用总时间：显示渲染影片已经使用的时间。

9.4 设置渲染模板

在应用渲染队列渲染影片时，可以对渲染影片应用软件提供的模板，这样可以更快地渲染出需要的影片效果。

9.4.1 更改渲染模板

在渲染组中，已经提供了几种常用的渲染模板，可以根据需要直接使用现有模板来渲染影片。

在渲染组中展开合成文件，单击“渲染设置”右侧的 按钮，将打开渲染设置菜单，并在展开区域中显示当前模板的相关设置，如图 9-14 所示。

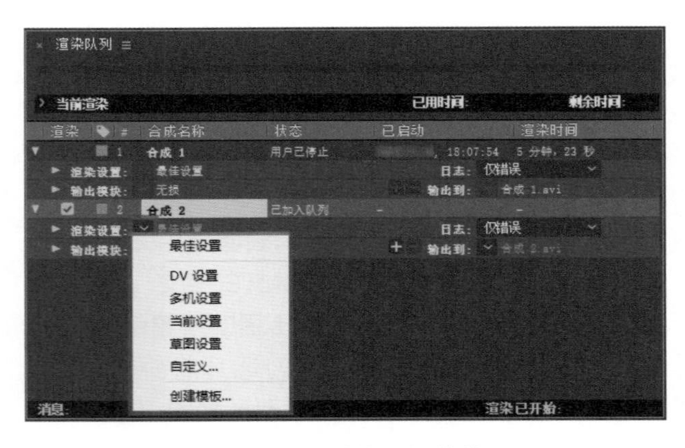

图 9-14 渲染设置菜单

渲染菜单中显示了几种常用的模板，通过移动鼠标并单击，可以选择需要的渲染模板，各模板的含义介绍如下。

- 最佳设置：以最好的质量渲染当前影片。
- DV 设置：以符合 DV 文件的设置渲染当前影片。
- 多机设置：可以在多机联合渲染时，各机分工协作进行渲染设置。
- 当前设置：使用在合成面板中的参数设置。
- 草图设置：以草稿质量渲染影片，一般在测试或观察影片的最终效果时使用。

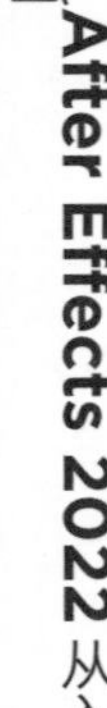

- 自定义：自定义渲染设置，选择该选项时会打开“渲染设置”对话框。
- 创建模板：用户可以制作自己的模板。选择该项将打开“渲染设置模板”对话框。
- 输出模板：单击右侧的按钮，将打开默认输出模板，可以选择不同的输出模板，如图 9-15 所示。

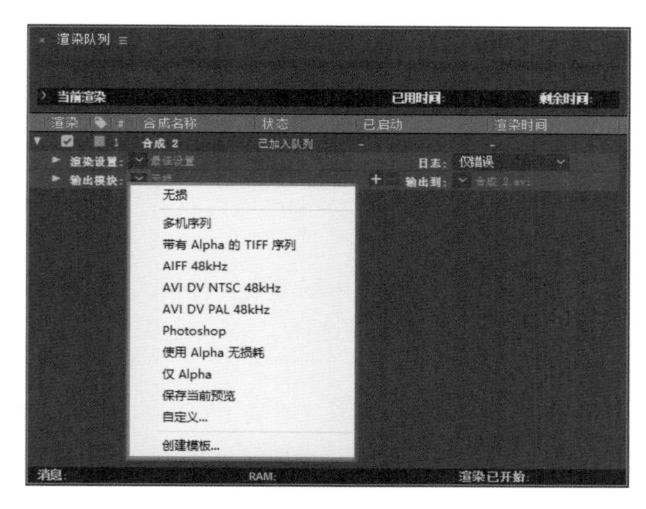

图 9-15　输出模板

- 日志：设置输出影片的日志显示信息。
- 输出到：设置输出影片的位置和名称。

9.4.2　渲染设置

在渲染组中，单击“渲染设置”右侧的按钮，打开渲染设置菜单，然后选择“自定义”命令，或直接单击右侧的蓝色文字，将打开“渲染设置”对话框，如图 9-16 所示。

在“渲染设置”对话框中，参数的设置主要针对影片的质量、解析度、影片尺寸、磁盘缓存、音频特效、时间采样等方面，具体的含义如下。

- 品质：设置影片的渲染质量，包括“最佳”“草图”和“线框”三个选项。
- 分辨率：设置渲染影片的分辨率，包括“完整”“二分之一”“三分之一”“四分之一”和“自定义”五个选项。
- 大小：显示当前合成项目的尺寸大小。
- 磁盘缓存：设置是否使用缓存设置，如果选择“只读”选项，表示采用

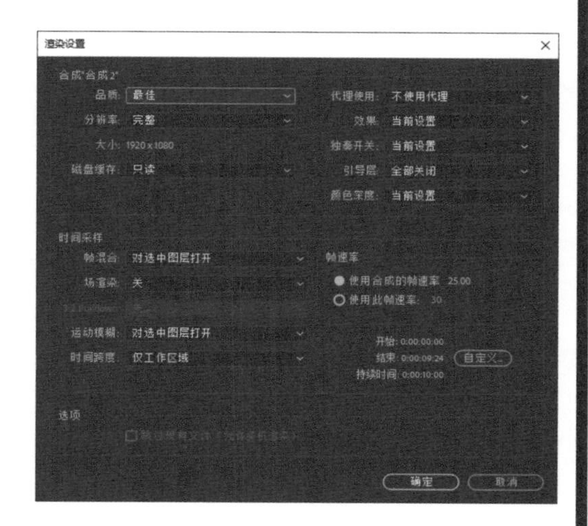

图 9-16　“渲染设置”对话框

缓存设置。“磁盘缓存”可以通过选择“编辑”|“首选项”|“内存和多重处理”来设置。

- 代理使用：设置影片渲染的代理，包括“使用所有代理”“仅使用合成代理”“不使用代理”三个选项。
- 效果：设置渲染影片时是否关闭特效，包括“全部开启”和“全部关闭”。
- 独奏开关：设置渲染影片时是否关闭独奏，选择“全部关闭”将关闭所有独奏。
- 引导层：设置渲染影片是否关闭所有辅助层，选择“全部关闭”将关闭所有辅助层。
- 颜色深度：设置渲染影片的每一个通道颜色深度为多少位色彩深度，包括“每通道 8 位”“每通道 16 位”“每通道 32 位”三个选项。
- 帧混合：设置帧混合开关，包括“对选中图层打开”和“对所有图层关闭”两个选项。
- 场渲染：设置渲染影片时，是否使用场渲染，包括“关”“高场优先”“低场优先”三个选项。如果渲染非错场影片，选择“关”选项；如果渲染交错场影片，选择上场或下场优先渲染。
- 3 ： 2 Pulldowm（3 ： 2 折叠）：设置 3 ： 2 下拉的引导相位法。
- 运动模糊：设置渲染影片运动模糊是否使用，包括“对选中图层打开”“对所有图层关闭”两个选项。
- 时间跨度：设置有效的渲染片段，包括“合成长度”“仅工作区域”和“自定义”三个选项。
- 使用合成的帧速率：使用合成影片中的帧速率，即创建影片时设置的合成帧速率。
- 使用此帧速率：可以在右侧的文本框中，输入一个新的帧速率，渲染影片将按这个新指定的帧速率进行渲染输出。
- 跳过现有文件（允许多机渲染）：在渲染影片时，只渲染丢失过的文件，不再渲染以前渲染过的文件。

9.4.3 创建渲染模板

现有模板往往不能满足用户的需求，这时可以根据自己的需要来制作渲染模板，并将其保存起来，方便日后调用。执行“编辑”|“模板”|“渲染设置”命令，或单击“渲染设置”右侧的按钮，打开渲染设置菜单，选择“创建模板”命令，打开“渲染设置模板”对话框，如图 9-17 所示。

在“渲染设置模板”对话框中，参数的设置主要针对影片的默认影片、默认帧、模板的名称、编辑、删除等方面，具体含义如下。

- 影片默认值：可以从右侧的下拉菜单中选择一种默认的影片模板。
- 帧默认值：可以从右侧的下拉菜单中选择一种默认的帧模板。
- 预渲染默认值：可以从右侧的下拉菜单中选择一种默认的预览模板。
- 影片代理默认值：可以从右侧的下拉菜单中选择一种影片代理模板。
- 静止代理默认值：可以从右侧的下拉菜单中选择一种静态图片模板。

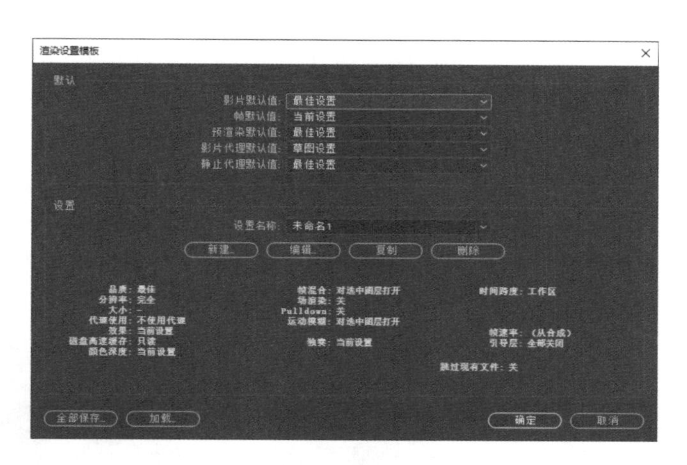

图 9-17 “渲染设置模板”对话框

- 设置名称：可以在右侧的文本框中输入设置名称，也可以通过单击右侧的 按钮，从打开的菜单中选择一个名称。
- “新建”按钮：单击该按钮，将打开“渲染设置”对话框，创建一个新的模板并可以设置新模板的相关参数。
- “编辑”按钮：通过“设置名称”选项，选择一个要修改的模板名称，然后单击该按钮，可以对当前的模板进行修改操作。
- “复制”按钮：单击该按钮，可以将当前选择的模板复制出一个副本。
- “删除”按钮：单击该按钮，可以将当前选择的模板删除。
- “保存全部”按钮：单击该按钮，可以将模板存储为一个后缀为“.ars”的文件，便于以后的使用。
- “加载”按钮：将后缀为“.ars”的模板载入使用。

9.4.4 创建输出模块模板

执行“编辑”|“模板”|“输出模块”命令，或单击“输出模块”右侧的 按钮，打开输出模块菜单，选择“创建模板”命令，打开“输出模块模板”对话框，如图 9-18 所示。

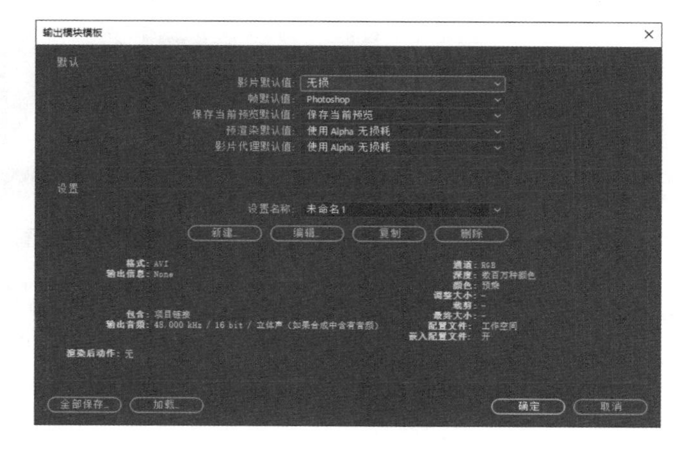

图 9-18 “输出模块模板”对话框

在“输出模块模板”对话框中，参数的设置主要针对影片的默认影片、默认帧、模板的名称、编辑、删除等方面，具体的含义与渲染模板大致相同，下面讲解几种常用格式的含义。

- 仅 Alpha：只输出 Alpha 通道。
- 无损：输出的影片为无损压缩。
- 使用 Alpha 无损耗：输出带有 Alpha 通道的无损压缩影片。
- AVI DV NTSC 48kHz（微软 48 位 NTSC 制 DV）：输出微软 48kHz 的 NTSC 制式 DV 影片。
- AVI DV PAL 48kHz（微软 48 位 PAL 制 DV）：输出微软 48kHz 的 PAL 制式 DV 影片。
- 多机序列：在多机联合的形状下输出多机序列文件。
- Photoshop（Photoshop 序列）：输出 Photoshop 的 PSD 格式序列文件。
- 新建：可以创建输出模板，方法与创建渲染模板的方法相同。
- 编辑：单击该按钮，将打开“输出模块设置”对话框，如图 9-19 所示。

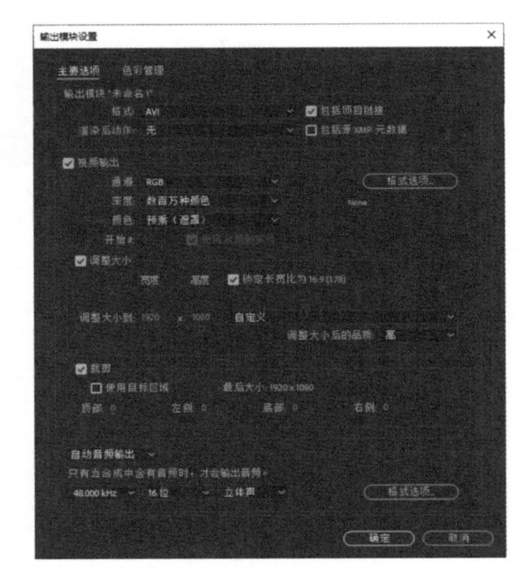

图 9-19 “输出模块设置”对话框

9.5 设置视频输出格式

当一个视频或音频文件制作完成后，就要将最终的结果输出，以发布成最终作品。AE 提供了多种输出方式，可以通过不同的设置，快速输出需要的影片。

在“渲染队列”面板中，单击“输出模块”右侧的“无损”蓝色文字，打开“输出模块设置”对话框，在“格式”选项下拉列表中可以设置需要输出的文件格式，如图 9-20 所示。

图 9-20 可选的文件格式

9.5.1 输出序列图片（实例）

下面讲解在 AE 中输出序列图片的操作方法。

① 启动 AE 软件，执行“文件”|“打开项目”命令，在弹出的“打开”对话框中选择“小松鼠 .aep”项目文件，单击“打开”按钮，将文件打开，效果如图 9-21 所示。

② 执行“合成”|“添加到渲染队列”命令，打开“渲染队列”面板，如图 9-22 所示。

图 9-21　打开素材文件

图 9-22　打开“渲染队列”窗口

③ 单击“输出模块”右侧的“无损”蓝色文字，打开“输出模块设置”对话框，在“格式”下拉列表中选择“‘JPEG’序列”格式，如图 9-23 所示。

④ 打开“JPEG 选项”对话框，在“品质”下拉列表中选择“高”，如图 9-24 所示，单击“确定”按钮。

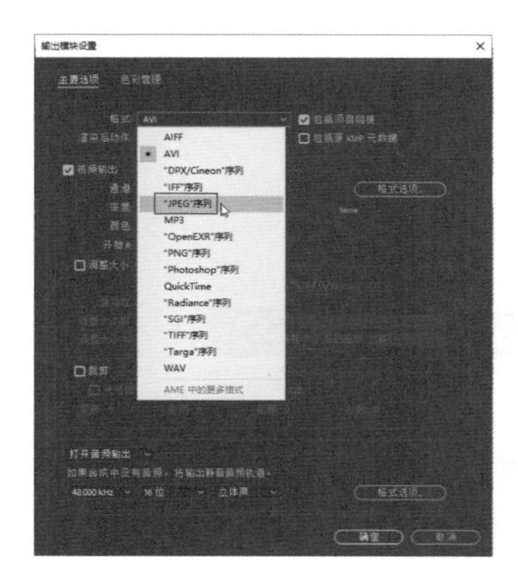

图 9-23　选择输出格式

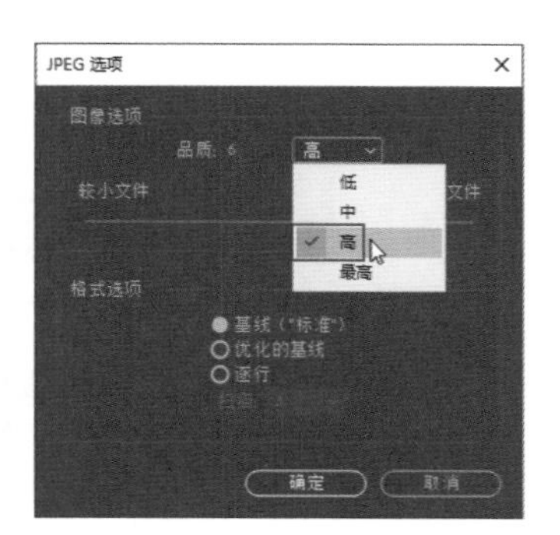

图 9-24　设置输出品质

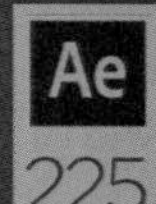

⑤ 在“输出模块设置”对话框中单击“确定”按钮。回到“渲染队列”面板，单击“输出到”右侧的文件名称文字部分，打开“将影片输出到”对话框，在其中可以设置输出文件需要放置的路径以及文件名称，如图 9-25 所示，完成后单击“保存”按钮。

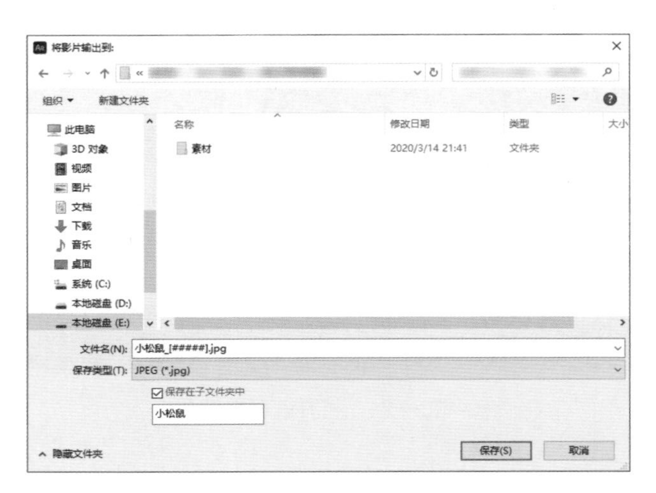

图 9-25　选择输出路径

⑥ 在“渲染队列”面板中单击“渲染”按钮开始渲染影片，渲染过程中面板上方的进度条会走动，渲染完毕后会有声音提示，如图 9-26 所示。

图 9-26　进行渲染

⑦ 渲染完毕后，在设置的路径文件夹中可以查看输出的 JPEG 格式的单帧图片，如图 9-27 所示。

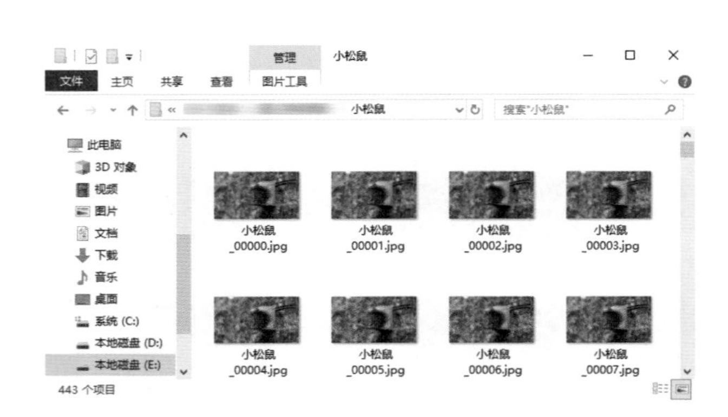

图 9-27　渲染结果

9.5.2 输出 AVI 格式文件（实例）

AVI 格式是 Video for Windows 视频文件的存储格式，它播放的视频文件分辨率不高，帧频率小于 25 帧 / 秒（PAL 制）或者 30 帧 / 秒（NTSC）。

① 启动 AE 软件，执行“文件”|“打开项目”命令，在弹出的“打开”对话框中选择“小狗 .aep”项目文件，单击“打开”按钮，将文件打开，效果如图 9-28 所示。

图 9-28　打开素材文件

② 执行“合成”|“添加到渲染队列”命令，打开“渲染队列”面板，如图 9-29 所示。

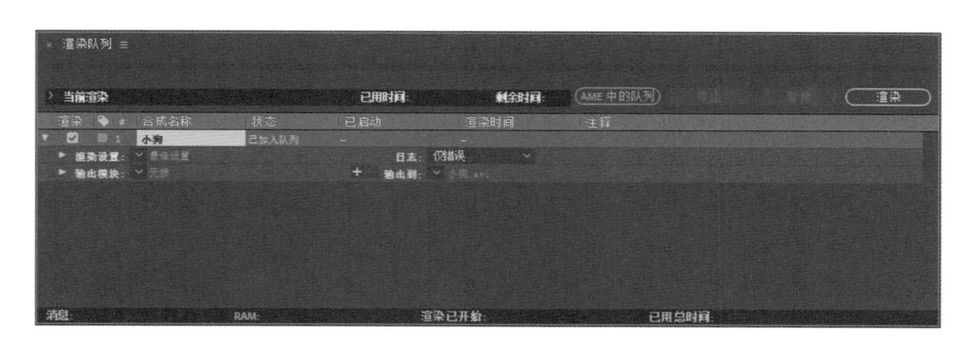

图 9-29　打开“渲染队列”面板

③ 单击“输出模块”右侧的“无损”蓝色文字，打开“输出模块设置”对话框，在“格式”下拉列表中选择“AVI”格式，如图 9-30 所示。

④ 在“输出模块设置”对话框中单击“确定”按钮。回到“渲染队列”面板，单击“输出到”右侧的文件名称文字部分，打开“将影片输出到”对话框，在其中可以设置输出文件需要放置的路径以及文件名称，如图 9-31 所示，完成后单击“保存”按钮。

⑤ 在“渲染队列”面板中单击“渲染”按钮开始渲染影片，渲染过程中面板上方的进度条会走动，渲染完毕后会有声音提示，如图 9-32 所示。

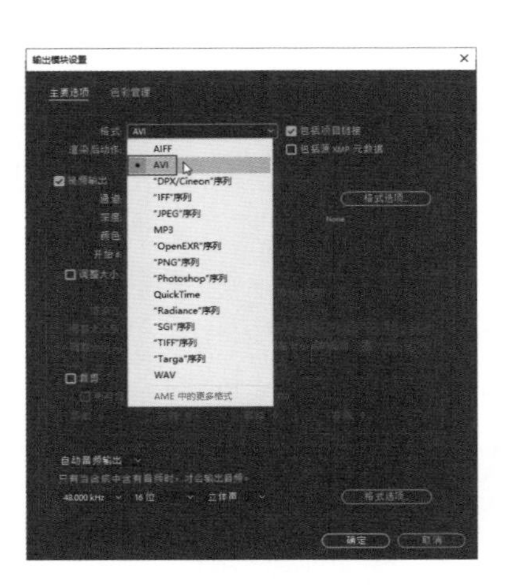

图 9-30　选择输出格式

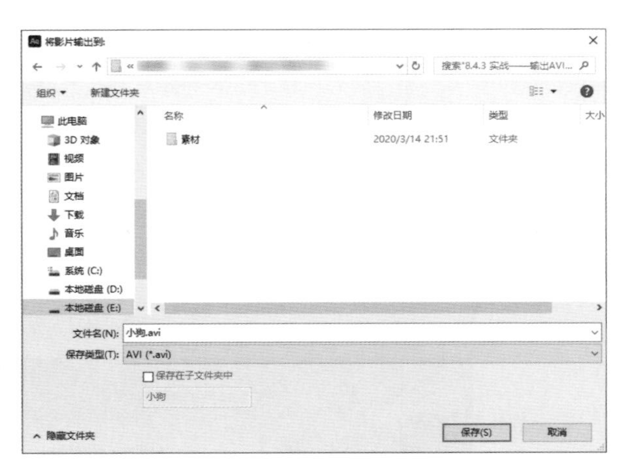

图 9-31　选择输出路径

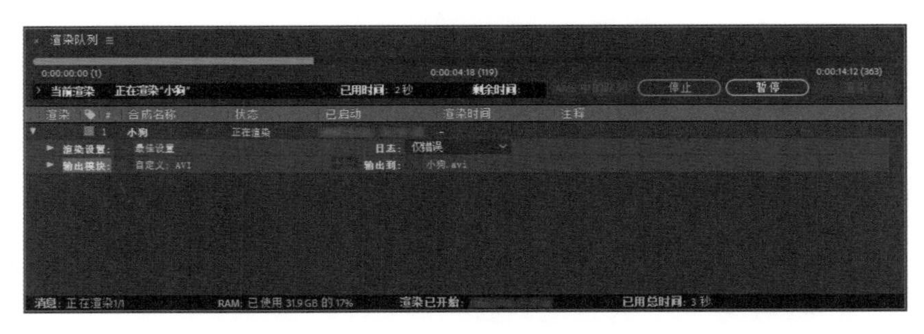

图 9-32　进行渲染

⑥ 渲染完毕后，在设置的路径文件夹中可以查看输出的 AVI 格式文件，如图 9-33 所示。

图 9-33　渲染结果

9.5.3　输出单帧图像（实例）

AE 可以选择任意时间的视频图像进行输出，从而得到单帧图像。该方式输出的图像可

以设置分辨率、品质等细节，效果比直接截图要更为理想。

① 启动 AE 软件，执行“文件”|“打开项目”命令，在弹出的“打开”对话框中选择“花朵 .aep”项目文件，单击“打开”按钮，将文件打开，效果如图 9-34 所示。

图 9-34　打开素材文件

② 在“时间轴”面板中调整时间点至 0:00:05:00 位置，然后执行“合成”|“帧另存为”|“文件”命令，如图 9-35 所示。

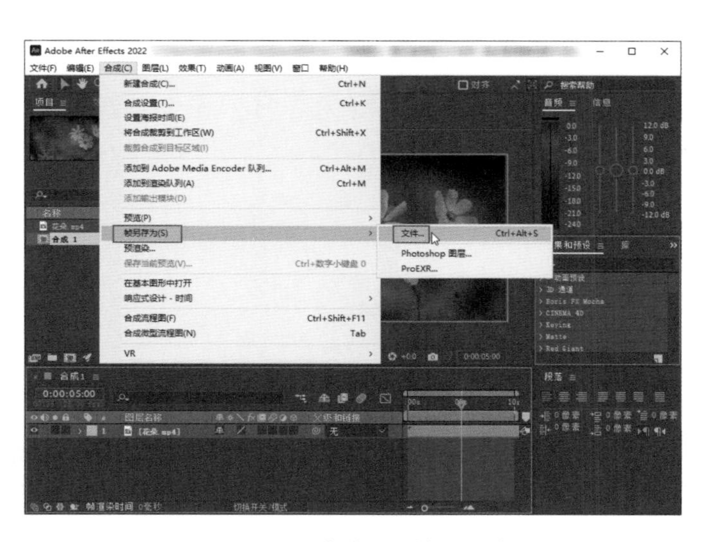

图 9-35　定位至要输出的帧

③ 此时将自动跳转到“渲染队列”面板，单击“输出模块”右侧的“Photoshop”蓝色文字，打开“输出模块设置”对话框，在“格式”下拉列表中选择“‘JPEG’序列”格式，弹出“JPEG 选项”对话框，在“品质”下拉列表中选择“高”，完成后单击“确定”按钮，如图 9-36 所示。

④ 在“输出模块设置”对话框中，取消勾选“使用合成帧编号”复选框，完成后单击“确定”按钮，如图 9-37 所示。

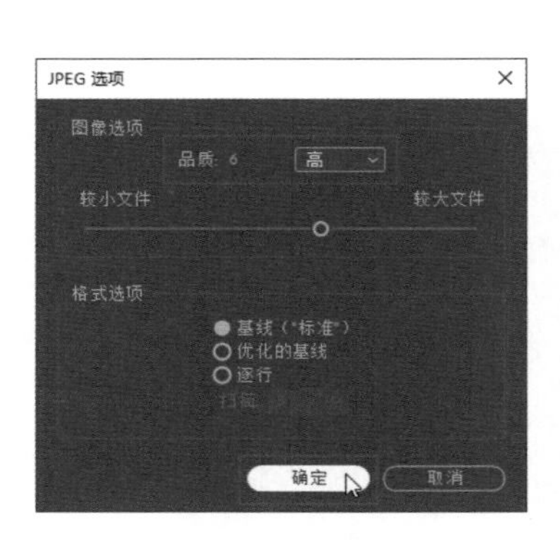

图 9-36　设置输出品质

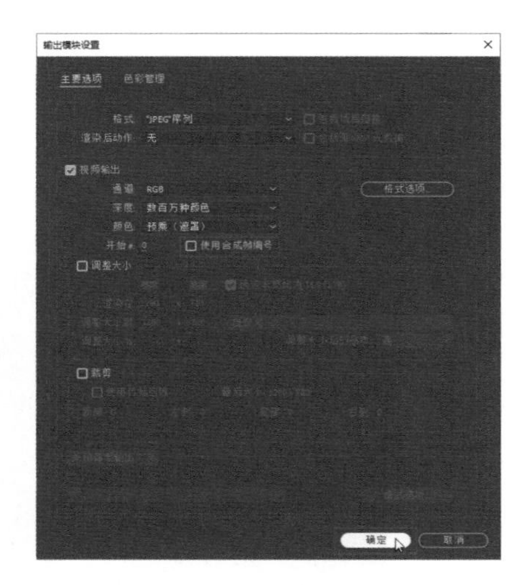

图 9-37　设置输出模块

⑤ 回到“渲染队列”面板，单击“输出到”右侧的文件名称文字部分，打开“将帧输出到”对话框，设置输出文件需要放置的路径及文件名称，如图 9-38 所示，完成后单击“保存”按钮。

图 9-38　选择输出路径

⑥ 在“渲染队列”面板中单击“渲染”按钮开始渲染影片，等待单帧图像渲染完成，如图 9-39 所示。

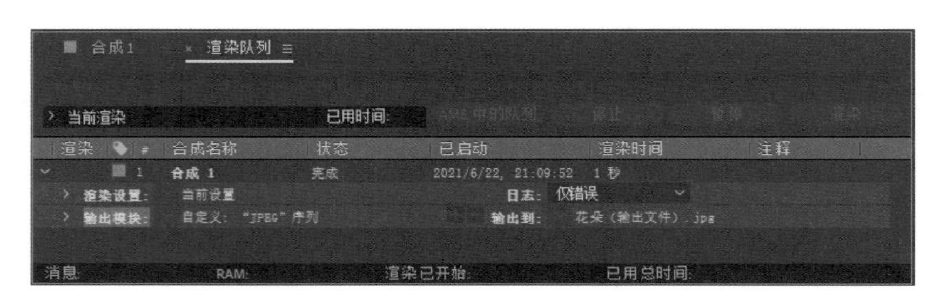

图 9-39　进行渲染

⑦ 渲染完成后，在设置的路径中可以找到渲染出来的图像文件，如图 9-40 所示。

图 9-40　渲染结果

9.5.4　输出音频文件（实例）

除了输出图片、视频外，AE 还可以将素材中的音频进行单独输出。通过这种方式，不仅可以从其他视频文件中分离出所需的音频，而且可以将音频合成到其他的视频文件里去，从而实现多种资源的整合。本例主要学习渲染 WAV 格式音频文件的操作方法。

① 启动 AE 软件，执行"文件"|"打开项目"命令，在弹出的"打开"对话框中选择"山水风光 .aep"项目文件，单击"打开"按钮，将文件打开，效果如图 9-41 所示。

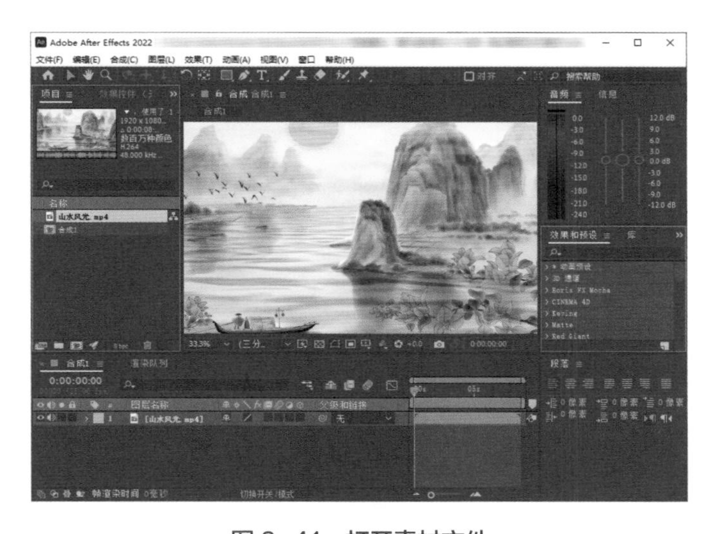

图 9-41　打开素材文件

② 打开"山水风光 .aep"项目文件后，按快捷键 Ctrl+M 打开"渲染队列"面板，如图 9-42 所示。

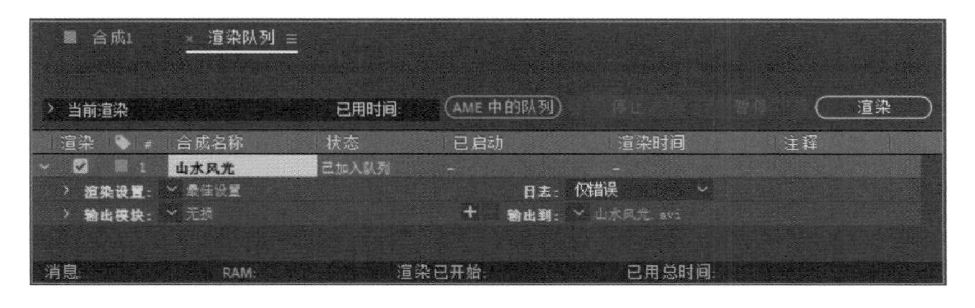

图 9-42　打开"渲染队列"面板

③ 单击"输出模块"右侧的"无损"蓝色文字，打开"输出模块设置"对话框，在"格

式”下拉列表中选择“WAV”格式，完成后单击“确定”按钮，如图 9-43 所示。

④ 回到“渲染队列”面板，单击“输出到”右侧的文件名称文字部分，打开“将影片输出到”对话框，设置输出文件需要放置的路径及文件名称，如图 9-44 所示，完成后单击“保存”按钮。

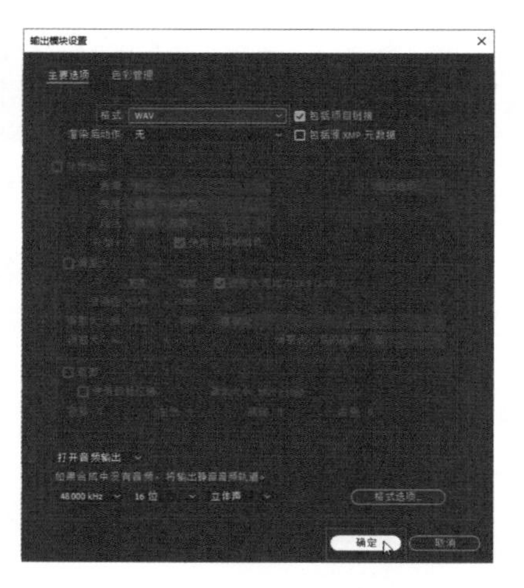

图 9-43　选择输出格式

图 9-44　选择输出路径

⑤ 在“渲染队列”面板中单击“渲染”按钮，渲染完成后，在设置的路径中可以找到渲染出来的音频文件，如图 9-45 所示。

图 9-45　输出效果

第10章 抠像与合成技术

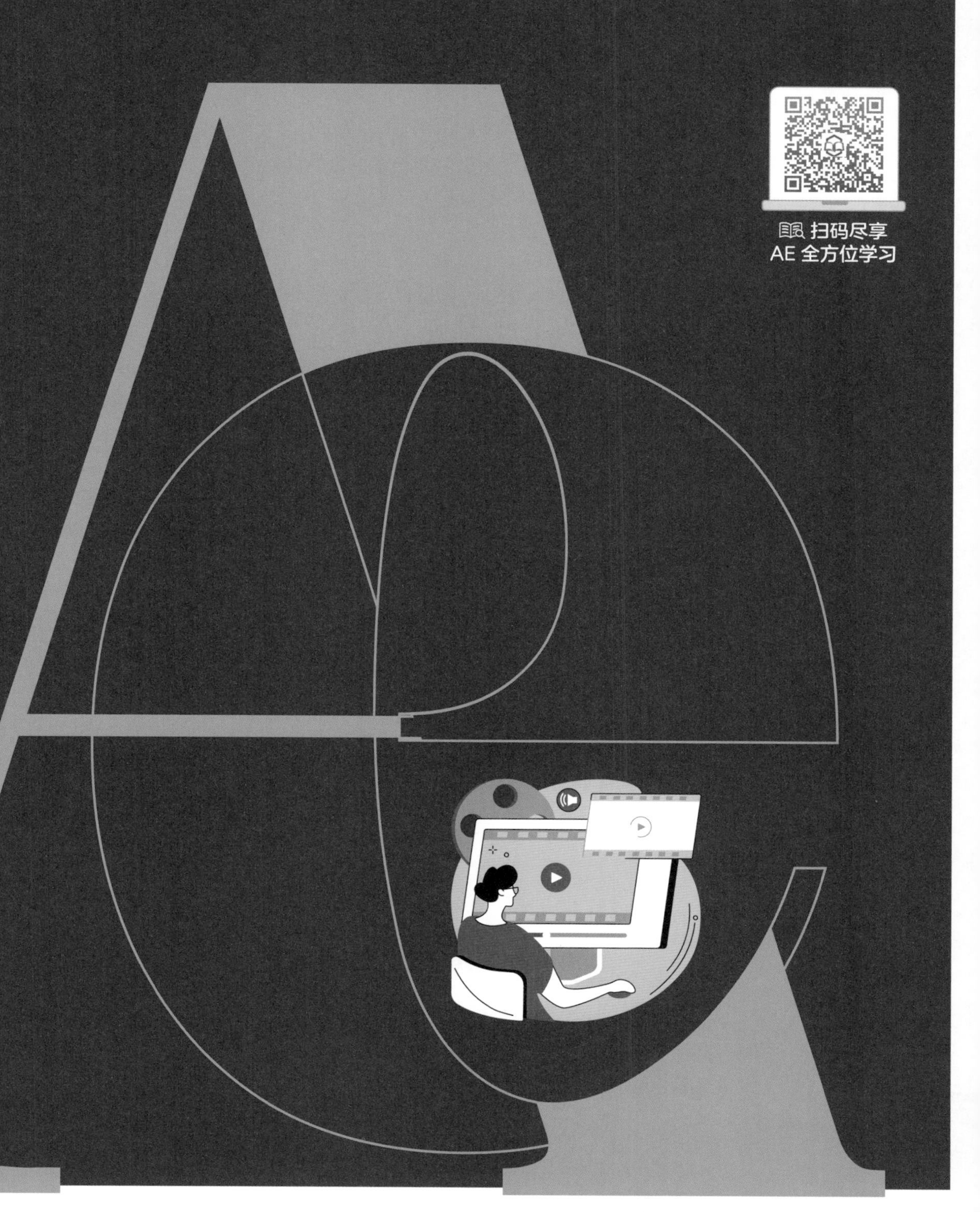

抠像通常也被称作“键控技术”，是通过一定的技术将主体与背景分离开来，以达到替换其他场景的目的。观众平时看到演员在绿色或蓝色构成的背景前表演，但这些背景在最终的成片中是见不到的，这就是运用了“抠像”技术，将蓝色或绿色的背景替换成了其他背景画面。

AE 具备强大的抠像功能，其中不但整合了 Keylight 效果，还提供了多种用于抠像的视频特效，这些效果使得抠像技术变得非常方便和容易，大大提高了影视后期制作的效率。

10.1 颜色键抠像

颜色键抠像是通过在画面中指定一种颜色，将画面中处于该颜色范围内的图像分离出来，使其转变为透明的抠像方式。下面来学习颜色键抠像的具体应用。

10.1.1 颜色键抠像效果

颜色键抠像效果是一种根据颜色的区别进行计算抠像的方法，在众多的抠像方法中相对比较简单，其使用前后的效果如图 10-1 和图 10-2 所示。

图 10-1 使用前

图 10-2 使用后

使用颜色键进行抠像的具体操作方法为：执行“效果”|“过时”|“颜色键”菜单命令，即可添加颜色键抠像效果，然后在“效果控件”面板可自行对该效果进行参数设置，如图 10-3 所示。

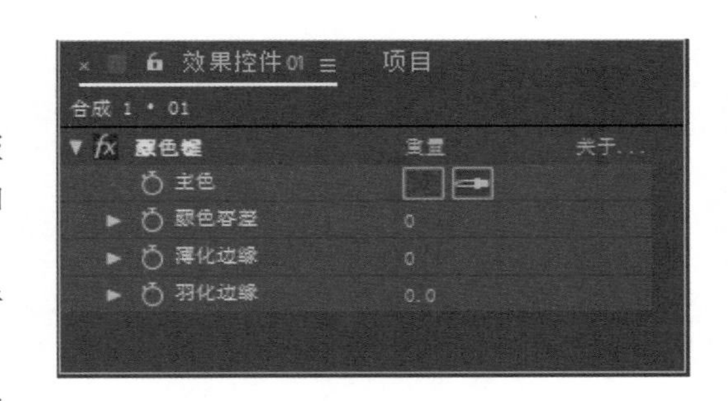

图 10-3 “效果控件”面板

下面对颜色键效果的各项属性参数进行详细讲解。

- 主色：调整和控制图像需要抠出的颜色。
- 颜色容差：用于设置键出颜色的容差值，容差值越高，与指定颜色越相近的颜色会变为透明。
- 薄化边缘：用于调整主体边缘的羽化程度。
- 羽化边缘：用于羽化键出的边缘，以产生细腻、稳定的键控遮罩。

使用颜色键进行抠像，只能产生透明和不透明两种效果，所以它只适合抠除背景颜色比较单一、前景完全不透明的素材。在碰到前景为半透明，背景比较复杂的素材时，就该选用其他的抠像方式。

10.1.2 通过颜色键完成场景合成（实例）

本例主要练习“颜色键”抠像效果的应用方法。通过为纯色背景素材应用“颜色键”效果来进行抠像，并最终实现场景的合成。具体操作方法如下。

① 启动 AE 软件，在“项目”面板中右击并选择“新建合成”命令，在弹出的“合成设置”面板中自定义“合成名称”，设置“预设”为“HDV/HDTV 720 25”，设置“像素长宽比”为“方形像素”，设置“帧速率”为 25，设置“持续时间”为 5 秒，如图 10-4 所示。

② 完成上述设置后，单击“确定”按钮。执行“文件”|“导入”|“文件”命令，打开“导入文件”对话框，选择“儿童.jpg”和“绿幕.jpg”素材文件，单击“导入”按钮，如图 10-5 所示。

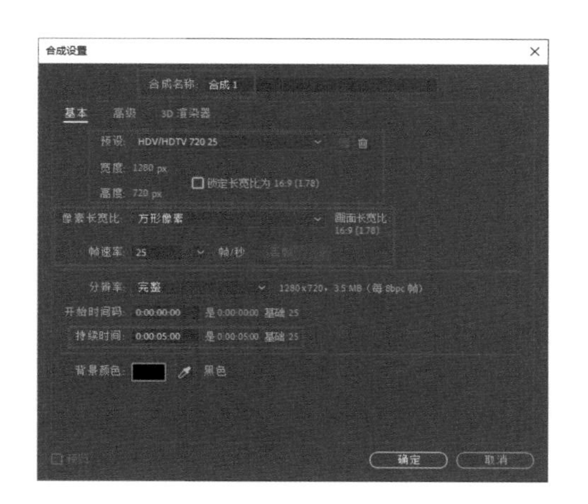

图 10-4 新建合成

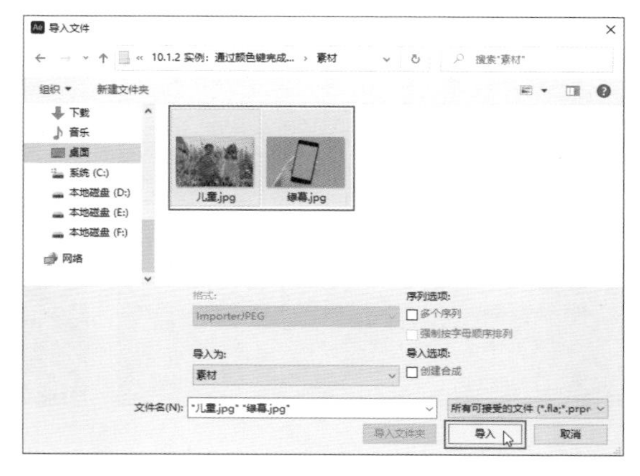

图 10-5 导入素材文件

③ 将“项目”面板中的“儿童.jpg”和“绿幕.jpg”素材文件依次拖入“时间轴”面板，并分别调整两个素材图层的“缩放”值，如图 10-6 所示。

④ 在“时间轴”面板中选择“绿幕.jpg”图层，执行“效果”|“过时”|“颜色键”命令，然后在“效果控件”面板中，单击“吸管”工具按钮，将光标移动至“合成”面板，单击鼠标左键，吸取“绿幕.jpg”素材中的绿色，如图 10-7 所示。

⑤ 在“效果控件”面板中，设置“颜色键”效果中的“颜色容差”参数为 65，“薄化边缘”参数为 2，“羽化边缘”参数为 3.2，如图 10-8 所示。

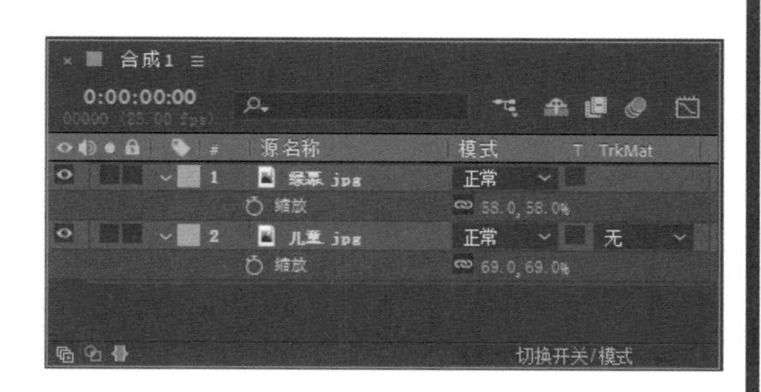

图 10-6 设置缩放值

⑥ 在“时间轴”面板中选择“绿幕.jpg”图层，执行“效果”|“颜色校正”|“自然饱和度”命令，然后在“效果控件”面板中设置“自然饱和度”效果中的“自然饱和度”参数为 -3，“饱和度”参数为 -40，如图 10-9 所示。

⑦ 至此，本实例就已经制作完毕，在“合成”面板可预览画面最终合成效果，如图 10-10 所示。

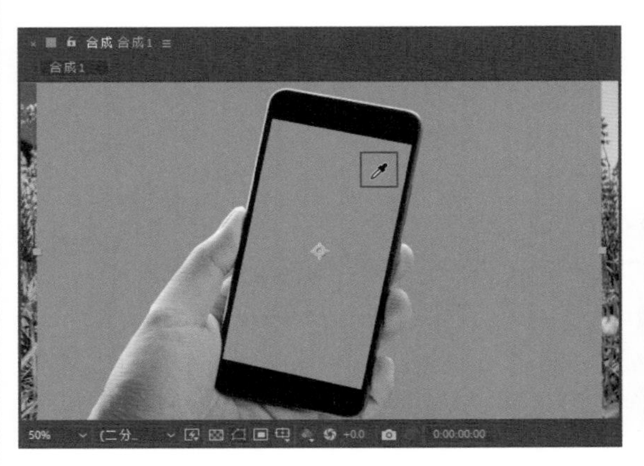

图 10-7　吸取绿幕颜色

图 10-8　设置"颜色键"效果

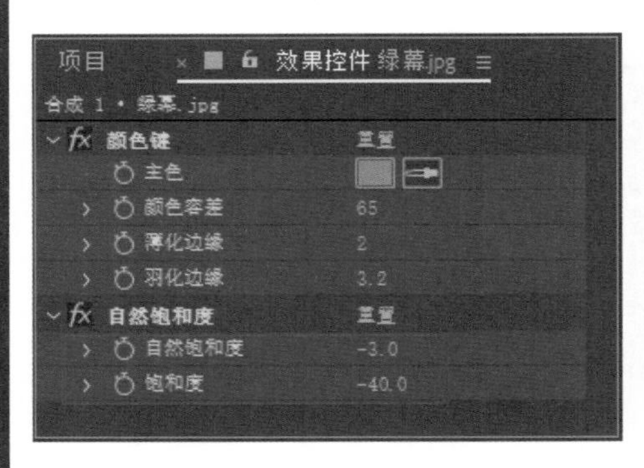

图 10-9　设置"自然饱和度"效果

图 10-10　最终效果

10.2　颜色差值键抠像

在影视特效制作中，有时需要从素材画面上抠取具有透明和半透明区域的图像，如烟、雾、阴影等，这种情况就可以使用颜色差值键效果来进行抠像合成。下面学习颜色差值键抠像的具体应用。

10.2.1　颜色差值键抠像效果

颜色差值键效果与颜色键效果的原理相同，是一种运用颜色差值计算进行抠像的方法，它可以精确地抠取蓝屏或绿屏前拍摄的镜头。如果要使用颜色差值键进行抠像，那么可执行"效果"|"抠像"|"颜色差值键"命令，即可添加"颜色差值键"抠像效果，然后在"效果控件"面板可自行对该效果进行参数设置，如图 10-11 所示。

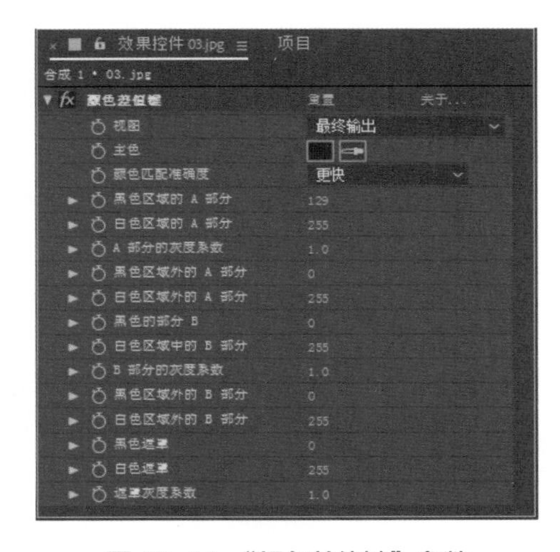

图 10-11　"颜色差值键"参数

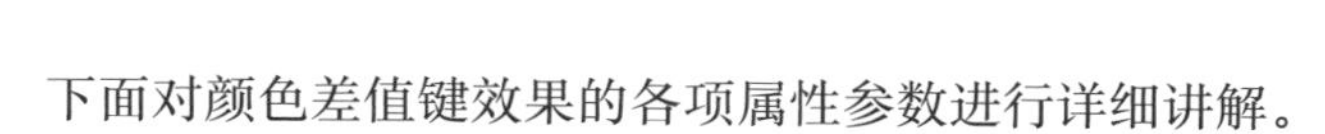

下面对颜色差值键效果的各项属性参数进行详细讲解。

- 视图：可以在右侧的下拉列表中选择查看最终效果的方式。
- 主色：调整和控制图像需要抠出的颜色。
- 颜色匹配准确度：设置色彩匹配精度，包括“更快”和“更准确”两个选项。
- 黑色区域的 A 部分：控制 A 通道的透明区域。
- 白色区域的 A 部分：控制 A 通道的不透明区域。
- A 部分的灰度系数：用来调节图像灰度数值。
- 黑色区域外的 A 部分：控制 A 通道的透明区域的不透明度。
- 白色区域外的 A 部分：控制 A 通道的不透明区域的不透明度。
- 黑色的部分 B：控制 B 通道的透明区域。
- 白色区中的 B 部分：控制 B 通道的不透明区域。
- B 部分的灰度系数：用来调节图像灰度数值。
- 黑色区域外的 B 部分：控制 B 通道的透明区域的不透明度。
- 白色区域外的 B 部分：控制 B 通道的不透明区域的不透明度。
- 黑色遮罩：控制 Alpha 通道的透明区域。
- 白色遮罩：控制 Alpha 通道的不透明区域。
- 遮罩灰度系数：用来影响图像 Alpha 通道的灰度范围。

10.2.2 通过颜色差值键完成场景合成（实例）

本例主要练习“颜色差值键”抠像效果的应用方法。通过为纯色背景素材应用“颜色差值键”效果，并在“效果控件”面板调整相关属性，进行素材的抠像操作，并实现场景的合成。具体操作方法如下。

① 启动 AE 软件，在“项目”面板中右击并选择“新建合成”命令，在弹出的“合成设置”面板中自定义“合成名称”，设置“预设”为“HDV/HDTV 720 25”，设置“像素长宽比”为“方形像素”，设置“帧速率”为 25，设置“持续时间”为 10 秒，如图 10-12 所示。

② 完成上述设置后，单击“确定”按钮。执行“文件”|“导入”|“文件”命令，打开“导入文件”对话框，选择 3 个素材文件，单击“导入”按钮，如图 10-13 所示。

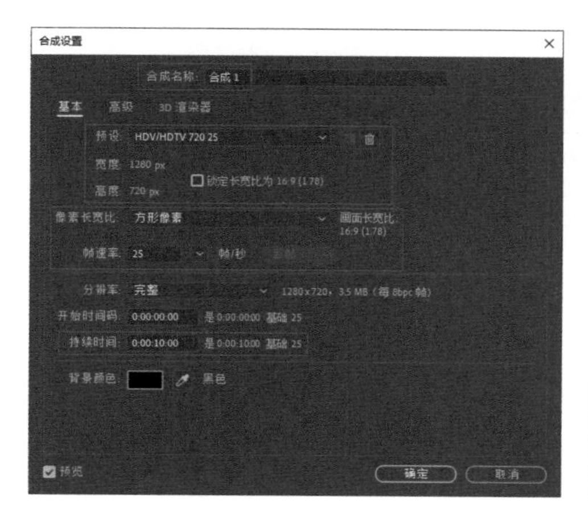

图 10-12　新建合成

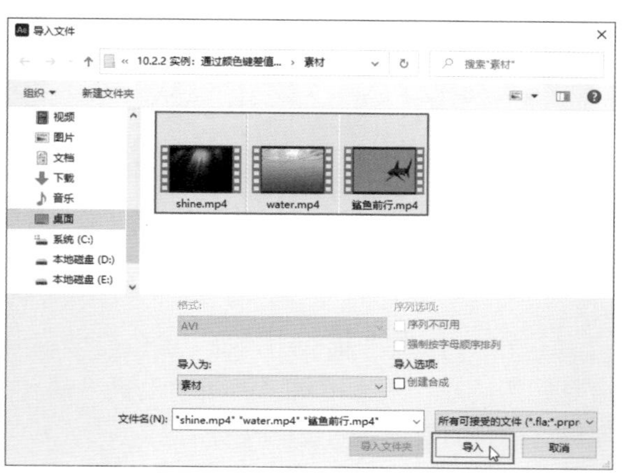

图 10-13　导入素材文件

③ 将“项目”面板中的 3 个素材文件依次拖入“时间轴”面板，并将“shine.mp4”图层的叠加模式更改为“相乘”，如图 10-14 所示，使其与下方的“water.mp4”图层交叠显示，两个图层的相乘效果如图 10-15 所示。

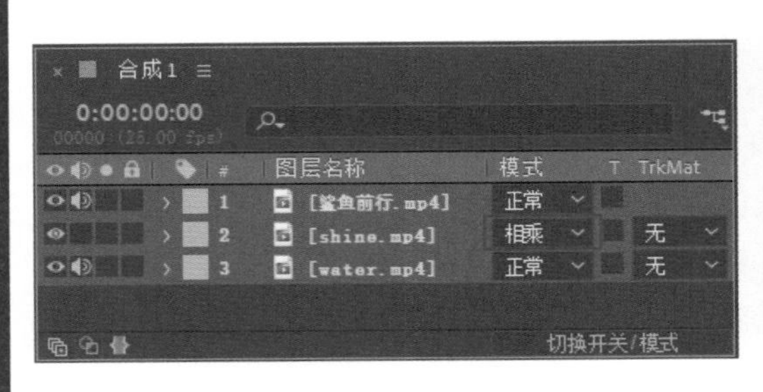

图 10-14　修改叠加模式

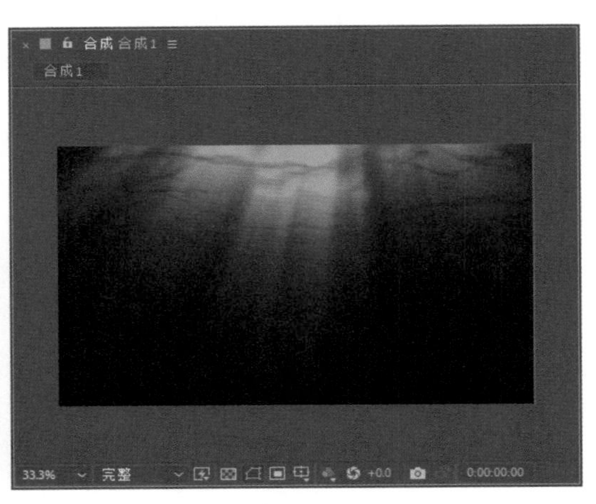

图 10-15　叠加效果

④ 在“时间轴”面板中选择“鲨鱼前行 .mp4”图层，执行“效果”|“抠像”|“颜色差值键”命令，然后在“效果控件”面板中，单击“主色”右侧的“吸管”工具，移动光标至“合成”面板，单击鼠标左键，吸取“鲨鱼前行 .mp4”素材中的绿色。接着，在“效果控件”面板中，设置“黑色区域的 A 部分”参数为 255，设置“B 部分的灰度系数”参数为 0.8，设置“黑色遮罩”参数为 4，如图 10-16 所示。操作完成后得到的效果如图 10-17 所示。

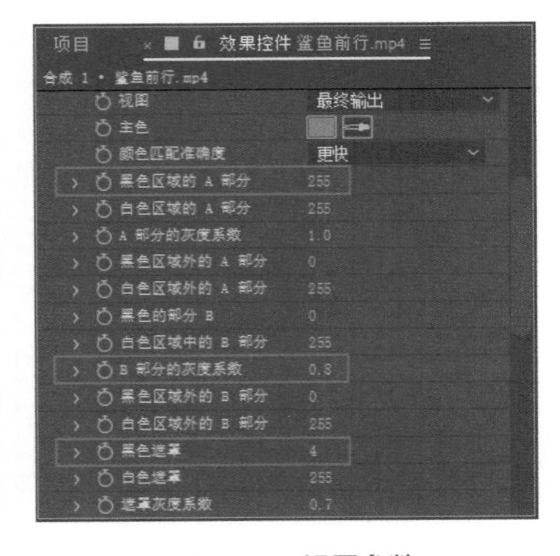

图 10-16　设置参数

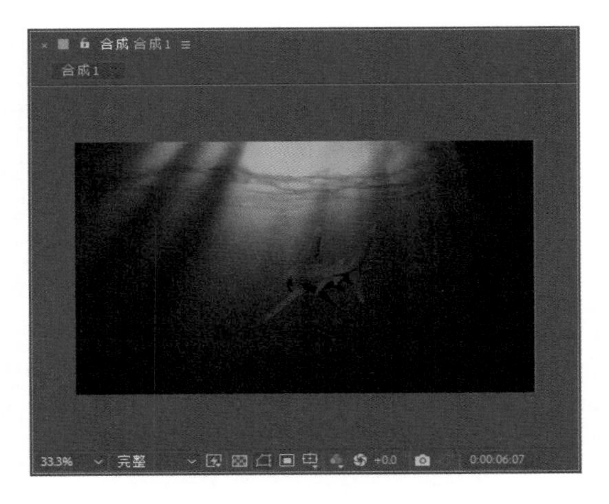

图 10-17　效果

⑤ 在“时间轴”面板中选择“鲨鱼前行 .mp4”图层，执行“效果”|“颜色校正”|“色阶”命令，然后在“效果控件”面板中设置“输入白色”参数为 -33，如图 10-18 所示。操作完成后得到的效果如图 10-19 所示。

⑥ 至此，本例就已经制作完毕，按小键盘上的 0 键可以进行动画的播放预览，最终效果如图 10-20 所示。

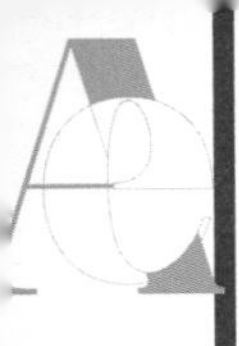

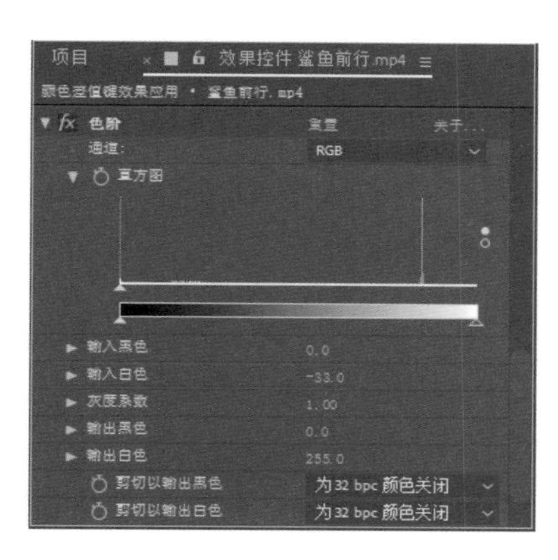

图 10-18　设置“色阶”效果

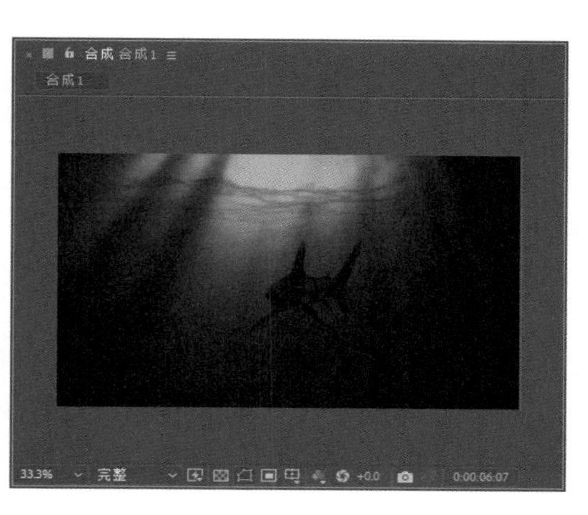

图 10-19　设置后效果

图 10-20　视频预览

10.3　Keylight 抠像

Keylight 抠像工具在发布时曾获得了奥斯卡大奖，它可以精确地控制残留在前景对象上的蓝幕或绿幕反光，并将它们替换成新合成背景的环境光。

10.3.1　Keylight 抠像效果

Keylight 抠像效果是 AE 软件内置的一种功能和算法十分强大的高级抠像工具，该效果能轻松地抠取带有阴影、半透明或毛发的素材，还可以清除抠像蒙版边缘的溢出颜色，以达到前景和合成背景完美融合的效果。其使用前后的效果如图 10-21 和图 10-22 所示。

图 10-21　使用前

图 10-22　使用后

使用 Keylight 进行抠像的具体操作方法为：执行“效果”|“Keying”|“Keylight”命令，即可添加 Keylight 抠像效果，然后在“效果控件”面板可自行对该效果进行参数设置，如图 10-23 所示。

下面对 Keylight 效果的各项属性参数进行详细介绍。

图 10-23　Keylight 界面

- View（查看）：可以在右侧的下拉列表中选择查看最终效果的方式。
- Screen Colour（屏幕颜色）：所要抠掉的颜色，用后面的吸管工具吸取素材颜色即可。
- Screen Gain（屏幕增益）：抠像后，用于调整 Alpha 暗部区域的细节。
- Screen Balance（屏幕平衡）：此参数会在执行了抠像以后自动设置数值。
- Despill Bias（反溢出偏差）：在设置 Screen Colour（屏幕颜色）时，虽然 Keylight 效果会自动抑制前景的边缘溢出色，但在前景的边缘处往往还是会残留一些键出色，该选项就是用来控制残留的键出色的。
- Alpha Bias（透明度偏移）：可使 Alpha 通道像某一类颜色偏移。
- Screen Pre-blur（屏幕模糊）：如果原素材有噪点，可以用此选项来模糊掉太明显的噪点，从而得到比较好的 Alpha 通道。
- Screen Matte（屏幕蒙版）：在设置 Clip Black（切除 Alpha 暗部）和 Clip White（切除 Alpha 亮部）时，可以将 View（查看）方式设置为 Screen Matte（屏幕蒙版），这样可以将屏幕中本来应该是完全透明的地方调整为黑色，将完全不透明的地方调整为白色，将半透明的地方调整为相应的灰色。
- Inside Mask（内侧遮罩）：用来选择内侧遮罩，可以将前景内容隔离出来，使其不参与抠像处理。
- Outside Mask（外侧遮罩）：用来选择外侧遮罩，可以指定背景像素，不管遮罩内是何种内容，一律视为背景像素来进行键出，这对于处理背景颜色不均匀的素材非常有用。
- Foreground Colour Correction（前景颜色校正）：用来校正前景颜色。
- Edge Colour Correction（边缘颜色校正）：用来校正蒙版边缘颜色。
- Source Crops（源裁剪）：用来裁切源素材的画面。

10.3.2　通过 Keylight 完成场景合成（实例）

本例主要介绍场景爆破特效的制作。通过为纯色背景素材应用“Keylight”效果，实现复杂图像的快速抠像处理，并最终完成爆炸效果和指定场景的合成。

① 启动 AE 软件，在“项目”面板中右击并选择“新建合成”命令，在弹出的“合成设置”面板中自定义“合成名称”，设置“预设”为“PAL D1/DV”，设置“像素长宽比”为“D1/DV PAL（1.09）”，设置“帧速率”为 25，设置“持续时间”为 5 秒，如图 10-24 所示。

② 完成上述设置后，单击“确定”按钮。执行“文件”|“导入”|“文件”命令，打开“导入文件”对话框，选择“爆炸 .mp4”和“场景 .jpg”素材文件，单击“导入”按钮，如图 10-25 所示。

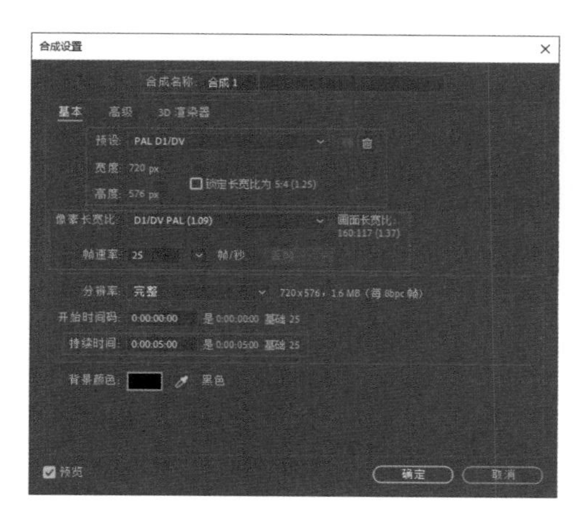

图 10-24　新建合成

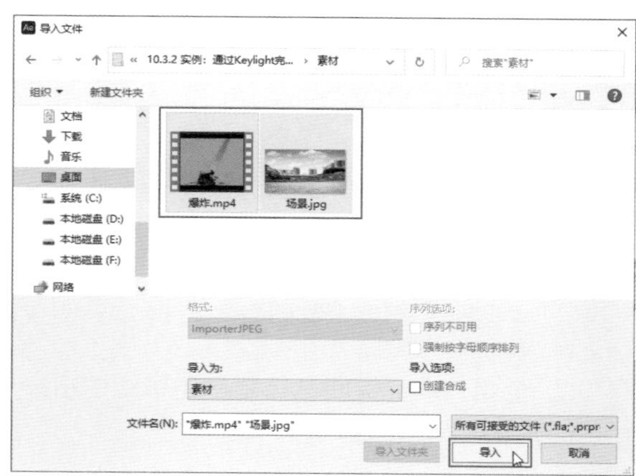

图 10-25　导入素材文件

③ 将“项目”面板中的“爆炸 .mp4”和“场景 .jpg”素材先后拖入“时间轴”面板，并设置“爆炸 .mp4”图层的“位置”参数为“424.0，290.0”，设置“缩放”参数为 136，如图 10-26 所示。

④ 在“时间轴”面板中选择“爆炸 .mp4”图层，执行“效果”|“Keying”|“Keylight”命令。然后在“效果控件”面板中，单击 Screen Colour 右侧的“吸管”工具，如图 10-27 所示。

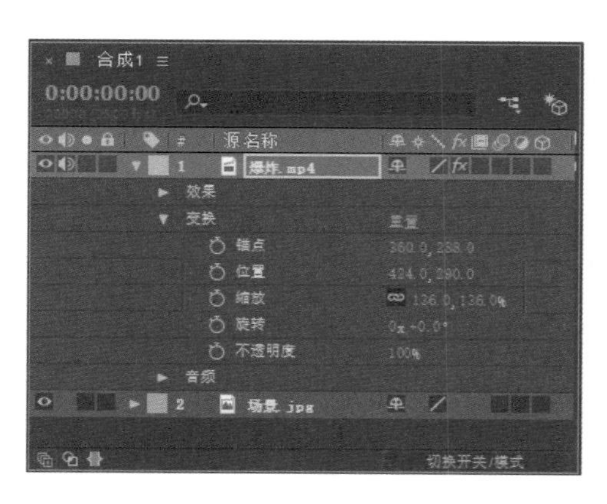

图 10-26　设置变换参数

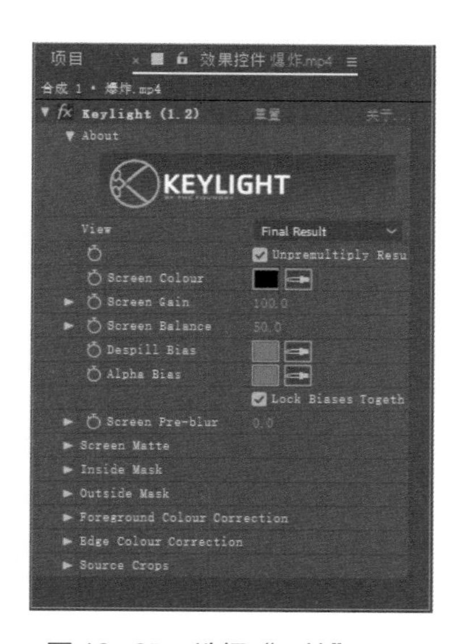

图 10-27　选择“吸管”工具

⑤ 移动光标至“合成”面板，单击鼠标左键，吸取“爆炸 .mp4”素材中的绿色，如图 10-28 所示。

⑥ 取色完成后，在“合成”面板中得到的图像效果如图 10-29 所示。

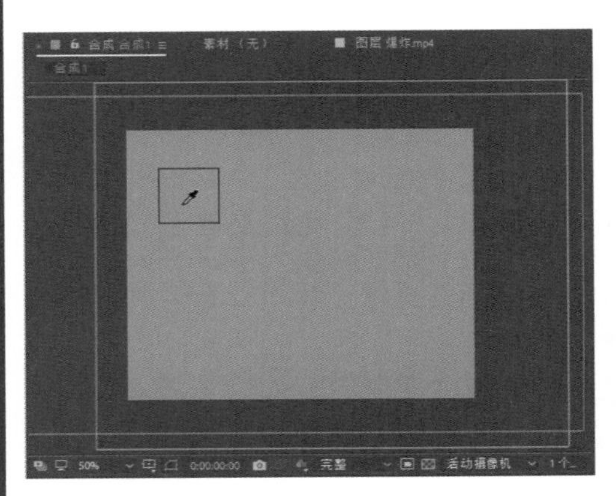

图 10-28　吸取绿色

图 10-29　取色后效果

⑦ 至此，本实例就已经制作完毕，按小键盘上的 0 键可以进行动画的播放预览，如图 10-30 所示。

图 10-30　视频预览

10.4　第三方插件的应用

要在 AE 中实现影片的创意合成，除了通过上述的抠像合成技术，用户还可以通过下载和安装第三方插件，来实现更多视觉特效的创作。AE 作为一款强大的影视后期特效软件，能很好地与 Photoshop、Illustrator 和 Cinema 4D 等主流二维或三维软件兼容互通，帮助用户创造出更多软件本身不可能营造出来的特殊效果。

下面介绍 AE 第三方插件的具体应用，掌握这部分内容能帮助大家高效地制作出精彩的视觉特效和创意合成。

10.4.1　什么是插件

插件，英文为 Plug-in，是一种遵循一定规范的应用程序接口编写出来的程序，一般是由主程序开发商以外的公司或个人开发的，其定位是用于实现应用软件本身不具备的功能。需要注意的是，插件只能运行在程序规定的系统平台上，而不能脱离指定的平台单独运行。

10.4.2 插件的安装

在 AE 中，外挂插件大致可分为光效、3D 辅助、变形、抠像、调色、模糊、粒子、烟火、水墨和其他类型，插件数量非常多。这些插件分为免费和收费两类，其安装方法包括正常程序安装和复制安装。下面主要演示复制安装插件的方法。

以插件 ft-Vignetting Lite2.0（暗角插件）的安装为例。

第 1 步，打开计算机中安装文件所存放的文件夹，在其中选择后缀名为 .aex 的文件，如图 10-31 所示，按快捷键 Ctrl+C 进行复制。

第 2 步，回到计算机桌面，右键单击 AE 的快捷图标，然后在弹出的菜单中单击“属性”命令，打开 AE 属性对话框，单击“打开文件所在的位置”按钮，如图 10-32 所示。

图 10-31　选择插件文件

图 10-32　打开 AE 的安装路径

第 3 步，打开 AE 安装文件夹，将复制的插件粘贴（快捷键 Ctrl+V）到安装文件的 Plug-ins 文件夹中，如图 10-33 所示，完成插件的复制安装工作。

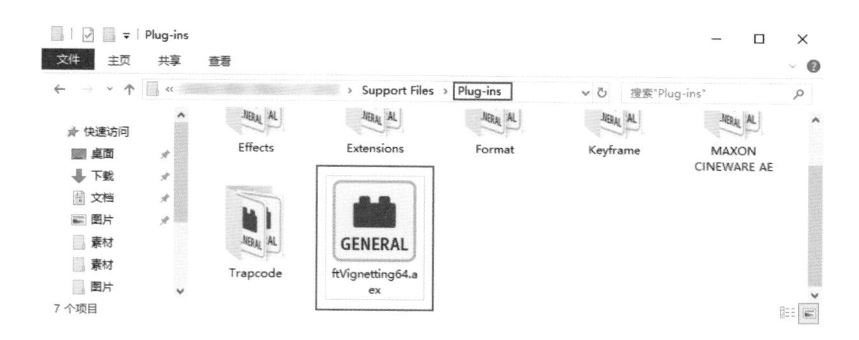

图 10-33　将插件文件粘贴至插件文件夹中

提示 不管是通过程序安装，还是复制安装，最终插件都需要放置在软件安装文件的 Plug-ins 文件夹中，读者可以根据自己的软件安装路径进行查找；此外，如果插件为压缩包，那必须要解压后再复制到 Plug-ins 文件夹中；避免重复安装插件，否则很可能引起 AE 崩溃，或是计算机系统死机。

10.4.3 常用插件介绍

AE 是一款强大的特效合成软件，但有些效果的制作必须依靠插件来完成。在 After Effects 2022 版本中，包含了 3D Stroke（3D 描边）、Tao（路径三维物体动画）、Particular（粒子）、Echospace（三维立体拖尾延迟）、Form（三维空间粒子）、Horizon（无限场景）、Lux（聚光灯）、Mir（三维图形）、Shine（扫光）、Sound Keys（音频关键帧）和 Starglow（星光）这 11 个插件。

AE 可用的插件数量庞大，由于篇幅有限，不可能一一进行讲解。本小节就选取 Trapcode 系列中常用的几个插件，为大家进行详细讲解。

(1) 3D Stroke（3D 描边）插件

3D Stroke（3D 描边）是 Trapcode 公司开发的 AE 特效插件，它是一款描绘三维路径的特效插件，可以将图层中的蒙版路径转换为线条，在三维空间中可以自由地移动或旋转这些线条，并且可以为这些线条设置关键帧动画。

在“时间轴”面板中选择素材图层，对其执行“效果”|“RG Trapcode”|“3D Stroke”命令，然后在“效果控件”面板展开参数设置，如图 10-34 所示。

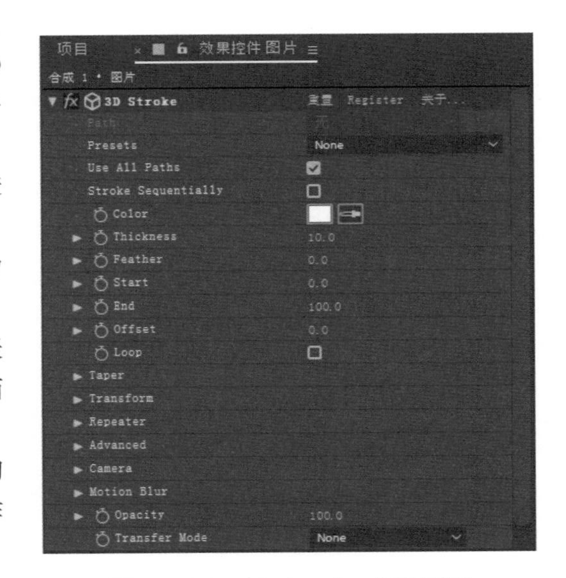

图 10-34 3D Stroke 插件面板

下面对 3D Stroke 效果的各项属性参数进行详细讲解。

- Path（路径）：指定绘制的蒙版作为描边路径。
- Presets（预设）：从右侧的下拉列表中可以选择任意一种系统内置的描边效果。
- Use All Paths（使用所有路径）：勾选该选项，将图层中的所有蒙版作为描边路径。
- Stroke Sequentially（描边顺序）：勾选该选项，将所有的蒙版按顺序进行描边。
- Color（颜色）：控制 3D Stroke 描边颜色的选项。
- Thickness（粗细）：控制描边线条粗细的选项。
- Feather（羽化）：设置描边路径边缘的羽化程度。
- Start（开始）：设置描边的开始位置。

- End（结束）：设置描边的结束位置。
- Offset（偏移）：设置描边位置的偏移程度。
- Loop（循环）：设置描边路径是否循环连续。
- Taper（锥度）：设置描边线条两端的锥形程度。
- Enable（开启）：勾选该选项可以开启锥度效果设置。
- Compress to fit（压缩适合）：设置锥度是否压缩至适合大小。
- Start Thickness（开始粗细）：设置描边线条开始位置的粗细。
- End Thickness（结束粗细）：设置描边线条结束位置的粗细。
- Taper Start（锥化开始）：设置描边线条锥化开始的位置。
- Taper End（锥化结束）：设置描边线条锥化结束的位置。
- Step Adjust Method（调整方式）：设置锥度效果的调整方式，包括“None（不做调整）”和“Dynamic（动态调整）”。
- Transform（变换）：调整描边线条的位移、旋转和弯曲等属性。
- Bend（弯曲）：用于设置描边线条的弯曲程度。
- Bend Axis（弯曲轴向）：控制描边线条弯曲的轴向。
- Bend Around Cen（围绕中心弯曲）：用于设置是否围绕中心位置进行弯曲。
- XY Position、Z Position（X、Y、Z 轴的位置）：设置描边线条的位置。
- X|Y|Z Rotation（X、Y、Z 轴的旋转）：设置描边线条的旋转。
- Order（顺序）：用于设置描边线条位置和旋转的顺序。
- Repeater（重复）：用于调整描边线条的重复状态。
- Enable（开启）：勾选该选项可以开启描边的重复设置。
- Symmetric Doubler（对称复制）：用于设置描边线条是否对称复制。
- Instances（重复）：用于设置描边线条的数量。
- Opacity（不透明度）：用于设置描边线条的不透明度。
- Scale（缩放）：用于设置描边线条的缩放效果。
- Factor（因数）：用于设置描边线条的伸展因数。
- X|Y|Z Displace（X|Y|Z 偏移）：用于设置 X/Y/Z 轴的偏移效果。
- X|Y|Z Rotation（X|Y|Z 旋转）：用于设置 X/Y/Z 轴的旋转数值。
- Advanced（高级）：调整线条的高光、暗调和透明度、对比度和色度等属性。
- Adjust Step（调节步幅）：用于调节描边步幅，数值越大，描边线条显示为圆点且间距越大。
- Exact Step Match（精确匹配）：勾选该选项将精确匹配描边步幅。
- Internal Opacity（内部的不透明度）：用于设置描边线条内部的不透明度。
- Low Alpha Sat Bo（Alpha 饱和度）：用于设置描边线条的 Alpha 的饱和度。
- Low Alpha Hue Rotation（Alpha 色调旋转）：用于设置描边线条的 Alpha 色调旋转数值。
- Hi Alpha Bright B（Alpha 亮度）：用于设置描边线条的 Alpha 亮度。
- Animated Path（全局时间）：勾选该选项开启全局时间。
- Path Time（路径时间）：用于设置描边路径的时间。
- Camera（摄像机）：用于调整摄像机视角的选项。

- Comp Camera（合成中的摄像机）：勾选该选项，使用合成中的摄像机。
- View（视图）：从右侧的下拉列表中，可以选择摄像机的显示视图。
- Z Clip Front（前面的剪切平面）：用于设置 Z 轴深度方向前面的剪切平面数值。
- Z Clip Back（后面的剪切平面）：用于设置 Z 轴深度方向后面的剪切平面数值。
- Start Fade（淡出）：用于设置剪切平面的淡入淡出数值。
- Auto Orient（自动定位）：用于设置是否开启摄像机的自动定位。
- XY Position、Z Position（X、Y、Z 轴的位置）：设置摄像机 X、Y、Z 轴位置。
- Zoom（缩放）：设置摄像机的缩放比例。
- X|Y|Z Rotation（X、Y、Z 轴的旋转）：设置摄像机 X、Y、Z 轴旋转。
- Motion Blur（运动模糊）：用于设置描边线条运动模糊效果。
- Motion Blur（运动模糊）：用于设置运动模糊是否开启或使用合成中的运动模糊设置。
- Shutter Angle（快门的角度）：用于设置摄像机的快门角度。
- Shutter Phase（快门的相位）：用于设置摄像机快门的相位。
- Levels（平衡）：用于设置摄像机的平衡程度。
- Opacity（不透明度）：用于设置描边线条的不透明度。
- Transfer Mode（混合模式）：从右侧下拉列表中可以选择描边线条与当前图层的混合模式。

（2）Shine（扫光）插件

Shine（扫光）插件是 Trapcode 公司开发的 AE 插件，常用于制作文字、标志和物体发光的效果，它的开发为制作片头和特效带来了极大的便利。

在“时间轴”面板中选择素材图层，对其执行“效果”|“RG Trapcode”|“Shine”命令，然后在“效果控件”面板展开参数设置，如图 10-35 所示。

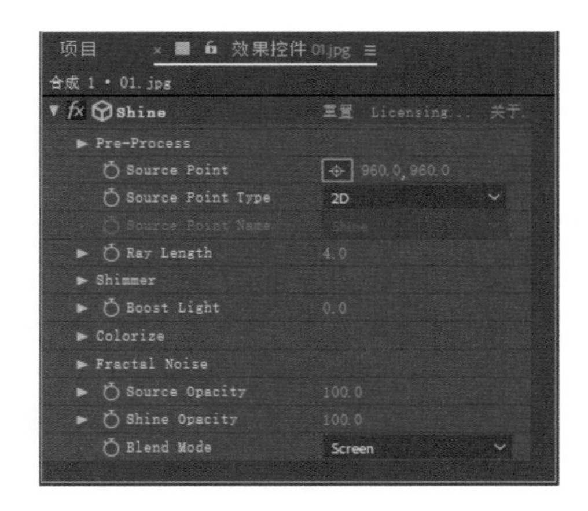

图 10-35　Shine 插件面板

下面对 Shine 效果的各项属性参数进行详细讲解。

- Pre-Process（预处理）：在应用 Shine 效果之前需要预设的功能属性。
- Threshold（阈值）：用于分离 Shine 的作用区域，阈值不同，光束效果也不同。
- Use Mask（使用遮罩）：勾选该选项使用遮罩效果。
- Mask Feather（遮罩羽化）：用于设置遮罩的羽化程度。
- Source Point（光源点）：用于调整光效的发光点位置。
- Ray Length（光线发射长度）：用于设置光线的长度。数值越大，光线越长；数值越小，光线越短。
- Shimmer（微光）：主要用于设置光线发射数量、细节、相位等属性。
- Amout（数量）：用于设置微光发射的数量。

- Detail（细节）：用于设置微光的细节。
- Source Point affect（光束影响）：设置光束中心对微光是否产生影响。
- Radius（半径）：用于设置微光受光束中心影响的半径。
- Reduce flickering（减少闪烁）：用于减少微光发射时的闪烁频率。
- Phase（相位）：用于设置微光的相位。
- Use Loop（使用循环）：用于设置是否使用效果循环。
- Revolutions in Loop（循环中旋转）：用于设置微光效果循环中的旋转圈数。
- Boost Light（光线亮度）：用于设置光线发射时的亮度。
- Colorize（色彩化）：用于调整 Shine 光线色彩的参数，但是光线色彩的调整是比较复杂的，需要分别调整高光、中间调和阴影颜色，来共同决定光线的颜色。
- Colorize（颜色模式）：用于设置颜色的模式，在右侧的下拉列表中可以选择任意一种颜色模式。
- Base On（依据）：用于设置输入通道的模式，在右侧的下拉列表中共有 7 种模式，包括 Lightness（明度）、Luminance（亮度）、Alpha（通道）、Alpha Edges（通道边缘）、Red（红色）、Green（绿色）、Blue（蓝色）模式。
- Highlights（高光）：用于设置高光颜色。
- Mid High（中间高光）：用于设置中间高光的颜色。
- Midtones（中间色）：用于设置中间色。
- Mid Low（中间阴影）：用于设置中间阴影的颜色。
- Shadows（阴影）：用于设置阴影颜色。
- Edge Thickness（边缘厚度）：用于设置光线边缘的厚度。
- Source Opacity（源素材不透明度）：用于调节源素材的不透明度数值。
- Shine Opacity（光线不透明度）：用于调节光线的不透明度。
- Blend Mode（混合模式）：用于设置 Shine 光线的混合模式。

（3）Starglow（星光）插件

Starglow（星光）插件是 Trapcode 公司为 AE 提供的星光效果插件，它是一个根据源图像的高分部分建立星光闪耀的特效，类似于在拍摄时使用漫射镜头得到星光耀斑。使用这个特效可以增强素材的环境感觉，它可以用在实拍素材、三维渲染素材、AE 软件制作的素材上。

在“时间轴”面板中选择素材图层，对其执行“效果”|“RG Trapcode”|“Starglow”命令，然后在“效果控件”面板展开参数设置，如图 10-36 所示。

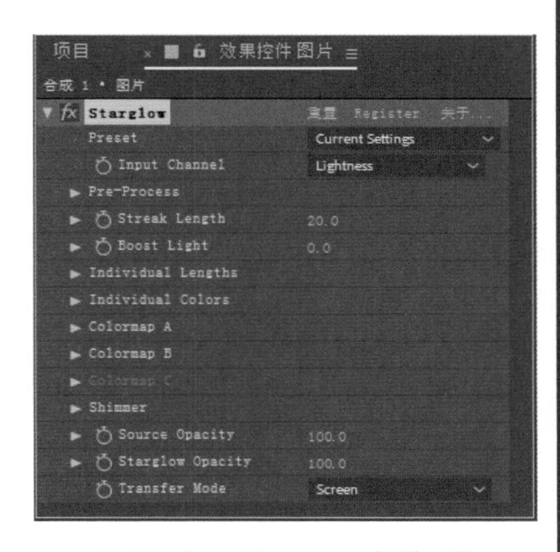

图 10-36　Starglow 插件面板

下面对 Starglow 效果的各项属性参数进行详细讲解。

- Preset（预设）：插件预设了 29 种各类镜头的耀斑特效，在右侧的下拉列表中可以选择任意一种效果。

- Input Channel（输入通道）：选择特效基于的通道，它包括 Lightness（明度）、Luminance（亮度）、Red（红色）、Green（绿色）、Blue（蓝色）、Alpha（通道）等类型。
- Pre-Process（预处理）：在应用 Starglow 效果之前需要设置的功能参数。
- Threshold（阈值）：用来定义产生星光特效的最小亮度值，值越小，画面上产生的星光闪耀特效就越多；值越大，产生星光闪耀的区域亮度要求就越高。
- Threshold Soft（区域柔化）：用来柔和高亮与低亮区域之间的边缘。
- Use Mask（使用遮罩）：选择这个选项可以使用一个内置的圆形遮罩。
- Mask Radius（遮罩半径）：可以设置内置遮罩圆的半径。
- Mask Feather（遮罩羽化）：用来设置内置遮罩圆的边缘羽化。
- Mask Position（遮罩位置）：用来设置内置遮罩圆的具体位置。
- Streak Length（光线长度）：用来调整整个星光的散射长度。
- Boost Light（星光亮度）：调整星光的强度（亮度）。
- Individual Lengths（单独光线长度）：调整每个方向的 Glow（光晕）大小。
- Individual Colors（单独光线颜色）：用来设置每个方向的颜色贴图，最多有 A、B、C 三种颜色贴图选择。
- Shimmer（微光）：用来控制星光效果的细节部分。
- Amount（数量）：设置微光的数量。
- Detail（细节）：设置微光的细节。
- Phase（位置）：设置微光的当前相位，给这个参数加上关键帧，就可以得到一个动画的微光。
- Use Loop（使用循环）：选择这个选项可以强迫微光产生一个无缝的循环。
- Revolutions in Loop（循环旋转）：循环情况下相位旋转的总体数目。
- Source Opacity（源素材透明度）：用来设置源素材的透明度。
- Starglow Opacity（星光效果的透明度）：用来设置星光效果的透明度。
- Transfer Mode（叠加模式）：用来设置星光闪耀特效和源素材的画面叠加方式。

（4）Particular（粒子）插件

Particular（粒子）插件是一个功能非常强大的三维粒子滤镜，通过该滤镜可以模拟出真实世界中的烟雾、爆炸等效果。Particular 滤镜可以与三维图层发生作用而制作出粒子反弹效果，或从灯光以及图层中发射粒子，还可以使用图层作为粒子样本进行发射。

在“时间轴”面板中选择素材图层，对其执行“效果”|“RG Trapcode”|“Particular”命令，然后在“效果控件”面板展开参数设置，如图 10-37 所示。

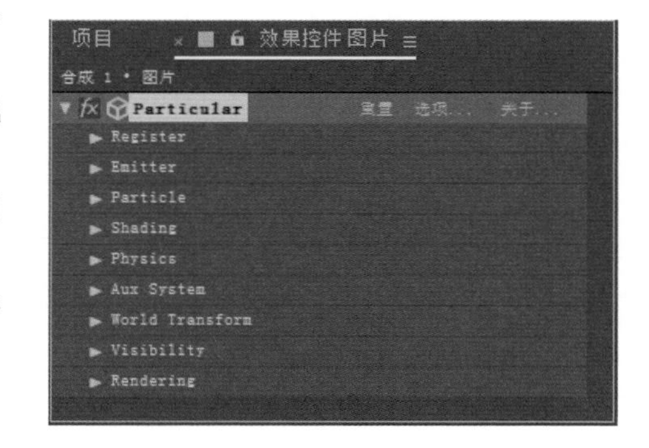

图 10-37　Particular 插件面板

下面对 Particular 效果的各项属性参数进行详细讲解。

- Register（注册）：用来注册 Form 插件。
- Emitter（发射）：用来设置粒子产生的

位置、粒子的初速度和粒子的初始发射方向等。

- Particles|Sec（每秒发射的粒子数）：该选项可以通过数值调整来控制每秒发射的粒子数。
- Emitter Type（发射类型）：粒子发射的类型，主要包括 Point（点）、Box（立方体）、Sphere（球体）、Grid（栅格）、Light（灯光）、Layer（图层）和 Layer Grid（图层栅格）7 种类型。
- Position XY、Position Z（粒子的位置）：如果为该选项设置关键帧，可以创建拖尾效果。
- Direction Spread（扩散）：用来控制粒子的扩散，数值越大，向四周扩散出来的粒子就越多；数值越小，向四周扩散出来的粒子就越少。
- X、Y、Z Rotation（X、Y、Z 轴向旋转）：通过调整它们的数值，用来控制发射器方向的旋转。
- Velocity（速率）：用来控制发射的速度。
- Velocity Random（随机速度）：控制速度的随机值。
- Velocity from motion（运动速率）：粒子运动的速度。
- Emitter Size X、Y、Z（发射器在 X、Y、Z 轴的大小）：只有当 Emitter Type（发射类型）设置为 Box（盒子）、Sphere（球体）、Grid（网格）和 Light（灯光）时，才能设置发射器在 X 轴、Y 轴、Z 轴的大小；而对于 Layer（图层）和 Layer Grid（层发射器）发射器，只能调节 Z 轴方向发射器的大小。
- Particle（粒子）：该选项组中的参数主要用来设置粒子的外观，如粒子的大小、不透明度以及颜色属性等。
- Life[sec]（生命值）：该参数通过数值调整可以控制粒子的生命期，以秒来计算。
- Life Random（生命期的随机性）：用来控制粒子生命期的随机性。
- Particle Type（粒子类型）：在它的下拉列表中有 11 种类型，分别为 Sphere（球形）、Glow Sphere（发光球形）、Star（星形）、Cloudlet（云层形）、Streaklet（烟雾形）、Sprite（雪花）、Sprite Colorize（颜色雪花）、Sprite Fill（雪花填充）以及 3 种自定义类型。
- Size（大小）：用来控制粒子的大小。
- Size Random（大小随机值）：用来控制粒子大小的随机属性。
- Size over Life（粒子死亡后的大小）：用来控制粒子死亡后的大小。
- Opacity（不透明度）：用来控制粒子的不透明度。
- Opacity Random（随机不透明度）：用来控制粒子随机的不透明度。
- Opacity over Life（粒子死亡后的大小的不透明度）：用来控制粒子死亡后的不透明度。
- Set Color（设置颜色）：用来设置粒子的颜色。
- At Birth（出生）：设置粒子刚生成时的颜色，并在整个生命期内有效。
- Over Life（生命周期）：设置粒子的颜色在生命期内的变化。
- Random from Gradient（随机）：选择随机颜色。
- Transfer Mode（合成模式）：设置粒子的叠加模式。在右侧的下拉列表中包含 6 种模式可供选择。

- Shading（着色）：用来设置粒子与合成灯光的相互作用，类似于三维图层的材质属性。
- Physics（物理性）：用来设置粒子在发射以后的运动情况，包括粒子的重力、紊乱程度，以及设置粒子与同一合成中的其他图层产生的碰撞效果。
- Physics Model（物理模式）：包含两个模式，Air（空气）模式用于创建粒子穿过空气时的运动效果，主要设置空气的阻力、扰动等参数；Bounce（弹跳）模式用于实现粒子的弹跳。
- Gravity（重力）：粒子以自然方式降落。
- Physics Time Factor（物理时间因数）：调节粒子运动的速度。
- Aux System（辅助系统）：用来设置辅助粒子系统的相关参数，这个子粒子发射系统可以从主粒子系统的粒子中产生新的粒子。
- Emit（发射）：当 Emit 选择为 off（关闭）时，Aux System（辅助系统）中的参数无效，只有选择 From Main Particles（来自主要粒子）或 At collision Event（碰撞事件）时，AuxSystem（辅助系统）中的参数才有效，也就是才能发射 Aux 粒子。
- Physics|Collision（粒子碰撞事件）：设置粒子碰撞事件的参数。
- Life[sec]（粒子生命期）：用来控制粒子的生命期。
- Type（类型）：用来控制 Aux 粒子的类型。
- Velocity（速率）：初始化 Aux 粒子的速度。
- Size（大小）：用来设置粒子的大小。
- Size over Life（粒子死亡后的大小）：用来设置粒子死亡后的大小。
- Opacity|Opacity over Life（透明度及衰减）：用来设置粒子的透明度。
- Color over Life（颜色衰减）：控制粒子颜色的变化。
- Color From Main：使 Aux 与主系统粒子颜色一样。
- Gravity（重力）：粒子以自然方式降落。
- Transfer Mode（叠加模式）：设置叠加模式。
- World Transform（坐标空间变换）：用来设置视角的旋转和位移状态。
- Visibility（可视性）：用来设置粒子的可视性。
- Rendering（渲染）：用来设置渲染方式、摄像机景深以及运动模糊等效果。
- Render Mode（渲染模式）：用来设置渲染的方式，包含 Full Render（完全渲染）和 Motion Preview（预览）两种方式。
- Depth of Field（景深）：设置摄像机景深。
- Motion Blur（运动模糊）：使粒子的运动更平滑，模拟真实摄像机效果。
- Shutter Angle（快门角度）、Shutter Phase（快门相位）：这两个选项只有 Motion Blur（运动模糊）为 On（打开）时才有效。
- Opacity Boost（提高透明度）：当粒子透明度降低时，利用该选项提高。

10.4.4 云层光线穿透特效（实例）

本例将使用 Shine（扫光）插件为场景素材制作云层光线穿透特效，通过使用该插件，能快速地为画面添加发光效果，通过添加关键帧，能制作出逼真的光线动效。

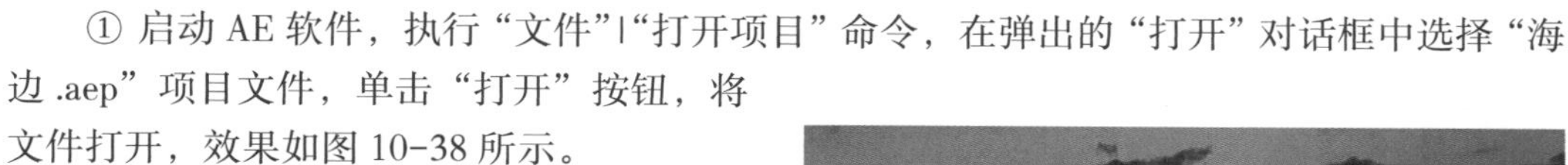

① 启动 AE 软件，执行“文件”|“打开项目”命令，在弹出的“打开”对话框中选择“海边.aep”项目文件，单击“打开”按钮，将文件打开，效果如图 10-38 所示。

图 10-38　打开素材文件

② 在“时间轴”面板中选择“海边.mp4”图层，执行“效果”|“RG Trapcode”|“Shine”命令，并在“效果控件”面板展开“Colorize”(色彩化)属性栏，设置“Colorize”(颜色模式)为 None，设置“Blend Mode”(混合模式)为 Add，如图 10-39 所示。操作完成后得到的图像效果如图 10-40 所示。

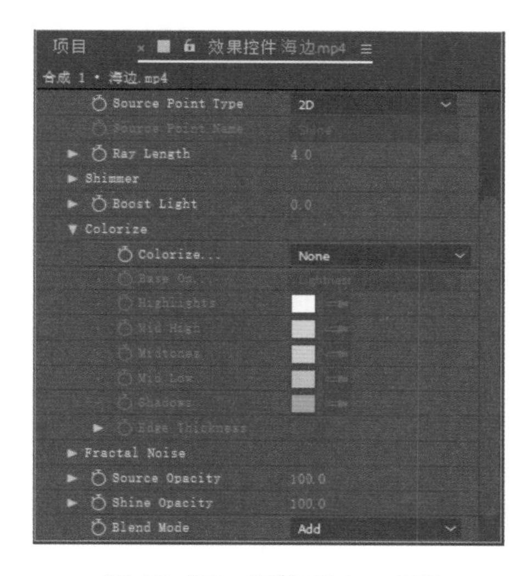

图 10-39　调整 Shine 属性

图 10-40　调整后效果(一)

③ 在“效果控件”面板展开 Pre-Process(预处理)属性栏，设置“Threshold”(阈值)参数为 100，设置“Source Point”(光源点)参数为“506、135”，如图 10-41 所示。操作完成后得到的图像效果如图 10-42 所示。

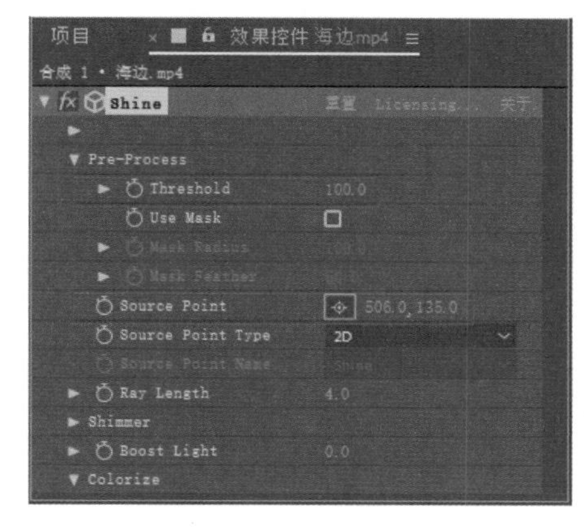

图 10-41　调整光源点

图 10-42　调整后效果(二)

④ 展开“Shimmer”(微光)属性栏，设置“Amount”(数量)参数为300，设置“Detail”(细节)参数为40，如图10-43所示。操作完成后在“合成”面板的对应预览效果如图10-44所示。

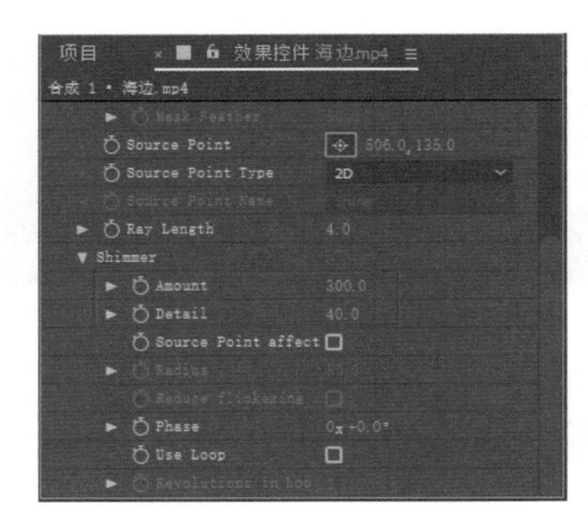

图10-43　设置“Detail”(细节)参数　　图10-44　设置后效果

⑤ 将当前时间设置为0:00:00:00，展开Shine效果下的Pre-Process(预处理)属性，设置“Threshold”(阈值)参数为255，设置“Source Point”(光源点)参数为308.0，58.0，并分别单击“Threshold”(阈值)和“Source Point”(光源点)左侧的“时间变化秒表”按钮，如图10-45所示，在当前位置设置关键帧。

⑥ 将当前时间设置为0:00:03:15，设置“Threshold”(阈值)参数为133，设置“Source Point”(光源点)参数为506.0，135.0，如图10-46所示。

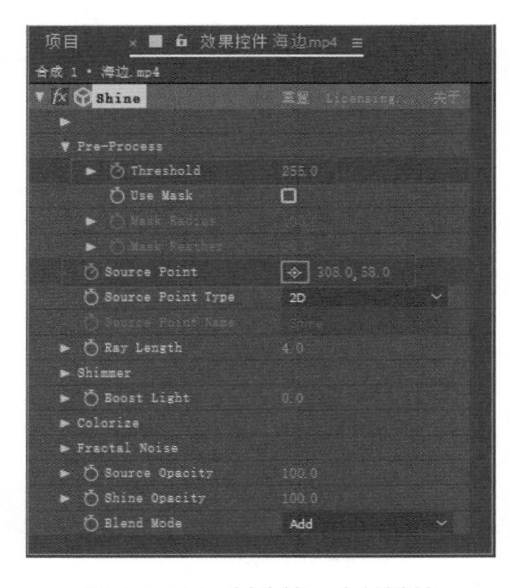

图10-45　创建第一个关键帧

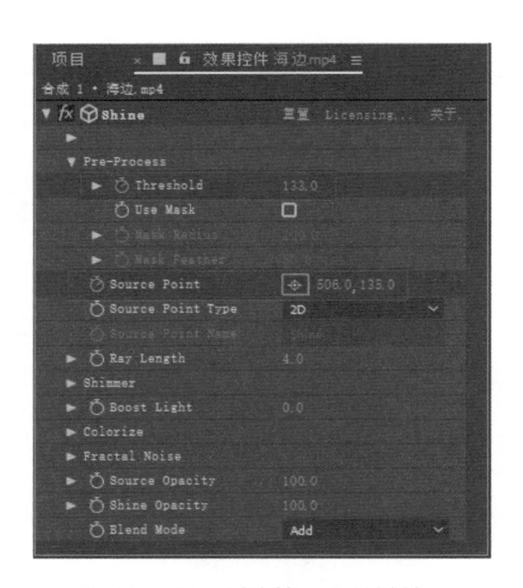

图10-46　创建第二个关键帧

⑦ 至此，本例就已制作完毕，按小键盘上的0键可以进行动画的播放预览，如图10-47所示。

图 10-47　视频预览

10.4.5　闪耀星光特效（实例）

本例主要练习 Starglow（星光）插件的操作和使用。通过创建固态层，并为固态层添加特殊效果，设置相关参数，来完成闪耀星光特效的制作。具体操作方法如下。

① 启动 AE 软件，在“项目”面板中右击并选择“新建合成”命令，在弹出的“合成设置”面板中自定义“合成名称”，设置“预设”为“自定义”，“宽度”为 720px，“高度”为 480px，设置“像素长宽比”为“D1/DV PAL（1.09）”，设置“帧速率”为 25，设置“持续时间”为 10 秒，如图 10-48 所示。

② 按快捷键 Ctrl+Y，在弹出的“纯色设置”对话框中创建一个与合成大小一致的固态层，并将其命名为“背景”，设置颜色为黑色，单击“确定”按钮，如图 10-49 所示。

图 10-48　新建合成

图 10-49　创建一个固态层

③ 在“时间轴”面板中选择“背景”图层，执行“效果”|“生成”|“无线电波”菜单命令，并在“效果控件”面板设置“渲染品质”参数为 10，设置“边”为 5，设置“曲线大小”参数为 0.54，设置“曲线弯曲度”参数为 0.25，接着勾选“星形”复选框，并设置“星深度”为 -0.31，如图 10-50 所示。操作完成后在“合成”面板的对应预览效果如图 10-51 所示。

④ 在“效果控件”面板展开“波动”属性栏，设置“旋转”参数为 40，设置“寿命（秒）”参数为 14.1，接着展开“描边”属性栏，设置颜色为白色，如图 10-52 所示。

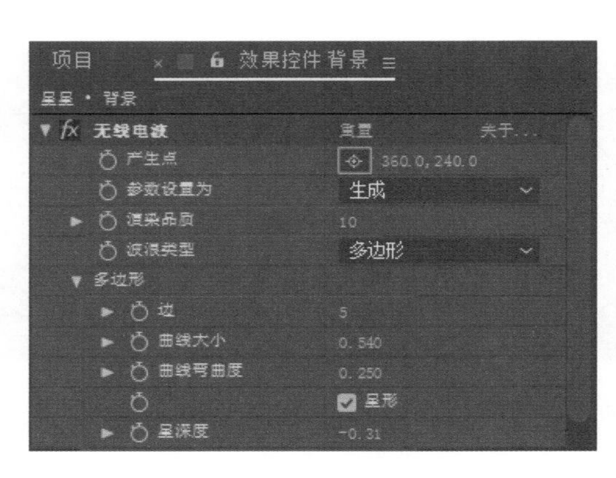

图 10-50　设置“无线电波”参数

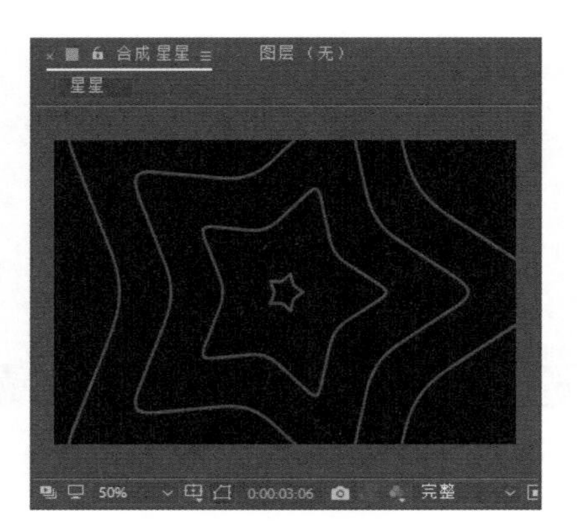

图 10-51　设置后效果

⑤ 在“时间轴”面板中选择“背景”图层，为其执行“效果”|“RG Trapcode”|“Starglow”菜单命令，然后在“效果控件”面板设置“Preset”（预设）为 Romantic，设置“Streak Length”（光线长度）参数为 100，设置“Boost Light”（星光亮度）参数为 20，最后设置“Transfer Mode”（叠加模式）参数为 Hard Light，如图 10-53 所示。

图 10-52　设置“波动”和“描边”参数

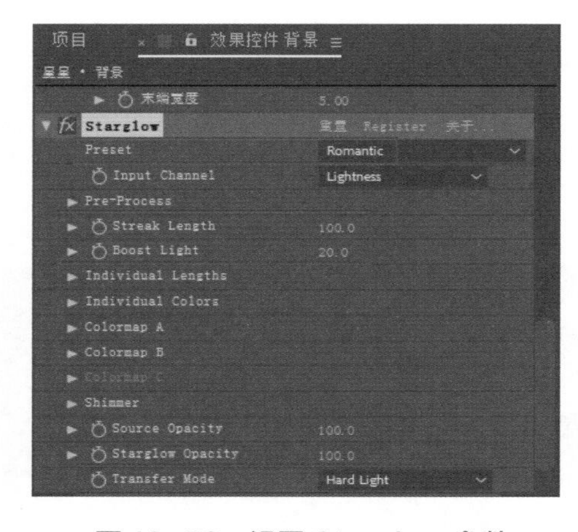

图 10-53　设置 Starglow 参数

⑥ 至此，本例就已制作完毕，按小键盘上的 0 键可以进行动画的播放预览，最终效果如图 10-54 所示。

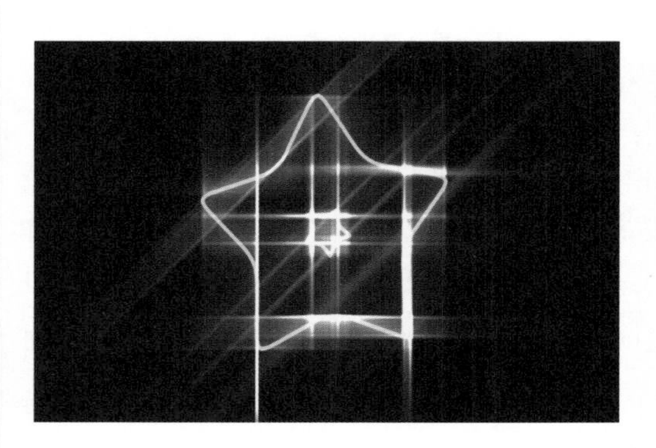

图 10-54　视频预览

第11章 镜头的跟踪与稳定

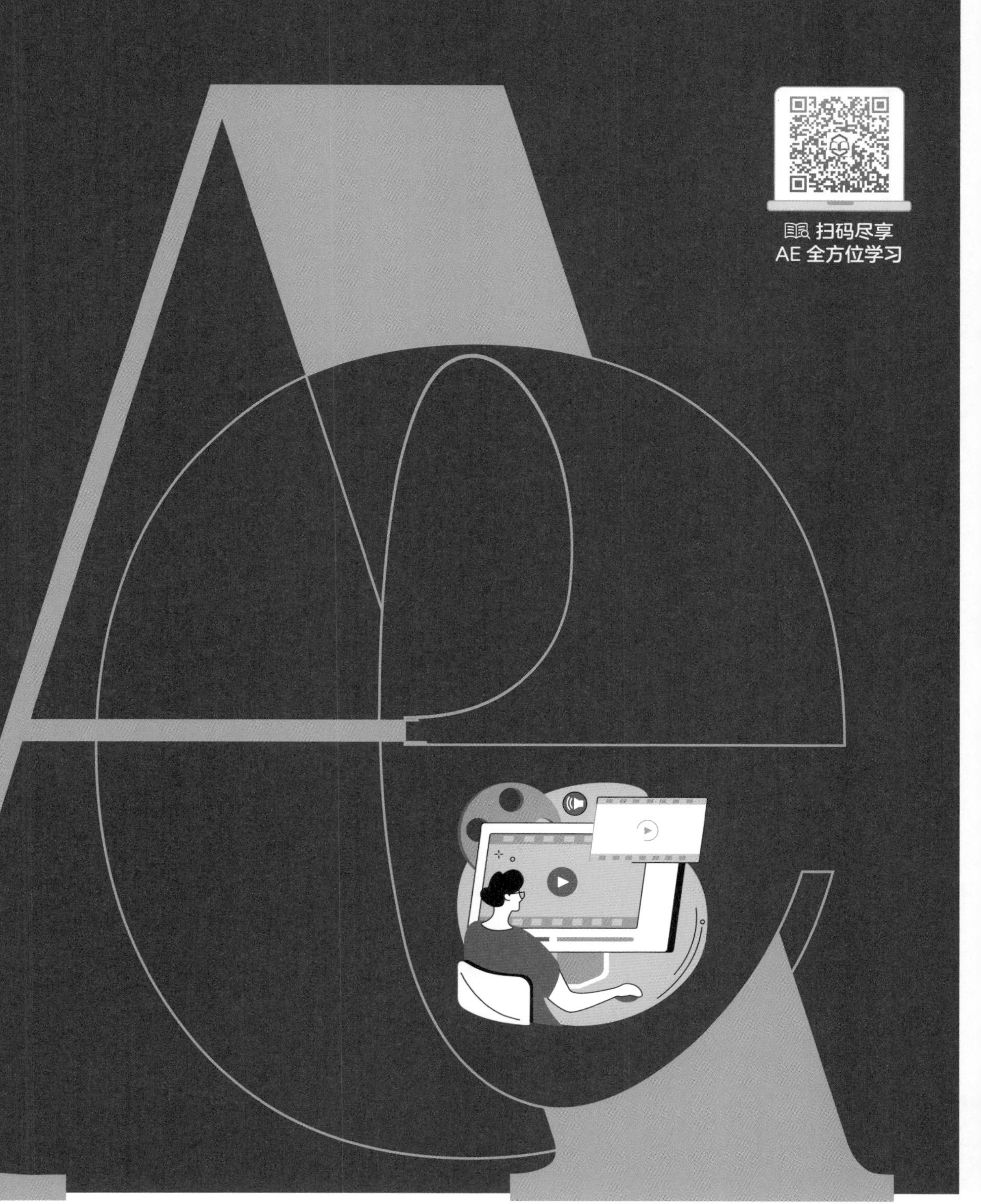

AE 的运动跟踪工具能够对位置、旋转、放射边角及透视边角等进行跟踪，并针对不同的运动类型采取不同的跟踪方式。此外，运动跟踪可以处理前期拍摄过程中出现的画面抖动问题，使画面更加平稳。

11.1 运动跟踪

运动跟踪是动画合成中运用频率较高的一种合成方式，通过运动跟踪功能可以跟踪对象的运动，然后将该运动的跟踪数据应用于另一个对象（例如另一个图层或效果控制点），从而使图像与效果相互跟随运动。

简单来说，运动跟踪可根据指定区域进行跟踪分析，自动创建关键帧，并将跟踪结果应用到其他图层或效果上，从而制作出跟踪动画。

11.1.1 运动跟踪的作用

运动跟踪主要有以下两个作用。

- 跟踪镜头中目标对象的运动，然后将跟踪的运动数据应用于其他图层或滤镜中，让其他图层元素或滤镜与镜头中的运动对象进行匹配。
- 将跟踪中的目标物体的运动数据作为补偿画面运动的依据，从而达到稳定画面的作用。

11.1.2 跟踪器面板

在 AE 的“跟踪器”面板中，可以对运动跟踪和镜头稳定等进行相关的设置和应用。选择要进行跟踪的动态图层，执行“窗口”|“跟踪器”命令，打开“跟踪器”面板，如图 11-1 所示。

“跟踪器”面板属性介绍如下。

- 运动源：设置被跟踪的图层，只对素材和合成有效。
- 当前跟踪：选择被激活的跟踪器。
- 跟踪类型：设置使用的跟踪模式，不同的跟踪模式可以设置不同的跟踪点，并且将不同跟踪数据应用到目标图层或目标滤镜的方式也不一样。跟踪类型列表框中包含 5 种跟踪模式，如图 11-2 所示，下面分别进行介绍。

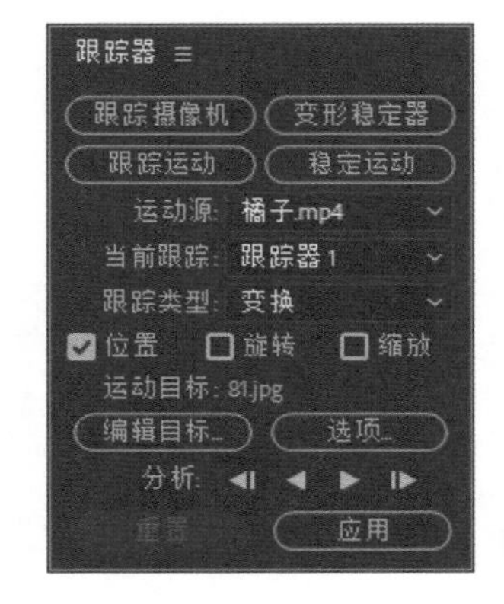

图 11-1 “跟踪器”面板

① 稳定：通过跟踪位置、旋转、缩放的值来对源图层进行反向补偿，从而起到稳定源图层的作用。当跟踪位置时，该模式会创建一个跟踪点，经过跟踪后会为源图层生成一个轴心点关键帧；当跟踪旋转时，该模式会创建两个跟踪点，经过跟踪后会为源图层生成一个旋转关键帧；当跟踪缩放时，该模式会创建两个跟踪点，经过跟踪后会为源图层生成一个缩放关键帧。

② 变换：经过跟踪位置、旋转、缩放的值将跟踪数据应用到其他图层中。当跟踪位置时，该模式会创建一个跟踪点，经过跟踪后会为其他图层创建一个位置跟踪关键帧数据；当跟踪旋转时，该模式会创建两个跟踪点，经过跟踪后会为其他图层创建一个旋转跟踪关键帧数据；当跟踪缩放时，该模式会创建两个跟踪点，经过跟踪后会为其他图层创建一个缩放跟踪关键帧数据。

③ 平行边角定位：该模式只跟踪倾斜和旋转变化，不具备跟踪透视的功能。在该模式中，平行线在跟踪过程中始终是平行的，并且跟踪点之间的相对距离也会被保存下来。平行边角定位模式使用 3 个跟踪点，然后根据 3 个跟踪点的位置计算出第 4 个点的位置，接着根据跟踪的数据为目标图层的边角定位滤镜的 4 个角点应用跟踪的关键帧数据。

④ 透视边角定位：该模式可以跟踪源图层的倾斜、旋转和透视变化。透视边角定位模式使用 4 个跟踪点进行跟踪，然后将跟踪到的数据应用到目标图层的边角定位滤镜的 4 个角点上。

⑤ 原始：该模式只能跟踪源图层的位置变化，通过跟踪产生的跟踪数据不能直接使用应用按钮应用到其他图层中，但是可以通过复制粘贴或是表达式的形式将其链接到其他动画属性上。

- 运动目标：设置跟踪数据被应用的图层或滤镜控制点。AE 通过对目标图层或滤镜增加属性关键帧来稳定图层或跟踪源图层的运动。
- 编辑目标：设置运动数据要应用到的目标对象。
- 选项：设置跟踪器的相关选项参数，单击该按钮，可以打开“动态跟踪器选项”对话框，如图 11-3 所示。

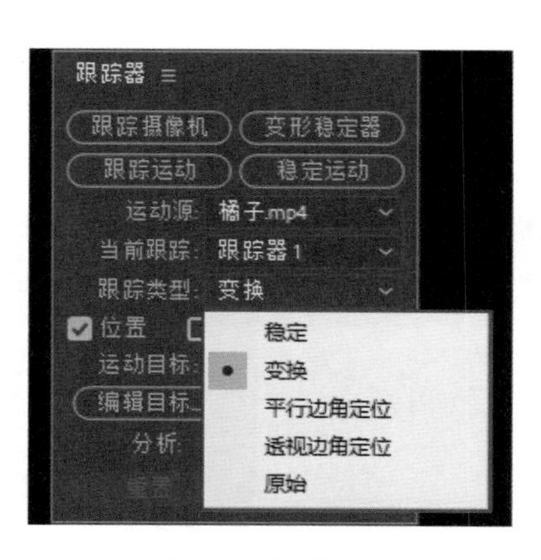

图 11-2 跟踪模式

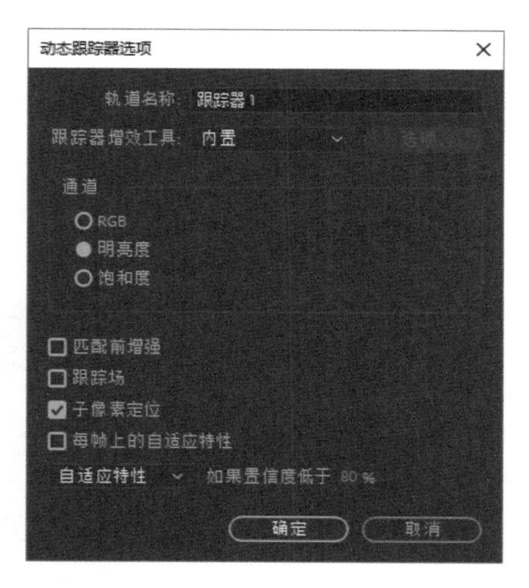

图 11-3 “动态跟踪器选项”对话框

“动态跟踪器选项”对话框中各属性介绍如下。

① 轨道名称：设置跟踪器的名字，也可以在时间轴面板中修改跟踪器的名字。

② 跟踪器增效工具：选择跟踪器增效工具，系统默认的是 AE 内置的跟踪器。

③ 通道：设置在特征区域内比较图像数据的通道。如果特征区域内的跟踪目标有比较明显的颜色区别，则选择 RGB 通道；如果特征区域内的跟踪目标与周围区域有比较明显的亮度差异，则选择使用“明亮度”通道；如果特征区域内的跟踪目标与周围区域有比较明

显的颜色饱和度差异，则选择“饱和度”通道。

④ 匹配前增强：为了提高跟踪效果，可以使用该选项来模糊图像，以减少图像的噪点。

⑤ 跟踪场：对隔行扫描的视频进行逐帧插值，以便于进行跟踪。

⑥ 子像素定位：将特征区域像素进行细分处理，可以得到更精确的跟踪效果，但是会耗费更多的运算时间。

⑦ 每帧上的自适应特性：根据前面一帧的特征区域来决定当前帧的特征区域，而不是最开始设置的特征区域。这样可以提高跟踪精度，但同时也会耗费更多的运算时间。

⑧ 如果置信度低于：当跟踪分析的特征匹配率低于设置的百分比时，该选项用来设置相应的跟踪处理方式，包括“继续跟踪”“停止跟踪”“预测运动”和“自适应特性”四种方式。

- 分析：在源图层中逐帧分析跟踪点。单击◀|按钮，将分析当前帧，并且将当前时间指示器滑块往前移动一帧；单击◀按钮，将从当前时间指示器滑块处往前分析跟踪点；单击▶按钮，将从当前时间指示器滑块处往后分析跟踪点；单击|▶按钮，将分析当前帧，并且将当前时间指示器滑块往后移动一帧。
- 重置：恢复到默认状态下的特征区域、搜索区域和附着点，并且从当前选择的跟踪轨道中删除所有的跟踪数据，但是已经应用到其他目标图层的跟踪控制数据保持不变。
- 应用：以关键帧的形式将当前的跟踪数据应用到目标图层或滤镜控制点。

11.1.3 运动跟踪参数

在“跟踪器”面板中单击“跟踪运动”按钮或“稳定运动”按钮时，在时间轴面板中的源图层都会自动创建一个新的“跟踪器”。每个跟踪器都可以包括一个或多个“跟踪点”，当执行跟踪分析后，每个跟踪点中的属性选项组会根据情况来保存跟踪数据，同时会产生相应的跟踪关键帧，如图 11-4 所示。

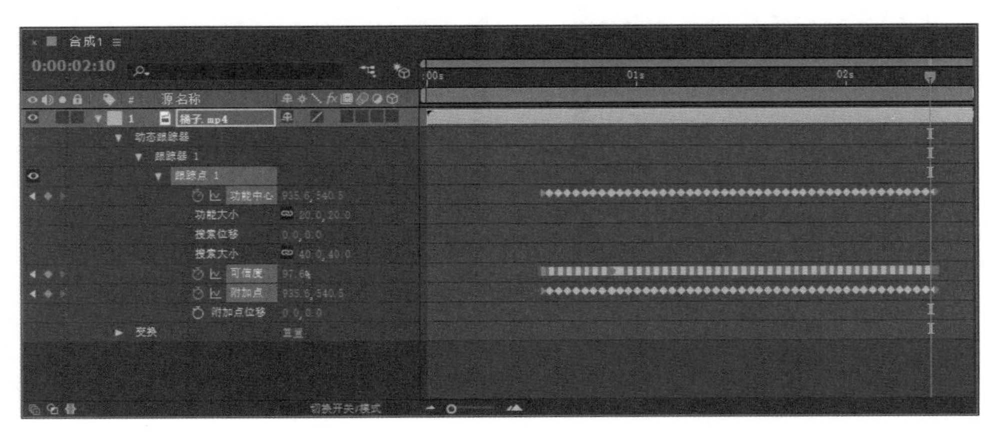

图 11-4 “运动跟踪”参数

时间轴面板中的运动跟踪参数介绍。

- 功能中心：设置功能区域（也可以称为特征区域）的中心位置。

- 功能大小：设置功能区域的宽度和高度。
- 搜索位移：设置搜索区域中心相对于特征区域中心的位置。
- 搜索大小：设置搜索区域的宽度和高度。
- 可信度：该参数是 AE 在进行跟踪时生成的每个帧的跟踪匹配程度。在一般情况下都不需要自行设置该参数，因为 AE 会自动生成。
- 附加点：设置目标图层或滤镜控制点的位置。
- 附加点位移：设置目标图层或滤镜控制中心相对于特征区域中心的位置。

11.1.4 运动跟踪与运动稳定

运动跟踪和运动稳定处理跟踪数据的原理是一样的，只是它们会根据各自的目的将跟踪数据应用到不同的目标。使用运动跟踪可以将跟踪数据应用于其他图层或滤镜控制点，而使用运动稳定可以将跟踪数据应用于源图层自身来抵消运动。

如果在“跟踪器”面板中选择了“旋转”或“缩放”属性，那么在图层的预览窗口中会显示出两个跟踪点，并且有一根线连接着两个附着点，有一个箭头从第 1 个附着点指向第 2 个附着点。

对于旋转变化，AE 是通过附着点之间的直线角度来衡量旋转值的，然后将跟踪数据应用到图层的“旋转”属性，同时会创建相应的关键帧；对于缩放变化，AE 是通过将其他帧的附着点距离与起始帧的附着点距离进行比较来衡量缩放值的，然后将跟踪数据应用到图层的“缩放”属性，同时会生成相应的关键帧。

当使用“平行边角定位”和“透视边角定位”进行运动跟踪时，AE 会应用 4 个跟踪点，然后将 4 个点的跟踪数据应用到“边角定位”滤镜中，并对目标物体进行变形跟踪来匹配源图层目标的大小和倾斜度。这里需要注意的是，4 个跟踪点的功能区域和附着点必须在同一平面上。

在进行“平行边角定位”跟踪时，它的 4 个跟踪点中有一个点是不进行运动跟踪的，因为这样才能保持 4 条边的平行；如果要使某个跟踪点成为自由点，可以在按住 Alt 键的同时单击该跟踪点的特征区域来实现。

11.1.5 追踪动态对象的操作（实例）

下面通过简单的案例，为大家介绍如何在 AE 中使一个对象追随另一个对象进行运动。

① 启动 AE，执行“文件”|“打开项目”命令，在弹出的“打开”对话框中选择“跳舞 .aep”项目文件，单击“打开”按钮，将文件打开，效果如图 11-5 所示。

② 在“合成 1”合成面板中选择“跳舞 .mp4”图层，然后执行“窗口”|“跟踪器”命令，打开“跟踪器”面板，单击“跟踪运动”按钮，如图 11-6 所示。

③ 此时在“合成”面板中会出现跟踪点，将跟踪点方框适当放大，然后按住 Ctrl 键，将跟踪点移动到画面中人物手的部位，如图 11-7 所示。

④ 在“跟踪器”面板中单击“向前分析”按钮▶，如图 11-8 所示，等待计算机自动运算对象的运动轨迹。

图 11-5　素材文件

图 11-6　单击“跟踪运动”按钮

图 11-7　移动至手的区域

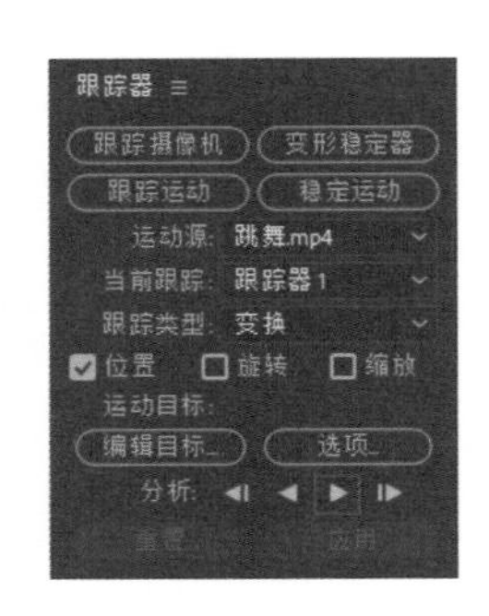

图 11-8　向前分析

提示　这里注意跟踪方框是由两个方框组成的，里面的方框用来追踪对象的精准位置，外面的方框则是一个追踪安全范围，大家可以根据实际需要进行方框的缩放调整。

⑤ 待运算完成后，可在“合成”面板中看到跟踪点的运动轨迹，如图 11-9 所示。

⑥ 在“合成 1”合成面板的空白处右击，在弹出的快捷菜单中执行“新建”|“空对象”命令，创建一个空对象图层放在“跳舞 .mp4”图层的上方，如图 11-10 所示。

图 11-9　运动轨迹

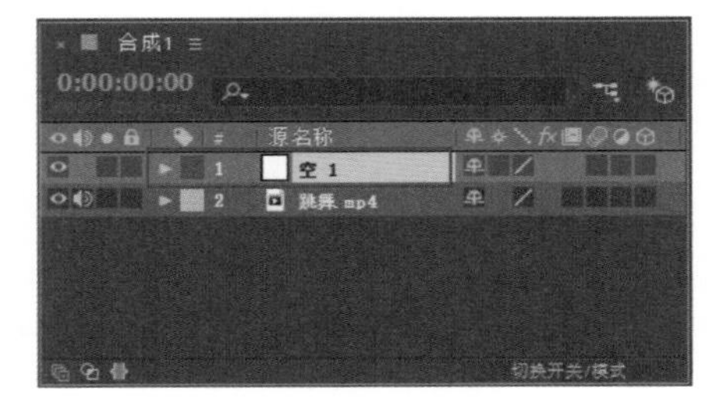

图 11-10　创建空图层

提示 对于一些运动幅度较大的对象，计算机在进行自动跟踪时可能会出现跟踪点与对象运动轨迹匹配不上的情况，这个时候大家可以尝试逐帧预览，对不匹配的关键帧进行单独调整。

⑦ 选择“跳舞 .mp4”图层，在“跟踪器”面板中单击“编辑目标”按钮，如图 11-11 所示，打开“运动目标”对话框，单击“确定”按钮，如图 11-12 所示。

⑧ 完成上述操作后，在“跟踪器”面板中单击“应用”按钮，打开“动态跟踪器应用选项”对话框，单击“确定”按钮，如图 11-13 所示。

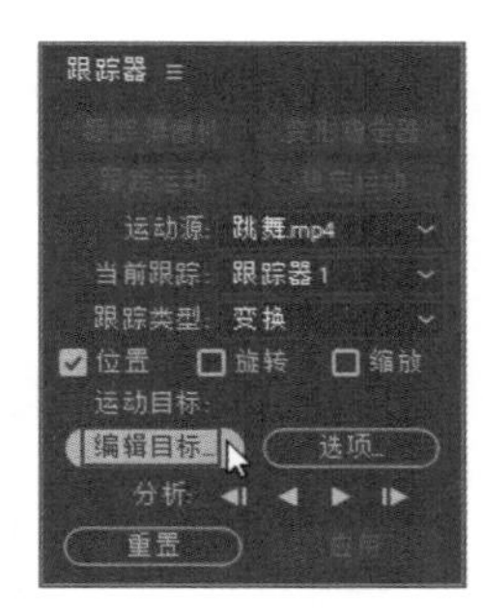

图 11-11 单击“编辑目标”按钮

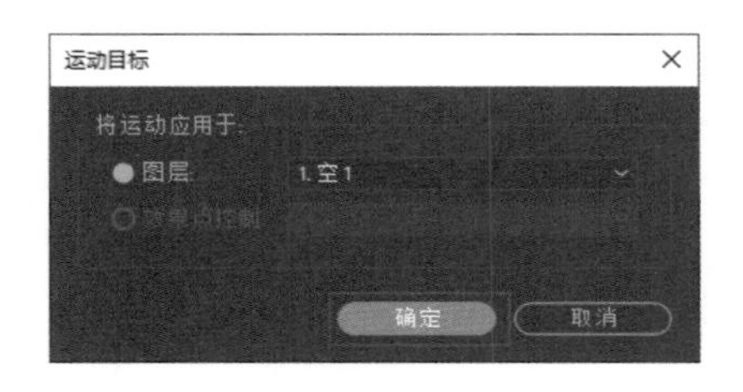

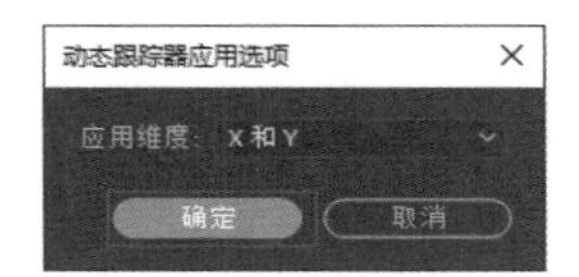

图 11-12 确定运动图层

图 11-13 “动态跟踪器应用选项”对话框

⑨ 将“项目”面板中的“蝴蝶 .mov”素材添加到“合成 1”合成面板中，并放置在“空 1”图层上方，如图 11-14 所示。

⑩ 选择“蝴蝶 .mov”素材，执行“效果”|“Keying”|“Keylight（1.2）”命令。在“效果控件”面板中，单击 Screen Colour 右侧的“吸管”工具，移动光标至“合成”面板，单击鼠标左键，吸取“蝴蝶 .mov”素材中的绿色，如图 11-15 所示。

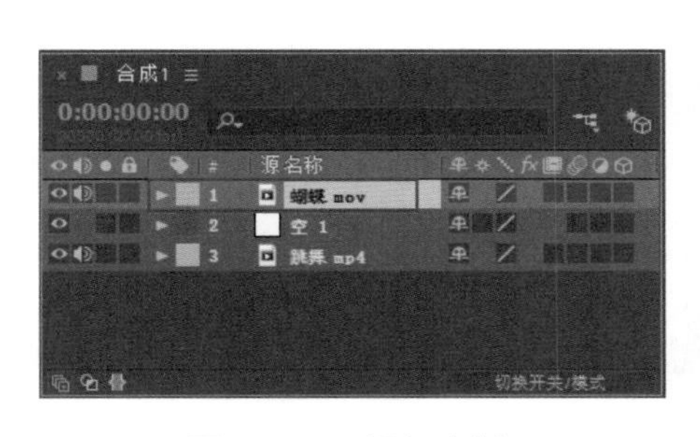

图 11-14 添加素材

图 11-15 吸色

⑪ 取色完成后，在“合成”面板中得到的图像效果如图 11-16 所示。

⑫ 在“合成 1”合成面板中展开“蝴蝶 .mov”素材的“变换”属性，调整其“位置”和“缩放”参数，如图 11-17 所示。

⑬ 完成参数调整后，“蝴蝶 .mov”素材对象将缩放至合适大小，效果如图 11-18 所示。

⑭ 在“合成 1”合成面板中，按住“蝴蝶 .mov”图层右侧的按钮，将图层拖曳链接到“空 1”图层，如图 11-19 所示。

图 11-16　取色后效果

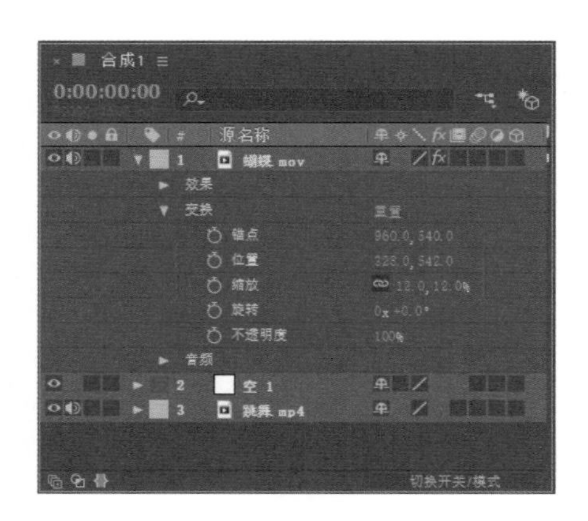

图 11-17　调整参数

图 11-18　调整大小

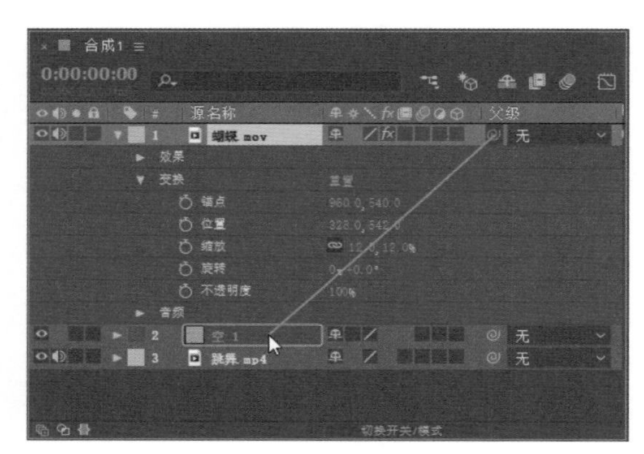

图 11-19　拖曳图层

⑮ 至此，本实例就已经制作完毕，按小键盘上的 0 键可以进行动画的播放预览，如图 11-20 所示。

图 11-20　视频预览

11.2　运动跟踪的工作流程

在初步了解了运动跟踪的功能面板和属性参数后，本节继续介绍运动跟踪的工作流程，来帮助大家进一步掌握运动跟踪的具体应用方法。

11.2.1 镜头设置

为了让运动跟踪效果更加平滑，需要使选择的跟踪目标具备明显的、与众不同的特征，这些就要求在前期拍摄时，有意识地为后期跟踪处理做好准备。适合作为跟踪目标的对象主要有以下特征。

- 有与周围区域形成强烈对比的颜色、亮度或饱和度。
- 整个特征区域有清晰的边缘。
- 在整个视频持续时间内都可以辨识。
- 靠近跟踪目标区域。
- 跟踪目标在各个方向上都相似。

11.2.2 添加合适的跟踪点

在“跟踪器”面板中设置了不同的“跟踪类型”后，AE 会根据不同的跟踪模式在图层的预览窗口中设置合适数量的跟踪点。

11.2.3 选择跟踪目标

在进行运动跟踪之前，首先要观察整段影片，找出最佳跟踪目标。虽然 AE 会自动推断目标的运动，但是如果选择了最合适的跟踪目标，那么跟踪成功的概率就会相应提高。一个好的跟踪目标应具备以下特征。

- 在整段影片中都可见。
- 在搜索区域中，目标与周围的颜色具有强烈的对比。
- 在搜索区域内具有清晰的边缘形状。
- 在整段影片中的形状和颜色都一致。

在影片中因为灯光影响而若隐若现的素材，或是在运动过程中因为角度不同而在形状上呈现出较大差异的素材不适合作为跟踪目标。

11.2.4 设置附着点位移

附着点是目标图层或滤镜控制点的放置点，默认的附着点是特征区域的中心。在运动跟踪之前，可以移动附着点，让目标位置相对于跟踪目标的位置产生一定的位移。

11.2.5 调节功能区域和搜索区域

对于功能区域来说，要让功能区域完全包括跟踪目标，并且功能区域应尽可能小一些。

对于搜索区域来说，搜索区域的位置和大小取决于跟踪目标的运动方式。搜索区域应适应跟踪目标的运动方式，只要能够匹配帧与帧之间的运动方式即可，无需匹配整段素材的运动。如果跟踪目标的帧与帧之间的运动是连续的，并且运动速度比较慢，那么只需要让搜索区域略大于特征区域即可。如果跟踪目标的运动速度比较快，那么搜索区域应该在

帧与帧之间能够包含目标的最大位置或方向的改变范围。

11.2.6 分析

在“跟踪器”面板中，通过“分析”选项来执行运动跟踪。

11.2.7 优化

在进行运动跟踪分析时，往往会因为各种原因不能得到最佳的跟踪效果，这时就需要重新调整搜索区域和功能区域，然后重新进行分析。在跟踪过程中，如果跟踪目标丢失或跟踪错误，可以返回跟踪正确的帧，然后重复前面的操作，重新进行调整并分析。

11.2.8 应用跟踪数据

在确保跟踪数据正确的前提下，可以在“跟踪器”面板中单击“应用”按钮，应用跟踪数据，但“跟踪类型”设置为“原始”模式时除外。对于“原始”模式跟踪来说，可以将跟踪数据复制到其他动画属性中，或使用表达式将其关联到其他动画属性上。

11.3 跟踪器

在 AE 中进行运动跟踪有多种方法，具体采用哪种方法和工作流程取决于剪辑的性质和要跟踪的内容。本节介绍 AE 中几种不同类型的跟踪器及其应用方法。

11.3.1 蒙版跟踪器

使用蒙版跟踪器，可以在对象周围绘制蒙版，以便仅跟踪场景中的特定对象。

要使用蒙版跟踪器，首先需要在项目中选择一个蒙版，并在该蒙版下单击“蒙版路径”选项，如图 11-21 所示。然后在“合成”面板中，右键单击蒙版，在弹出的快捷菜单中选择“跟踪蒙版”命令，如图 11-22 所示，即可开始跟踪蒙版。

图 11-21 单击“蒙版路径”选项

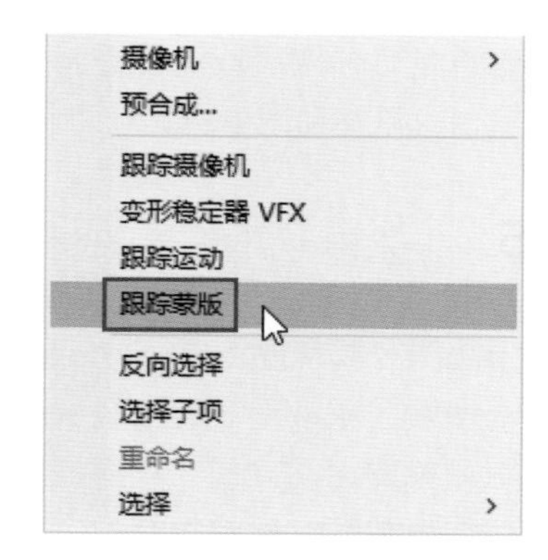

图 11-22 选择“跟踪蒙版”命令

在选择了某个蒙版后，“跟踪器”面板将会切换为蒙版跟踪模式，如图 11-23 所示。面板属性介绍如下。

- 分析：包含“向后跟踪所选蒙版 1 个帧”选项按钮◀|、“向后跟踪所选蒙版”选项按钮◀、“向前跟踪所选蒙版”选项按钮▶和“向前跟踪所选蒙版 1 个帧”选项按钮|▶。
- 方法：可在下拉列表中选择不同方式来修改蒙版的位置、比例、旋转、倾斜和视角。

在“蒙版路径”属性关键帧应用中，可以看到使用蒙版跟踪器的结果，如图 11-24 所示。

图 11-23　切换为蒙版跟踪模式

图 11-24　使用蒙版跟踪器结果

在使用蒙版跟踪时，需要注意以下几点。

- 为了进行有效跟踪，跟踪对象必须在整个影片中保持同样的形状，而跟踪对象的位置、比例和视角都可以进行更改。
- 在开始跟踪操作之前，可以选择多个蒙版，然后将关键帧添加到每个选定蒙版的“蒙版路径”属性中。
- 所跟踪的图层必须是跟踪遮罩、调整图层或其源可包含运动的图层。这包括基于视频素材和预合成的图层，但不是纯色图层或静止图层。

11.3.2　脸部跟踪

“脸部跟踪”功能可以精确地检测并跟踪人脸上的特定点，如瞳孔、嘴巴和鼻子，从而有选择性地进行内容的颜色校正、人脸模糊、五官变形等操作。在“跟踪器”面板中，有“脸部跟踪（仅限轮廓）”和“脸部跟踪（详细五官）”这两个脸部跟踪选项，如图 11-25 所示。

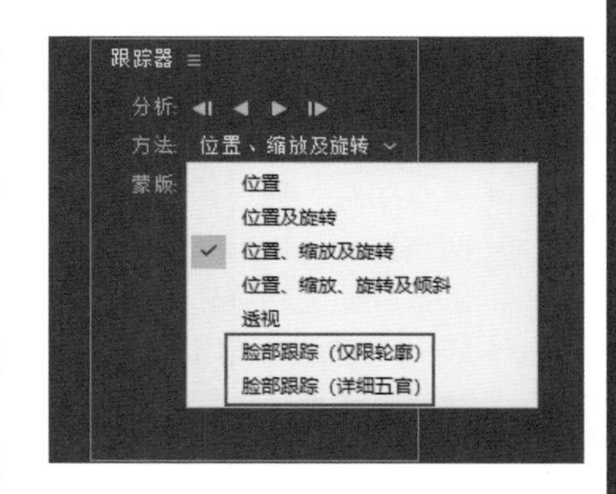

图 11-25　脸部跟踪选项

- 脸部跟踪（仅限轮廓）：选择该项，将只跟踪脸部轮廓。
- 脸部跟踪（详细五官）：如果需要检测眼睛（包括眉毛和瞳孔）、鼻子和嘴的位

置，并选择提取各种特征的测量值，可选择该选项。如果用户需要在 Character Animation 中使用跟踪数据，需要选择该选项。

如果使用“脸部跟踪（详细五官）”选项，人脸跟踪点效果会应用于该图层。该效果在关键帧中包含若干 2D 效果控制点，每个控制点附着到已检测到的面部特征，例如眼角、嘴角、瞳孔位置以及鼻尖。

11.3.3 3D 摄像机跟踪器

在 AE 中，使用 3D 摄像机跟踪器效果可以分析视频序列，以便提取摄像机运动和 3D 场景数据。通过 3D 摄像机跟踪器效果，可以在 2D 素材的基础上正确合成 3D 元素。

选中一个素材图层，然后执行以下任意一个操作，即可分析素材并提取摄像机运动。

- 在菜单栏执行“动画”|“跟踪摄像机”命令。
- 右键单击素材图层，在弹出的快捷菜单中选择“跟踪摄像机”命令。
- 在菜单栏执行“效果”|“透视”|“3D 摄像机跟踪器”命令。
- 在“跟踪器”面板中，单击“跟踪摄像机”按钮。

在应用 3D 摄像机跟踪效果后，分析和解析阶段是在后台运行的，其状态显示为素材上的一个横幅，如图 11-26 所示。在“效果控件”面板中，可以根据需求对相关属性进行调整设置，如图 11-27 所示。

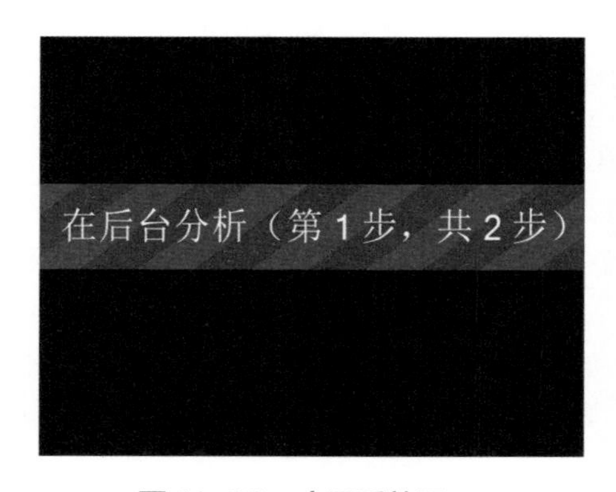

图 11-26　应用后效果

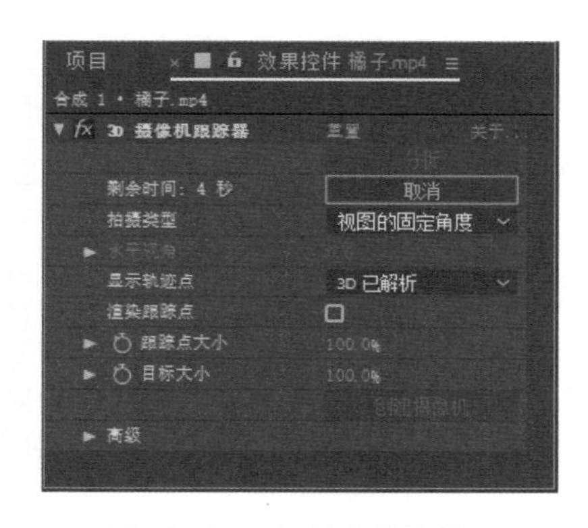

图 11-27　相关参数调整

11.3.4 点跟踪器

在 AE 中，用户可以选择在剪辑中跟踪一种或多种参考样式，具体包括以下几种。

- 单点跟踪：通过跟踪影片中的单个参考样式（小面积像素）来记录位置数据。
- 两点跟踪：跟踪影片中的两个参考样式，并使用两个跟踪点之间的关系来记录位置、缩放和旋转数据。
- 四点跟踪或边角定位跟踪：跟踪影片剪辑中的四个参考样式来记录位置、缩放和旋转数据。这四个跟踪点会分析四个参考样式之间的关系。
- 多点跟踪：在剪辑中随意跟踪多个参考样式。用户可以在“分析运动”和“稳定”行为中手动添加跟踪器，当一个“跟踪点”行为从“形状”行为子类别应用到一个形状或蒙版时，会为每个形状控制点自动分配一个跟踪器。

11.3.5 变形稳定器 VFX

通过变形稳定器可以有效地消除因摄像机移动造成的抖动，从而可将摇晃的手持素材转变为稳定、流畅的拍摄内容。

在 AE 中，要使用“变形稳定器”效果来稳定运动，首先要选择需要稳定的图层，然后执行以下任意一个操作。

- 在“效果和预设”面板中，选择“扭曲”效果选项中的“变形稳定器 VFX”。
- 右键单击素材图层，在弹出的快捷菜单中选择“变形稳定器 VFX”。

将“变形稳定器 VFX”效果添加到图层后，对素材的分析将在后台进行，当分析开始时，两个横幅中的第一个将显示在“合成”面板中，以指示正在进行分析，当分析完成后，第二个横幅将显示一条消息，指出正在进行稳定。

11.3.6 跟踪面部轮廓（实例）

本例将详细介绍如何在 AE 中使用人脸跟踪功能来对人物的面部轮廓进行精准跟踪。

① 启动 AE，执行“文件”|“打开项目”命令，在弹出的“打开”对话框中选择“儿童 .aep”项目文件，单击“打开”按钮，将文件打开，效果如图 11-28 所示。

② 将当前时间设置为 0:00:00:00，在该时间点显示了跟踪对象的正面垂直视图。

③ 选择“儿童 .mp4”图层，接着在工具面板中单击“钢笔工具”按钮，围绕儿童的脸部绘制一个封闭蒙版，如图 11-29 所示。

图 11-28　素材文件

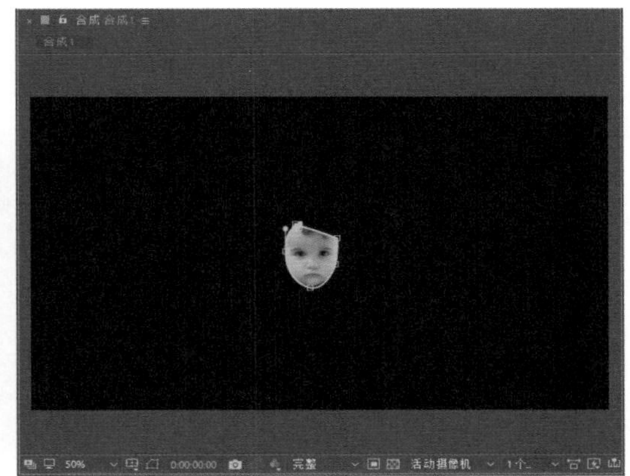

图 11-29　绘制蒙版

提示　将跟踪的初始帧对应正面和垂直方向的人脸，后续的人脸检测效率将会更高。

④ 执行“窗口”|“跟踪器”命令，打开“跟踪器”面板，在蒙版选中状态下，展开“方法”选项右侧的下拉列表，选择“脸部跟踪（仅限轮廓）”选项，如图 11-30 所示。

⑤ 完成上述操作后，在“跟踪器”面板中单击“向前跟踪所选蒙版”按钮，如图 11-31 所示。

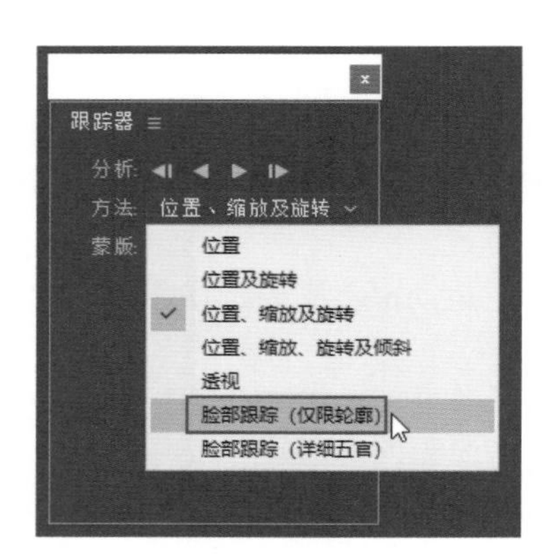

图 11-30　选择“脸部跟踪（仅限轮廓）”选项

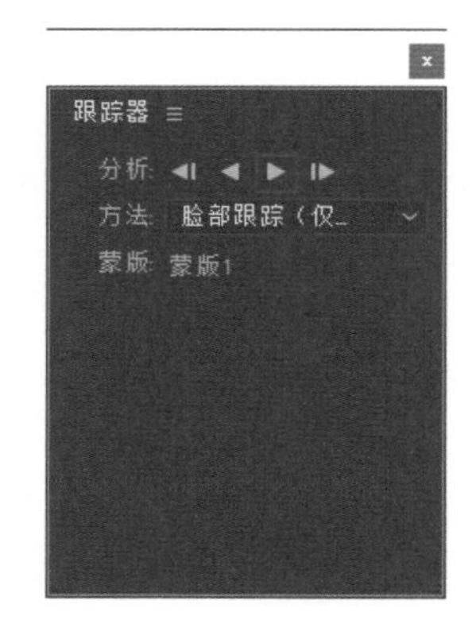

图 11-31　向前跟踪所选蒙版

⑥ 等待计算机自动运算，运算完成后展开“儿童.mp4”图层，可以看到自动生成的“蒙版路径”关键帧，如图 11-32 所示。

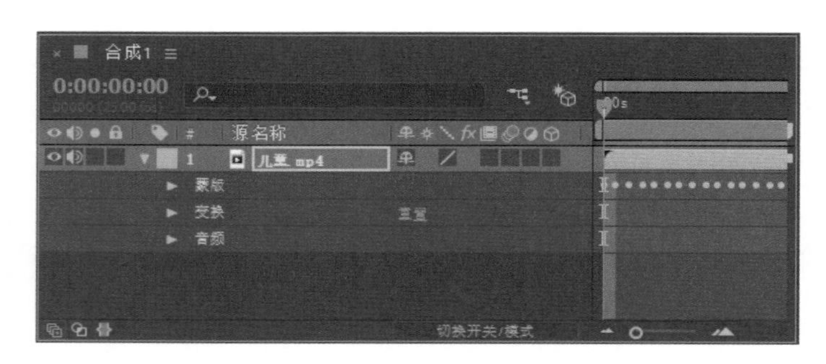

图 11-32　自动生成关键帧

⑦ 此时预览动画效果，可以看到随着时间的推移，绘制的蒙版始终围绕儿童的面部进行运动，如图 11-33 所示。至此就已经完成了跟踪人物面部轮廓的全部操作，通过这种方式获取的人脸跟踪数据可在日后的合成操作中继续使用。

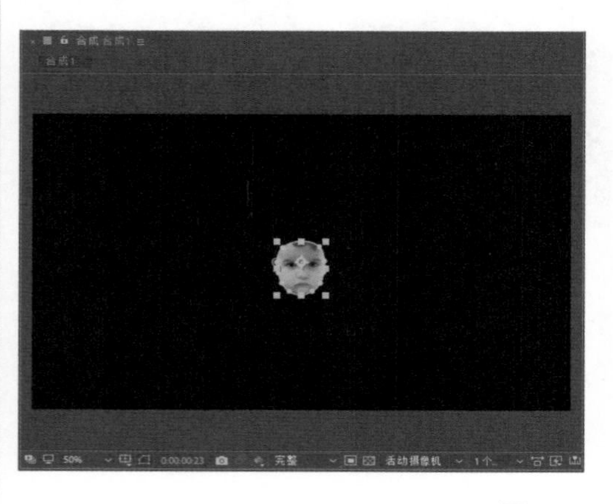

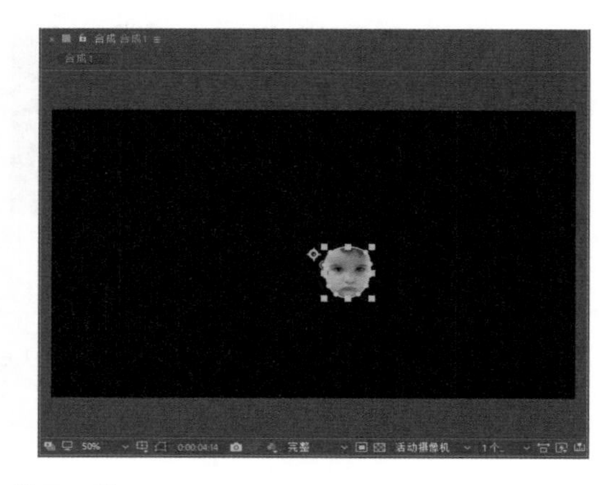

图 11-33　效果预览

提示　在面部绘制的蒙版主要是用于定义查找脸部特征的搜索区域，如果在项目中选择了多个蒙版，则需要使用最上方的蒙版。

第12章 掌握表达式的应用

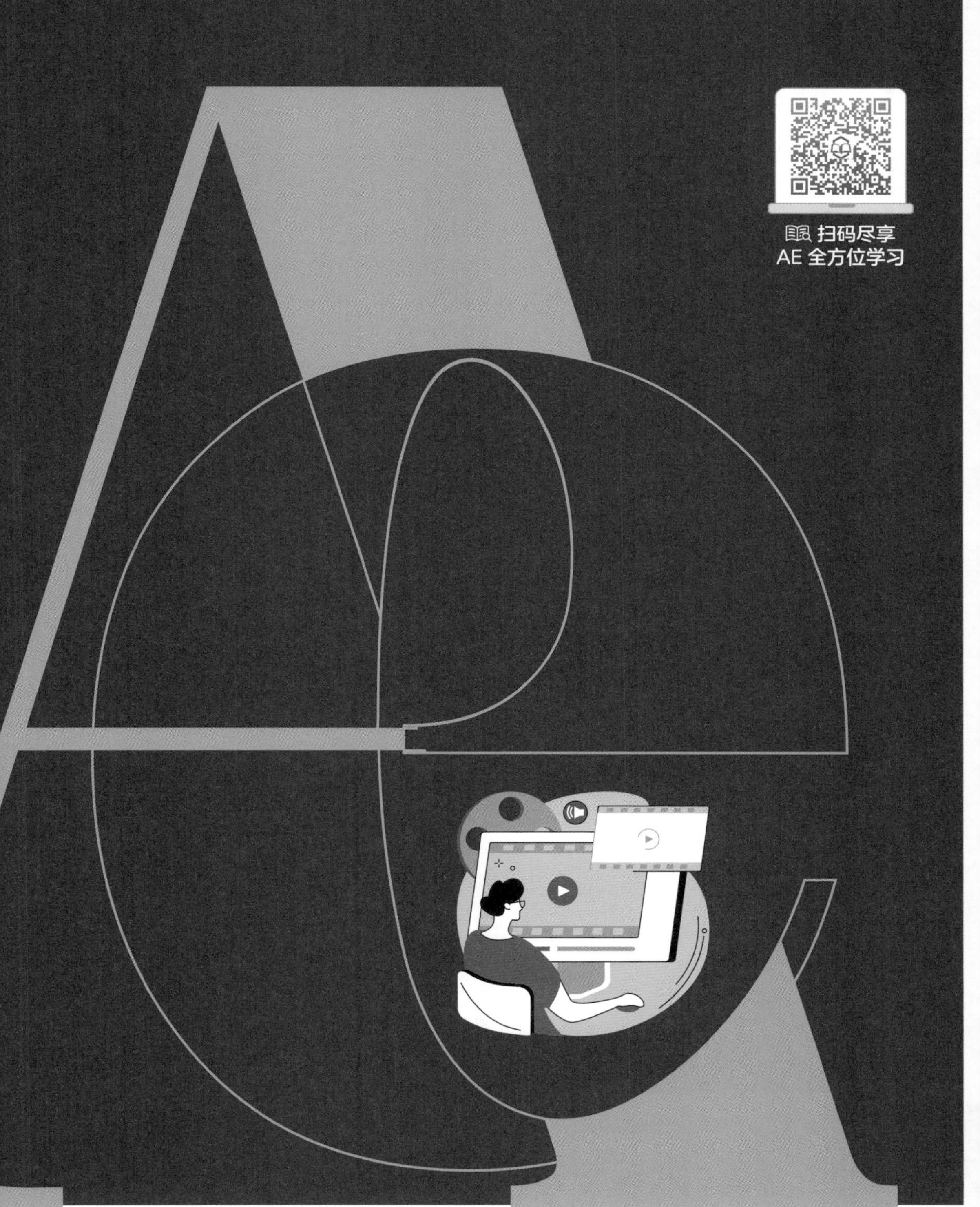

扫码尽享
AE 全方位学习

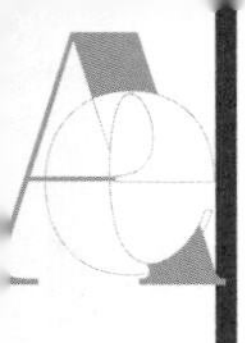

如果想要在AE中创建和链接复杂的动画，又想避免手动创建数十个乃至数百个关键帧时，可以尝试使用表达式。通过表达式，可以创建图层属性之间的关系，以及使用某一属性的关键帧来制作其他图层的动画。

12.1 关于表达式

在AE软件中，表达式在整个合成中的应用非常广泛。使用表达式可以为不同的图层属性创建某种关联关系。当使用表达式关联器为图层属性创建相关链接时，用户不需要了解任何程序语言，AE可以自动生成表达式语言，从而有效地提高工作效率。

12.1.1 什么是表达式

简单来说，表达式就是为特定参数赋予待定值的一条或一组语句。当我们想要创建和链接复杂的动画，却又不想创建过多的关键帧时，就可以使用表达式。

AE中的表达式以JavaScript语言为基础，JavaScript有一套丰富的语言工具来创建复杂的表达式，包括最基本的数学运算，可以在某个时间点对某个图层的某个属性值进行计算。使用表达式可以在图层的属性间创建关联，用一个属性的关键帧来动态地对其他图层产生动画。

向属性添加了表达式之后，可继续为该属性添加或编辑关键帧。表达式可使用由该属性的关键帧生成的值作为它的输入值，然后利用该值生成一个新的值。

12.1.2 如何添加表达式

在“图层”面板选择需要添加表达式的图层，按住Alt键，同时单击需要添加表达式的属性前面的“时间变化秒表”按钮，如图12-1所示。此外，还可以通过在“动画”菜单中选择“添加表达式”选项，或按快捷键Alt+Shift+=来添加表达式。

提示 需要移除所选择的表达式时可以在“动画”菜单选择“移除表达式”选项，或直接单击添加了表达式的属性前的“时间变化秒表”按钮取消即可。

“表达式”面板包含图12-2所示的几个属性图标。

图12-1 单击“时间变化秒表”按钮

图12-2 表达式面板

下面对 Particular 效果的各项属性参数进行详细讲解。

- 启用表达式：可以切换表达式开启和关闭状态，如果不需要效果显示可以暂时禁用表达式。
- 显示后表达式图表：激活该按钮可以方便我们更好地感受弹性带，但同时计算机的处理负荷会增大。
- 表达式关联器：通过该按钮可以实现图层之间的表达式链接。
- 表达式语言菜单：可在展开的菜单中找到一些常用的表达式命令。

为图层添加表达式后，下方会出现一个编辑框。可以选择在编辑框中手动输入表达式，如图 12-3 所示。或者通过图层之间的链接来创建表达式，如图 12-4 所示。

图 12-3　编辑框

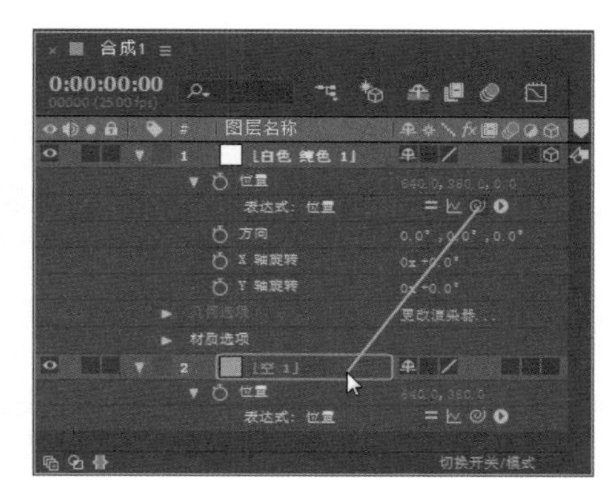

图 12-4　通过图层创建表达式

提示 当表达式链接不成立或输入的表达式不被系统执行时，AE 软件会自动报告错误，且自动终止表达式的运行，同时面板会出现警示图标。

12.1.3　编辑表达式

在 AE 中可以在表达式输入框中手动输入表达式，也可以使用表达式语言菜单来完整地输入表达式，还可以使用表达式关联器或从其他表达式中复制表达式。

编辑表达式的方法可大致分为以下三种。

（1）使用表达式关联器编辑表达式

使用表达式关联器可以将一个动画的属性关联到另一个动画的属性中，如图 12-5 所示。在一般情况下，新的表达式文本将自动插入表达式输入框中的光标位置之后；如果在表达式输入框中选择了文本，那么这些被选择的文本将被新的表达式文本所取代；如果表达式插入光标并没有在表达式输入框之内，那么整个表达式输入框中的所有文本都将被新的表达式文本所取代。

可以将表达式关联器按钮拖曳到其他动画属性的名字或是数值上来关联动画属性。如果将表达式关联器按钮拖曳到动画属性的名字上，那么在表达式输入框中显示的结果是将动画参数作为一个值出现。如果将表达式关联器按钮拖曳到“位置”属性的 Y 轴数值上，那么表达式将调用“位置”动画属性的 Y 轴数值作为自身 X 轴和 Y 轴的数值。

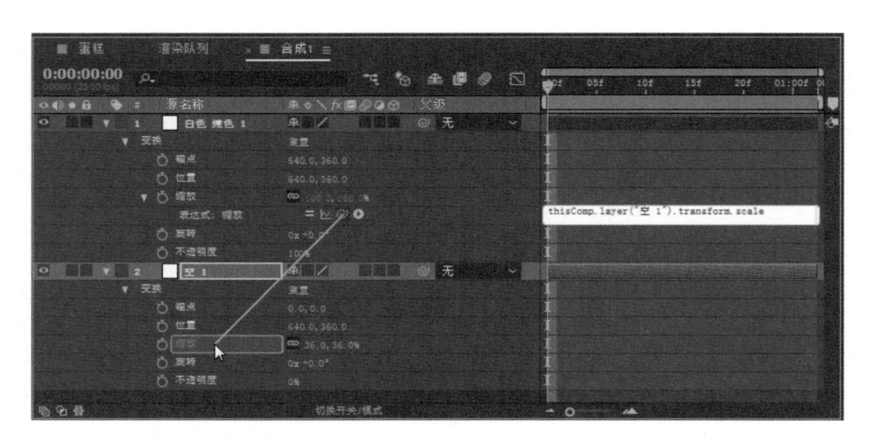

图 12-5　关联属性

在一个合成中允许多个图层、遮罩和滤镜拥有相同的名字，例如，如果在同一个图层中拥有两个名称相同的蒙版，这时如果使用表达式关联器将其中一个蒙版的属性关联到其他的动画属性中，那么 AE 将自动以序号的方式为其进行标注，方便区分。

（2）手动编辑表达式

如果要在表达式输入框中手动输入表达式，可以按照以下步骤进行操作。

- 确定表达式输入框处于激活状态。
- 在表达式输入框中输入或编辑表达式，当然也可以根据实际情况结合表达式语言菜单来输入表达式。
- 输入或编辑表达式完成后，可以按小键盘上的 Enter 键，或单击表达式输入框以外的区域来完成操作。

提示

当激活表达式输入框后，在默认状态下，表达式输入框中所有表达式文本都将被选中，如果要在指定的位置输入表达式，可以将光标插入在指定点之后；如果表达式输入框的大小不合适，可以拖曳表达式输入框的上下边框来扩大或缩小表达式输入框的大小。

（3）添加表达式注释

如果用户编写好了一个比较复杂的表达式，在以后的工作中就有可能调用这个表达式，这时可以为这个表达式进行文字注释，以便于辨识表达式。

为表达式添加注释的方法主要有以下两种。

- 在注释语句的前面添加“//”符号。在同一行表达式中，任何处于“//”符号后面的语句都被认为是表达式注释语句，在程序运行时，这些语句不会被编译运行。
- 在注释语句首尾添加“/*”和“*/”符号。在进行程序编译时，处于“/*”和“*/”之间的语句都不会运行。

当书写好了一个表达式实例之后，如果想在以后的工作中调用这个表达式，这时可以将这些表达式复制粘贴到其他文本应用程序（如文本文档和 Word 文档等）中进行保存；在编写表达式时，往往会在表达式内容中指定一些特定的合成和图层名字，在直接调用这些表达式时系统会经常报错，但如果在书写表达式之前先写明变量的作用，以后再调用或修改表达式时就很方便了。

12.1.4 保存和调用表达式

在 AE 中可以将含有表达式的动画保存为动画预设（Animation Presets），这样一来，在其他工程文件中就可以直接调用这些动画预设。如果在保存的动画预设中，动画属性仅包含表达式而没有任何关键帧，那么动画预设只保存表达式的信息；如果动画属性中包含一个或多个关键帧，那么动画预设将同时保存关键帧和表达式的信息。

在同一个合成项目中，可以复制动画属性的关键帧和表达式，然后将其粘贴到其他的动画属性中，当然也可以只复制属性中的表达式。

- 复制表达式和关键帧：如果要将一个动画属性中的表达式连同关键帧一起复制到其他的一个或多个动画属性中，这时可以在时间线面板中选择源动画属性并进行复制，然后将其粘贴到其他的动画属性中。
- 只复制表达式：如果只想将一个动画属性中的表达式（不包括关键帧）复制到其他的一个或多个动画属性中，可以在时间线面板中选择源动画属性，然后执行“编辑”|“只复制表达式”菜单命令，接着将其粘贴到选择的目标动画属性中即可。

12.1.5 表达式控制效果

如果在一个图层中应用了表达式控制效果，如图 12-6 所示，那么可以在其他的动画属性中调用该特效的滑块数值，这样就可以使用一个简单的控制效果来一次性影响其他的多个动画属性。

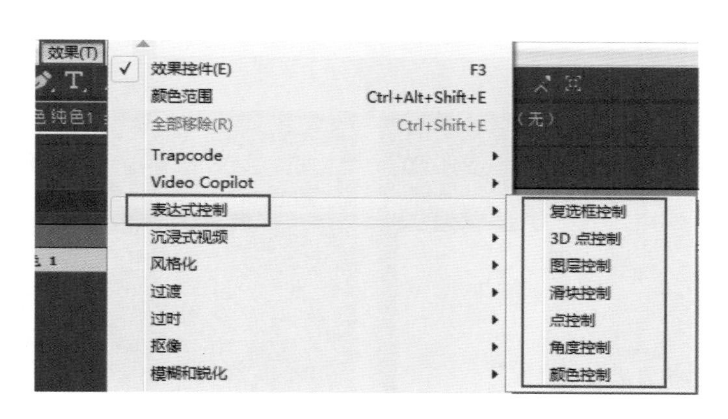

图 12-6 表达式控制效果

表达式控制效果包中的效果可以应用到任何图层中，但是最好应用到一个“空对象”图层中，因为这样可以将“空对象”图层作为一个简单的控制层，然后为其他图层的动画属性制作表达式，并将“空对象”图层中的控制数值作为其他图层动画属性的表达式参考。

12.1.6 表达式制作加载动画（实例）

本例将介绍如何利用表达式制作一款图形渐变加载动画。通过为形状图层预合成关联空对象位置属性来生成表达式，再通过粘贴表达式、设置关键帧、添加渐变叠加等操作，

完成最终效果。

① 启动 AE 软件，执行“合成”|“新建合成”命令，创建一个“宽度”为 1000px、“高度”为 600px 的合成，设置“持续时间”为 1 秒，并设置好名称，单击“确定”按钮，如图 12-7 所示。

② 在“时间轴”面板的空白处右击，在弹出的快捷菜单中选择“新建”|“形状图层”命令，如图 12-8 所示。

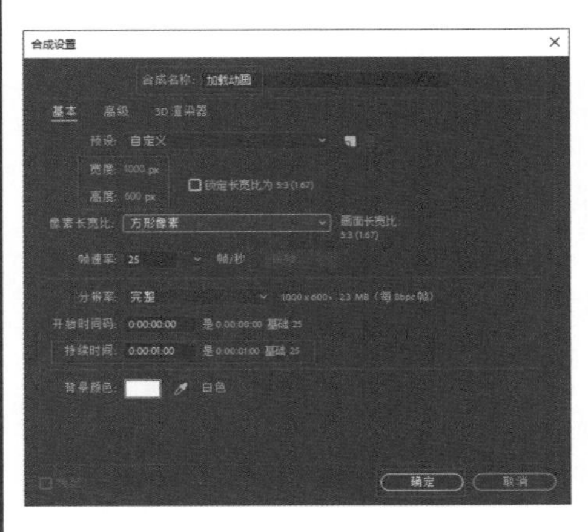

图 12-7 新建合成

图 12-8 新建形状图层

③ 展开创建的“形状图层 1”属性，单击“添加”选项后的按钮，在展开的列表中选择“椭圆”选项，如图 12-9 所示。

④ 完成上述操作后，继续单击“添加”选项后的按钮，在展开的列表中选择“填充”选项，如图 12-10 所示。

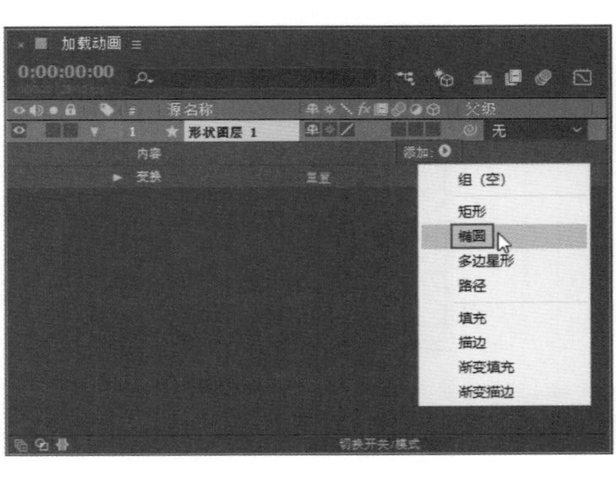

图 12-9 选择椭圆

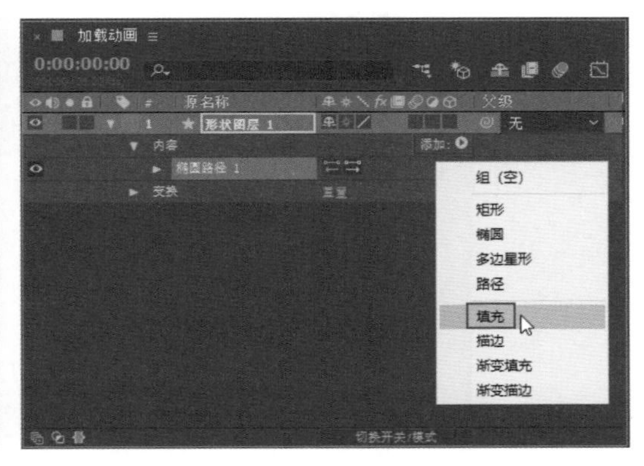

图 12-10 选择填充

⑤ 展开“椭圆路径 1”属性，将“大小”设置为“50.0，50.0”，如图 12-11 所示。绘制完成后的图像效果如图 12-12 所示。

⑥ 选择“形状图层 1”，按快捷键 Ctrl+D 连续复制 7 个形状图层，如图 12-13 所示。

⑦ 下面调整图层之间的相对位置。选择“形状图层 8”，将该图层对应的圆形向右移动适当距离，如图 12-14 所示。

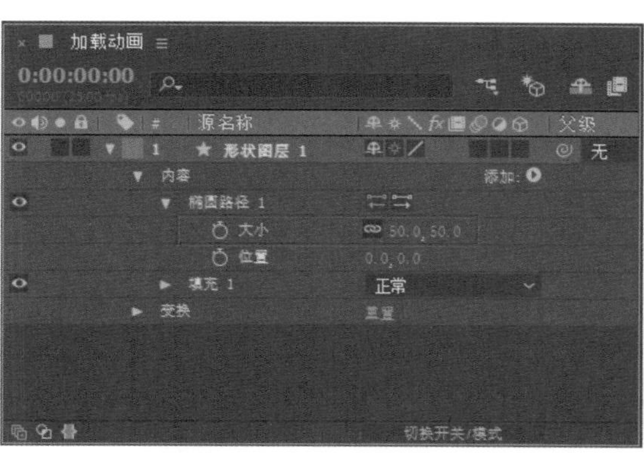

图 12-11　设置大小

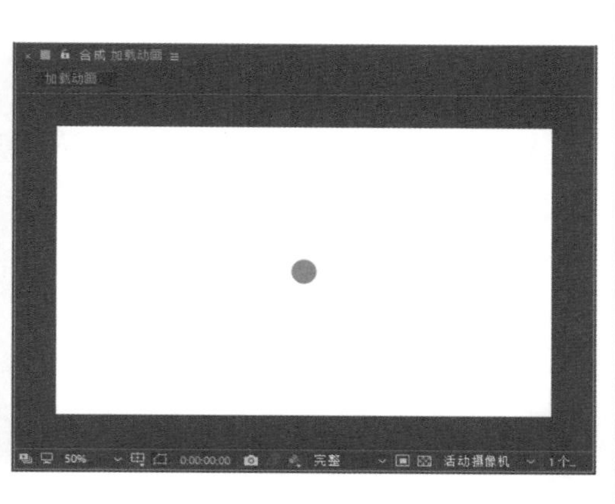

图 12-12　当前效果

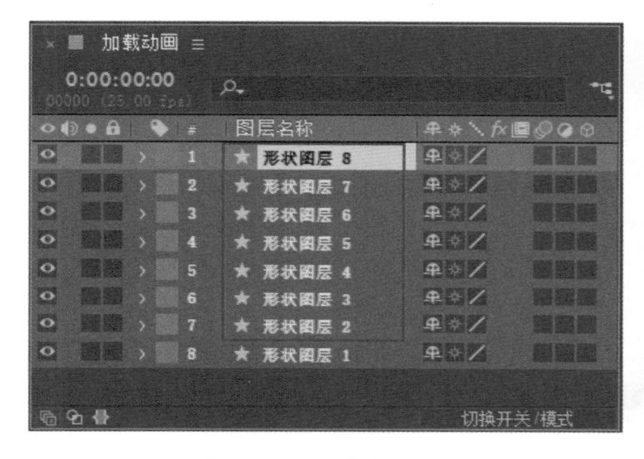

图 12-13　复制图层

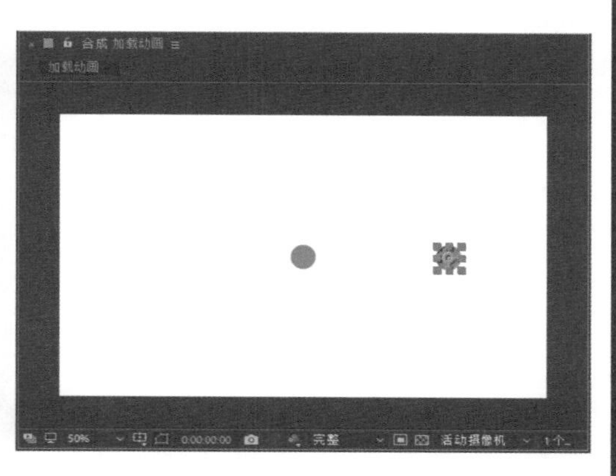

图 12-14　向右移动一个图层

⑧ 选择“形状图层 1”，将该图层对应的圆形向左移动适当距离，如图 12-15 所示。

⑨ 确定起始圆和终点圆的位置后，在“时间轴”面板中选中所有形状图层，如图 12-16 所示。

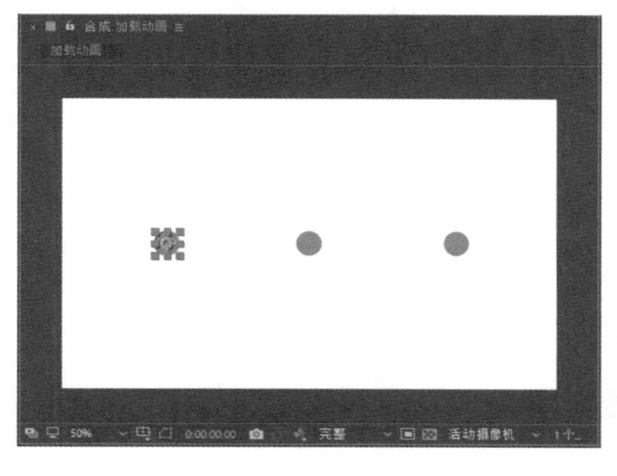

图 12-15　向左移动一个图层

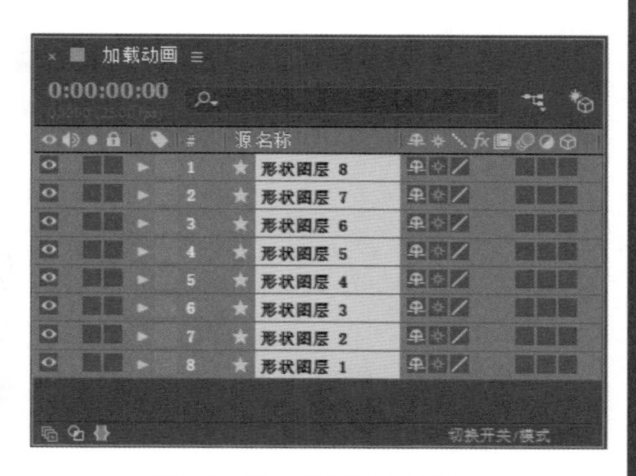

图 12-16　选择所有图层

⑩ 执行“窗口”|“对齐”命令，打开“对齐”面板，单击“水平居中分布”按钮，使圆形平均分布于画面，如图 12-17 所示。

⑪ 在“时间轴”面板的空白处单击鼠标右键，在弹出的快捷菜单中选择“新建”|“空

对象”命令，创建一个空对象层，如图 12-18 所示。

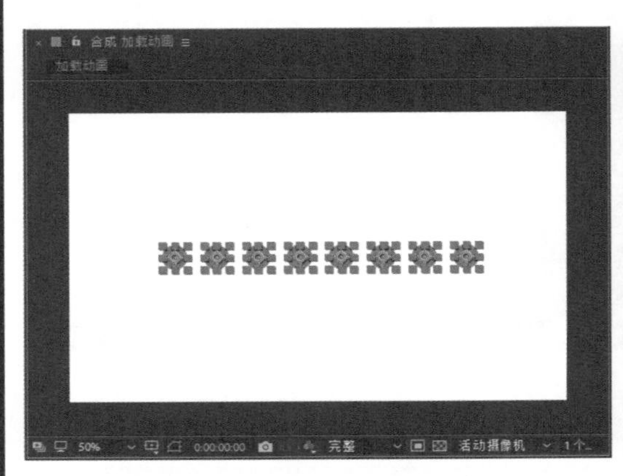

图 12-17　居中分布

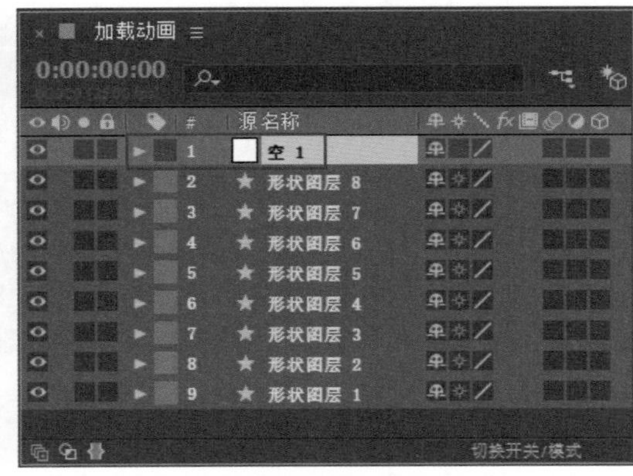

图 12-18　创建空对象层

⑫ 选择“形状图层 1”，执行“图层”|“预合成”命令，或按快捷键 Ctrl+Shift+C，弹出“预合成”对话框，修改“新合成名称”为“预合成 1”，单击“确定”按钮，如图 12-19 所示。

⑬ 上述操作完成后，在“时间轴”面板中双击创建的“预合成 1”，打开对应的合成面板，如图 12-20 所示。

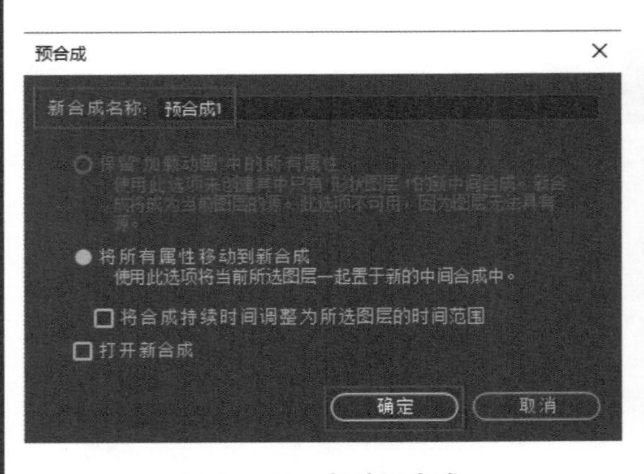

图 12-19　新建预合成

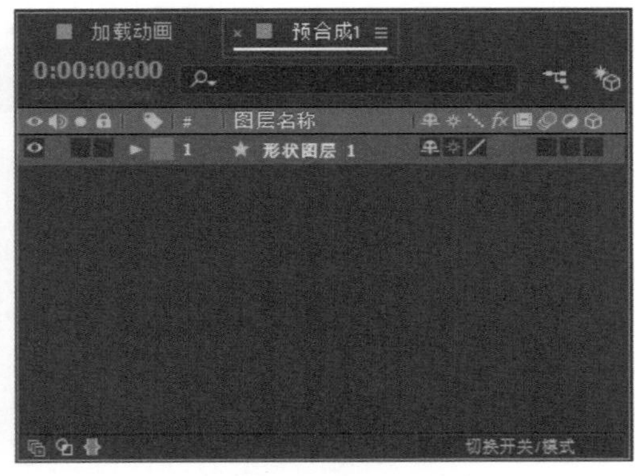

图 12-20　打开预合成面板

⑭ 调整“预合成 1”面板的位置，将其拖曳至“加载动画”面板下方，如图 12-21 所示，方便之后的属性关联操作。

⑮ 选择“空 1”图层，按快捷键 P 打开图层“位置”属性，然后右键单击“位置”属性，在弹出的快捷菜单中选择“单独尺寸”命令，如图 12-22 所示。操作完成后，将得到单独的“X 位置”和“Y 位置”属性，如图 12-23 所示。

⑯ 用同样的方法，将“预合成 1”中的“形状图层 1”的“X 位置”和“Y 位置”属性打开，如图 12-24 所示。

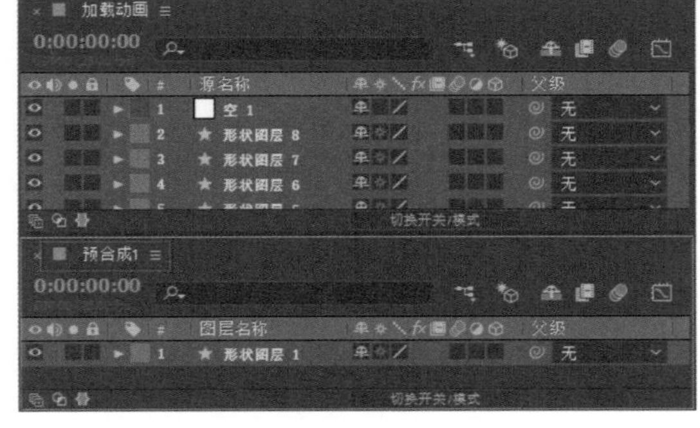

图 12-21　调整面板的位置

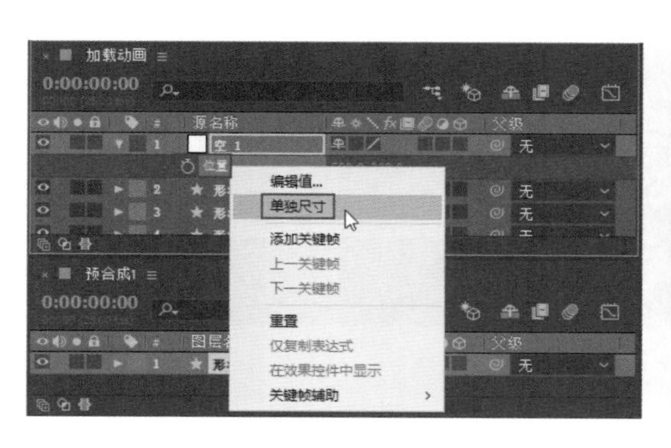

图 12-22　选择“单独尺寸”

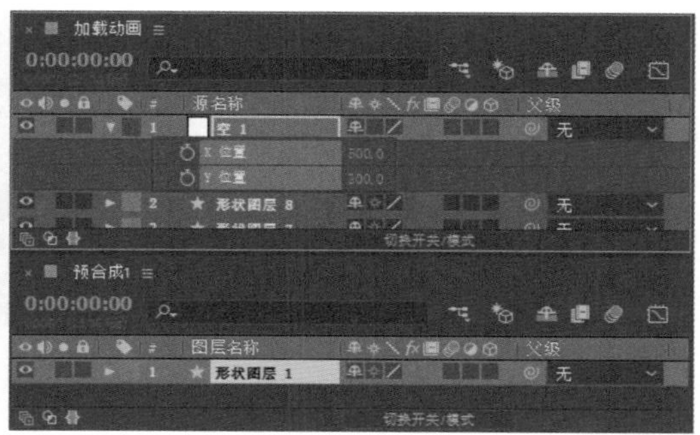

图 12-23　调整位置参数（一）

⑰ 按住 Alt 键，同时单击“形状图层 1”的“Y 位置”属性前的 按钮来为属性添加表达式，如图 12-25 所示。

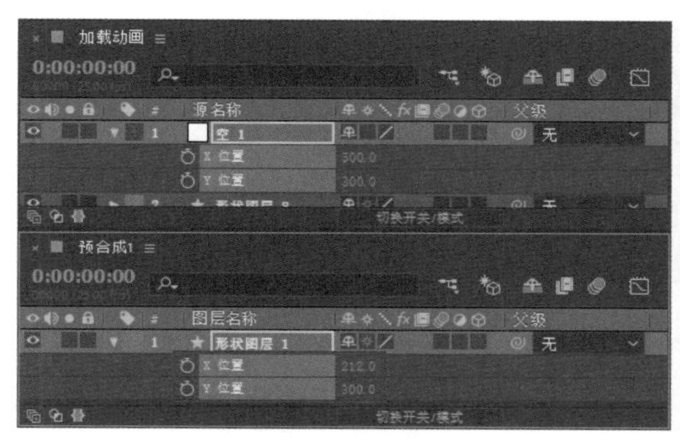

图 12-24　调整位置参数（二）

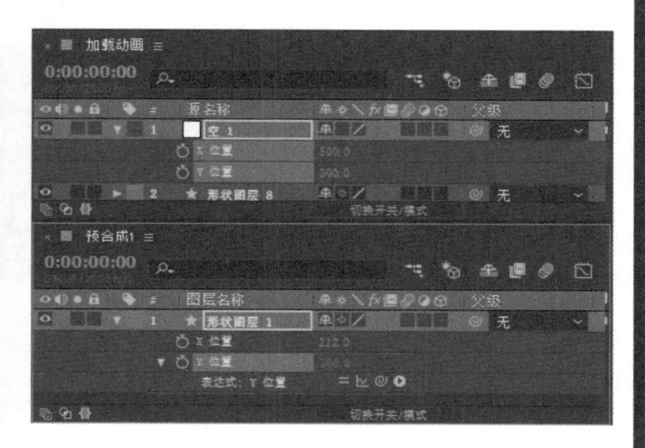

图 12-25　添加表达式

⑱ 单击“形状图层 1”的“Y 位置”属性的“表达式关联器”按钮 ，将其拖曳到“空 1”图层的“Y 位置”属性上，如图 12-26 所示。

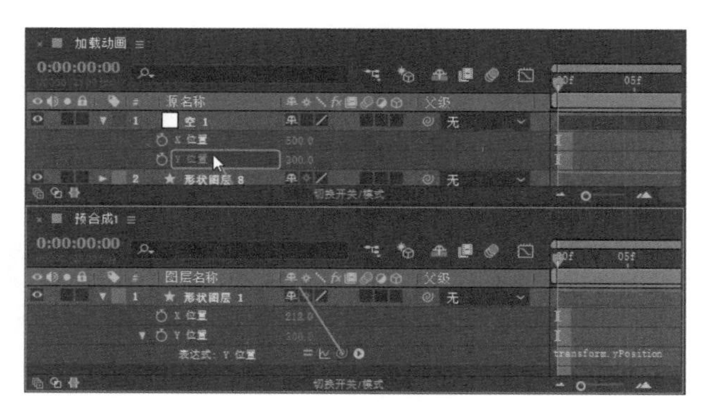

图 12-26　关联图层

⑲ 完成上述操作后，表达式输入框中的表达式将发生变化，如图 12-27 所示，全选表达式，按快捷键 Ctrl+C 进行复制备用。

⑳ 在“加载动画”面板中，调整当前时间为 0:00:00:05，然后单击“空 1”图层的“Y 位置”属性左侧的“时间变化秒表”按钮 ，在当前位置设置关键帧，如图 12-28 所示。

图 12-27　复制表达式

㉑ 将当前时间设置为 0:00:00:15，然后调整“Y 位置”属性的值为 420，如图 12-29 所示，在该时间点将自动添加一个关键帧。

图 12-28　创建第一个关键帧

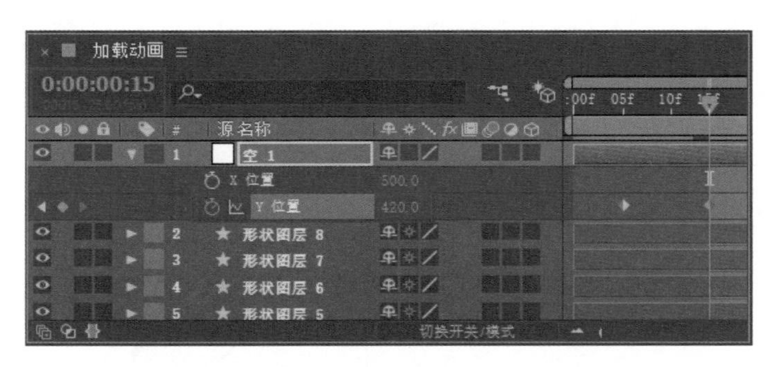

图 12-29　创建第二个关键帧

㉒ 选择“形状图层 2”，执行“图层”|“预合成”命令，或按快捷键 Ctrl+Shift+C，弹出“预合成”对话框，修改“新合成名称”为“预合成 2”，单击“确定”按钮，如图 12-30 所示。

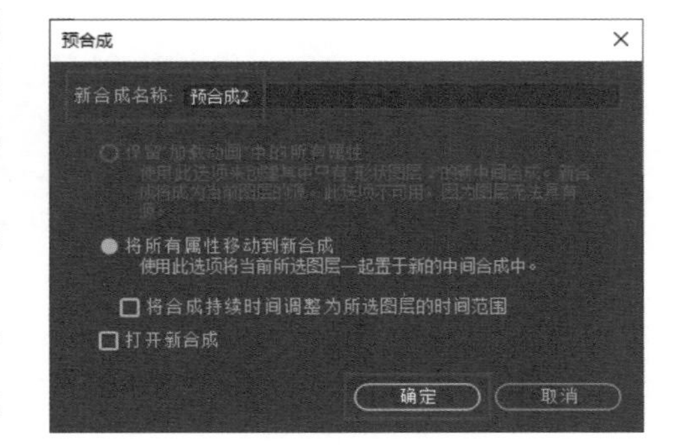

图 12-30　新建预合成

㉓ 上述操作完成后，将“预合成 2”中的“形状图层 2”的“X 位置”和“Y 位置”属性打开，然后按住 Alt 键，同时单击“形状图层 2”的“Y 位置”属性前的⏱按钮，激活表达式，并在表达式输入框中粘贴之前复制的表达式，如图 12-31 所示。

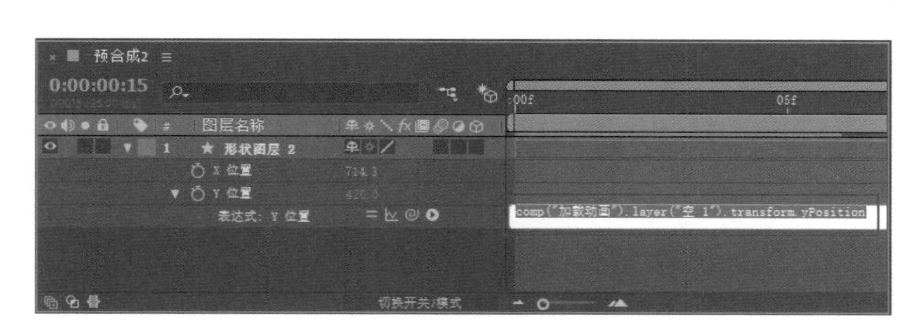

图 12-31　粘贴表达式

㉔ 重复上述操作，将剩下的 6 个形状图层分别创建为预合成，并激活预合成中形状图层的“Y 位置”属性，在表达式输入框中粘贴表达式。

㉕ 完成所有形状图层预合成的创建后，根据画面中圆形的排列顺序（从左至右），对预合成进行重命名编号操作，如图 12-32 和图 12-33 所示。

图 12-32　对其他图层粘贴表达式

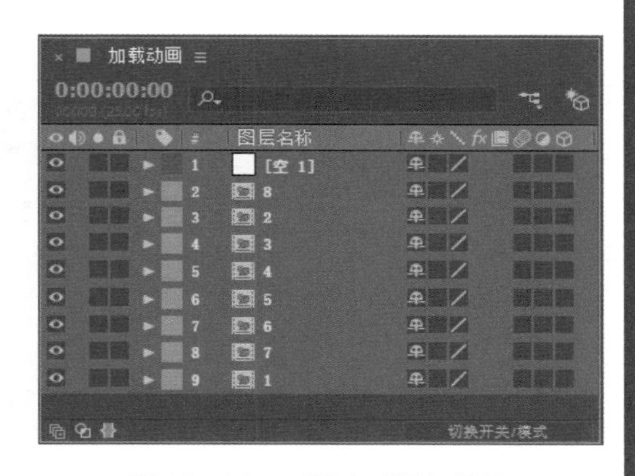

图 12-33　对预合成进行编号

㉖ 在“加载动画”面板中，将预合成“1”与“8”的顺序进行对换，接着选择预合成“1”，然后按住 Shift 键，选择预合成“8”，此时预合成被全部选中，如图 12-34 所示。

㉗ 单击鼠标右键，在弹出的快捷菜单中选择“关键帧辅助”|“序列图层”命令，弹出“序列图层”对话框，勾选“重叠”复选框，设置“持续时间”为 0:00:00:24，然后单击“确定”按钮，如图 12-35 所示。

图 12-34　对预合成顺序进行调换

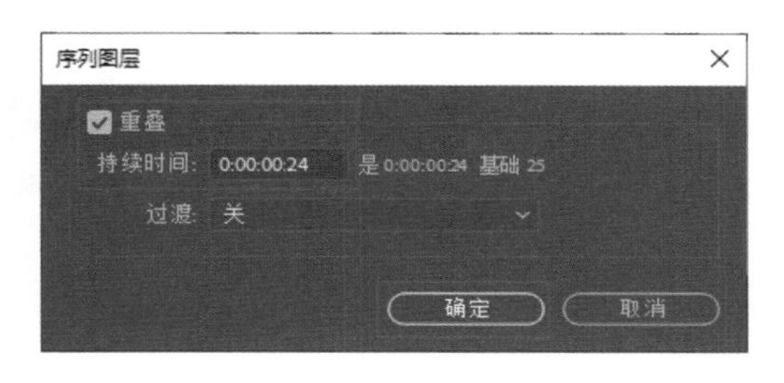

图 12-35　设置持续时间

㉘ 完成上述操作后，预合成的起始帧将发生变化，如图 12-36 所示。

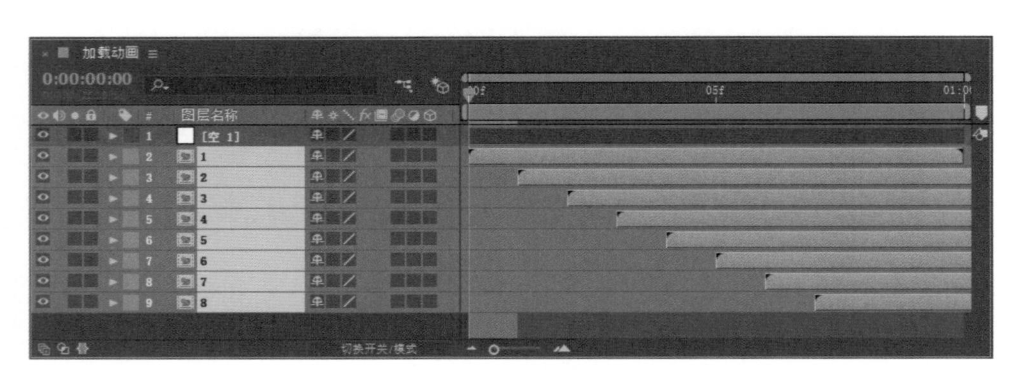

图 12-36　当前时间轴效果

㉙ 将预合成整体向左拖动，使预合成“8”的起始帧对准 0:00:00:00 时间点，如图 12-37 所示。

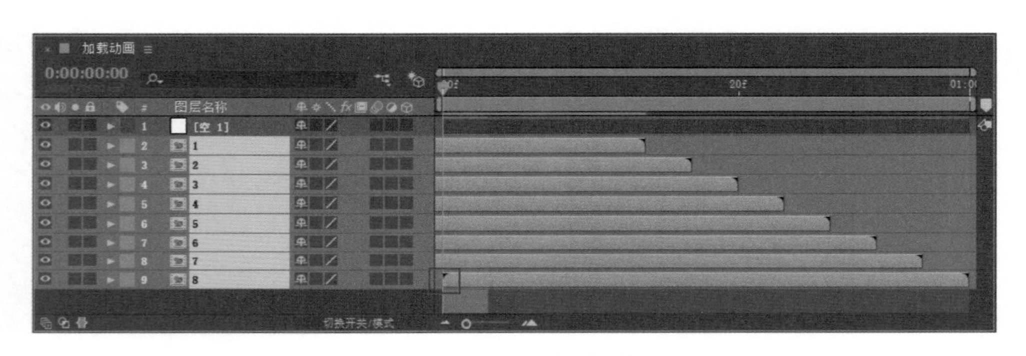

图 12-37　对准时间点

㉚ 展开“空 1”图层的“Y 位置”属性，将之前设置的第 1 个关键帧移动到 0:00:00:04 时间点，将之前设置的第 2 个关键帧移动到 0:00:00:05 时间点，如图 12-38 所示。

图 12-38　调整关键帧位置

㉛ 将当前时间设置为 0:00:00:11，修改“Y 位置”属性的值为 200，添加一个关键帧。然后将当前时间设置为 0:00:00:12，将第 1 个关键帧复制到该时间点，完成 4 个关键帧的添加与设置，如图 12-39 所示。

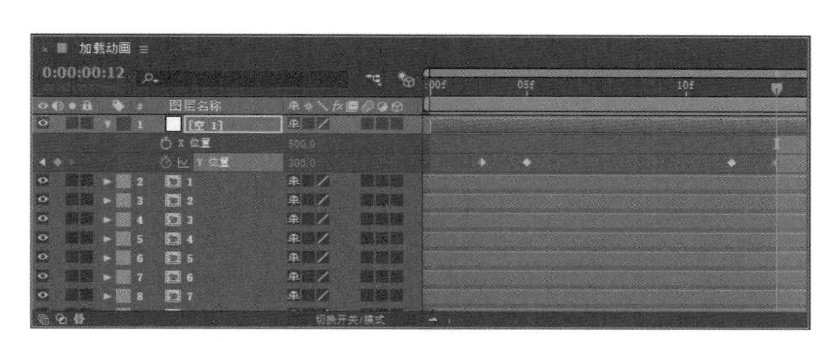

图 12-39　复制得到其余关键帧

㉜ 选择 4 个关键帧，向后拖动，使第 4 个关键帧对准 0:00:00:20 时间点，并将“工作区域结尾”拖动到 0:00:00:15 时间点，如图 12-40 所示。

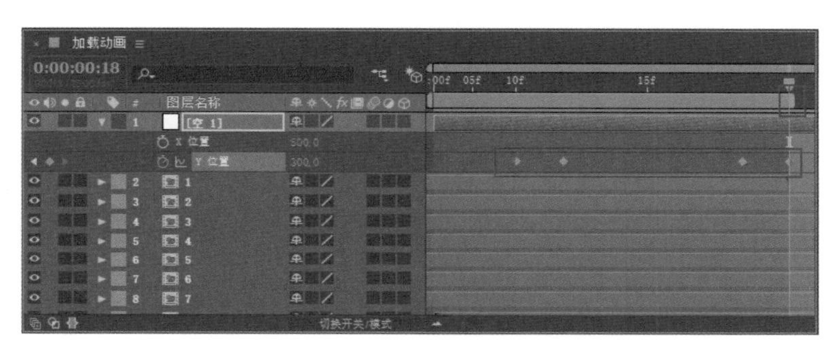

图 12-40　调整关键帧位置

提示 关键帧所处时间点仅供参考，具体可根据速度要求进行调整。

㉝ 调整完成后，在“项目”面板中，右击“加载动画”合成，在弹出的快捷菜单中选择“合成设置”命令，如图 12-41 所示。

㉞ 弹出“合成设置”对话框，修改“持续时间”为 0:00:00:18，如图 12-42 所示，然后单击“确定”按钮。

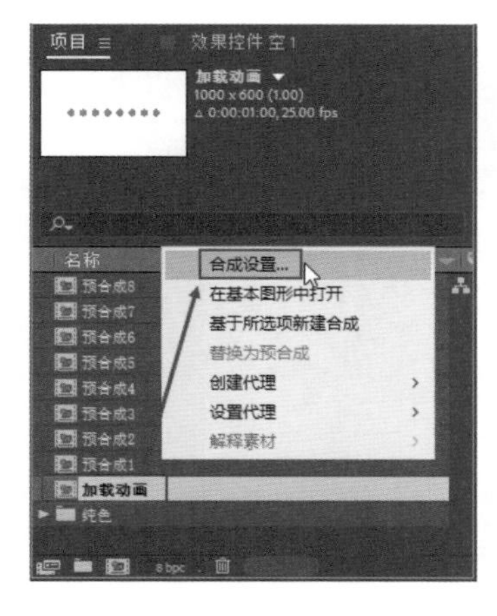

图 12-41　选择“合成设置”

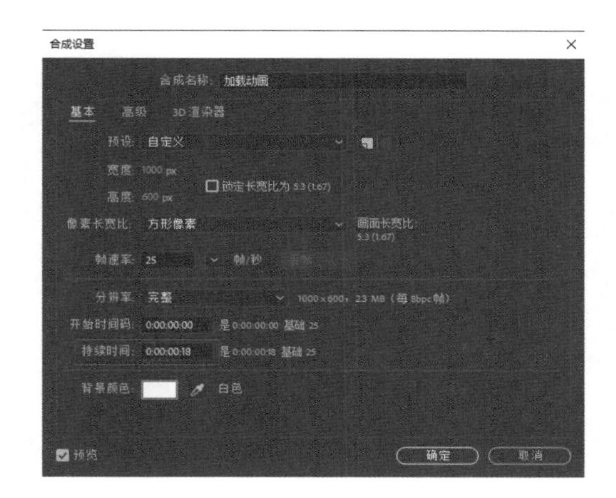

图 12-42　修改持续时间

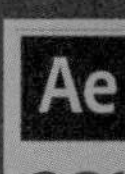

㉟ 选择 4 个关键帧，按快捷键 F9 将它们转化为缓动关键帧，如图 12-43 所示。

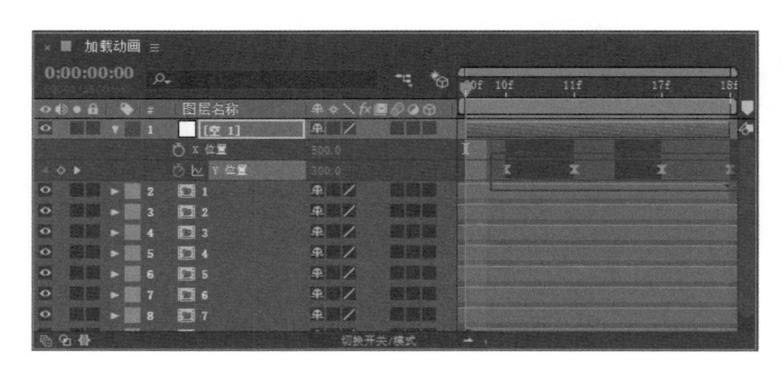

图 12-43　转化为缓动关键帧

㊱ 选择所有预合成（1~8），执行“图层”|“预合成”命令，或按快捷键 Ctrl+Shift+C，弹出“预合成”对话框，修改“新合成名称”为“小球”，单击“确定”按钮，完成预合成的创建。接着，右击“小球”图层，在弹出的快捷菜单中选择“图层样式”|“渐变叠加”命令，如图 12-44 所示。

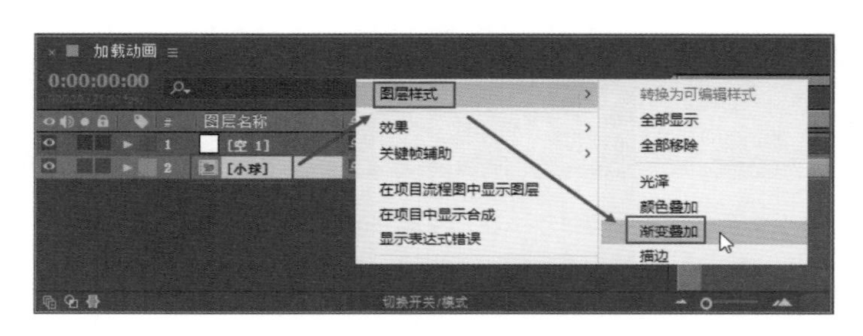

图 12-44　添加渐变叠加效果

㊲ 上述操作完成后，展开“渐变叠加”属性，设置“角度”为 0x+0.0°，如图 12-45 所示。

㊳ 将当前时间设置为 0:00:00:00，单击“颜色”属性前的“时间变化秒表”按钮，添加一个关键帧，如图 12-46 所示。

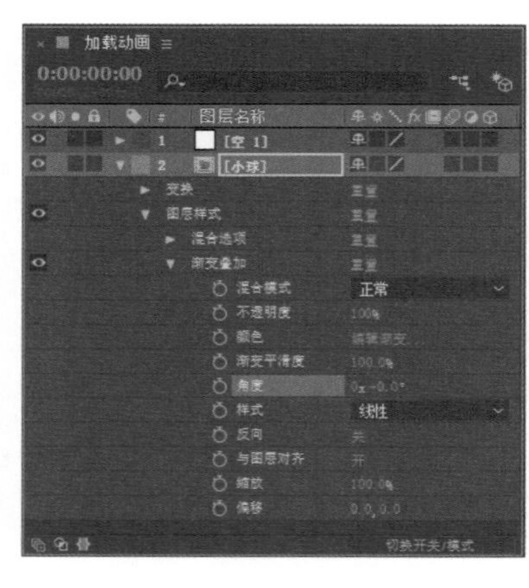

图 12-45　设置渐变叠加属性

图 12-46　创建起始关键帧

㊴ 单击“颜色”属性后的“编辑渐变”选项，打开“渐变编辑器”面板，调整渐变颜色，如图 12-47 所示。完成颜色调整后，单击“确定”按钮保存。

㊵ 将当前时间设置为 0:00:00:05，单击“颜色”属性后的“编辑渐变”选项，打开“渐变编辑器”面板，这里保存了上一步骤中的渐变设置，将起始颜色滑块和结尾滑块位置调换，然后调整结尾滑块的颜色，这里调整成了淡绿色，如图 12-48 所示。完成颜色调整后，单击“确定”按钮保存。

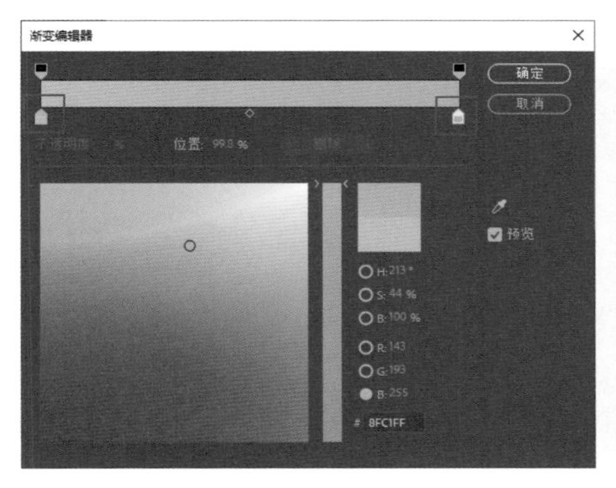

图 12-47　调整渐变颜色（一）

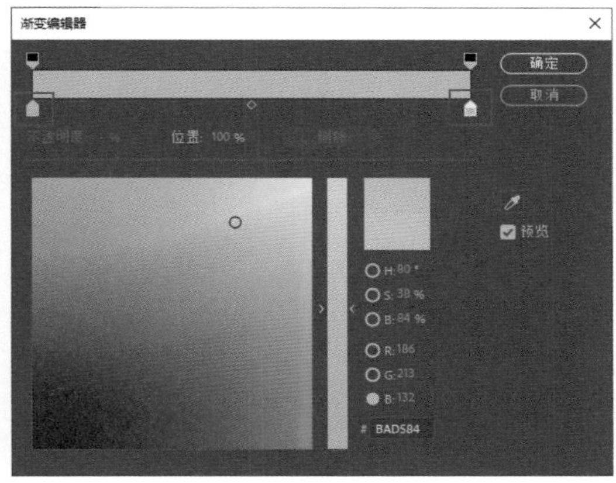

图 12-48　调整渐变颜色（二）

㊶ 用上述同样的方法，根据自己的喜好继续添加和设置几组颜色渐变关键帧，使色彩变化更加丰富，如图 12-49 所示。

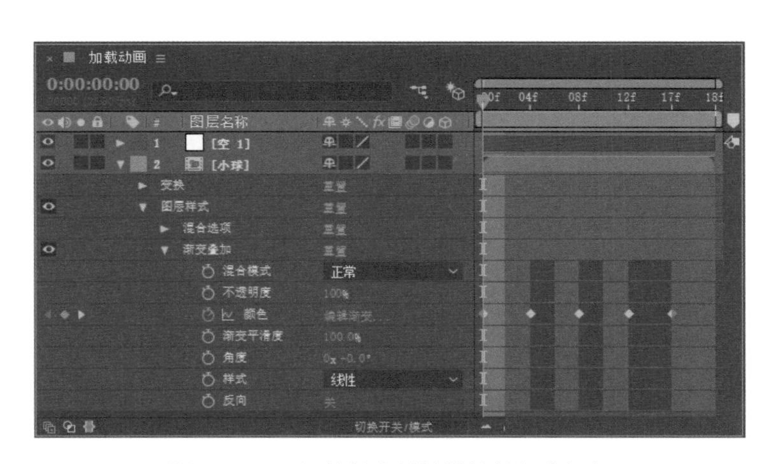

图 12-49　调整其余关键帧处的渐变颜色

㊷ 至此，本实例就已经制作完毕，按小键盘上的 0 键可以进行动画的播放预览，最终效果如图 12-50 所示。

图 12-50　效果预览

12.2 表达式语法

在前面的内容中介绍了表达式的基本操作，本节将重点介绍表达式的语法。

12.2.1 表达式语言

AE 表达式语言基于 JavaScript 1.2，使用的是 JavaScript 1.2 语言的标准内核语言，并且在其中内嵌诸如图层（Layer）、合成（Comp）、素材（Footage）和摄像机（Camera）之类的扩展对象，这样表达式就可以访问 AE 项目中的绝大多数属性值。

在输入表达式时需要注意以下三点。

- 在编写表达式时，一定要注意大小写，因为 JavaScript 程序语言要区分大小写。
- AE 表达式需要使用分号作为一条语言的分行。
- 单词之间多余的空格将被忽略（字符串中的空格除外）。

12.2.2 访问对象的属性和方法

使用表达式可以获取图层属性中的“属性”和“方法”。AE 表达式语法规定全局对象与次级对象之间必须以点号来进行分割，以说明物体之间的层级关系，同样目标与属性和方法之间也是使用点号来进行分割的。

提示 在 AE 中，如果图层属性中带有 arguments（陈述）参数，则应该称该属性为方法（method），如果图层属性没有带 arguments（陈述）参数，则应该称该属性为属性（attribute）；简单说来，属性就是事件，方法就是完成事件的途径，属性是名词，方法是动词；在一般情况下，在方法的前面通常有一个括号，用来提供一些额外的信息。

对于图层以下的级别（如效果、蒙版和文字动画组等），可以使用圆括号来进行分级，例如要将 Layer A 图层中的“不透明度”属性使用表达式，链接到 Layer B 图层中的“高斯模糊”效果中的“模糊度”属性中，就可以在 Layer A 图层的“不透明度”属性中编写下面所示的表达式。

```
thisComp.layer ("Layer B").effect ("Gaussian Blur") ("Blurriness")
```

在 AE 中，如果使用的对象属性是自身，那么可以在表达式中忽略对象的层级不进行书写，因为 AE 能够默认将当前的图层属性设置为表达式中的对象属性。例如在图层的“位置（Position）”属性中使用“wiggle（ ）”表达式，可以使用“Wiggle（5,10）”或“Position.wiggle（5,10）”这两种编写方式。

在 AE 中，当前制作的表达式如果将其他图层或其他属性作为调用的对象属性，那么在表达式中就一定要书写对象信息以及属性信息。例如为 Layer B 图层中的“不透明度”属性制作表达式，将 Layer A 中的“旋转（Rotation）”属性作为链接的对象属性，这时可以编写出如下所示表达式。

```
thisComp.layer ("Layer A").rotation
```

12.2.3 数组与维数

数组是一种按顺序存储一系列参数的特殊对象，它使用英文输入法状态中的逗号来分割多个参数列表，并且使用 [] 符号将参数列表首尾包括起来，例如 [10，23]。

在实际工作中，为了方便也可以为数组赋予一个变量，以便于以后调用，如下所示。

```
myArray=[10,23]
```

在 AE 中，数组概念中的数组维数就是该数组中包含的参数个数，例如上面提到的 myArray 数组就是二维数组。在 AE 中，如果某属性含有一个以上的变量，那么该属性就可以成为数组。表 12-1 所示是一些常见的维数及其属性。

表 12-1　常见的维数及其属性

维数	属性
一维	Rotation° Opacity%
二维	Scale[x=width，y=height] Position[x，y] Anchor Point[x，y]
三维	三维 Scale[width，height，depth] 三维 Position[x，y，z] 三维 Anchor Point[x，y，z]
四维	Color[red，green，blue，alpha]

数组中的某个具体属性可以通过索引数来调用，数组中的第 1 个索引数是从 0 开始的，例如在上面的 myArray=[10,23] 表达式中，myArray[0] 表示的是数字 10，myArray=[1] 表示的是数字 23。在数组中也可以调用数组的值，所以“[myArray[0]，5]”与“[10,5]”这两个表达式的写法所代表的意思是一样的。

在三维图层的“位置（Position）”属性中，通过索引数可以调用某个具体轴向的数据。

- Position[0]：表示 X 轴信息。
- Position[1]：表示 Y 轴信息。
- Position[2]：表示 Z 轴信息。

“颜色（Color）”属性是一个四维数值的数组 [red，green，blue，alpha]，对于一个 8bit 颜色深度或是 16bit 颜色深度的项目来说，在颜色数组中每个值的范围都在 0~1 之间，其中 0 表示黑色，1 表示白色，所以 [0,0,0,0] 表示黑色，并且是完全不透明，而 [1,1,1,1] 表示白色，并且是完全透明。在 32bit 颜色深度的项目中，颜色数组中值的取值范围可以低于 0，也可以高于 1。

如果索引数超过了数组本身的维度，那么 AE 将会出现错误提示。

在引用某些属性和方法时，AE 会自动以数组的方式返回其参数值，如“thisLayer.Position”表达式所示，该语句会自动返回一个二维或三维的数组，具体要看这个图层是二维图层还是三维图层。

对于某个位置属性的数组，如果需要固定其中的一个数值，让另一个数值随其他属性

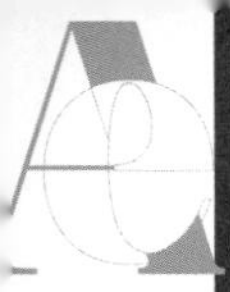

进行变动，这时可以将表达式书写成以下形式。

```
y=thisComp.layer ("LayerA") .Position[1]
[50, y]
```

如果要分别与几个图层绑定属性，并且要将当前图层的 X 轴位置属性与图层 A 的 X 轴位置属性建立关联，还要将当前图层的 Y 轴与图层 B 的 Y 轴位置属性建立关联，这时可以使用如下所示表达式。

```
x=thisComp.layer ("LayerA").position[0];
y=thisComp.layer ("LayerB").position[1];
[x, y]
```

如果当前图层属性只有一个数值，而与之建立关联的属性是一个二维或三维的数组，那么在默认情况下只与第 1 个数值建立关联关系。例如将图层 A 的“旋转（Rotation）”属性与图层 B 的“缩放（Scale）”属性建立关联，则默认的表达式应该是如下所示的语句。

```
thisComp.layer ("LayerB").scale[0]
```

如果需要与第 2 个数值建立关联关系，可以将表达式关联器从图层 A 的“旋转（Rotation）”属性直接拖曳到图层 B 的“缩放（Scale）”属性的第 2 个数值上（不是拖曳到缩放属性的名称上），此时在表达式输入框中显示的表达式应该是如下所示的语句。

```
thisComp.layer ("LayerB").scale[1]
```

反过来，如果要将图层 B 的“缩放（Scale）”属性与图层 A 的“旋转（Rotation）”属性建立关联，则缩放属性的表达式将自动创建一个临时变量，将图层 A 的旋转属性的一维数值赋予这个变量，然后将这个变量同时赋予图层 B 的缩放属性的两个值，此时在表达式输入框中的表达式应是如下所示语句。

```
Temp=thisComp.layer (1).transform.rotation;
[temp, temp]
```

12.2.4 向量与索引

向量是带有方向性的一个变量或是描述空间中的点的变量。在 AE 中，很多属性和方法都是向量数据，例如最常用的“位置”属性值就是一个向量。

当然并不是拥有两个以上值的数值就一定是向量，例如 audioLevels 虽然也是一个二维数组，返回两个数值（左声道和右声道强度值），但是它并不能称为向量，因为这两个值并不带有任何运动方向性，也不代表某个空间的位置。

在 AE 中，很多的方法都与向量有关，它们被归纳到向量数学表达式的语言菜单中。例如 lookAt(fromPoint，atPoint)，其中 fromPoint 和 atPoint 就是两个向量。通过 lookAt(fromPoint，atPoint) 方法，可以轻松地实现让摄像机或灯光盯紧整个图层的动画。

提示 在通常情况下，建议用户在书写表达式时最好使用图层名称、效果名称和蒙版名称来进行引用，这样比使用数字序号来引用要方便很多，并且可以避免混乱和错误。因为一旦图层、效果或蒙版被移动了位置，表达式原来使用的数字序号就会发生改变，此时就会导致表达式的引用发生错误。

12.2.5 表达式时间

表达式中使用的时间指的是合成的时间，而不是指图层时间，其单位是以秒来衡量的。默认的表达式时间是当前合成的时间，它是一种绝对时间，如下所示的两个合成都是使用默认的合成时间并返回一样的时间值。

```
thisComp.layer (1).position
thisComp.layer (1).position.valueAtTime (time)
```

如果要使用相对时间，只需要在当前的时间参数上增加一个时间增量。例如要使时间比当前时间提前 5 秒，可以使用如下表达式来表达。

```
thisComp.layer (1).position.valueAtTime (time-5)
```

合成中的时间在经过嵌套后，表达式中默认的还是使用之前的合成时间值，而不是被嵌套后的合成时间。需要注意的是，当在新的合成中将被嵌套合成图层作为源图层时，获得的时间值为当前合成的时间。例如，如果源图层是一个被嵌套的合成，并且在当前合成中这个源图层已经被剪辑过，那么用户可以使用表达式来获取被嵌套合成的“位置”属性的时间值，其时间值为被嵌套合成的默认时间值，如下表达式所示。

```
Comp ("nested composition").layer (1).position
```

如果直接将源图层作为获取时间的依据，则最终获取的时间为当前合成的时间，如下表达式所示。

```
thisComp.layer ("nested composition").source.layer (1).position
```

12.3 函数菜单

AE 为用户提供了一个函数菜单，用户可以直接调用里面的表达式，而不用自己输入。单击表达式动画属性下的按钮，可以打开函数菜单，如图 12-51 所示。本节介绍 AE 函数菜单中的各项表达式及其用法。

图 12-51 函数菜单

12.3.1 Global（全局）

Global（全局）表达式用于指定表达式的全局设置，如图 12-52 所示。

Global（全局）表达式参数说明如下。

- comp（name）：为合成进行重命名。
- footage（name）：为脚本标志进行重命名。
- thisComp：描述合成内容的表达式。例如 thisComp.layer（3），thisLayer 是对图层本身的描述，它是一个默认的对象，相当于当前层。

```
comp(name)
footage(name)
thisComp
time
colorDepth
posterizeTime(framesPerSecond)
timeToFrames(t = time + thisComp.displayStartTime, fps = 1.0 / thisComp.frameDuration, isDuration = false)
framesToTime(frames, fps = 1.0 / thisComp.frameDuration)
timeToTimecode(t = time + thisComp.displayStartTime, timecodeBase = 30, isDuration = false)
timeToNTSCTimecode(t = time + thisComp.displayStartTime, ntscDropFrame = false, isDuration = false)
timeToFeetAndFrames(t = time + thisComp.displayStartTime, fps = 1.0 / thisComp.frameDuration, framesPerFoot = 16, isDuration = false)
timeToCurrentFormat(t = time + thisComp.displayStartTime, fps = 1.0 / thisComp.frameDuration, isDuration = false, ntscDropFrame = thisComp.ntscDropFrame)
```

图 12-52　表达式的全局设置

- thisProperty：描述属性的表达式。
- time（时间）：描述合成的时间，单位为秒。
- colorDepth：返回 8 或 16 的彩色深度位数值。
- Number posterizeTime（framesPerSecond）：framesPerSecond 是一个数值，该表达式可以返回或改变帧速率，允许用这个表达式来设置比合成低的帧速率。

12.3.2 Vector Math（向量数学）

Vector Math（向量数学）表达式包含一些矢量运算的数学函数，如图 12-53 所示。

Vector Math（向量数学）表达式参数说明如下。

- add（vec1，vec2）：（vecl，vec2）是数组，用于将两个向量进行相加，返回的值为数组。
- sub（vecl，vec2）：（vecl，vec2）是数组，用于将两个向量进行相减，返回的值为数组。
- mul（vec，amount）：vec 是数组，amount 是数，表示向量的每个元素被 amount 相乘，返回的值为数组。
- div（vec，amount）：vec 是数组，amount 是数，表示向量的每个元素被 amount 相除，返回的值为数组。
- clamp（value，limit1，limit2）：将 value 中每个元素的值限制在 limit1~limit2 之间。

```
add(vec1, vec2)
sub(vec1, vec2)
mul(vec, amount)
div(vec, amount)
clamp(value, limit1, limit2)
dot(vec1, vec2)
cross(vec1, vec2)
normalize(vec)
length(vec)
length(point1, point2)
lookAt(fromPoint, atPoint)
```

图 12-53　矢量运算的数学函数

- dot（vec1，vec2）:（vec1，vec2）是数组，用于返回点乘的积，结果为两个向量相乘。
- cross（vec1，vec2）:（vec1，vec2）是数组，用于返回向量的交集。
- normalize（vec）: vec 是数组，用于格式化一个向量。
- length（vec）: vec 是数组，用于返回向量的长度。
- length（point1，point2）:（point1，point2）是数组，用于返回两点间的距离。
- lookAt（fromPoint，atPoint）: fromPoint 的值为观察点的位置，atPoint 为想要指向的点的位置，这两个参数都是数组。返回值为三维数组，用于表示方向的属性，可以用在摄像机和灯光的方向属性上。

12.3.3 Random Numbers（随机数）

Random Numbers（随机数）函数表达式主要用于生成随机数值，如图 12-54 所示。

Random Numbers（随机数）表达式参数说明如下。

- seedRandom（seed，timeless=false）: seed 是一个数，默认 timeless 为 false，取现有 seed 增量的一个随机值，这个随机值依赖于图层的 index（number）和 stream（property）。但也有特殊情况，例如 seedRandom（n，true），通过给第 2 个参数赋值 true，而 seedRandom 获取一个 0~1 之间的随机数。

```
seedRandom(seed, timeless = false)
random()
random(maxValOrArray)
random(minValOrArray, maxValOrArray)
gaussRandom()
gaussRandom(maxValOrArray)
gaussRandom(minValOrArray, maxValOrArray)
noise(valOrArray)
```

图 12-54　随机数的数学函数

- random: 返回 0~1 之间的随机数。
- random（maxValOrArray）: maxValOrArray 是一个数或数组，返回 0~maxVal 之间的数，维度与 maxVal 相同，或者返回与 maxArray 相同维度的数组，数组的每个元素都在 0~maxArray 之间。
- random（minValOrArray，maxValOrArray）: minValOrArray 和 maxValOrArray 是一个数或数组，返回一个 minVal~maxVal 之间的数，或返回一个与 minArray 和 maxArray 有相同维度的数组，其每个元素的范围都在 minArray~maxArray 之间。例如 random（[100，200]，[300，400]）返回数组的第 1 个值在 100~300 之间，第 2 个值在 200~400 之间，如果两个数组的维度不同，较短的一个后面会自动用 0 补齐。
- gaussRandom(): 返回一个 0~1 之间的随机数，结果为钟形分布，大约 90% 的结果在 0~1 之间，剩余的 10% 在边缘。
- gaussRandom（maxValOrArray）: maxValOrArray 是一个数或数组，当使用 maxVal 时，它返回一个 0~maxVal 之间的随机数，结果为钟形分布，大约 90% 的结果在 0~maxVal 之间，剩余 10% 在边缘；当使用 maxArray 时，它返回一个与 maxArray 相同维度的数组，结果为钟形分布，大约 90% 的结果在 0~maxArray 之间，剩余 10% 在边缘。

- gaussRandom（minValOrArray，maxValOrArray）：minValOrArray 和 maxValOrArray 是一个数或数组，当使用 minVal 和 maxVal 时，它返回一个 minVal~maxVal 之间的随机数，结果为钟形分布，大约 90% 的结果在 minVal~maxVal 之间，剩余 10% 在边缘；当使用 minArray 和 maxArray 时，它返回一个与 minArray 和 maxArray 相同维度的数组，结果为钟形分布，大约 90% 的结果在 minArray~maxArray 之间，剩余 10% 在边缘。
- noise（valOrArray）：valOrArray 是一个数或数组 [2or3]，返回一个 0~1 之间的噪波数，例如 add（position，noise（position）*40）。

12.3.4 Interpolation（插值）

展开 Interpolation（插值）表达式的子菜单，如图 12-55 所示。

Interpolation（插值）表达式参数说明如下。

- linear（t，value1，value2）：t 是一个数，value1 和 value2 是一个数或数组。当 t 的范围在 0~1 之间时，返回一个从 value1~value2 之间的线性插值；当 t ≤ 0 时，返回 value1；当 t ≥ 1 时，返回 value2。
- linear（t，tMin，tMax，value1，value2）：t，tMin 和 tMax 是数，value1 和 value2 是数或数组。当 t ≤ tMin 时，返回 value1；当 t ≥ tMax 时，返回 value2；当 tMin < t < tMax 时，返回 value1 和 value2 的线性联合。

linear(t, value1, value2)
linear(t, tMin, tMax, value1, value2)
ease(t, value1, value2)
ease(t, tMin, tMax, value1, value2)
easeIn(t, value1, value2)
easeIn(t, tMin, tMax, value1, value2)
easeOut(t, value1, value2)
easeOut(t, tMin, tMax, value1, value2)

图 12-55　Interpolation 表达式的子菜单

- ease（t，value1，value2）：t 是一个数，value1 和 value2 是数或数组，返回值与 linear 相似，但在开始和结束点的速率都为 0，使用这种方法产生的动画效果非常平滑。
- ease（t，tMin，tMax，value1，value2）：t，tMin 和 tMax 是数，value1 和 value2 是数或数组，返回值与 linear 相似，但在开始和结束点的速率都为 0，使用这种方法产生的动画效果非常平滑。
- easeIn（t，value1，value2）：t 是一个数，value1 和 value2 是数或数组，返回值与 ease 相似，但只在切入点 value1 的速率为 0，靠近 value2 的一边是线性的。
- easeIn（t，tMin，tMax，value1，value2）：t，tMin 和 tMax 是一个数，value1 和 value2 是数或数组，返回值与 ease 相似，但只在切入点 tMin 的速率为 0，靠近 tMax 的一边是线性的。
- easeOut（t，value1，value2）：t 是一个数，value1 和 value2 是数或数组，返回值与 ease 相似，但只在切入点 value2 的速率为 0，靠近 value1 的一边是线性的。
- easeOut（t，tMin，tMax，value1，value2）：t，tMin 和 tMax 是一个数，value1 和 value2 是数或数组，返回值与 ease 相似，但只在切入点 tMax 的速率为 0，靠近 tMin 的一边是线性的。

12.3.5 Color Conversion（颜色转换）

展开 Color Conversion（颜色转换）表达式的子菜单，如图 12-56 所示。

Color Conversion（颜色转换）表达式参数说明如下。

- rgbToHsl（rgbaArray）：rgbaArray 是数组 [4]，可以将 RGBA 彩色空间转换到 HSLA 彩色空间，输入数组指定红、绿、蓝以及透明的值，它们的范围都在 0~1 之间，产生的结果值是一个指定色调、饱和度、亮度和透明度的数组，它们的范围也都在 0~1 之间，例如 rgbToHsl.effect（"Change Color"）（"Color To Change"），返回的值为四维数组。
- hslToRgb（hslaArray）：hslaArray 是数组 [4]，可以将 HSLA 彩色空间转换到 RGBA 彩色空间，其操作与 rgbToHsl 相反，返回的值为四维数组。

rgbToHsl(rgbaArray)
hslToRgb(hslaArray)

图12-56　Color Conversion 表达式子菜单

12.3.6 Other Math（其他数学）

展开 Other Math（其他数学）表达式的子菜单，如图 12-57 所示。

Other Math（其他数学）表达式参数说明如下。

- degreesToRadians（degrees）：将角度转换到弧度。
- radiansToDegrees（radians）：将弧度转换到角度。

degreesToRadians(degrees)
radiansToDegrees(radians)

图 12-57　Other Math 表达式子菜单

12.3.7 JavaScript Math（脚本方法）

展开 JavaScript Math（脚本方法）表达式的子菜单，如图 12-58 所示。

JavaScript Math（脚本方法）表达式参数说明如下。

- Math.cos（value）：value 为一个数值，可以计算 value 的余弦值。
- Math.acos（value）：计算 value 的反余弦值。
- Math.tan（value）：计算 value 的正切值。
- Math.atan（value）：计算 value 的反正切值。
- Math.atan2（y，x）：根据 y、x 的值计算出反正切值。
- Math.sin（value）：返回 value 的正弦值。
- Math.sqrt（value）：返回 value 的平方根值。
- Math.exp（value）：返回 e 的 value 次方值。
- Math.pow（value，exponent）：返回 value 的 exponent 次方值。
- Math.log（value）：返回 value 的自然对数。

Math.cos(value)
Math.acos(value)
Math.tan(value)
Math.atan(value)
Math.atan2(y, x)
Math.sin(value)
Math.sqrt(value)
Math.exp(value)
Math.pow(value, exponent)
Math.log(value)
Math.abs(value)
Math.round(value)
Math.ceil(value)
Math.floor(value)
Math.min(value1, value2)
Math.max(value1, value2)
Math.PI
Math.E
Math.LOG2E
Math.LOG10E
Math.LN2
Math.LN10
Math.SQRT2
Math.SQRT1_2

图12-58　JavaScript Math 表达式的子菜单

- Math.abs（value）：返回 value 的绝对值。
- Math.round（value）：将 value 四舍五入。
- Math.ceil（value）：将 value 向上取整数。
- Math.floor（value）：将 value 向下取整数。
- Math.min（value1，value2）：返回 value1 和 value2 中最小的那个数值。
- Math.max（value1，value2）：返回 value1 和 value2 中最大的那个数值。
- Math.PI：返回 PI 的值。
- Math.E：返回自然对数的底数。
- Math.LOG2E：返回以 2 为底的对数。
- Math.LOG10E：返回以 10 为底的对数。
- Math.LN2：返回以 2 为底的自然对数。
- Math.LN10：返回以 10 为底的自然对数。
- Math.SQRT2：返回 2 的平方根。
- Math.SQRT1_2：返回 10 的平方根。

12.3.8 Comp（合成）

展开 Comp（合成）表达式的子菜单，如图 12-59 所示。

图 12-59　Comp 表达式的子菜单

Comp（合成）表达式参数说明如下。

- layer（index）：index 是一个数，得到层的序数（在时间线面板中的顺序），例如 thisComp.layer（4）或 thisComp.Light（2）。
- layer（name）：name 是一个字符串，返回图层的名称。指定的名称与层名称会进行匹配操作，或在没有图层名时与源名进行匹配。如果存在重名，AE 将返回时间线面板中的第一个层，例如 thisComp.layer（Solid1）。
- layer（otherLayer，relIndex）：otherLayer 是一个层，relIndex 是一个数，返回 otherLayer（层名）上面或下面 relIndex（数）的一个层。
- marker：marker 是一个数值，得到合成中一个标记点的时间。
- numLayers：返回合成中图层的数量。
- layerBycommentl：标记图层中的注释内容字段。
- activeCamera：从当前帧中的着色合成所经过的摄像机中获取数值，返回摄像机的数值。
- width：返回合成的宽度，单位为 pixels（像素）。
- height：返回合成的高度，单位为 pixels（像素）。
- duration：返回合成的持续时间值，单位为秒。
- ntscDropFrame：转换为表示 NTSC 时间码的字段。
- displayStarTime：返回显示的开始时间。

- frameDuration：返回画面的持续时间。
- shutterAngle：返回合成中快门角度的度数。
- shutterPhase：返回合成中快门相位的度数。
- bgColor：返回合成背景的颜色。
- pixelAspect：返回合成中用 widthlheight 表示的 pixel（像素）宽高比。
- name：返回合成中的名称。

12.3.9 Footage（素材）

展开 Footage（素材）表达式的子菜单，如图 12-60 所示。

Footage（素材）表达式参数说明如下。

- width：返回素材的宽度，单位为像素。
- height：返回素材的高度，单位为像素。
- duration：返回素材的持续时间，单位为秒。
- frameDuration：返回画面的持续时间，单位为秒。
- pixelAspect：返回素材的像素宽高比，表示为 widthlheight。
- name：返回素材的名称，返回值为字符串。
- sourceText：得到文字层的文字字符串。
- sourceData：得到数据层的数字字符串。
- dataValue（dataPath）：返回数据源字段。
- dataKeyCount（dataPath）：返回数据源中的键字段。

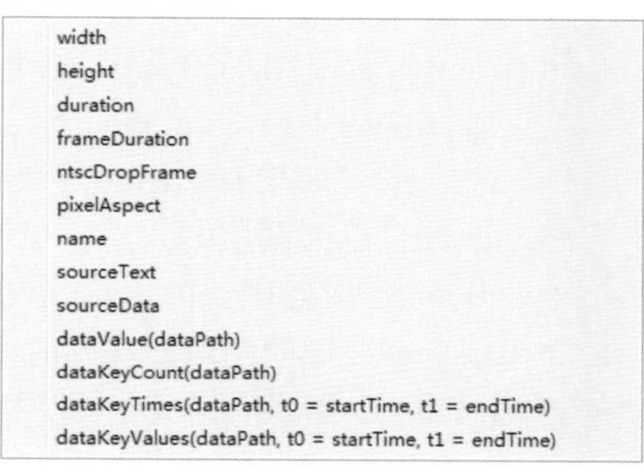

图 12-60　Footage 表达式的子菜单

12.3.10 Layer Sub-object（图层子对象）

展开 Layer Sub-object（图层子对象）表达式的子菜单，如图 12-61 所示。

Layer Sub-object（图层子对象）表达式参数说明如下。

- source：返回图层的源合成或源素材对象，默认时间是在这个源中调节的时间。
- effect（name）：name 是一个字串，返回 Effects 效果对象。
- effect（index）：index 是一个数，返回 Effects 效果对象。
- mask（name）：name 是一个字串，返回图层的 Mask 对象。
- Mask（index）：index 是一个数，返回图层的 Mask 对象。

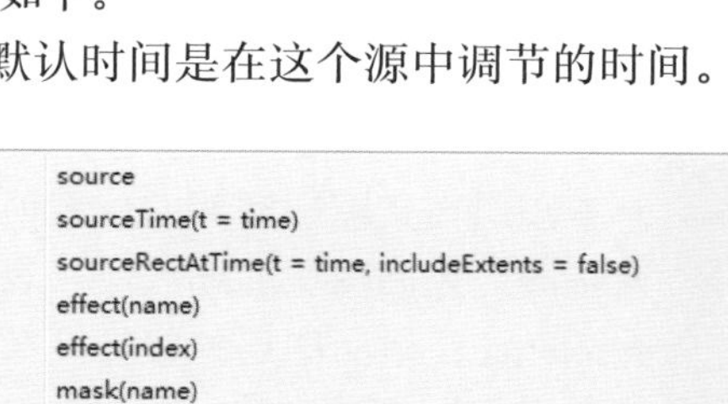

图 12-61　Layer Sub-object 表达式的子菜单

12.3.11 Layer General（普通图层）

展开 Layer General（普通图层）表达式的子菜单，如图 12-62 所示。

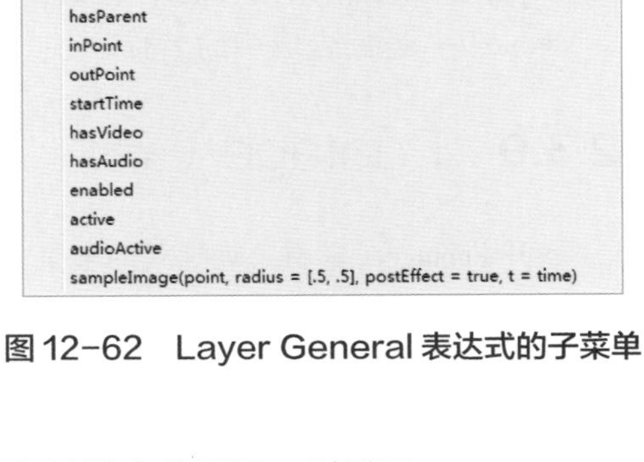

图 12-62　Layer General 表达式的子菜单

Layer General（普通图层）表达式参数说明如下。

- width：返回以像素为单位的图层宽度，与 source.width 相同。
- height：返回以像素为单位的图层高度，与 source.height 相同。
- index：返回合成中的图层数。
- parent：返回图层的父图层对象，例如 position[0]+parent.width。
- hasParent：如果有父图层，则返回 true；如果没有父图层，则返回 false。
- inPoint：返回图层的入点，单位为秒。
- outPoint：返回图层的出点，单位为秒。
- startTime：返回图层的开始时间，单位为秒。
- hasVideo：如果有 video，则返回 true；如果没有 video，则返回 false。
- hasAudio：如果有 audio，则返回 true；如果没有 audio，则返回 false。
- enabled：不返回任何数值。
- active：如果图层的视频开关处于开启状态，则返回 true；如果图层的视频开关处于关闭状态，则返回 false。
- audioActive：如果图层的音频开关处于开启状态，则返回 true；如果图层的音频开关处于关闭状态，则返回 false。

12.3.12 Layer Property（图层特征）

展开 Layer Property（图层特征）表达式的子菜单，如图 12-63 所示。

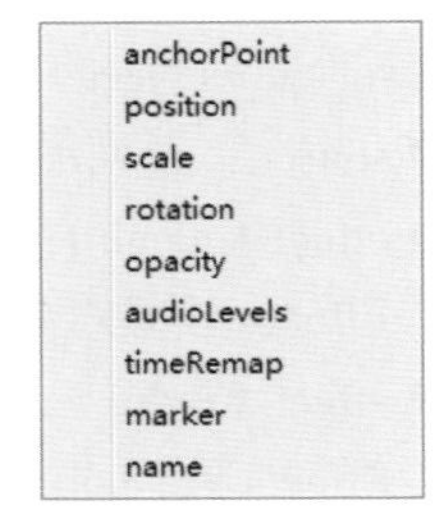

图 12-63　Layer Property 表达式的子菜单

Layer Property（图层特征）表达式参数说明如下。

- anchorPoint：返回图层空间内层的锚点值。
- position：如果一个图层没有父图层，则返回本图层在世界空间的位置值；如果有父图层，则返回本图层在父图层空间的位置值。
- scale：返回图层的缩放值，表示为百分数。
- rotation：返回图层的旋转度数。对于 3D 图层，则返回 Z 轴旋转度数。
- opacity：返回图层的透明值，表示为百分数。
- audioLevels：返回图层的音量属性值，单位为分贝。这是一个二维值，第一个值表示左声道的音量，第二个值表示右声道的音量，这个值不是源声音的幅度，而是音量属性关键帧的值。

- timeRemap：当时间重测图被激活时，则返回重测图属性的时间值，单位为秒。
- marker：返回图层的标记数属性值。
- name：name 是一个字串，返回图层中与指定名对应的标记号。

12.3.13 Layer 3D（3D 图层）

展开 Layer 3D（3D 图层）表达式的子菜单，如图 12-64 所示。

Layer 3D（3D 图层）表达式参数说明如下。

orientation
rotationX
rotationY
rotationZ
castsShadows
lightTransmission
acceptsShadows
acceptsLights
ambient
diffuse
specularIntensity
specularShininess
metal

图 12-64 Layer 3D 表达式的子菜单

- orientation：针对 3D 层，返回 3D 方向的度数。
- rotationX：针对 3D 层，返回 X 轴旋转的度数。
- rotationY：针对 3D 层，返回 Y 轴旋转的度数。
- rotationZ：针对 3D 层，返回 Z 轴旋转的度数。
- castsShadows：如果图层投射阴影，则返回 1。
- lightTransmission：针对 3D 层，返回光的传导属性值。
- acceptsShadows：如果图层接受阴影，则返回 1。
- acceptsLights：如果图层接受灯光，则返回 1。
- ambient：返回环境因素的百分数值。
- diffuse：返回漫反射因素的百分数值。
- specularIntensity：返回镜面因素的百分数值。
- specularShininess：返回发光因素的百分数值。
- metal：返回材质因素的百分数值。

12.3.14 Layer Space Transforms（图层空间变换）

展开 Layer Space Transforms（图层空间变换）表达式的子菜单，如图 12-65 所示。

Layer Space Transforms（图层空间变换）表达式参数说明如下。

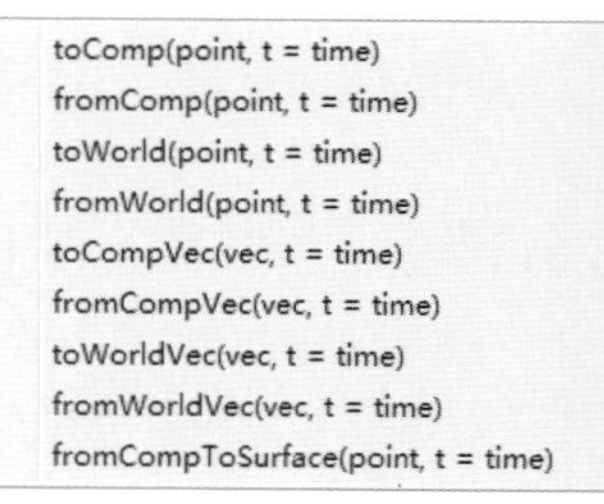

图 12-65 Layer Space Transforms 表达式的子菜单

- toComp（point，t=time）：point 是一个数组 [2or3]，t 是一个数，从图层空间转换一个点到合成空间，例如 toComp（anchorPoint）。
- fromComp（point，t=time）：point 是一个数组 [2or3]，t 是一个数，从合成空间转换一个点到图层空间，得到的结果在 3D 图层可能是一个非 0 值，例如（2Dlayer），fromComp（thisComp.layer（2）.position）。
- toWorld（point，t=time）：point 是一个数组 [2or3]，t 是一个数，从图层空间转换一个点到视点独立的世界空间，例如 toWorld.effect（“Bluge”）(“Bluge Center”）。
- fromWorld（point，t=time）：point 是一个数组 [2or3]，t 是一个数，从世界空间转换一个点到图层空间，例如 from World（thisComp.layer（2）.position）。
- toCompVec（vec，t=time）：vec 是一个数组 [2or3]，t 是一个数，从图层空间转换

一个向量到合成空间，例如 toCompVec（[1，0]）。

- fromCompVec（vec，t=time）：vec 是一个数组 [2or3]，t 是一个数，从合成空间转换一个向量到图层空间，例如（2D layer），dir=sub（position，thisComp.layer（2）.position）；fromCompVec（dir）。
- toWorldVec（vec，t=time）：vec 是一个数组 [2or3]，t 是一个数，从图层空间转换一个向量到世界空间，例如 p1=effect（“Eye Bulge 1”）（“Bulge Center”）；p2=effect（“Eye Bulge2”）（“Bulge Center”），toWorld（sub（p1，p2））。
- fromWorldVec（vec，t=time）：vec 是一个数组 [2or3]，t 是一个数，从世界空间转换一个向量到图层空间，例如 fromWorld（thisComp.layer（2）.position）。
- fromCompToSurface（point，t=time）：point 是一个数组 [2or3]，t 是一个数，在合成空间中从激活的摄像机观察到的位置的图层表面（Z 值为 0）定位一个点，这对于设置效果控制点非常有用，但仅用于 3D 图层。

12.3.15 Camera（摄像机）

展开 Camera（摄像机）表达式的子菜单，如图 12-66 所示。

Camera（摄像机）表达式部分参数说明如下。

- pointOfInterest：返回在世界坐标中摄像机的目标点的值。
- zoom：返回摄像机的缩放值，单位为像素。
- depthOfField：如果开启了摄像机的景深功能，则返回 1，否则返回 0。
- focusDistance：返回摄像机的焦距值，单位为像素。
- aperture：返回摄像机的光圈值，单位为像素。
- blurLevel：返回摄像机的模糊级别的百分数。
- active：如果摄像机的视频开关处于开启状态，则当前时间在摄像机的出入点之间，并且它是时间线面板中列出的第 1 个摄像机，返回 true；若以上条件有一个不满足，则返回 false。

pointOfInterest
zoom
depthOfField
focusDistance
aperture
blurLevel
irisShape
irisRotation
irisRoundness
irisAspectRatio
irisDiffractionFringe
highlightGain
highlightThreshold
highlightSaturation
active

图 12-66 Camera 表达式的子菜单

12.3.16 Light（灯光）

展开 Light（灯光）表达式的子菜单，如图 12-67 所示。

Light（灯光）表达式参数说明如下。

- pointOfInterest：返回灯光在合成中的目标点。
- intensity：返回灯光亮度的百分比。
- color：返回灯光的颜色值。
- coneAngle：返回灯光光锥角的度数。
- coneFeather：返回灯光光锥的羽化百分数。
- shadowDarkness：返回灯光阴影暗值的百分数。
- shadowDiffusion：返回灯光阴影扩散的像素值。

pointOfInterest
intensity
color
coneAngle
coneFeather
shadowDarkness
shadowDiffusion

图 12-67 Light 表达式的子菜单

12.3.17 Effect（效果）

展开 Effect（效果）表达式的子菜单，如图 12-68 所示。

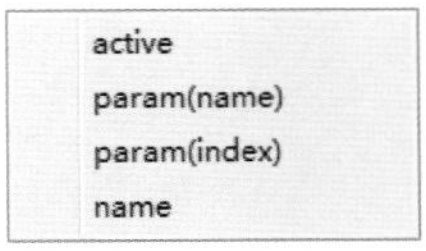

active
param(name)
param(index)
name

图 12-68 Effect 表达式的子菜单

Effect（效果）表达式参数说明如下。

- active：如果效果在时间线窗口和“效果控件”面板中都处于开启状态，则返回 true；如果任意一个窗口或面板中的效果关闭了，则返回 false。
- param（name）：name 是一个字串，返回效果里面的属性，返回值为数值，例如 effect（Bulge）（Bulge Height）。
- param（index）：index 是一个数值，返回效果里面的属性，例如 effect（Bulge）（4）。
- name：返回效果的名字。

12.3.18 Property（特征）

展开 Property（特征）表达式的子菜单，如图 12-69 所示。

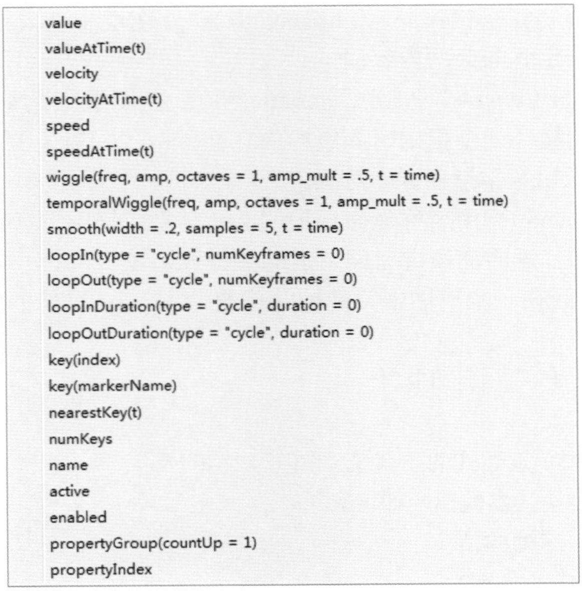

```
value
valueAtTime(t)
velocity
velocityAtTime(t)
speed
speedAtTime(t)
wiggle(freq, amp, octaves = 1, amp_mult = .5, t = time)
temporalWiggle(freq, amp, octaves = 1, amp_mult = .5, t = time)
smooth(width = .2, samples = 5, t = time)
loopIn(type = "cycle", numKeyframes = 0)
loopOut(type = "cycle", numKeyframes = 0)
loopInDuration(type = "cycle", duration = 0)
loopOutDuration(type = "cycle", duration = 0)
key(index)
key(markerName)
nearestKey(t)
numKeys
name
active
enabled
propertyGroup(countUp = 1)
propertyIndex
```

图 12-69 Property 表达式的子菜单

Property（特征）表达式参数说明如下。

- value：返回当前时间的属性值。
- valueAtTime（t）：t 是一个数，返回指定时间（单位为秒）的属性值。
- velocity：返回当前时间的即时速率。对于空间属性，例如位置，它返回切向量值，结果与属性有相同的维度。
- velocityAtTime（t）：t 是一个数，返回指定时间的即时速率。
- speed：返回 ID 量，正的速度值等于在默认时间属性的改变量，该元素仅用于空间属性。

- speedAtTime（t）：t 是一个数，返回在指定时间的空间速度。
- wiggle（freq，amp，octaves=1，amp_mult=5，t=time）：freq，amp，octaves，amp_mult 和 t 是数值，可以使属性值随机 wiggle（摆动）；freq 计算每秒摆动的次数；octaves 是加到一起的噪声的倍频数，即 amp_mult 和 amp 相乘的倍数；t 是基于开始时间，例如 position.wiggle（5，16，4）。
- temporalWiggle（freq，amp，octaves=1，amp_mult=5，t=time）：freq，amp，octaves，amp_mult 和 t 是数值，主要用来取样摆动时的属性值；freq 计算每秒摆动的次数；octaves 是加到一起的噪声的倍频数，即 amp_mult 和 amp 相乘的倍数；t 是基于开始时间。
- smooth（width=2，samples=5，t=time）：width，samples 和 t 是数，应用一个箱形滤波器到指定时间的属性值，并且随着时间的变化使结果变得平滑。width 是经过滤波器平均时间的范围，samples 等于离散样本的平均间隔数。
- loopIn（type=“cycle”，numKeyframe=0）：在图层中从入点到第一个关键帧之间循环一个指定时间段的内容。
- loopOut（type=“cycle”，numKeyframe=0）：在图层中从最后一个关键帧到图层的出点之间循环一个指定时间段的内容。
- loopInDuration（type=“cycle”，duration=0）：在图层中从入点到第一个关键帧之间循环一个指定时间段的内容。
- loopOutDuration（type=“cycle”，duration=0）：在图层中从最后一个关键帧到图层的出点之间循环一个指定时间段的内容。
- key（index）：用数字返回 key 对象。
- key（markerName）：用名称返回标记的 key 对象，仅用于标记属性。
- nearesKey（t）：返回离指定时间最近的关键帧对象。
- numKeys：返回在一个属性中关键帧的总数。

12.3.19　Key（关键帧）

展开 Key（关键帧）表达式的子菜单，如图 12-70 所示。

Key（关键帧）表达式参数说明如下。

- value：返回关键帧的值。
- time：返回关键帧的时间。
- index：返回关键帧的序号。

value
time
index

图 12-70　Key 表达式的子菜单

第13章 三维空间效果的创建与应用

在影视后期制作中，三维空间效果是经常用到的，三维空间中的合成对象为我们提供了更广阔的想象空间，同时也让影视特效制作更为丰富多彩，从而制作出更多震撼、绚丽的效果。本章详细讲解 AE 中三维图层、摄像机、灯光等功能的具体应用。

13.1 三维空间与三维图层

在使用 AE 将 2D 图层转换为 3D 图层后，会增加一个 Z 轴，每个图层还会增加一个“材质选项”属性，通过这个属性可以调节三维图层与灯光的关系等。

AE 提供的三维图层虽然不能像专业的三维软件那样具有建模功能，但是在 AE 的三维空间中，图层之间同样可以利用三维景深来产生遮挡效果，并且三维图层自身也具备了接收和投射阴影的功能，因此 AE 也可以通过摄像机的功能来制作各种透视、景深及运动模糊等效果。

13.1.1 三维空间的概述

三维空间，又称为 3D、三次元，其中“维”是一种度量单位，表示方向的意思。

在日常生活中三维空间可指长、宽、高三个维度所构成的空间。由一个方向确立的直线模式是一维空间，如图 13-1 所示，一维空间具有单向性，由 X 轴向两头无限延伸而确立。

由两个方向确立的平面模式是二维空间，如图 13-2 所示。二维空间具有双向性，由 X、Y 轴两向交错构成一个平面，由双向无限延伸而确立。

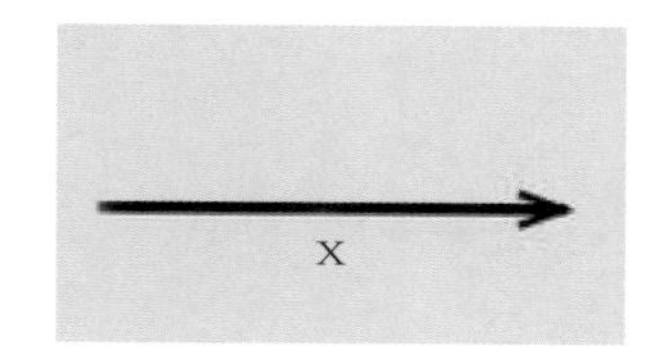

图 13-1　一维空间

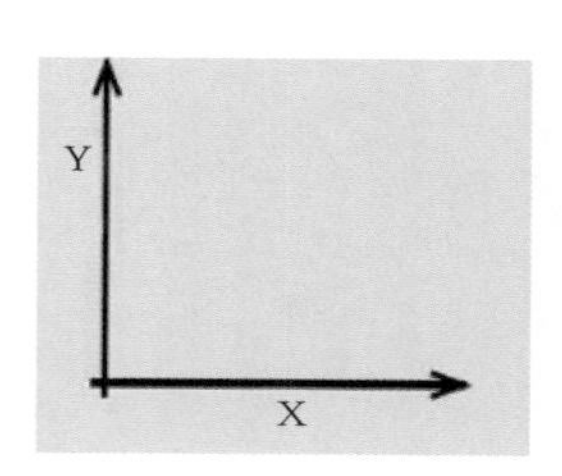

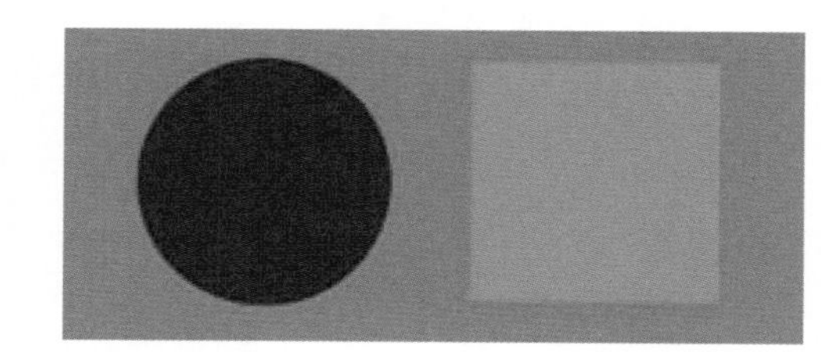

图 13-2　二维空间

三维空间呈立体性，具有三向性，三维空间的物体除了 X、Y 轴向之外，还有一个纵深的Z轴，如图13-3所示，这是三维空间与二维平面的区别之处，由三向无限延伸而确立。

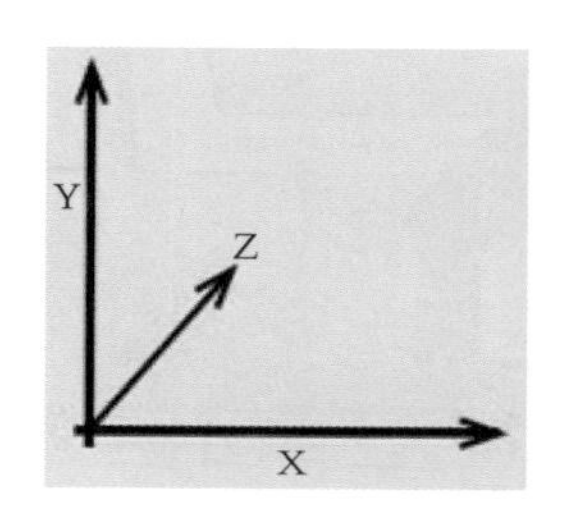

图 13-3　三维空间

13.1.2　三维图层

在 AE 中，除了音频图层外，其他的图层都能转换为三维图层。在 3D 图层中，对图层应用的滤镜或遮罩都是基于该图层的 2D 空间的，比如对二维图层使用扭曲效果，图层发生了扭曲现象，但是将该图层转换为 3D 图层后，会发现该图层仍然是二维的，对三维空间没有任何影响。

在 AE 的三维坐标系中，最原始的坐标系统的起点是在左上角，X 轴从左至右不断增加，Y 轴从上到下不断增加，而 Z 轴是从近到远不断增加，这与其他三维软件中的坐标系统有比较大的差别。

13.1.3　转换三维图层

要将二维图层转换为三维图层，可以直接在时间轴面板中对应的图层后单击“3D 图层”按钮（未单击前为状态），如图 13-4 所示。此外。还可以通过对对应的 2D 图层执行“图层”|“3D 图层”菜单命令来实现转换，如图 13-5 所示。

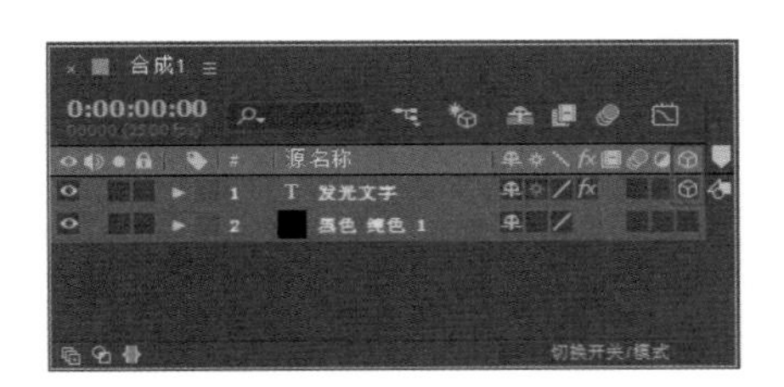

图 13-4　单击“3D 图层”按钮

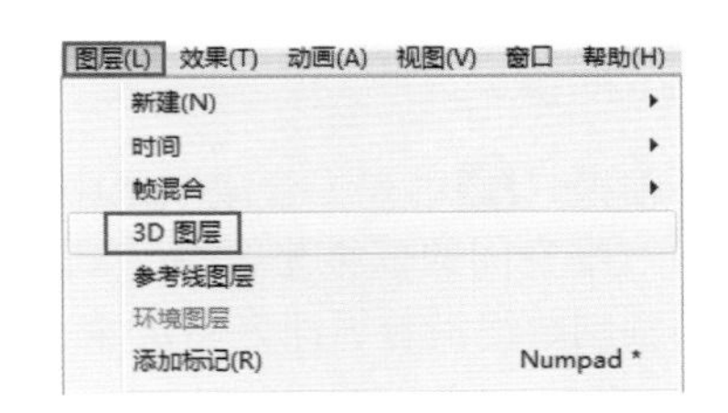

图 13-5　通过菜单栏执行命令

> **提示** 将 2D 图层转换为 3D 图层的第三种方法是在时间轴面板选择对应的 2D 图层，单击鼠标右键，在弹出的快捷菜单中选择“3D 图层”命令。

将 2D 图层转换为 3D 图层后，3D 图层会增加一个 Z 轴属性和“材质选项”属性，如图 13-6 所示。而关闭图层的 3D 图层开关后，增加的属性也会随之消失。

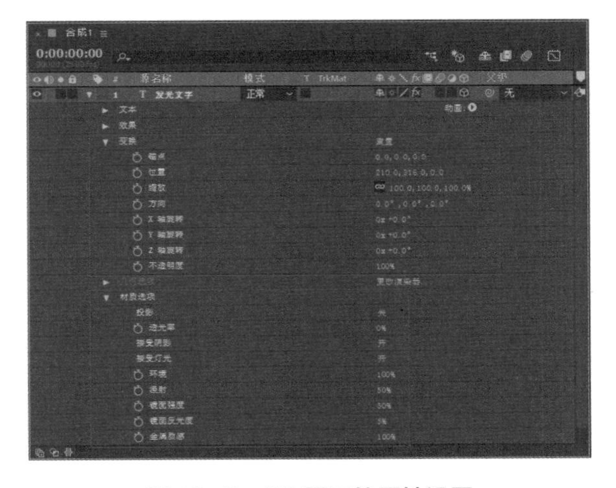

图 13-6　3D 图层的属性设置

提示 如果将 3D 图层转换为 2D 图层，那么该图层对应的 3D 属性也会随之消失，并且所有涉及的 3D 参数、关键帧和表达式也都将被移除，而重新将 2D 图层转换为 3D 图层后，这些参数设置也不能被找回，因此在将 3D 图层转换为 2D 图层时一定要特别谨慎。

13.1.4 三维坐标系统

在操作三维对象时，需要根据轴向来对物体进行定位。在 AE 的工具栏中，有三种定位三维对象坐标的工具，分别是本地轴模式、世界轴模式、视图轴模式，如图 13-7 所示。

图 13-7 工具栏中的三维坐标系统

（1）本地轴模式

本地轴模式是将对象自身的表面作为对齐的依据，这对于当前选择对象与世界轴模式不一致时特别有用，用户可以通过调节本地轴模式的轴向来对齐世界轴模式。

（2）世界轴模式

世界轴模式对齐于合成空间中的绝对坐标系，无论如何旋转 3D 图层，其坐标轴始终对齐于三维空间的三维坐标系，X 轴始终沿着水平方向延伸，Y 轴始终沿着垂直方向延伸，而 Z 轴则始终沿着纵深方向延伸。

（3）视图轴模式

视图轴模式对齐于用户进行观察的视图轴向，比如在一个自定义视图中对一个三维图层进行旋转操作，并且在后面还继续对该图层进行各种变换操作，但是最终结果是它的轴向仍然垂直于对应的视图。

对于摄像机视图和自定义视图，由于它们同属于透视图，所以即使 Z 轴是垂直于屏幕平面，还是可以观察到 Z 轴；对于正交视图而言，由于他们没有透视关系，所以在这些视图中只能观察到 X、Y 两个轴向。

13.1.5 移动三维图层

在三维空间中移动三维图层、将对象放置于三维空间的指定位置，或是在三维空间中为图层制作空间位移动画时，就需要对三维图层进行移动操作，移动三维图层的主要方法有以下两种。

- 在时间轴面板中对三维图层的“位置”属性进行调节。
- 在“合成”面板中使用选择工具直接在三维图层的轴向上移动三维图层。

13.1.6 旋转三维图层

在时间轴面板选中图层，按快捷键 R 可以展开三维图层的旋转属性，可以观察到三维图层的可操作旋转参数包含 4 个，分别是“方向”和“X 轴旋转”“Y 轴旋转”“Z 轴旋转”，而二维图层只有一个旋转属性，如图 13-8 所示。

在三维图层中，可以通过改变方向值或旋转值来实现三维图层的旋转，这两种旋转方法都是将图层的轴心点作为基点来旋转图层，它们的区别主要在于制作动画过程中的处理方式不同。旋转三维图层的方法主要有以下两种。

- 在图层窗口中直接对三维图层的方向或旋转属性进行调节。
- 在“合成”面板中使用旋转工具，以方向或旋转的方式直接对三维图层进行旋转。

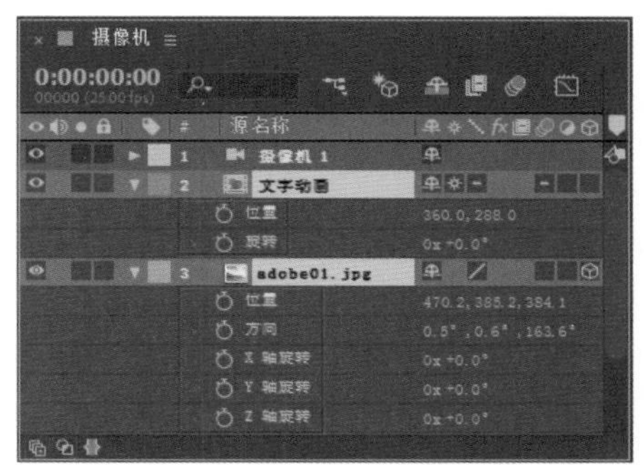

图 13-8　旋转参数

13.1.7　三维图层的材质属性

将二维图层转换为三维图层后，该图层除了增加第 3 个维度属性外，还会增加一个“材质选项”属性，该属性主要用来设置三维图层如何影响灯光系统。

下面对“材质选项”属性下的参数进行详细讲解。

- 投影：该选项用来决定三维图层是否投射阴影，包括关、开、仅这三个选项，其中“仅”选项表示三维图层只投射阴影。
- 透光率：设置物体接收光照后的透光程度，这个属性可以用来体现半透明物体在灯光下的照射情况，按其效果主要体现在阴影上（物体的阴影会受到物体自身颜色的影响）。当透光率设置为 0% 时，物体的阴影颜色不受物体自身颜色的影响；当透光率设置为 100% 时，物体的阴影受物体自身颜色的影响最大。
- 接受阴影：设置物体是否接受其他物体的阴影投射效果，包括开和关两种模式。
- 接受灯光：设置物体是否接受灯光的影响。设置为开模式时，表示物体接受灯光的影响，物体的受光面会受到灯光照射角度或强度的影响；设置为关模式时，表示物体表面不受灯光照射的影响，物体只显示自身的材质。
- 环境：设置物体受环境光影响的程度，该属性只有在三维空间中存在环境光时才产生作用。
- 漫射：调整灯光漫反射的程度，主要用来突出物体颜色的亮度。
- 镜面强度：调整图层镜面反射的强度。
- 镜面反光度：设置图层镜面反射的区域，值越小，镜面反射的区域就越大。
- 金属质感：调节镜面反射光的颜色，值越接近 100%，效果就越接近物体的材质；值越接近 0%，效果就越接近灯光的颜色。

13.1.8　制作雨天涟漪特效（实例）

本例将通过为素材应用 CC Rainfall（CC 下雨）和 CC Drizzle（CC 水面落雨）效果来制作雨天涟漪特效。

① 启动 AE 软件，执行“文件”|“打开项目”命令，在弹出的“打开”对话框中选择“风景.aep”项目文件，单击“打开”按钮，将文件打开，效果如图 13-9 所示。

② 在“时间轴”面板中选择“湖.jpg”图层，执行“效果”|“模拟”|“CC Rainfall”（CC下雨）命令，然后在“效果控件”面板中调整Drops（降落）参数为20000；调整Size（尺寸）参数为2；展开Background Reflection（背景反射）选项，调整Influence%（影响）参数为72，如图13-10所示。

图13-9　打开素材文件

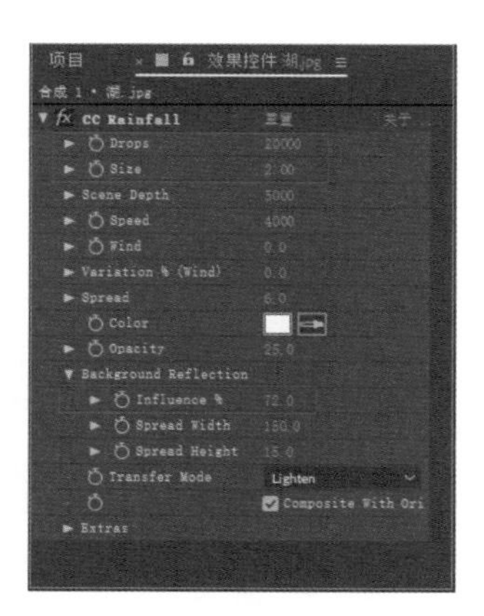

图13-10　设置CC Rainfall参数

③ 完成参数设置后，得到的对应画面效果如图13-11所示。

④ 在“时间轴”面板的空白处右击，在弹出的快捷菜单中执行“新建”|“纯色”命令，打开“纯色设置”对话框，设置“名称”为“涟漪”，设置“颜色”为灰色（R128，G128，B128），如图13-12所示，单击“确定”按钮。

图13-11　设置后效果（一）

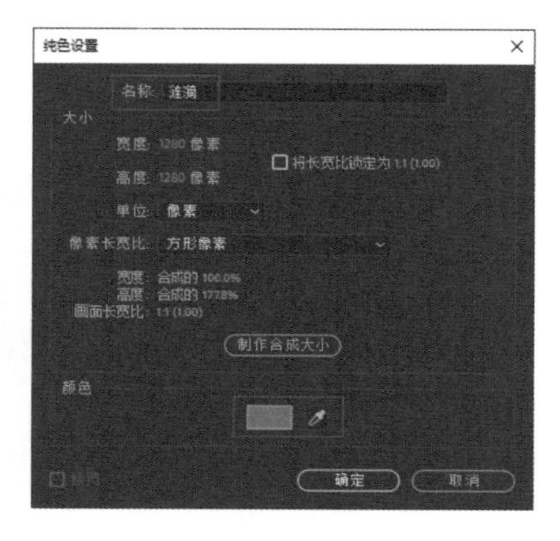

图13-12　设置纯色效果

⑤ 选择“涟漪”图层，执行“效果”|“模拟”|“CC Drizzle”（CC水面落雨）命令，然后在“效果控件”面板中设置Drip Rate（滴速）参数为24，如图13-13所示。

⑥ 选择“涟漪”图层，右击，在弹出的快捷菜单中执行“混合模式”|“柔光”命令，此时得到的图像效果如图13-14所示。

⑦ 在“时间轴”面板中，激活“涟漪”图层右侧的按钮，接着选择“涟漪”图层，按R键展开图层属性，调整“X轴旋转”参数为0x+100°，如图13-15所示。

⑧ 在预览窗口中向下适当拖动“涟漪”图层对象的位置，如图13-16所示，此时预览画面会发现“涟漪”对象没有铺满画面。

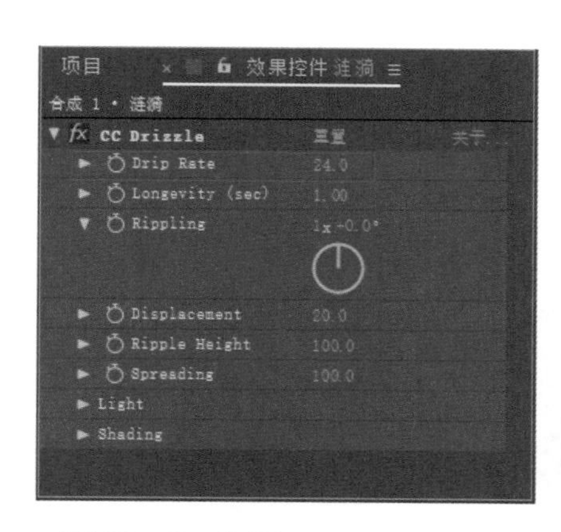

图 13-13　设置 CC Drizzle 参数

图 13-14　设置后效果（二）

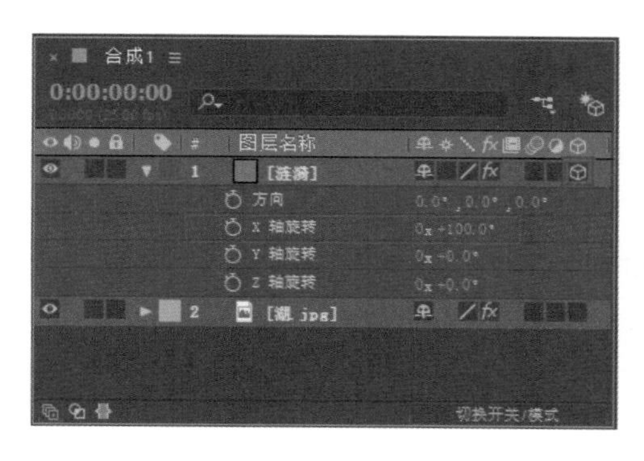

图 13-15　调整涟漪角度

图 13-16　涟漪未铺满画面

⑨ 在“时间轴”面板中，选择“涟漪”图层，按快捷键 Ctrl+Shift + Y 打开“纯色设置”对话框，调整“宽度”为 2500 像素，“高度”为 2000 像素，如图 13-17 所示，单击“确定”按钮。

⑩ 在预览窗口中继续手动调整“涟漪”对象的 Y 轴和 Z 轴位置，根据实际情况优化对象在画面中的位置，如图 13-18 所示。

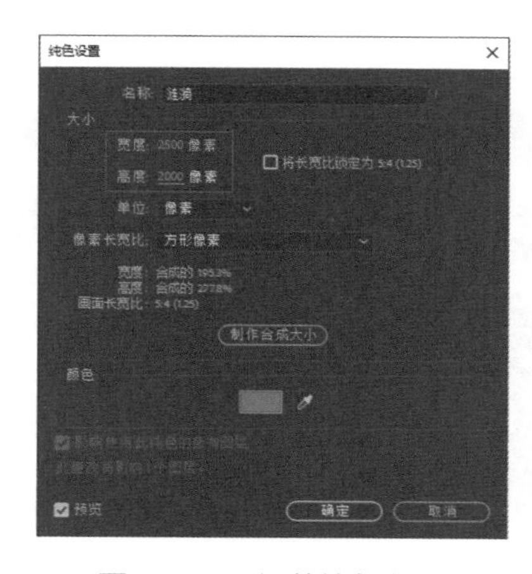

图 13-17　调整纯色大小

图 13-18　调整后效果

提示 当“涟漪”对象没有铺满画面时，若直接调整图层的“缩放”参数，则图像的像素也会被调整，为了不改变图像像素，最好的方法就是打开“纯色设置”对话框后调整大小。

⑪ 至此，本实例就已经制作完毕，按小键盘上的 0 键可以进行动画的播放预览，如图 13-19 所示。

图 13-19 视频预览

13.2 三维摄像机

通过创建三维摄像机图层，可以透过摄像机视图以任何距离和任何角度来观察三维图层的效果，就像在现实生活中使用摄像机进行拍摄一样方便。使用 AE 的三维摄像机就不需要为了观看场景的转动效果而去旋转场景了，只需要让三维摄像机围绕场景进行拍摄就可以了。

为了匹配使用真实摄像机拍摄的影片素材，可以将 AE 的三维摄像机属性设置成真实摄像机的属性，通过对三维摄像机进行设置可以模拟出真实摄像机的景深模糊及推、拉、摇、移等效果。注意，三维摄像机仅对三维图层及二维图层中使用摄像机属性的滤镜起作用。

13.2.1 创建三维摄像机

创建三维摄像机的具体方法：执行“图层”|“新建”|“摄像机”菜单命令，或按快捷键 Ctrl+Alt+Shift+C 来创建一个摄像机。AE 中的摄像机是以图层的方式引入合成中的，这样可以在同一个合成项目中对同一场景使用多台摄像机来进行观察，如图 13-20 所示。

如果要使用多台摄像机进行多视角展示，可以在同一个合成中添加多个摄像机图层来完成。如果在场景中使用了多台摄像机，此时应该在合成面板中将当前视图设置为“活动摄像机”视图。活动摄像机视图显示的是当前时间线图层堆栈中最上面的摄像机，在对合成进行最终渲染或对图层进行嵌套时，使用的就是活动摄像机视图。

图 13-20 AE 中的摄像机

13.2.2 三维摄像机的属性设置

执行“图层”|“新建”|“摄像机”菜单命令时，会弹出如图 13-21 所示的“摄像机设置”对话框，在该对话框中可以设置摄像机观察三维空间的方式等属性。创建摄像机图层后，在时间轴面板中双击摄像机图层，或按快捷键 Ctrl+Alt+Shift+C 可以重新打开“摄像机设置”对话框，这样用户可以对已经创建好的摄像机进行重新设置。

“摄像机设置”对话框中的各参数介绍如下。

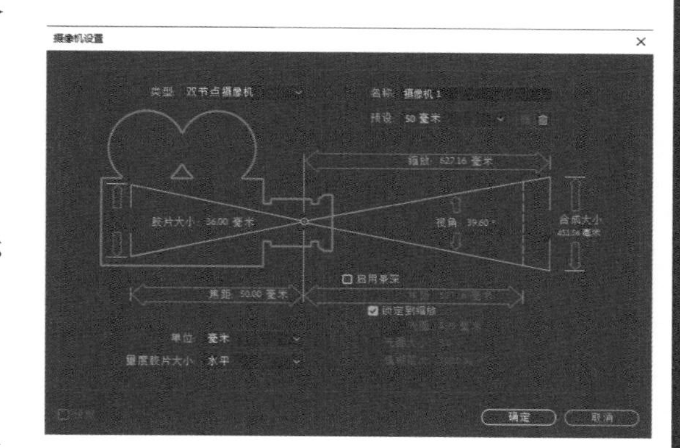

图 13-21 “摄像机设置”对话框

- 名称：设置摄像机的名字。
- 预设：设置摄像机的镜头类型，其中包含 9 种常用的摄像机镜头，如 15mm 的广角镜头、35mm 的标准镜头和 200mm 的长焦镜头等。
- 单位：设定摄像机参数的单位，包括像素、英寸和毫米三个选项。
- 量度胶片大小：设置衡量胶片尺寸的方式，包括水平、垂直和对角三个选项。
- 缩放：设置摄像机镜头到焦平面（即被拍摄对象）之间的距离。缩放值越大，摄像机的视野越小，对于新建的摄像机，其 Z 位置的值相当于缩放值的负数。
- 视角：设置摄像机的视角，可以理解为摄像机的实际拍摄范围，焦距、胶片大小及缩放这三个参数共同决定了视角的数值。
- 胶片大小：设置影片的曝光尺寸，该选项与合成大小参数值相关。
- 焦距：设置镜头与胶片的距离。在 AE 中，摄像机的位置就是摄像机镜头的中央位置，修改焦距值会使缩放值跟着一起变化，以匹配现实中的透视效果。
- 启用景深：控制是否启用景深效果。

提示 根据几何学原理可以得知，调整焦距、缩放和视角中的任意一个参数，其他的两个参数都会按比例改变，因为在一般情况下，同一台摄像机的胶片大小和合成大小这两个参数值是不会改变的。

13.2.3 设置动感摄像机

在使用真实摄像机拍摄场景时，经常会用到一些运动镜头来使画面产生动感，常见的镜头运动效果包含推、拉、摇和移四种。

（1）推镜头

推镜头就是让画面中的对象变小，从而达到突出主体的目的，在 AE 中实现推镜头的方法有以下两种。

- 通过改变摄像机的位置，即通过摄像机图层的 Z 位置属性来向前推摄像机，从

而使视图中的主体变大。在开启景深效果时，使用这种模式会比较麻烦，因为当摄像机以固定视角往前移动时，摄像机的焦距是不会发生改变的，而当主体物体不在摄像机的焦距范围之内时，物体就会产生模糊效果。通过改变摄像机位置的方式可以创建出主体进入焦点距离的效果，也可以产生突出主体的效果，使用这种方式来推镜头，可以使主体和背景的透视关系不发生变化。

- 保持摄像机的位置不变，改变缩放值来实现推镜头的目的。使用这种方法来推镜头，可以在推的过程中让主体和焦距的相对位置保持不变，并可以让镜头在运动的过程中保持主体的景深模糊效果不变。使用该方法推镜头有一个缺点，就是在整个推的过程中，画面的透视关系会发生变化。

（2）拉镜头

拉镜头就是使摄像机画面中的物体变大，主要是为了体现主体所处的环境。拉镜头也有移动摄像机位置和摄像机变焦两种方法，其操作过程正好与推镜头相反。

（3）摇镜头

摇镜头就是保持主体物体、摄像机的位置以及视角都不变，通过改变镜头拍摄的轴线方向来摇动画面。在 AE 中，可以先定位好摄像机的位置，通过改变目标点来模拟摇镜头效果。

（4）移镜头

移镜头能够较好地展示环境和人物，常用的拍摄手法有水平方向的横移、垂直方向的升降和沿弧线方向的环移等。在 AE 中，移镜头可以使用摄像机移动工具来完成，移动起来非常方便。

13.3 灯光

在 AE 中，结合三维图层的材质属性，可以让灯光影响三维图层的表面颜色，同时也可以为三维图层创建阴影效果。除了投射阴影属性之外，其他属性同样可以用来制作动画。AE 中的灯光虽然可以像现实灯光一样投射阴影，但却不能像现实中的灯光一样产生眩光或画面曝光过度的效果。

在三维灯光中，可以设置灯光的亮度和灯光颜色等，但是这些参数都不能产生实际拍摄中的曝光过度效果。要制作曝光过度的效果，可以使用颜色校正滤镜包中的“曝光度”滤镜来完成。

13.3.1 创建灯光

创建灯光的具体方法：执行“图层”|“新建”|“灯光”菜单命令，或按快捷键 Ctrl+Alt+Shift+L 来创建一盏灯光。这里创建的灯光也是以图层的方式引入合成中的，所以可以在同一个合成场景中使用多个灯光图层，这样可以产生特殊的光照效果。

13.3.2 灯光设置

执行“图层”|“新建”|“灯光”菜单命令，或按快捷键 Ctrl+Alt+Shift+L 创建灯光时，会弹出如图 13-22 所示的“灯光设置”对话框，在该对话框中可以设置灯光的类型、强度、角度和羽化等参数。

下面对“灯光设置”对话框中的各个参数进行详细讲解。

- 名称：设置灯光的名字。
- 灯光类型：设置灯光的类型，包括平行、聚光、点和环境四种类型。
- 平行：类似于太阳光，具有方向性，并且不受灯光距离的限制，也就是光照范围可以是无穷大，场景中的任何被照射的物体都能产生均匀的光照效果，但是只能产生尖锐的投影，如图 13-23 所示。
- 聚光：可以产生类似于舞台聚光灯的光照效果，从光源处产生一个圆锥形的照射范围，从而形成光照区和无光区，如图 13-24 所示。

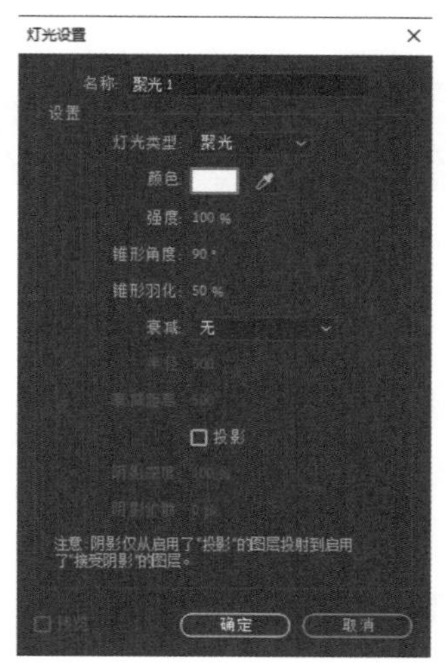

图 13-22 “灯光设置”对话框

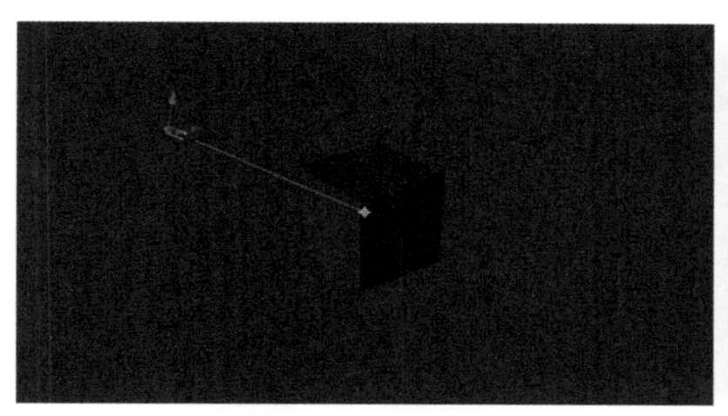

图 13-23 平行光照效果

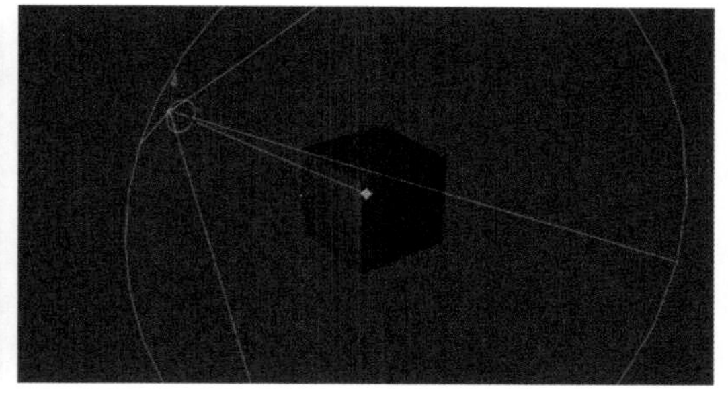

图 13-24 聚光光照效果

- 点：类似于没有灯罩的灯泡的照射效果，其光线以 360° 的全角范围向四周照射出来，并且会随着光源和照射对象距离的增大而发生衰减。虽然点光源不能产生无光区，但是也可以产生柔和的阴影效果，如图 13-25 所示。
- 环境：环境光没有灯光发射点，也没有方向性，不能产生投影效果，不过可以用来调整整个画面的亮度，主要和三维图层材质属性中的环境光属性一起配合使用，以影响环境的主色调，如图 13-26 所示。
- 颜色：设置灯光的颜色。
- 强度：设置灯光的光照强度，数值越大，光照越强。
- 锥形角度：聚光灯特有的属性，主要用来设置聚光灯的光照范围。
- 锥形羽化：聚光灯特有的属性，与“锥形角度”参数一起配合使用，主要用来调节光照区与无光区边缘的柔和度。如果锥形羽化参数为 0，光照区和无光区之间将产生尖锐的边缘，没有任何过渡效果；反之，锥形羽化参数值越大，边缘的过渡效果就越柔和。

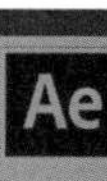

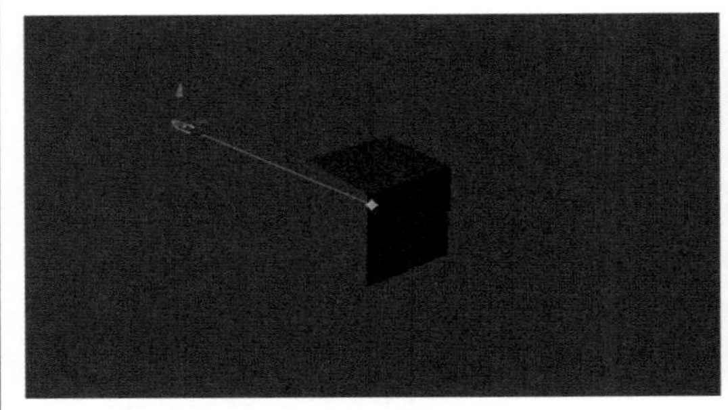

图 13-25　点光照效果

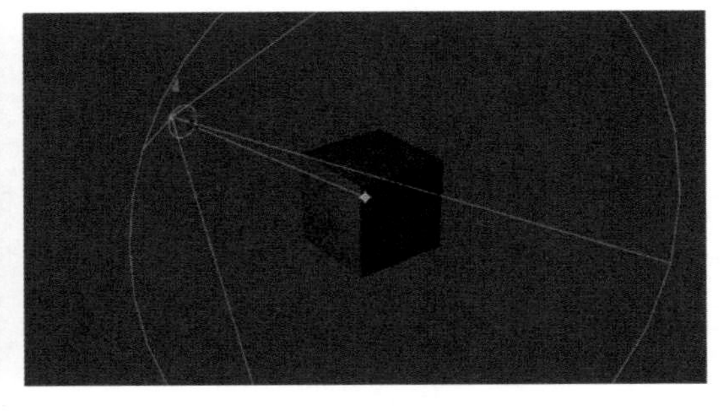

图 13-26　环境光照效果

- 投影：控制灯光是否投射阴影。该属性必须在三维图层的材质属性中开启了投射阴影选项才能起作用。
- 阴影深度：设置阴影的投射深度，也就是阴影的黑暗程度。
- 阴影扩散：设置阴影的扩散程度，值越高，阴影的边缘越柔和。

13.3.3　渲染灯光阴影

在 AE 中，所有的合成渲染都是通过 Advanced 3D 渲染器来进行的。Advanced 3D 渲染器在渲染灯光阴影时，采用的是阴影贴图渲染方式。在一般情况下，系统会自动计算阴影的分辨率（根据不同合成的参数设置而定），但是在实际工作中，有时渲染出来的阴影效果并不能达到预期的要求，这时就可以通过自定义阴影的分辨率来提高阴影的渲染质量。

如果要设置阴影的分辨率，可以执行“合成”|“合成设置”菜单命令，然后在弹出的“合成设置”对话框中单击 3D 渲染器，接着单击选项按钮，最后在弹出的“经典的 3D 渲染器选项”对话框中选择合适的阴影分辨率，如图 13-27 所示。

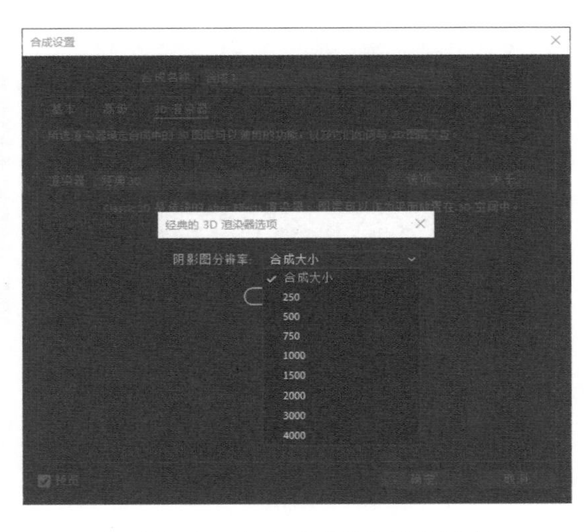

图 13-27　选择合适的阴影分辨率

13.3.4　移动摄像机与灯光

在 AE 的三维空间中，不仅可以利用摄像机的缩放属性推拉镜头，还可以利用摄像机的位置和目标点属性为摄像机制作位移动画。

(1) 位置和目标点

对于摄像机和灯光图层，可以通过调节它们的位置和目标点来设置摄像机的拍摄内容以及灯光的照射方向和范围。在移动摄像机和灯光时，除了可以直接调节参数以及移动其坐标轴外，还可以通过直接拖动摄像机或灯光的图标来自由移动它们的位置。

灯光和摄像机的目标点主要起到定位摄像机和灯光方向的作用。在默认情况下，目标点的位置在合成的中央，可以通过调节摄像机和灯光位置的方法来调节目标点的位置。

在使用选择工具移动摄像机或灯光的坐标轴时，摄像机的目标点也会发生移动，如果只想让摄像机和灯光的位置属性发生改变，而保持目标点位置不变，可以使用选择工具选择相应坐标轴的同时，按住 Ctrl 键，即可对位置属性进行单独调整。还可以在按住 Ctrl 键的同时，直接使用选择工具移动摄像机和灯光，这样可以保持目标点的位置不变。

（2）摄像机移动工具

在工具栏中有 4 个移动摄像机的工具，通过这些工具可以调整摄像机的视图，但是摄像机移动工具只在合成中存有三维图层和三维摄像机时才能起作用，如图 13-28 所示。

下面对摄像机移动工具进行详细讲解。

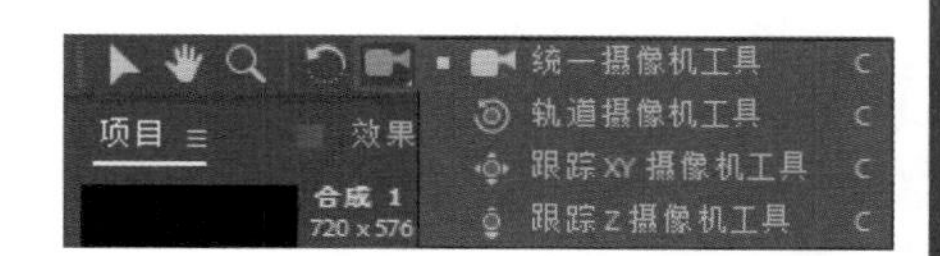

图 13-28　摄像机移动工具

- 统一摄像机工具：选择该工具后，使用鼠标左键、中键和右键可以分别对摄像机进行旋转、平移和前进操作。
- 轨道摄像机工具：选择该工具后，可以以目标点为中心来旋转摄像机。
- 跟踪 XY 摄像机工具：选择该工具后，可以在水平或垂直方向上平移摄像机。
- 跟踪 Z 摄像机工具：选择该工具后，可以在三维空间中的 Z 轴上平移摄像机，但是摄像机的视角不会发生改变。

（3）自动定向

在二维图层中，使用图层的“自动定向”功能可以使图层在运动过程中始终保持运动的定向路径。在三维图层中使用自动定向功能，不仅可以使三维图层在运动过程中保持运动的定向路径，而且可以使三维图层在运动过程中始终朝向摄像机。

在三维图层中设置“自动定向”的具体方法为：选中需要进行自动定向设置的三维图层，为其执行“图层”|“变换”|“自动定向”菜单命令（或按快捷键 Ctrl+Alt+O），然后在弹出的“自动方向”对话框中选择“定位于摄像机”选项，就可以使三维图层在运动的过程中始终朝向摄像机，如图 13-29 所示。

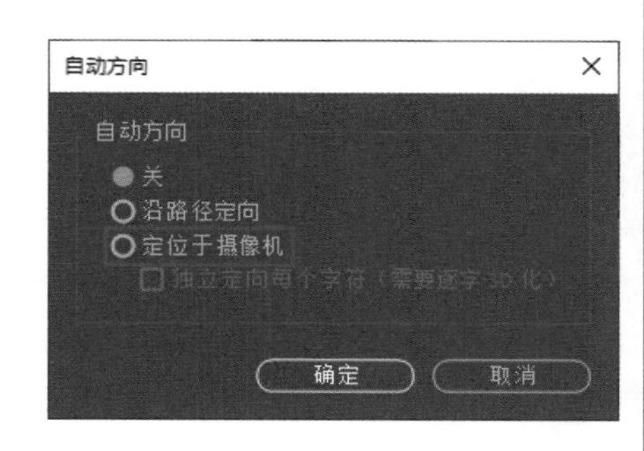

图 13-29　“自动方向”对话框

“自动方向”对话框中各参数介绍如下。

- 关：不使用自动定向功能。
- 沿路径定向：设置三维图层自动定向于运动的路径。
- 定位于摄像机：设置三维图层自动定向于摄像机或灯光的目标点，不选择该项，摄像机则变成自由摄像机。

第14章 视觉转场：水滴转场效果制作（实例）

扫码尽享
AE 全方位学习

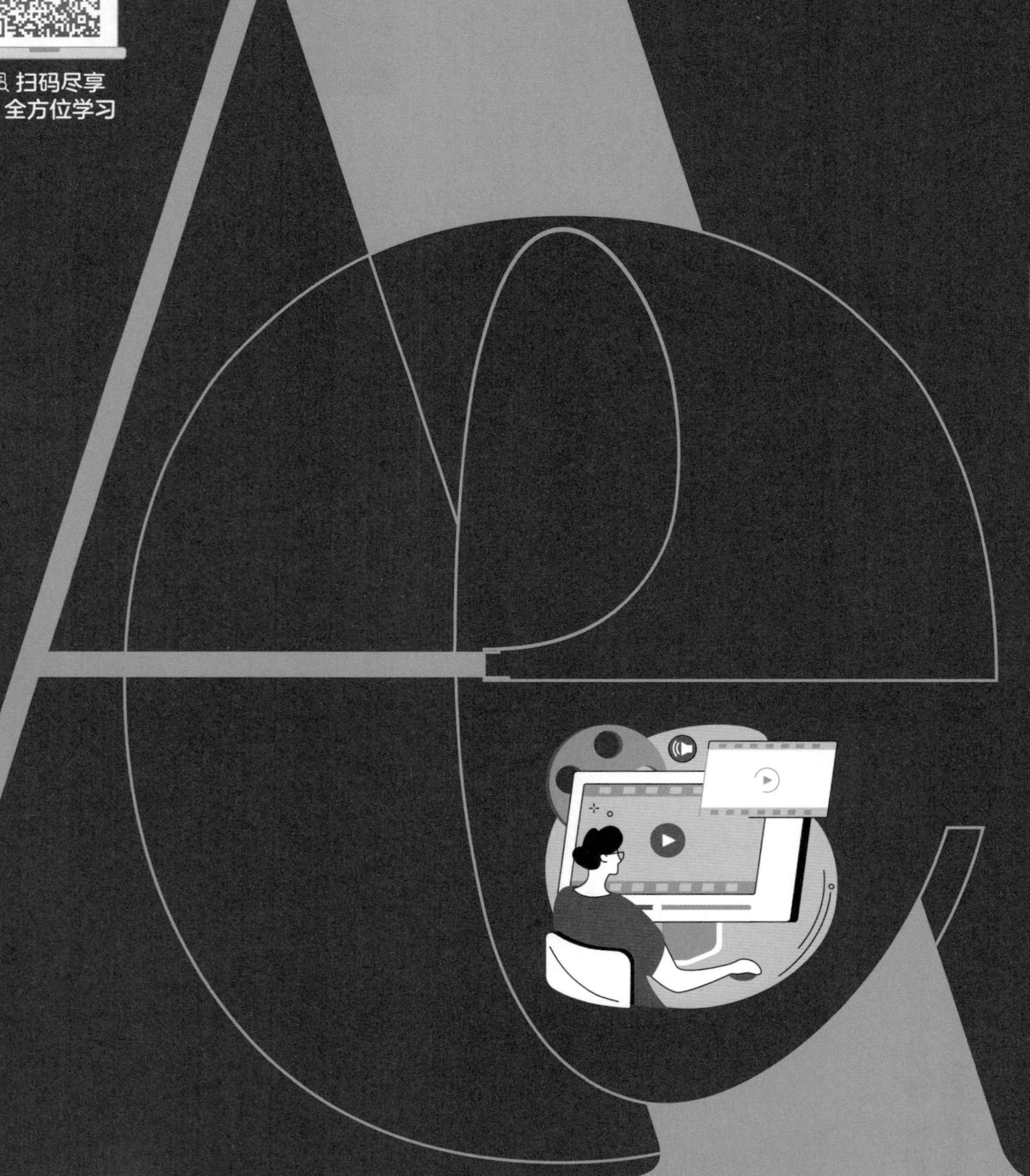

转场效果是指两个场景（即两段素材）之间，采用一定的技巧如划像、叠变、卷页等，实现场景或情节之间的平滑过渡，或达到丰富画面吸引观众的效果。本章学习一个水滴转场效果。

教学目标

- 掌握 CC lens 的应用
- 掌握湍流置换的基础使用

14.1 实例分析

本例讲解水滴转场效果的制作相对于其他课程来说是比较简单的，相比于其他软件预设效果，该效果更具创意，加入在短片之中会为视频效果增色不少。如图 14-1 所示。

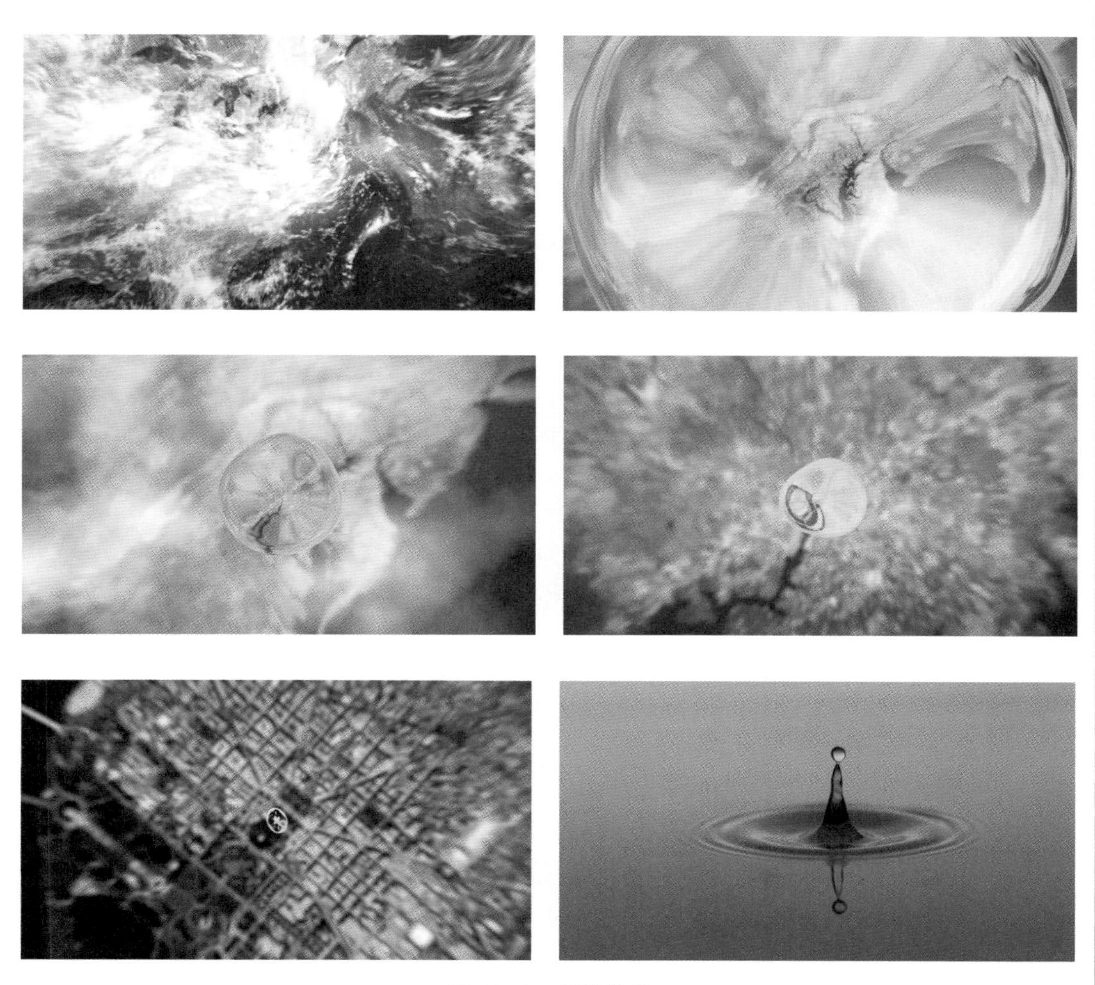

图 14-1 最终效果

14.2 操作步骤

难度：☆☆☆☆
素材位置：第 14 章 \ 素材
效果位置：第 14 章 \ 最终效果 .aep
在线视频：第 14 章 \ 水滴转场效果制作 .mp4

14.2.1 制作水滴效果

① 按快捷键 Ctrl+N 新建合成，设置合成宽度、高度分别为 720px 和 1280px，帧速率为 30，持续时间先设置为 6 秒，如图 14-2 所示。

② 将素材导入项目面板中，启动导入命令，如图 14-3 所示。

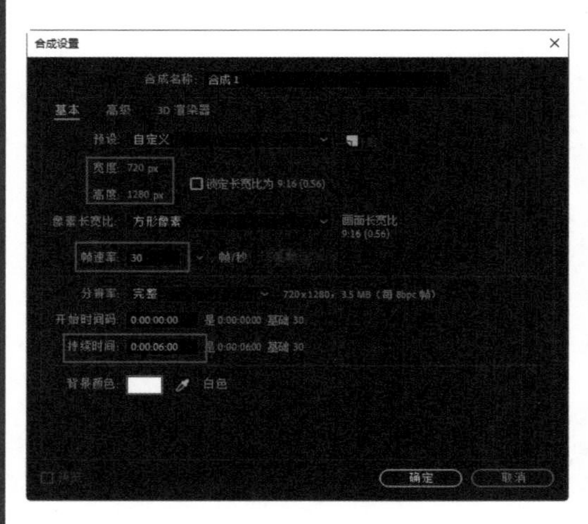

图 14-2 新建合成

图 14-3 启动导入命令

③ 选择所有需要导入的图片执行导入，如图 14-4 所示。

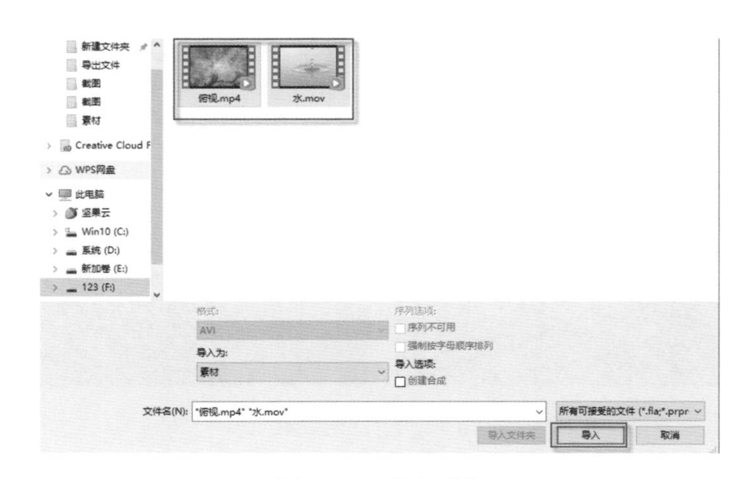

图 14-4 执行导入

④ 将导入的素材移动至时间轴面板中，然后选择时间轴面板中的素材按 Ctrl+D 复制一层，如图 14-5 所示。接下来，将复制的图层重命名。

图 14-5　复制素材

⑤ 选中需要重命名的图层按 Enter 键将图层名称改为可修改状态，并将其重命名为水滴，如图 14-6 所示。

图 14-6　重命名图层

⑥ 制作水滴下落的动画效果。选择水滴图层，选择菜单栏“效果”|“扭曲”|“CC Lens”效果，如图 14-7 所示。

⑦ 将时间轴移动到开始帧，为 Size 属性前的码表打上关键帧，并调整数值，如图 14-8 所示，使水滴变大。接下来，使水滴数值变小。

⑧ 将时间轴移动至 90 帧，调整 Size 数值，如图 14-9 所示。这样水滴便形成了动画效果，但是现在从效果上看，水滴动画效果太匀速。因此接下来要调整下动画节奏。

⑨ 按 U 键调出水滴图层所有关键帧，将时间轴移动至 84 帧时再添加一个关键帧，如图 14-10 所示。

⑩ 将添加的关键帧往前移动至合适位置，如图 14-11 所示。这样，水滴下落的前部分时间就缩短，后部分时间增长，更加符合观看效果，冲击力更强。

⑪ 将水滴调整得更像真实的水滴效果。选择水滴图层，为其添加湍流置换效果，如图 14-12 所示。

⑫ 调整其数值，将置换数量调整为如图 14-13 所示的数值，使数量值小一点。

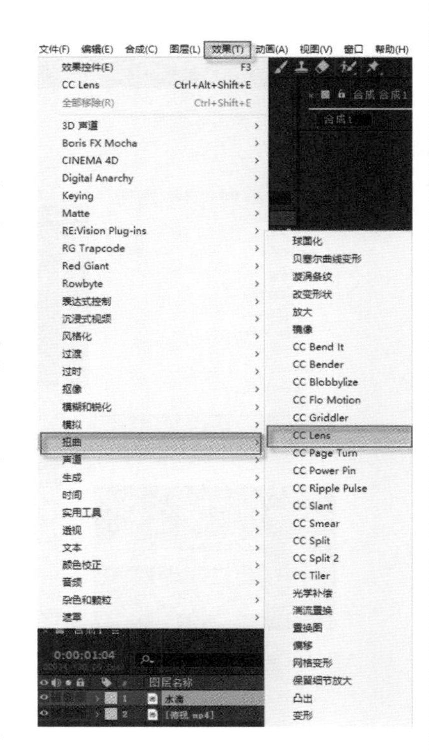

图 14-7　添加效果

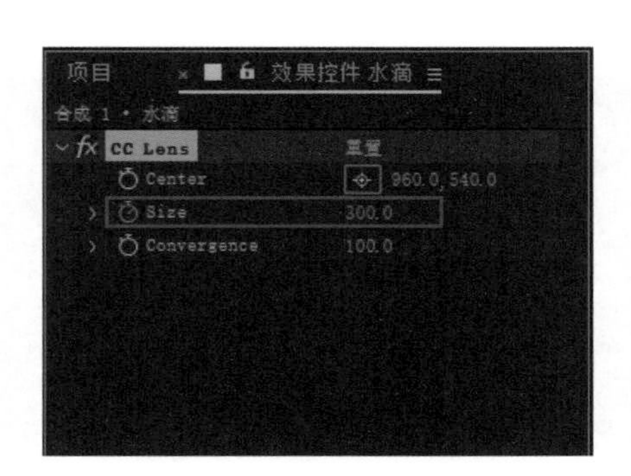

图 14-8　添加关键帧（一）

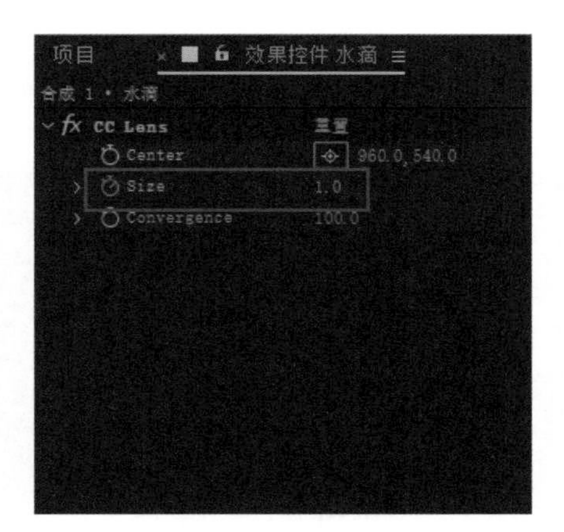

图 14-9　调整关键帧数值（二）

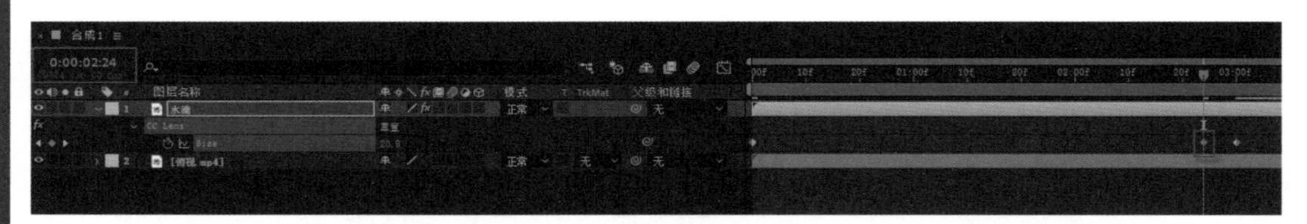

图 14-10　添加关键帧（二）

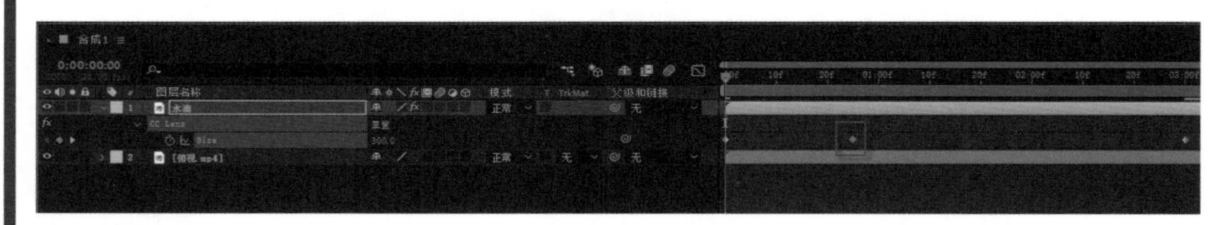

图 14-11　移动关键帧

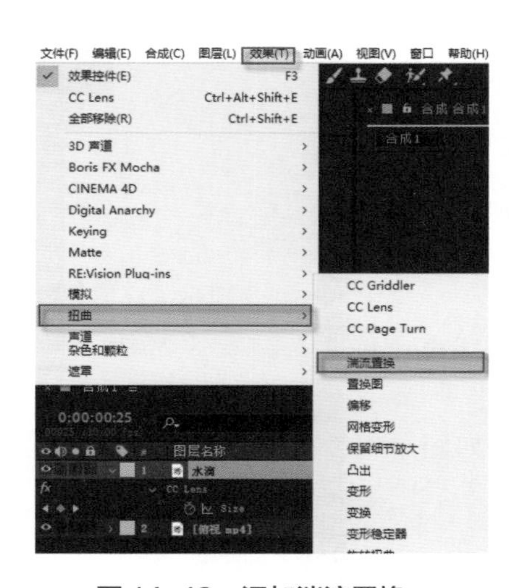

图 14-12　添加湍流置换

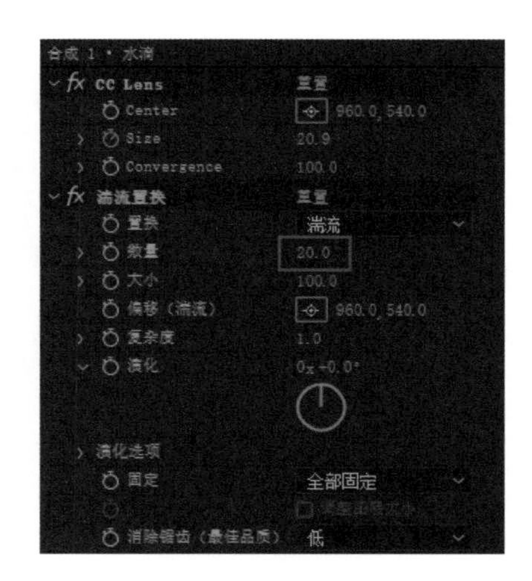

图 14-13　调整数量数值

⑬ 调整演化数量。水滴的置换应该是随机的，不停地进行旋转变换的。所以将时间轴移动到开始帧，找到演化属性，为其打上关键帧，如图 14-14 所示。

⑭ 将时间轴移动到 90 帧，调整演化属性数值，如图 14-15 所示。

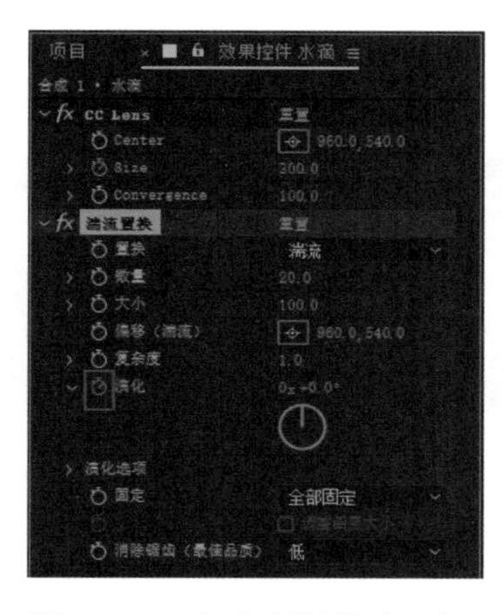

图 14-14　添加关键帧（三）

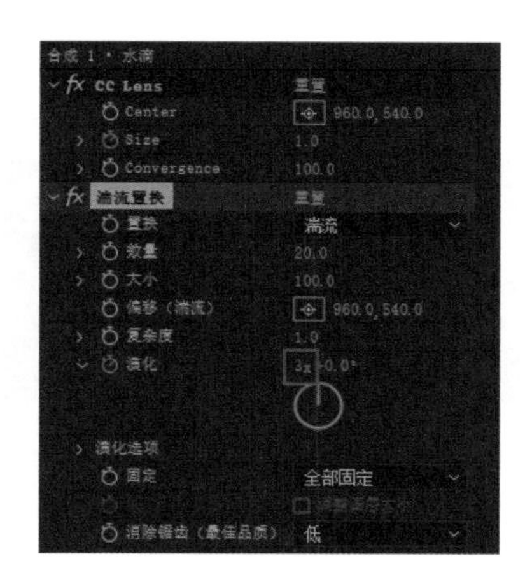

图 14-15　调整关键帧数值（二）

⑮ 处理下背景清晰度。旋转俯视图层，为其添加高斯模糊效果，如图 14-16 所示。

⑯ 在开始帧时为模糊度打上关键帧，如图 14-17 所示。

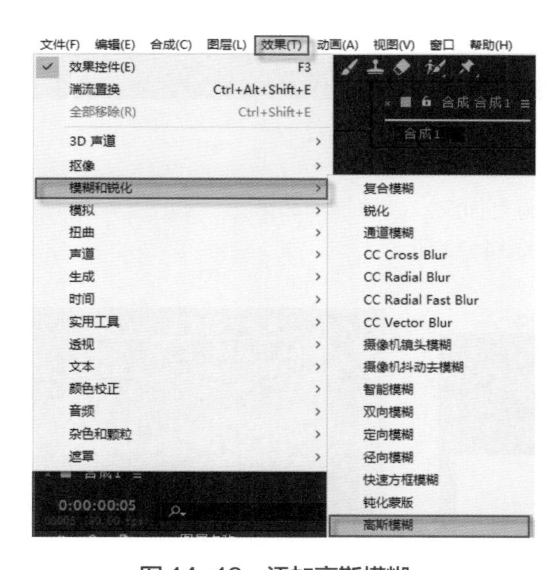

图 14-16　添加高斯模糊

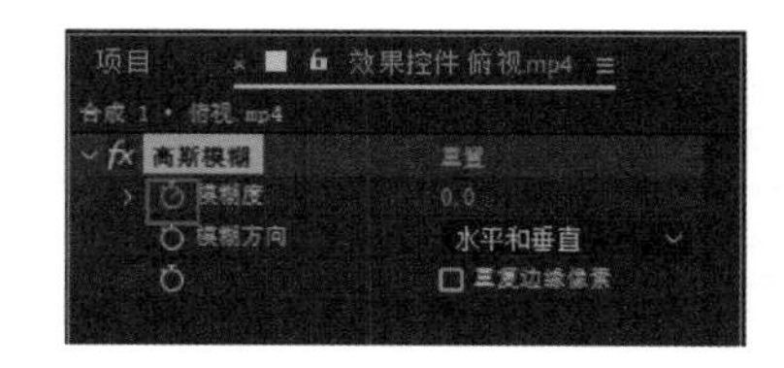

图 14-17　添加模糊度关键帧

⑰ 在第 25 帧时将模糊度数值设置为 20，如图 14-18 所示。

⑱ 勾选重复边缘像素，使边缘也有模糊度，如图 14-19 所示，这样水滴效果就制作完成。接下来要添加另外一个镜头。

图 14-18　调整模糊数值

图 14-19　勾选重复边缘像素

14.2.2 添加并调整转场镜头

① 将水素材导入时间轴面板，位置如图 14-20 所示。

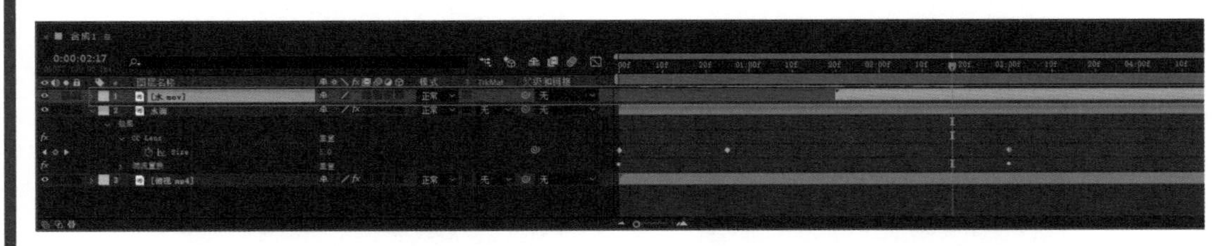

图 14-20 导入水素材

② 选择前面空镜头将时间轴移动至此，按 Alt+{ 键将前面多余的部分减掉，如图 14-21 所示。

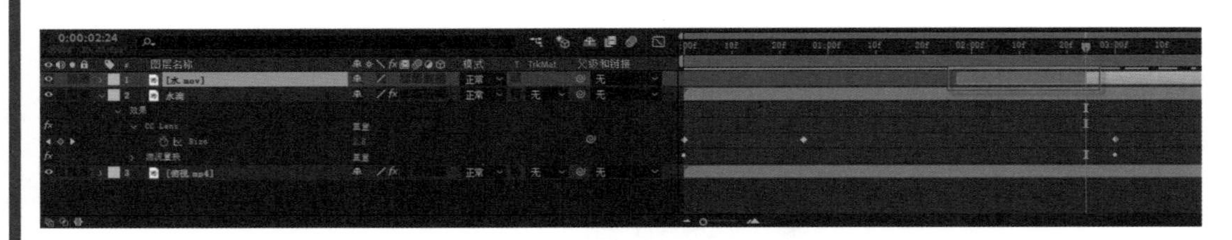

图 14-21 减掉素材多余部分

③ 调整水素材的色调，使前后素材色调更加统一。添加曲线效果，如图 14-22 所示。

④ 调整曲线，使水色调稍微加深，如图 14-23 所示。

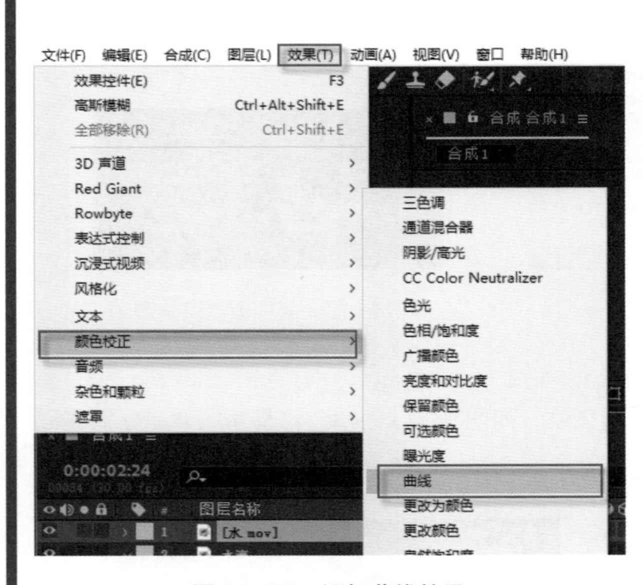

图 14-22 添加曲线效果

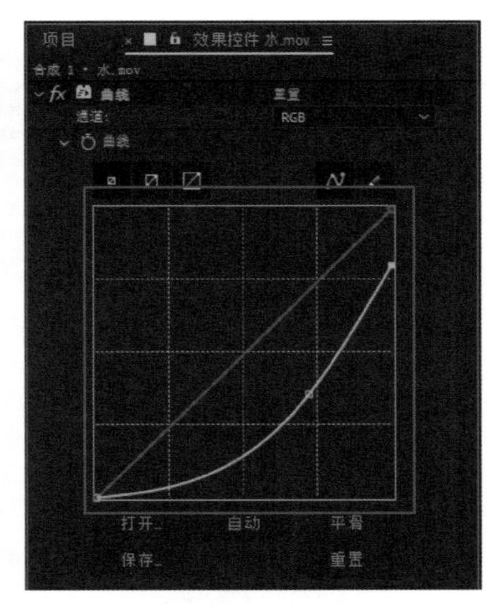

图 14-23 调整曲线

⑤ 按小键盘上的 0 键可以进行动画的播放预览，最终效果如图 14-24 所示。至此，水滴转场的效果便制作完成。

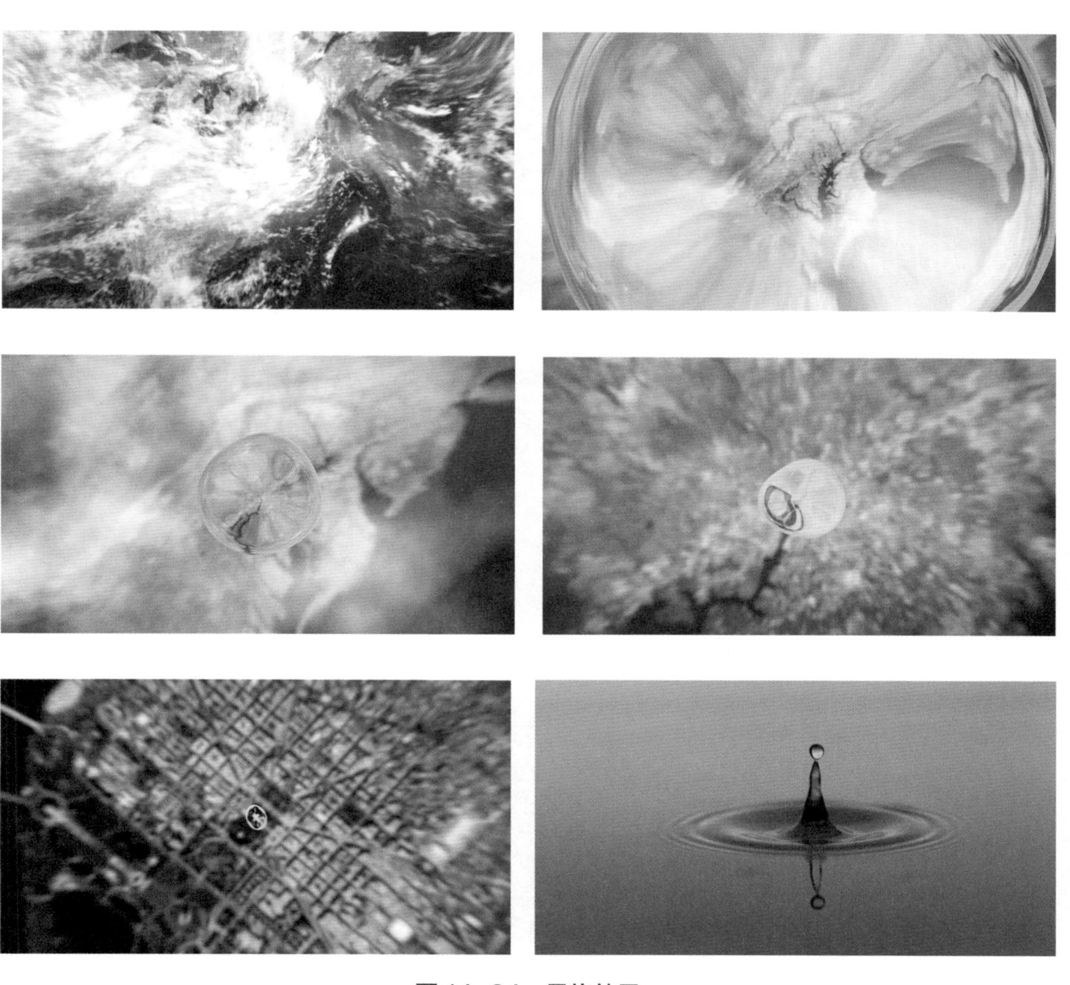

图 14-24　最终效果

第15章

图标删除效果（实例）

扫码尽享
AE 全方位学习

在手机 App 删除应用中这一效果是非常常见的，几乎每个手机在删除 App 时都会应用到这一效果。所以学好本章是非常有用的。

教学目标

- 掌握 Particular 粒子特效的应用
- 了解曲线运动的调节

15.1 实例分析

本例讲解制作 App 图标删除效果。将一个图标拖到手机垃圾桶里，然后图标成为粒子并呈现粉碎的效果，效果如图 15-1 所示。

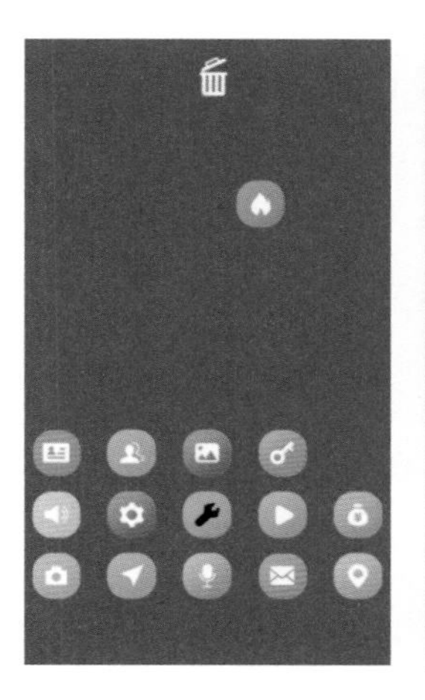
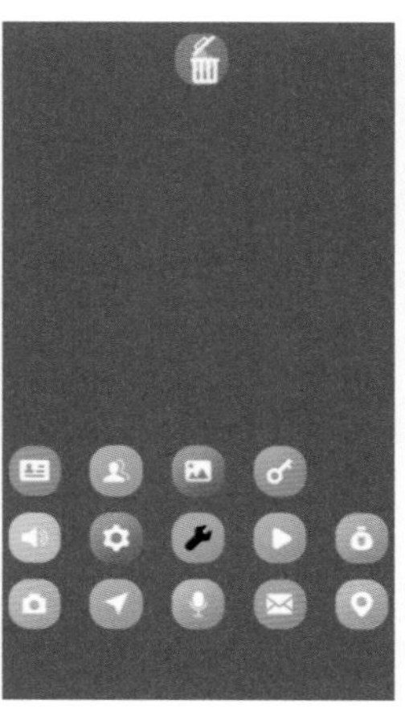
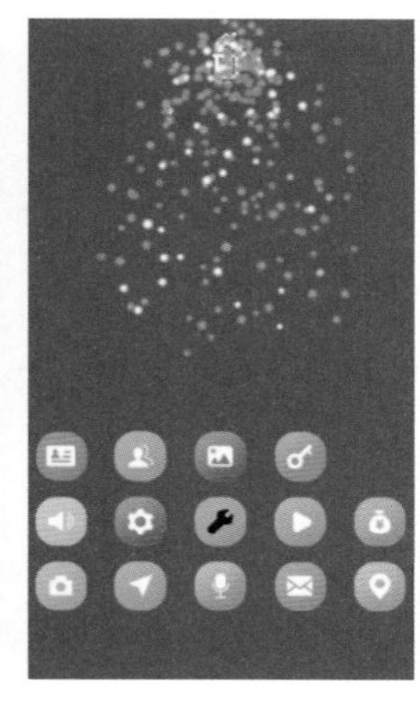
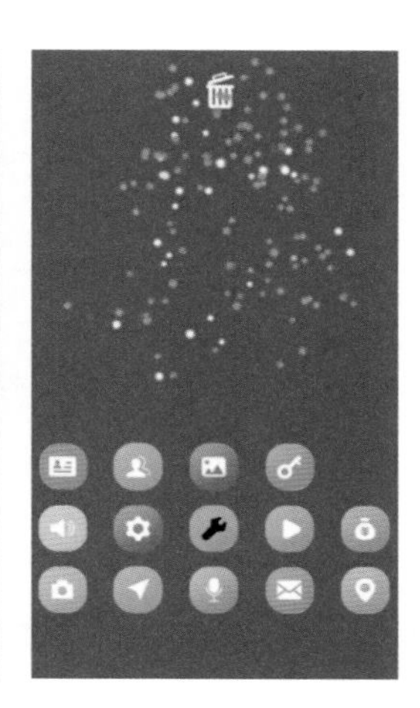

图 15-1 最终效果

15.2 操作步骤

难度：☆☆☆☆
素材位置：第 15 章 \ 素材
效果位置：第 15 章 \ 最终效果 .aep
在线视频：第 15 章 \ 图标删除效果 .mp4

15.2.1 制作单个图标位移动画

① 按快捷键 Ctrl+N 新建合成，设置合成宽度、高度分别为 720px 和 1280px，符合手机尺寸，帧速率为 30，持续时间先设置 6 秒，如图 15-2 所示。

② 将素材导入项目面板中，启动导入命令，如图 15-3 所示。

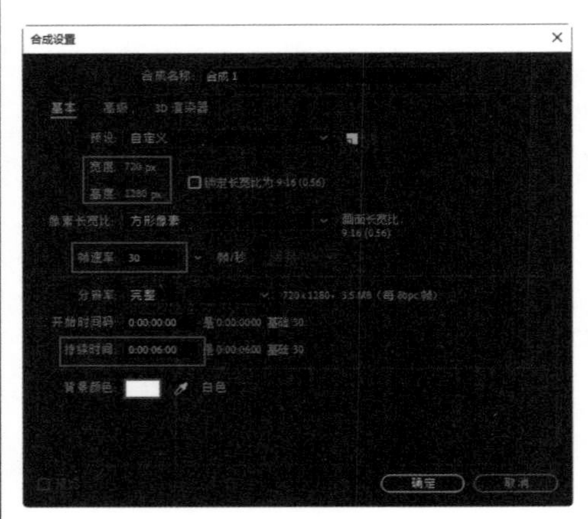

图 15-2　新建合成

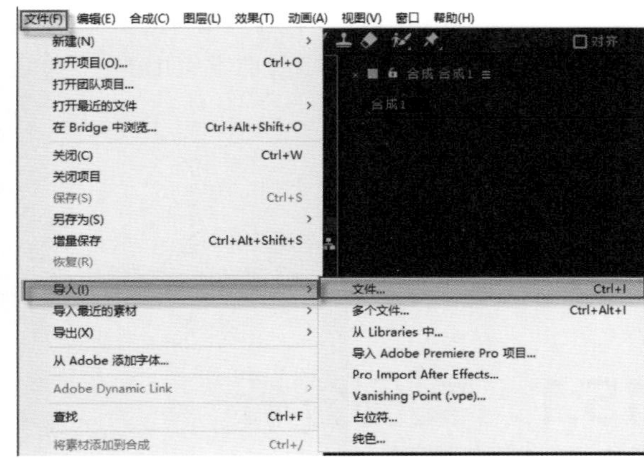

图 15-3　启动导入命令

③ 选择所有需要导入的图片执行导入，如图 15-4 所示。

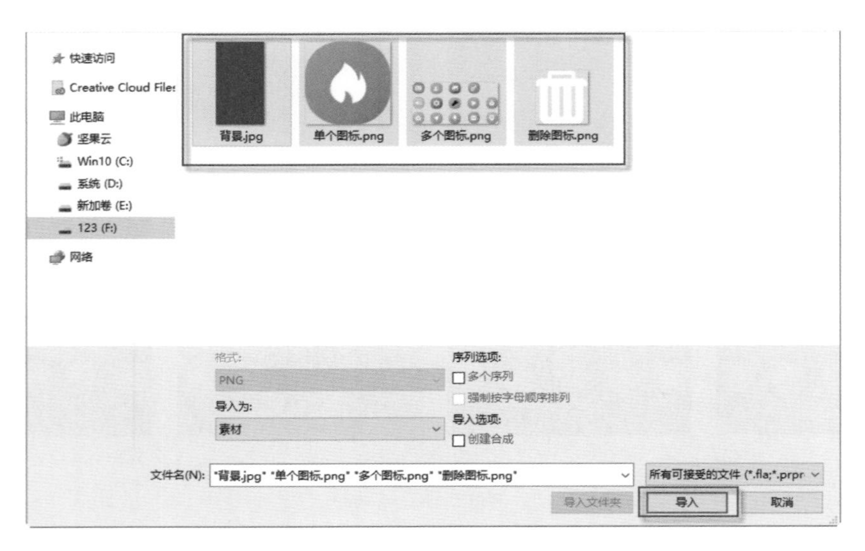

图 15-4　执行导入

④ 将导入的图片全部移动至时间轴面板中，调整各个图层的位置，图层顺序如图 15-5 所示。

图 15-5　移动图层至时间轴

⑤ 按 P 键将所有图层的位置属性调出，并调整位置，如图 15-6 所示。

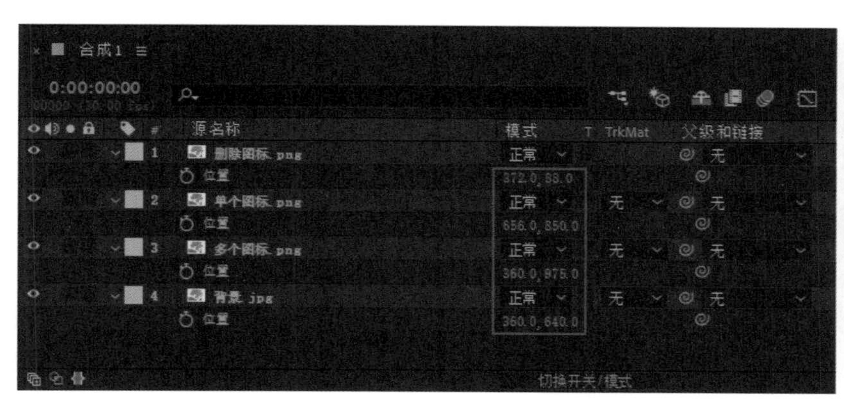

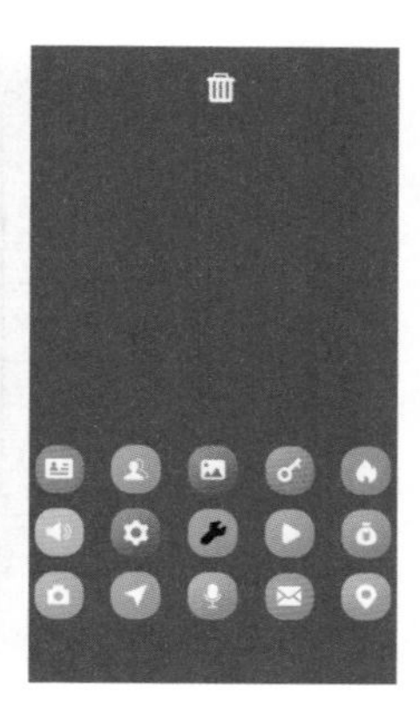

图 15-6　调整位置

⑥ 制作单个图标的动画效果。在单个图标开始帧的位置属性前打上关键帧，如图 15-7 所示。

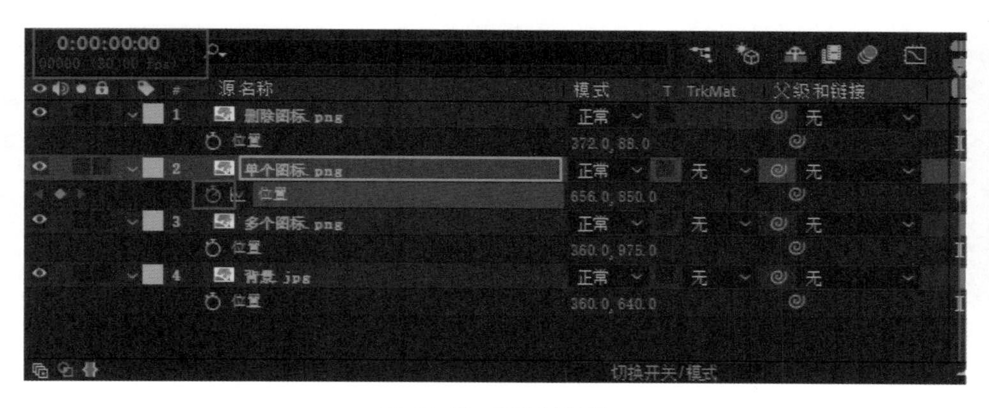

图 15-7　设置关键帧

⑦ 将时间轴移动到第 28 帧，调整位置属性数值如图 15-8 所示。使单个图标移动到删除图标位置，这样单个图标就形成一个移动的动画效果。

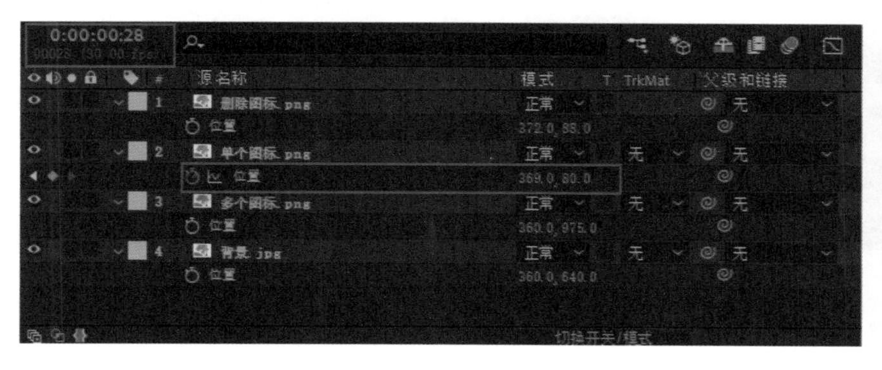

图 15-8　调整位置

⑧ 调整动画的缓动曲线。选择所有关键帧，按 F9 为关键帧添加缓动，如图 15-9 所示。

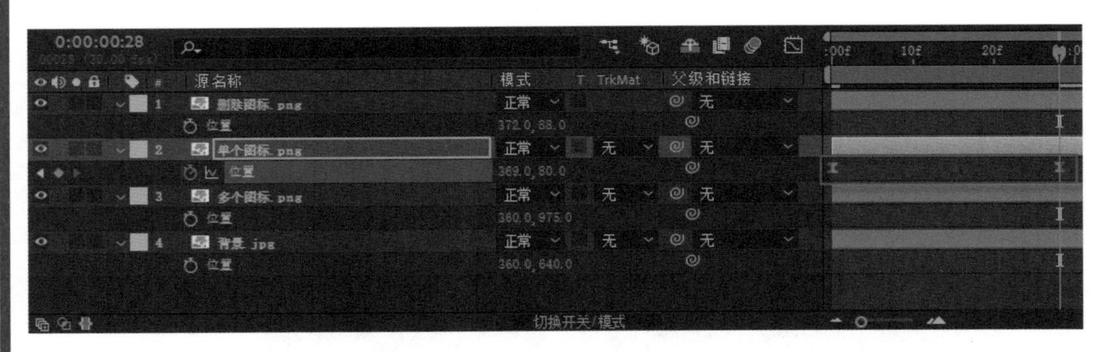

图 15-9　添加缓动

⑨ 单击时间轴面板的图表编辑器，调出缓动曲线，并调整缓动曲线，使动画节奏先快后慢，如图 15-10 所示。这样单个图标的动画效果便制作完成。接下来制作单个图标的消失动画。

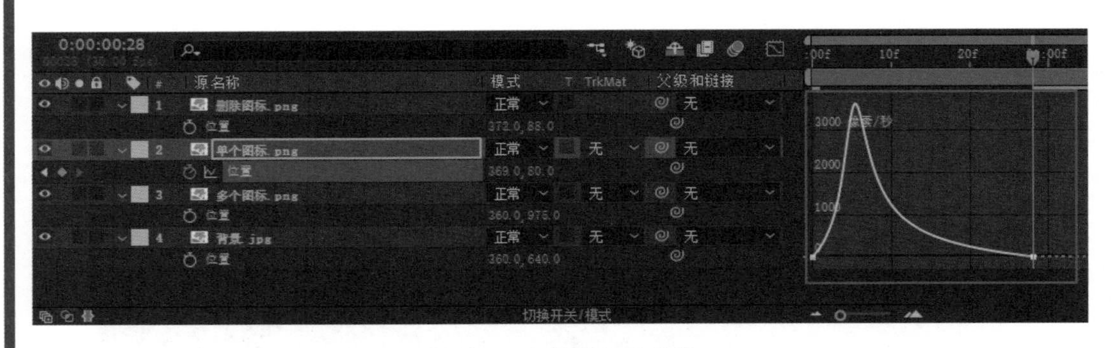

图 15-10　调整缓动曲线

⑩ 按 T 键将单个图标的不透明度调出，并在第 17 帧打上关键帧，如图 15-11 所示。

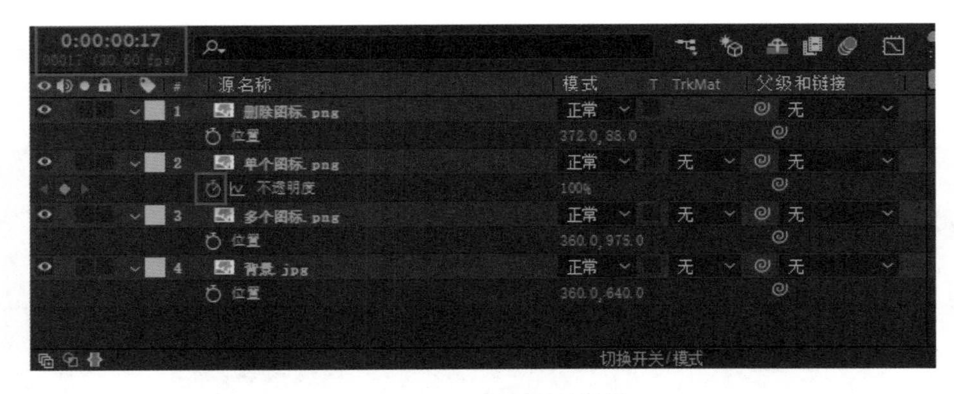

图 15-11　添加透明关键帧

⑪ 将时间轴移动到第 31 帧，并将不透明度数值设置为 0，使图标消失，如图 15-12 所示。

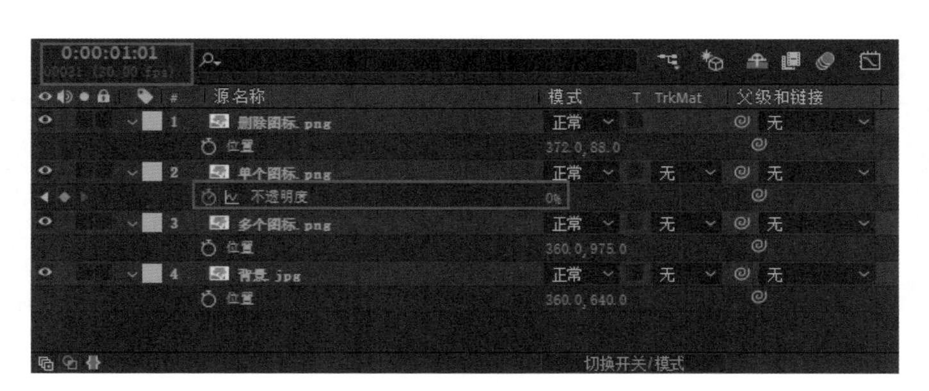

图 15-12　调整添加透明关键帧数值

15.2.2　制作删除图标动画

① 选择删除图标，点击矩形工具▢，在删除图标上绘制遮罩，使垃圾桶盖子与身体分开，如图 15-13 所示。

② 按 Ctrl+D 复制删除图标图层，如图 15-14 所示。

图 15-13　绘制遮罩

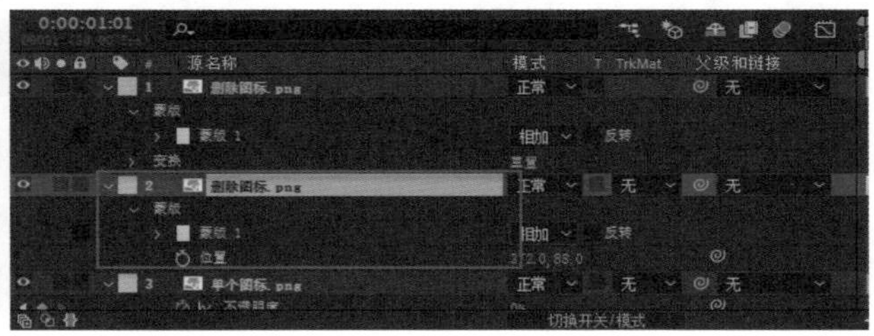

图 15-14　复制图层

③ 将复制的图层遮罩反转，这样垃圾桶的盖子与身体就完全显示出来，如图 15-15 所示。

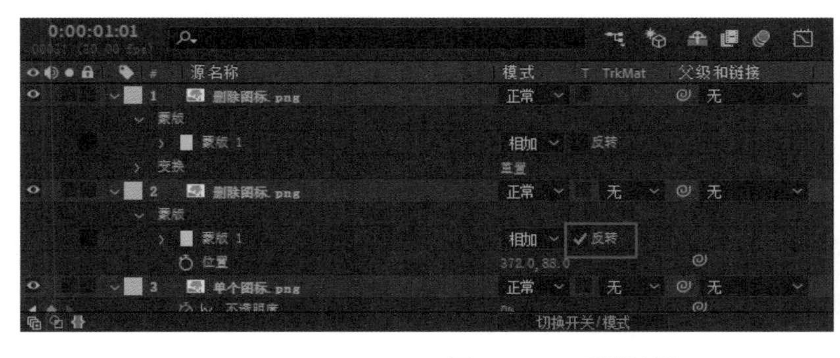

图 15-15　反转遮罩

④ 为了方便动画制作，点击锚点工具，移动盖子的锚点至边缘位置，如图 15-16 所示。

⑤ 按 R 键调出盖子图层的旋转属性，并在开始帧打上关键帧，如图 15-17 所示。

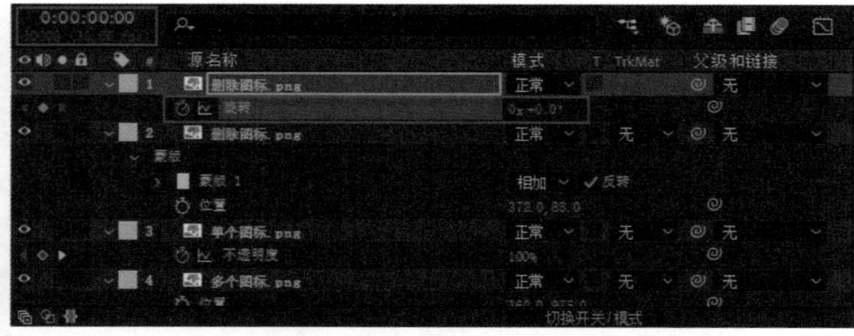

图 15-16　调整锚点位置　　　　图 15-17　添加关键帧

⑥ 分别将时间轴移动到第 17 帧、52 帧、67 帧处，分别设置旋转数值为 0x-43°、0x-43°、0x+0°，如图 15-18 所示。这样盖子就会呈现打开关上的动画效果。接下来开始制作图标的粒子效果。

图 15-18　设置动画效果

15.2.3　制作图标粒子效果

① 新建纯色层，如图 15-19 所示，命名为粒子层。接下来，为该图层添加 Particular（粒子）效果。

② 添加粒子效果，如图 15-20 所示。接下来，调整粒子的各项参数。

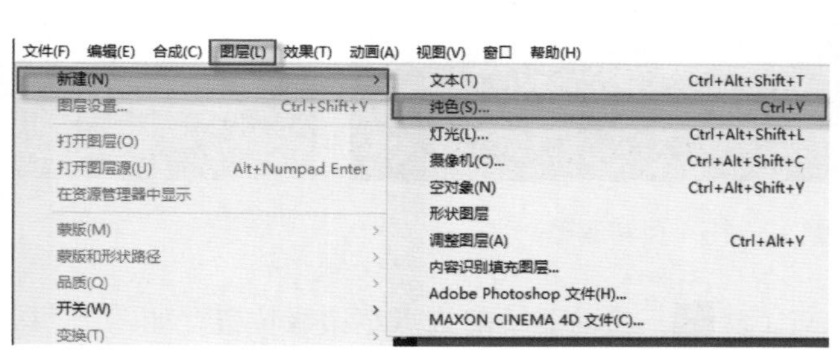

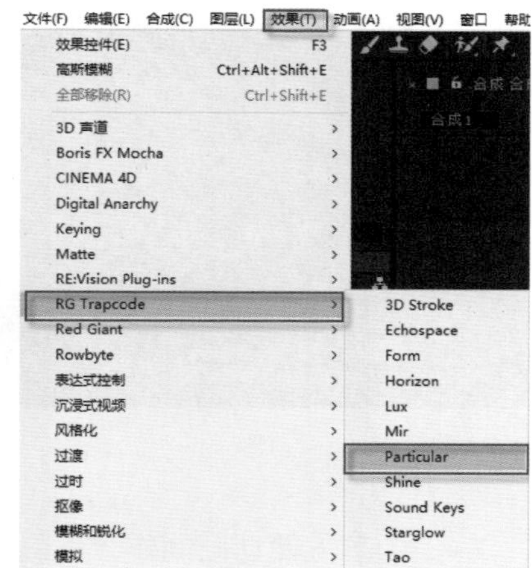

图 15-19　新建纯色层　　　　图 15-20　添加粒子效果

③ 先将粒子效果拖到垃圾箱图标上面，然后打开发射器，调整粒子的生命值数值和大小数值，如图 15-21 所示。接下来再调整粒子发射器数量。

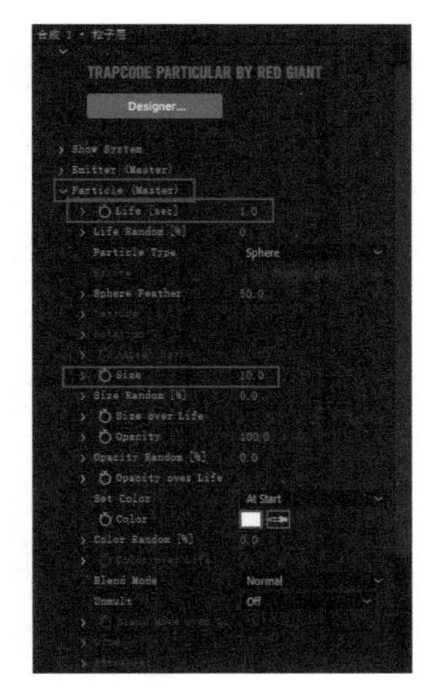
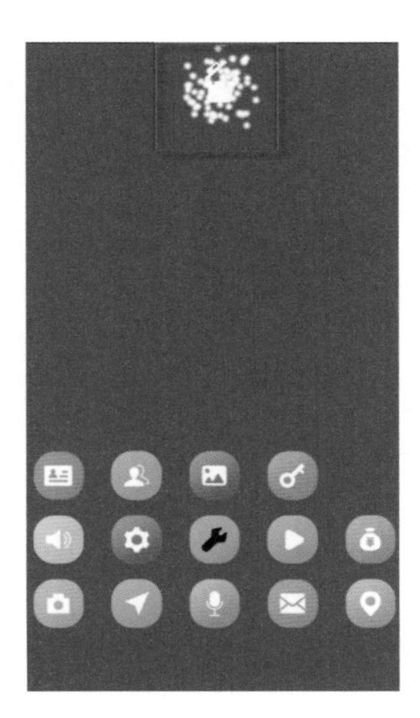

图 15-21　调整生命值和大小值

④ 将时间轴移动到第 46 帧，添加发射器关键帧，并调整数值如图 15-22 所示。接下来，移动时间轴调整数值。

图 15-22　添加关键帧

⑤ 将时间轴移动至 56 帧，调整发射器数值如图 15-23 所示，使粒子有一个逐渐减少直至消失的过程。接下来，给粒子添加一个重力，使粒子向下运动。

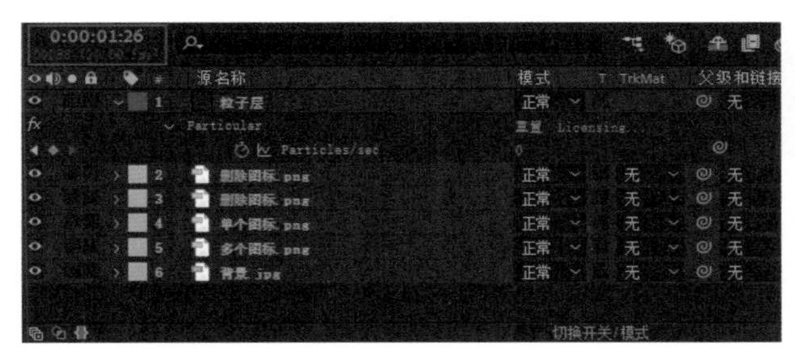
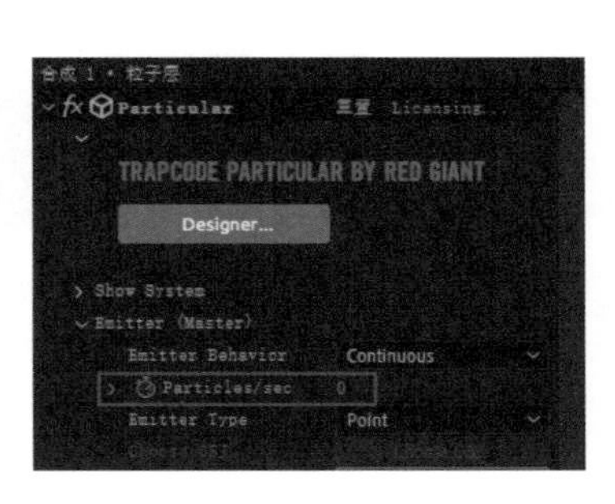

图 15-23　调整数值

⑥ 调整重力数值，使粒子向下运动，如图 15-24 所示。接下来，调整粒子速度。

⑦ 调整粒子速度数值，使粒子速度稍微加快，使粒子运动更加自然，如图 15-25 所示。

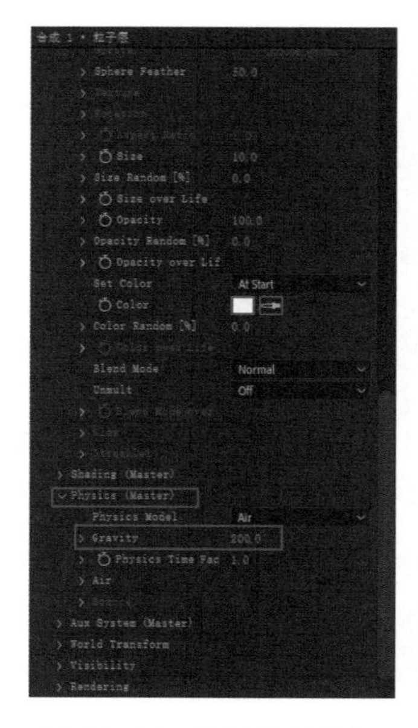

图 15-24　调整粒子重力

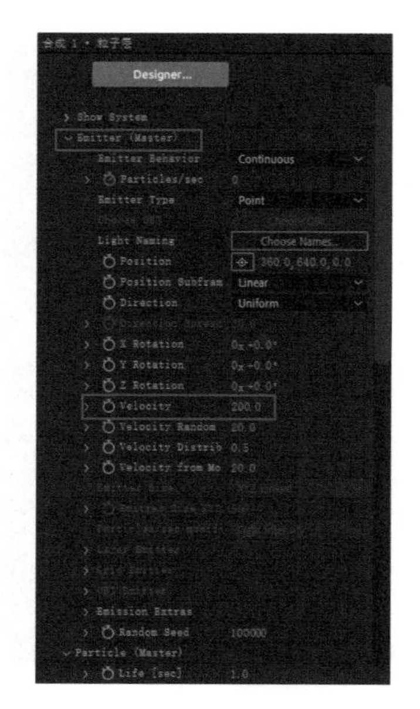

图 15-25　调整粒子速度

⑧ 打开粒子类型，选择层发射，如图 15-26 所示。

⑨ 将层指定为单个图标，如图 15-27 所示。

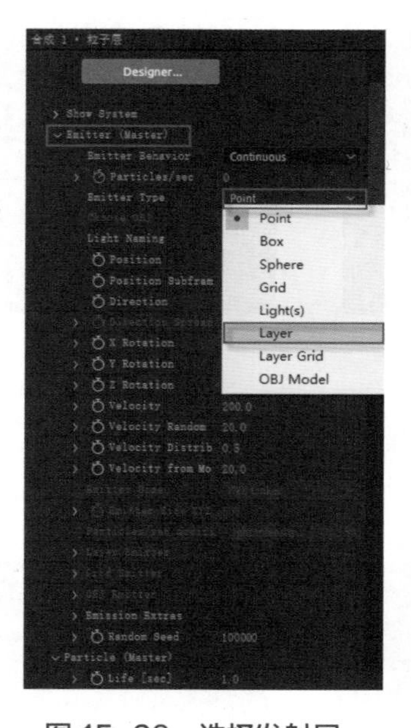

图 15-26　选择发射层

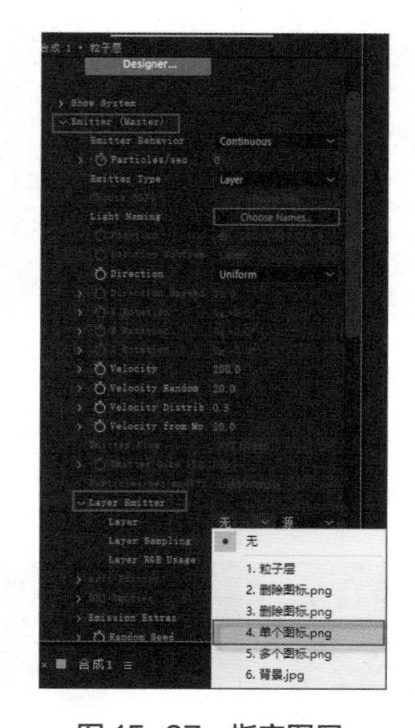

图 15-27　指定图层

⑩ 指定图层后软件显示要打开三维图层，如图 15-28 所示。接下来将单个图标的三维图层打开。

⑪ 打开单个图标的三维图层，如图 15-29 所示。

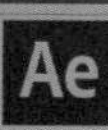

After Effects

Layer Emitter must be a 3D layer. To fix this:
1. Select 'None' in the Layer pop-up.
2. Switch the layer to 3D.
3. Re-select the layer in the pop-up.

确定

图 15-28　提示打开三维图层

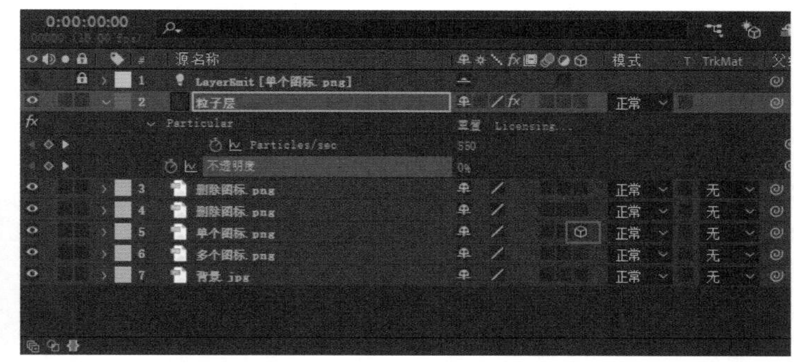

图 15-29　打开三维图层

⑫ 最终效果展示。至此就制作完成了图标删除效果，按小键盘上的 0 键可以进行动画的播放预览，如图 15-30 所示。如果仍觉得有不完美的地方也可以对效果进行微调。

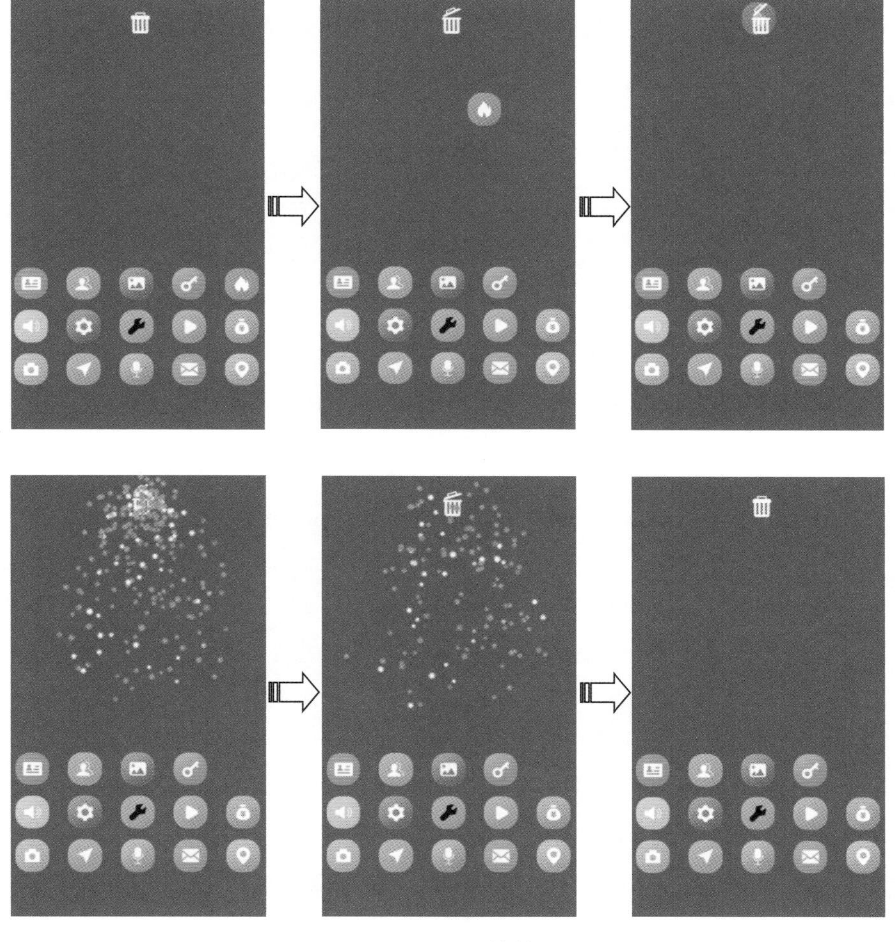

图 15-30　最终效果

第16章 片头设计：电视栏目包装片头设计（实例）

扫码尽享
AE 全方位学习

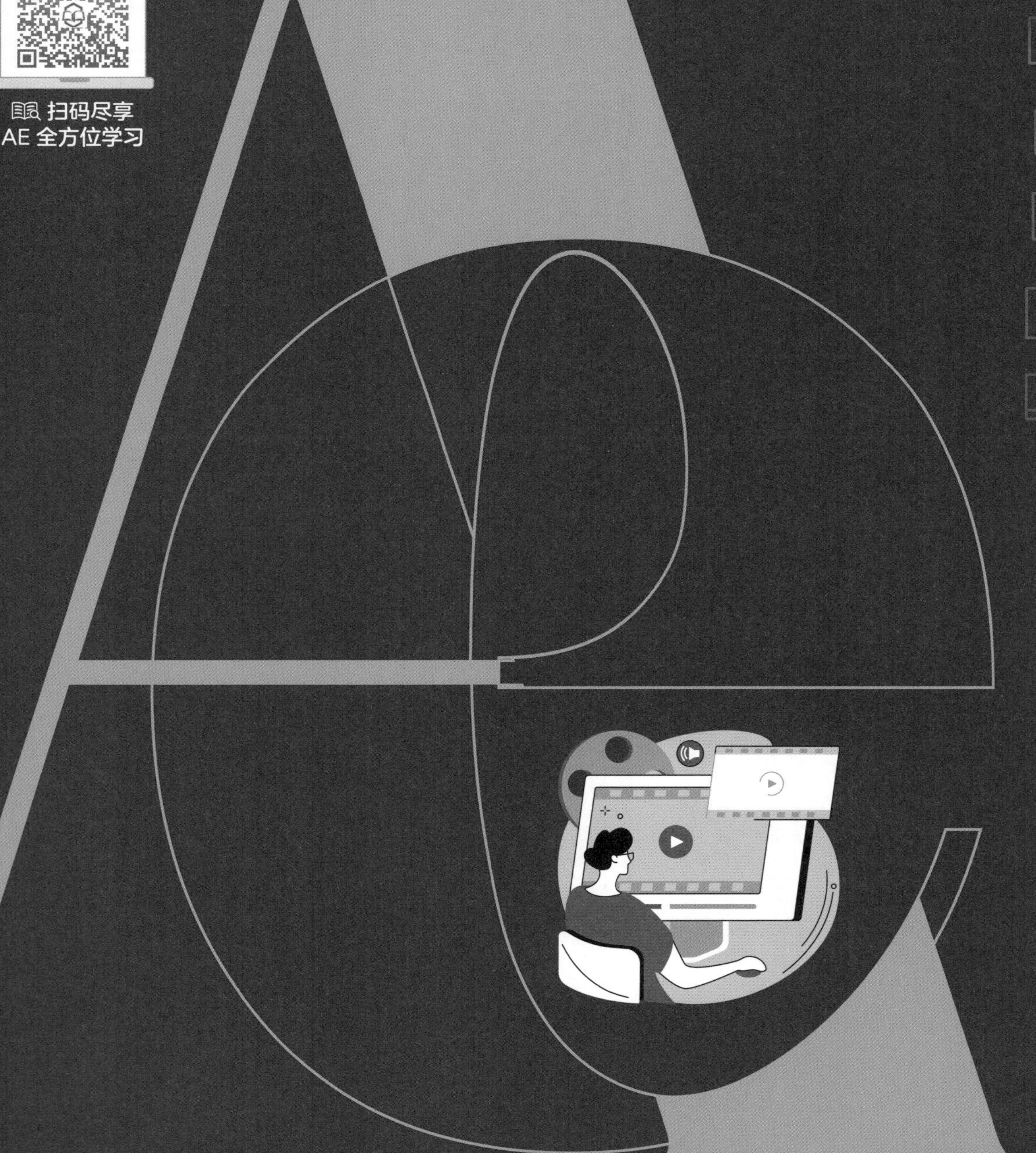

片头是电视栏目包装的重要手段之一，片头创意设计包括主题设计、创意设计和视觉设计。在具体的表现元素中，起到关键作用的有片头的风格、片头的主体色彩、片头的构图形式、文字、音乐还有运动剪辑等。

教学目标

- 掌握修剪路径的应用
- 掌握遮罩的使用

16.1 实例分析

本案例将分析某网宣传视频的开场效果，看似简单但是效果却非常炫酷，具体效果如图 16-1 所示。

图 16-1　最终效果

16.2 操作步骤

难度：☆☆☆☆
素材位置：第 16 章 \ 素材
效果位置：第 16 章 \ 最终效果 .aep
在线视频：第 16 章 \ 电视栏目包装片头设计 .mp4

16.2.1 创建点击图标背景

① 按快捷键 Ctrl+N 新建合成，设置合成宽度、高度分别为 1920px 和 1080px，帧速率为 30，持续时间先设置 10 秒，如图 16-2 所示。

② 长按矩形工具按钮，调出圆角矩形工具，在合成面板中绘制圆角矩形，如图 16-3 所示。

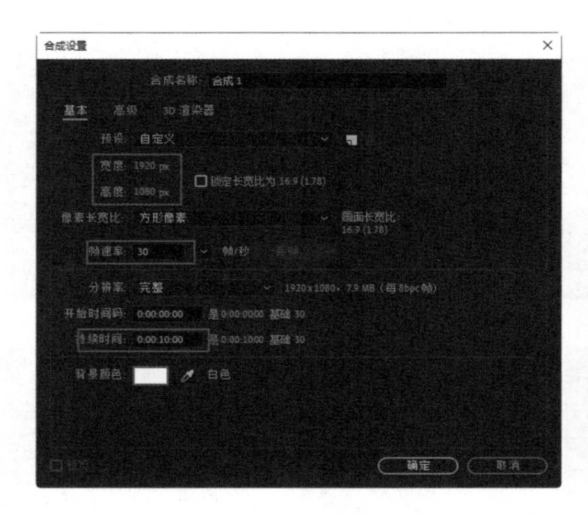

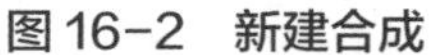

图 16-2　新建合成

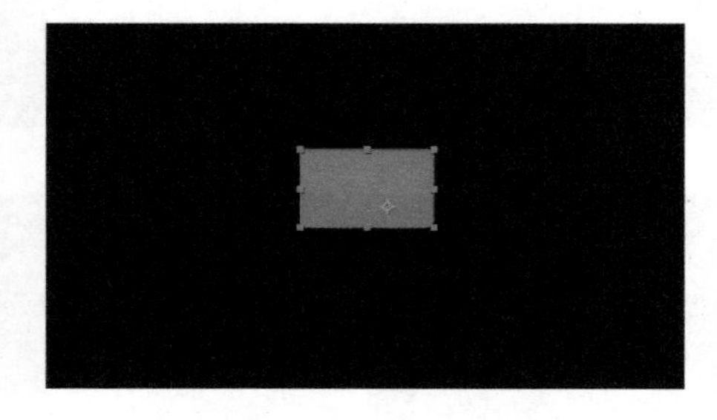

图 16-3　绘制圆角矩形

③ 设置圆角矩形大小。勾选取消默认约束比例，设置大小和圆度数值，如图 16-4 所示。接下来调整圆角矩形的描边颜色。

图 16-4　设置大小圆度数值

④ 单击描边框，调出“形状描边颜色”对话框，并将描边颜色设置为白色，如图 16-5 所示。接下来，设置描边大小像素。

⑤ 将描边大小像素设置为 7 个像素。接下来为填充颜色设置不透明度。

⑥ 将填充颜色的不透明度数值设置为 0，如图 16-6 所示。接下来添加修剪路径制作描边动画效果。

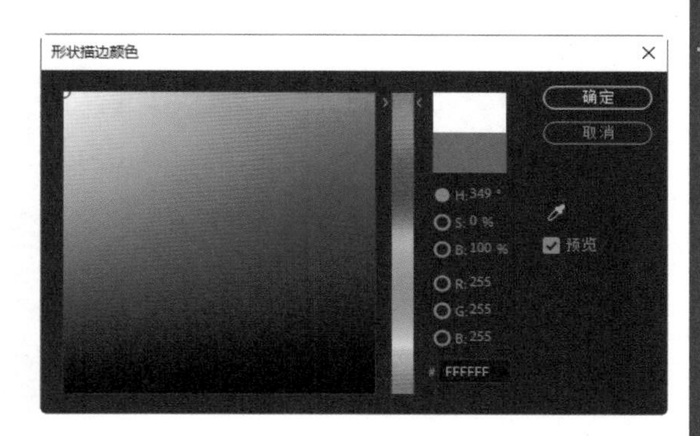

图 16-5 设置描边颜色

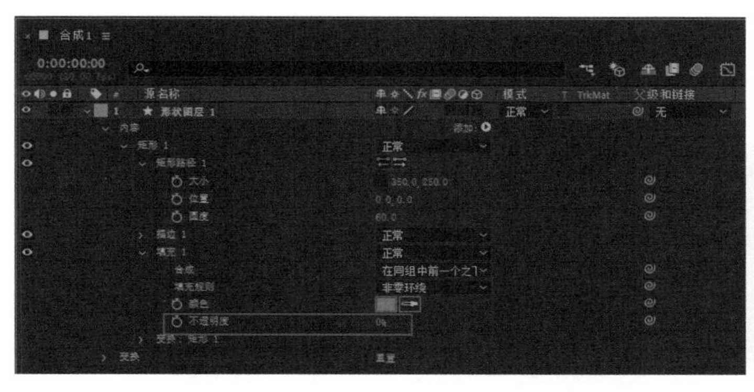

图 16-6 设置不透明度

⑦ 添加修剪路径命令，如图 16-7 所示。接下来，制作修剪路径动画。

图 16-7 添加修剪路径

⑧ 将时间轴移动至 45 帧，为结束数值和偏移数值打上关键帧，如图 16-8 所示。

⑨ 将时间轴移动至开始帧，调整结束参数和偏移参数，如图 16-9 所示，使边线形成动画。接下来调整动画曲线。

⑩ 选择所有关键帧，按 F9 为其添加缓动，如图 16-10 所示。接下来，调出图表编辑器，为缓动调整节奏。

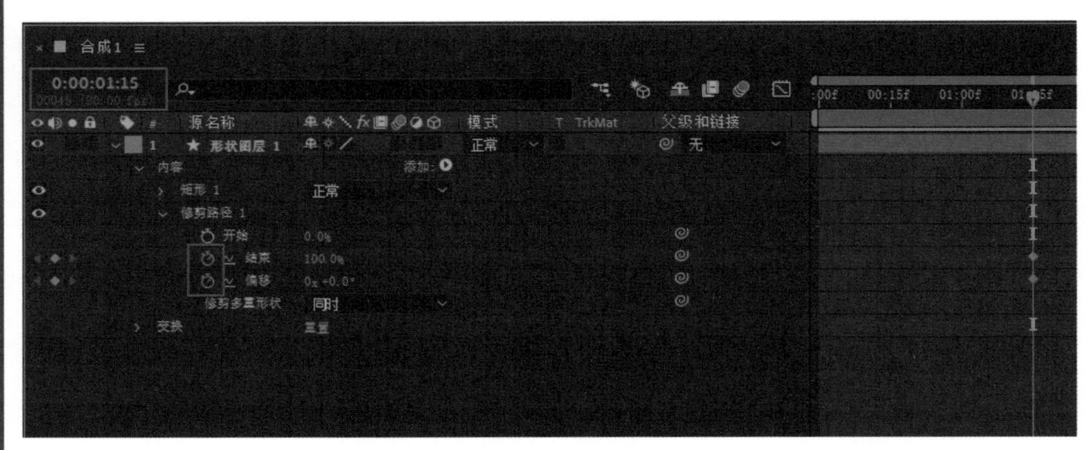

图 16-8　添加关键帧

图 16-9　调整关键帧

⑪ 点击图表编辑器，将动画曲线调出，然后调整曲线手柄使动画呈现先快后慢的节奏，如图 16-11 所示。

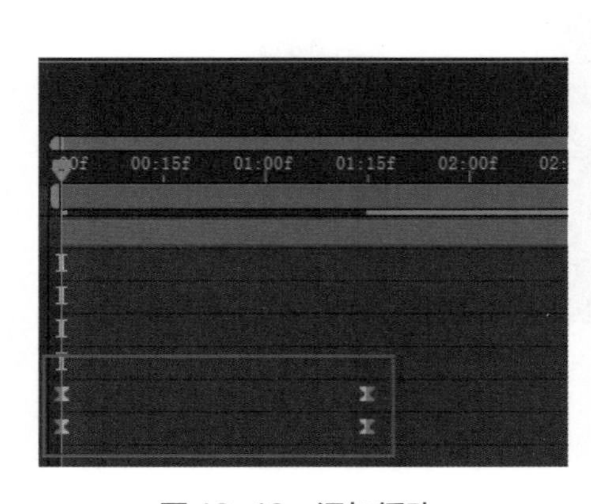

图 16-10　添加缓动

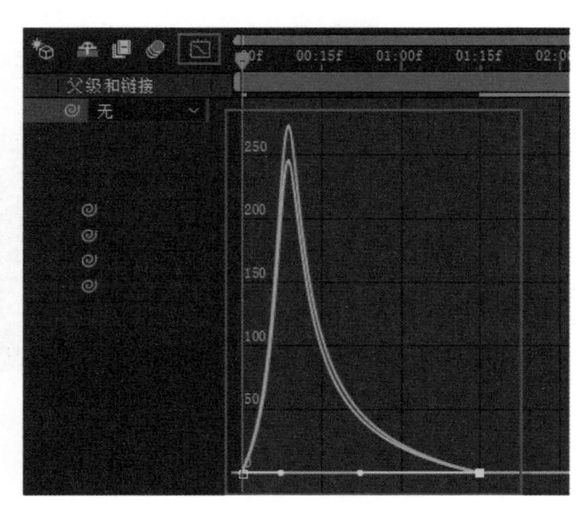

图 16-11　调整缓动

⑫ 将描边的端点改为圆头端点，使线条看上去更加圆滑，如图 16-12 所示。接下来创建播放按钮。

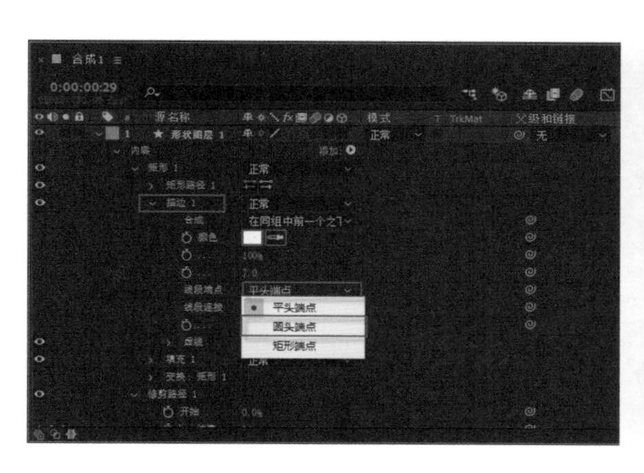

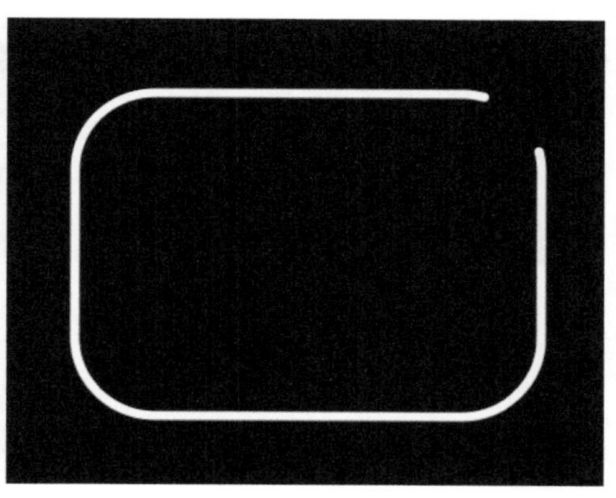

图 16-12　调整端点

⑬ 利用绘制圆角矩形的方式，长按矩形工具按钮▢，调出多边形工具⬠，并在合成面板中绘制一个多边形，如图 16-13 所示。接下来调整多边形的边数。

⑭ 调出多边形的点参数，将多边形的点数值改为 3，如图 16-14 所示，这样就得到了一个播放按钮的三角形。接下来，调整三角形的旋转数值和位置。

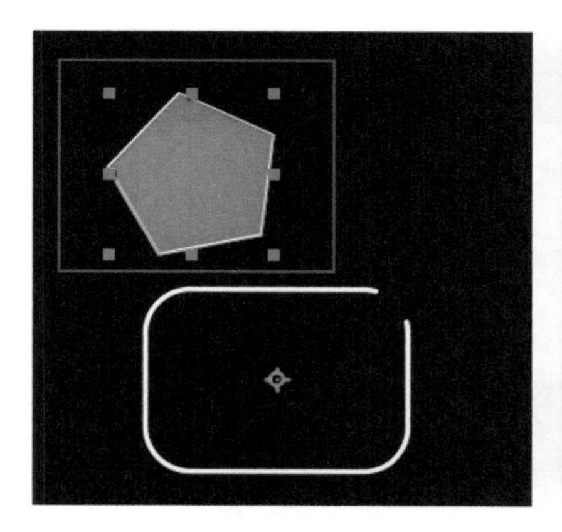

图 16-13　绘制多边形

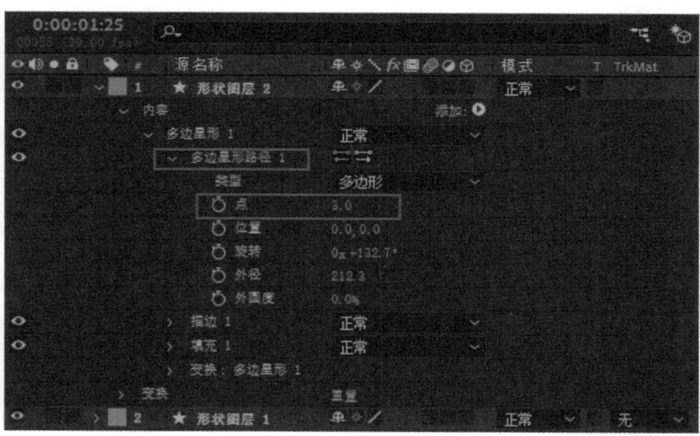

图 16-14　调整点参数

⑮ 先将三角形放在圆角矩形中间，然后按 R 键调出旋转数值并设置旋转数值，如图 16-15 所示，使三角形如图放置。接下来调整三角形的大小。

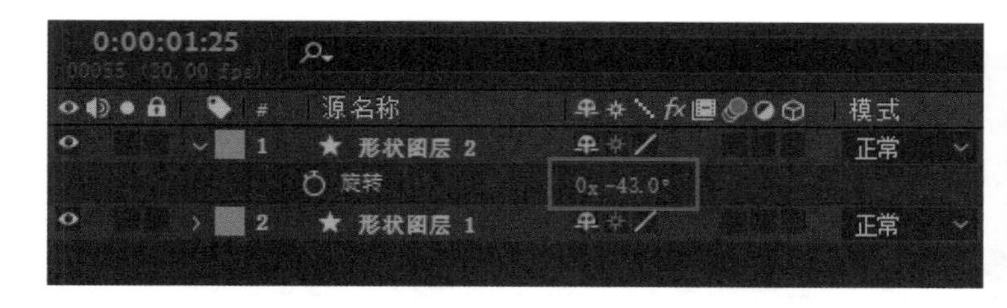

图 16-15　调整三角形位置

⑯ 按 S 键，将三角形的缩放属性调出，设置三角形缩放属性值，如图 16-16 所示。接下来，调整三角形的不透明度。

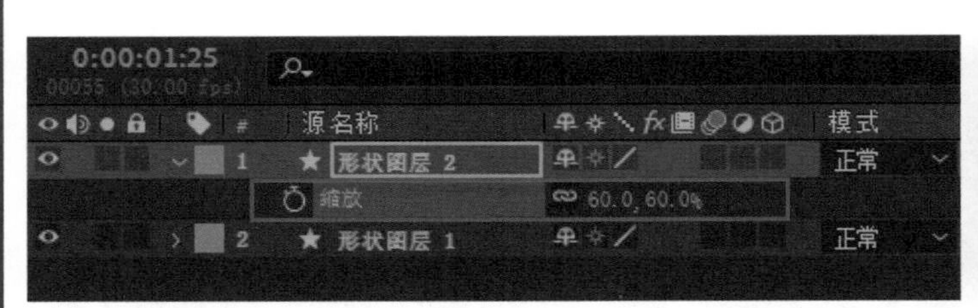

图 16-16　调整三角形大小

⑰ 按调整圆角矩形不透明度的方法将三角形的不透明度设置为 0，这里不再演示调整方法。接下来为三角形添加动画效果。

⑱ 选择圆角矩形，按 U 键将所有关键帧调出，然后选择所有关键帧并按 Ctrl+C 复制所有关键帧。再选择三角形图层，将时间轴移动到第 15 帧，按 Ctrl+V 将所有关键帧复制到三角形图层中，如图 16-17 所示。接下来再制作三角形旋转动画。

图 16-17　复制关键帧

⑲ 按 R 键，将三角形的旋转数值调出，在第 15 帧时添加一个关键帧，然后数值设置如图 16-18 所示。

图 16-18　添加旋转关键帧

⑳ 将时间轴移动到第 60 帧，设置数值如图 16-19 所示。这样，便形成一个三角形的旋转动画。同样，为旋转关键帧添加动画缓动，并将描边的端点改为圆头端点。接下来为三角形添加不透明度动画效果。

图 16-19　调整旋转关键帧

㉑ 在第 60 帧时，为不透明度打上关键帧，然后再将时间轴移动到第 80 帧，将不透明度数值设置为 100，如图 16-20 所示。这样，一个不透明度动画就制作完成了。接下来将三角形颜色改为白色。

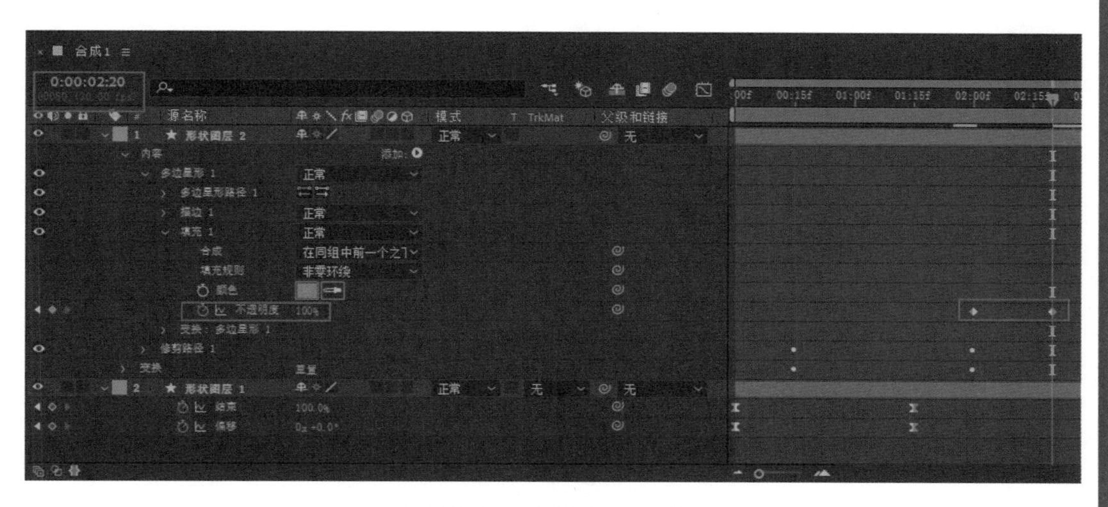

图 16-20 制作透明度动画

㉒ 通过点击颜色图标，将颜色修改为白色，如图 16-21 所示。接下来复制圆角矩形。

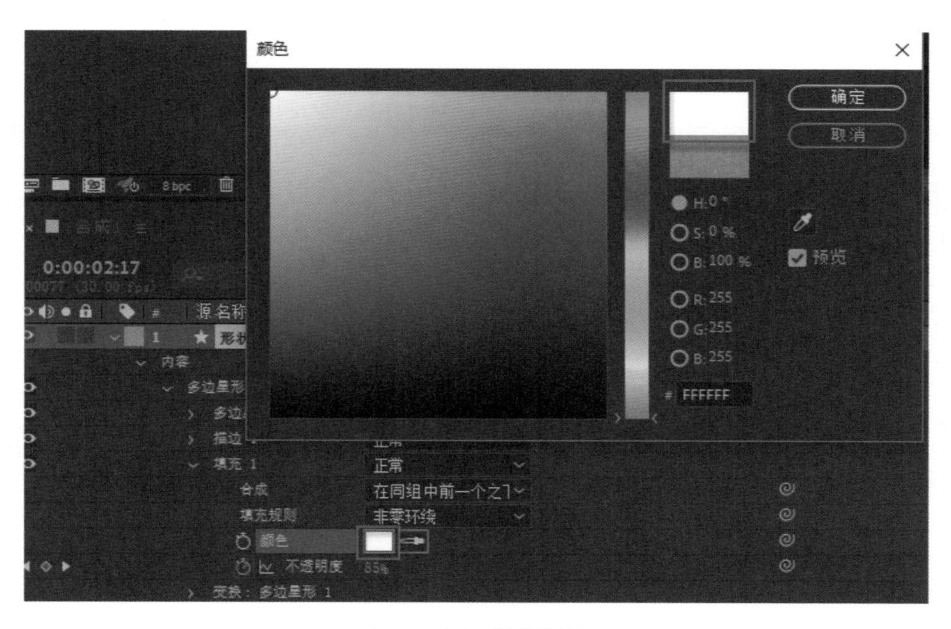

图 16-21 调整颜色

㉓ 按 Ctrl+D 对圆角矩形进行复制，然后将复制的圆角矩形的不透明度设置为 100，如图 16-22 所示。

㉔ 复制一层圆角矩形，并将其重命名为遮罩，如图 16-23 所示。

㉕ 为图层添加遮罩层，如图 16-24 所示，接下来，制作红色矩形滑入滑出的动画效果。这里要注意在制作动画之前要将红色矩形的描边设置为 0。

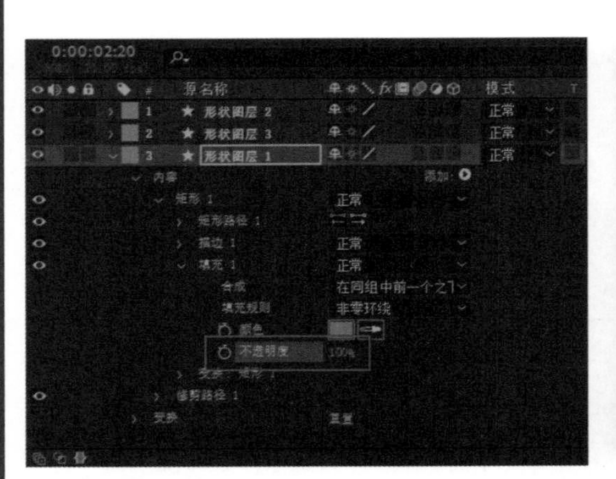

图 16-22　设置不透明度

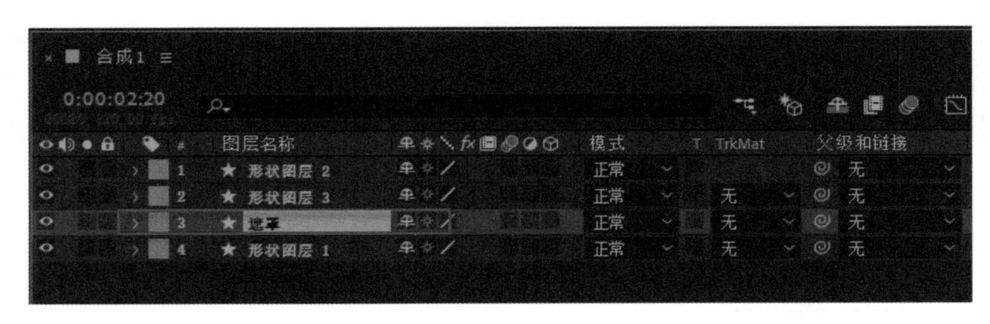

图 16-23　复制图层为遮罩层

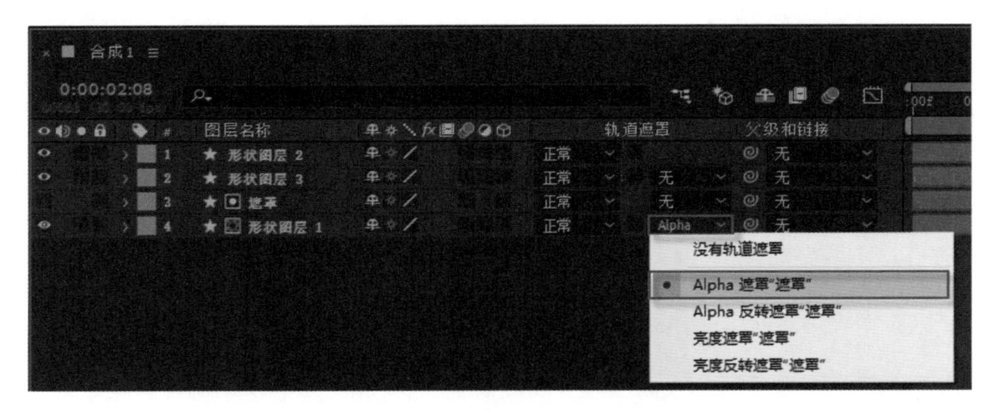

图 16-24　添加遮罩

㉖ 按 P 键调出圆角矩形的位置属性并打上关键帧，然后在 90 帧、135 帧、150 帧、180 帧时将位置属性分别设置为（605,540）、（965,540）、（965,540）、（1321,540），如图 16-25 所示。

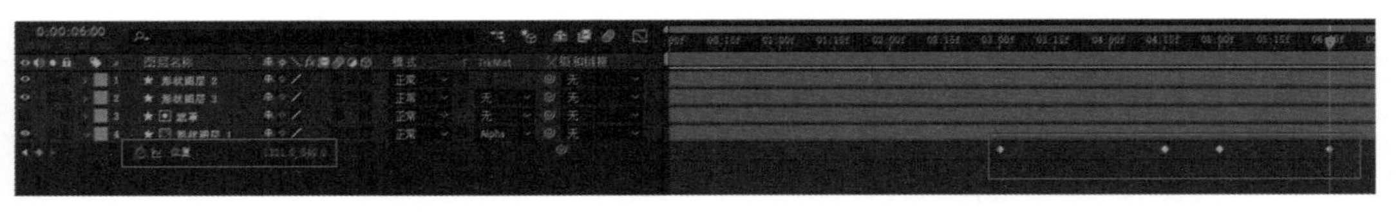

图 16-25　制作位移动画

㉗ 为动画添加缓动，如图 16-26 所示。接下来再制作三角形的缩放动画。

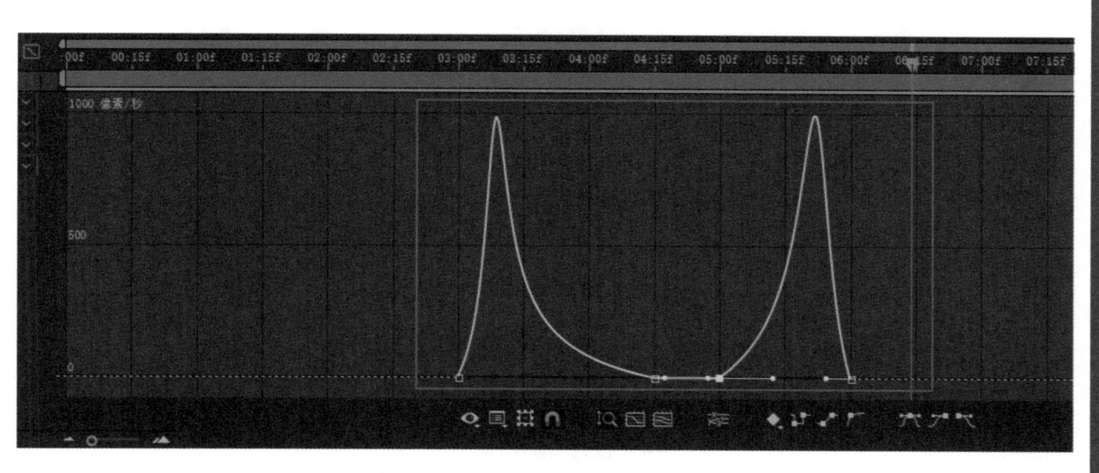

图 16-26　添加缓动

㉘ 按 S 键调出三角形的缩放属性并在 150 帧打上关键帧，然后再在 170 帧时将数值调整为 0，并调整缓动如图 16-27 所示。接下来将视频素材导入软件中制作视频出现的动画效果。

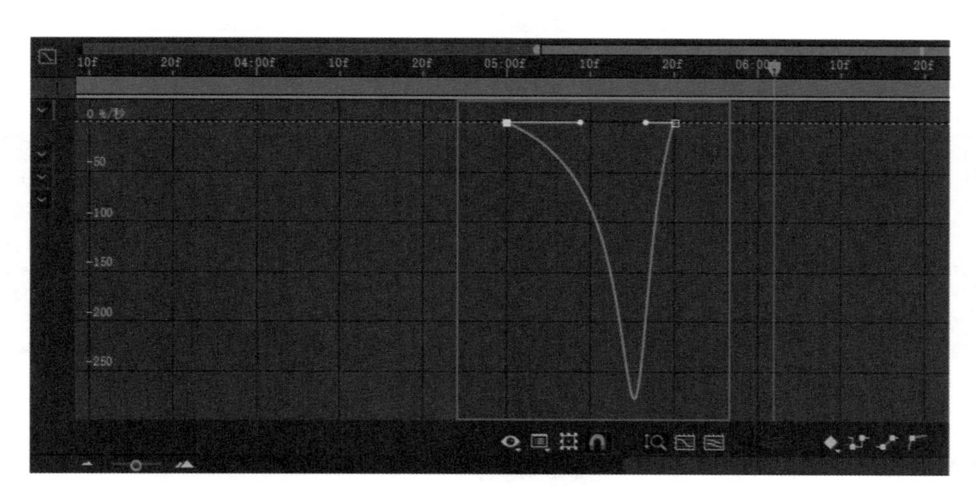

图 16-27　制作缩放动画并调整缓动

16.2.2　添加并调整转场镜头

① 将水素材导入并拖动至时间轴面板，位置如图 16-28 所示。接下来将遮罩图层复制一层。

② 选择遮罩图层按 Ctrl+D 对其进行复制，然后将复制的遮罩图层移到视频图层上方，并删除所有的关键帧，如图 16-29 所示。接下来，添加遮罩效果。

③ 添加遮罩效果，如图 16-30 所示。这样，就在圆角矩形中看到了视频效果。

④ 要在第 150 帧时才播放视频，所以将视频时间条向后拖动至 150 帧处，如图 16-31 所示。接下来制作圆角矩形的描边和视频遮罩缩放动画。

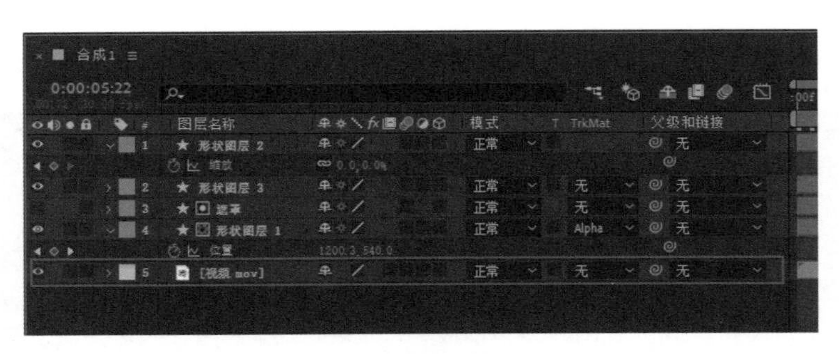

图 16-28 导入素材

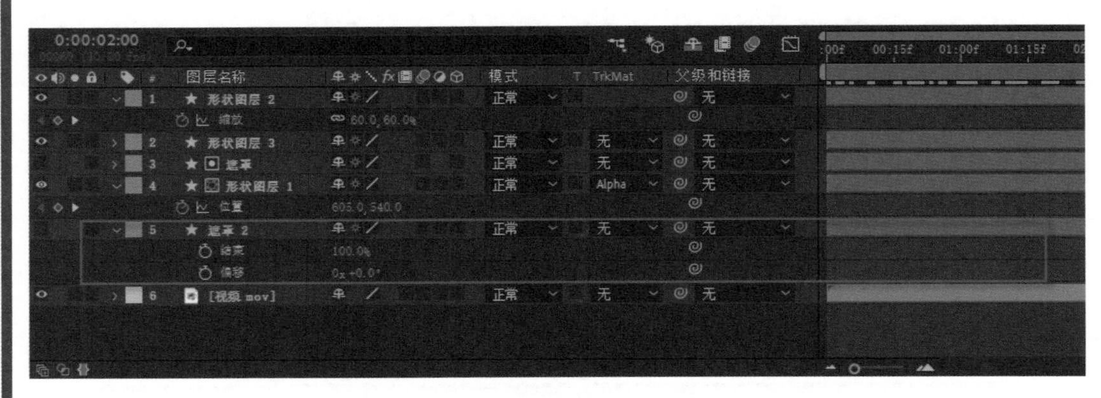

图 16-29 减掉素材多余部分

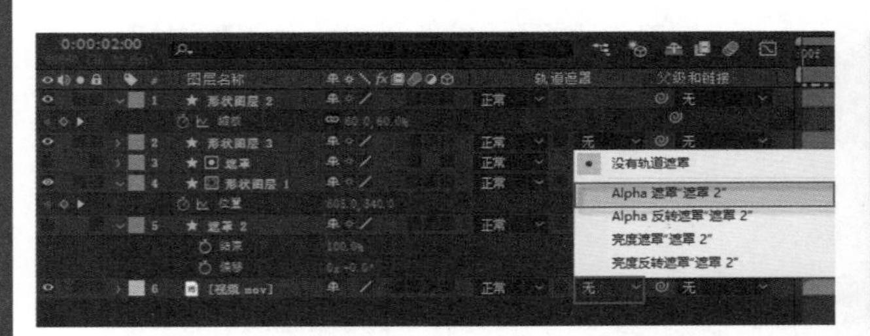

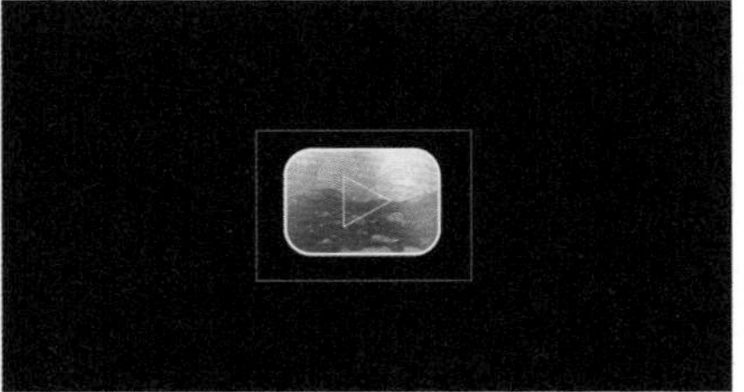

图 16-30 添加视频遮罩效果

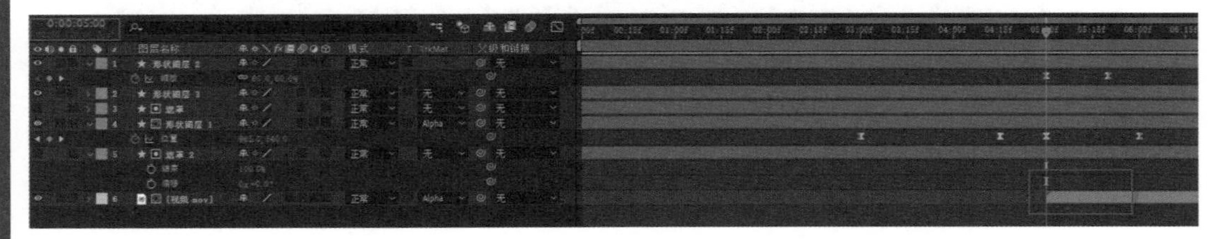

图 16-31 拖动时间轴

⑤ 同时选择圆角矩形图层和视频遮罩图层，按 S 键将其缩放属性调出，并将时间轴移动到第 210 帧处打上关键帧。

⑥ 再将时间轴移动到 240 帧，调整缩放数值如图 16-32 所示。这样，视频就完全显示出来了。接下来再对关键帧进行缓动调整，使效果先慢后快，这里便不再演示。接下来看看最终效果。

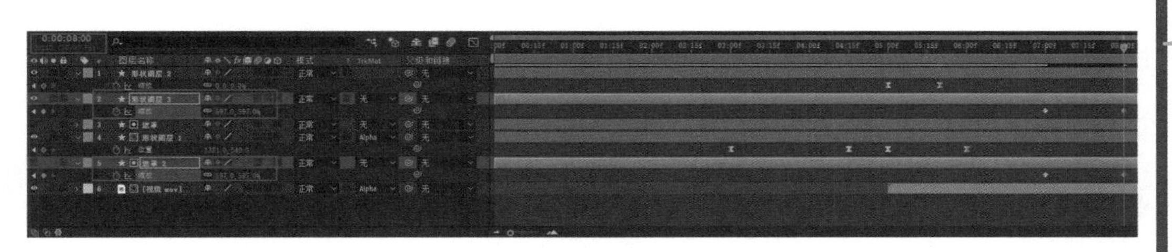

图 16-32　调整关键帧

⑦ 最终效果展示，如图 16-33 所示。至此，电视栏目包装片头效果便制作完成。

图 16-33　最终效果

第17章 UI设计：运动App界面UI动效（实例）

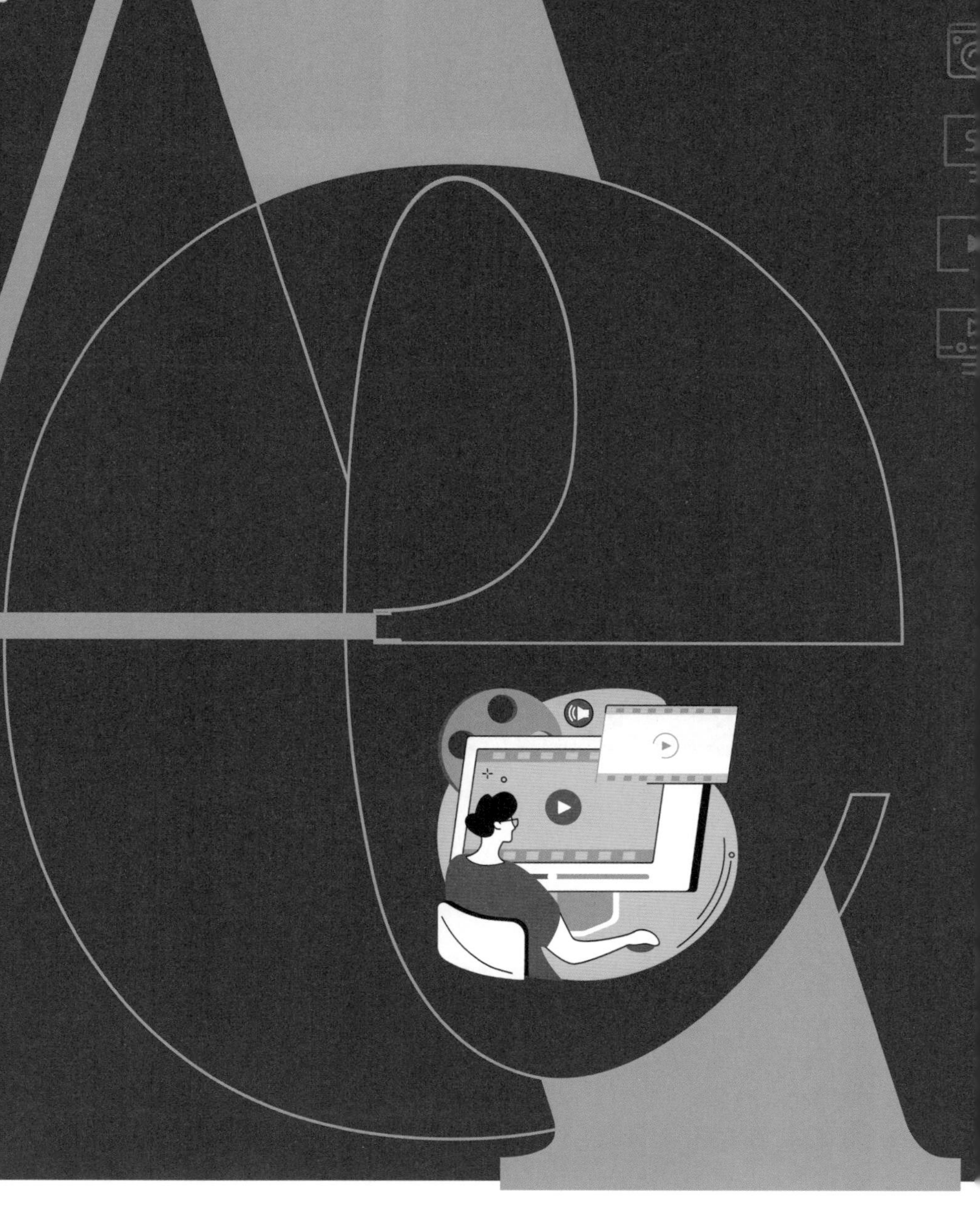

UI 设计师若只追求静态像素的完美呈现，而忽略动态过程的合理表达，将会导致用户不能在视觉上觉察元素的连续变化，进而很难对新旧状态的更替有清晰的感知。动效是 UI 设计项目的最后一个步骤，也是最关键的，是能给一套设计作品注入灵魂的必不可少的步骤。

教学目标

- 掌握蒙版图层的使用
- 掌握用 AE 对视频剪辑处理

17.1　实例分析

无论是网站还是 App UI 设计，适当地使用交互动效，会使产品的界面更有吸引力。现在使用交互动画已经越来越流行，如果不加点动效上去，会大大降低产品在用户心中的品质定位。本章来制作一个运动 App 界面 UI 动效，如图 17-1 所示。

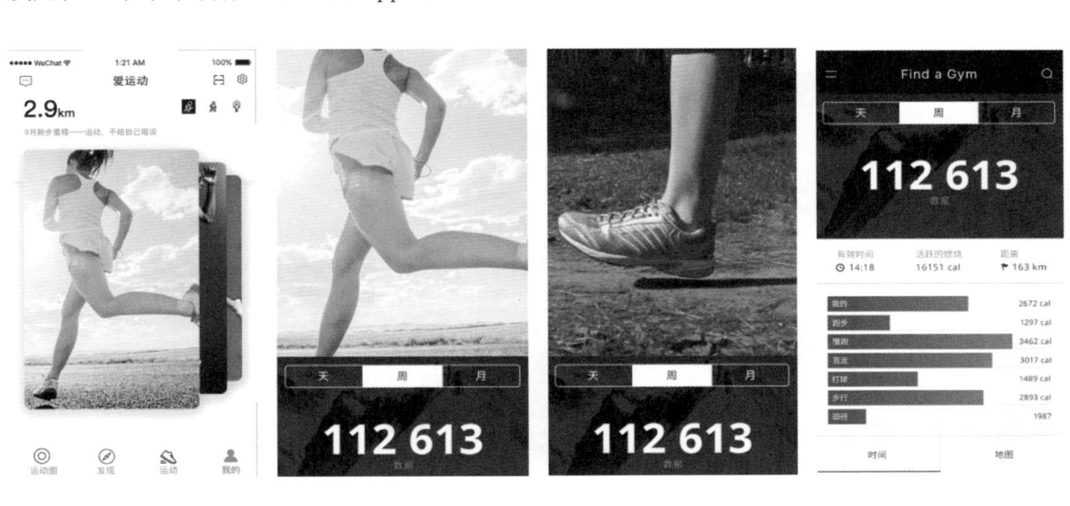

图 17-1　运动 App 界面 UI 动效

17.2 操作步骤

难度：☆☆☆☆☆
素材位置：第 17 章 \ 素材
效果位置：第 17 章 \ 最终效果 .aep
在线视频：第 17 章 \ 运动 App 界面 UI 动效 .mp4

17.2.1 制作动画效果

① 按快捷键 Ctrl+I 调出导入文件对话框，选择需要导入的 psd 文件并执行导入命令，如图 17-2 所示。

② 选择导入类型为合成，如图 17-3 所示。

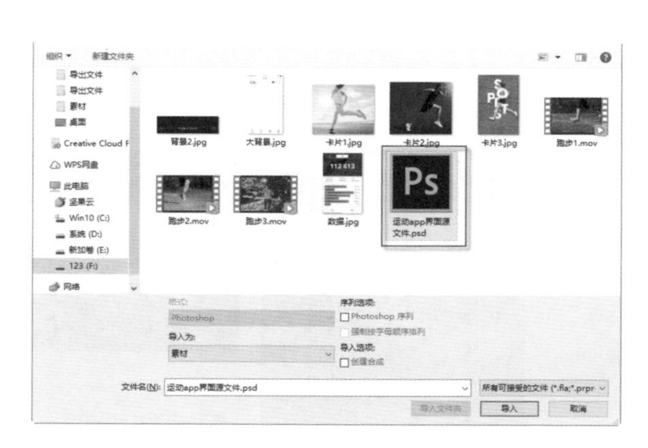

图 17-2 导入 psd 素材

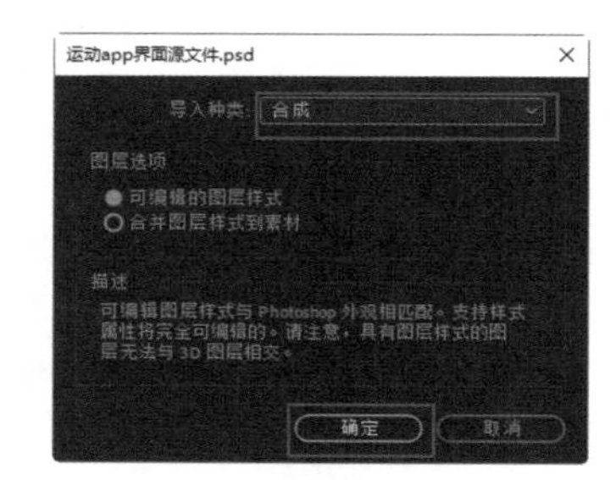

图 17-3 选择导入类型

③ 首先将数据背景图层隐藏，然后选择锚点工具，将卡片 1 的锚点拖动至跑步女子脚后跟位置，如图 17-4 所示。接下来，制作卡片 1 的缩放动画。

④ 将时间轴移动至第 10 帧，按 S 键将缩放属性调出并为其打上关键帧，如图 17-5 所示。

图 17-4 移动锚点

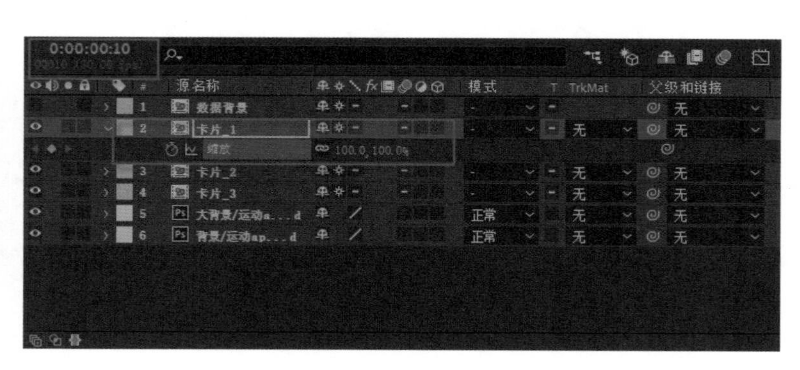

图 17-5 添加关键帧（一）

⑤ 将时间轴移动到第 25 帧，调整缩放属性数值如图 17-6 所示，使其有一个放大的动画过程。接下来为其添加缓动。

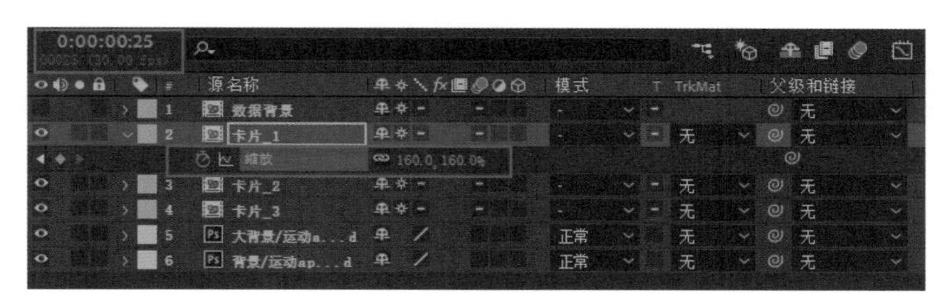

图 17-6　调整缩放数值

⑥ 选择所有关键帧，按 F9 为关键帧添加缓动，如图 17-7 所示。接下来调整缓动效果。

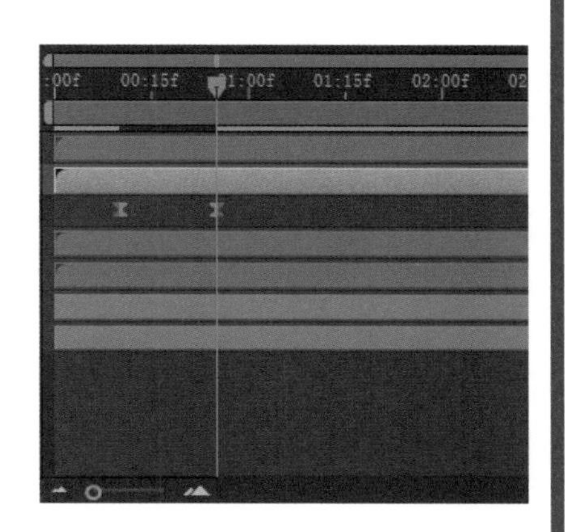

图 17-7　添加缓动

⑦ 按图表编辑器，调出缓动曲线，并调整曲线，如图 17-8 所示，使动画节奏先快后慢。接下来，制作卡片 1 的位移动画。

⑧ 按 P 键调出卡片 1 的位置属性，将时间轴移动到第 85 帧并打上关键帧，如图 17-9 所示。

⑨ 将时间轴移动到第 96 帧，调整位置数值如图 17-10 所示。使图片向上移动，为其添加缓动并调整运动曲线使其动画效果先快后慢，这里便不再演示制作过程。接下来，为了使运动效果更加逼真，为其添加运动模糊。

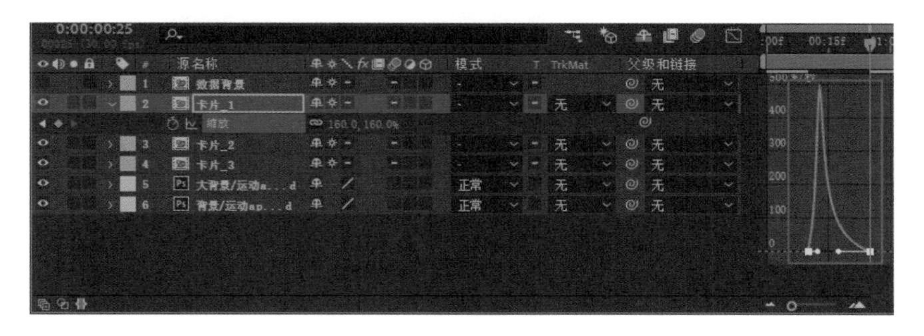

图 17-8　调整缓动节奏

图 17-9　添加位移关键帧

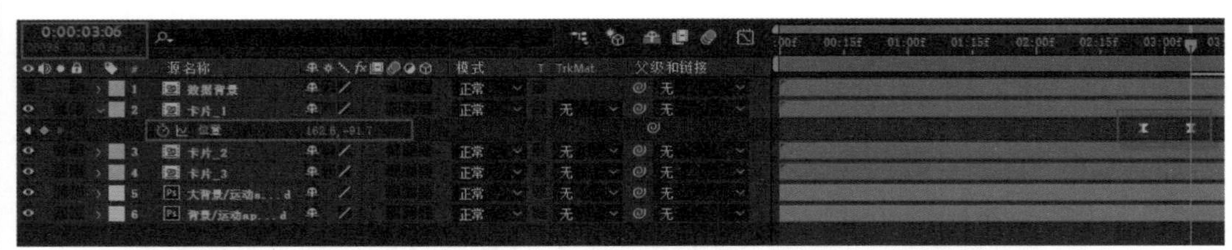

图 17–10　调整关键帧（一）

⑩ 打开运动模糊开关为卡片 1 添加运动模糊，如图 17–11 所示。接下来，制作卡片 2 和卡片 3 的不透明度效果。

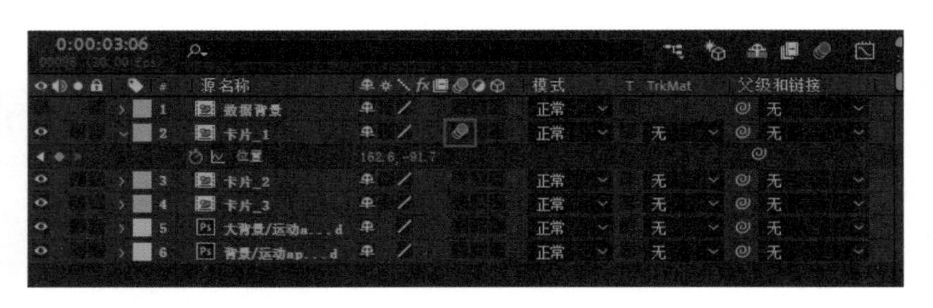

图 17–11　添加运动模糊

⑪ 同时选择卡片 2 和卡片 3，按 T 键将卡片 2 和卡片 3 的不透明度属性调出，并为其打上关键帧，如图 17–12 所示。

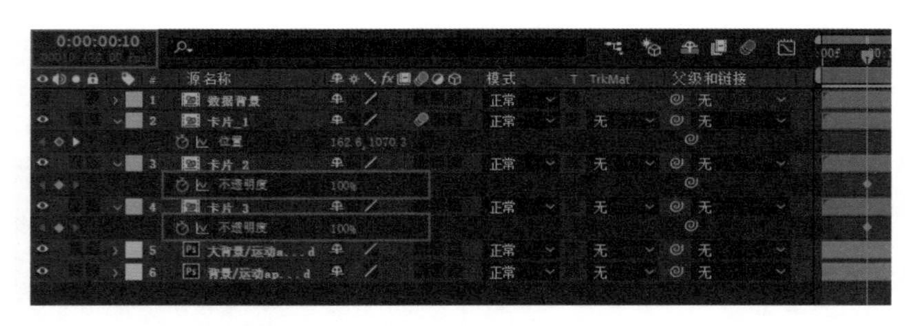

图 17–12　调出不透明度属性（一）

⑫ 将时间轴移动至第 21 帧，调整不透明度数值为 0，使卡片有一个不透明度的变化，使其从有到无，如图 17–13 所示。接下来制作数据背景的动画效果。

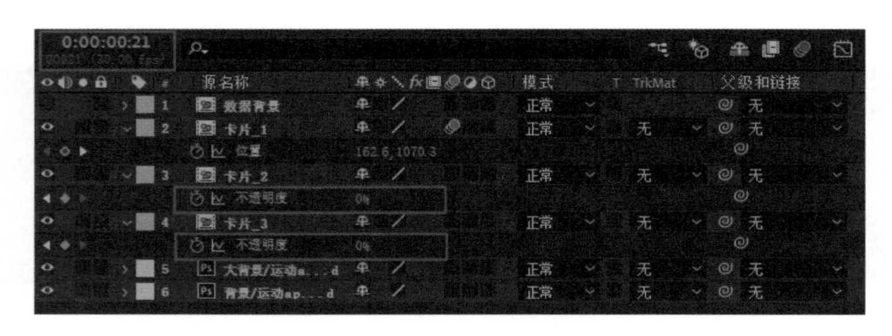

图 17–13　调整不透明度属性（二）

⑬ 双击数据背景，进入其内部，按 P 键调出数据位置属性，再将时间轴移动到第 10 帧，为其打上关键帧，并调整数值，如图 17-14 所示，使数据图层移出画面。接下来，调整位置动画。

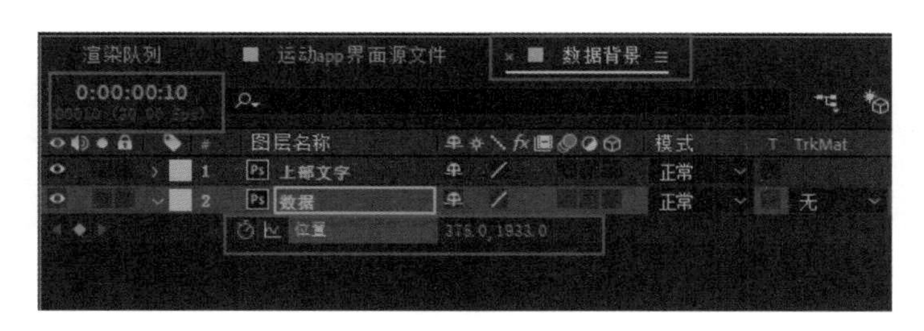

图 17-14　添加位置关键帧

⑭ 将时间轴移动到第 64 帧，调整数值，如图 17-15 所示。使数据画面稍稍向上移动。

⑮ 将关键帧移动到第 85 帧为其添加一个关键帧，使数据图层在这个位置停留一段时间，如图 17-16 所示。接下来，完全将数据图层移动至画面中间。

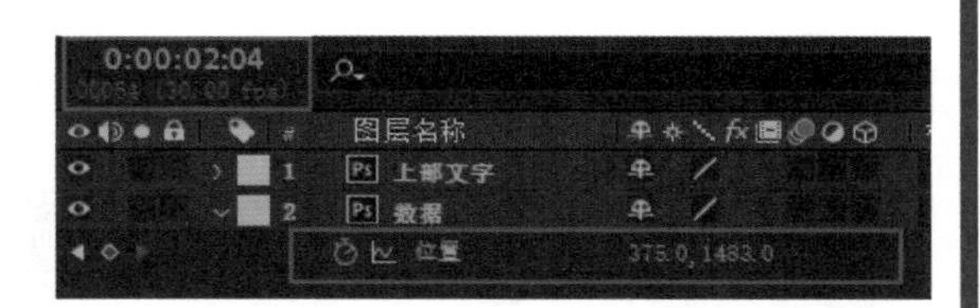

图 17-15　调整关键帧（二）

图 17-16　添加关键帧（二）

⑯ 将时间轴移动到第 96 帧，调整数值，将数据图层完全移动到画面中间，如图 17-17 所示。接下来，使画面停留一段时间，让用户看清自己的数据。

图 17-17　移动图层

⑰ 将时间轴移动到第 125 帧，在这一帧打上关键帧，不用调整数据使画面停留一段时间。接下来，将画面下移。

⑱ 将时间轴移动至第 136 帧，按 Ctrl+C 复制第 96 帧的关键帧到第 136 帧处，使画面下移，如图 17-18 所示。

图 17-18　复制关键帧

⑲ 将时间轴移动到第 175 帧，复制第 136 帧的关键帧并在该位置粘贴。再将时间轴移动到第 188 帧，复制第 10 帧的关键帧在该位置粘贴，如图 17-19 所示。接下来调整上部文字动画效果。

图 17-19　再次复制关键帧

⑳ 先为数据图层关键帧添加曲线，然后按 T 键调出上部文字不透明度，并分别在第 89 帧、第 97 帧、第 125 帧、第 129 帧处设置数值为 0、100、100、0，如图 17-20 所示，使画面在数据图片出现时出现，数据图片下移时消失。接下来调整卡片 1 的下移动画。

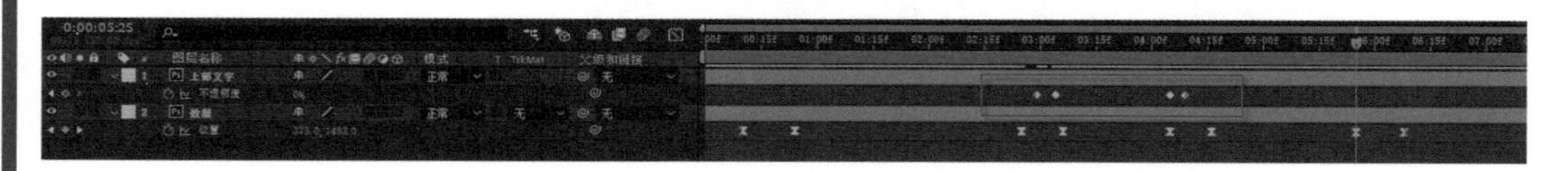

图 17-20　调整不透明度

㉑ 先在第 125 帧处打一个关键帧，无需调整位置数值。然后再将时间轴移动至第 135 帧，调整数值如图 17-21 所示。接下来，调整卡片 1 的缩放动画。

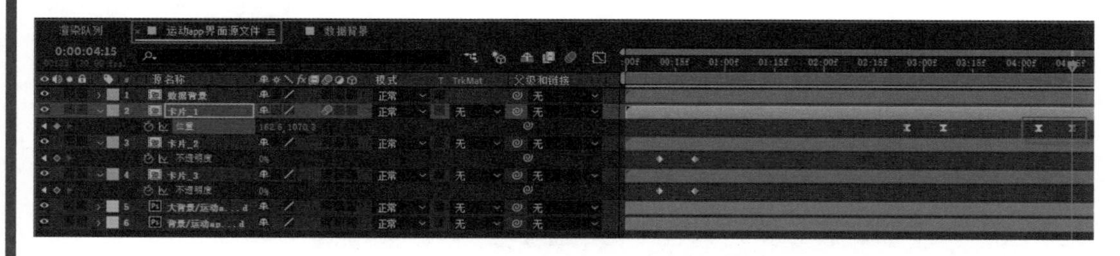

图 17-21　调整卡片 1 位移动画

㉒ 按 S 键，将卡片 1 的缩放数值调出，将时间轴移至第 175 帧，为其添加关键帧，无需调整数值。再将时间轴移动至第 188 帧，调整缩放数值如图 17-22 所示。使卡片 1 缩回到开始大小。接下来，调整卡片 2 和卡片 3 的不透明度效果。

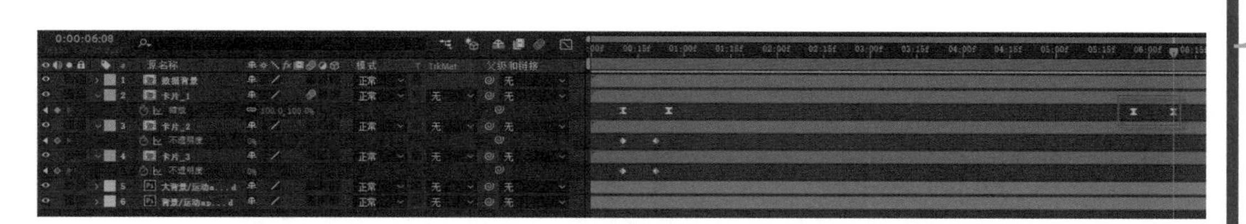

图 17-22　调整卡片 1 缩放动画

㉓ 在第 179 帧添加关键帧，无需调整位置数值。然后在第 188 帧调整不透明度数值为 100，使卡片淡入，如图 17-23 所示。接下来制作视频部分。

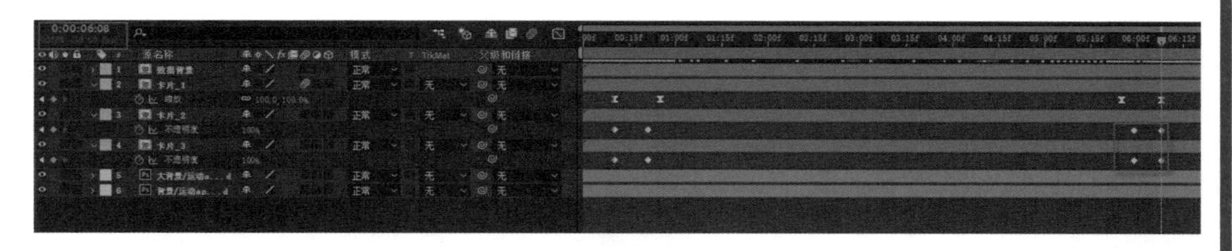

图 17-23　调整卡片 2、卡片 3 的不透明度

17.2.2　剪辑视频

① 双击卡片 1 进入卡片合成内部，如图 17-24 所示。接下来导入视频。

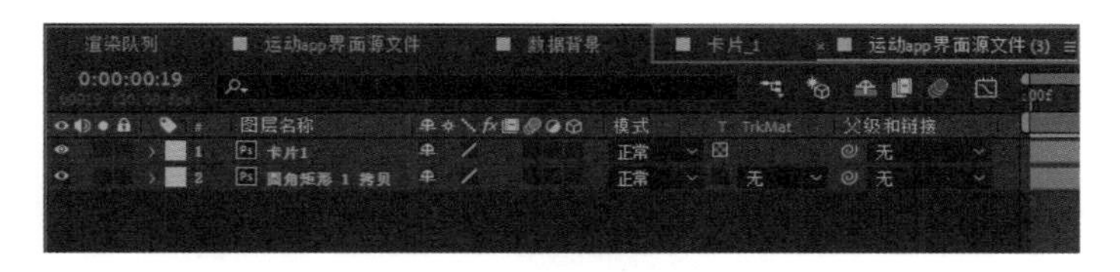

图 17-24　进入合成内部

② 按 Ctrl+I 打开导入文件框，选择需要导入的视频，执行导入，如图 17-25 所示。

图 17-25　导入视频

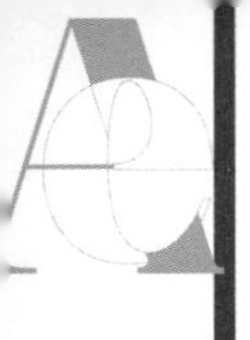

③ 将所有的视频拖入时间轴面板中，如图 17-26 所示。接下来为卡片 1 做一个淡入淡出效果。

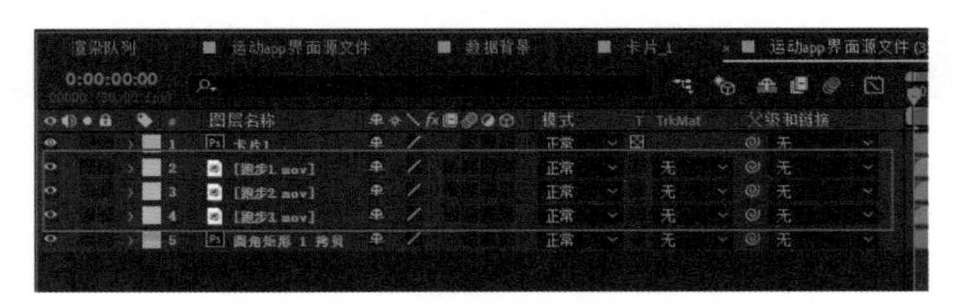

图 17-26　将视频拖入时间轴面板

④ 制作淡入淡出的效果是为了之后视频的播放，按 T 键将卡片 1 的不透明度属性调出并为其打上关键帧，再将时间轴分别移动到第 25 帧、第 33 帧、第 175 帧、第 184 帧，然后将数值分别设置为 100、0、0、100，如图 17-27 所示。接下来，再为卡片 1 添加圆角矩形。

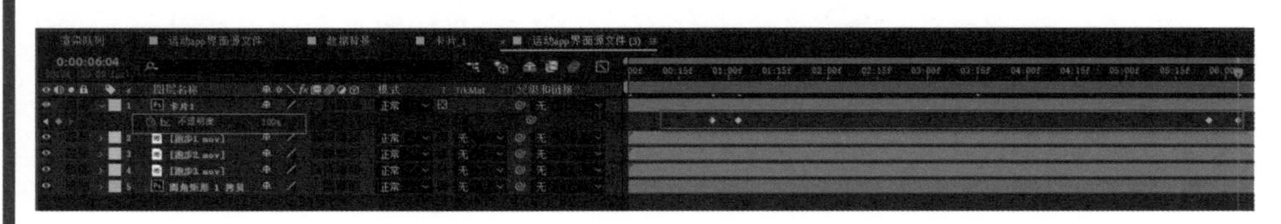

图 17-27　为卡片 1 添加不透明度效果

⑤ 选择圆角矩形图层，按 M 键将圆角矩形的蒙版属性调出，然后选择蒙版按 Ctrl+C 对蒙版进行复制，如图 17-28 所示。接下来将蒙版复制到卡片 1 图层中。

图 17-28　复制蒙版（一）

⑥ 选择卡片 1 按 Ctrl+V 将蒙版复制到该图层，如图 17-29 所示。

⑦ 因为只需要将视频播放至第 125 帧，所以将时间指示器移动至第 125 帧，选择跑步 1 视频，按 Alt+] 键，将跑步 1 视频后面部分减掉，如图 17-30 所示。

⑧ 剪辑跑步 2 视频。将时间指示器移动到第 160 帧，选择跑步 2 视频，按 Alt+] 键，将跑步 2 视频后面部分减掉，如图 17-31 所示。剪辑后三个视频便会依次出现。接下来为 3 个视频添加蒙版边框效果。

⑨ 利用同样的方法，复制圆角矩形图层的蒙版，然后同时选择三个图层，将蒙版同时粘贴到三个视频上，如图 17-32 所示。从效果中，可以看到视频 3 位置有点偏右，因此接下来要将视频左移。

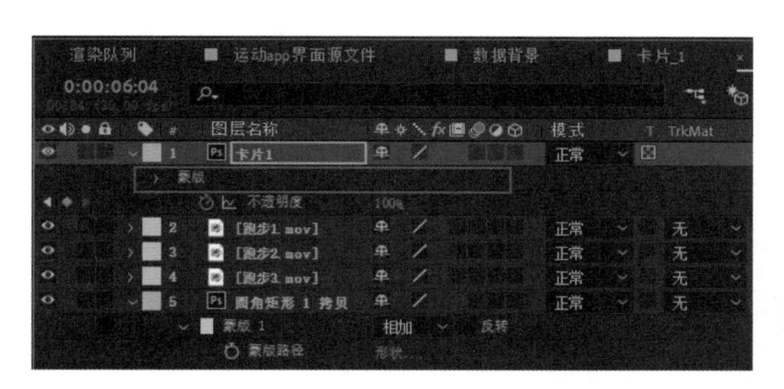

图 17-29　复制蒙版（二）

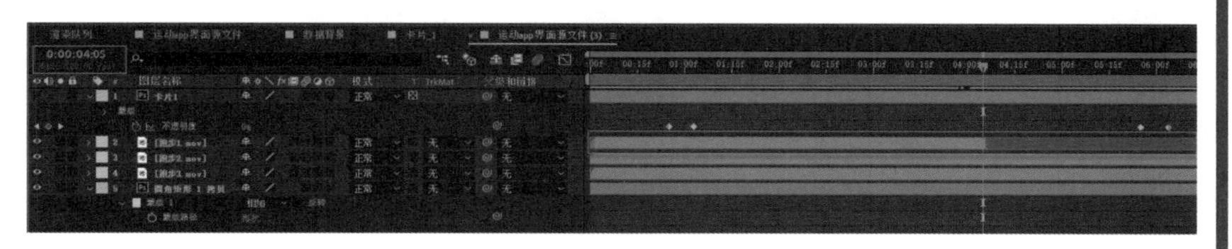

图 17-30　剪辑跑步 1 视频

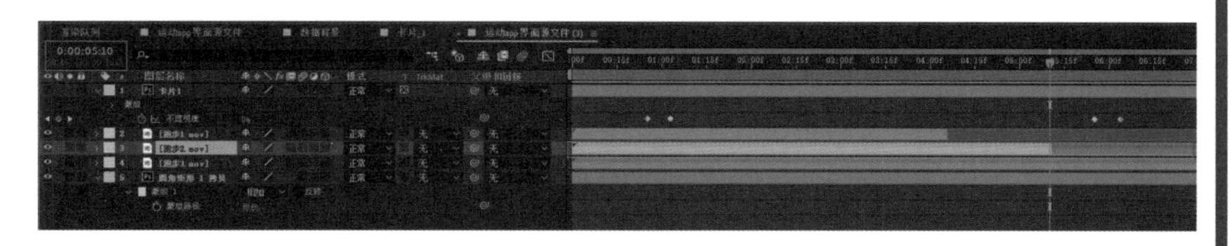

图 17-31　剪辑跑步 2 视频

图 17-32　视频添加蒙版

⑩ 选择跑步 3 视频按 P 键，调整数值将其向左移动，如图 17-33 所示。但是这样蒙版也跟着左移了，因此接下来要将蒙版右移。

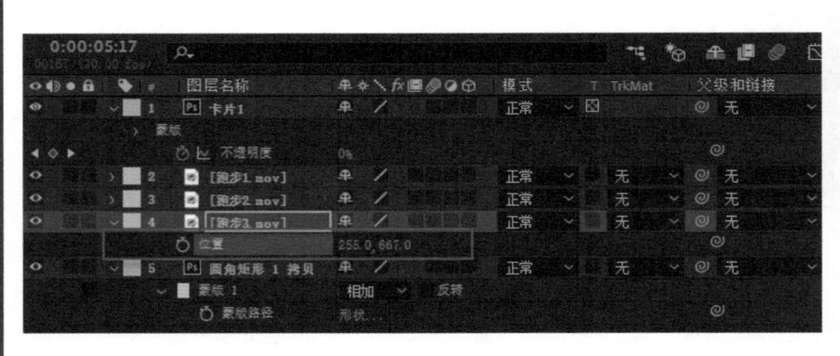

图 17-33　左移视频

⑪ 双击跑步 3 视频的蒙版，将蒙版转换为可调整模式，然后按方向键将蒙版向右移动至蒙版原来位置，如图 17-34 所示。

⑫ 接下来回到主合成界面看看效果，最终如图 17-35 所示。

图 17-34　右移蒙版

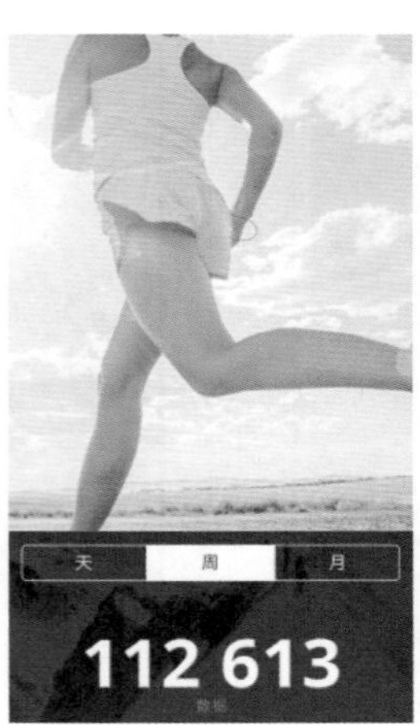

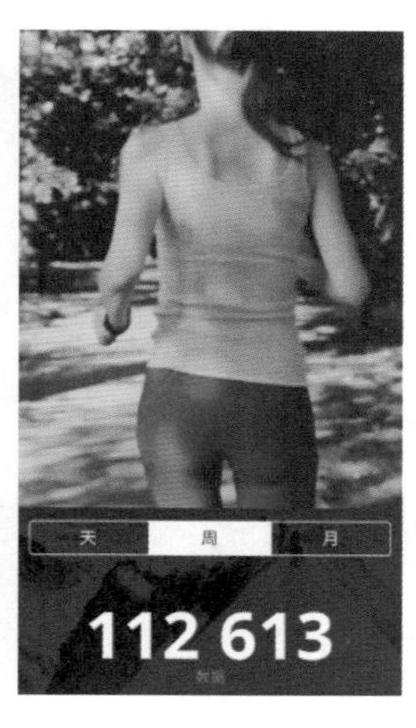

图 17-35　最终效果展示

第18章 影视包装：3D 图片翻转特效视频（实例）

扫码尽享
AE 全方位学习

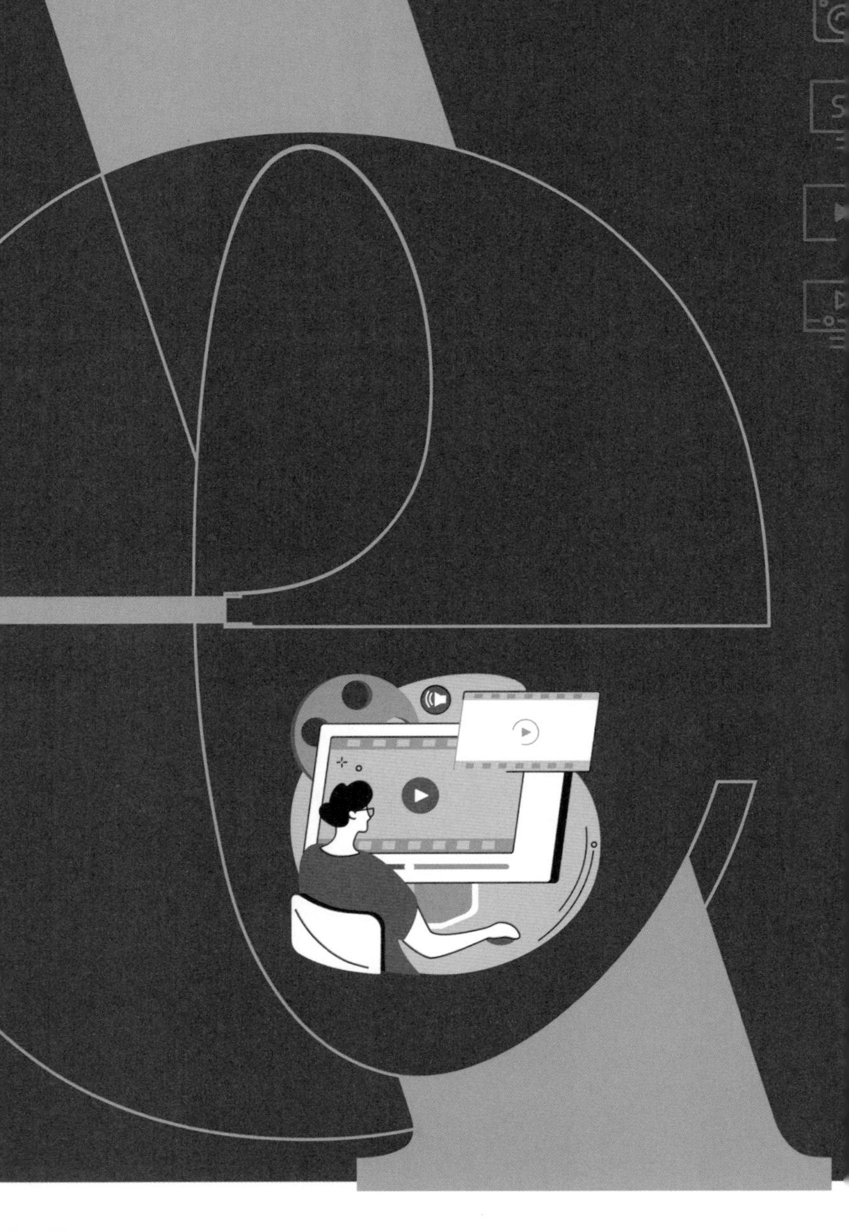

影视包装，简单地说是对影视、频道、节目的美化，可以理解为是对视频做一些修饰，比如片头片尾、3D 特效等。本节将制作一个 3D 图片翻转特效视频，可用作某电视栏目的片头。

教学目标

- 掌握蒙版图层的使用方法
- 掌握摄像机的使用方法
- 掌握控件的使用方法
- 掌握动画效果的创建
- 掌握如何添加背景和阴影

18.1 实例分析

本章以实例的形式逐步分析并讲解 3D 图片翻转特效视频的制作方法。结合前面所学的基础内容，笔者将案例拆分成了 7 个部分进行讲解，分别是创建立方体、创建摄像机、添加 Logo 并创建旋转控件、网格分布图像、添加图像、创建动画效果、添加背景和阴影。

本例最终完成效果如图 18-1 所示。

图 18-1 效果展示

18.2 操作步骤

难度：☆☆☆☆☆
素材位置：第 18 章 \ 素材
效果位置：第 18 章 \ 最终效果 .aep
在线视频：第 18 章 \3D 图片翻转特效视频 .mp4

18.2.1 创建立方体

首先在 AE 中创建一个合成项目，然后通过创建“纯色”层完成立方体几个面的创建，之后将二维图层转化为三维图层，完成立方体雏形的创建。

① 启动 AE 软件，执行“合成”|“新建合成”命令，创建一个预置为 HDV/HDTV 720 25 的合成，设置“持续时间”为 10 秒，并设置名称为“合成 1”，单击“确定”按钮，如图 18-2 所示。

② 执行“合成”|“新建合成”命令，创建一个预置为 HDV/HDTV 720 25 的合成，设置“持续时间”为 10 秒，并设置名称为“方形”，单击“确定”按钮，如图 18-3 所示。

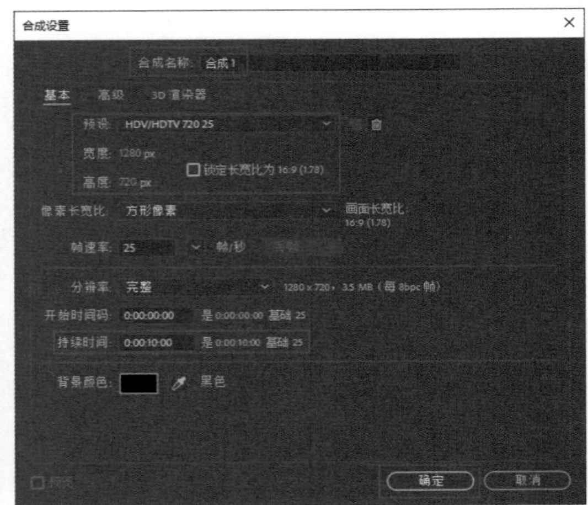

图 18-2　新建合成

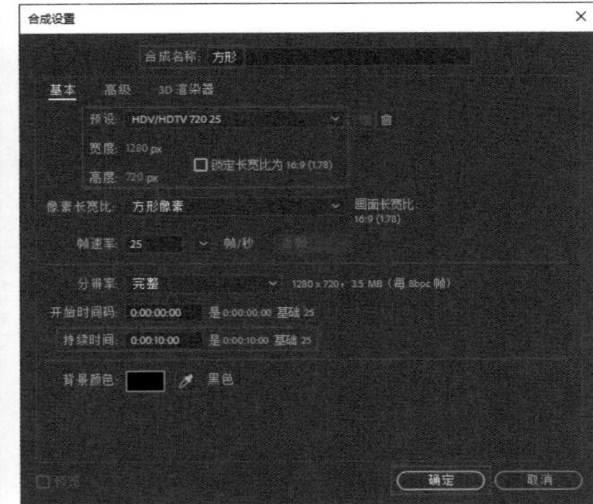

图 18-3　设置合成参数

③ 在“方形”合成面板的空白处右击，在弹出的快捷菜单中选择“新建”|“纯色”命令，如图 18-4 所示。

④ 在弹出的“纯色设置”对话框中创建一个与合成大小一致的固态层，设置好名称，设置颜色为黑色，单击“确定”按钮，如图 18-5 所示。

⑤ 选择“黑色 纯色 1”图层，执行“效果”|“生成”|“梯度渐变”命令，为图层添加渐变效果，如图 18-6 所示。

⑥ 在“效果控件”面板中，设置“起始颜色”为灰色（#95A4AF），设置“结束颜色”为浅灰色（#E4E7E1），如图 18-7 所示。

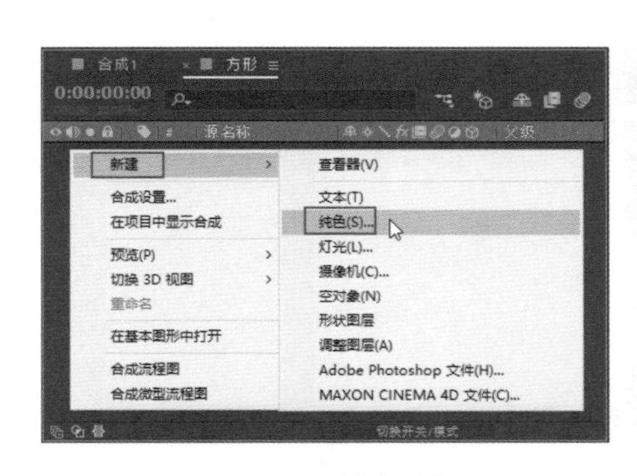

图 18-4　创建纯色

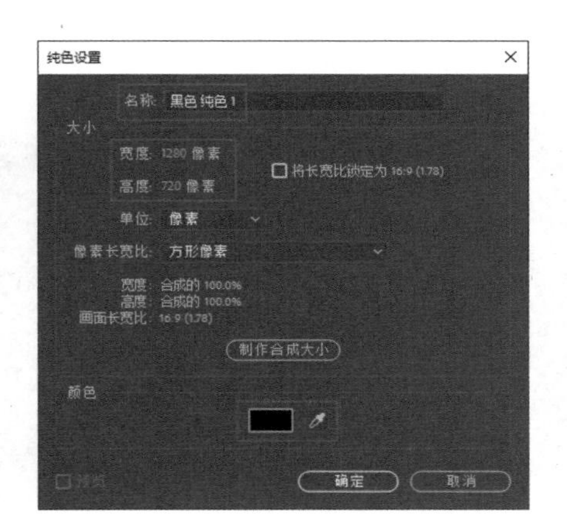

图 18-5　设置纯色参数

图 18-6　为图层添加渐变效果

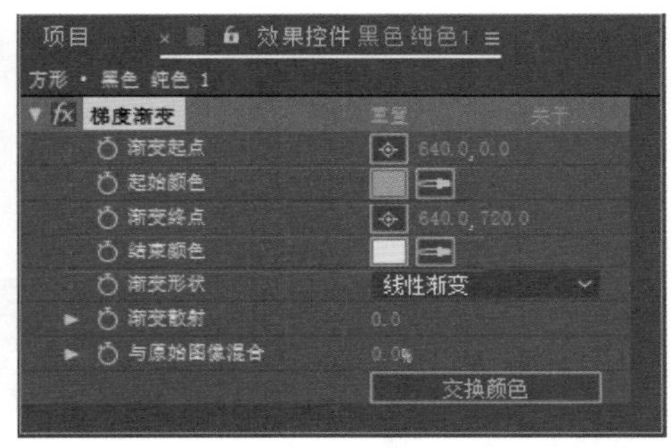

图 18-7　设置渐变颜色

⑦ 单击“黑色 纯色 1”图层后方的“3D 图层”按钮，将二维图层转换为三维图层，如图 18-8 所示。

⑧ 将当前视图切换为“2 个视图 - 水平”模式，如图 18-9 所示，便于观察操作。

图 18-8　转为三维图层

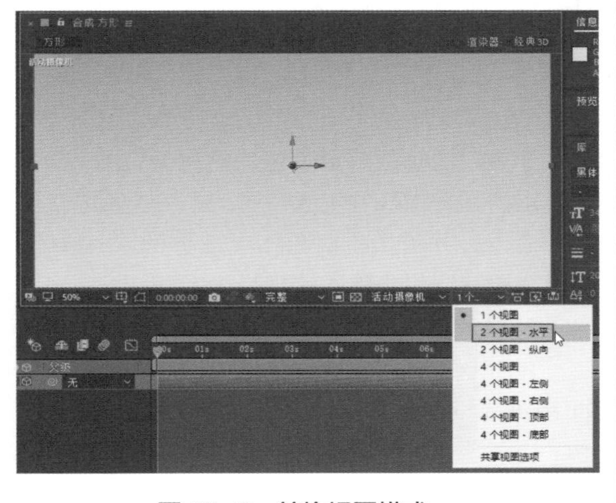

图 18-9　转换视图模式

⑨ 上述操作完成后，得到的视图效果如图 18-10 所示。

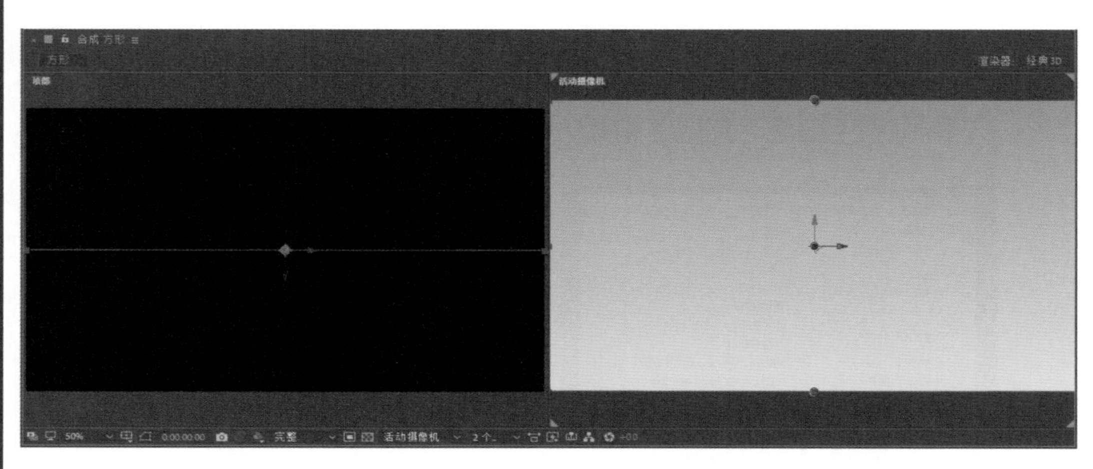

图 18-10　当前视图效果（一）

⑩ 选择“黑色 纯色 1”图层，按快捷键 P 展开图层的“位置”属性，设置“位置”参数为“640.0，360.0，-640.0”，如图 18-11 所示。

⑪ 选择“黑色 纯色 1”图层，按快捷键 Ctrl+D 复制一层，然后按快捷键 P 展开复制图层的“位置”属性，设置“位置”参数为“640.0，360.0，640.0”，如图 18-12 所示。

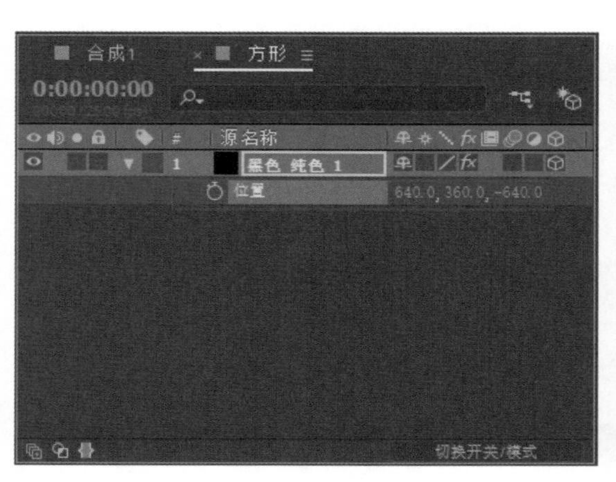

图 18-11　设置纯色位置

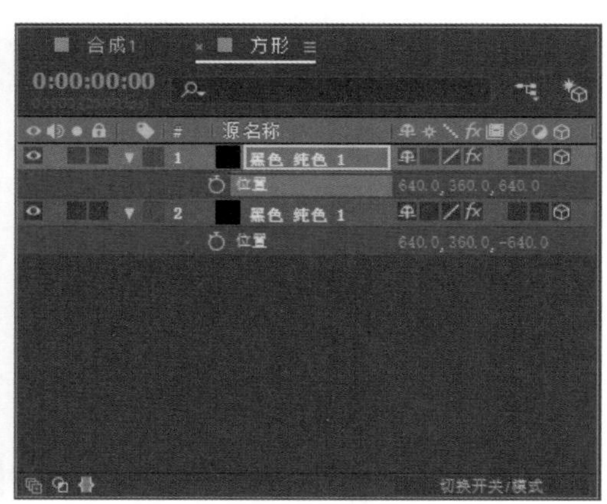

图 18-12　复制纯色并调整位置

⑫ 在“方形”合成面板的空白处右击，在弹出的快捷菜单中选择“新建”|“空对象”命令，并单击空对象图层后方的“3D 图层”按钮，将二维图层转换为三维图层，如图 18-13 所示。

⑬ 上述操作完成后，得到的视图效果如图 18-14 所示。

⑭ 在“方形”合成面板中选择两个“黑色 纯色 1”图层，按快捷键 Ctrl+D 复制图层，如图 18-15 所示。

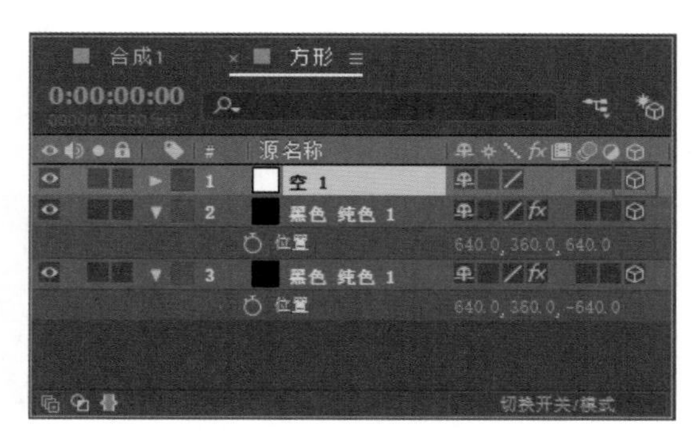

图 18-13　转换为三维图层

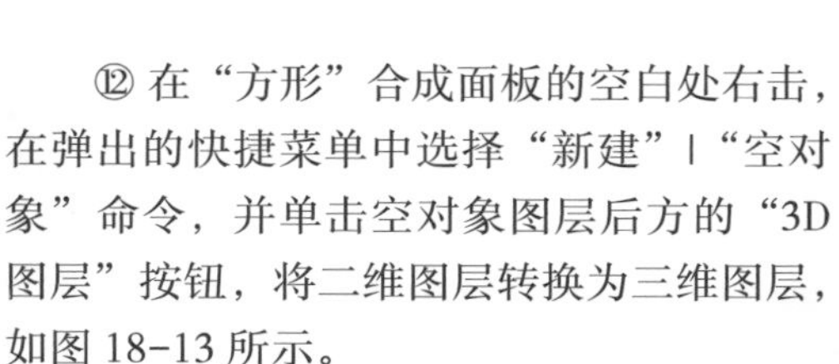

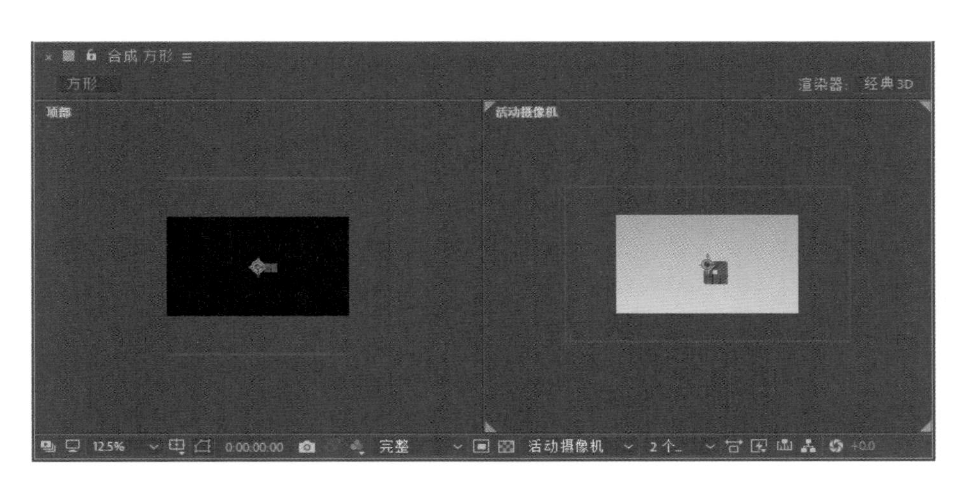

图 18-14　当前视图效果（二）

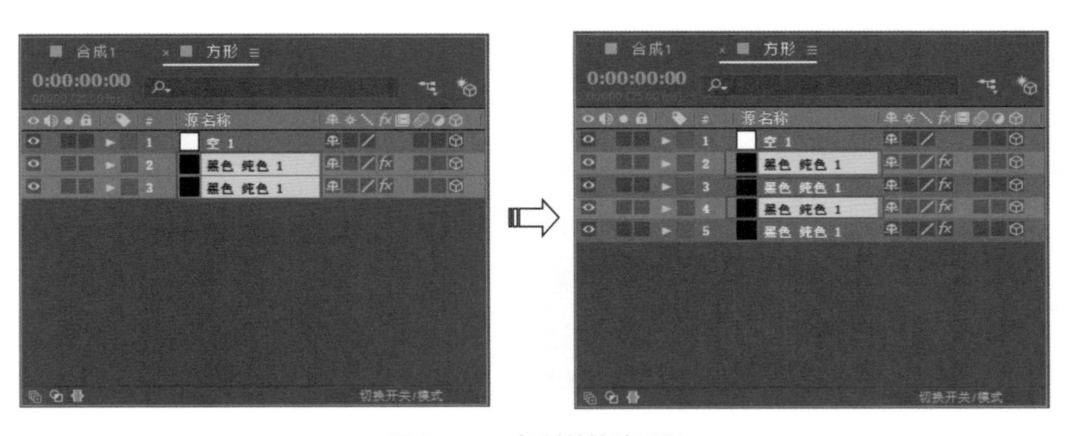

图 18-15　复制并粘贴图层

⑮ 在复制所得的两个图层选中的状态下，按住图层右侧的◎按钮，将图层拖曳链接到“空 1”图层，如图 18-16 所示。

⑯ 完成上述操作后，选择“空 1”图层，按快捷键 R 展开属性，设置“Y 轴旋转”为 0x+90°，如图 18-17 所示，完成操作后可将“空 1”图层删除。

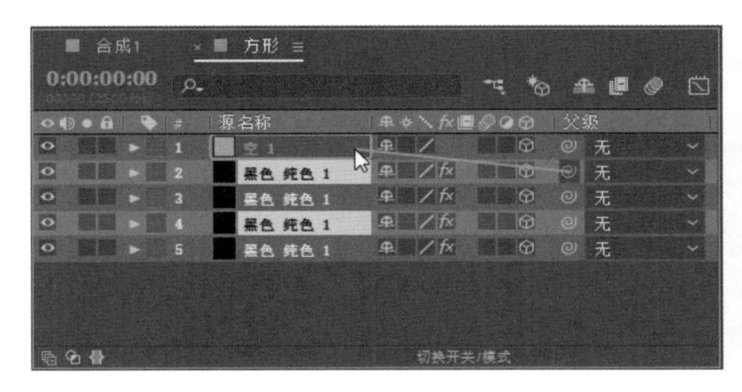

图 18-16　链接图层

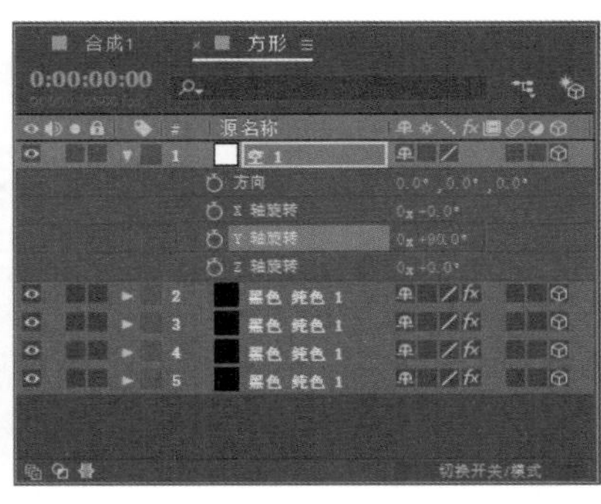

图 18-17　设置图层参数

⑰ 此时得到的视图效果如图 18-18 所示。

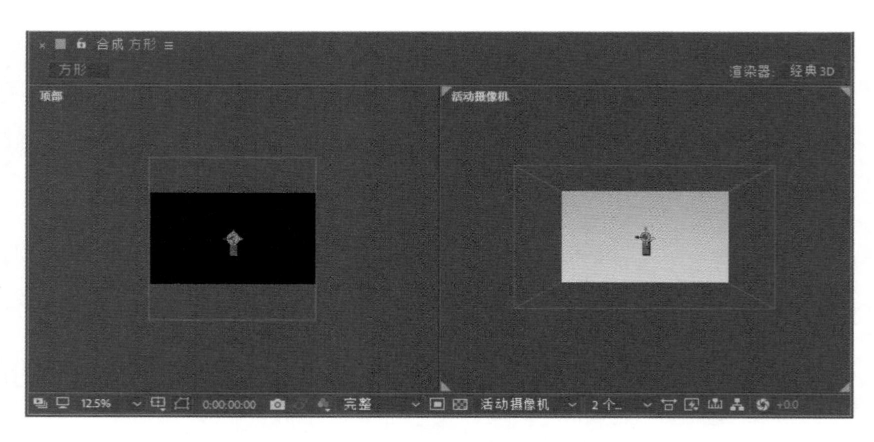

图 18-18　操作后视图效果（一）

⑱ 在“方形”合成面板的空白处右击，在弹出的快捷菜单中选择“新建”|“纯色”命令，在弹出的“纯色设置”对话框中，调整固态层“宽度”为 1280 像素，“高度”为 1280 像素，如图 18-19 所示，单击“确定”按钮。

⑲ 选择“方形”合成面板中位于顶部的“黑色 纯色 1”图层，然后在“效果控件”面板中，按快捷键 Ctrl+C 复制该图层的“梯度渐变”属性，如图 18-20 所示。

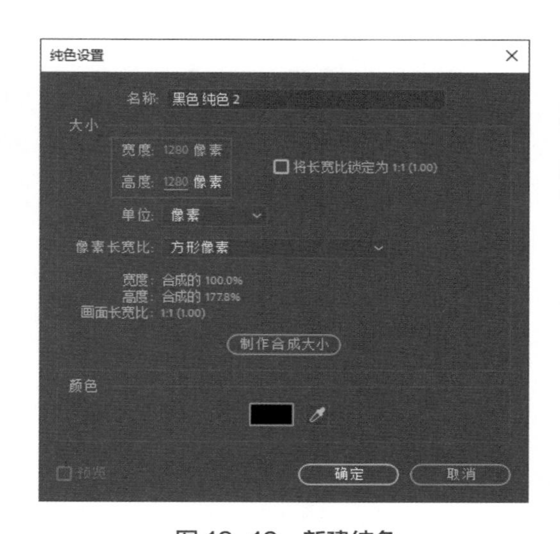

图 18-19　新建纯色

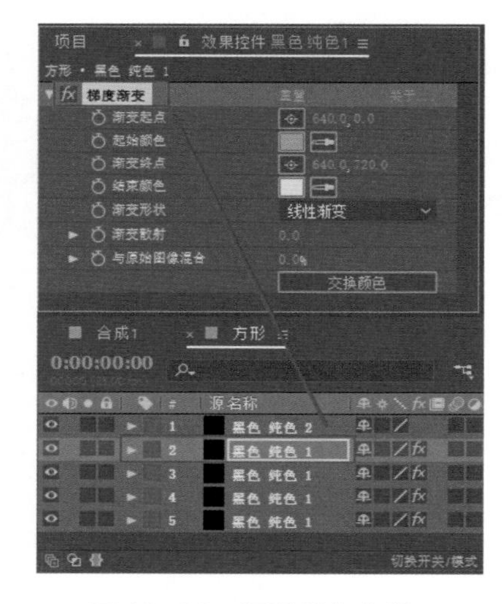

图 18-20　调整纯色参数

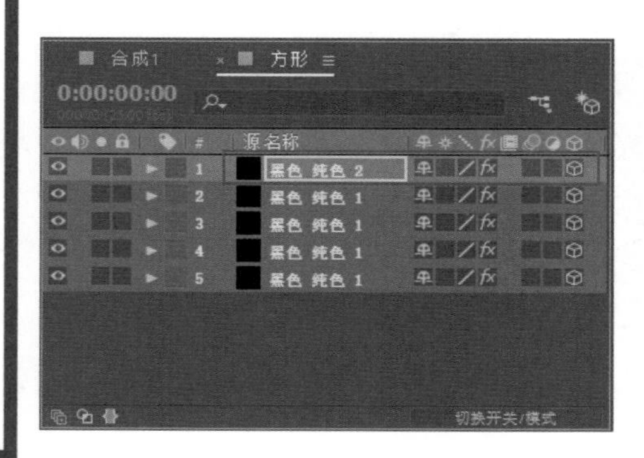

图 18-21　转换为三维图层

⑳ 选择“方形”合成面板中的“黑色 纯色 2”图层，按快捷键 Ctrl+V 将上述操作中复制的“梯度渐变”属性粘贴到该图层，并单击图层后方的“3D 图层”按钮，将二维图层转换为三维图层，如图 18-21 所示。

㉑ 在视图窗口中，将渐变终点拖曳至底部，如图 18-22 所示。

㉒ 选择“黑色 纯色 2”图层，按快捷键 R 展开属性，设置“X 轴旋转”为 0x+90°，如图

18-23 所示；按快捷键 P 展开属性，调整“位置”属性中的 Y 轴参数为 720，如图 18-24 所示。

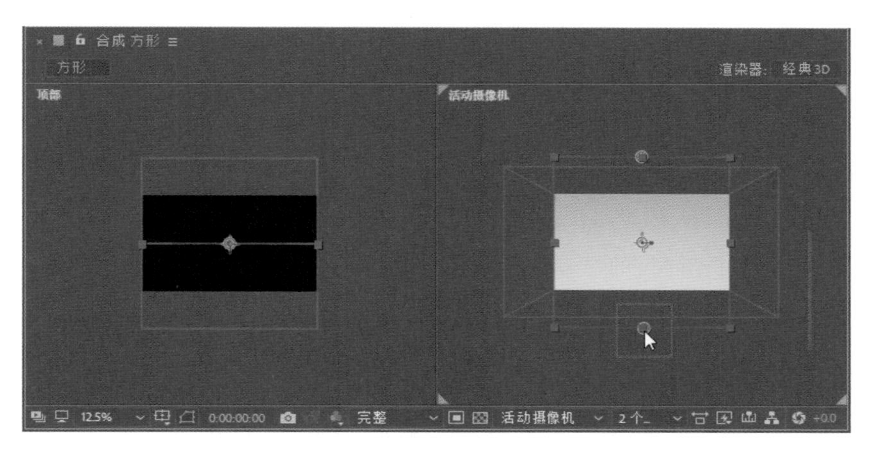

图 18-22　拖曳渐变终点至底部

图 18-23　设置“X 轴旋转”参数

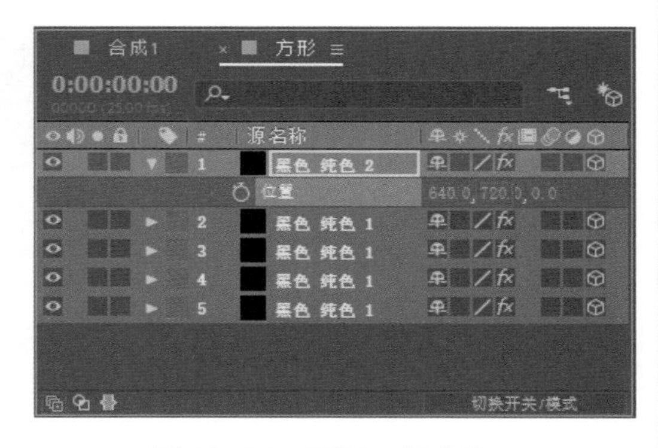

图 18-24　设置 Y 轴参数

㉓ 操作完成后，得到的视图效果如图 18-25 所示。

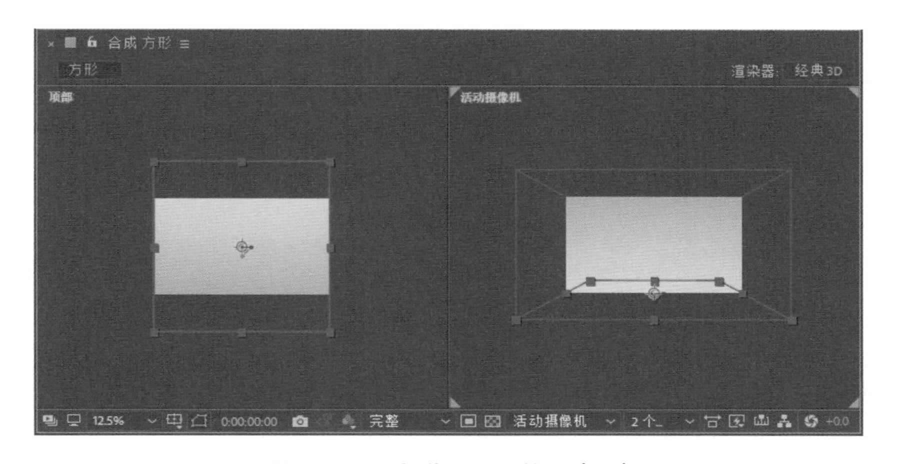

图 18-25　操作后视图效果（二）

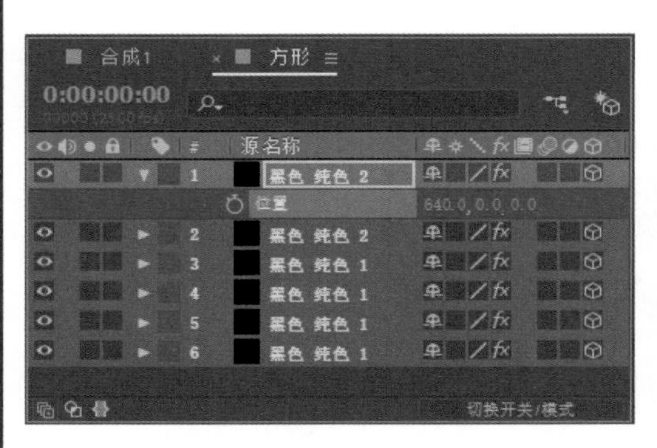

图 18-26　调整新复制图层的 Y 轴参数

㉔ 选择“黑色 纯色 2”图层，按快捷键 Ctrl+D 复制一层，并选中复制层，按快捷键 P 展开属性，调整“位置”属性中的 Y 轴参数为 0，如图 18-26 所示。

㉕ 上述操作完成后，得到的视图效果如图 18-27 所示，立方体的雏形基本完成。

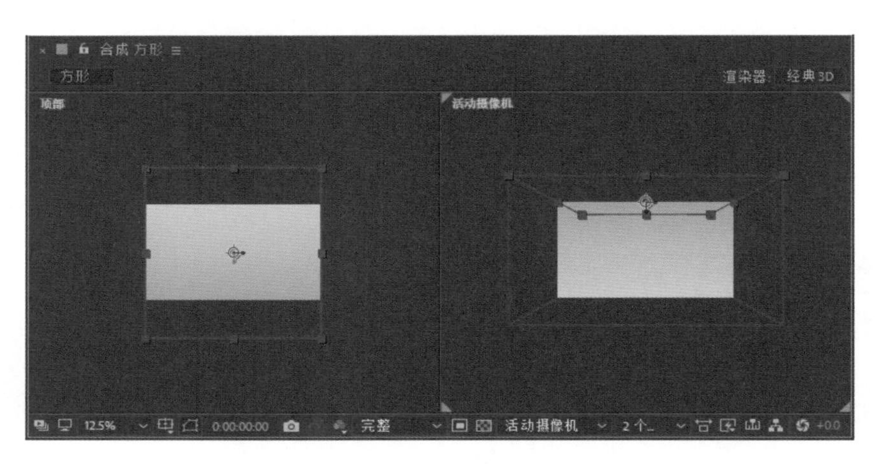

图 18-27　操作后视图效果（三）

18.2.2　创建摄像机

完成立方体雏形的创建后，在合成中创建一个摄像机，并通过调整摄像机找到最佳的视觉角度。

① 在“项目”面板中选择“方形”合成，将其拖入“合成 1”，如图 18-28 所示，然后激活图层右侧的和按钮，如图 18-29 所示。

图 18-28　并入合成（一）

图 18-29　激活图层

② 在“合成 1”合成面板的空白处右击，在弹出的快捷菜单中选择“新建”|“摄像机”命令，在打开的对话框中设置“类型”为“单节点摄像机”，设置“预设”为“35 毫米”如图 18-30 所示。单击右下角的“确定”按钮，完成摄像机的创建。

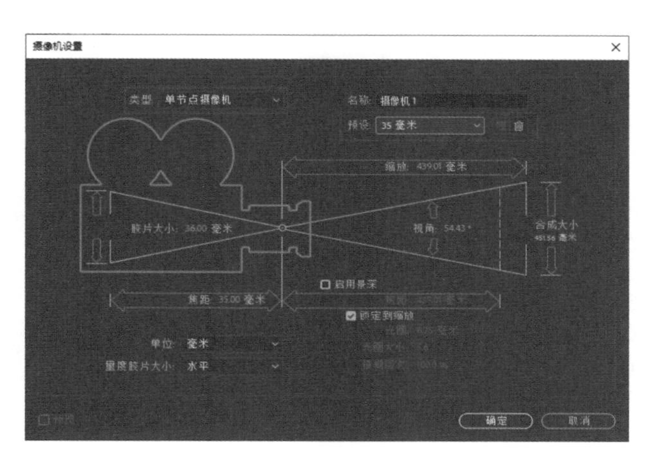

图 18-30　新建并调整摄像机

③ 调整摄像机位置。选择“摄像机 1”图层，按快捷键 P 展开属性，调整“位置”参数，如图 18-31 所示。

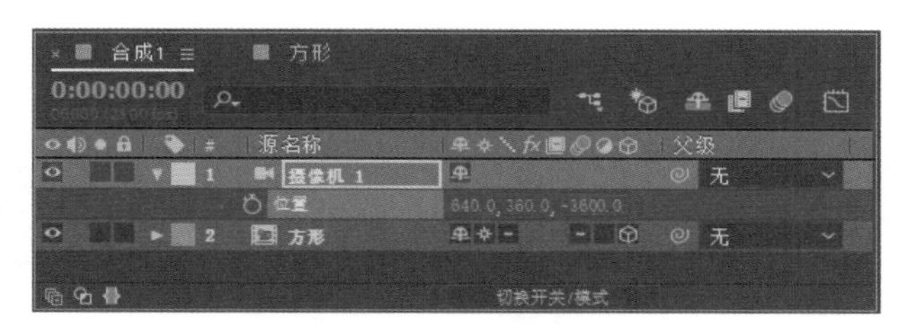

图 18-31　调整“位置”参数

④ 上述操作完成后，得到的视图效果如图 18-32 所示。

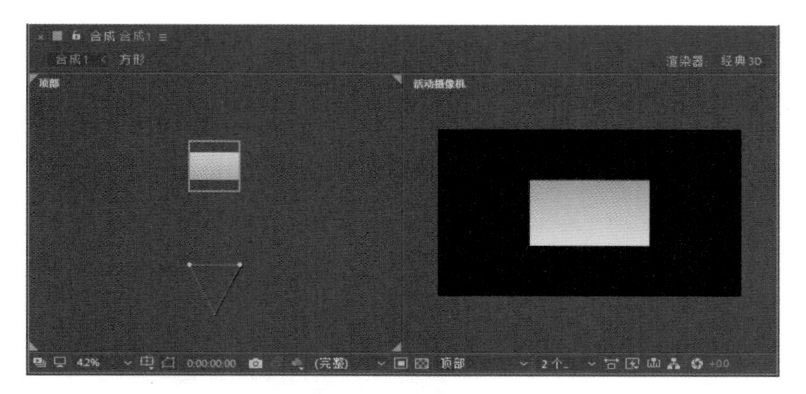

图 18-32　操作后视图效果（一）

⑤ 执行“合成”|“新建合成”命令，创建一个“宽度”为 2500px，“高度”为 1500px 的合成，并设置名称为“图像动画”，单击“确定”按钮，如图 18-33 所示。

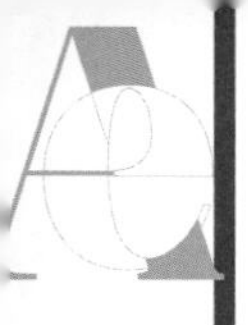

⑥ 在“项目”面板中选择“图像动画”合成，将其拖入“合成 1”，然后激活图层右侧的按钮，如图 18-34 所示。

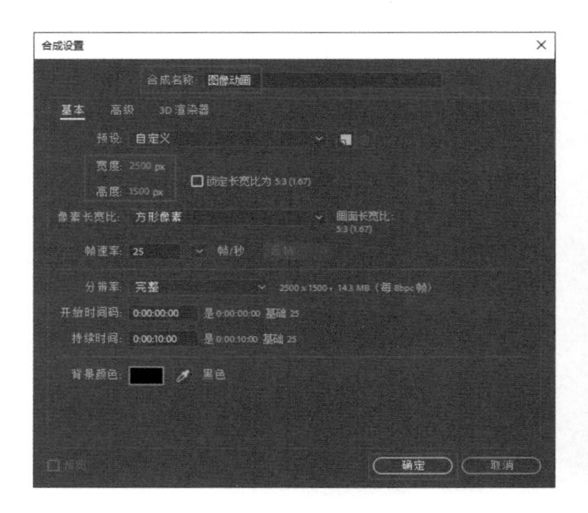

图 18-33　新建合成

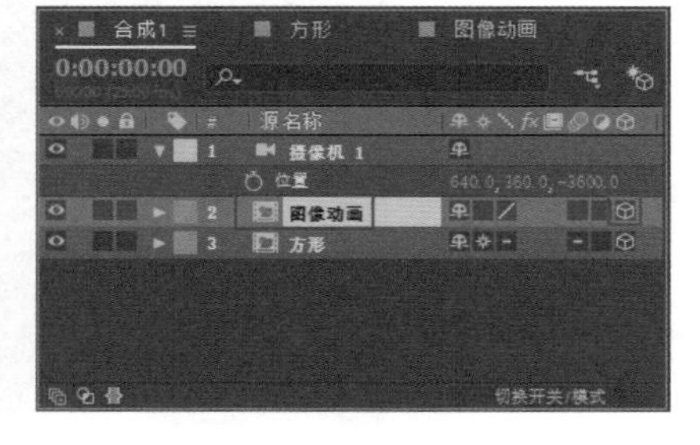

图 18-34　并入合成（二）

⑦ 选择“图像动画”图层，按快捷键 P 展开属性，调整“位置”属性中的 Z 轴参数为 -640.0，如图 18-35 所示。

⑧ 选择“图像动画”图层，按快捷键 S 展开属性，调整“缩放”参数为“125.0，125.0，125.0”，如图 18-36 所示。

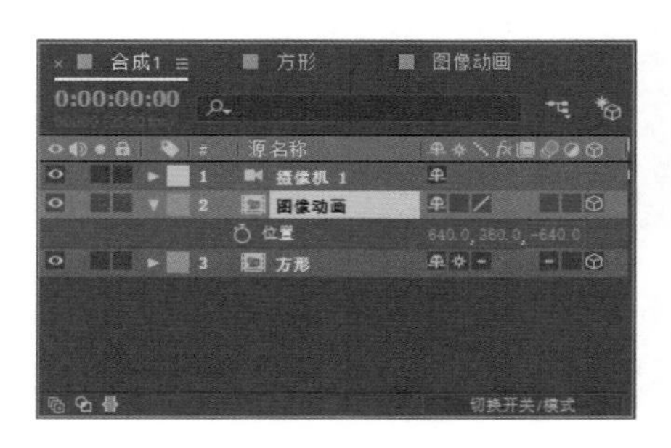

图 18-35　设置 Z 轴参数

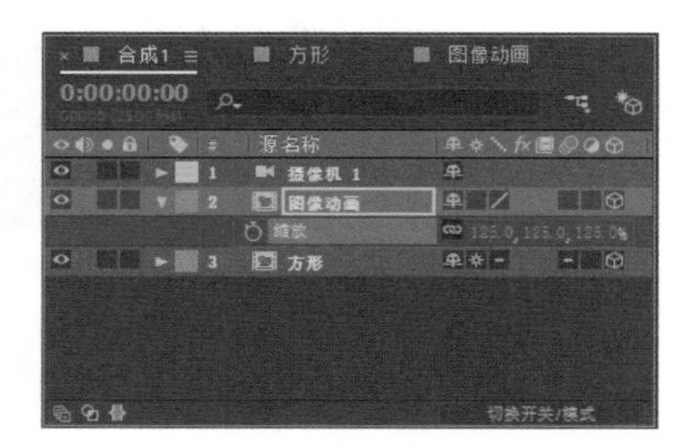

图 18-36　设置缩放参数

⑨ 上述操作完成后，得到的视图效果如图 18-37 所示。

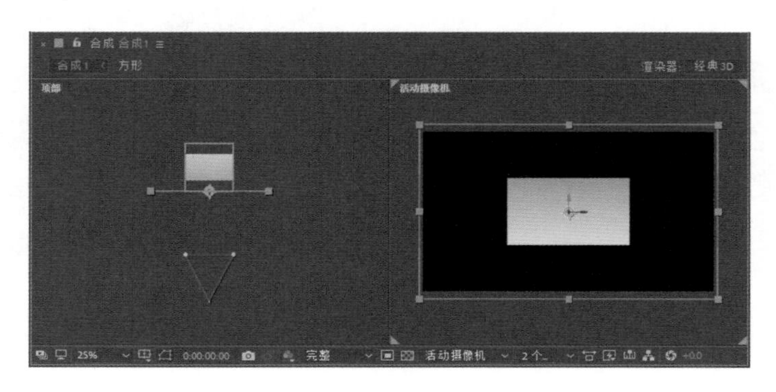

图 18-37　操作后视图效果（二）

18.2.3 添加 Logo 并创建旋转控件

在合成中添加 Logo 元素，并执行“新建”|“空对象”命令，创建一个旋转控件，然后添加关键帧，并对关键帧进行速率调整。

① 执行“文件”|“导入”命令，在弹出的“导入文件”对话框中选择“Logo.png”文件，单击“导入”按钮，将文件导入项目。在“项目”面板中选择“Logo.png”文件，将其拖入“合成 1”，然后激活图层右侧的按钮，如图 18-38 所示。

② 选择“Logo.png”图层，按快捷键 P 展开属性，调整“位置”属性中的 Z 轴参数为 640.0，如图 18-39 所示。

图 18-38 导入素材项目

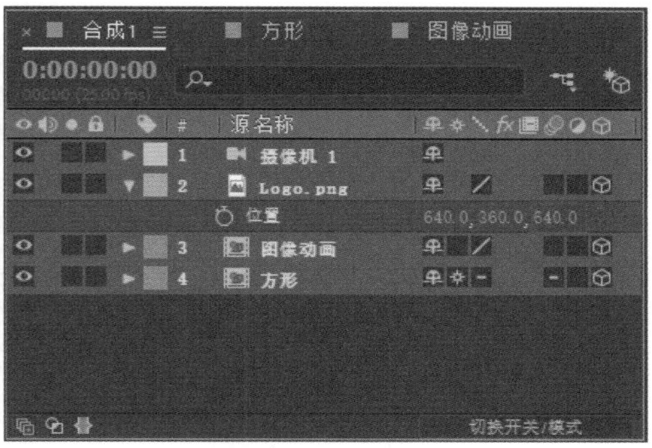

图 18-39 设置 Z 轴属性

③ 在“合成 1”合成面板的空白处右击，在弹出的快捷菜单中选择“新建”|“空对象”命令，如图 18-40 所示。

④ 将空对象图层重命名为“旋转控件”，并激活图层右侧的按钮，然后将“Logo.png”图层、“图像动画”图层、“方形”图层链接到“旋转控件”图层，如图 18-41 所示。

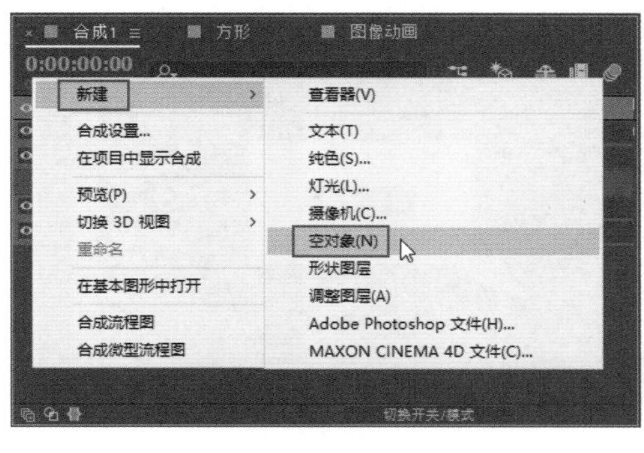

图 18-40 新建空对象

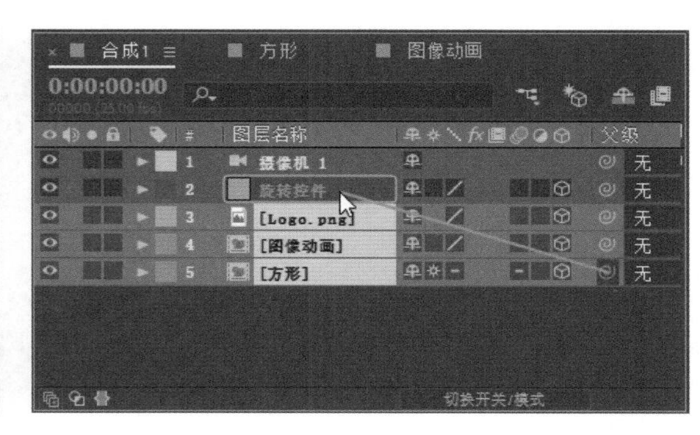

图 18-41 链接图层

⑤ 选择“旋转控件”图层，按快捷键 R 展开属性。将当前时间设置为 0:00:02:00，然后单击“Y 轴旋转”参数左侧的“时间变化秒表”按钮，添加关键帧，如图 18-42 所示。

⑥ 将当前时间设置为 0:00:03:15，然后修改“Y 轴旋转”参数为 0x+180°，添加新的关键帧，如图 18-43 所示。

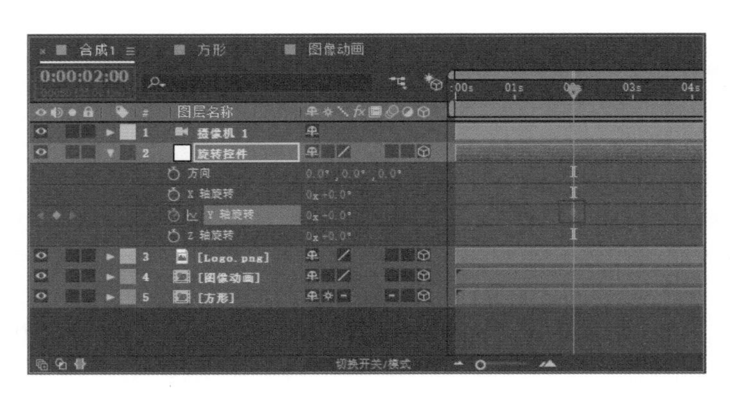

图 18-42　创建关键帧

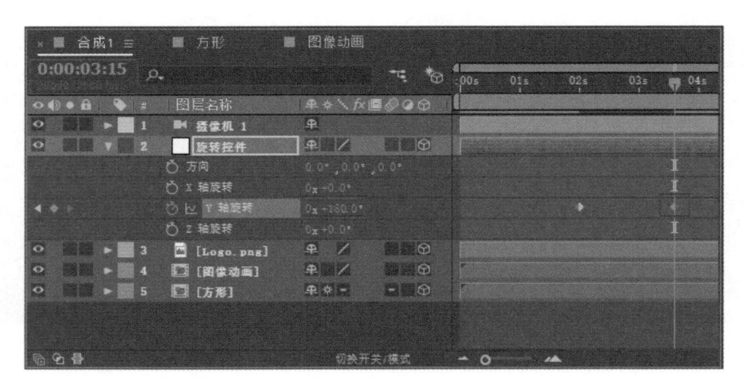

图 18-43　创建新的关键帧

⑦ 选择“Logo.png”图层，按快捷键 S 展开属性，调整“缩放”属性中的 X 轴参数为 -100.0，如图 18-44 所示，将 Logo 文字摆正，效果如图 18-45 所示。

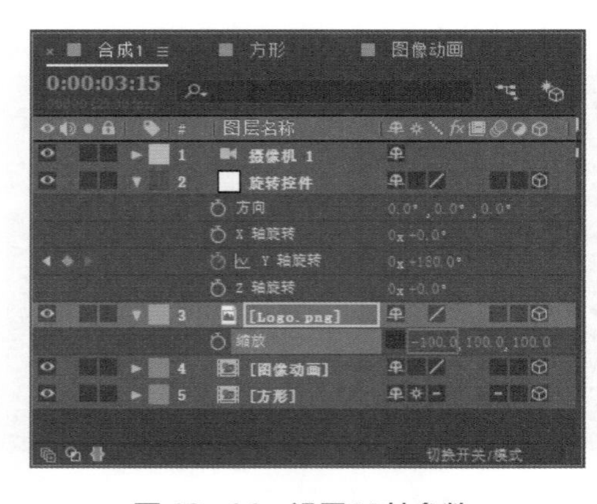

图 18-44　设置 X 轴参数

图 18-45　当前效果

⑧ 选择“旋转控件”图层的“Y 轴旋转”参数关键帧，右击，在弹出的快捷菜单中选择“关键帧辅助”|“缓动”命令，如图 18-46 所示。

⑨ 在“合成 1”合成面板中单击“图表编辑器”按钮，在“图表编辑器”面板中调整关键帧速率，如图 18-47 所示。完成后再次单击“图表编辑器”按钮，关闭“图表编辑器”面板。

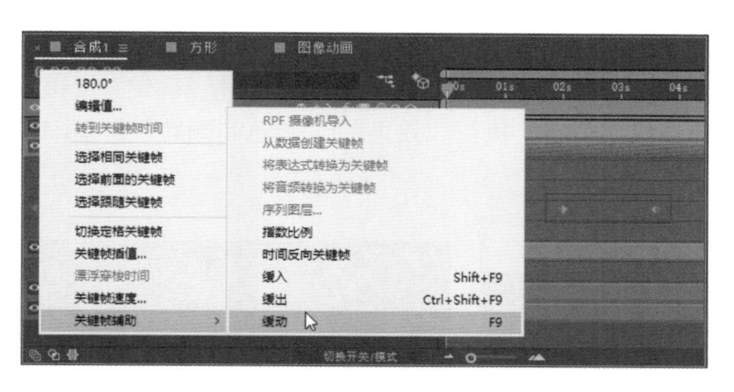

图 18-46　选择“缓动”命令

图 18-47　“图表编辑器”面板

18.2.4　网格分布图像

视频的主要动画效果为 25 张图像由远及近汇聚在一起，在创建该效果前，首先需要在合成中创建等距分布的网格，以供之后的图像排列作参考。

① 在“项目”面板中单击“新建文件夹”按钮，新建一个名为“图片”的文件夹，接着选择“图片”文件夹，单击“新建合成”按钮，如图 18-48 所示。

② 打开“合成设置”对话框，创建一个“宽度”为 960px，“高度”为 540px 的合成，并设置名称为“图像 1”，单击“确定”按钮，如图 18-49 所示。

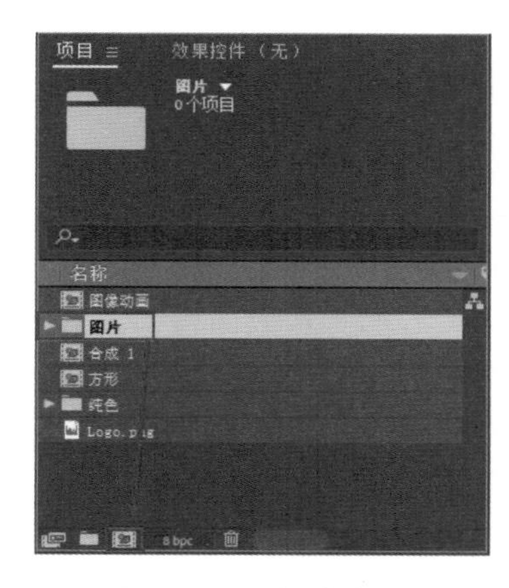

图 18-48　新建合成

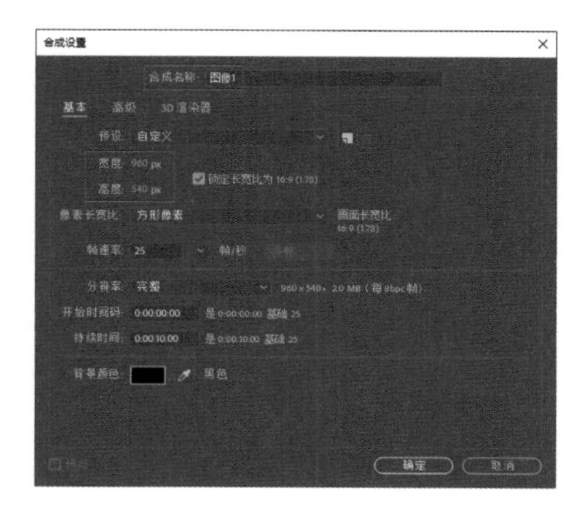

图 18-49　编辑合成设置

③ 在“图像 1”合成面板的空白处右击，在弹出的快捷菜单中选择“新建”|“纯色”命令，打开“纯色设置”对话框，设置名称为“基础图像”，单击“确定”按钮，如图 18-50 所示。

④ 选择“基础图像”图层，执行“效果”|“杂色和颗粒”|“湍流杂色”命令，得到图像效果如图 18-51 所示。

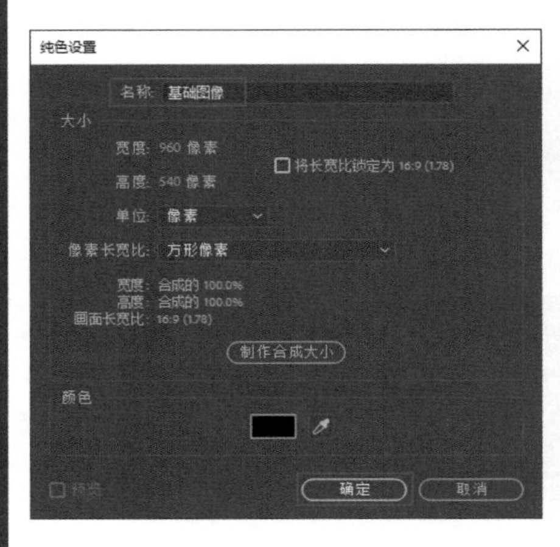

图 18-50　新建纯色

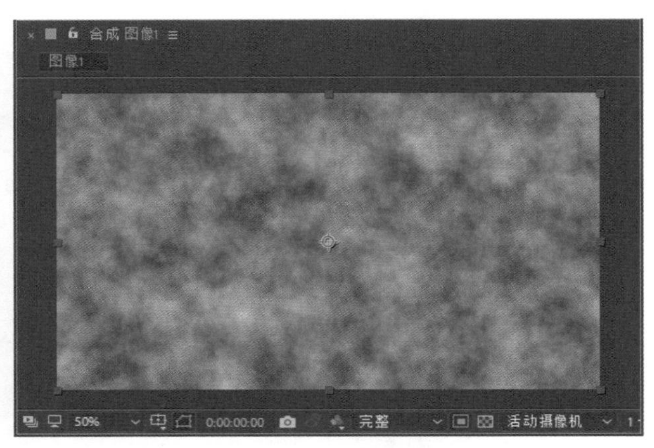

图 18-51　湍流杂色效果

⑤ 在“项目”面板中选择“图像 1”合成，将其拖入“图像动画”合成，如图 18-52 所示。

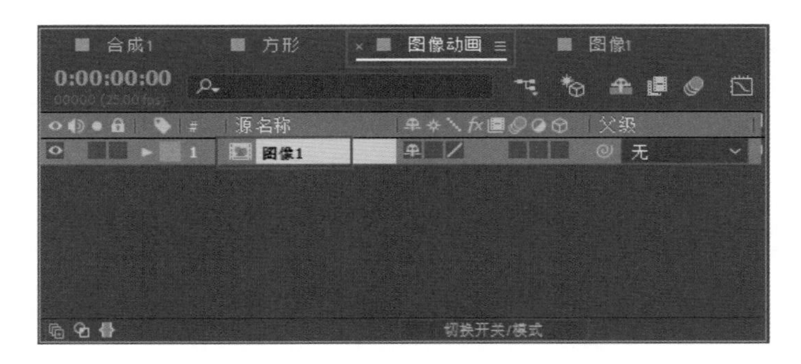

图 18-52　并入合成

⑥ 在“合成”面板的空白处右击，在弹出的快捷菜单中执行“新建”|“查看器”命令，如图 18-53 所示。

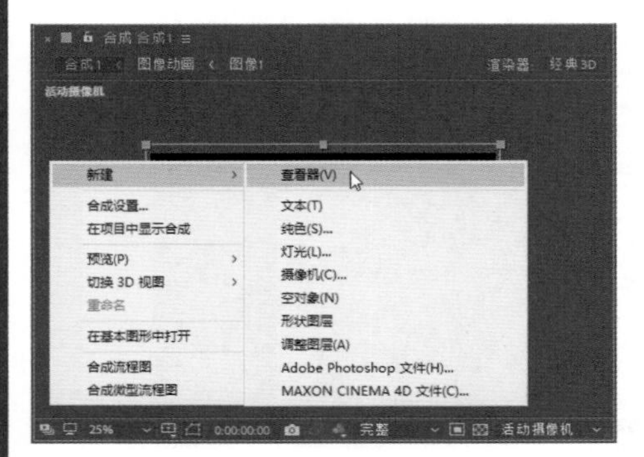

图 18-53　新建查看器

⑦ 显示两个视图后，在左侧显示“图像动画”合成（右侧视图为锁定状态），如图 18-54 所示，方便后续两个合成视图的对比操作。

⑧ 进入“方形”合成面板，激活底端“黑色 纯色 1”图层前的“独奏”按钮，如图 18-55 所示，暂时仅显示该图层对应的画面（即显示立方体距离用户视线最近的一个面），如图 18-56 所示。

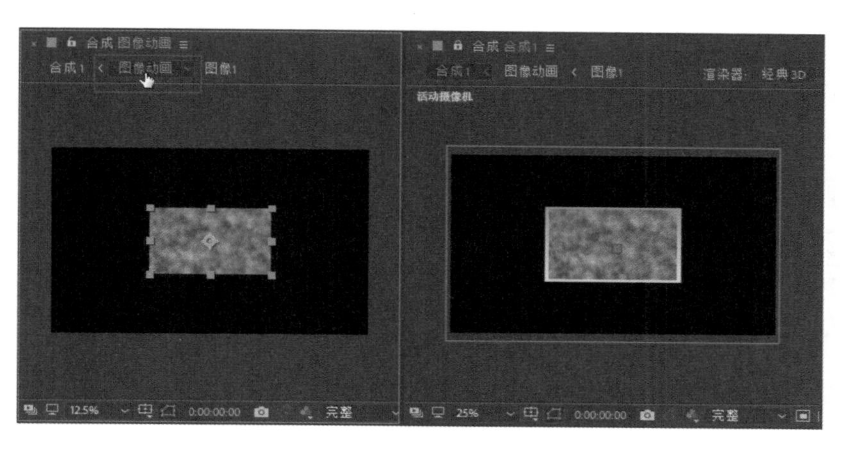

图 18-54　选择左侧为“图像动画”

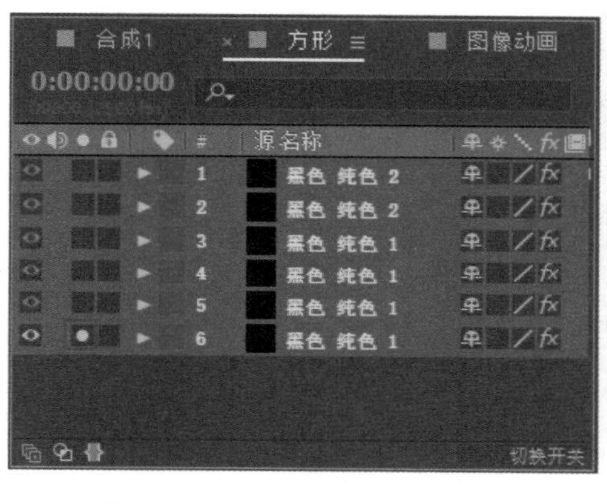

图 18-55　激活“独奏”按钮

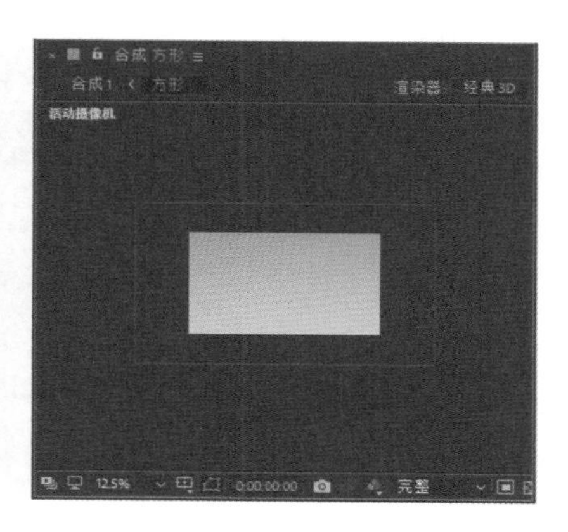

图 18-56　当前显示效果

⑨ 选择独奏的“黑色 纯色 1”图层，执行“效果”|“生成”|“网格”命令，得到图像效果如图 18-57 所示。

⑩ 在“效果控件”面板中对“网格”效果的参数进行适当调整，如图 18-58 所示。

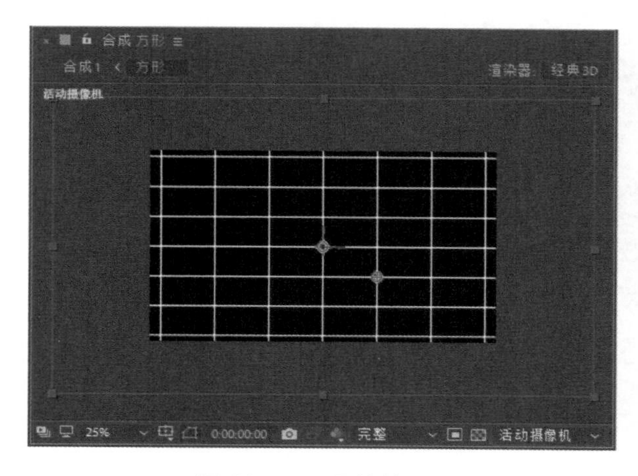

图 18-57　网格效果

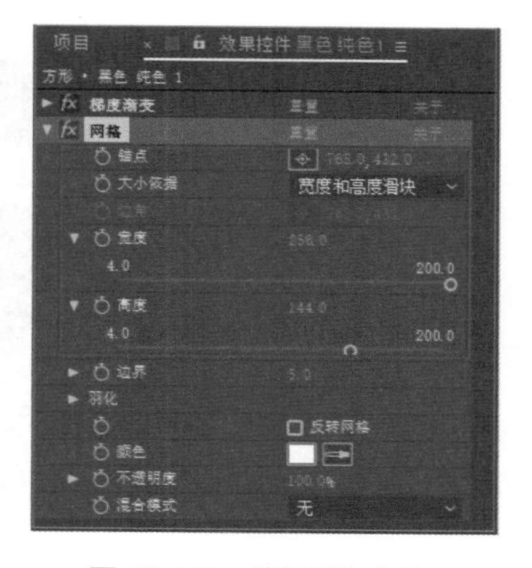

图 18-58　编辑网格参数

⑪ 完成“网格”效果参数的调整后，得到的网格效果如图 18-59 所示。

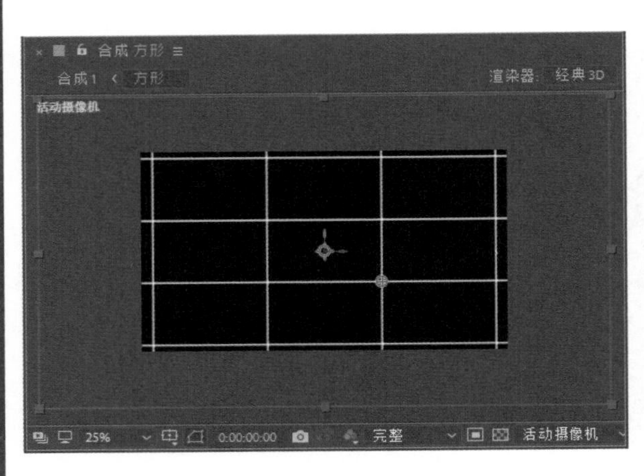

图 18-59　编辑后效果

⑫ 进入“图像动画”合成面板，展开“图像 1”图层的“位置”和“缩放”属性，根据画面情况调整这两个属性的参数值（对应左侧视图中的灰色方块），使右侧视图中的灰色方块处于左上角网格之中，如图 18-60 所示。

⑬ 选择“图像 1”图层，按快捷键 Ctrl+D 复制一层，然后将其对应的方块移动到右上角网格处，注意随时调整图层对应的参数值，使灰色方块与网格对齐，如图 18-61 所示。

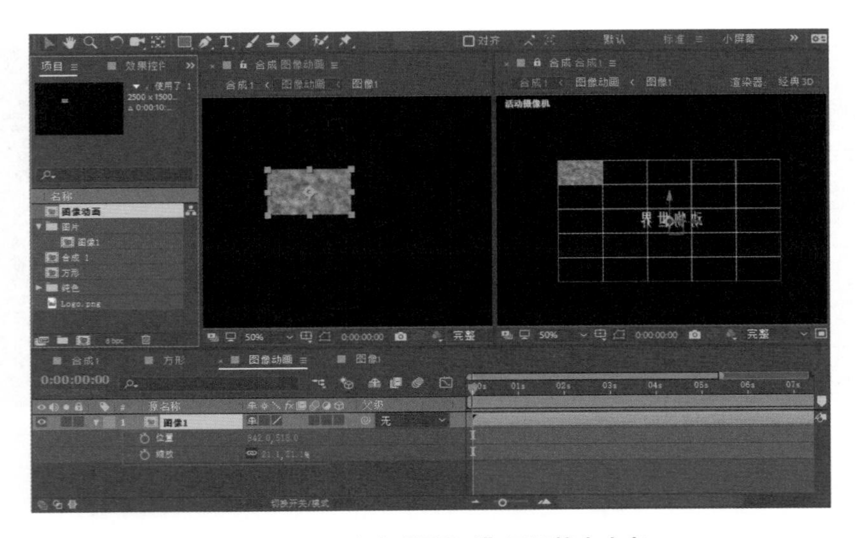

图 18-60　移动“图像 1”至网格左上角

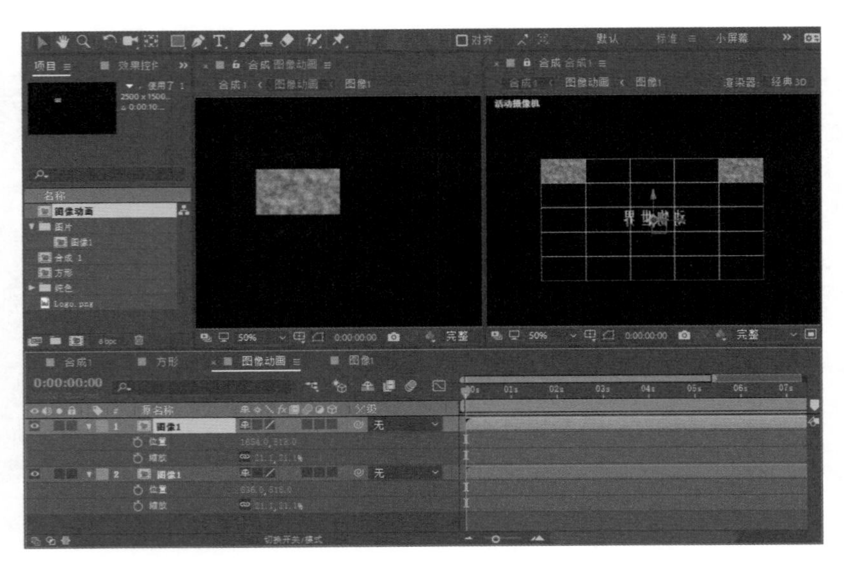

图 18-61　复制“图像 1”至网格右上角

⑭ 完成上述操作后，继续选择“图像 1”图层，按 3 次快捷键 Ctrl+D 复制 3 个图层出来。然后同时选择合成面板中的 5 个“图像 1”图层，如图 18-62 所示，在“对齐”面板中单击“水平居中分布”按钮，如图 18-63 所示。

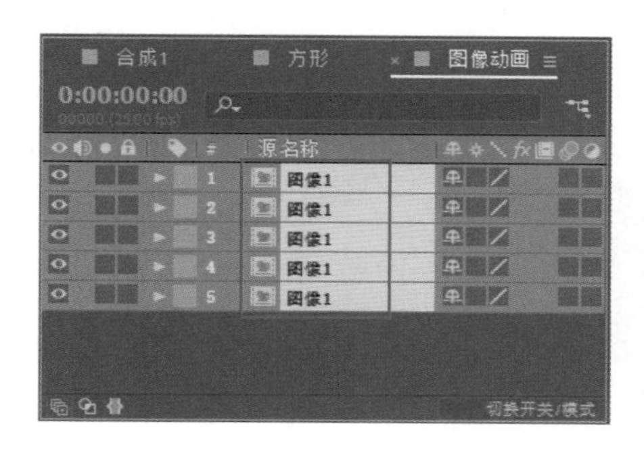

图 18-62　复制粘贴其他图层

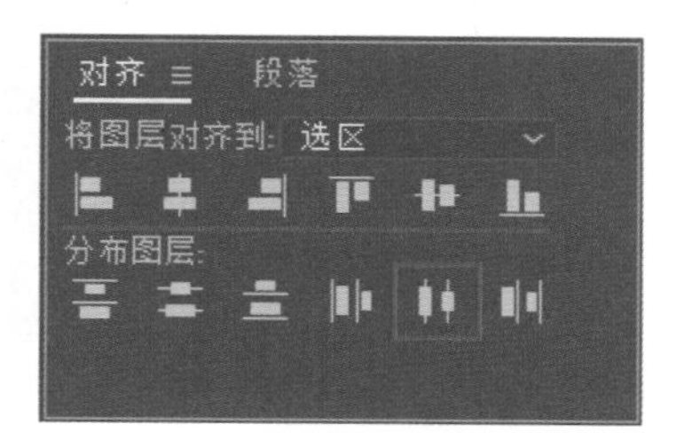

图 18-63　选择分布方式

⑮ 完成操作后，5 个“图像 1”图层对应的灰色方块将平均分布于第一行网格之中，如图 18-64 所示。

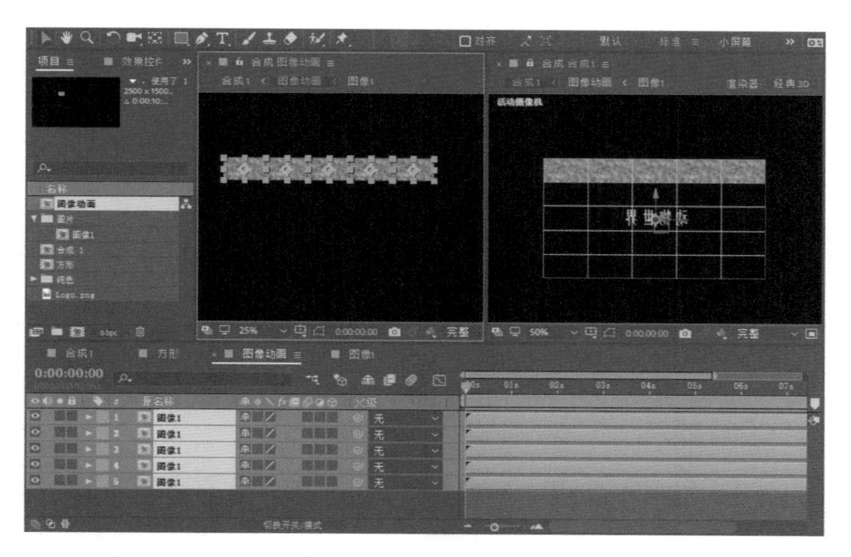

图 18-64　操作后灰色色块分布效果

⑯ 在“图像动画”合成面板中，继续选择 5 个“图像 1”图层，按快捷键 Ctrl+D 复制出 5 个新的图层，如图 18-65 所示。

⑰ 通过键盘方向键，快速调整图层对应的 5 个灰色方块，使它们平均分布于第 2 行网格之中，如图 18-66 所示。

⑱ 用上述同样的方法继续复制图层，并将对应的灰色方块移至合适的位置，铺满整个网格，如图 18-67 所示。完成灰色方块的排列操作后，可返回

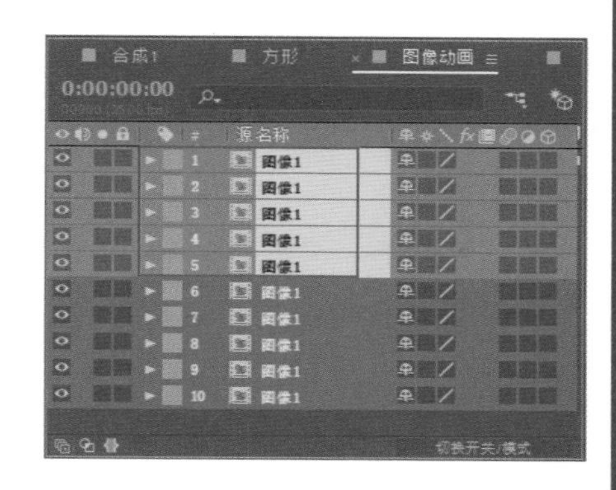

图 18-65　复制 5 个新的图层

“方形”合成中，将底端“黑色 纯色 1”中的“网格”效果删除，并取消图层独奏。

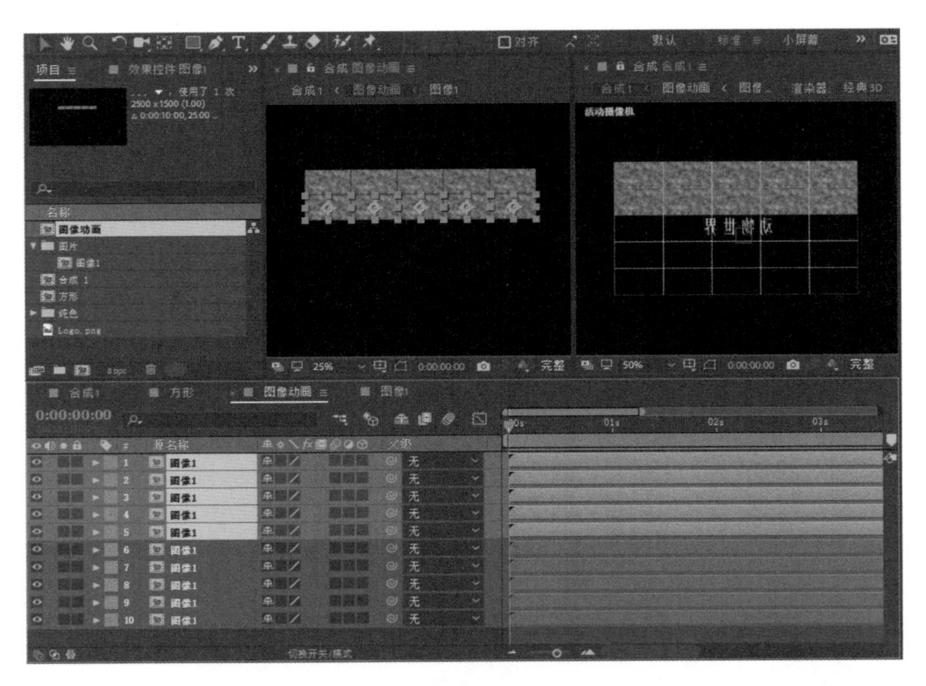

图 18-66　让灰色色块布满第 2 行网格

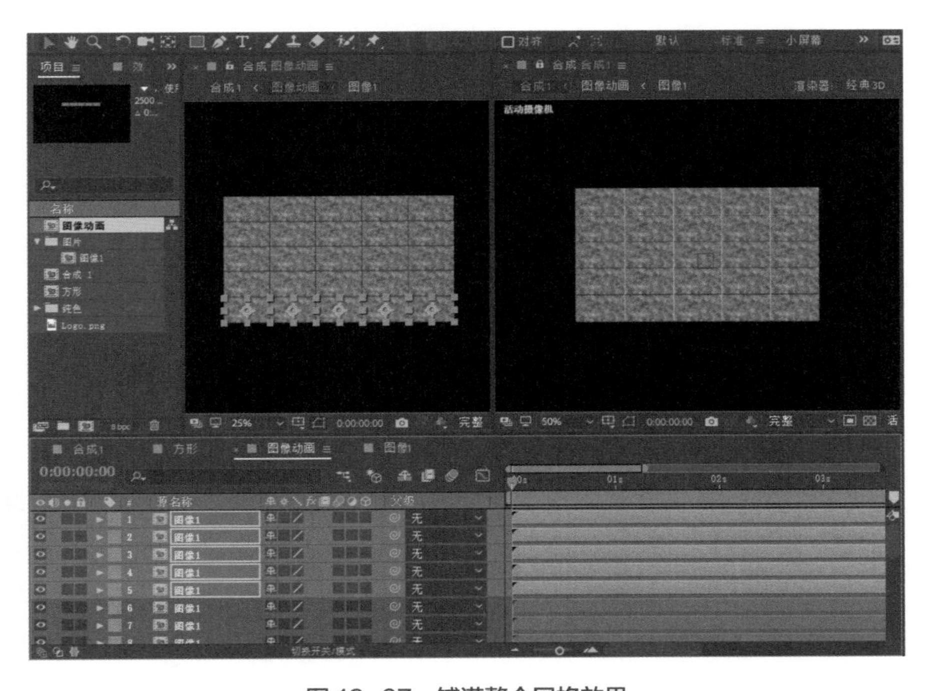

图 18-67　铺满整个网格效果

⑲ 在“图像动画”合成面板中，选择所有的“图像 1”图层（25 个图层），然后激活这些图层右侧的按钮，如图 18-68 所示。此时在“合成”面板中对应的视图效果如图 18-69 所示。

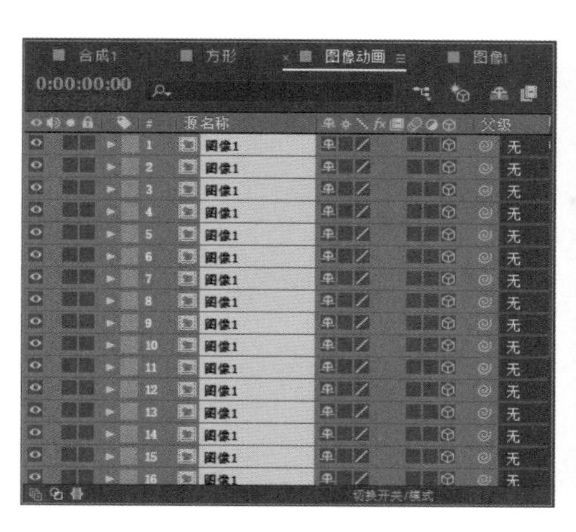

图 18-68　激活图层

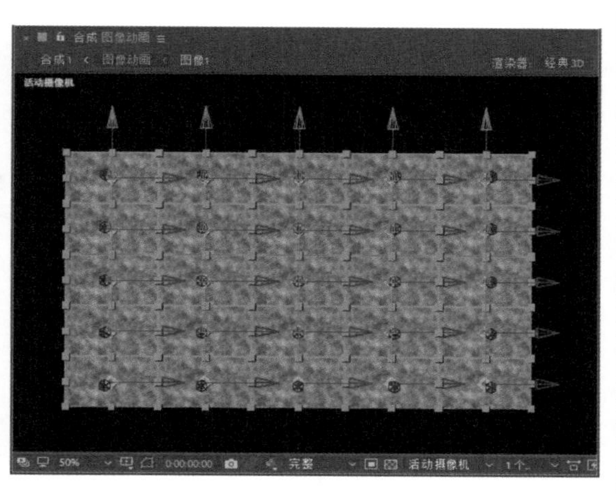

图 18-69　当前视图效果

⑳ 接下来需要替换图片素材。进入“图像 1”合成面板，将其中的“基础图像”图层删除。然后在“项目”面板中，选择“图像 1”合成，如图 18-70 所示，按快捷键 Ctrl+D 进行连续复制操作，复制出 24 个新对象，如图 18-71 所示。

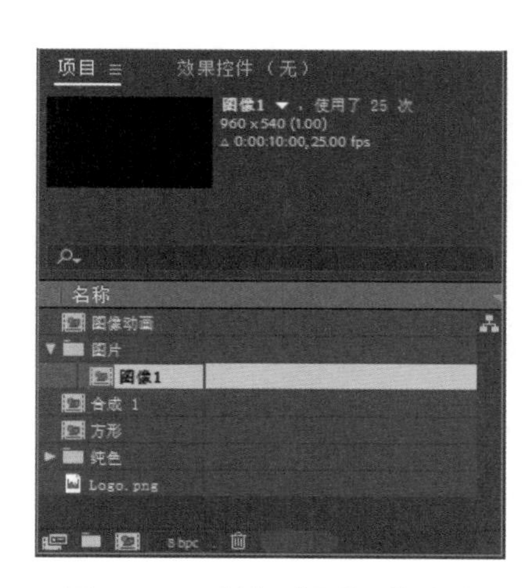

图 18-70　选择“图像 1”合成

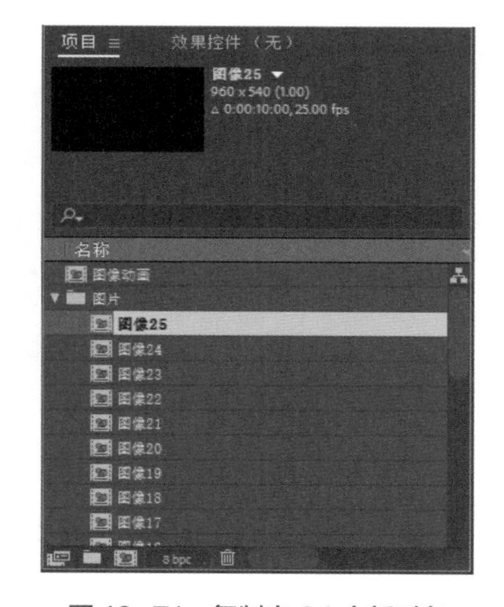

图 18-71　复制出 24 个新对象

18.2.5　添加图像

在完成网格的创建后，将准备的图片素材导入项目，并参照网格进行大小及位置的调整，使图像有序地分布在网格上方。

① 在“项目”面板中选择“图片”文件夹，如图 18-72 所示，按快捷键 Ctrl+I 打开“导入文件”对话框，同时选择路径文件夹中的 25 张图片素材，如图 18-73 所示，单击“导入”按钮。

② 操作完成后，在“项目”面板中选择“01.jpg”图片素材，将其拖入“图像 1”合成，如图 18-74 所示。

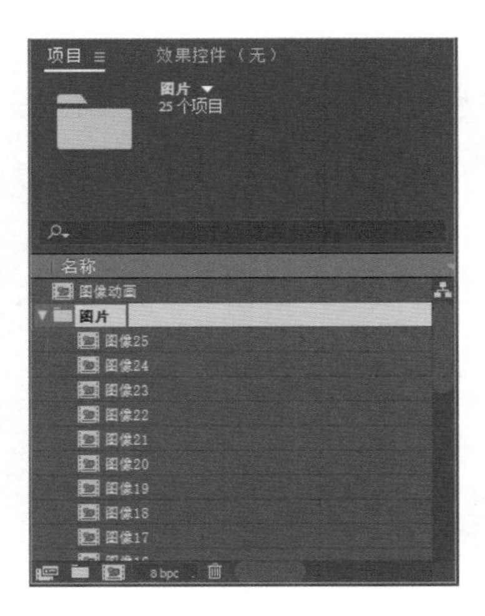

图 18-72　选择“图片”文件夹

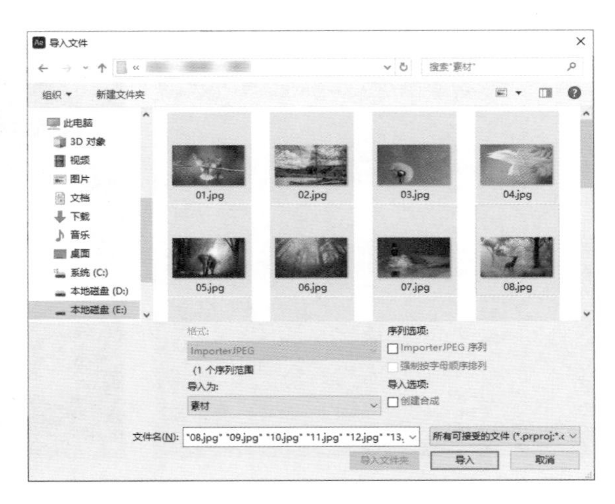

图 18-73　导入素材图片

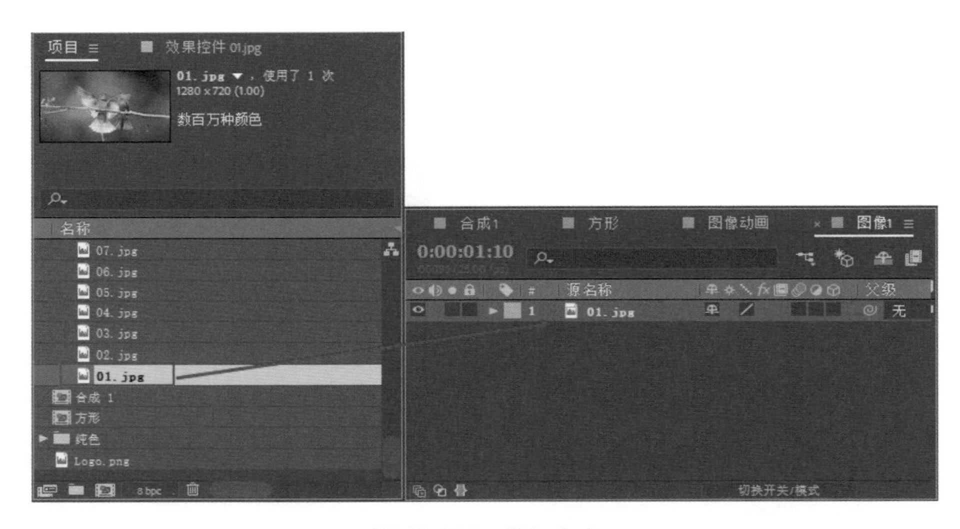

图 18-74　并入合成

③ 选择“图像 1”合成中的“01.jpg”图层，按快捷键 S 展开属性，调整“缩放”参数，使图像缩放至合适大小，如图 18-75 所示。

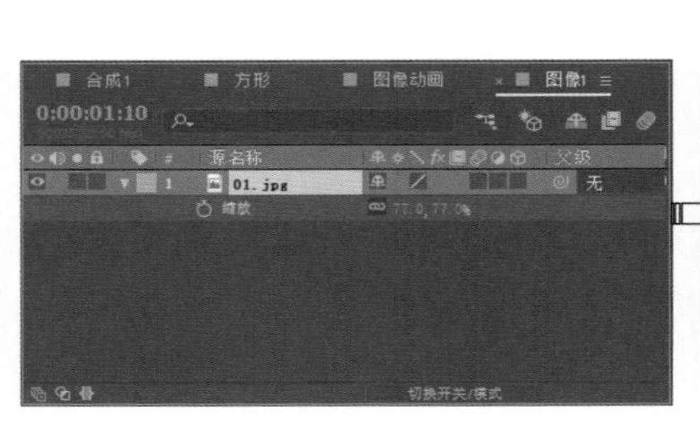

图 18-75　调整缩放大小

④ 用上述同样的方法，继续在“项目”面板中选择“02.jpg”图片素材，将其拖入“图像 2”合成；选择“03.jpg”图片素材，将其拖入“图像 3”合成，直到选择“25.jpg”图片素材，将其拖入“图像 25”合成。并使这些图像在合成中缩放至合适大小。

⑤ 完成所有图像的替换操作后，进入“图像动画”合成面板，预览当前画面效果如图 18-76 所示，由于图像对应的图层源均为“图像 1”合成，因此 25 个画面均显示为“01.jpg”图像。

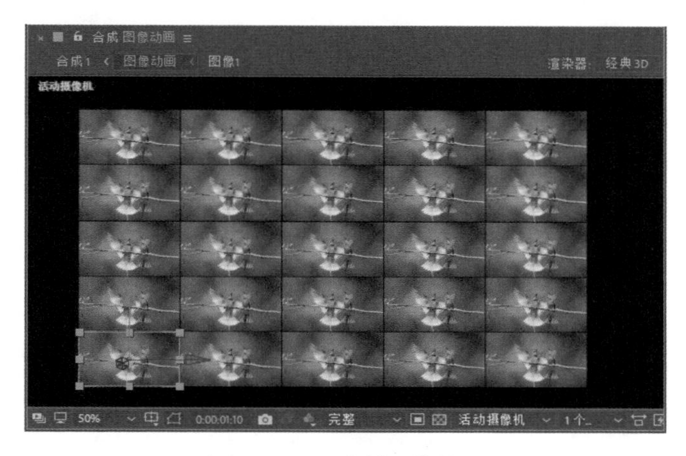

图 18-76 当前预览效果

⑥ 替换图像。在“图像动画”合成面板中选择第 2 个“图像 1”图层，然后在“项目”面板中选择“图像 2”合成，按住 Alt 键，将其拖至“图像 1”图层上方，如图 18-77 所示。

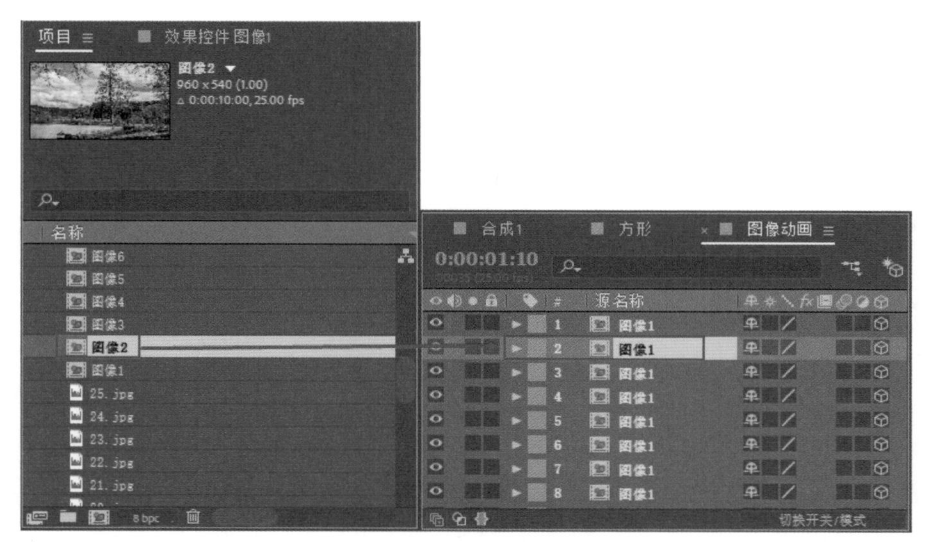

图 18-77 调整图层顺序

⑦ 释放鼠标即可完成图像的替换操作，效果如图 18-78 所示。

⑧ 用同样的方法，完成“图像动画”合成中剩余图层的图像替换操作，如图 18-79 所示。

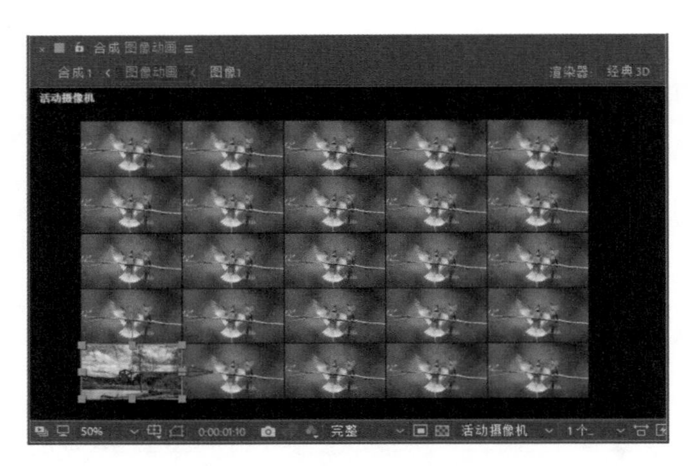

图 18-78　替换调整后的图层

图 18-79　替换其余图层

⑨ 完成所有操作后，在“图像动画”合成中选中所有图层，按快捷键 P 展开属性，然后在 0:00:02:00 位置统一添加“位置”关键帧，如图 18-80 所示。

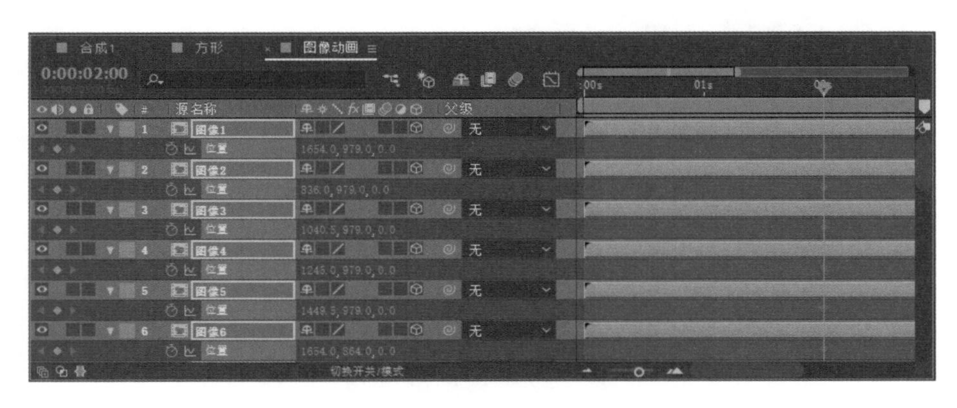

图 18-80　添加“位置”关键帧

⑩ 将当前时间设置为 0:00:00:00，在“合成”预览面板中选中第一排图像（图像对应的 5 个图层也将被选中），如图 18-81 所示。

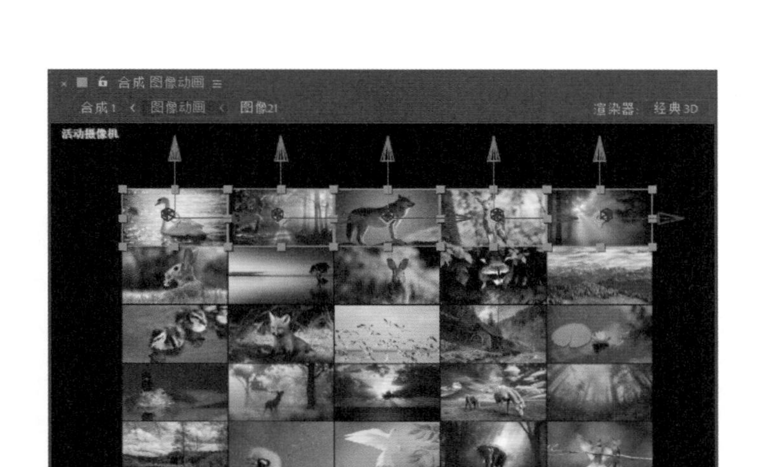

图 18-81　选中第一排图像

18.2.6　创建动画效果

在完成图片素材的添加后，就可以为图像创建汇聚动画效果了。该动画效果主要是通过为对象在不同时间点设置“位置”关键帧来实现的。

① 将“顶部”视图打开，然后在“图像合成”面板中调整图层（同时调整选中的 5 个图层）“位置”中的 Z 轴参数，将所选对象移出显示范围，如图 18-82 所示。

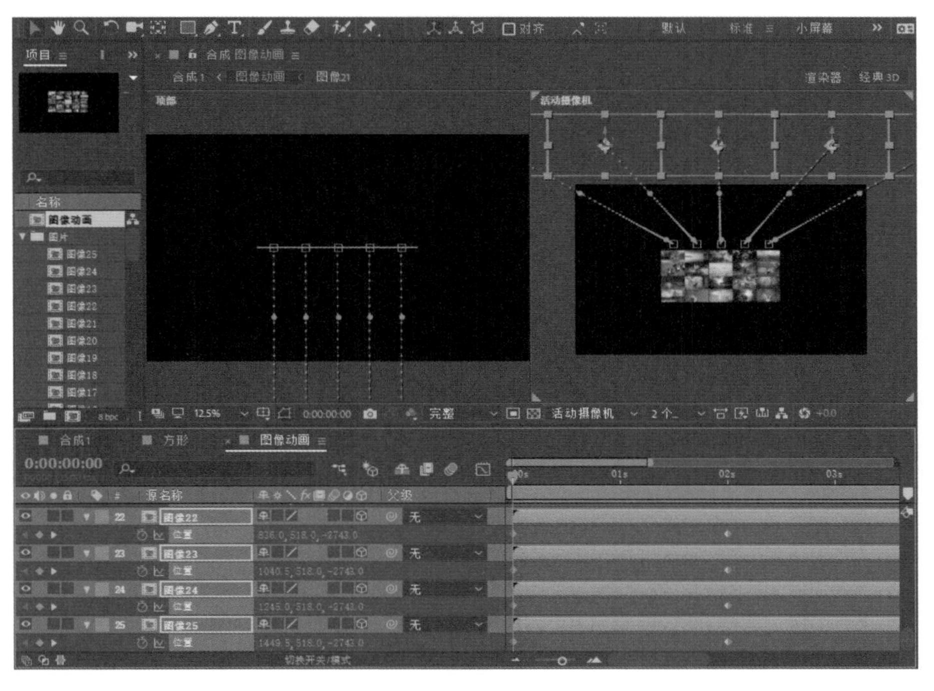

图 18-82　调整 Z 轴参数

② 在“图像合成”面板中右击，在弹出的快捷菜单中执行“新建”|“摄像机”命令，

打开“摄像机设置”对话框，在“预设”下拉列表中选择“35 毫米”选项，如图 18-83 所示，单击“确定”按钮。

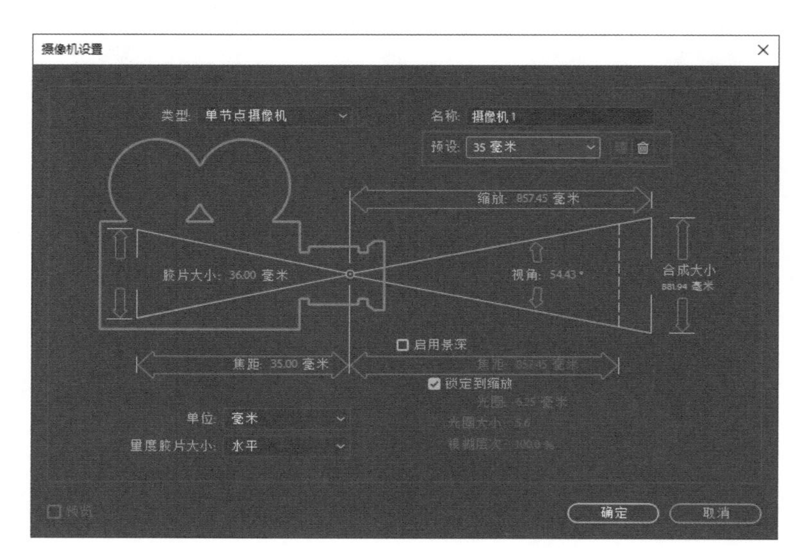

图 18-83 “摄像机设置”对话框

③ 将“摄像机 1”图层放置到顶层，接着在“图像合成”面板中对之前所选的 5 个图层分别进行“位置”参数的调整，这里对参数不作具体要求，大家可根据实际需求自由调整，使图像产生错落的视觉效果即可，如图 18-84 所示。

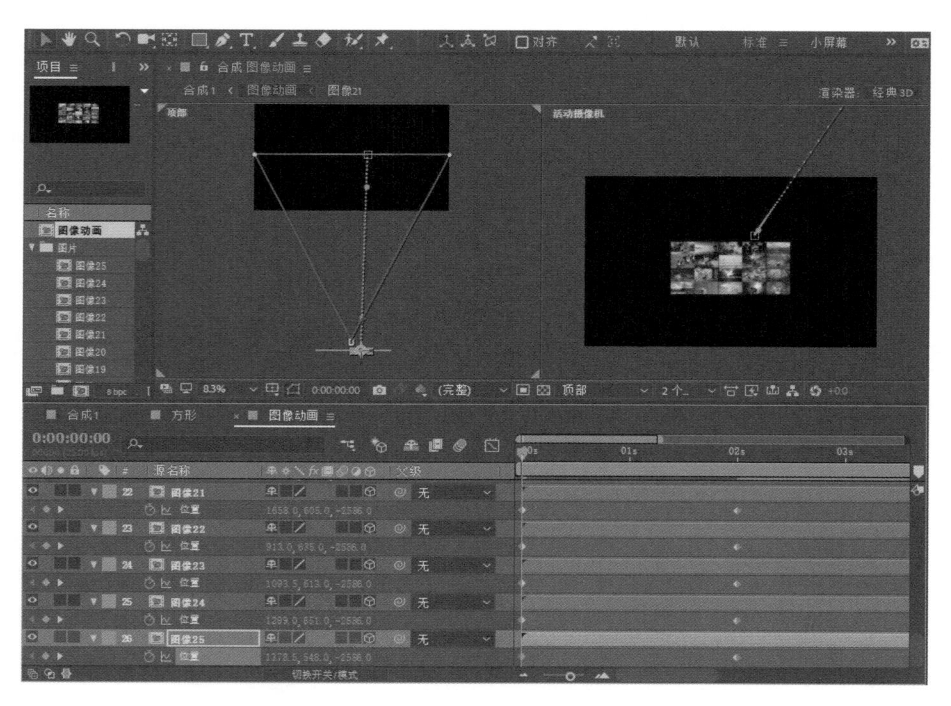

图 18-84 使图像产生错落的视觉效果

④ 完成调整后预览视频效果，可以看到图像的运动轨迹及动画效果，如图 18-85 所示。

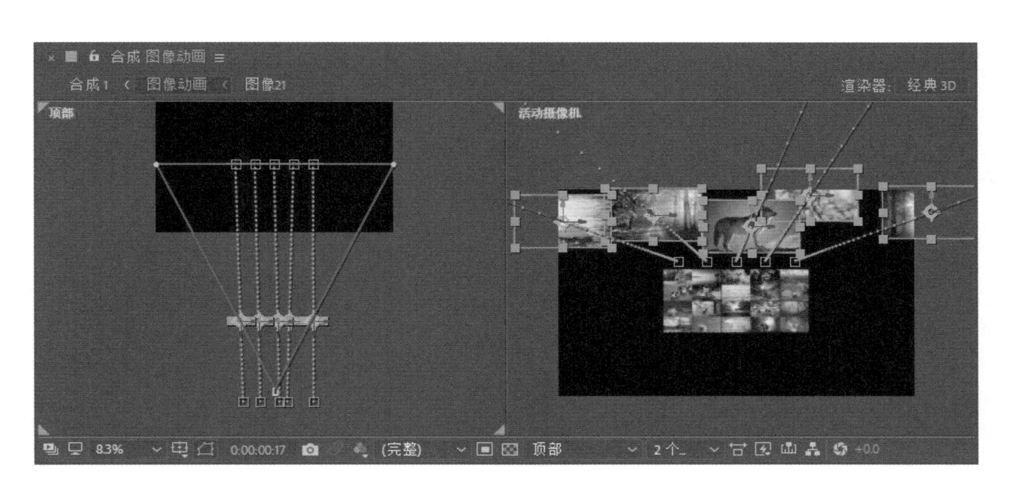

图 18-85　各图像运动轨迹及动画效果

⑤ 回到 0:00:00:00 时间点，在“合成”预览面板中选中第二排图像（图像对应的 5 个图层也将被选中），用上述同样的方法，通过调整对象的“位置”参数改变运动轨迹，添加关键帧，如图 18-86 所示。

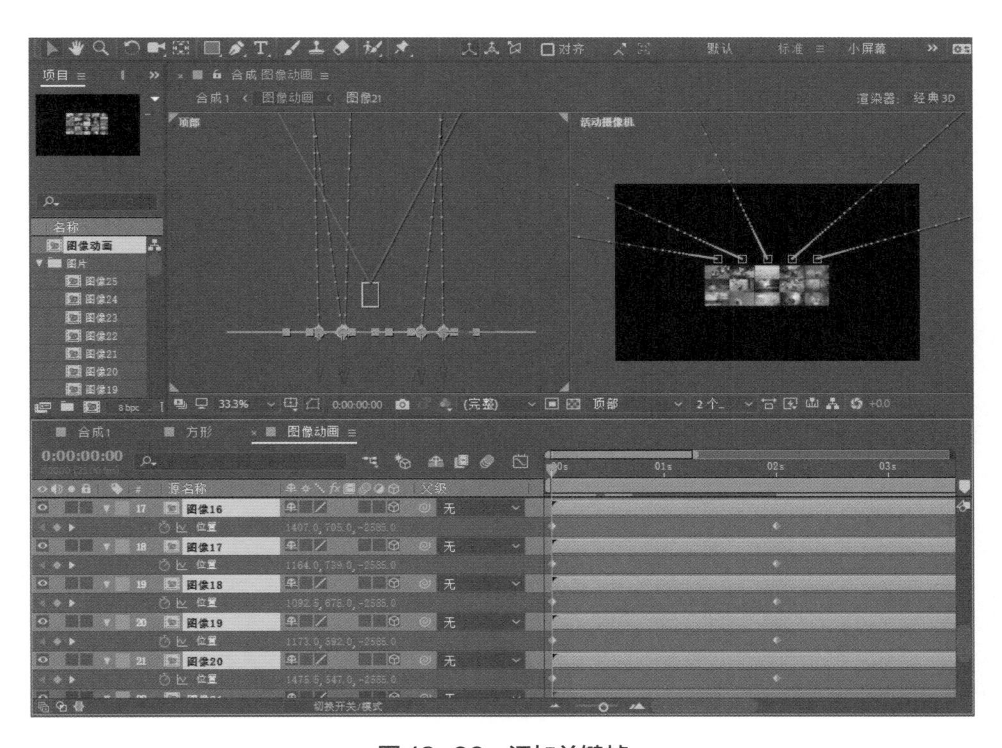

图 18-86　添加关键帧

⑥ 用上述同样的方法，依次选中剩余的三层对象进行相同操作，完成剩余对象在 0:00:00:00 时间点的关键帧设置。完成操作后，预览动画效果，此时可能会出现部分图像因为重叠而产生画面闪烁的情况。针对这一情况，大家可进行以下操作。

⑦ 选中所有图层的结束关键帧，右击，在弹出的快捷菜单中执行“关键帧辅助”|“缓动”命令，如图 18-87 所示。

图 18-87　添加“缓动”效果

⑧ 完成操作后，在“图像合成”面板中对每个图层的起始时间点分别进行调整（选中时间条向右拖曳即可调整），如图 18-88 所示。通过该操作可以有效改善图像重叠闪烁的情况，大家根据实际需求按照这一方法进行效果完善即可。

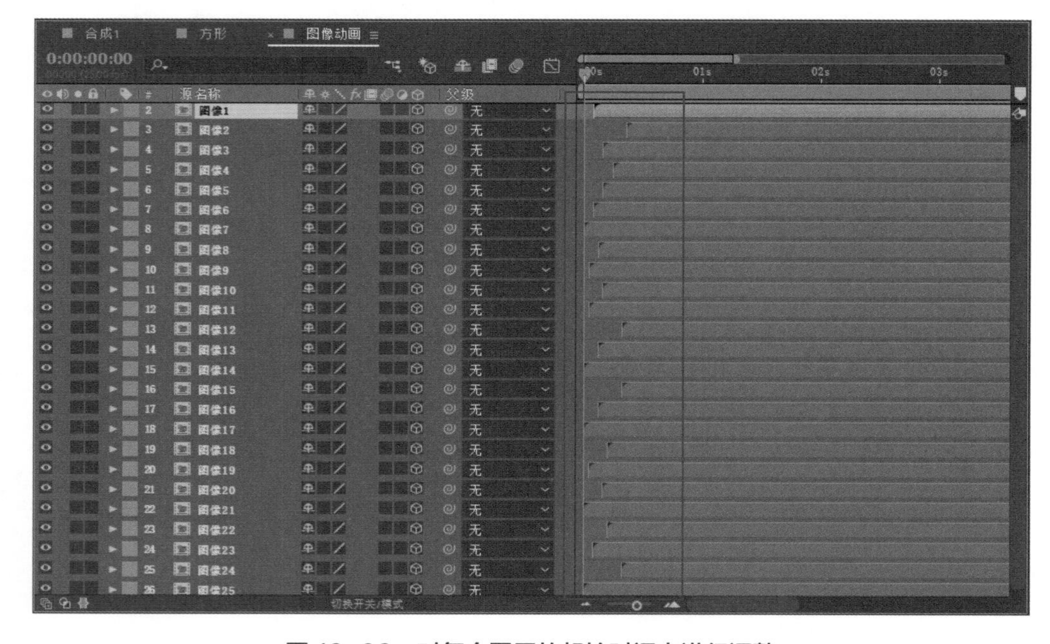

图 18-88　对每个图层的起始时间点进行调整

⑨ 进入“合成 1”面板，选中“旋转控件”图层，按 U 键展开属性，选中属性关键帧，向后拖动，使起始帧位于 0:00:02:13 时间点，如图 18-89 所示。这一操作可以使图像聚合效果更加适应整体动画。

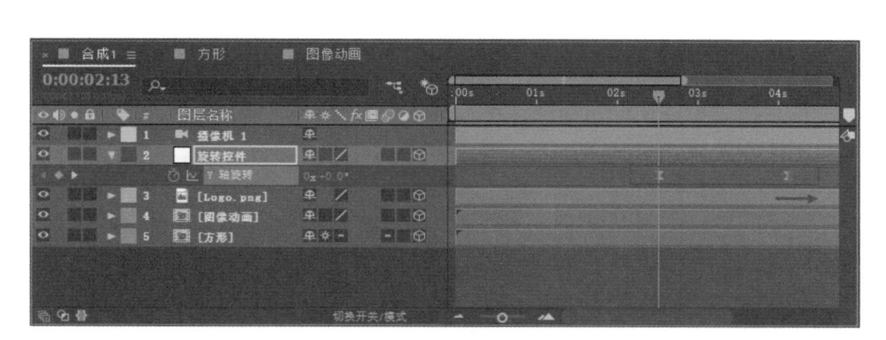

图 18-89　调整“旋转控件”图层的起始帧

⑩ 完成操作后预览动画效果，可以看到图像聚合成立方体的一个面，随后立方体旋转到印有 Logo 的一面，如图 18-90 所示。

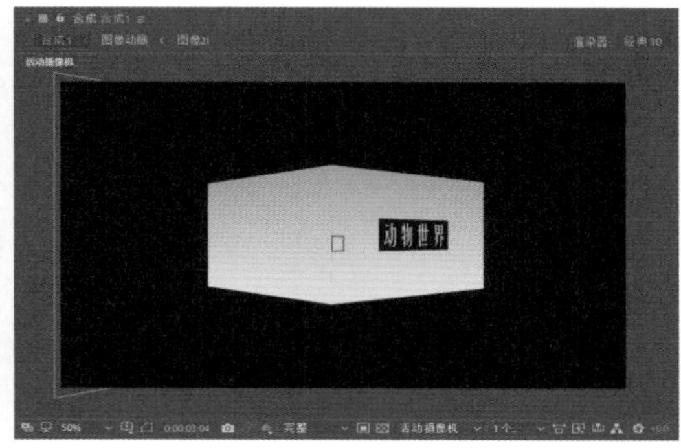

图 18-90　当前预览效果

⑪ 将当前时间设置为 0:00:02:07，在“合成 1”面板中选择“Logo.png”和“方形”图层，按“[”键完成素材入点的剪辑操作，如图 18-91 所示。

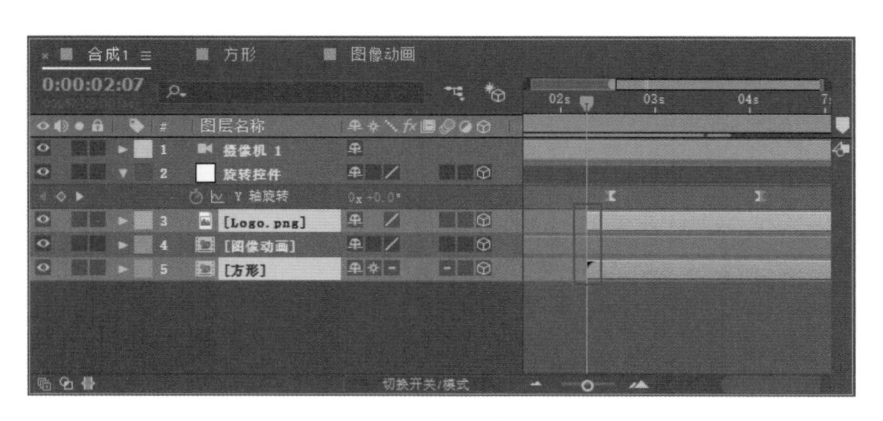

图 18-91　对素材入点进行剪辑

⑫ 继续选择“Logo.png”和“方形”图层，按快捷键 T 展开属性，在 0:00:02:07 时间点单击“不透明度”参数左侧的“时间变化秒表”按钮，激活关键帧，并设置“不透明度”参数为 0%；接着在 00:00:02:13 时间点设置“不透明度”参数为 100%，如图 18-92 所示。

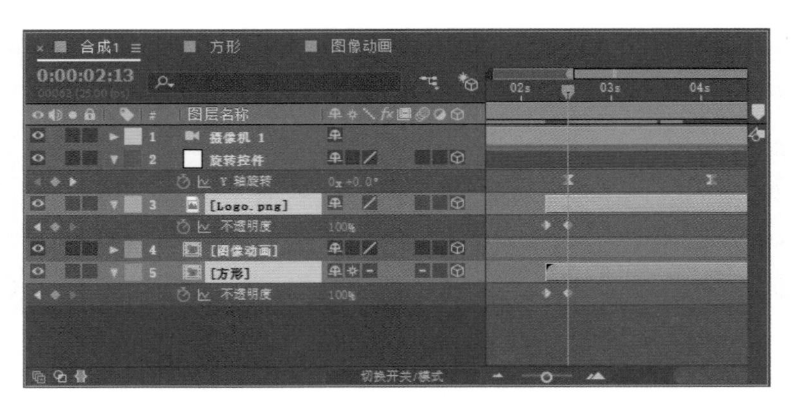

图 18-92　设置不透明度

18.2.7　添加背景和阴影

通过以上操作，项目的制作基本进入尾声。为了使视频效果更加完善和美观，继续在合成中添加背景和阴影效果。

① 执行“文件”|“导入”|“文件”命令，打开“导入文件”对话框，选中路径文件夹中的“背景.mp4”素材，单击“导入”按钮，将文件添加到“项目”面板，如图 18-93 所示。

② 将“项目”面板中的“背景.mp4”素材拖入“合成 1”合成面板，并放到最底层，如图 18-94 所示。

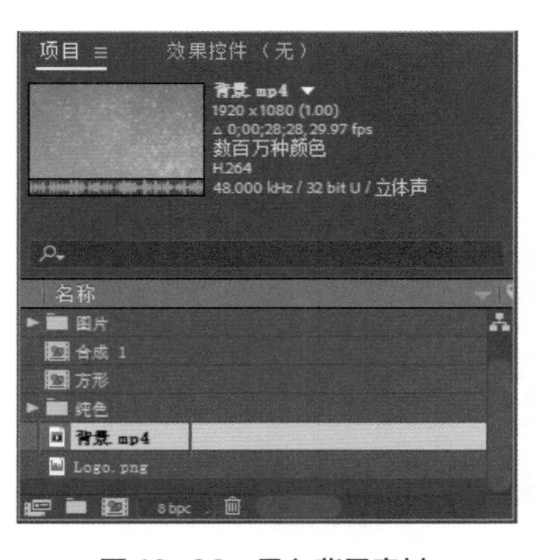

图 18-93　导入背景素材

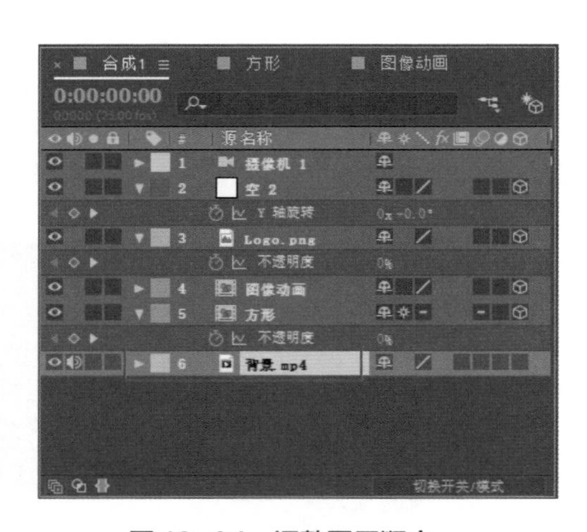

图 18-94　调整图层顺序

③ 在“合成 1”合成面板的空白处右击，在弹出的快捷菜单中执行“新建”|“纯色”命令，打开“纯色设置”对话框，分别设置“名称”“大小”和“颜色”参数，如图 18-95 所示，完成后单击“确定”按钮。

④ 在“合成 1”合成面板中，激活“阴影”图层右侧的按钮，接着选择“阴影”图层，按 R 键展开图层属性，调整“X 轴旋转”参数为 0x+90°，如图 18-96 所示。

⑤ 选择“阴影”图层，在“合成 1”的合成预览面板中向下拖动对象位置，如图 18-97 所示。

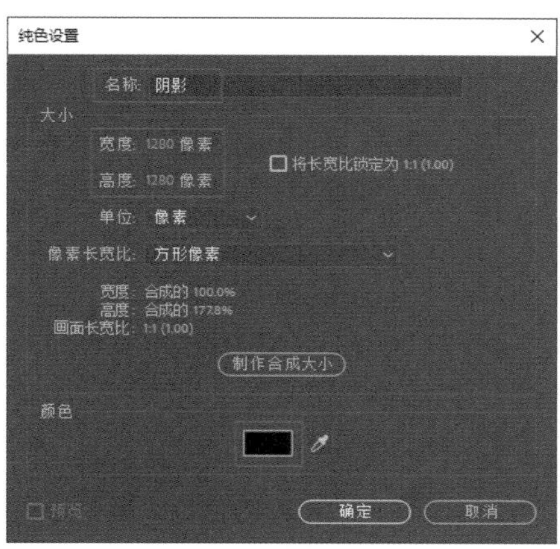

图 18-95　新建纯色

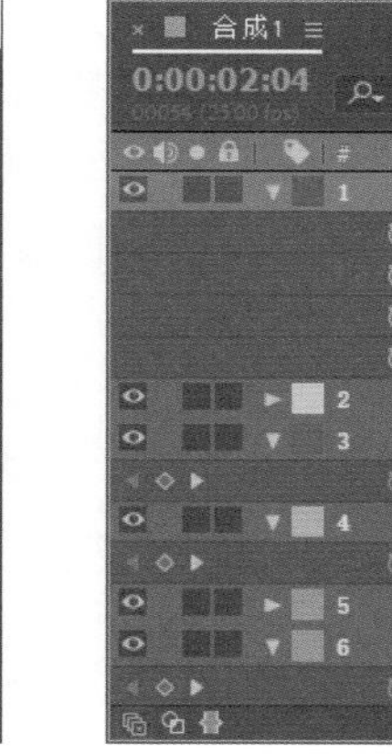

图 18-96　设置“X 轴旋转”参数

⑥ 选择“阴影”图层，执行“效果”|“模糊和锐化”|“快速方框模糊”命令，然后在“效果控件”面板中调整“模糊半径”为 270，如图 18-98 所示。

图 18-97　向下拖动“阴影”图层

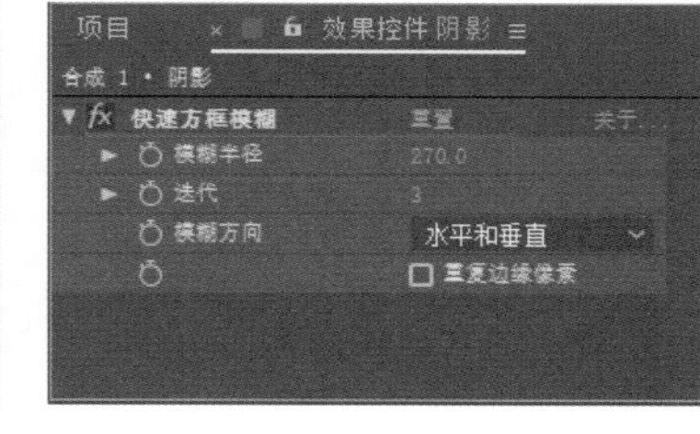

图 18-98　调整模糊半径

⑦ 选择“阴影”图层，按 T 键展开图层属性，调整“不透明度”参数为 30%。接着按住“阴影”图层右侧的按钮，将图层拖曳链接到“旋转控件”图层，如图 18-99 所示。

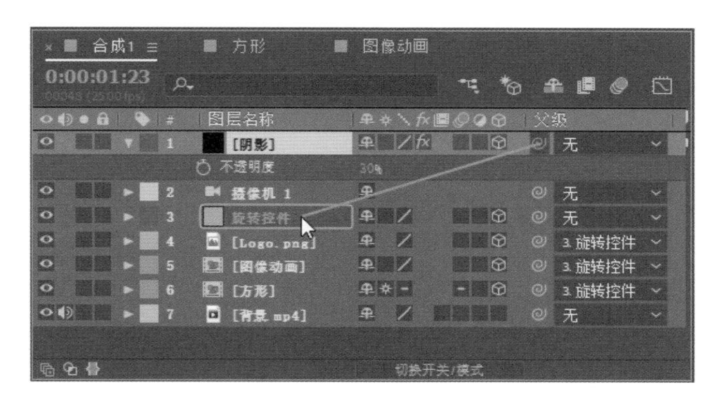

图 18-99　链接图层

⑧ 将“阴影”图层放到“方形”图层的下方，接着将当前时间设置为 0:00:01:24，在“合成 1”面板中选择“阴影”图层，按“[”键完成素材入点的剪辑操作。在 0:00:01:24 时间点单击“不透明度”参数左侧的“时间变化秒表”按钮，激活关键帧，并设置“不透明度”参数为 0%；接着在 0:00:02:06 时间点设置“不透明度”参数为 30%，如图 18-100 所示。

图 18-100　设置不透明度

⑨ 这样就完成了最终整体效果的制作，按小键盘上的 0 键可以进行动画的播放预览，如图 18-101 所示。

图 18-101　最终效果预览